普通高等院校建筑专业"十一五"规划精品教材

建筑装饰材料

主　编　张长清　周万良　魏小胜
主　审　钱春香

华中科技大学出版社
（中国·武汉）

图书在版编目(CIP)数据

建筑装饰材料/张长清,周万良,魏小胜主编. —武汉:华中科技大学出版社,2011.3
ISBN 978-7-5609-6807-0

Ⅰ.①建… Ⅱ.①张… ②周… ③魏… Ⅲ.①建筑材料:装饰材料-高等学校-教材
Ⅳ.TU56

中国版本图书馆 CIP 数据核字(2010)第 236721 号

建筑装饰材料 张长清 周万良 魏小胜 主编

责任编辑:王宪辉
封面设计:张 璐
责任监印:张贵君
出版发行:华中科技大学出版社(中国·武汉)
武昌喻家山 邮编:430074 电话:(027)81321915
录 排:北京泽尔文化
印 刷:华中理工大学印刷厂
开 本:850mm×1065mm 1/16
印 张:26
字 数:545 千字
版 次:2014 年 9 月第 1 版第 2 次印刷
定 价:49.80 元

内容提要

本书包括绪论、装饰材料的基本性质、基本建筑材料介绍、装饰石材、木材及木材制品、装饰玻璃制品、陶瓷装饰材料、塑料装饰材料、建筑涂料、装饰织物与裱糊类装饰材料、金属装饰材料、绿色建筑装饰材料，共11章，介绍了主要建筑装饰材料的生产工艺、基本性质、技术标准和应用范围。为了便于读者掌握教学重点，每章后面都有本章要点和思考与练习题，供学习本课程时复习巩固所学知识之用。

本书采用的标准新、技术新，重在对装饰材料的选择和应用的介绍，可作为普通高等院校、电视大学、函授大学和网络大学艺术设计（建筑装饰设计）专业建筑装饰材料课程教材，还可用做建筑装饰设计培训教材，也可作为工程技术人员学习的参考书。

前　言

建筑装饰材料是艺术设计(建筑装饰设计)专业的基础课程之一,本书的编写是为了适应建筑装饰材料课程教学,满足建筑装饰行业日新月异的新材料、新工艺、新技术和新方法对学生的要求。本教材有以下特色。

1) 标准新。采用最新相关标准,以指导装饰材料的应用。其中《涂料产品分类和命名》新标准特别重点介绍了建筑涂料的相关知识,在以涂料的主要成膜物为基础的分类方法和以涂料产品用途为主的分类方法中,均将建筑涂料作为一大类特别列出,反映了我国建筑涂料业迅猛发展的大好形势以及同国民经济和人民生活的紧密联系。

2) 技术新。本书在对功能玻璃相关知识的介绍中不仅讲述了自洁玻璃的使用和用途,而且讲解了 TiO_2 薄膜的光催化降解活性和亲水性解释的作用原理,并介绍了生产方法。有的外墙涂料还可以起隔热保温的作用,如反射型隔热涂料利用空心微珠填料对近红外光的反射比远远高于普通涂料,将空心微珠组合形成高太阳热反射漆膜,不仅具有隔热功能,还对建筑外墙起到防腐和装饰作用,达到一物多用,为低碳经济作出贡献。

3) 材料选择和使用方法详细介绍。在中空玻璃内外玻璃种类选择时,根据不同气候区的特点,按南方炎热地区、北方寒冷地区和夏热冬冷地区选择玻璃种类,采取合理的内外组合形式,以满足不同地区保温隔热需要。在陶瓷类材料的介绍中,对产品的性能检验方法进行了详细阐述,以便读者能在今后的选购中购买合格的卫生陶瓷产品。本书还分别介绍了塑料复合管的组成结构、性质和应用场合,以便于在给水、排水、采暖和地源热泵工程中选择安装不同的塑料复合管。

4) 书中引入和介绍了绿色装饰材料的概念、特征、标准以及种类的内容。绿色装饰装修就是以人为本,注重环保和生态平衡,注重回归自然,不使用有毒的建筑装饰材料,符合环保、健康、舒适、美化的标准。

5) 正确选择材料对于室内设计具有重大意义。材料,是建筑室内设计的最终载体,利用材料的纹理、质感、色彩,用有形的实体表达出室内设计师的思想,传达建筑形式美的信息。装饰材料集生产原料、工艺过程、造型设计、色彩、美学于一身,既包括传统的装饰材料,又含有用高新技术赋予高科技含量的绿色材料和新型材料,材料的表现是艺术、科学和技术的统一,了解材料的各种特性和功能,科学、合理地选择和利用材料,能带来生动丰富的空间形象,也使得空间具有明确的个性,提高了室内空间环境的品质,创造出舒适美观、安全健康的室内空间环境。

本书共有11章,全书内容是作者根据艺术设计专业(室内设计方向)建筑装饰材料课程教学大纲和公选课教学要求确定的。华中科技大学张长清编写绪论、第1、3、4章和第6～11章，合肥工业大学周万良编写第2章，华中科技大学魏小胜编写第5章，全书由东南大学钱春香教授主审。

本书写作过程中参考了国内建筑装饰材料的相关教材，参考了国内外有关专著和科技文献，并在书末列出了参考文献目录，这里对相关作者表示衷心的感谢。在本书的编写过程中，华中科技大学土木与力学学院结构工程专业2008级研究生曹志宇承担了书稿的大部分图形绘制和表格录入，在此一并深表谢意。本书出版受到了华中科技大学教材出版基金的资助，得到了华中科技大学出版社的支持，借此向两单位致以深深的谢意。

由于写作时间仓促及作者水平有限，本书难免有诸多不足之处，希望读者在使用过程中多提意见，使本书日臻完善。联系作者信箱：changqing2008@mail. hust. edu. cn。

作者

2010年7月

目　录

0 绪　　论

0.1 装饰材料与建筑装饰

任何建筑物都是用材料、按一定的要求构筑而成的。材料运用就是建筑设计的内在组成部分，表现形式则是材料设计语言的内在组成部分。材料与形式的融合是建筑设计的理想目标。设计中的最致命错误是适合于某种材料的设计形式用到了另一种材料上面。材料和设计的紧密统一似乎是成功建筑的必然结果，因此，越来越难于确定，到底设计是材料的结果，还是材料被选中用来表现设计意图。建筑离不开材料，材料是构成建筑物的物质基础。

建筑装饰是在已确定的建筑实体上进行的装饰工程，它与建筑主体工程紧密相连。建筑物的内部和外部立面的装饰设计是建筑设计的继续和发展。装饰工程是通过运用装饰材料及其配套设备的形体、质感、图案、色彩、功能等，对建筑物注入活力的再创造的过程。从事建筑装饰的工程技术人员必须熟悉建筑材料和装饰材料的品种、性能、标准和检测试验方法。在不同的工程和使用条件下，能合理地选择材料，充分体现设计意图，并且能正确地使用材料，从而保证工程质量，做到经久耐用、经济合理。

随着经济的发展和社会生产力的提高，人们更加重视生活环境、工作空间和城市面貌的改善，建筑装饰材料也得到了快速的发展，新产品不断出现。据不完全统计，我国的建筑装饰材料已发展到100多种门类、5 000多个品种，从而要求我们不断地掌握信息、更新知识。

0.2 装饰材料的作用

装饰装修就是把室内装饰设计的构思变成现实，把建筑空间的六个面用各种装饰材料进行装饰处理，创造一个舒适、温馨、安逸的理想居住环境与工作场所。装饰材料的作用是装饰建筑物、美化室内外环境，同时，根据使用部位的不同，还应具备一定的功能性。用装饰材料在建筑物梁、板、柱、墙表面进行的抹面、涂刷、裱糊、镶嵌等装饰装修层，对建筑物起保护作用，使建筑外部结构材料避免直接受到风吹、日晒、雨淋、冰冻等大气因素的影响，以及腐蚀性气体和微生物的作用，防止或减轻外力撞击、防灼热高温、防摩擦以及辐射等损伤，从而使建筑物的耐久性提高，使用寿命延长，起到保护建筑物主体功能的作用。

室内装饰主要指对内墙、地面、顶棚的装饰。它们同样具有保护建筑内部结构的作用，并能调节室内“小环境”。例如，内墙饰面中传统的抹灰能起到“呼吸”的作用。室内湿度高时，抹灰能吸收一定的湿气，使内墙表面不至于很快出现凝结水；室内过于干燥时，又能释放出一定的湿气，调节室内空气的相对湿度。地面装饰材料例如木地板，与水泥地面相比，由于其热容量较大，可以调节室内小环境的温度，使人在冬季不会感觉很冷，在夏季不会感觉太热。顶棚装饰材料则兼有隔声和吸声的作用。室内装饰材料在装饰与功能兼备的作用下，为人们创造了舒适、美观、整洁的工作与生活环境。

建筑物主体结构需具备一定的遮蔽风雨、隔声、保温、防水、防渗漏、防火、防辐射的能力，有时利用装饰材料能增强和弥补建筑物主体功能不足的作用。如楼地面抹水泥砂浆可增强地面耐摩擦的能力，重晶石砂浆能提高墙面和地面抵抗辐射的能力，保温砂浆和防水砂浆能增强墙面和屋面的防水和保温能力，玻璃贴膜可达到隔热、遮阳、节能效果。

0.3 装饰材料的装饰效果

装饰材料的装饰效果由质感、肌理和色彩三个要素构成，可形成某种氛围，或体现某种意境。也就是说通过构造方法，材料色彩与质感以及巧妙的艺术处理来改变空间感，调整和弥补建筑设计的缺陷。

质感是指材料表面的组织结构、花纹图案、颜色、光泽、透明性等给人的一种综合感觉。如钢材、陶瓷、木材、玻璃、呢绒等材料给人的软硬、轻重、冷暖等感觉。材料质地不同，给人的感觉也是不同的。例如，质地粗犷的材料，使人感到淳厚稳重；质地细腻的材料，使人感到精致、轻巧，其表面光泽宜于反射光线，给人一种明快洁净的感观效果。组成相同的材料可以有不同的质感，如普通玻璃与压花玻璃，镜面花岗石板与斩假石。相同的表面处理形式往往具有相同或类似的质感，但有时并不完全相同，如人造花岗石、仿木纹制品。一般材料均没有天然的花岗石和木材亲切、真实，而略显得单调、呆板。装饰材料的质感，可用来造成多样的设计效果，从大理石的冷感到木材的暖意，从混凝土的粗糙到玻璃的平滑。材料还能表现富丽或质朴的不同感觉，可以运用自然材料混合物的手法来实现。许多现代材料可以结合使用，以产生有趣的样式和质感。视觉上质感依赖于光影效果、反射造成的虚像面，以有意地用来完成任何形式视觉表现效果，选择装饰材料时发挥其反射性能或取其低反射性而重视材料本身，提高反射性能会使建筑物本身相对不明显，却反射出邻近环境。

材料的色彩是材料对光谱选择吸收的结果，是构成环境的重要内容。不同的颜色给人以不同的感受，如红色、橘红色给人一种温暖、热烈的感觉，绿色、蓝色给人一种宁静、清凉、寂静的感觉。建筑物色彩的选择，更要考虑它的规模、环境和功能等因素。浓淡不同的色块在一起对比可产生不同的效果，淡色使人感到庞大和肥胖，深色使人感到瘦小和苗条。庞大的高层建筑宜选用稍深色调，在蓝天的衬托下显得庄重和深远。小型民用建筑宜选用淡色调，不致感觉矮小和零乱，同时显得素雅、宁静，与居住区环境要求的气氛相协调。室内宽敞的房间宜选用深色调和较大图案，不致使人有空旷感而显得亲切，房间小的墙面要利用色彩的远近感来扩展空间感。医院病房涂刷成浅绿、淡蓝、淡黄的浅色，使病人感到宁静、舒适和安全；幼儿园的活动室宜用粉红、淡黄再配以新颖活泼的图案，以适合儿童天真活泼的心理；寝室选用浅蓝或淡绿色，以增加室内的宁静感。

材料肌理包括尺度、线型和纹理三方面。每种材料都有各自适应的尺度，木头的纹理和颜色，可以提供人们熟悉的与人体尺度相适应的式样和质地；大理石条板用于厅堂、外墙可以取得很好的效果，但用于居室，则由于尺度太大而缺少魅力。建筑装饰材料的形状和尺寸对装饰效果有很大的影响，改变装饰材料的形状和尺寸，并配合颜色、光泽等可拼镶出各种线型和图案，从而获得不同的装饰效果，以满足不同建筑形体和线型的需要，最大限度地发挥材料的装饰性。在生产和加工材料时，利用不同的工艺，将材料的表面做成不同的表面组织，如粗糙、光滑、镜面、凹凸、麻点等，或将材料的表面制成各种花纹图案或拼镶成各种图案，如山水风景画、人物画、仿木花纹、陶瓷壁画、拼镶陶瓷锦砖等。

总之，质感要细腻逼真，如以织物、麻布、锦缎、木纹，线条可以是细致的，也可以是粗犷有力的，色彩根据主人的爱好以及房间内在的性质所决定，至于明亮度可以用浅淡明亮的，也可用平整无反光的装饰材料。通过整体与整体、整体与局部、局部与局部之间的协调对称 均衡与稳定形成不同氛围乃至表现出的某种意境，将以其强烈的艺术感染力影响着人们的精神生活。

0.4 建筑装饰材料的分类

0.4.1 建筑装饰装修工程的等级

建筑装饰装修工程的等级是根据建筑物的类型、建筑等级、性质来划分的，建筑物等级越高，建筑装饰装修等级也越高。建筑装饰装修工程的等级分为三级，其适用范围见表 0-1。

表 0-1 建筑装饰装修工程的等级

建筑装饰装修等级	建筑物类型
一级装饰	高级宾馆、别墅、纪念性建筑、大型博览、观演、体育建筑、一级行政机关办公楼、市级商场
二级装饰	科研建筑、高教建筑、普通博览建筑、普通观演建筑、普通交通建筑、普通体育建筑、广播通信建筑、医疗建筑、商业建筑、旅馆建筑、重要行政办公楼
三级装饰	中小学和托幼建筑、生活服务建筑、普通行政办公楼、普通居住建筑

0.4.2 按化学成分分类

根据化学成分的不同,建筑装饰材料可分为有机高分子装饰材料、无机非金属装饰材料、金属装饰材料和复合装饰材料四大类,见表 0-2。

表 0-2 建筑装饰材料按化学成分分类

类别		举例
金属材料	黑色金属	不锈钢
	有色金属	铝、铜、金、银
非金属材料	无机非金属材料	大理石、玻璃、建筑陶瓷
	有机非金属材料	木材、建筑塑料、涂料、胶粘剂
复合材料	非金属与非金属复合	装饰混凝土、装饰砂浆
	金属与金属复合	铝合金、铜合金
	金属与非金属复合	涂塑钢板、钢筋混凝土
	无机与有机复合	人造花岗石、人造大理石
	有机与有机复合	各种涂料

0.4.3 按建筑装饰部位分类

建筑装饰材料按照使用部位可分为:

1) 外墙装饰材料,包括外墙面、雨篷、台阶、阳台等建筑物全部外露部位装饰用材料;

2) 内墙装饰材料,包括内墙墙面、墙裙、踢脚线、隔断、花架等内部构造所用材料;

3) 地面装饰材料,包括室内外地面、楼面、楼梯等结构的全部装饰材料;

4) 顶棚装饰材料,指室内顶棚或雨篷顶棚装饰材料;

5) 室内装饰用品及配套设备,包括卫生洁具、装饰灯具、家具、空调设备及厨房设备等。

0.5 装饰材料标准与选用

0.5.1 建筑装饰材料标准

建筑装饰材料应具有一定的技术性能,而对这些性能的检验,必须通过适当测试手段来进行。由于材料自身固有的特性,以及试验方法的不同导致试验结果的差异,必须由统一的技术质量要求和统一的试验方法进行评价。这些方法体现在国家标准或有关的技术规范、规定的各项技术指标中，在选用材料及施工中都应按技术标准、技术规范执行。

我国技术标准分为国家标准、行业标准、地方标准和企业标准等四类。对需要在全国范围内统一的需制定国家标准，国家标准由国务院标准化行政主管部门编制计划，组织草拟，统一审批、编号、发布。我国国家标准以符号"GB"代表，此外还要注明编号、制定机构、修订年份及标准名称等。对没有国家标准而又需要在全国某行业范围内统一的技术要求，可以制定行业标准，行业标准由国务院有关行政主管部门或行业协会制定，并报国务院标准化行政主管部门备案，其代号按部门名或行业协会名而定，如建材行业标准的代号为JC，住房和城乡建设部行业标准代号为JGJ，中国工程建设标准协会标准代号为CECS，冶金部行业标准代号为YB。在公布国家标准之后，该项行业标准即行废止。地方标准是地方主管部门发布的，其代号为DB。凡是没有国家标准、行业标准和地方标准的产品，均应制定企业标准，企业标准仅适用本企业，其代号为QB。国家标准、行业标准、地方标准按照要求执行的程度分强制标准和推荐标准，推荐标准以T表示。当涉及国际间的土木工程项目时，有时还需要遵守国际标准或国外标准选择使用材料，表0-3给出了一些国际和国外标准代号。

表0-3　国际和国外标准代号

英文缩写	英文名称	中文名称
ISO	International Standard Organization	国际标准化组织的标准
ASTM	American Society for Testing Materials	美国材料与试验学会标准
JIS	Japanese Industrial Standard	日本工业标准
BS	British Standard	英国(工业)标准
DIN	Deutsch Industrial Normal	德国工业品标准
EN	CEN/CENELEC	共同的欧洲标准化组织

标准的表示方法如下：标准代号＋标准发布顺序号＋发布年代＋名称。例如《普通平板玻璃》(GB 4871—1995)表示：中国国家标准GB，标准发布号为4871，1995年发布，名称是普通平板玻璃。

0.5.2　建筑装饰材料的选用

建筑物的种类繁多，不同功能的建筑对装饰的要求是不同的，即使是同一类的建筑物，也会因设计的标准不同，对装饰的要求也不相同。通常建筑物的装饰标准，有高级装饰、中级装饰和普通装饰之分，建筑装饰装修等级也分为三级，其装饰装修标准也会有区别。应在熟悉各种装饰材料内在构造和有关美学理论的基础上，充分考虑到各种装饰材料的适用范围，合理选择材料。

选择装饰装修材料应满足使用功能、注重装饰效果、考虑耐久性、关注经济性、重视环保性。

0.5.2.1 满足使用功能

在选用装修装饰材料时，首先应满足与环境相适应的使用功能。对于外墙装修应选用能耐大气侵蚀、不易退色、不易玷污、不泛霜的材料。地面应选用耐磨性、耐水性好，不易玷污的材料。厨房、卫生间的装修应选用耐水性好，易于擦洗的材料。轻质高强，性能优良与易于加工是理想装饰材料具备的性质。许多人工合成材料具有优良的物理、化学、力学性能，又便于粘贴、切割、焊接、塑造等加工，可以制成各种艳丽的装饰材料。不同材料的加工性能不同，构造做法也不同，在设计方案时要根据材料本身的特性来选定各种构造。

选择的建筑装饰材料，应当围绕着为人提供舒适环境而进行。纯毛手工编织的地毯，高雅、豪华、精制，装饰效果极好，但价格昂贵，适合高级宾馆和高档次建筑选用；化纤地毯、混纺地毯，防滑、消声、耐磨，装饰效果较好，但价格较高，适用于一般公共建筑；木质地板舒适、保温，在卧室、起居室铺设比较合适；塑料地板耐磨、有弹性，适合于办公室。

0.5.2.2 注重装饰效果

装修装饰材料的色彩、光泽、形体、质感和图案等性能都影响装饰效果，特别是装修材料的色彩对装饰效果非常明显。所用材料尽量采用新材料、新结构、新工艺，力求简洁，突出新、奇、特的时代气息。不同的材料有不同的构造，不同的材料构造决定了装饰工程的质量、造价和装饰效果。

0.5.2.3 考虑耐久性

在选择建筑装饰材料时，既要考虑到装饰效果，又要考虑到耐久性。装饰材料对建筑物主体具有保护作用，其耐久性与建筑物的耐久性密切相关。通常，建筑物外部装饰材料要经受日晒、雨淋、冰冻、霜雪、风化、介质等的侵蚀，而内部装饰材料要经受摩擦、潮湿、洗刷、介质等的作用。室内装饰工程如墙面顶棚等的材料和构造都要求具有一定的强度与刚度，符合设计要求，特别是各部件间相互连接的节点，更要安全可靠。所有装饰工程各部件与主体结构的连接必须坚固、合理。

在选用室内装修装饰材料时，要妥善处理装饰效果和使用安全的矛盾，要优先选用环保型材料和不燃烧或难燃烧等消防安全型材料，尽量避免选用在使用过程中易挥发有毒成分和在燃烧时易产生大量浓烟或有毒气体的材料，努力给居室创造一个美观、安全、适用的工作和生活环境。

0.5.2.4 经济性

对装修材料选择时应考虑经济性，原则上应根据使用要求和装修等级，恰当地选择材料；在不影响装修质量的前提下，尽量选用低档材料代替高档材料；选用工效高、安装简便的材料，以降低人工费。从经济角度考虑装饰材料的选择，应有一个总体的观念，既要考虑到工程装饰一次投资的多少，也要考虑到日后的维修费用，还要考虑到装饰材料的发展趋势。有时在关键性的问题上，适当增大一些投资，减少使用中的维修费用，不使装饰材料在短期内落后，这是保证总体上经济性的重要措施。

0.5.2.5 重视环保性

家居是生活和休息的场所，进行家居装饰可以美化生活、娱乐身心、改善生活质量。居所环境的质量直接影响人的健康，所以选择装饰装修材料时应注意：尽量选用天然的装饰材料，选择不易挥发有害气体的材料，注意有些家具和木质复合板易挥发甲醛等有害气体，乳胶漆尽量选用水性材料，以利于家居的隔热、通风、卫生和降低噪声。

我国生产的胶合板、地板、细木工板、有机涂料、建筑塑料等建筑装饰材料，大多数含有危害性物质。如甲醛主要来自保湿材料、绝缘材料、地板胶、涂料、塑料贴面等，是一种主要致癌物；苯主要来自合成纤维、塑料、橡胶等，它可以抑制人体造血功能，致使白细胞、红细胞、血小板减少；三氯乙烯主要来自油漆、黏结剂等，它对人体黏膜有很大刺激性，可以引起持久性的眼膜炎、咽喉炎等。由于越来越多的家庭与办公场所使用空调设备，导致室内外空气交换量大幅度减少，从而使建筑装饰材料释放的 VOC 被大量浓缩，对人体健康产生更大的威胁。VOC 是挥发性有机化合物，包括甲醛、苯、甲苯、二甲苯和芳羟类化合物，普遍存在于室内装饰材料中。

选择装饰材料时，人们渴望和追求绿色环保装饰材料，绿色环保是装饰材料生产和选材的方向。绿色环保装饰材料具有以下特点：无毒、无害、无污染，即不会散发有害气体，不会产生有害辐射，不会发生霉变锈蚀，遇火不会产生有害气体；对人体具有保健作用，即能帮助人们解除疲劳，促进人体血液循环。

1 建筑装饰材料的基本性质

建筑装饰材料是建筑材料的一个重要分支,建筑材料的基本性质也是建筑装饰材料的基本性质。材料的基本性质包括物理性质、力学性质以及耐久性。建筑装饰材料在使用过程中,会受到自重和一定外力的影响,同时还会受到周围各种介质(如水、蒸汽、腐蚀性气体等)的作用。因此,建筑装饰材料不仅要具备相应的装饰效果,而且还要有能抵抗这些不利因素破坏的能力,并兼有保温、隔热、防水等作用。装饰工程对材料性质的严格要求是多方面的,为了在设计与施工中正确选择和合理使用材料,须熟悉和掌握各种材料基本性质。

1.1 材料科学的基础知识

材料的组成、结构和构造是决定材料性质的内在因素,要了解材料的性质,必须先了解材料的组成、结构与材料性质间的关系。

1.1.1 材料的组成

1.1.1.1 化学组成

化学组成是指材料的化学成分。金属材料以化学元素含量表示,无机非金属材料通常用各种氧化物含量的百分数表示,工程聚合物是以有机元素链节重复形式表示。材料的化学成分是决定材料化学性质、物理性质和力学性质的主要因素。

1.1.1.2 矿物组成

将材料中具有特定的晶体结构和特定物理力学性能的组织结构称为矿物。矿物组成是指构成材料的矿物种类和数量。如花岗石的主要矿物组成为长石、石英和少量云母,酸性岩石多,决定了花岗石耐酸性好,但耐火性差;大理石的主要矿物组成为方解石、白云石,含有少量石英,因此大理石不耐酸腐蚀,酸雨会使大理石中的方解石腐蚀成石膏,致使石材表面失去光泽;石英砂的主要成分是石英,如果其中含有玉髓、蛋白石,易降低水泥混凝土的耐久性。

1.1.1.3 相组成

将材料中结构相近、性质相同的均匀部分称为相。同一种材料可由多相物质组成。例如,建筑钢材中就有铁素体、渗碳体、珠光体。铁素体软,渗碳体硬,它们的比例不同,就能生产不同强度和塑性的钢材。利用油和水不相溶,形成油包水或水包油的乳液涂料,能产生梦幻般多彩的涂装效果。复合材料是宏观层次上的多相组成材料,如钢筋混凝土、沥青混凝土、塑料泡沫夹心压型钢板,它们的配比和构造形式不同,材料性质变化会较大。

1.1.2 材料的结构

材料的结构分微观结构、细观结构和宏观构造,是决定材料性质的重要因素之一。

1.1.2.1 微观结构

材料微观结构是指用电子显微镜或X射线来分析研究原子、分子层次的结构。材料的微观结构决定材料的许多物理性质,如强度、硬度、熔点、导热和导电性等。

按材料组成质点的空间排列或联结方式,材料微观结构可分为晶体、玻璃体和胶体。

1. 晶体

在空间上,质点(离子、原子、分子)按特定的规则、呈周期性排列的固体称为晶体。晶体具有特定的几何外形和固定的熔点和化学稳定性。根据组成晶体的质点及化学键的不同,晶体可分为:

1) 原子晶体:中性原子以共价键结合而形成的晶体,如石英。

2) 离子晶体:正负离子以离子键结合而形成的晶体,如强碱。

3) 分子晶体:以分子间的范德华力即分子键结合而成的晶体,如有机化合物。

4) 金属晶体:以金属阳离子为晶格,由自由电子与金属阳离子间的金属键结合而成的晶体,如钢和铁。

从键的结合力来看,共价键和离子键最强,金属键较强,分子键最弱。如纤维状矿物材料玻璃纤维和岩棉,纤维内链状方向上的共价键力要比纤维与纤维之间的分子键结合力大得多,这类材料易分散成纤维,强度具有方向性;云母、滑石等结构层状材料的层间键力是分子力,结合力较弱,这类材料易被剥离成薄片;岛状材料如石英,硅氧原子以共价键结合成四面体,四面体在三维空间形成立体空间网架结构,因此质地坚硬,强度高。

2. 玻璃体

呈熔融状态材料在急速冷却时,其质点来不及或因某种原因不能按规则排列就产生凝固所形成的结构称为玻璃体。玻璃体又称无定形体或非晶体,结构特征为质点在空间上呈非周期性排列。

玻璃体是化学不稳定结构,容易与其他物质起化学作用,具有较高的化学活性。如生产水泥熟料时,硅酸盐从高温水泥回转窑急速进入空气中,急冷过程使得它来不及作定向排列,质点间的能量只能以内能的形式储存起来,具有化学不稳定性,能与水反应产生水硬性反应;粉煤灰、水淬粒化高炉矿渣、火山灰等玻璃体材料,能与石膏、石灰在有水的条件下水化和硬化,常掺入到硅酸盐水泥中,形成通用硅酸盐水泥,丰富了硅酸盐水泥的品种。

3. 胶体

胶体是指物质以极微小的质点(粒径为1～100 μm)分散在介质中所形成的结

构。由于胶体中的分散质与分散介质带有相反的电荷，胶体能保持稳定。分散质颗粒细小，使胶体具有黏结性。根据分散质与分散介质的相对比例不同，胶体结构分为溶胶、溶凝胶和凝胶。乳胶漆是高分子树脂通过乳化剂分散在水中形成的涂料；道路石油沥青要求高温不软低温不脆，需具有溶凝胶结构；硅酸盐水泥水化形成的水化产物中的凝胶将砂、石黏结成一个整体，形成人工石材。

1.1.2.2 细观构造

细观结构是指在光学显微镜下能观察到的结构，主要用于研究材料内部的晶粒、颗粒的大小和形态、晶界与界面、孔隙与微裂纹等。材料的细观结构，只能针对某种具体土木工程材料来进行分类研究，如混凝土可分为基相、集料相、界面相；天然岩石可分为矿物、晶体颗粒、非晶体组织；钢铁可分为铁素体、渗碳体、珠光体；木材可分为木纤维、导管髓线、树脂道。

材料细观结构层次上的各种组织的特征、数量、分布和界面性质对材料性能有重要影响。

1.1.2.3 宏观构造

宏观结构是指用肉眼或放大镜就能够观察到的粗大组织。材料宏观结构主要有密实结构、多孔结构、纤维结构、层状结构、粒状结构和纹理结构。

1. 密实结构

密实结构指孔隙率很低或趋近为零、结构致密的材料，如钢材、玻璃和沥青等，具有吸水率低、抗渗性好、强度较高等性质。

2. 多孔结构

多孔结构指材料孔隙率高的结构，如石膏制品、加气混凝土、多孔砖，这类材料质轻，吸水率高，抗渗性差，但保温、隔热、吸声性好。

3. 纤维结构

纤维结构是由纤维状物质构成的材料结构，纤维之间存在相当多的孔隙，如木材、钢纤维、玻璃纤维、矿棉，平行纤维方向的抗拉强度较高，能用做保温隔热和吸声材料。

4. 层状结构

层状结构是天然形成或人工采用黏结等方法将材料叠合成层状的结构，如胶合板、纸面石膏板、泡沫压型钢板复合墙，各层材料性质不同，但叠合后材料综合性质较好，扩大了材料的使用范围。

5. 粒状结构

粒状结构是材料呈松散颗粒状结构，如石粉、砂石、粉煤灰陶粒，能作为普通混凝土集料、沥青混凝土集料以及轻混凝土集料，聚苯乙烯泡沫颗粒能作为轻混凝土和轻砂浆的集料，赋予材料以保温隔热性能。

6. 纹理结构

纹理结构是指天然材料在生长或形成过程中，自然形成有天然纹理，如木板、大理石板和花岗石板。也能人工制造表面纹理，如密度板与涂覆三聚氰胺的装饰纸经加压黏结形成书桌面以及复合地板，模仿天然木材纹理；墙地砖烧结出仿天然石材的纹理，具有强的装饰表现力。

1.2 材料的物理性质

1.2.1 材料的体积

材料体积是指材料占据的空间大小，同一种材料由于所处的物理状态不同，表现的性质也不同。

1.2.1.1 材料的堆积体积

材料的堆积见图 1-1(a)，散粒状材料除了矿质料颗粒占有体积外，颗粒之间还有间隙或空隙，二者体积之和就是材料的堆积体积，故堆积体积是散粒状材料堆积状态下总体外观体积。同一种材料堆积状态不同，堆积体积大小也不一样，松散堆积下的体积较大，密实堆积状态下的体积较小。材料的堆积体积，常以材料填充容器的容积大小来测量。

1.2.1.2 材料的表观体积

单个颗粒内部有孔隙，包括开口孔和闭口孔，这样一个整体材料的外观体积称为材料的表观体积，见图 1-1(b)。规则外形材料的表观体积，可通过测量体积尺度后计算得到。不规则外形材料的表观体积，用排水法或排抽法测得。用排水法测材料的表观体积，实际上扣除了材料内部的开口孔隙的体积，故称用排水法测得材料的体积为近似表观体积，也称为视体积。材料颗粒表面裹覆石蜡，采用蜡封法能避免排水法测定体积时开口孔进水对测定表观体积带来的影响。

1.2.1.3 材料的绝对密实体积

材料内部没有孔隙时的体积，或不包括内部孔隙的材料体积称为材料的绝对密实体积，见图 1-1(c)。玻璃、钢铁、沥青等少数材料在自然状态下绝对密实，能测定其绝对密实体积，大多数材料在自然状态下或多或少含有孔隙，一般先将材料粉碎磨细成粉状，消除材料内部孔隙，再测定材料的绝对密实体积。材料粉磨得越细，测定结果越准确。

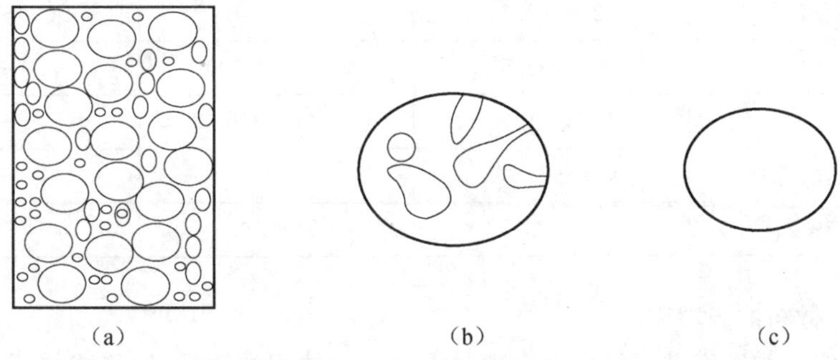

图 1-1 材料的体积状态

(a)颗粒材料堆积；(b)含有开口孔和闭口孔材料；(c)绝对密实体积

1.2.2 材料的密度、表观密度和堆积密度

1.2.2.1 材料的密度

材料的密度是指材料在绝对密实状态下单位体积的质量，计算式如下：

$$\rho = \frac{m}{V}$$

式中 ρ——材料的密度，g/cm³；

m——材料的质量，g；

V——材料的绝对密实体积，cm³。

应当注意的是，这里的质量是指材料所含物质的多少，工程上常用重量多少来衡量质量的大小，以避免材料质量与工程质量相混淆，但从概念上讲，质量与重量不是同一个量。

土木工程常用材料密度大小见表1-1。材料密度仅由材料的组成和材料的结构决定，与材料所处的环境、材料干湿和孔隙无关，故密度是材料的特征指标，能用于区分不同的材料。

表1-1 土木工程常用材料密度

材料名称	密度/(g/cm³)	表观密度/(kg/m³)	堆积密度/(kg/m³)
钢材	7.85	—	—
铝合金	2.7	—	—
碎石(石灰石)	2.6～2.8	2 300～2 700	1 400～1 700
碎石(花岗石)	2.6～2.9	2 500～2 800	1 450～1 800
砂	2.5～2.8	—	1 450～1 650
粉煤灰	1.95～2.40	—	550～800
水泥	2.8～3.1	—	1 600～1 800
普通混凝土	—	2 400～2 500	—
空心砖	2.6～2.7	—	1 000～1 400
玻璃	2.45～2.55	2 450～2 500	—
红松木	1.55～1.60	400～600	—
石油沥青	0.96～1.04	—	—
泡沫塑料	—	20～50	—

1.2.2.2 材料的表观密度

材料的表观密度是指材料在自然状态下单位体积的质量，计算式如下：

$$\rho_0 = \frac{m}{V_0}$$

式中 ρ_0——材料的表观密度，kg/m³；

m——材料的质量，kg；

V_0——材料的表观体积，m³。

材料的自然状态有两种情形：其一是材料内部有不少孔隙，包括开口孔隙和闭口孔隙，有时也区分这两种孔隙体积对表观密度计算带来的影响，如表观体积计算时包括材料内部闭口孔隙和开口孔隙体积，按上式计算得到的表观密度也称为体积密度；如表观体积计算时不包括或者忽略开口体积，按上式计算得到的表观密度也称为视密度。其二是材料处在不同的含水状态或环境，表观密度大小也不同，有干表观密度和湿表观密度之分，故表观密度值必须注明含水情况，未注明者常指气干状态，绝干状态下的表观密度称为干表观密度。

土木工程中常用材料表观密度大小见表 1-1。土木工程中用的粉状材料，如水泥、粉煤灰、磨细生石灰粉等，其颗粒很小，与一般石料测定密度时所研碎制作的试样粒径相近似，因而它们的表观密度，特别是干表观密度值与密度值可视为相等。砂石类散粒材料自然状态下的表观密度测定是将其饱水后在水中称量，按排水法计算其体积，体积包括固体实体积和闭口孔隙体积，而不包括其开口孔隙和颗粒间隙，测得结果为视密度。块状材料体积采用几何外形计算体积或蜡封法用静水天平置换法求体积，包括材料全部体积即实体积与所含全部孔隙体积之和，测得结果为体积密度。

1.2.2.3 材料的堆积密度

材料的堆积密度是指粉状或颗粒材料在自然堆积状态下单位体积的质量，计算式如下：

$$\rho_0' = \frac{m}{V}$$

式中 ρ_0'——材料的堆积密度，kg/m³；

m——材料的质量，kg；

V_0'——材料的堆积体积，m³。

按自然堆积体积计算的密度为松堆密度，以振实体积计算的则为紧堆密度。

对于同一种材料，由于材料内部存在孔隙和空隙，故一般密度大于表观密度，表观密度大于堆积密度。

1.2.3 材料的孔隙与空隙

1.2.3.1 材料孔隙与孔隙特征

表明材料孔隙的多少用孔隙率表示。

材料的孔隙率是指材料内部孔隙的体积与材料总体积的比值。孔隙率 P 的计算公式为：

$$P = \frac{V_0 - V}{V_0} \times 100\% = \left(1 - \frac{\rho_0}{\rho}\right) \times 100\%$$

上式中，$\frac{\rho_0}{\rho}$称为材料的密实度，用符号 D 表示。密实度表示材料内部被固体所填充的程度，它对材料的影响恰好与孔隙率的影响相反，二者关系为：

$$P + D = 100\%$$

材料的孔隙特征包括孔隙开口与闭口状态和孔的大小。材料孔隙特征直接影响材料的多种性质。一般情况下，孔隙率大的材料宜选择作为保温隔热材料和吸声材料，同时还要考虑材料开口与闭口状态，开口孔与大气相连，空气、水能进出，闭口孔在材料内部，是封闭的，有的孔在材料内部被分割成独立的，有的孔在材料内部又是相互联通的。材料的开口孔隙除对吸声有利外，对材料的强度、抗渗、抗冻和耐久性均不利；微小而均匀的闭口孔隙对材料抗渗、抗冻和耐久性无害，可降低材料表观密度和导热系数，使材料具有轻质绝热的性能。可见，对于同种材料，孔隙率相同时，其性质不一定相同。根据孔隙尺寸大小又将孔隙分为大孔、中孔（毛细孔）和小孔，其中毛细孔对材料性质影响最大，毛细水的去与留影响材料的干缩与湿胀。

1.2.3.2 材料的空隙

材料空隙是散粒状材料颗粒之间的间隙，其多少用空隙率表示。

材料的空隙率是指散粒状堆积体积中，颗粒间空隙的体积与材料总体积的比值。空隙率 P' 的计算公式为：

$$P' = \frac{V_0' - V}{V_0'} \times 100\% = \left(1 - \frac{\rho_0'}{\rho_0}\right) \times 100\%$$

空隙率的大小反映了散粒材料的颗粒互相填充的致密程度，在配制混凝土、砂浆和沥青混合料时，为了节约水泥和沥青，基本思路是粗集料空隙被细集料填充，细集料空隙被粉填充，粉空隙被胶凝材料（水泥或沥青）填充，以达到节约胶凝材料的目的。

1.2.4 材料与水有关的性质

1.2.4.1 材料的亲水性与憎水性

当材料与水接触时，能被水湿润的材料具有亲水性，不能被水湿润的材料具有憎水性。

材料具有亲水性或憎水性的原因在于材料的分子结构。材料与水接触时，材料分子与水分子之间的亲和作用力大于水分子间的内聚力，材料表面易被水润湿，表现为亲水性；反之，当接触的材料分子与水分子之间的亲和作用力小于水分子间的内聚力时，材料表面不易被水润湿，表现为憎水性。

材料的亲水性和憎水用润湿边角区分，见图 1-2。当材料与水接触时，在材料、水和空气的三相交点处，沿水滴表面的切线与水和固体接触面所形成的夹角 θ 称为润湿边角，θ 角越小，浸润性越好。如果材料润湿边角 $\theta=0$，表示材料完全被水所浸润。工程上，当材料润湿边角 $\theta \leqslant 90°$时，为亲水性材料；当材料润湿边角 $\theta > 90°$时，为憎水性材料。

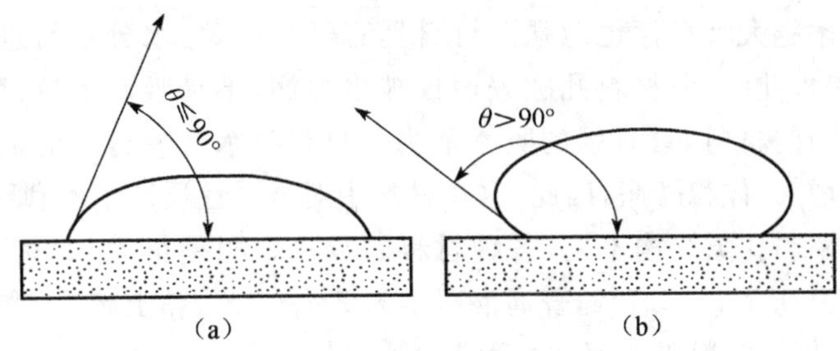

图 1-2 材料润湿边角

(a)亲水性材料;(b)憎水性材料

土木工程中的多数材料,如集料、墙体砖与砌快、砂浆和混凝土、木材等属于亲水性材料,表面能被水润湿,水能通过毛细管作用吸入材料的毛细管内部;多数高分子有机材料,如塑料、沥青、石蜡等属于憎水性材料,表面不易被水润湿,水分难以渗入毛细管中,能降低材料的吸水性,适宜作防水材料和防潮材料,还可用于涂覆亲水性材料表面,以降低其吸水性。

1.2.4.2 材料的吸水性与吸湿性

材料浸入水中吸入水分的能力为吸水性,材料在潮湿的空气中吸收空气中的水分的能力为吸湿性。

吸水性用吸水率表示,吸水率有质量吸水率和体积吸水率;吸湿性用含水率表示。

质量吸水率是材料吸收水的质量与材料干燥质量之比,质量吸水率 W_m 的计算式为:

$$W_m = \frac{m_1 - m}{m} \times 100\%$$

式中 W_m——材料质量吸水率,%;

m_1——材料吸水饱和状态下的质量,kg;

m——材料在干燥状态下的质量,kg。

体积吸水率是材料所吸收的水的体积与材料自然体积之比,体积吸水率 W_v 的计算式为:

$$W_m = W_v \frac{m_1 - m}{V_0} \times \frac{1}{\rho_w} \times 100\%$$

式中 W_v——材料吸水率,%;

m_1——材料吸水饱和状态下的质量,kg;

m——材料在干燥状态下的质量,kg;

V_0——材料在自然状态下的体积,cm^3;

ρ_w——水的密度,常温取 1.0 g/cm^3。

材料的质量吸水率与体积吸水率的关系为:

$$W_m = W_v \rho_0$$

一般孔隙率越大吸水性也越强。材料具有闭口孔隙，水分不易进入；粗大开口孔隙，水分易渗入孔隙，但材料孔隙表面仅被水湿润，不易吸满水分；微小开口且连通孔隙（毛细孔）的材料，具有强的吸水能力。材料吸水会使材料的强度降低，表观密度和导热性增大，体积膨胀，因此，水在材料中对材料性质产生不利影响。

由于孔隙率和孔隙结构不同，各种材料的吸水率相差很大，如花岗岩等致密岩石的吸水率仅为 0.5%～0.7%，普通混凝土为 2%～3%，黏土砖为 8%～20%，而加气混凝土、软木轻质材料吸水率常大于 100%。

含水率是材料所含水的重量占材料干燥重量之比，材料含水率用 W_h 表示。材料含水率大小除与孔隙有关外，还受大气温度和湿度影响。材料与空气湿度达到平衡时的含水率称为材料的平衡含水率。平衡含水率是一种动态平衡，即材料不断从空气中吸收水分，同时又向空气中释放水分，以保持含水率的稳定。可利用石膏、木材等多孔材料的平衡含水特性，微调节室内湿度，当空气干燥时材料释放水，反之，材料吸收水，以保持室内湿度变化较小。

1.2.4.3 材料的耐水性

材料的耐水性是指材料抵抗破坏作用的能力，包括广义耐水性和狭义耐水性。广义耐水性是水对材料的力学性质、光学性质、装饰性等多方面的劣化作用；狭义耐水性是水对材料的力学性质及结构性质的劣化作用。常用软化系数表示材料的耐水性：

$$K_R = \frac{f_1}{f_0}$$

式中 K_R——材料的软化系数；

f_1——材料在吸水饱和状态下的抗压强度，MPa；

f_0——材料在干燥状态下的抗压强度，MPa。

一般材料遇水后，内部质点的结合力被减弱，强度都有不同程度的降低，如花岗石长期浸泡在水中，强度将下降 3%，黏土砖和木材吸水后强度降低更大。所以，材料软化系数在 0～1 之间，钢铁、玻璃、陶瓷近似于1，石膏、石灰的软化系数较低。

软化系数的大小是选择耐水材料的重要依据。通常认为软化系数大于 0.85 的材料为耐水材料。长期受水浸泡或处于潮湿环境的重要建筑物，必须选用软化系数不低于 0.85 的材料建造，受潮较轻或次要建筑物的材料，其软化系数也不宜小于 0.75。

1.2.4.4 材料的抗渗性

材料的抗渗性是指材料抵抗压力水渗透的性质。材料的抗渗性用渗透系数或抗渗等级来表示。

1. 渗透系数

$$K = \frac{Qd}{AtH}$$

式中 K——材料的渗透系数，cm/h；

Q——透水量，cm^3；

d——试件厚度，cm；

A——透水面积，cm^2；

t——时间，h；

H——静水压力水头，cm。

渗透系数越小，表示材料渗透的水量越少，材料抗渗性也越好。

2. 抗渗等级

抗渗等级是指在标准试验条件下，规定的试件所能承受的最大水压力，对于混凝土和砂浆材料，如材料承受 0.4、0.6、0.8、1.0 MPa 的水压力而不渗水，则分别用 P4、P6、P8、P10 来表示其抗渗等级，抗渗等级中的数值为该材料所能承受的最大水压力的 10 倍。

材料抗渗性与材料的孔隙率和孔隙特征有密切关系。开口大孔，水易渗入，材料的抗渗性能差；微细连通孔也易渗入水，材料的抗渗性能差；闭口孔水不能渗入，即使孔隙较大，材料的抗渗性能也良好。

抗渗性是决定材料满足使用性质和耐久性的重要因素。对于地下建筑、压力管道和容器、水工构筑物等，常因受到压力水的作用，所以要求选择具有抗渗性的材料，抗渗性也是防水材料产品检验的重要指标。材料抵抗其他液体渗透的性质，也属于抗渗性，如贮油罐则要求材料具有良好的不渗油性。

1.2.4.5 材料的抗冻性

抗冻性是指材料在水饱和状态下，能抵抗多次冻融循环作用而不破坏，同时也不严重降低强度的性质。

材料抗冻性以抗冻等级来表示。抗冻等级用材料在吸水饱和状态下（最不利状态），经一定次数的冻融循环作用，强度损失和质量损失均不超过规定值，并无明显损坏和剥落时所能抵抗的最多冻融循环次数来确定，表示符号为 F，如 F25、F50、F100 等，分别表示在经受 25、50、100 次的冻融循环后仍可满足使用要求。烧结普通砖、陶瓷面砖、轻混凝土等轻质墙体材料一般要求抗冻等级为 F15 或 F25，用于桥梁和道路的混凝土材料应为 F50、F100 或 F200，而水工混凝土要求高达 F500。

材料在冻融循环作用下产生破坏主要是材料内部孔隙中的水结冰时体积膨胀（约 9%）所致。冰膨胀对材料孔壁产生巨大的压力，由此产生的拉应力超过材料的抗拉强度极限时，材料内部产生微裂纹，强度下降。所以材料的抗冻性与材料的强度、孔隙构造、吸水饱和程度及软化系数等有关，软化系数小于 0.8，孔隙水饱和程度大于 0.80 时，材料的抗冻性较差；材料本身的强度越低，抵抗冻害的能力越弱。

抗冻性良好的材料，具有较强的抵抗温度变化、干湿交替等风化作用的能力，所以抗冻性常作为考查材料耐久性的一个指标。寒冷地区和寒冷环境的建筑必须选择抗冻性材料。处于温暖地区的建筑物，虽无冻害作用，为抵抗大气的风化作用，确保建筑物的耐久性，对材料也常提出一定的抗冻性要求。

1.2.5 材料的热工性质

建筑物墙体、屋顶以及门窗等围护结构需要具有保温和隔热性质，以达到降低建筑使用能耗、维持室内温度的目的，这就需要考虑材料具有一定的热工性质。土木工程材料常考虑的热工性质有导热性、热容性、比热以及温度变形性。

1.2.5.1 材料的导热性

导热性是指材料将热量从温度高的一侧传递到温度低的一侧的能力。材料导热性用导热系数表示，即厚度为1 m的材料，当温度改变为1 K时，在1 s时间内通过1 m^2 面积的热量，用下式表示：

$$\lambda = \frac{Q\delta}{At(T_2 - T_1)}$$

式中 λ——导热系数，W/(m·K)；

Q——传导的热量，J；

δ——材料的厚度，m；

A——材料的传热面积，m^2；

t——传热时间，h；

$(T_2 - T_1)$——材料两侧的温度差，K。

导热系数小的材料，导热性差，绝热性好。各种土木工程材料的导热系数差别很大，工程中通常将导热系数小于0.23W/(m·K)的材料为绝热材料。

影响材料导热系数大小的因素有孔隙率与孔隙特征、温度、湿度与热流方向等。因为水的导热系数大，干燥空气的导热系数小，所以，材料吸湿受潮后导热系数增大。一般情况下，表观密度小、孔隙率大、尤其是闭口孔隙率大的材料，导热系数小。

1.2.5.2 材料的热容性

热容量是指材料受热时吸收热量和冷却时放出热量的性质，其计算公式为：

$$Q = mC(t_1 - t_2)$$

式中 Q——材料的热容量，kJ；

m——材料的质量，kg；

C——材料的比热，kJ/(mg·K)；

$(t_1 - t_2)$——材料受热或冷却前后的温度差，K。

其中比热的物理意义是指1 kg重的材料，在温度改变1 K时所吸收或放出的热量。比热值大小能真实反应不同材料间热容量大小。

材料的导热系数和热容量是建筑物围护结构热工计算时的重要参数，设计时应选择导热系数较小而热容量较大的材料。热容量值对保持室内温度的稳定有很大作用，热容量值大的材料(如木材、木纤维材料等)能在热流变动或采暖、空调不均衡时缓和室内温度的波动。

土木工程常用材料的导热系数和比热见表1-2。

表 1-2 土木工程常用材料的导热系数和比热

材料名称	导热系数/[W/(m·K)]	比热/[kJ/(mg·K)]
钢	55	0.46
混凝土	1.8	0.88
加气混凝土	0.16	—
松木(横纹)	0.15	1.63
花岗石	2.9	0.80
大理石	3.4	0.88
泡沫塑料	0.03	1.30
静止空气	0.025	1.00
水	0.60	4.19

1.2.5.3 材料的热阻

热阻是指材料对热穿透的阻碍能力,用 R 表示。材料热阻的大小与其厚度成正比,与其导热系数成反比,即:

$$R=\frac{\delta}{\lambda}$$

式中 R——材料的热阻;

δ——材料的厚度;

λ——材料的导热系数。

材料的热传导性是指具体材料的传热能力,以传热系数 K 表示。材料的传热系数数值大小与材料的热阻总和成反比,即:

$$K=\frac{1}{\delta}$$

当沿传热方向为不同材料时,如图 1-3 所示的层状复合材料,材料的总热阻为各部分材料热阻之和:

$$R=R_1+R_2+\cdots+R_i+\cdots+R_n$$

式中 R_i——第 i 层材料的热阻,$R_i=\delta_i/\lambda_i$。

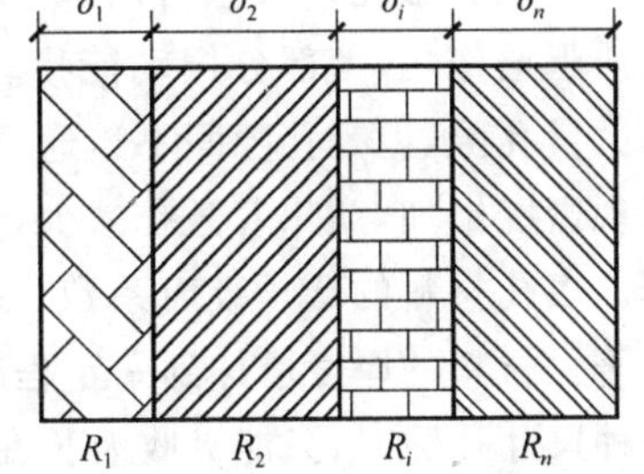

图 1-3 多层材料复合热阻计算

此时材料总传热系数为:

$$K=\frac{1}{R}=\frac{1}{R_1+R_2+\cdots+R_i+\cdots+R_n}$$

1.2.5.4 材料温度变形性

材料的温度变形性是指温度升高或降低时材料的体积变化程度。多数材料热胀冷缩、温度升高时体积膨胀,温度降低时体积收缩。这种变化在单向尺寸上表现为线膨胀或线收缩,相应的技术指标为线膨胀。材料的线膨胀量计算公式为:

$$\Delta L = \lambda_1 (t_1 - t_2) \beta L$$

式中 ΔL——线膨胀或线收缩量,mm;

$(t_1 - t_2)$——温度差,K;

β——材料在常温下的平均线膨胀系数,1/K;

L——材料的初始长度,mm。

材料的线膨胀系数与材料的组成和结构有关。装饰工程中,对材料温度变形的关注大多集中在某一单向尺寸方向上的变化,如实木地面所铺木龙骨两端与墙之间应留适当间隙,铝扣板吊顶与墙之间也应有适当空隙。

1.2.6 材料的吸声性

材料吸收声音的能力用吸声系数反映。当声波遇到材料表面时,入射声能的一部分从材料表面反射,另一部分则被材料吸收。被吸收声能和入射声能之比,称为吸声系数,用 α 表示。

材料的吸声特性除与声波的方向有关外,尚与声波的频率有关,同一材料,对于高、中、低不同频率的吸声系数不同。为了全面反映材料的吸声特性,通常取125、250、500、1 000、2 000、4 000 Hz 六个频率的吸声系数来表示材料吸声的频率特性。材料的六个频率平均吸声系数大于 0.2 的材料称为吸声材料。材料的吸声系数越大,吸声效果越好。在音乐厅、影剧院、大会堂、播音室等内部的墙面、地面、顶棚等部位,适当采用吸声材料,能改善声波在室内传播的质量,保持良好的音响效果。

为发挥吸声材料的作用,材料的气孔应是开放的,且应相互连通,气孔越多,吸声性能越好。这是因为当声波沿一定角度投射到含有开口孔材料表面时,便有一部分声波顺着微孔进入材料内部,引起内部空气的振动,由于微孔空气运动的摩擦与黏滞阻尼作用,使部分振动能量转化为热能,即声波被材料吸收。有些材料虽然含有大量孔隙,但是孔隙间不连通,或不是表面开口孔,其吸声能力就较弱。多孔材料表观密度增加,意味着微孔减少,能使低频吸声效果有所提高,但高频吸声性能却下降。多孔材料的低频吸声系数,一般随着厚度的增加而提高,但厚度对高频影响不显著。材料的厚度增加到一定程度后,吸声效果的变化则不明显。当材料表面只有一种尺寸孔隙时,只能吸收波长在某一范围内的声波,故选择材料时,常使材料表面产生孔径不同的孔隙,以增强对各种波长声波的吸收效果。

柔性材料、膜状材料、板状材料和穿孔板,在声波作用下发生共振作用使声能转变为机械能被吸收。它们对于不同频率有择优倾向,柔性材料和穿孔板以吸收中频声波为主,膜状材料以吸收低中频声波为主,而板状材料以吸收低频声波为主。

大多数吸声材料强度较低,因此,吸声材料应设置在护壁台以上,以免撞坏;吸声材料易于吸湿,安装时应考虑到胀缩的影响;还应考虑防水、防腐、防蛀等问题;尽可能使用吸声系数较高的材料,以便使用较少的材料达到较好的效果。

1.3 装饰材料的力学性质

建筑物要达到稳定、安全、适用，材料的力学性质是首先要考虑的基本性质。材料的力学性质是指材料在外力作用下的变形性质和抵抗外力破坏的能力。

1.3.1 材料的强度

1.3.1.1 强度

材料抵抗在外力(荷载)作用下而引起破坏的能力称为强度。在外力作用下，材料内部产生应力，随着外力增加，应力相应加大，直至质点间结合力不足以抵抗所作用的外力时，材料即被破坏。这个强度极限就代表材料的强度，也称极限强度。

根据外力作用方式不同，材料的强度可分为抗压强度、抗拉强度、抗剪强度和抗弯强度等，如图 1-4 所示。

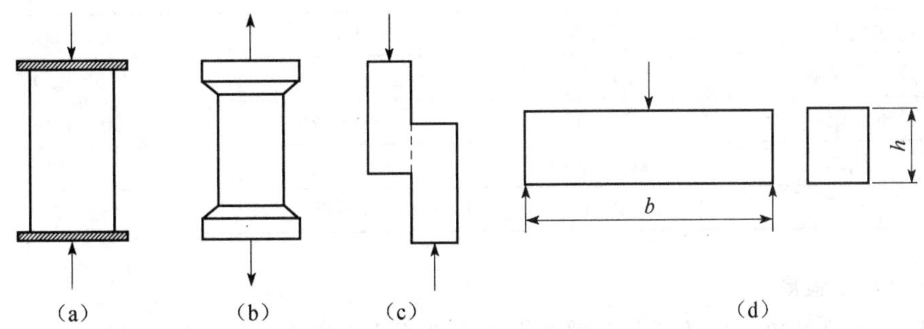

图 1-4 材料受力情况示意图

(a)受压；(b)受拉；(c)受剪；(d)受弯

材料的抗压强度、抗拉强度、抗剪强度和抗弯强度是通过材料破坏试验测得的，前三种强度的计算公式为：

$$f = \frac{P}{A}$$

式中 f——材料的极限抗压(抗拉或抗剪)强度，MPa；

P——材料的材料能承受的最大荷载，N；

A——材料的受力面积，mm^2。

材料抗弯试验有不同的加载方法，抗弯强度计算公式也不相同，当简支梁中点作用一集中荷载时，抗弯强度计算式为：

$$f_m = \frac{3Pl}{2bh^2}$$

式中 f_m——材料的抗弯(抗折)强度，MPa；

P——材料能承受的最大荷载，N；

l——两支点间距，mm；

b、h——试件截面的宽度和高度，mm。

材料的强度与其组成和构造有密切的关系，不同种类的材料具有不同的抵抗外力的能力。相同种类的材料，其孔隙率及孔隙特征不同，材料的强度也有较大差异，材料的孔隙率越低，强度越高。石材、砖、混凝土和铸铁等脆性材料都具有较高的抗压强度，而其抗拉及抗弯强度很低；木材的强度具有方向性，顺纹方向强度与横纹方向强度不同，顺纹抗拉强度大于横纹抗拉强度；钢材的抗拉、抗压强度都很高。

材料的强度大小是通过试验测得的，其值主要决定于内因，但试验条件等外界因素对材料强度试验结果也有很大影响，如环境温度、湿度、试件的含水率、形状、尺寸、表面状况及加荷时的速度等，所以必须严格遵照试验标准，按规定试验方法测试材料强度。

土木工程常用材料强度见表1-3。

表1-3 土木工程常用材料的强度 MPa

材料	抗压强度	抗拉强度	抗弯强度
建筑钢材	215～1 600	215～1 600	215～1 600
普通混凝土	7.5～60	1～4	0.7～9
烧结普通砖	10～30	—	1.8～4.0
松木(顺纹)	30～50	80～120	60～100
花岗岩	100～300	7～25	10～40
大理石	50～190	7～25	6～20

1.3.1.2 比强度

比强度是按单位体积质量计算的材料强度指标，其值等于材料的强度与其表观密度的比值。比强度值大小用于衡量材料是否轻质高强，比强度值越大，材料轻质高强的性能越好。这对于建筑物保证强度、减小自重、向空间发展及节约材料有重要的实际意义。表1-4列出土木工程常用结构材料的比强度，由此可见，钢材的比强度比普通混凝土的比强度大两倍，在高强混凝土开始大规模应用的20世纪70年代以前，摩天大楼的结构材料几乎是钢材一统天下，只是在高强混凝土出现以后，提高了混凝土的比强度，才使得摩天大楼结构材料由混凝土和钢材平分秋色。玻璃钢的比强度与木材相当，是一种优质的高强轻质材料。

表1-4 土木工程常用结构材料的比强度

材料	强度/MPa	表观密度/(kg/m^3)	比强度
低碳钢	7 850	420	0.054
普通混凝土(抗压)	40	2 400	0.017
松木(顺纹抗拉)	10	50	0.200
玻璃钢(抗弯)	450	2 000	0.225

1.3.2 材料的弹性与塑性

材料在外力作用下，产生变形，当去掉外力作用时，它可以完全恢复原始的形状，此性质称为弹性，由此产生的变形称为弹性变形，弹性变形属于可逆变形。还有些材料，在外力作用下，也产生变形，但当去掉外力后，仍然保持其变形后的形状和尺寸，并不产生裂缝，这就是材料的塑性，这种不可恢复的永久变形称为塑性变形。

材料在弹性范围内，弹性变形大小与其外力的大小成正比，这个比值称为弹性模量，其计算式见下式：

$$E = \frac{\sigma}{\varepsilon}$$

式中 E——材料的弹性模量，MPa；

σ——材料的应变，MPa；

ε——材料的应力。

弹性模量是反映材料抵抗变形能力大小的指标，弹性模量值越大，外力作用下材料的变形越小，材料的刚度也越大。

材料变形总是弹性变形伴随塑性变形，如建筑钢材，当受力不大时，产生弹性变形，当受力达某一值时，则又主要为塑性变形材料；混凝土受力后，同时产生弹性变形和塑性变形。

1.3.3 材料的韧性与脆性

外力作用于材料，并达到一定值时，材料并不产生明显变形即发生突然破坏，材料的这种性质称为脆性，具有此性质的材料称为脆性材料。脆性材料具有较高的抗压强度，但抗拉强度和抗弯强度较低，抗冲击能力和抗振能力较差。砖、石、陶瓷、混凝土、生铁和玻璃等都属于脆性材料，混凝土的抗压强度是其抗拉强度的 8～12 倍。

材料在冲击、动荷载作用下能吸收大量能量并能承受较大的变形而不突然破坏的性质称为韧性。韧性材料破坏时能吸收较大的能量，其主要表现为在荷载作用下能产生较大变形。材料韧性性质用冲击试验来检验，用材料破坏时单位面积吸收的能量作为冲击韧性指标。作为受冲击或振动荷载的路面、吊车梁、桥梁等结构物的材料都应具有较高的韧性。

1.3.4 材料的硬度与耐磨性

1.3.4.1 材料的硬度

硬度是指材料表面抵抗硬物压入或刻划的能力。土木工程中的楼面和道路材料、预应力钢筋混凝土锚具等为保持使用性能或外观，常须具有一定的硬度。

工程中有多种表示材料硬度的方法。天然矿物材料的硬度常用摩氏硬度表示，它是以两种矿物相互对刻的方法确定矿物的相对硬度，并非材料绝对硬度的等级，其硬度的对比标准分为十级，由软到硬依次分别为：滑石、石膏、方解石、萤石、磷灰石、正长石、石英、黄玉、刚玉、金刚石。混凝土、砂浆和烧结黏土砖等材料的硬度常以重锤下落回弹高度计算求得，回弹值与材料强度有相关关系，能用于估算材料强度值。金属、木材等材料常以压入法检测其硬度，如洛氏硬度和布氏硬度。

1.3.4.2 材料的耐磨性

材料的耐磨性是指材料表面抵抗磨损的能力。材料硬度高，材料的耐磨性也好。材料耐磨性可用磨损率表示。

1.4 材料的耐久性

耐久性是指材料在多种自然因素作用下，经久不变质、不破坏、长久保持原有使用性能的性质。

材料在使用过程中，除受到各种外力作用外，还长期受到周围环境和各种自然因素的破坏作用，这些作用包括物理作用、化学作用、机械作用和生物作用。

物理作用包括环境温度、湿度的交替变化，引起材料热胀冷缩、干缩湿胀、冻融循环，导致材料体积不稳定，产生内应力，如此反复，将使材料破坏。

化学作用包括大气、土壤和水中酸、碱、盐以及其他有害物质对材料的侵蚀作用，使材料产生质变而破坏，此外，日光、紫外线对材料也有不利作用。

机械作用包括持续荷载作用、交变荷载作用以及撞击引起材料疲劳、冲击、磨损、磨耗等。

生物作用包括昆虫、菌类等材料所产生的蛀蚀、腐朽等破坏作用。

材料耐久性的好坏说明材料在具体的气候和使用条件下能够保持工作性能的期限，因此，材料的耐久性是材料的一项综合性质。不同材料组成与结构不同，耐久性考虑的项目也不相同，例如钢材易受氧化和电化学腐蚀，无机非金属材料有抗渗性、抗冻性、耐腐蚀性、抗碳化性、耐热性、耐溶蚀性、耐磨性、耐光性等要求，有机材料多因腐烂、虫蛀、老化而变质。

为了延长建筑物的使用寿命，减少维护费用，必须采用耐久性良好的材料。普通混凝土的耐久性年限一般为50年以上，花岗岩的耐久性寿命可高达数百年以上，优质外墙涂料使用寿命超过10年。工程上应根据工程的重要性、所处的环境及材料的特性，正确选择合理的材料耐久性寿命。

【本章要点】

本章重点介绍建筑装饰材料的物理性质、与水有关的性质、热工性质、力学性质、耐久性、防火性和装饰性，为合理选择和科学利用建筑装饰材料打下基础。对密度和表观密度的掌握应能理解孔隙，以加深材料结构对强度、水渗透、绝热和保温性质的理解；抗压、抗拉、抗折是材料的重要指标，要注意其影响因素；知道影响材料耐久性的各种因素,以便根据使用环境选择材料。要能区分材料导热系数和墙体结构传热系数,明确指标对墙体保温隔热的影响。

【思考与练习题】

1. 什么是材料的矿物组成?
2. 材料的孔隙特征对材料有哪些影响?
3. 什么是材料的软化系数?
4. 某材料湿重 100 g,烘干至恒重后重 95 g,试求此材料的含水率。
5. 影响材料强度的因素有哪些?
6. 材料的硬度指标如何表达?
7. 什么是材料耐久性? 其影响因素有哪些?
8. 如何按导热系数和比热系数选择建筑材料?

2 基本建筑材料简介

2.1 建筑石膏和石灰

建筑石膏和石灰是无机胶凝材料，属气硬性胶凝材料，即只能在空气中硬化，且只能在空气中保持或继续提高其强度的胶凝材料。

2.1.1 建筑石膏

石膏建筑材料被公认为是一种生态、健康的建筑材料。石膏胶凝材料生产只是除去部分或全部二水硫酸钙中的结晶水，生产温度低、耗能低、排出的废气是水蒸气，用烧成的建筑石膏为主要原料制成的各种石膏建筑材料，凝结硬化快，生产周期短。

2.1.1.1 建筑石膏生产

生产石膏胶凝材料的原料主要是天然石膏和化工石膏。天然石膏有天然二水石膏，又称软石膏或生石膏，是含有两个结晶水的硫酸钙（$CaSO_4 \cdot 2H_2O$），呈质密块状或纤维状，后者称纤维石膏；还有天然无水石膏（$CaSO_4$），又称硬石膏，不含结晶水，呈质密块状或粒状。化学石膏也称工业副产石膏，是指工业生产中由化学反应生成的以硫酸钙（含0～2个结晶水）为主要成分的副产品或废渣，磷素化学肥料和复合肥料生产是产生工业副产石膏的一个大行业，燃煤锅炉烟道气石灰石法/石灰湿法脱硫、莹石用硫酸分解制氟化氢、发酵法制柠檬酸都产生工业副产石膏，分别为磷石膏、脱硫石膏、氟石膏、柠檬酸石膏，此外还有芒硝石膏、硼石膏和盐石膏等。

生产石膏胶凝材料的主要工序有破碎、加热与磨细。因原材料质量不同、煅烧时压力与温度不同，所得到的石膏及其结构和特性也不相同。

天然石膏在常压下加热温度达到107～170℃时，二水石膏脱水变为β型半水石膏（即建筑石膏，又称熟石膏），加热过程通常是在炒锅或回转窑中进行。β型半水石膏结晶细小，分散度高，其中杂质含量较少、白度较高，常用于制作模型和花饰，称模型石膏，它在陶瓷工业中用做成型的模型。石膏生产反应式为：

$$CaSO_4 \cdot 2H_2O \longrightarrow CaSO_4 \cdot \frac{1}{2}H_2O + \frac{3}{2}H_2O$$

高品位的天然二水石膏在具有0.13 MPa、120～140℃的饱和水蒸气条件下的蒸压釜中蒸炼，得到α型半水石膏，α型半水石膏结晶较粗，生成的半水石膏是粗大而密实的晶体，水化后具有较高强度，故称高强石膏。

此外还有溶性硬石膏、不溶性硬石膏、煅烧石膏等，但在建筑中应用多的是建筑石膏。

2.1.1.2 建筑石膏水化与硬化

建筑石膏粉与水调和成均匀浆体，起初具有可塑性，但很快就失去塑性并产生强度，发展成为有强度的固体，这个过程称为石膏的水化和硬化。

半水石膏与水反应，又还原成二水石膏，水化反应式如下：

$$CaSO_4 \cdot \frac{1}{2}H_2O + \frac{3}{2}H_2O \longrightarrow CaSO_4 \cdot 2H_2O$$

浆体的水化、凝结、硬化是一个连续进行的过程，只是为了理解将其拆为三个过程。将从加水开始拌和一直到浆体刚开始失去可塑性的过程称为浆体的初凝，对应的这段时间称为初凝时间；将从加水拌和开始一直到浆体完全失去可塑性，并开始产生强度的过程称为浆体的硬化，对应的这段时间称为浆体的终凝时间。

2.1.1.3 建筑石膏的技术特性

1. 凝结硬化快

建筑石膏与水拌和后，在常温下一般数分钟即可初凝，30 min 以内即可达终凝，一星期左右完全硬化。通过改变半水石膏的溶解度和溶解速度可调整凝结时间，若要延缓凝结时间，可掺入缓凝剂，如柠檬酸、硼酸以及它们的盐，或用亚硫酸盐酒精废液、淀粉渣、明胶、醋酸钙等；若要加速建筑石膏的凝结，则可掺入促凝剂，如氯化钠、氯化镁、硅氟酸钠、各种硫酸盐(硫酸铁除外)等。

2. 水化硬化体孔隙率大、强度较低

其硬化后的抗压强度仅为 3～6 MPa，建筑石膏的水化，理论需水量只占半水石膏重量的 18.6%，但实际上为使石膏浆体具有一定的可塑性，往往需加水到 60%～80%，多余的水分在硬化过程中逐渐蒸发，在硬化后的石膏浆体中产生大量的孔隙，一般孔隙率为 50%～60%，因此建筑石膏硬化后，表观密度较小，强度较低。

3. 隔热保温、隔声吸声性能良好，但耐水性较差

石膏硬化体孔隙均为微小的毛细孔，导热系数一般较低，为 0.121～0.205 W/(m·K)，是好的绝热材料，表面微孔使声音传导或反射的能力也显著下降，从而具有较强的吸声能力；软化系数仅为 0.3～0.45，故应用于相对湿度不大于 70%环境中，若要在潮湿环境中使用，建筑石膏制品中需掺入防水剂和耐水性好的集料，从而避免二水石膏在水中溃散。

4. 防火性能良好

建筑石膏制品的主要成分为二水石膏，火灾时，石膏结晶水吸收热量并蒸发，在制品表面形成蒸汽幕，能有效阻止火势的蔓延从而赢得宝贵的疏散和灭火时间，这是建筑石膏制品独特性质，其他室内装修材料无法与之相比。

5. 硬化时体积略有膨胀，装饰性好

建筑石膏硬化时体积略有膨胀，膨胀值为 0.5%～1.0%，可不掺加填料而单独

使用,这种微膨胀性使制品表面光滑饱满,不干裂、细腻平整、颜色洁白,制品尺寸准确、轮廓清晰,具有很好的装饰性。

6. 一定的调温调湿性

建筑石膏制品中有大量微细毛细孔,具有吸湿与还湿功能,其含水率随环境温度和湿度的变化而改变,水分蒸发和吸收速度维持动态平衡,形成一个合适的室内气候,可起到调节室内湿度的作用。同时由于其导热系数小、热容量大,形成舒适的表面温度,改善室内温度。

7. 施工性很好

建筑石膏制品可钉、可刨、可钻、可贴、可锯,施工与安装灵活方便。

另外,建筑石膏粉在储运时必须注意防潮,储存时间不得过长,一般不得超过三个月。

2.1.1.4 建筑石膏质量要求

建筑石膏按技术要求分为优等品、一等品和合格品三个等级。其强度和细度均应满足表 2-1 要求,初凝时间不小于 6 min,终凝时间不大于 30 min。

表 2-1 建筑石膏的技术要求(GB 9776—1988)

技术要求	质量等级		
	优等品	一等品	合格品
抗折强度/MPa	≥2.5	≥2.1	≥1.8
抗压强度/MPa	≥4.9	≥3.9	≥2.9
0.2 mm 方孔筛筛余(%)	≥5.0	≥10.0	≥15.0

建筑石膏产品的质量等级可以用代号表示,具体标记顺序为:产品名称、抗折强度值、标准号,如建筑石膏 2.5 GB 9776 表示优等品的建筑石膏。

2.1.1.5 建筑石膏的应用

建筑石膏具有许多优良的性能,适宜用做室内装饰、保温绝热、吸声及阻燃等方面的材料。

1. 纸面石膏板

纸面石膏板是以建筑石膏为主要原料,加入少量添加剂与水搅拌后,连续浇注在两层护纸之间,再经封边、压平、凝固、切断、干燥而成的一种轻质建筑板材。分为普通纸面石膏板(代号 P)、耐水纸面石膏板(代号 S)和耐火纸面石膏板(代号 H)。普通纸面石膏板主要用于内墙、隔墙、天花板等处。耐水纸面石膏板以建筑石膏为主要原料,掺入适量纤维增强材料和耐水外加剂等构成耐水芯材,并与耐水护面纸牢固地黏结在一起的耐水建筑板材,主要用于湿度较大的场所,如厨房、卫生间、室内停车库等需要抵抗间歇性潮湿和水汽的场合,也可用于满足临时外部暴露的需要。它可以阻止水汽的渗透,而不使内层龙骨锈蚀、破坏。板面适于粘贴各种装饰材料，包括瓷砖或适当重量的石材。耐火纸面石膏板以建筑石膏为主要材料，掺入适量轻集料、无机耐火纤维增强材料和外加剂构成耐火芯材，并与护面纸牢固地粘接在一起，主要用于有特殊要求的场所，如电梯井道、楼梯、钢梁柱的防火背覆以及防火墙和吊顶。

2.纤维石膏板

纤维石膏板是指以各种无机纤维或有机纤维与石膏制成的增强石膏板材。无机纤维有玻璃纤维、云母和石棉等，有机纤维包括木质纤维(指木材纤维、木材刨花、纸浆及革类纤维)和化学纤维等。木质纤维石膏板的表面可涂刷涂料，为了提高纤维石膏板装饰效果，也可在木质纤维石膏板的表面进行深加工，目前可采用的方法是在板材表面贴装饰材料，如刨切薄木、三聚氰胺浸渍纸和 PVC 薄膜等。在饰面之前，木质纤维石膏板的表面必须先进行砂光，使板的厚度偏差在 0.2 mm 以内。

3.石膏空心条板

石膏空心条板以建筑石膏为原料，形状似混凝土空心楼板，规格尺寸为(2400～3 000)mm×(60～120)mm、7 孔或 9 孔，是条形板材。用这种板材做建筑物内隔墙，代替传统的实心黏土砖或空心黏土砖。条板的单位面积重量更轻、砌筑量更少，使建筑物的自重更轻，其基础承载也就更小，可进一步降低建筑造价。条板的长度按建筑物的层高定，因此施工效率更高。由于石膏材质较脆，在运输及安装中易断裂，特别是用石膏空心条板做门口板，更容易产生裂缝。另外石膏空心条板的耐水防潮性能也很差，因此，许多生产厂家对石膏空心条板做了改性，如掺加一定比例的珍珠岩粉来改善板材的脆性和降低密度，掺加硅酸盐水泥改善条板的耐水、防潮性能，在石膏空心条板两侧板面预埋涂塑玻璃纤维网格布，以改善板材的抗冲击性能和耐变形能力。采用不同改性措施生产的板材有不同的名称，如石膏珍珠岩空心条板、增强石膏珍珠岩空心条板、加气石膏纤维空心条板等。

4.装饰石膏板

装饰石膏板有很多品种，通常包括(普通)装饰石膏板、嵌装式装饰石膏板、新型装饰石膏板及大型板块等。嵌装式装饰石膏板四周具有不同形式的企口，按其功能又有装饰板、吸声板和通风板之分。各种装饰板按材性又有普通、防火、防潮之分。按重量又可分为普通、轻质等。装饰石膏板通常用于各种建筑物吊顶的装饰装修，如小型浴室、厨房、卧室、客厅、室内游泳池、酒吧、舞厅、会议室、报告厅、体育馆、大会堂等均可使用。装饰石膏板由于所具有的多种优点及强烈的装饰效果而风靡世界各地。带花纹的底模更换方便，能按用户要求，进行花纹设计，装饰石膏板的花型也十分丰富。

5.石膏装饰制品

石膏装饰制品是室内装饰用石膏制品的概称，其花色品种多样，规格不一，包括柱子、角花、角线、平底线、圆弧线、花盘、花纹板、门头花、壁托、壁炉、壁画、阁龛以及各式石膏立体浮雕、艺术品等。产品艺术感强，广泛应用于各类不同的建筑风格、不同档次的建筑室内艺术装饰。它的装饰造型可使楼堂馆所富丽堂皇、气势雄伟，居室雍容华贵、温馨典雅。

2.1.2 石灰

石灰是土木工程中使用量大、也是人类较早使用的一种建筑材料，人类使用石灰的历史已有五千年。因为石灰生产原料来源广泛、工艺简单、成本低廉、使用方便，所以至今仍被广泛用于土木工程中。

2.1.2.1 石灰的生产工艺

生产石灰的主要原料是以碳酸钙为主要成分的天然岩石，常用的有石灰石、白云石、白垩、贝壳等。石灰石原料在适当的温度（900～1 100℃）下燃烧，碳酸钙分解，释放出 CO_2，得到以 CaO 为主要成分的生石灰，其煅烧反应式如下：

$$CaCO_3 \xrightarrow[178\ kJ/mol]{900℃} CaO + CO_2\uparrow$$

由于石灰原料中会含有一些碳酸镁，故生石灰中还有一些 MgO，MgO≤5%的石灰称为钙质石灰，否则称为镁质石灰。

生石灰质量轻，表观密度为 800～1 000 kg/m^3，密度约为 3.2 g/cm^3，色质洁白或略带灰色。石灰在生产过程中，应严格控制燃烧温度的高低及分布和石灰石原料尺寸的大小，否则容易产生“欠火石灰”和“过火石灰”。欠火石灰外部为正常煅烧的石灰，内部尚有未分解的石灰石内核，不仅降低石灰的利用率，而且有效氧化钙和氧化镁含量低，黏结能力差。过火石灰是由于煅烧温度过高、煅烧时间过长所致，其颜色较深，密度较大，颗粒表面部分被玻璃状物质或釉状物所包覆，造成过火石灰与水的作用减慢，如在工程中使用会影响工程质量。

2.1.2.2 石灰的消化

工地上在使用石灰时，通常将石灰加水，使之消解为膏状或粉末状的消石灰，这个过程称为石灰的“消化”或“熟化”，即：

$$CaO + nH_2O \longrightarrow Ca(OH)_2 \cdot nH_2O + 64.9\ kJ/mol$$

生石灰伴随着消化过程，放出大量的热，并且体积迅速增加 1～2.5 倍。过火石灰在使用后，其表面常被黏土杂质融化形成的玻璃釉状物包裹，熟化很慢，当石灰已经硬化后，其中过火石灰颗粒吸收空气中的水蒸气才开始熟化，体积逐渐膨胀，使已硬化的浆体产生隆起、开裂等破坏，故在使用前必须使其熟化或将其去除。常采用的方法是在熟化过程中首先将较大尺寸的过火石灰利用小于 3 mm×3 mm 的筛网等去除，过筛也有利于去除较大的欠火石灰块，以改善石灰质量。之后将石灰膏在储灰池中存放两周以上，即所谓“陈伏”，使水有充分时间穿过过火石灰的釉质表面，让较小的过火石灰块充分熟化。陈伏期间为防止石灰碳化，石灰膏表面应保有一层水，消石灰粉也应采取覆盖等措施。

石灰根据成品加工方法可以分为块状生石灰、生石灰粉、消石灰粉、石灰膏及石灰乳等。

2.1.2.3 石灰的硬化

石灰的硬化是指石灰由塑性状态逐步转化为具有一定强度的固体的过程。石灰浆体的硬化包括干燥硬化和碳化硬化。

1. 干燥硬化

石灰浆体在干燥过程中，毛细孔隙失水。由于水的表面张力的作用，毛细孔隙中的水面呈弯月面，从而产生毛细管压力，使得氢氧化钙颗粒间距逐渐减小，因而产生一定的强度。干燥过程中因水分的蒸发，氢氧化钙也会在过饱和溶液中结晶，但结晶数量很少，产生的强度很低。这两种增强作用都很有限，故对石灰浆体的强度增加不大，且遇水后即会丧失。若再遇水，因毛细管压力消失，氢氧化钙颗粒间紧密程度降低，且氢氧化钙微溶于水，强度丧失。

2. 碳化硬化

氢氧化钙与空气中的二氧化碳反应生成碳酸钙晶体称为碳化。其反应如下：

$$Ca(OH)_2 + CO_2 + nH_2O \longrightarrow CaCO_3 + (n+1)H_2O$$

生成的碳酸钙具有相当高的强度。由于空气中二氧化碳的浓度很低，因此碳化过程极为缓慢，碳化作用在长时间内仅限于表层，随着时间的增长，碳化层的厚度逐渐增加，增加的速度决定于石灰浆体与空气接触的条件。当石灰浆体含水量过少，处于干燥状态时，碳化反应几乎停止；石灰浆体含水量多时，孔隙中几乎充满水，二氧化碳气体难以渗透，碳化作用仅在表面进行，生成的碳酸钙达到一定厚度时，阻碍二氧化碳向内渗透，同时也阻碍内部水分向外蒸发，从而减慢了碳化速度。由此，石灰是一种硬化慢、强度低的气硬性胶凝材料。

2.1.2.4 石灰的特性

1. 保水性好

熟石灰粉或石灰膏与水拌和后，石灰浆中 $Ca(OH)_2$ 颗料极细(直径约为 1 μm)，表面吸附一层较厚水膜呈胶体分散状态，保持水分不泌出的能力较强，即保水性好。由于颗粒数量多，总表面积大，可吸附大量水，这是保水性较好的主要原因。混合水泥砂浆中加入石灰浆，使其可塑性显著提高，能显著提高砂浆的和易性。

2. 耐水性差

在石灰硬化中，大部分仍然是尚未碳化的氢氧化钙，由于氢氧化钙结晶易溶于水，因而耐水性差，在潮湿环境中强度会更低，遇水还会溶解溃散，所以石灰不宜用于潮湿环境，也不宜用于重要建筑物基础。

3. 硬化时体积收缩大

石灰在硬化过程中，蒸发出大量水分，引起体积显著收缩，易出现干缩裂缝。所以，除调制成石灰乳做薄层粉刷外，石灰不宜单独使用，一般要掺入砂、纸筋、麻刀等加强材料，这样既可以限制收缩，又能节约石灰。

2.1.2.5 石灰的技术标准

石灰的质量要求有氧化钙和氧化镁(CaO+MgO)含量、细度、二氧化碳含量、生石灰产浆量、未消化残渣量和体积安定性等，由此将建筑石灰分为优等品、一等品和合格品三个等级，见表 2-2～表 2-4。值得注意的是石灰中的氧化钙分为“结合氧化钙”和“游离氧化钙”两类，结合氧化钙是在煅烧过程中生成的钙盐，如硅酸钙、铝酸钙和铁酸钙，在石灰中不起胶凝作用。游离氧化钙是石灰中的胶结成分，它又分为“活性”和“非活性”两种，非活性氧化钙是由石灰过烧造成的，可通过粉碎变成活性氧化钙，活性氧化钙是石灰中的主要胶结成分。

表 2-2 生石灰技术指标(JC/T 479—1992)

项 目	钙质生石灰			镁质生石灰		
	优等品	一等品	合格品	优等品	一等品	合格品
(CaO+MgO)含量(%)	≥90	≥85	≥80	≥85	≥80	≥75
未消化残渣量(5 mm 圆孔筛筛余)(%)	≤5	≤10	≤15	≤5	≤10	≤15
CO_2(%)	≤5	≤7	≤9	≤6	≤8	≤10
产浆量/(L/kg)	≥2.8	≥2.3	≥2.0	≥2.8	≥2.3	≥2.0

表 2-3 生石灰粉技术指标(JC/T 480—1992)

项 目	钙质生石灰			镁质生石灰		
	优等品	一等品	合格品	优等品	一等品	合格品
(CaO+MgO)含量(%)	≥85	≥80	≥75	≥80	≥75	≥70
CO_2(%)	≤7	≤9	≤11	≤8	≤10	≤12
0.90 mm 圆孔筛筛余(%)	≤0.2	≤0.5	≤1.5	≤0.2	≤0.5	≤1.5
0.125 mm 圆孔筛筛余(%)	≤7.0	≤12.0	≤18.0	≤7.00	≤12.0	≤18.0

表 2-4 消石灰粉技术指标(JC/T 481—1992)

项 目	钙质生石灰			镁质生石灰		
	优等品	一等品	合格品	优等品	一等品	合格品
(CaO+MgO)含量(%)	≥70	≥65	≥60	≥65	≥60	≥55
体积安定性	合格	合格	—	合格	合格	—
游离水(%)	0.4～2.0			0.4～2.0		
0.9 mm 圆孔筛筛余(%)	≤0	≤0	≤0.5	≤0	≤0	≤0.5
0.125 mm 圆孔筛筛余(%)	≤3	≤10	≤15	≤3	≤10	≤15

2.1.2.6 的应用

石灰在工程中有广泛用途，现介绍以下几个方面。

1. 石灰乳涂料和石灰砂浆

将熟化好的石灰膏或消石灰粉加入适量的水稀释成石灰乳，是一种廉价易得的涂料，主要用于内墙和天棚刷白，能为室内增白添亮，我国农村也用于外墙。石灰乳中可加入各种耐碱颜料、掺入少量磨细粒化高炉矿渣或粉煤灰，可提高其耐水性。掺入聚乙烯醇、干酪素、氯化钙或明矾，可减少涂层粉化现象。将石灰膏、水泥、砂加水拌制成混合砂浆，可用于墙体砌筑、抹面工程或桥梁工程中的圬工砌体。将石灰膏、砂加水拌制成石灰砂浆，也可掺入纸筋、麻刀或有机纤维，用于内墙或顶面抹面。石灰乳和石灰砂浆应用于吸水性较大的基面(如普通黏土砖)上时，应事先将基面润湿，以免石灰浆脱水过速而成为干粉，丧失胶结能力。

2. 石灰稳定类材料

灰土是消石灰粉与黏土拌和而成的，也称为石灰土，再加砂或石屑、炉渣等即成三合土。将灰土或三合土分层夯实后，作为广场或道路的基层及简易面层，在农村亦用做房屋的墙体。道路工程的半刚性基层可用石灰稳定土或矿料(如砂、砂砾、石屑等)，或与工业废渣(如粉煤灰、煤渣、高炉矿渣等)做成综合稳定的结构层，石灰稳定土中生石灰量占土的重量为8%～10%。

3. 硅酸盐混凝土及其制品

硅酸盐混凝土是以石灰与硅质材料(如砂、粉煤灰、磨细的煤矸石、页岩、工业废渣等)为主要原料，经蒸汽养护或蒸压养护得到的产品，其主要产物为水化硅酸钙。常用的硅酸盐混凝土制品有各种粉煤灰砖及砌块、灰砂砖及砌块、加气混凝土等，主要应用于墙体材料。

2.2 水泥

水泥属水硬性胶凝材料，是既能在空气中硬化又能在水中硬化、保持并继续发展其强度的胶凝材料。当水泥与其他材料和水充分拌和，经过物理化学变化，即水化、凝结和硬化过程后，由可塑性浆体变成坚硬的人造石材。水泥是建筑工程中最重要的建筑材料之一。

2.2.1 水泥种类

水泥的品种很多，按化学成分，水泥可分为硅酸盐水泥、铝酸盐水泥、硫铝酸盐水泥、铁铝酸盐水泥等，其中硅酸盐系水泥在工程中应用最为普遍。按性能和用途不同，又可分为通用水泥、专用水泥和特性水泥三大类。

通用水泥是指大量用于一般土木工程的水泥，按其所掺混合材的种类及数量不同，又有硅酸盐水泥、普通硅酸盐水泥(简称普通水泥)、矿渣硅酸盐水泥(简称矿渣水泥)、火山灰质硅酸盐水泥(简称火山灰水泥)、粉煤灰硅酸盐水泥(简称粉煤灰水泥)和复合硅酸盐水泥(简称复合水泥)等。

专用水泥是指适应于专门用途的水泥,如道路水泥、大坝水泥、砌筑水泥、油井水泥等。特性水泥则是指具有比较突出的某种性能的水泥,如快硬硅酸盐水泥、抗硫酸盐硅酸盐水泥、低热微膨胀水泥、中热硅酸盐水泥、低热矿渣硅酸盐水泥等。

水泥命名按不同类别以水泥的主要水硬性矿物、混合材料、用途和主要特性进行,并力求简明准确,名称过长者允许简称。通用水泥以水泥的主要水硬性矿物名称冠以混合材料名称或其他适当名称命名。专用水泥以其专门用途命名,并可冠以不同型号。特性水泥以水泥中主要水硬性矿物名称冠以水泥的主要特性命名,并冠以不同型号或混合材名称。以火山灰质或潜在水硬性以及其他活性材料为主要组成的水泥,是以主要组分的名称冠以活化材料的名称进行命名的,也可以冠以特性名称。水泥命名的有关术语见表 2-5。硅酸盐水泥是硅酸盐系水泥的一个基本品种,其他种类的水泥都是在此基础上加入一定量的混合材料,或者适当改变水泥熟料的矿物成分而制成的,通用硅酸盐水泥命名及组分见表 2-6。

表 2-5 水泥命名的有关术语

术 语	定 义
快硬	快硬水泥以 3 d 抗压强度表示水泥强度等级
特快硬	特快硬水泥以若干小时(不大于 24 h)抗压强度表示水泥强度等级
中热	中热水泥水化热 3 d≤252 J/g、7d≤294 J/g
低热	低热水泥水化热 3 d≤189 J/g、7 d≤231 J/g
抗硫酸盐	抗硫酸盐水泥要求铝酸三钙含量≤5.0%、硅酸钙含量≤50%
高抗硫酸盐	高抗硫酸盐水泥要求铝酸三钙含量≤2.0%、硅酸钙含量≤35%
膨胀	水泥水化硬化过程中体积膨胀在实用中具有补偿收缩作用
自应力	水泥水化硬化后,体积膨胀使砂浆或混凝土在受约束条件下产生可利用的化学预应力

表 2-6 通用硅酸盐水泥命名及组分

品 种	代号	组分(质量分数)(%)				
		熟料+石膏	粒化高炉矿渣	火山灰质混合材	粉煤灰	石灰石
硅酸盐水泥	P·Ⅰ	100				
	P·Ⅱ	≥95	≤5			
		≥95				≤5
普通硅酸盐水泥	P·O	≤80 且<95	>5 且≤20			

续表

品 种	代号	组分(质量分数)(%)				
		熟料+石膏	粒化高炉矿渣	火山灰质混合材	粉煤灰	石灰石
矿渣硅酸盐水泥	P·S·A	≥50 且<80	>20 且≤50[1]			
	P·S·B	≥30 且<50	>50 且≤70[2]			
火山灰质硅酸盐水泥	P·P	≥60 且<80		>20 且≤40[3]		
粉煤灰硅酸盐水泥	P·F	≥60 且<80			>20 且≤40[4]	
复合硅酸盐水泥	P·C	≥60 且<80	>20 且≤50[5]			

注:1. 本组分材料为活性混合材,其中允许用不超过水泥重量 8%的非活性混合材料或不超过水泥重量 5%的窑灰代替。

2. 本组分材料为活性混合材,其中允许用不超过水泥重量 8%活性混合材或非活性混合材或灰中的任何一种材料代替。

3. 本组分材料为活性混合材。

4. 本组分材料为活性混合材。

5. 本组分材料为由两种(含)以上的活性混合材或非活性混合材组成,其中允许用不超过水泥重量 3%的窑灰代替。掺矿渣时混合材料掺量不是与矿渣硅酸盐水泥重复。

2.2.2 通用硅酸盐水泥

2.2.2.1 硅酸盐水泥生产和矿物组成

硅酸盐水泥的生产工艺为“二磨一烧”,生产原料是石灰质原料(如石灰石等)与黏土质原料(如黏土、页岩等),有时加入适量的铁矿粉等按一定比例配合磨细生成生料,将生料在约 1 400℃高温煅烧使之部分熔融形成熟料。熟料由主要含 CaO、SiO_2、Al_2O_3、Fe_2O_3 的原料,按适当比例磨成细粉烧至部分熔融,得到以硅酸钙为主要矿物成分的水硬性胶凝物质。其中硅酸钙矿物含量不小于 66%,氧化钙和氧化硅重量比不小于 2.0。磨细的熟料遇水会“闪凝”或“假凝”,凝结时间很短,不便使用。在熟料磨细时加入适量的石膏,起到调节水泥凝结时间的效果。

硅酸盐主要组成矿物有硅酸三钙(C_3S)、硅酸二钙(C_2S)、铝酸三钙(C_3A)、铁铝酸四钙(C_4AF)。此外还含有少量游离氧化钙(f-CaO)、游离氧化镁(f-MgO)及少量的碱(K_2O 和 Na_2O),这些少量物质可能会对水泥的质量和应用带来不利影响。在水泥熟料中硅酸三钙和硅酸二钙的含量约占 75%,因此我国称之为硅酸盐水泥,国外称为波特兰水泥。硅酸盐水泥的性质是由其矿物组成的性质决定的，每种矿物单独水化都具有一定的特点，见表2-7。如果改变水泥熟料中矿物的组成比例，水泥的性质也将随之改变，从而生产出特性水泥或专用水泥。例如提高硅酸三钙的含量，可生产高强度的水泥；提高硅酸三钙和铝酸三钙，可提高水泥的早期强度和水化热，有利于冬期施工和紧急抢修；增加硅酸二钙含量可以制造水化热较低的大坝水泥；适当增加铁铝酸四钙含量能生产抗折强度较高的道路水泥，降低铁铝酸四钙含量可以制得白水泥。

表2-7 硅酸盐水泥熟料矿物的水化特性

名称	水化反应速率	水化放热	强度	耐化学侵蚀	干缩
硅酸三钙(C_3S)	快	大	早期后期均高	中	中
硅酸二钙(C_2S)	慢	小	早期低后期高	良	中
铝酸三钙(C_3A)	最快	最大	低	差	大
铁铝酸四钙(C_4AF)	快	中	较低	优	小

硅酸盐水泥与水作用，生成的主要水化产物有水化硅酸钙、水化铁酸钙凝胶体，氢氧化钙、水化铝酸钙和水化硫铝酸钙晶体。故水泥石的组成有水化产物、未水化水泥颗粒以及孔隙。在完全水化的水泥石中，水化硅酸钙约占50%，氢氧化钙约占20%，致使硅酸盐水泥的pH值大于13，呈强碱性，有利于钢筋的防腐和水泥石的防腐。

2.2.2.2 硅酸盐水泥技术性质

1. 化学指标

水泥与水拌制成的水泥浆体，在凝结硬化过程中，一般都会发生体积变化，如果这种变化是发生在凝结硬化过程中，则对建筑物的质量并没有什么影响。但是，在水泥硬化后若产生不均匀的体积变化，将使混凝土产生膨胀裂缝，降低使用质量，甚至引起严重事故。这就是水泥体积安定性不良。水泥中含有过多的游离氧化钙或氧化镁，以及掺入石膏过多会造成水泥体积安定性不良。熟料中所含游离氧化钙和氧化镁都是过烧的，熟化很慢，往往在水泥硬化后才开始水化，水化时体积剧烈膨胀，从而引起不均匀的体积变化而使水泥石开裂。另外，当石膏掺量过多时，在水泥硬化后，石膏与水化铝酸钙反应生成水化硫铝酸钙晶体，体积膨胀，导致水泥石开裂。

安定性是水泥在施工中保证质量的一项重要指标。检验游离氧化钙引起的安定性问题用沸煮法。国家标准规定，水泥安定性用沸煮法检验必须合格，并严格控制氧化镁和石膏的数量。P·Ⅰ型、P·Ⅱ型和P·O型水泥的氧化镁含量不大于6.0%，若压蒸试验合格，则水泥中氧化镁含量允许放宽至6.0%；P·S·A型、P·F型、P·P型、P·C型水泥中的氧化镁含量不大于6.0%，如果水泥中的氧化镁含量大于6.0%时，应进行水泥压蒸试验并合格；P·S·B型无要求。除矿渣硅酸盐水泥的三氧化二硫含量不大于4.0%以外，其他水泥的三氧化二硫含量均不大于3.5%。体积安定性不合格的水泥不能用于工程。

水泥中的氯离子会加速钢筋锈蚀，降低钢筋混凝土的使用年限，故标准规定水泥中氯离子含量不大于0.06%。

水泥中碱含量按$Na_2O+0.658K_2O$计算值表示。若使用活性骨料时，用户要求提供低碱水泥时，水泥中的碱含量应不大于0.60%或由供需双方商定。

2.凝结时间

凝结时间分为初凝和终凝。水泥从加水拌和至标准稠度水泥净浆开始失去可塑性的时间称为初凝；从加水拌和至标准稠度水泥净浆完全失去塑性，并开始产生强度的时间称为终凝。水泥的初凝不易过早，以便施工时有足够的时间来完成混凝土和砂浆搅拌、运输、浇捣和砌筑等操作；水泥终凝不宜过迟，以便使混凝土能尽快硬化，达到一定强度，以利于下一道工序的进行。国家标准规定：硅酸盐水泥初凝不大于45 min，终凝不大于390 min；矿渣硅酸盐水泥、火山灰质硅酸盐水泥、粉煤灰硅酸盐水泥和复合硅酸盐水泥初凝不大于45 min，终凝不大于600 min。

3.安定性

水泥的体积安定性用雷氏夹或试饼沸煮法检验，当用这两种检验方法检验结果出现矛盾时，以雷氏夹法检验为准。沸煮法检验合格的水泥才能用于工程。

4.强度

水泥的强度除了与水泥本身的性质（如熟料的矿物组成、细度等）有关外，并与水灰比、试件制作方法、养护条件和时间等有关。

国家标准规定水泥强度检验用水泥胶砂法，水泥和标准砂质量比为1∶3，水灰比为0.5，用标准制作方法制成40 mm×40 mm×160 mm的标准试件，在标准养护条件(20℃±1℃)下养护，测得规定龄期3 d、28 d的抗压和抗折强度，作为评定水泥强度等级的依据。但掺火山灰混合材料的普通硅酸盐水泥、火山灰质硅酸盐水泥、粉煤灰硅酸盐水泥和复合硅酸盐水泥在进行胶砂强度检验时，其用水量按0.50水灰比和胶砂流动度不小于180 mm来确定。当流动度小于180 mm时，须以0.01的整倍数递增的方法将水灰比调整至胶砂流动度不小于180 mm。

硅酸盐水泥强度等级分为42.5、42.5R、52.5、52.5R、62.5、62.5R；普通水泥强度等级分为42.5、42.5R、52.5、52.5R；矿渣、火山灰、粉煤灰、复合水泥强度等级分为 32.5、32.5R、42.5、42.5R、52.5、52.5R。各强度等级通用硅酸盐水泥的各龄期强度应符合表 2-8 要求。

表 2-8 通用硅酸盐水泥强度要求 MPa

品 种	强度等级	抗压强度		抗折强度	
		3 d	28 d	3 d	28 d
硅酸盐水泥	42.5	17.0	42.5	3.5	6.5
	42.5R	22.0	42.5	4.0	6.5
	52.5	23.0	52.5	4.0	7.0
	52.5R	27.0	52.5	5.0	7.0
	62.5	28.0	62.5	5.0	8.0
	62.5R	32.0	62.5	5.5	8.0
普通硅酸盐水泥	42.5	17.0	42.5	3.5	6.5
	42.5R	22.0	42.5	4.0	6.5
	52.5	23.0	52.5	4.0	7.0
	52.5R	27.0	52.5	5.0	7.0
矿渣硅酸盐水泥 火山灰质硅酸盐水泥 粉煤灰硅酸盐水泥 复合硅酸盐水泥	32.5	10.0	32.5	2.5	5.5
	32.5R	15.0	32.5	3.5	5.5
	42.5	15.0	42.5	3.5	6.5
	42.5R	19.0	42.5	4.0	6.5
	52.5	21.0	52.5	4.0	7.0
	52.5R	23.0	52.5	4.5	7.0

5. 细度

水泥细度越细，水泥与水起反应的面积越大，水化速度越快并较完全。细度提高，可使水泥混凝土的强度提高，工作性得到改善。但是，水泥细度提高，在空气中的硬化收缩也较大，使水泥发生裂缝的可能性增加。

硅酸盐水泥和普通硅酸盐水泥细度以比表面积表示，不小于 300 m^2/kg，矿渣硅酸盐水泥、火山灰质硅酸盐水泥、粉煤灰硅酸盐水泥和复合硅酸盐水泥以筛余表示，80 μm方孔筛筛余不大于 10%或 45 μm，方孔筛筛余不大于 30%。

2.2.2.3 通用硅酸盐水泥应用

通用水泥是目前建筑工程中应用最广、用量最大的水泥品种。由于各种混合材料性质的差异，各种掺混合材料水泥和不掺混合材料水泥，都各有其特点，在实际中应适当选用，表 2-9 列出五种水泥的特性及适用，供选用时参考。

表 2-9 通用水泥的特性及选用

名称		硅酸盐水泥	普通硅酸盐水泥	矿渣硅酸盐水泥	火山灰质硅酸盐水泥	粉煤灰硅酸盐水泥
特性	硬化	快	较快	慢	慢	慢
	早期强度	高	较高	低	低	低
	水化热	高	高	低	低	低
	抗冻性	好	好	差	差	差
	耐热性	差	较差	好	较差	较差
	干缩性			较大	较大	较小
	抗渗性	较好	较好	低	较好	较好
	耐蚀性	较差	较差	较强	除混合材含 Al_2O_3 较多者抗硅酸盐腐蚀较弱外，一般均较强	
	泌水性	较小	较小	明显	小	小
适用条件		1. 一般地上工程，无腐蚀、无压力水作用的工程； 2. 要求早期强度较高和低温施工无蒸汽养护的工程； 3. 有抗冻要求的工程		1. 一般地上、地下和水中工程； 2. 大体积混凝土工程； 3. 有硅酸盐侵蚀的工程； 4. 有耐热要求的工程； 5. 有蒸汽养护的工程	除不适应有耐热要求的工程外，其他同矿渣水泥	同火山灰水泥
不适用条件		1. 大体积混凝土工程； 2. 有腐蚀作用和压力水作用的工程		1. 要求早期强度高的工程； 2. 有抗冻要求的工程	1. 与矿渣水泥各项相同； 2. 干热地区和耐磨性要求较高的工程	1. 与矿渣水泥各项指标相同； 2. 有抗碳化要求的工程

2.2.3 白色水泥和彩色水泥

2.2.3.1 白色硅酸盐水泥

白色硅酸盐水泥简称白水泥。普通水泥的颜色主要是由氧化铁引起的，水泥熟料中 F_2O_3 的含量不同，颜色就不同，当 F_2O_3 的质量分数在 3%～4%时，水泥熟料呈暗灰色；F_2O_3 的质量分数在 0.45%～0.7%时，水泥呈淡绿色；而当 F_2O_3 的质量分数降低到 0.35%～0.4%后，水泥就接近于白色。因此，白水泥的生产主要是要降低熟料中 F_2O_3 的含量。世界各国生产白水泥时，熟料中 F_2O_3 的质量分数都控制在 0.5%以下，铁的质量只有普通水泥的 1/10 左右。此外，锰、铬、钴、钛等着色氧化物也会影响水泥的颜色，故亦须控制其含量。为此，在煅烧、粉磨和运输时均应防止着色物质混入，常采用天然气、煤气或重油做燃料，在球磨机中用硅质石材或坚硬的白色陶瓷作为衬板及研磨体。

白水泥的白度是指将水泥试样装入压样器中，压成表面平整的白板，其表面对红、绿、蓝三原色的反射率，以相当于标准白板表面的反射率的百分数来表示。白水泥的白度分为特级、一级、二级和三级四个级别，各等级白水泥的白度不得低于表 2-10 要求。

白水泥的技术性质中，三氧化硫含量、细度和安定性要求与普通硅酸盐水泥相同，氧化镁含量不得超过 4.5%，初凝时间不得早于 45 min，终凝时间不得迟于 12 h，白水泥的强度等级分为 32.5、42.5、52.5 和 62.5 四个等级。各个强度等级的白水泥，按照其白度的不同，分为优等品、一等品和合格品三类。

表 2-10 白水泥的等级

等级	白度级别	白度(%)	强度等级
优等品	特级	≥86	62.5
一等品	一级	≥84	52.5、42.5
	二级	≥80	52.5、42.5
合格品	二级	≥80	32.5
	三级	≥75	42.5、32.5

2.2.3.2 彩色硅酸盐水泥

彩色硅酸盐水泥简称彩色水泥，其生产方法可分为两类：一种是将耐碱矿物着色剂以干混的方式，混入白色水泥或普通水泥之中（在制造红色、棕色或黑色等深颜色水泥时，可在普通水泥中加入颜料），或在粉磨白色水泥和普通水泥时掺入着色剂，此种方法颜料用量大，色泽不易均匀；另一种方法是在水泥生料中掺入适量金属氧化物着色剂，煅烧成彩色水泥熟料，然后磨细成彩色硅酸盐水泥，这种方法着色剂用量少，生产的水泥颜色也比干混法彩色水泥均匀。有时也可用工业副产品做着色剂，但目前采用此方法生产的水泥颜色种类有限。此外，有些彩色熟料磨制成的彩色水泥(如加入的绿色水泥熟料制成的绿色水泥)，在使用过程中，因为彩色熟料矿物的水化会导致制品彩色变淡。

耐碱矿物颜料对水泥不起有害作用，常用的有氧化铁(红、黄、褐、黑色)、氧化锰(褐、黑色)、氧化铬(绿色)、群青(蓝色)以及普鲁士红等。

白色水泥和彩色水泥主要用于建筑物内外的表面装饰工程，如地面、楼面、楼梯、墙、柱或台阶等，可做成水泥拉毛、彩色砂浆、水磨石、水刷石等饰面，也可用于雕塑及装饰部件或制品。使用白色水泥或彩色水泥时，应以彩色大理石、石灰石、白云石等和石英石子或石屑做粗细骨料，制作方法可以是工地现场浇筑，也可在工厂预制。

2.2.4 高铝水泥

铝酸盐水泥是以铝矾土和石灰石为原料，经煅烧(或熔融状态)，得到以铝酸钙为主、氧化铝含量大于50%的熟料，磨制的水硬性胶凝材料。它是一种快硬、高强、耐腐蚀、耐热的水泥。铝酸盐水泥又称高铝水泥。

铝酸盐水泥具有快凝、早强、高强、低收缩、耐热性好和耐硫酸盐腐蚀性强等特点，3 d能达水泥标称的强度，可用于工期紧急的工程、抢修工程、冬期施工的工程，以及配制耐热混凝土及耐硫酸盐混凝土。但高铝水泥的水化热大、耐碱性差、长期强度会降低，使用时应予以注意。

2.3 混凝土和建筑砂浆

2.3.1 混凝土

凡由胶凝材料、集料按适当比例配合，拌和制成的混合物，经一定时间硬化而成的人造石材统称为混凝土。目前，工程上使用最多的是以水泥为胶结材料，以砂、石为集料，加水及掺入适量外加剂和掺和料拌制的普通水泥混凝土，简称普通混凝土，也可用混凝土表示。

混凝土是当今世界上用量最大的建筑材料，具有可塑性好、原材料易得、强度高、耐久性好、与钢筋协同工作性好、生产能耗低的特点。混凝土也存在一些缺点，如自重大、比强度小、抗拉强度低、变形能力差和易开裂等缺点。随着现代科学的发展，混凝土的不足正不断被克服，如采用轻质集料可显著降低混凝土的自重，提高比强度；掺入纤维或聚合物，可提高抗拉强度，大大降低混凝土的脆性。

2.3.1.1 混凝土分类

1. 按表观密度分类

重混凝土：其表观密度大于2 600 kg/m^3，是采用密度很大的重晶石、铁矿石、钢屑等重集料和钡水泥、锶水泥等重水泥配制而成;重混凝土具有防射线的性能,又称防辐射混凝土,主要用做核能工程的屏蔽结构材料。

普通混凝土:其表观密度 2 100～2 500 kg/m³,是用普通的天然砂石为集料配制而成,为建筑工程中常用的混凝土,主要用做各种建筑的承重结构材料。

轻混凝土:其表观密度小于 1 950 kg/m³,是采用陶粒等轻质多孔的集料,或者不采用集料而掺入加气剂或泡沫剂,形成多孔结构的混凝土,主要用做轻质结构材料和绝热材料。

2. 按所用胶结材料分类

按所用胶结材料可分为水泥混凝土、沥青混凝土、树脂混凝土、石膏混凝土、水玻璃混凝土、聚合物水泥混凝土等。

3. 按用途分类

按用途可分为结构混凝土、防水混凝土、道路混凝土、防辐射混凝土、耐热混凝土、耐酸混凝土、大体积混凝土、膨胀混凝土等。

4. 按生产和施工方法分类

按生产和施工方法可分为泵送混凝土、喷射混凝土、碾压混凝土、离心混凝土、压力灌浆混凝土、水下不分散混凝土以及纤维增强混凝土等。

另外,混凝土还可按其强度等级分为高强度混凝土和超高强度混凝土,高强混凝土抗压强度大于 60 MPa,超高强混凝土抗压强度大于 100 MPa。

2.3.1.2 混凝土原材料

普通混凝土的基本组成材料是水泥、水、天然砂和石子。另外,还常掺入适量的掺和料和外加剂。砂、石在混凝土中起骨架作用,称为集料(或骨料)。水泥和水形成水泥浆,在混凝土硬化前,水泥浆起润滑作用,赋予混凝土拌和物一定的流动性,便于施工;水泥浆硬化后,起胶结作用,把砂石集料胶结在一起,成为坚硬的人造石材,并产生力学强度。

1. 水泥

水泥在混凝土中起胶结作用,是最重要的材料,正确、合理地选择水泥的品种和强度等级,是影响混凝土强度、耐久性及经济性的重要因素。通常以水泥强度等级是混凝土强度等级的 1.5～2 倍为宜,对于高强度混凝土可取 0.9～1.5 倍。

2. 细集料

混凝土用集料按其粒径大小不同分为细集料和粗集料。粒径在 0. 15～4. 75 mm之间的岩石颗粒称为细集料,粒径大于 4. 75 mm 的称为粗集料,粒径小于 0.15 mm 的称为粉料。

砂分天然砂和人工砂。天然砂有河砂、湖砂、海砂和山砂,人工砂为经除土处理的机制砂和混合砂的统称。建筑工程中多用天然砂,一般只在当地缺乏天然砂源时才采用人工砂。

砂按含泥量、石粉含量和泥块含量、有害杂质含量(泥块、草根、树叶、树枝、塑料、煤渣等杂物，以及云母、硫化物、硫酸盐、氯盐和有机质等)、坚固性分为Ⅰ类、Ⅱ类、Ⅲ类三种类别，Ⅰ类一般用于强度等级大于C60的混凝土，Ⅱ类一般用于强度等C30～C60混凝土及抗冻、抗渗或其他要求的混凝土，Ⅲ类一般用于强度等级小于C30的混凝土和建筑砂浆。

砂的颗粒级配和粗细程度，常用筛分析的方法进行测定。用级配区表示砂的级配，用细度模数表示砂的粗细。细度模数越大，表示砂越粗，按细度模数大小将砂分为粗、中、细三种规格，细度模数在3.7～3.1为粗砂，细度模数在3.0～2.3为中砂，细度模数在2.2～1.6为细砂。实际选用时尽量选择中粗砂。

3.粗集料

普通混凝土常用的粗集料有卵石(砾石)和碎石。一般情况下，卵石混凝土的和易性好于碎石混凝土，碎石混凝土的强度好于卵石混凝土。同细集料一样，粗集料也有有害物质限量要求。为保证混凝土的强度要求，粗集料必须具有足够的强度。

碎石和卵石的强度采用岩石立方体强度和压碎指标两种方法检验。岩石立方体强度检验，是将轧制碎石的母岩制成边长为50 mm的立方体(或直径与高均为50 mm的圆柱体)试件，在水饱和状态下，测定其极限抗压强度值。岩石的抗压强度应不小于混凝土抗压强度的150%，对于火成岩其强度不宜低于80 MPa，变质岩不宜低于60 MPa，水成岩不宜低于45 MPa。压碎指标检验，是将一定质量气干状态下粒径为9.0～9.5 mm的石子装入一个标准圆模内，放在压力机上在3～5 min内均匀加荷至200 kN，卸荷后称取试样质量G_1，然后用孔径为2.36 mm的筛子筛除被压碎的细粒，再称出剩余在筛上的试样质量G_2，按下式计算压碎指标Q：

$$Q=\frac{G_1-G_2}{G_1}\times 100\%$$

压碎指标Q值越小，表示粗集料抵抗受压破坏的能力越强。

粗集料比较理想的颗粒形状是三维长度相等或相近的球形或立方体形颗粒，而三维长度相差较大的针、片状颗粒粒形较差。针状颗粒是指颗粒长度大于平均粒径2.4倍者，片状颗粒是指颗粒厚度小于集料平均粒径的40%者。平均集料粒径是指该粒级上、下限粒径的算术平均值。粗集料中针、片状颗粒不仅本身受力时容易折断，影响混凝土的强度，而且会增大集料的空隙率，使混凝土拌和物的和易性变差。

粗集料公称粒级的上限称为该粒级的最大粒径。集料的粒径越大，其表面积相应越小，因此包裹其表面所需的水泥浆量减小，可节约水泥，而且在一定和易性和水泥用量条件下，能减少用水量而提高强度。混凝土用粗集料的最大粒径不得大于结构截面最小尺寸的1/4，同时不得大于钢筋最小净距的3/4；对于混凝土实心板，可允许采用最大粒径达1/2板厚的集料，但最大粒径不得超过50 mm；泵送混凝土，碎石最大粒径与输送管内径之比，宜小于或等于1∶3，卵石宜小于或等于1∶2.5。

粗集料的级配按供应情况有连续级配和间断级配两种。连续级配是按颗粒尺寸大小由小到大连续分级，每一级集料都占有一定比例，有5～10、5～16、5～20、5～25、5～31.5、5～40 mm六种级配。连续级配颗粒配制的混凝土拌和物的和易性好，不易发生离析，应用较广泛。间断级配是人为剔除某些中间粒级颗粒，大颗粒的空隙直接由比它小得多的颗粒去填充，颗粒级差大，空隙率的降低比连续级配快得多，可最大限度地发挥集料的骨架作用，减小水泥用量，但混凝土拌和物易产生离析现象，增加施工困难，工程应用较少。

4. 混凝土外加剂

混凝土外加剂是指在混凝土拌和过程中掺入的、用以改善混凝土性能的物质。掺量一般不超过水泥质量的5%。混凝土外加剂的使用是混凝土技术的重大突破。随着混凝土材料的广泛应用，对混凝土性能提出了许多新的要求，如泵送混凝土要求高的流动性，冬期施工要求高的早期强度，高层建筑、海洋结构要求高强、高耐久性，只有使用高性能外加剂才能使这些性能得以实现。外加剂已成为混凝土中必不可少的第五种成分。

混凝土外加剂按其主要作用有：改善混凝土拌和物流变性能，如各种减水剂、引气剂和泵送剂；调节混凝土凝结时间、硬化性能，如缓凝剂、早强剂和速凝剂；改善混凝土耐久性，如引气剂、防水剂和阻锈剂；改善混凝土其他性能，如加气剂、膨胀剂、防冻剂、着色剂等。

常用混凝土外加剂品种有普通减水剂及高效减水剂，引气剂及引气减水剂，缓凝剂、缓凝减水剂及缓凝高效减水剂，早强剂及早强减水剂，防冻剂，膨胀剂，泵送剂，防水剂，速凝剂等。

5. 混凝土矿物掺和料

为了节约水泥、改善混凝土性能，在拌制混凝土时掺入的矿物粉状材料，称为掺和料。常用的有粉煤灰、硅粉、磨细矿渣粉、烧黏土、天然火山灰质材料(如凝灰岩粉、沸石岩粉等)及磨细自燃煤矸石，其中粉煤灰的应用最为普遍。

粉煤灰在混凝土中，具有火山灰活性作用、微珠球状颗粒润滑作用和填充水泥石孔隙提高密实作用的效果。粉煤灰分Ⅰ、Ⅱ、Ⅲ三等级，Ⅰ级粉煤灰适用于钢筋混凝土和跨度小于6 m的预应力钢筋混凝土，Ⅱ级粉煤灰适用于钢筋混凝土和无筋混凝土，Ⅲ级粉煤灰主要用于无筋混凝土。

2.3.1.3 混凝土性质

1. 和易性

和易性是指混凝土拌和物易于施工操作(拌和、运输、浇灌、捣实)并能获得质量均匀、成型密实的性能。和易性是一项综合的技术性质，包括有流动性、黏聚性和保水性等三方面的含义。

在工地和试验室，通常是做坍落度试验测定拌和物的流动性，并辅以直观经验评定黏聚性和保水性。测定流动性的方法是：将混凝土拌和物按规定方法装入标准圆锥坍落度筒(无底)内，装满刮平后，垂直向上将筒提起，移到一旁，混凝土拌和物由于自重将会产生坍落现象，量出向下坍落的尺寸大小，该值就叫做坍落度，作为流动性指标，坍落度越大表示流动性越大。

根据混凝土坍落度值大小将混凝土分为低塑性混凝土(坍落度 10～40 mm)、塑性混凝土(坍落度 50～90 mm)、流动性混凝土(坍落度 100～150 mm)、大流动性混凝土(坍落度大于 160 mm)。选择混凝土拌和物的坍落度，要根据构件截面大小、钢筋疏密和捣实方法来确定。在满足施工要求的前提下，宜选小值。

2. 强度

(1) 混凝土的抗压强度与强度等级

混凝土抗压强度比其他强度大得多，结构物常以抗压强度为主要参数进行设计，而且抗压强度与其他强度及变形有良好的相关性。因此，抗压强度常作为评定混凝土质量的指标，并作为确定强度等级的依据，在实际工程中提到的混凝土强度一般是指抗压强度。

根据国家标准《普通混凝土力学性能试验方法标准》(GB/T 50081—2002)制作 150 mm×150 mm×150 mm 的标准立方体试件，在标准条件(温度 20℃±3℃，相对湿度 90%以上)下，养护到 28d 龄期，所测得的抗压强度值为混凝土立方体抗压强度，以 f_{cu} 表示。

混凝土立方体抗压强度标准值是指对按标准方法制作和养护的边长为 150 mm 的立方体试件，在 28 d 龄期，用标准试验方法测得的抗压强度总体分布中的一个值，强度低于该值的百分率不超过 5%。为了正确进行设计和控制工程质量，根据混凝土立方体抗压强度标准值(以 $f_{cu,k}$ 表示)，将混凝土划分为 12 个强度等级，即 C10、C15、C20、C25、C30、C35、C40、C45、C50、C55、C60 及 C80。

(2) 混凝土抗拉强度

混凝土的抗拉强度只有抗压强度的 1/10～1/20，并且这个比值随着混凝土强度等级的提高而降低。所以，混凝土受拉时呈脆性断裂，破坏时无明显残余变形。为此，在钢筋混凝土结构设计中，不考虑混凝土承受拉力，而是在混凝土中配以钢筋，由钢筋来承受结构中的拉力。但混凝土抗拉强度对于混凝土抗裂性具有重要作用，它是结构设计中确定混凝土抗裂度的主要指标，有时也用它来间接衡量混凝土与钢筋间的黏结强度及预测由于干湿变化和温度变化而产生的裂缝。

混凝土抗拉强度试验有轴向拉伸试验和劈裂抗拉强度试验。用轴向拉伸试件测定混凝土的抗拉强度，荷载不易对准轴线，夹具处常发生局部破坏，致使测值很不准确，故我国目前采用劈裂抗拉强度试验法间接地得出混凝土的抗拉强度，称为劈裂抗拉强度，以 f_{st} 表示。

(3) 影响强度主要因素

水泥强度等级和水灰比是决定混凝土强度最主要的因素，也是决定性因素。混凝土强度与水灰比、水泥强度等因素之间的线性经验公式：

$$f_{cu} = \alpha_a \left(\frac{C}{W} - \beta_b \right)$$

式中 f_{cu}——混凝土 28 d 龄期的抗压强度,MPa;

C——1 m^3 混凝土中水泥用量,kg;

W——1 m^3 混凝土中水用量,kg;

C/W——混凝土的灰水比;

α_a、β_b——回归系数,对碎石混凝土 $\alpha_a=0.46$、$\beta_b=0.07$;对卵石混凝土 $\alpha_a=0.48$、$\beta_b=0.33$。

此外,养护温度、湿度、龄期、试验条件(如试件的尺寸、形状、表面状态及加荷速度等)和施工工艺对混凝土强度均有影响。

3. 变形

混凝土的变形包括非荷载作用下的变形和荷载作用下的变形。非荷载作用下的变形分为混凝土的化学减缩、干湿变形及温度变形;荷载作用下的变形分为短期荷载作用下的变形及长期荷载作用下的变形(即徐变)。

(1) 化学减缩

在混凝土硬化过程中,由于水泥水化生成物的体积比反应前物质的总体积小,从而引起混凝土的收缩,称为化学减缩。化学减缩是不可恢复的,收缩量是随混凝土硬化龄期的延长而增加的,成型后 40 d 趋于稳定。化学收缩值虽小,但在混凝土内部可能产生微细裂缝。

(2) 干湿变形

由于混凝土周围环境湿度的变化,会引起混凝土的干湿变形,表现为干缩湿胀。混凝土的湿胀变形量很小,一般无破坏作用。但干缩变形对混凝土危害较大,干缩能使混凝土表面出现拉应力而导致开裂,严重影响混凝土的耐久性。

(3) 温度变形

混凝土与其他材料一样,也会随着温度的变化产生热胀冷缩的变形。混凝土的温度膨胀系数为 10×10^{-5},温度变形对大体积混凝土及大面积混凝土工程极为不利,易使这些混凝土造成温度裂缝。

在混凝土硬化初期,水泥水化放出较多热量,而混凝土又是热的不良导体,散热很慢,因此造成混凝土内外温差很大,混凝土升温时内部膨胀,混凝土降温时内部收缩,易造成混凝土开裂。因此,大体积混凝土施工常采用低热水泥、减少水泥用量、掺加缓凝剂和矿物外掺料、人工降温及设施工缝等方法。

(4) 徐变

混凝土在长期荷载作用下,除产生瞬间的弹性变形和塑性变形外,还会产生随时间而增长的非弹性变形。这种在长期荷载作用下,随时间而增长的变形称为徐变。混凝土不论受压、受拉或受弯时,均有徐变现象。混凝土的徐变可消除钢筋混凝土内的应力集中,使应力重分布,从而使局部应力集中得到缓解;对大体积混凝土则能消除一部分由于温度变形所产生的破坏应力。但在预应力钢筋混凝土中,混凝土的徐变将使钢筋的预加应力受到损失。

4.耐久性

把混凝土抵抗环境介质作用并长期保持其良好的使用性能和外观完整性，从而维持混凝土结构的安全、正常使用的能力称为耐久性。混凝土除应具有设计要求的强度，以保证其能安全地承受设计的荷载外，还应根据其周围的自然环境以及使用条件，具有经久耐用的性能。例如，受水压作用的混凝土，要求具有抗渗性；与水接触并遭受冰冻作用的混凝土，要求具有抗冻性；处于侵蚀性环境中的混凝土，要求具有相应的抗侵蚀性等。

混凝土的耐久性主要包括抗渗、抗冻、抗侵蚀、碳化、碱-集料反应等性能。其中，碱-集料反应是指水泥中的碱(Na_2O、K_2O)与集料中的活性二氧化硅发生化学反应，在集料表面生成复杂的碱-硅酸凝胶，吸水体积膨胀(体积可增加 3 倍以上)，从而导致混凝土产生膨胀开裂而破坏，这种现象称为碱-集料反应。

混凝土所处的环境和使用条件不同，对其耐久性的要求也不相同，但影响耐久性的因素却有许多相同之处，混凝土的密实程度是影响耐久性的主要因素，其次是原材料的性质、施工质量等。提高混凝土耐久性的主要措施有：合理选择水泥品种、选用质量良好、技术条件合格的砂石集料、控制水灰比及保证足够的水泥用量、掺入减水剂或引气剂以改善混凝土的孔结构、保证施工质量。

2.3.2 建筑砂浆

2.3.2.1 建筑砂浆种类

建筑砂浆是由胶凝材料、细集料和水以及外加剂或掺和料，按一定比例配制而成的，是没有粗集料的混凝土。建筑砂浆的作用有：在砌体结构中，将单块砖、石、砌块材料胶结成砌体；在装配式结构中，砖墙的勾缝、大型墙板和各种构件的接缝；在装饰工程中，地面、墙面及钢筋混凝土梁、柱等结构表面的抹面以及镶贴天然石材、人造石材、陶瓷面砖、马赛克等。

建筑砂浆根据胶凝材料不同，可分为水泥砂浆、石灰砂浆、水泥石灰混合砂浆；根据用途，又可分为砌筑砂浆、抹面砂浆及特种砂浆。

抹面砂浆包括普通抹面砂浆、装饰砂浆。装饰砂浆是指涂抹在建筑物内、外墙表面，具有美观装饰效果的抹面砂浆。装饰抹灰砂浆的组成、性质与普通抹灰砂浆相比，底层和中层基本相同，区别只在于面层具有特殊的表面或各种色彩。装饰砂浆的各种色彩主要通过选用白色水泥、彩色水泥、天然彩色砂或矿物颜料组成各种彩色的砂浆面层。装饰砂浆的施工操作方法有拉毛、甩毛、喷涂、弹涂、拉条、水刷、干粘、水磨、斩假等。

特种砂浆包括防水砂浆、保温隔热砂浆、吸声砂浆、耐腐蚀砂浆等。防水砂浆是一种制作防水层的抗渗性高的砂浆，用于地下工程、水池、地下管道，沟渠、隧道或水塔的防水。砂浆防水层常用于不受振动和具有一定刚度的混凝土和砖石砌体的表面。根据防水材料组成的不同，防水砂浆有三种：

1）水泥砂浆防水，是由水泥、细集料、掺和料加水制成的砂浆，水泥砂浆进行多层抹面，用做防水层；

2）掺加防水剂的水泥砂浆防水，是在水泥砂浆中掺入一定量的防水剂，常用的防水剂有硅酸钠类、金属皂类、氯化物金属盐及有机硅类，加入防水剂的水泥砂浆可提高砂浆的密实性和提高防水层的抗渗能力；

3）膨胀水泥和无收缩水泥配制砂浆防水，所配制防水砂浆具有微膨胀和抗渗性。

保温隔热砂浆是以水泥、石灰膏、石膏等胶凝材料与膨胀珍珠岩、膨胀蛭石、火山渣、浮岩陶粒或塑料泡沫颗粒等轻质多孔集料，按一定比例配制的砂浆。保温隔热砂浆的导热系数一般在0.07～0.1 W/(m・K)之间，具有轻质和保温隔热性能，可用于建筑屋面、外墙或供热管道的保温隔热。

吸声砂浆由水泥、石膏或石灰砂浆中掺入锯末、玻璃纤维、矿物棉等松软纤维材料或轻质多孔集料配制成的砂浆，用于有吸声要求的建筑物室内墙壁和顶棚抹灰。

耐酸砂浆是由普通硅酸盐水泥以及石英岩、火成岩和陶瓷制成的砂和粉料，并掺入硅酸钠水玻璃、氟硅酸钠配制的砂浆。耐酸砂浆用于耐酸地面、衬砌材料和耐酸容器的内壁防护层。

2.3.2.2 砌筑砂浆主要性质

新拌砂浆必须具有良好的和易性、硬化砂浆应满足设计强度等级要求，并具有对基面足够的黏结力，而且变形不能过大。

1.和易性

砂浆和易性是指砂浆拌和料能在粗糙的砌筑表面上铺成均匀的薄层，能和底层紧密黏结，不致分层离析的性质。具有良好和易性的砂浆便于施工操作和保证工程质量。

砂浆的和易性包括流动性和保水性两个方面。

(1) 流动性

砂浆流动性又称砂浆稠度，是表示砂浆在自重或外力作用下易于流动的性质。砂浆的沉入度用砂浆稠度测定仪测定，用沉入度来表示，沉入度越大，砂浆的流动性也越大。选择砂浆稠度要考虑基体的吸水性能、砌体受力特点及气候条件。基底为多孔吸水材料或在干热条件下施工时，应使砂浆的流动性大些；基底为密实的吸水率低的材料，或在湿冷气候条件下施工时，应选用砂浆的砂浆流动性小一些。砌筑砂浆的稠度可按表2-11的规定选用。

表2-11 砌筑砂浆稠度选择

砌体种类	稠度/mm
烧结普通砖	70～90
轻骨料混凝土、小型空心砌块	60～90

续表

砌体种类	稠度/mm
多孔砖、空心砖	60～80
砖拱空斗墙	50～70
混凝土小型砌块、加气混凝土	

(2) 保水性

保水性是指砂浆保持其内部水分的能力，即搅拌好的砂浆在运输、停放、施工过程中，砂浆中的水分与胶凝材料及细集料分离快慢的性质。保水性用分层度(mm)表示，分层度用砂浆分层度测定仪测定。分层度大的砂浆保水性差，不利于施工和水泥硬化；分层度值接近于零的砂浆，容易发生干缩裂缝，砂浆的分层度一般以10～20 mm为宜。为使砂浆具有良好的保水性，常在砂浆中掺入石灰膏或加入一定量的引气剂。

2. 强度

砂浆硬化后应具有足够的强度，砂浆在砌体中的主要作用是黏结和传递压力，所以应具有一定的抗压强度。砂浆的强度是指以6个7.07 mm×7.07 mm×7.07 mm的立方体试件，标养护28d后，用标准试验方法测得的抗压强度平均值。砌筑砂浆的强度等级分为M2.5、M5、M7.5、M10、M15、M20六个等级。

2.3.2.3 抹灰砂浆

抹灰砂浆，也称为抹面砂浆。抹面砂浆不承受外力，以薄层或多层抹于建筑物表面，对建筑物表面起保护、平整、耐久和装饰作用。

为了便于施工，要求抹面砂浆具有良好的和易性，与基底有足够的黏结力，使用不致开裂或脱落。

抹面砂浆的组成材料与砌筑砂浆基本相同，但为了保证抹灰质量，可在砂浆中掺入有机聚合物如聚乙烯醇缩甲醛(108胶)、聚醋酸乙烯乳液等，以提高面层砂浆强度，防止粉酥掉面，增加砂浆的柔韧性，减少开裂倾向，加强砂浆与基层间的黏结性，避免爆皮剥落，且颜色均匀便于施工。有时抹面要加入纤维材料，如纸筋、麻刀、稻草，甚至聚丙烯或碳纤维，以减少或防止砂浆收缩引起的开裂。

2.3.2.4 砂浆配合比设计

砂浆配合比设计有计算法、查表法两种。

砌筑砂浆要求有良好的和易性、抗变形能力、强度和黏结力。在确定砌筑砂浆强度等级后，通过计算确定配合比，并进行试验试配和调整。

抹灰砂浆要求与基层黏结牢固，表面平整，长期使用不起层、不开裂。为此，普通抹面砂浆在施工时常分两层或三层进行，各层抹灰要求不同，所用砂浆也不同。底面砂浆主要起与基层的牢固黏结作用，多用石灰砂浆，有防水、防潮要求时用水泥砂浆。对于板条或板条顶棚的底层抹灰，多用混合砂浆或石灰砂浆；对于混凝土墙、梁、柱、顶板等底层抹灰多用混合砂浆；中层砂浆主要起抹平作用，多用混合砂浆和石灰砂浆；面层砂浆主要起装饰作用，多采用细砂制的水泥混合砂浆、麻刀石灰砂浆或纸筋石灰砂浆；在潮湿地方或容易碰撞的部位，一般采用水泥砂浆。抹面砂浆的配合比选择可参考表 2-12。

表 2-12 抹面砂浆的配合比

材料	体积配合比	应用范围
石灰：砂	(1：2)～(1：4)	干燥砖石墙表面
石灰：石膏：砂	(1：0.4：2)～(1：1：3)	干燥内墙面、顶棚
石灰：石膏：砂	(1：2：2)～(1：2：4)	干燥房间线脚及装
石灰：水泥：砂	(1：0.5：4.5)～(1：1：5)	檐口、勒脚、女儿墙及较潮湿部位
水泥：砂	(1：3)～(1：2.5)	浴室等
水泥：砂	(1：2)～(1：1.5)	地面、顶棚面、墙面
水泥：砂	(1：0.5)～(1：1)	混凝土地面压光
石灰：石膏：砂：锯末	1：1：3：5	吸声砂浆
水泥：白石子	(1：2)～(1：1)	水磨石
水泥：白石子	1：1.5	斩假石
石灰：麻刀	100：2.5(重量比)	板条抹灰
纸筋：石灰	石灰膏 0.1 m^3，纸筋 0.36 kg	较高级墙面、顶棚

2.4 墙体材料

墙体在建筑中起承重、围护、分割作用。随着我国墙体材料改革的深入，传统的黏土烧结砖正逐渐被新型墙体材料取代，以适应现代建筑的轻质高强、多功能的需要，实现建筑节能。

2.4.1 砖

砌墙砖是指以黏土、工业废料及其他地方资源为主要原材料，按不同工艺制成的，在建筑上用来砌筑墙体的砖，可分为普通砖、空心砖和多孔砖，按制作工艺又可分为烧结砖和非烧结砖(免烧砖)两类。

2.4.1.1 烧结普通砖

烧结普通砖是以黏土、页岩、粉煤灰、煤矸石等为主要原料，经焙烧制成的孔洞率小于15%的砖。用于清水墙和带有装饰面墙体装饰的砖，称为装饰砖。

烧结普通砖按主要原料分为烧结黏土砖(N)、烧结页岩砖(Y)、烧结粉煤灰砖(F)和烧结煤矸石砖(M)。应推广使用页岩、粉煤灰、煤矸石为主要原料的砖，以节约耕地。

烧结普通砖有青砖和红砖两种。制作黏土砖坯体时，在坯体中间加入一些热值较高的页岩或粉煤灰，而烧制成的砖称为内燃砖，可以节约黏土，降低能耗。成品中往往会出现的不合格品有欠火砖和过火砖两种。欠火砖颜色浅，敲击时声音暗哑，强度低，吸水率大，耐久性差；过火砖颜色深，敲击时声音清脆，强度高，吸水率小，耐久性好，易出现弯曲变形，降低砖砌体强度，保温隔热性变差。

烧结普通砖的外形为直角六面体，主规格公称尺寸为240 mm×115 mm×53 mm，其外观必须完整，表面的裂纹长度、弯曲程度、杂质突出的高度、缺棱掉角的尺寸应符合要求，按抗压强度划分为MU30、MU25、MU20、MU15和MU10五个强度等级。

抗风化性能是指烧结普通砖在风吹日晒、干湿变化、温度变化、冻融作用等物理因素作用下，材料不破坏，仍保持其原有功能的能力，反映砖的耐久性能。在我国，不同地区风化破坏程度不同，因此，把不同省分和直辖市划为严重风化区和非严重风化区。黑龙江、辽宁、吉林、内蒙古、新疆地区属严重风化区，在该地区使用的砖必须作冻融试验。

泛霜和石灰爆裂都会降低砖的耐久性，缩小砖的受力面积，降低其强度。泛霜是砖中可溶性盐类析出在砖的表面，呈白色粉末、絮团或絮片状，不仅有损于建筑物的外观，而且结晶膨胀致使砖的表面疏松、剥落。

强度和抗风化性能合格的烧结普通砖，按尺寸偏差、外观质量、泛霜和石灰爆裂划分为优等品(A)、一等品(B)和合格品(C)。优等品用于墙体装饰和清水墙，一等品和合格品可用于混水墙的砌筑，中等泛霜的砖不得用于潮湿部位。

2.4.1.2 烧结多孔砖与烧结空心砖

烧结多孔砖、烧结空心砖生产原料和生产工艺与烧结普通砖基本相同。烧结多孔砖空洞率大于15%，孔洞数量多，尺寸小，可用于承重墙体，使用时孔洞垂直于承压面；烧结空心砖空洞率大于或等于35%，孔洞数量少，尺寸大，用于非承重墙或填充墙的砖。M型烧结多孔砖尺寸为190 mm×190 mm×90 mm，P型为240 mm×115 mm×90 mm；烧结空心砖尺寸为290 mm×190(140)mm×90 mm或240 mm×180(175)mm×115 mm。

烧结多孔砖按抗压强度划分为MU30、MU25、MU20、MU15和MU10五个强度等级。烧结空心砖按抗压强度分为MU5.0、MU3.0、MU2.0三个等级，根据密度不同划分为800、900、1 100 kg/m^{3}三个级别，各个密度等级对应的块砖的密度平均值分别满足不大于800、801～900、901～1 100 kg/m^3。

采用多孔砖和空心砖，可以节约燃料10%～20%，节约黏土25%以上，减轻墙体自重，提高工效40％，降低造价20％，改善墙体的保温隔热性能，有利于实现建筑节能，是当前墙体改革中取代黏土实心砖的重要品种。

2.4.1.3 蒸压灰砂砖

蒸压灰砂砖属非烧结类砖，是以石灰和砂子为原料，也可掺入颜料和外加剂，经过磨细、计量配料、搅拌混合、压制成形、蒸压养护(温度175～191℃，压力0.8～1.2 MPa的饱和蒸汽)而成的实心砖或空心砖。

蒸压灰砂砖的外形、公称尺寸与烧结普通砖相同，颜色可分为彩色和本色；根据外观质量、尺寸偏差、强度和抗冻性能分为优等品(A)、一等品(B)、合格品(C)三个质量等级；按砖浸水24h后的抗压强度和抗折强度划分为MU25、MU20、MU15和MU10四个强度等级。

强度等级为MU25、MU20、MU15的砖可用于基础，MU10的灰砂砖用于建筑防潮层以上的部位。灰砂砖不得用于200℃以上长期受热、受急冷急热和有酸性介质侵蚀的建筑部位，也不适用于有流水冲刷的部位。

2.4.1.4 蒸压(养)粉煤灰砖

蒸压(养)粉煤灰砖是指以粉煤灰、石灰和水泥为主要原料，掺加适量石膏、外加剂、颜料和骨料，经坯料制备、压制成型、高压或常压蒸汽养护而成的实心粉煤灰砖。

蒸压(养)粉煤灰砖的外形、公称尺寸与烧结普通砖相同，颜色可分为彩色和本色；根据外观质量、尺寸偏差、强度和干燥收缩值分为优等品(A)、一等品(B)、合格品(C)三个质量等级；按砖抗压强度和抗折强度划分为MU30、MU25、MU20、MU15和MU10五个强度等级。

该砖可用于工业及民用建筑的墙体和基础，但用于基础和易受冻融和干湿交替作用的部位，必须使用MU15及以上强度等级的砖，不得用于长期受热200℃以上、受急冷急热和有酸性侵蚀的建筑部位。

2.4.2 砌块

砌块是指砌筑用的人造块材，多为直角六面体。砌块主规格尺寸中的长度、宽度和高度，至少有一项分别大于365、240、115 mm，但高度不大于长度或宽度的6倍，长度不超过高度的3倍。砌块尺寸大，施工砌筑效率高，通过空心化可以改善墙体的保温隔热性能，是当前大力推广的墙体材料之一。

砌块按用途分为承重砌块和非承重砌块；按产品规格可分为大型(主规格高度大于980 mm)、中型(主规格高度为380～980 mm)和小型(主规格高度为115～380 mm)砌块；按砌块的特征可分为实心砌块和空心砌块；按生产原材料可分为硅酸盐混凝土砌块、普通混凝土砌块、轻骨料混凝土砌块、加气混凝土砌块、石膏砌块等。

2.4.2.1 加气混凝土砌块

蒸压加气混凝土砌块是以钙质材料(水泥、石灰等)和硅质材料(矿渣和粉煤灰)

为主要材料，并加入加气剂，经磨细、配料、搅拌、浇注、发气、膨胀、静停切割、蒸压养护等工艺过程制成的多孔轻质硅酸盐砌块。

蒸压加气混凝土砌块按抗压强度有 A1.0、A2.0、A2.5、A3.5、A5.0、A7.5 和 A10 七个级别；按体积密度划分 B03、B04、B05、B06、B07 和 B08 六个级别；按尺寸偏差、外观质量、体积密度及抗压强度分为优等品(A)、一等品(B)和合格品(C)。

砌块的强度级别、体积密度见表 2-13 和表 2-14。

表 2-13 蒸压加气混凝土砌块抗压强度 MPa

强度等级		A1.0	A2.0	A2.5	A3.5	A5.0	A7.5	A10.0
抗压强度	平均值	≥1.0	≥2.0	≥2.5	≥3.5	≥5.0	≥7.5	≥10.0
	最小值	≥0.8	≥1.6	≥2	≥2.8	≥4	≥6	≥8

表 2-14 蒸压加气混凝土砌块干体积密度 kg/m³

表观密度级别		B03	B04	B05	B06	B07	B08
干体积密度	优等品(A)	≥300	≥400	≥500	≥600	≥700	≥800
	合格品(C)	≥350	≥450	≥550	≥650	≥750	≥850

加气混凝土砌块具有表观密度小、保温及耐火性好，易于加工，抗震性强，隔声性好等优点，可用做非承重墙体的隔墙和屋顶保温隔热层。另外，由于加气混凝土内部含有许多独立的封闭气孔不仅切断了部分毛细孔的通道，而且在水的结冰过程中起着压力缓冲作用，所以具有较高的抗冻性。

2.4.2.2 普通混凝土小型空心砌块

混凝土砌块是由水泥、水、砂、石，按一定比例配合，经搅拌、成型和养护而成，空心率应不小于 25%。砌块的主规格为 390 mm×190 mm×190 mm，配辅助规格，即可组成墙用砌块基本系列。

普通混凝土砌块的密度一般为 1 100～1 500 kg/m³，轻混凝土砌块的密度一般为 700～1 000 kg/m³，混凝土砌块的密度取决于原材料、混凝土配合比、砌块的规格尺寸、孔形和孔结构、生产工艺等。普通混凝土砌块的吸水率在 6%～8%之间，软化系数在 0.85～0.95 之间。

按尺寸偏差、外观质量划分为优等品(A)、一等品(B)和合格品(C)；混凝土砌块的强度用砌块受压面的毛面积除以破坏荷载求得，砌块的强度等级分为 MU3.5、MU5.0、MU7.5、MU10.0、MU15.0 和 MU20.0 六个强度等级。

与烧结砖相比较，砌块砌筑的墙体较易产生裂缝，其原因是多方面的，就墙体材料本身而言，原因有两个：一是由于砌块失去水分而产生收缩；二是由于砂浆失去水分而收缩。砌块的收缩值取决于所采用的集料种类、混凝土配合比、养护方法和使用环境的相对湿度。普通混凝土砌块和轻集料混凝土砌块在相对湿度相同的条件下，轻集料混凝土砌块的收缩值较大一些；采用蒸压养护工艺生产的砌块比采用蒸汽养护的砌块收缩值要小。

混凝土砌块是由可塑的混凝土加工而成的，其形状、大小可随设计要求不同而改变，混凝土砌块的强度可通过混凝土的配合比和改变砌块的孔洞在较大幅度内得到调整，因此，可用做承重墙体和非承重的填充墙体。混凝土砌块自重较实心黏土砖轻，地震荷载较小，砌块有空洞便于浇注配筋芯柱，能提高建筑物的延性。此外，混凝土砌块的绝热、隔声、防火、耐久性等大体与黏土砖相同，能满足一般建筑要求。

2.4.2.3 混凝土中型空心砌块

混凝土中型空心砌块是以水泥或无熟料水泥，配以一定比例的骨料，制成空心率不小于25%的制品，其尺寸规格为：长500、600、800、1 000 mm；宽200、240 mm；高400、450、800、900 mm。

混凝土中型空心砌块具有体积密度小，强度较高，生产简便，施工方便等特点，适用于民用与一般工业建筑物的墙体。

2.4.2.4 蒸养粉煤灰砌块

蒸养粉煤灰砌块又称粉煤灰硅酸盐砌块，是以粉煤灰、石灰、石膏和骨料为原料，加水搅拌，振动成型，蒸气养护制成的一种密实砌块。

主规格尺寸为880 mm×380 mm×240 mm和880 mm×430 mm×240 mm，端面应设灌浆槽，坐浆面应设抗剪槽。按立方体抗压强度分为MU10、MU13两个强度等级；按外观质量、尺寸偏差分为一等品(B)和合格品(C)。另外还要检验碳化后强度、抗冻性能、密度和干缩性。

这类砌块主要用于工业与民用建筑的墙体和基础。但不适用于有酸性侵蚀介质的、密封性要求高的、易受较大震动的建筑物，以及受高温受潮湿的承重墙。粉煤灰小型空心砌块是一种新型材料，其性能应符合相关标准的规定，适用于非承重墙和填充墙。

2.4.2.5 石膏砌块

石膏砌块是以建筑石膏为原料，经料浆搅拌浇筑成形，自然干燥或烘干而制成的轻质块状材料。有时可加入各种轻骨料、填充料、纤维增强材料、发泡剂等辅助材料。也有用高强石膏粉或部分水泥代替建筑石膏，并掺加粉煤灰生产石膏砌块。

按石膏特性分为天然石膏砌块(T)和工业副产石膏砌块(H)；按其结构特性分为空心(K)砌块和实心(S)砌块；按其防潮性能分为普通石膏砌块(P)和防潮石膏砌块(F)两种。实心砌块的密度应不大于1 000 kg/m^3，空心砌块的密度应不大于700 kg/m^3，单块质量应不大于30 kg，砌块应有足够的机械强度，断裂荷载值应不小于1.5N，砌块表面应平整，棱边平直，防潮石膏砌块的软化系数应不低于0.6。

石膏砌块表观密度小，孔隙率高，具有良好的蓄热功能和保温隔热性能，有利于建筑节能，同时，因为石膏中含有结晶水，在遇火时可以释放结晶水，吸收大量热量，并形成水雾阻止火势蔓延，适用于框架结构和其他结构中的非承重墙体，一般做内隔墙用，尤其是高层建筑和有特殊防火要求的建筑。

2.4.3 墙用板材

板材是建筑物一种新型的墙体材料，利用板材作为框架结构中围护墙体具有轻质、节能、施工方便快捷、开间布置灵活等特点，具有广阔的应用前景。

2.4.3.1 GRC 轻质多孔墙板

GRC 空心条板，是以低碱水泥（或硫铝酸盐水泥）为胶结材料，耐碱玻璃纤维或其网格布作为增强材料，膨胀珍珠岩为骨料（也可用炉渣和粉煤灰等），配以发泡剂和防水剂等，配料、搅拌、浇注、成型、脱水、养护制成的具有若干个圆孔的条形板。

GRC 轻质多孔墙板尺寸规格为：长度 2 500～3 500 mm，宽度 600 mm，厚度60、90、120 mm；抗折破坏荷载不小于 1 200 N，干燥收缩率不大于 0.8 mm/m。该板具有轻质、高强、隔声、隔热、不燃、易加工、可钉、可锯等优点，可用于工业与民用建筑的分室、分户、厨房、厕所卫浴间、阳台等非承重的内隔墙和复合墙体的外墙面。

2.4.3.2 纤维增强水泥平板

建筑用纤维增强水泥平板是以纤维与水泥作为主要原料，经制浆、成坯、养护等工序而制成的板材。按产品使用的水泥品种分为普通水泥板和低碱度水泥板，按密度分为高密度板（即加压板）、中密度板（即非加压板）和轻板（板中含有轻骨料）。采用混合纤维与低碱度的硫铝酸盐水泥制成的纤维增强低碱度水泥平板称为 TK 板，采用抗碱玻璃纤维与低碱度硫铝酸盐水泥制成的纤维增强低碱度水泥平板称为 NTK 板。

规格为：长 1 200～2 800 mm，宽 800、900、1 200 mm，厚4、5、6、8 mm。该板的抗折强度不低于 7.0 MPa。

纤维增强水泥平板具有轻质、抗折及抗冲击荷载性能好、防潮、防水、不易变形，而且可加工性能好等优点，适用于多层框架结构体系及高层建筑的内隔墙。

2.4.3.3 钢丝网架水泥夹心板

钢丝网架水泥夹心板主要是以钢丝焊接成的三维钢丝网骨架，内填自熄型聚苯乙烯泡沫塑料构成的网架芯板，两面喷涂水泥砂浆而制成的。

常用品种有舒乐舍板、3D 板、泰柏板、UBS 板、英派克板等。

按所用轻质芯材分为钢丝网架泡沫塑料夹心板和钢丝网架岩棉夹心板，也有用膨胀珍珠岩作为芯板。钢丝网架泡沫塑料夹心板的规格为：长 2 140、2 440、2 700、2 950 mm，宽 1 200 mm，钢丝网架厚 76 mm。钢丝网架岩棉夹心板的规格为：长度在 3 000 mm 以内，宽 900、1 200 mm，钢丝网架厚65、75、85 mm，需特殊尺寸时可与厂家协商。抹好砂浆后，墙体厚度为 100 mm 左右。

泰柏板具有轻质高强、绝热隔声、防火、防潮、抗震、经久耐用、安装方便的特点，适用于房屋建筑的内隔墙、围护外墙等。

2.4.3.4 轻型夹心板

这类板是用各种轻质高强的薄板或金属板作面板，中间以轻质的保温隔热材料为芯材组成的复合板。常用的内墙面面板有石膏板、硅钙板、硅镁板，外墙面的外层面板有不锈钢板、彩色镀锌钢板、铝合金板、纤维增强薄板等。芯材有岩棉毡、阻燃型发泡聚苯乙烯、发泡聚氨酯、玻璃棉毡等。

金属面夹心板重量轻、强度高、具有高效绝热性；施工方便、快捷；可多次拆卸重复安装使用，有较高的耐久性。其规格为：长 800～12 000 mm，宽 900～1 200 mm，厚 50～250 mm。该板可用于冷库、办公楼、厂房、车间、超市、体育馆、活动房等。以石膏板为面板的预制石膏板复合墙板，一般用于现浇钢筋混凝土墙和砖砌外墙等的内保温。以薄型纤维水泥板或纤维增强硅酸钙板为面板的纤维水泥复合墙板与硅酸钙复合墙板，常用规格为 2 450(2 750) mm×600 mm×100(80、60) mm，可用于建筑物的内隔墙和外墙。

以矿渣棉毡、岩棉毡、泡沫混凝土等保温材料做芯材，厚度为 20～30 mm，钢筋混凝土为内、外表层，内、外两层面板用钢筋连接的轻型夹心板，可用于承重外墙和非承重外墙。

2.5 建筑防水材料

防水材料是建筑中不可缺少的主要建筑材料之一，如房屋建筑的屋面、地下室防水、公路桥梁的桥面防水、水利工程中的防水等。防水材料质量的优劣与建筑物、构筑物的使用寿命密切相关。

2.5.1 防水卷材

防水卷材是建筑防水材料的重要品种，它是具有一定宽度和厚度并可卷曲的片状定型防水材料。目前防水卷材有沥青防水卷材、高聚物改性沥青防水卷材和合成高分子防水卷材等三大系列。沥青防水卷材是我国传统的防水卷材，生产历史久、成本较低、应用广泛，沥青材料的低温柔性差，温度敏感性大，在大气作用下易老化，防水耐用年限较短，它属于低档防水材料。高聚物改性沥青防水卷材和合成高分子防水卷材的性能较沥青防水卷材优异，宜优先选用。

各类防水卷材的选用应充分考虑建(构)筑物的特点、地区环境条件、使用条件等多种因素，结合材料的特性和性能指标来选择。

防水卷材要满足建筑防水工程的要求，必须具备以下性能：

1）耐水性。指在水的作用下和被水浸润后其性能基本不变，在压力水作用下具有不透水性，常用不透水性、吸水性等指标表示。

2）温度稳定性。指在高温下不流淌、不起泡、不滑动，低温下不脆裂的性能，即在一定温度变化下保持原有性能的能力，常用耐热度、耐热性等指标表示。

3）机械强度、延伸性和抗断裂性。指防水卷材承受一定荷载、应力或在一定变形的条件下不断裂的性能，常用拉力、拉伸强度和断裂伸长率等指标表示。

4）柔韧性。指在低温条件下保持柔韧的性能。它对保证易于施工、不脆裂十分重要，常用柔度、低温弯折性等指标表示。

5）大气稳定性。指在阳光、热、臭氧及其他化学侵蚀介质等因素的长期综合作用下抵抗侵蚀的能力，常用耐老化性、热老化保持率等指标表示。

2.5.1.1 沥青防水卷材

沥青防水卷材是用原纸、纤维织物、纤维毡等胎体浸涂沥青，表面撒布粉状、粒状或片状材料制成的。常用品种有石油沥青纸胎油毡、石油沥青玻璃布油毡、石油沥青玻纤胎油毡、石油沥青麻布胎油毡等。

石油沥青纸胎油毡是用低软化点的石油沥青浸渍原纸，然后用高软化点的石油沥青涂盖油纸的两面，再涂撒隔离材料制成的一种防水材料。目前国内没有生产油纸的企业，没有此种产品，实际使用中，大多采用低卷重的油毡代替油纸，做防潮包装。油毡幅宽为 1 000 mm，其他规格可由供需双方商定，但每卷总面积保证为 $20\ m^2 \pm 0.3\ m^2$。油毡按卷重和物理性能分为Ⅰ型、Ⅱ型、Ⅲ型，其性能见表 2-15。Ⅰ型和Ⅱ型油毡适用于辅助防水、保护隔离层、临时性建筑防水、建筑防潮及包装等，Ⅲ型油毡适用于屋面工程的多层防水。

表 2-15 石油沥青纸胎油毡物理性能

项　目		指标		
		Ⅰ型	Ⅱ型	Ⅲ型
卷重/kg		17.5	22.5	28.5
单位面积浸渍材料总量/(g/m^2)		≥600	≥750	≥1 000
不透水性	压力/MPa	≥0.02	≥0.02	≥0.10
	保水时间/min	≥20	≥30	≥30
吸水率(%)		≤3.0	≤2.0	≤1.0
耐热度		85℃±2℃涂盖层无滑动、流淌和集中性气泡		
拉力(纵向)/N		≥240	≥270	≥340
柔度		18℃±2℃，绕 ϕ20 mm 棒或弯板无裂纹		

为了克服纸胎的抗拉能力低、易腐烂、耐久性差的缺点，通过改进胎体材料来提高沥青油毡抗拉强度、柔韧性及耐久性能等，开发出玻璃布沥青油毡、玻纤沥青

油毡、黄麻织物沥青油毡、铝箔胎沥青等一系列沥青防水卷材。由于沥青材料的温度稳定性、抗老化性能及低温柔性较差,因而防水耐用年限较短。沥青防水卷材一般都是叠层铺设、热粘贴施工。常用沥青防水卷材的特点及适用范围见表 2-16。

表 2-16 常用沥青防水卷材的特点及适用范围

卷材名称	特点	适用范围	施工方法
石油沥青纸胎油毡	传统的防水材料,低温柔性差,防水层耐用年限短	三毡四油、二毡三油叠层设的屋面工程	热玛琋脂、冷玛琋脂粘贴施工
玻璃布胎沥青油毡	抗拉强度高,胎体不易腐烂,材料柔韧性好,耐久性比纸胎提高一倍以上	多用做纸胎油毡的增强附加层和突出部位的防水层	热玛琋脂、冷玛琋脂粘贴施工
玻璃毡胎沥青油毡	具有良好的耐水性、耐腐蚀性、耐久性,柔韧性也优于纸胎沥青油毡	常用做屋面或地下防水工程	热玛琋脂、冷玛琋脂粘贴施工
黄麻胎沥青油毡	抗拉强度高,耐水性好,但胎体材料易腐烂	常用做屋面增强附加层	热玛琋脂、冷玛琋脂粘贴施工
铝箔胎沥青油毡	由很高的阻隔蒸汽渗透能力,防水功能好,具有一定的抗拉强度	与带孔玻纤毡配合或单独使用,宜用于隔汽层	热玛琋脂粘贴施工

对于屋面防水工程,沥青防水卷材仅适应于屋面防水等级为Ⅲ级(一般的工业与民用建筑、防水耐用年限为 10 年)和Ⅳ级(非永久性的建筑、防水耐用年限为 5 年)的屋面防水工程。

对于防水等级为Ⅲ级的屋面,应选用三毡四油沥青卷材防水,对于防水等级为Ⅳ级的屋面,可选用二毡三油沥青卷材防水。

2.5.1.2 高聚物改性沥青防水材料

高聚物改性沥青防水卷材是以合成高分子改性沥青为涂盖层,纤维植物和纤维毡为胎体,粉状、片状或塑料薄膜等为防粘隔离层构成的片状防水材料。

高聚物改性沥青防水卷材克服了传统石油沥青防水卷材的温度稳定性及低温柔韧性差、延伸率低、拉伸强度低、耐久性差的缺点,具有高温不流淌,低温不脆裂,拉伸强度高,塑性好及耐久性高等优点。

1. SBS 改性沥青防水卷材

以玻纤毡和聚酯毡为胎体,SBS 改性石油沥青为浸渍涂盖层(面层),以细砂或塑料薄膜为隔离层的防水卷材称为 SBS 改性沥青防水卷材。该防水卷材属于弹性体沥青防水卷材的一种。按胎基分为聚酯胎(PY)和玻纤胎(G)两类;按上表面隔离材料分为聚乙烯膜(PE)、细砂(S)与矿物粒(片)料(M)三种;按物理性能分为Ⅰ型和Ⅱ型,共有六个品种。聚酯胎卷材厚度有 3、4 mm,玻纤胎卷材厚度有 2、3、4 mm,弹性体改性沥青防水卷材(SBS)卷重、面积及厚度要求见表 2-17,物理力学性质见表 2-18。

表 2-17 弹性体改性沥青防水卷材(SBS)卷重、面积及厚度要求

规格(公称厚度)/mm		2		3			4					
上表面材料		PE	S	PE	S	M	PE	S	M	PE	S	M
面积/(m^2/卷)	公称面积	15		10			10			7.5		
	偏差	±0.15		±0.10			±0.10			±0.10		
最低卷重/(kg/卷)		33.0	37.5	32.0	35.0	40.0	42.0	45.0	50.0	31.5	33.0	37.5
厚度/mm	平均值	≥2.0		≥3.0		≥3.2	≥4.0		≥4.2	≥4.0		≥4.2
	最小单值	≥1.7		≥2.7		≥2.9	≥3.7		≥3.9	≥3.7		≥3.9

表 2-18 弹性体改性沥青防水卷材(SBS)物理力学性质

序号	胎 基			PY		G	
	型 号			Ⅰ	Ⅱ	Ⅰ	Ⅱ
1	可溶物含量/(g/m^2)		2 mm			≥1 300	
			3 mm	≥2 100			
			4 mm	≥2 900			
2	不透水性	压力/MPa		≥0.3	≥0.2		≥0.3
		保持时间/min		≥30			
3	耐热度/℃			90	105	90	105
				无滑动、流淌、滴落			
4	拉力/(N/50 mm)		纵向	≥450	≥800	≥350	≥500
			横向			≥250	≥300
5	最大拉力时延伸率(%)		纵向	≥30	≥40		
			横向				
6	低温柔度/℃			−18	−25	−18	−25
				无裂纹			
7	撕裂强度/N		纵向	≥250	≥350	≥250	≥350
			横向			≥170	≥200

续表

<table>
<tr><td rowspan="2">序号</td><td colspan="3">胎　基</td><td colspan="2">PY</td><td colspan="2">G</td></tr>
<tr><td colspan="3">型　号</td><td>Ⅰ</td><td>Ⅱ</td><td>Ⅰ</td><td>Ⅱ</td></tr>
<tr><td rowspan="5">8</td><td rowspan="5">人工气候加速老化</td><td colspan="2" rowspan="2">外观</td><td colspan="4">Ⅰ级</td></tr>
<tr><td colspan="4">无滑动、流淌、滴落</td></tr>
<tr><td>拉力保持率(%)</td><td>纵向</td><td colspan="4">≥80</td></tr>
<tr><td colspan="2" rowspan="2">低温柔度/℃</td><td>−10</td><td>−20</td><td>−10</td><td>−20</td></tr>
<tr><td colspan="4">无裂纹</td></tr>
</table>

注：表1～6项为强制性指标。

SBS改性沥青防水卷材具有良好的不透水性能和低温柔韧性，同时还具有较高的耐久性和耐腐蚀性，延伸度较大。

该类防水卷材适用于工业与民用建筑的屋面、地下及卫生间等的防水防潮，尤其适用于寒冷地区和结构变形频繁的建筑物防水。施工时可用热熔法施工，也可用冷粘贴法施工。

2. APP改性沥青防水卷材

APP改性沥青防水卷材以热塑性树脂改性沥青(简称塑性体沥青)浸渍，以玻纤毡或聚酯毡为胎基，以砂粒或塑料薄膜为防粘隔离层的防水卷材。该防水卷材属于塑性体沥青防水卷材的一种。按胎基分为聚酯胎(PY)和玻纤胎(G)两类，按上表面隔离材料分为聚乙烯膜(PE)、细砂(S)与矿物粒(片)料(M)三种，按物理性能分为Ⅰ型和Ⅱ型，共有六个品种。聚酯胎卷材厚度有3、4 mm，玻纤胎卷材厚度有2、3、4 mm，塑性体改性沥青防水卷材(APP)物理力学性能见表2-19。

表2-19　塑性体改性沥青防水卷材(APP)物理力学性能

<table>
<tr><td rowspan="2">序号</td><td colspan="3">胎　基</td><td colspan="2">PY</td><td colspan="2">G</td></tr>
<tr><td colspan="3">型　号</td><td>Ⅰ</td><td>Ⅱ</td><td>Ⅰ</td><td>Ⅱ</td></tr>
<tr><td rowspan="3">1</td><td colspan="2" rowspan="3">可溶物含量/(g/m²)</td><td>2 mm</td><td colspan="2"></td><td colspan="2">≥1 300</td></tr>
<tr><td>3 mm</td><td colspan="4">≥2 100</td></tr>
<tr><td>4 mm</td><td colspan="4">≥2 900</td></tr>
<tr><td rowspan="2">2</td><td rowspan="2">不透水性</td><td colspan="2">压力/MPa</td><td>≥0.3</td><td colspan="2">≥0.2</td><td>≥0.3</td></tr>
<tr><td colspan="2">保持时间/min</td><td colspan="4">≥30</td></tr>
<tr><td rowspan="2">3</td><td colspan="3" rowspan="2">耐热度/℃</td><td>110</td><td>130</td><td>110</td><td>130</td></tr>
<tr><td colspan="4">无滑动、流淌、滴落</td></tr>
</table>

续表

<table>
<tr><td rowspan="2">序号</td><td colspan="3">胎 基</td><td colspan="2">PY</td><td colspan="2">G</td></tr>
<tr><td colspan="3">型 号</td><td>Ⅰ</td><td>Ⅱ</td><td>Ⅰ</td><td>Ⅱ</td></tr>
<tr><td rowspan="2">4</td><td colspan="2" rowspan="2">拉力/(N/50 mm)</td><td>纵向</td><td rowspan="2">≥450</td><td rowspan="2">≥800</td><td>≥350</td><td>≥500</td></tr>
<tr><td>横向</td><td>≥250</td><td>≥300</td></tr>
<tr><td rowspan="2">5</td><td colspan="2" rowspan="2">最大拉力时延伸率(%)</td><td>纵向</td><td rowspan="2">≥30</td><td rowspan="2">≥40</td><td colspan="2" rowspan="2"></td></tr>
<tr><td>横向</td></tr>
<tr><td rowspan="2">6</td><td colspan="3" rowspan="2">低温柔度/℃</td><td>−5</td><td>−15</td><td>−5</td><td>−15</td></tr>
<tr><td colspan="4">无裂纹</td></tr>
<tr><td rowspan="2">7</td><td colspan="2" rowspan="2">撕裂强度/N</td><td>纵向</td><td rowspan="2">250</td><td rowspan="2">≥350</td><td>≥250</td><td>≥350</td></tr>
<tr><td>横向</td><td>≥170</td><td>≥200</td></tr>
<tr><td rowspan="5">8</td><td rowspan="5">人工气候加速老化</td><td colspan="2" rowspan="2">外观</td><td colspan="4">Ⅰ级</td></tr>
<tr><td colspan="4">无滑动、流淌、滴落</td></tr>
<tr><td>拉力保持率(%)</td><td>纵向</td><td colspan="4">≥80</td></tr>
<tr><td colspan="2" rowspan="2">低温柔度/℃</td><td>3</td><td>−10</td><td>3</td><td>−10</td></tr>
<tr><td colspan="4">无裂纹</td></tr>
</table>

注：表1～6项为强制性指标，当需要耐热度超过130℃卷材时，该指标可由供需双方协商确定。

与弹性体防水卷材相比，塑性体防水卷材具有更高的耐高温性能，但低温柔性较差，其他性能基本相同。该类防水卷材适用于各类建筑物的防水及防潮工程，尤其适用于高温及有强烈阳光地区的建筑物防水。

3. 改性沥青聚乙烯胎防水卷材

改性沥青聚乙烯胎防水卷材是以改性沥青为基料，以高密度聚乙烯膜为胎体，以聚乙烯膜或铝箔为上表面覆盖材料，经滚压、水冷、成型制成的防水材料。按基料分为改性氧化沥青防水卷材、丁苯橡胶改性氧化沥青防水卷材、高聚物改性沥青防水卷材三类。改性氧化沥青防水卷材是用增塑油和催化剂将沥青氧化改性制成的防水卷材。丁苯橡胶改性氧化沥青防水卷材是用丁苯橡胶和塑料树脂将沥青氧化改性制成的防水卷材，高聚物改性沥青防水卷材是由APP、SBS等高聚物将沥青改性后制成的防水卷材。其上表面覆盖材料有聚乙烯膜和铝箔。该卷材厚度有3、4 mm两种，幅宽1 100 mm，每卷面积为11 m^2。

改性沥青聚乙烯胎防水卷材适用于工业与民用建筑的防水工程，上表面覆盖聚乙烯膜的卷材适用于非外露防水工程，上表面覆盖铝箔膜的卷材适用于外露防水工程。

2.5.1.3 高聚物防水卷材

1. 三元乙丙橡胶卷材

三元乙丙橡胶防水卷材的原料是乙烯、丙烯和少量的双环戊二烯共聚合成的三元乙丙橡胶，掺入适量的丁基橡胶、硫化剂、促进剂、软化剂和补强剂等，经过密炼、拉片、过滤、挤出（或压延）成型、硫化、检验和分卷等工序加工制成。由于三元乙丙橡胶分子结构中的主链上没有双键，少数的双键仅存于支链上，当其受到臭氧、光、湿和热等作用时，主链不易断裂，这是三元乙丙橡胶的耐候性能比其他类型的橡胶优越得多的根本原因。它的面质量小（2 kg/m^2 左右），使用温度范围宽，在$-40\sim80$℃范围内均可长期使用，且耐老化性能优异，对基层伸缩或开裂的适应性强，可冷施工，目前在国内属高档防水材料。

三元乙丙橡胶卷材是屋面、地下室和水池防水工程的主体材料，它可用于多种建筑防水工程的修缮，露屋面的防水工程，各种地下工程的防水及地下室或蓄水池的防水，桥梁、隧道的防水，带保护层的屋面、楼地面，厨房、浴室及卫生间的室内防水，电站、水库、排灌渠道、污水处理池等防水工程。

2. 氯化聚乙烯-橡胶共混防水卷材

氯化聚乙烯系由氯取代聚乙烯分子中的氢而制成的无规氯化聚合物。这种共混卷材不但具有氯化聚乙烯特有的高强度和优异的耐候性，同时还表现出橡胶的高弹性、高延伸率及良好的耐低温性能。与卷材配套使用的基层处理剂为水乳型氯丁胶黏结剂，能克服一般卷材因基层潮湿不能施工的缺点。该材料采用单层粘贴防水，施工温度宜在$+5$℃以上，天气越晴朗，胶液中的溶剂挥发越快，粘贴周期越短。氯化聚乙烯-橡胶共混防水卷材具有断裂伸长率高、耐候性及低温柔韧性好，使用寿命在20年以上，属于中档防水卷材。

氯化聚乙烯-橡胶共混防水卷材适用于地下建筑物外贴、外防、内贴法施工的防水工程，能用做工业与民用建筑、屋面外露和非外露防水工程，水池、水库、堤坝、涵口等工程的防水。

3. 聚氯乙烯防水卷材

聚氯乙烯（PVC）防水卷材是以聚氯乙烯树脂为基材，掺入增塑剂、紫外线吸收剂等其他助剂，经混炼、压延等工序加工而成的弹塑性卷材。

聚氯乙烯防水卷材的性能大大优越于沥青防水卷材，具有较高的抗拉强度、断裂伸长率、撕裂强度，低温柔韧性好，吸水率低，尺寸稳定，耐腐蚀性能及耐久性好，使用寿命为10～15年以上，属于中档防水卷材。

聚氯乙烯防水卷材主要用于屋面防水及其他防水要求高的工程，适用于工业与民用建筑的屋面防水，包括种植屋面、平屋面、坡屋面；适用于建筑物地下防水，包括水库、堤坝、水渠以及地下室各个部位的防水防渗；适用于隧道、粮库、人防工程、垃圾填埋场、人工湖等防水。施工时一般采用全贴法，也可采用局部黏结法。

2.5.2 防水涂料

2.5.2.1 氯丁胶乳沥青防水涂料

氯丁胶乳沥青防水涂料是以氯丁橡胶和沥青为基料，经加工合成的一种水乳型防水涂料。它兼有橡胶和沥青的双重优点，具有防水、抗渗、耐老化、不燃、无毒、抗基层变形能力强、冷作业施工、操作方便等优点，防水寿命可达10年以上。

氯丁胶乳沥青防水涂料可代替二毡三油做屋面防水、地下室墙面和地面防水，可做厕所厨房及室内地面防水，对于复杂的屋面、天沟及有振动的屋面尤为适宜，还可以对伸缩缝、天沟等处的漏水进行修补，可以做防腐蚀地坪的防水隔离层。

2.5.2.2 水乳型再生胶沥青防水涂料

水乳型再生胶沥青防水涂料是以石油沥青为基料，再生橡胶为改性材料复合而成的水性防水涂料。由于橡胶和沥青具有良好的相溶性，涂料干燥成膜后，沥青吸取了橡胶的高弹性和耐温性特点，克服热淌冷脆的缺陷。橡胶也吸取了沥青的黏结性和憎水性，形成具有良好的耐热、耐寒及耐老化等性能的防水涂膜。它的黏结性能和不透水性良好，具有较高弹性，且为冷作业施工，操作安全简便。

水乳型再生胶沥青防水涂料加衬玻璃纤维布或合成纤维薄毡，适用于工业与民用建筑的有保温或非保温屋面、地下室、冷库和洞体的防水、防潮和隔汽，亦可用于旧油毡屋面的翻修和刚性自防水屋面的维修。

2.5.2.3 聚氨酯防水涂料

聚氨酯防水涂料产品按组分分为单组分(S)和多组分(M)两种，使用较多的是多组分型。甲组分是含有端基异氰酸酯基(—NCO)的聚氨酯预聚物，乙组分由含有多羟基的固化剂、增塑剂、增黏剂、防霉剂、填充剂和稀释剂等配制而成。甲、乙两组分按一定比例混合均匀，形成常温反应固化型黏稠状物质，涂布固化后形成柔软、耐水、抗裂和富有弹性的整体防水涂层。

聚氨酯涂料具有较大的弹性和延伸能力，对一定程度范围内的裂缝有较强的适应性。聚氨酯涂料冷施工作业，适用于一般工业与民用建筑中有保护层的屋面、地下室、浴室、卫生间地面的防水工程，也可用于非饮用水水池的防水。

2.5.2.4 膨润土沥青乳液防水涂料

膨润土沥青乳液是以石油沥青为基料，膨润土做分散剂，在机械作用下制成的一种水溶性厚质防水涂料。冷作业涂布在基层上，形成厚质涂层，防水性能好，是一种物美价廉的屋面防水材料。

膨润土沥青乳液防水涂料可用于民用建筑、工业厂房的复杂屋面和一般屋面防水层，可直接涂刮在混凝土屋面及平整保温面层上，也可涂刮于油毡表面做保护涂料，以延长油毡的使用寿命，更适用女儿墙、屋顶排水沟处，可解决纸毡不便施工和施工后的漏水问题。

2.5.2.5 SBS弹性沥青防水胶

弹性沥青防水胶是以沥青、橡胶、合成树脂、SBS及表面活性剂等高分子材料组成的一种水乳型弹性沥青防水材料。它的低温柔韧性能、抗裂性能、黏结性能优异，可与玻璃布复合，用于任何复杂表面的建筑基层，防水性能好，可冷作业，施工简单，是目前性能较好的一种新型防水涂料。

SBS弹性沥青防水胶适用于工业和民用建筑的屋面、地面、卫生间、地下室等部位的防水工程，也可用于嵌缝补漏及旧屋面、地面防水工程的修补。

2.5.2.6 硅橡胶防水涂料

硅橡胶防水涂料是以硅橡胶胶乳和其他乳液的复合物为主要基料，掺入无机填料及各种助剂精配而成的乳液型防水涂料。该涂料具有良好的防水性、成膜性、弹性、黏结性和耐水性，易渗透入基层，是优质的涂膜防水和渗透性防水材料。

硅橡胶防水涂料适应基层的变形能力强，可渗入基底，与基底黏结牢固；冷施工，施工方便，可涂刷、喷涂或滚涂；成膜速度快，可在潮湿基层上施工；无毒、无味、不易燃，安全可靠；可以配成各种色泽鲜艳的涂料，便于修补。适用于建筑屋面、卫生间、水池等部位防水工程。

2.5.3 建筑密封材料

建筑密封材料是能承受位移并具有高气密性及水密性而嵌入建筑接缝中的定型和不定型的材料，填充于建筑物的接缝、门窗框四周、玻璃镶嵌部位以及裂缝等处，能起到水密、气密性作用的材料。

建筑密封材料分定形密封材料和不定形密封材料，定形密封材料有密封条带、止水带等，不定形密封材料常呈黏稠状，分为弹性密封材料和非弹性密封材料。按构成类型分为溶剂型、乳液型和反应型；按使用时的组分分为单组分密封材料和多组分密封材料；按组成材料分为改性沥青密封材料和合成高分子密封材料。目前，我国常用的屋面密封材料包括改性沥青密封材料和合成高分子密封材料两大类。

2.5.3.1 改性沥青密封材料

改性沥青密封材料是以沥青为基料，用适量的合成高分子聚合物进行改性，加入填充料和其他化学助剂配制而成的膏状密封材料。主要有改性沥青基嵌缝油膏等。

改性沥青基嵌缝油膏是以石油沥青为基料，掺以少量废橡胶粉、树脂或油脂类材料以及填充料和助剂制成的膏状体。适于钢筋混凝土屋面板缝嵌填。它具有炎夏不流淌，寒冬不脆裂，黏结力强，延伸性、耐久性、弹塑性好及可常温下冷施工等特点。

使用沥青油膏嵌缝时，缝内应洁净干燥，先涂刷冷底子油一道，待其干燥后即嵌填注油膏。油膏表面可加石油沥青、油毡、砂浆、塑料为覆盖层。

2.5.3.2 合成高分子密封材料

合成高分子密封材料是以合成高分子材料为主体，加入适量的化学助剂、填充剂和着色剂，经过特定的生产工艺加工而成的膏状密封材料。主要有聚氯乙烯胶泥、水乳型丙烯酸酯密封膏、聚氨酯弹性密封膏、硅酮密封膏等。

聚氯乙烯接缝膏和塑料油膏是以聚氯乙烯树脂(PVC)粉料和煤焦油为基料，加改性材料及填充料，在温度 130～140℃下塑化而成的膏状防水材料，也称 PVC 接缝密封膏，施工时热灌嵌缝。这种材料具有良好的耐热性、黏结性、弹塑性、防水性以及较好的耐寒、耐腐蚀性和抗老化性，不但可用于屋面嵌缝，还可用于屋面满涂。聚氯乙烯胶泥适用于各种坡度的建筑屋面防水工程，并适用于有硫酸、盐酸、硝酸和氢氧化钠等腐蚀介质的屋面工程。

丙烯酸酯密封膏有溶剂型和水乳型两种，通常为水乳型，是以丙烯酸酯乳液为胶粘剂，掺以少量表面活性剂、增塑剂、改性剂以及填充料、颜料配制而成。其特点为：无溶剂污染、无毒、不燃、贮运安全可靠；良好的黏结性、延伸性、耐低温、耐热性及抗紫外线性能；可提供多种色彩与密封基层配色，在一般建筑基底(包括砖、砂浆、大理石、花岗石、混凝土等)上不产生污渍，并且可在潮湿基层施工，操作方便等。丙烯酸类密封膏主要用于屋面、墙板、门、窗嵌缝，但它的耐水性能一般，所以不宜用于经常泡在水中的工程。丙烯酸类密封膏一般在常温下用挤枪嵌填于缝内。

聚氨酯弹性密封膏是以异氰酸基为基料和含有活性氢化合物的固化剂组成的一种常温固化型弹性密封材料，按包装形式分为单组分和多组分两种，产品按流动性分非下垂型和自流平两种类型。该密封材料具有延伸率大、弹性高、黏结性好、耐低温、耐水、耐油、耐酸碱、抗疲劳及使用年限长，可用于防水要求中等或偏高的工程。与混凝土的黏结性好，无须打底，可以做屋面、墙面的水平或垂直接缝，尤其适用于游泳池工程以及公路、机场跑道的补缝、接缝，还可用于玻璃、金属材料的嵌缝。

硅酮密封膏是以聚硅氧烷为主要成分的单组分和双组分室温固化型的建筑密封材料，目前大多为常温固化的单组分，它以氧烷聚合物密封胶为主体，加入硫化剂、硫化促进剂以及增强填料组成。单组分硅酮密封膏是在隔绝空气的条件下将各组分混合均匀后装于密闭包装筒中，施工后，密封膏借助空气中的水分进行交联反应，形成橡胶弹性体。硅酮建筑密封膏按固化机理分为脱酸(酸性)和脱醇(中性)两种类型；按用途分为镶装玻璃用(G 类)和建筑接缝用(F 类)。G 类主要用于镶嵌玻璃和建筑门、窗的密封；F 类适用于预制混凝土墙板、水泥板、大理石板的外墙接缝，混凝土和金属框架的黏结，卫生间和公路接缝的防水密封等。这类胶粘剂具有优异的耐热、耐寒性和良好的耐候性，与各种材料都有较好的黏结性能，耐拉伸压缩疲劳性强，耐水性好。

2.6 绝热材料

常用的绝热材料分为无机和有机两大类。无机绝热材料是用矿物质为原料制成的呈松散颗粒、纤维或多孔状材料，可制成毡、板、管套等或通过发泡工艺制成多孔制品；有机绝热材料是用有机原料（如树脂、木丝板、软木等）制成的。此外，还有一些绝热材料新品种，如彩钢夹芯板、多孔陶瓷、绝热涂料、PE/EVA 发泡塑料、气凝胶等。

2.6.1 无机纤维状绝热材料

岩棉、玻璃棉、矿渣棉和陶瓷纤维都是以各种原料如岩石、玻璃、矿渣、氧化硅、氧化铝及辅助材料，经高温熔融，利用喷吹、离心等方法制成的纤维状绝热材料。这些材料的特点是重量轻、耐高温、防蛀、抗腐蚀性好，具有良好的保温、吸声、防火性能。纤维直径为 2～20 μm，堆积密度为 10～190 kg/m³，导热系数为 0.035～0.049 W/(m·K)。一般表观密度越小保温性就越好，表观密度越大强度就较高。工程中常根据对保温性及强度的综合要求来选择不同密度等级的矿物棉及其制品。

实际使用时，将岩棉、玻璃棉、矿渣棉和陶瓷纤维等制成散絮状、颗粒状、毡状、板状、带状、管状或其他异形的制品，大量应用于建筑墙体和屋面的隔热与吸声、设备与管道的隔热或在高温下对设备起支垫缓冲作用，还可制作各种板材、毡、管、壳，如装饰吸声板、防火保温板、防水卷材、管道保温毡、墙体复合保温层、屋面保温层、隔声防火门等。

岩棉、玻璃棉和矿渣棉等保温材料易吸水，并且吸水后保温性能急剧下降。因此常在其外面进行防水处理，如外覆防水卷材、涂防水涂料或直接对保温材料本身进行憎水性处理，处理过的保温材料在使用中节能保温效果更为可靠。

2.6.2 无机散粒绝热材料

常用的无机散粒绝热材料有硅藻土、膨胀蛭石、膨胀珍珠岩。

硅藻土由微小的硅藻壳构成，化学成分为含水非晶质二氧化硅，孔隙率为 50%～80%，因此，硅藻土有很好的保温绝热性能，导热系数为 0.060 W/(m·K)，常用做填充料，或用其制做硅藻土砖等。

蛭石由云母类矿物经风化而成，是一种复杂的镁、铁含水铝硅酸盐矿物，具有层状结构。将天然蛭石经破碎、预热后，快速通过煅烧带可使蛭石膨胀 20～30 倍，煅烧后的膨胀蛭石表观密度可降至 87～900 kg/m³，导热系数为 0.046～0.07 W/(m·K)。膨胀蛭石既可直接用于填充材料，也可用水泥、水玻璃等胶结材将膨胀蛭石胶结在一起制成膨胀蛭石制品。

珍珠岩(以及松脂岩、黑曜岩)经破碎、预热后,快速通过煅烧带,可使珍珠岩体积膨胀约 20 倍,堆积密度为 40～500 kg/m³,导热系数为 0.047～0.07 W/(m·K)。膨胀珍珠岩可用做填充材料,还可由水泥、水玻璃、沥青等胶结制成膨胀珍珠岩绝热制品。

2.6.3 无机多孔类绝热材料

无机多孔类绝热材料有轻质混凝土、微孔硅酸钙、泡沫玻璃等。

轻质混凝土包括轻骨料混凝土和多孔混凝土。轻骨料混凝土的轻骨料有黏土陶粒、膨胀珍珠岩、膨胀蛭石等,胶凝材料有普通硅酸盐水泥、高铝水泥、水玻璃等。以水玻璃为胶结材,以陶粒为粗骨料,以蛭石砂为细骨料的轻骨料混凝土,其表观密度约为 1 100 kg/m³,导热系数为 0.222 W/(m·K)。多孔混凝土主要有泡沫混凝土和加气混凝土,泡沫混凝土的表观密度为 300～500 kg/m³,导热系数为 0.082～0.186 W/(m·K);加气混凝土的表观密度为 400～700 kg/m³,导热系数为 0.093～0.164 W/(m·K)。

微孔硅酸钙是以石英砂、硅藻土或硅石与石灰为原料,经配料、拌和、成型及水热合成制成的绝热材料,其主要水化产物为托贝莫来石或硬质硅酸钙石。以托贝莫来石为主要水化产物的微孔硅酸钙,其表观密度约为 200 kg/m³,热导系数约为 0.047 W/(m·K);以硬质硅酸钙石为主要水化产物的微孔硅酸钙,其表观密度约为 230kg/m³,导热系数约为 0.056 W/(m·K)。微孔硅酸钙的制品可用于围护结构和管道保温。

泡沫玻璃是由玻璃粉和发泡剂等配料,经煅烧而制成的多孔材料。气相在泡沫玻璃中占总体积的 80%～95%,而玻璃只占总体积的 5%～20%。根据所用发泡剂的化学成分的差异,在泡沫玻璃的气相中所含有的气体有碳酸气、一氧化碳、硫化氢、氧气、氮气等,其气孔尺寸为 0.1～5 mm,且绝大多数气孔是孤立的。泡沫玻璃的表观密度为 150～600 kg/m³,导热系数为 0.058～0.128 W/(m·K),抗压强度为 0.8～15 MPa。泡沫玻璃耐久性好,易加工,可用来砌筑墙体,也可用于冷藏设备的保温,或用做漂浮、过滤材料。

2.6.4 有机绝热材料

有机绝热材料有泡沫塑料、软木板、纤维板、蜂窝板等。

泡沫塑料是以各种有机树脂为主要原料生产的超轻质高级保温材料,根据所采用的树脂不同,其种类繁多,工程中较常使用的主要有聚苯乙烯、聚氨酯、聚氯乙烯、聚乙烯、脲醛、环氧等泡沫塑料。

泡沫塑料保温材料的特点是质量轻,表观密度值多在 20～50 kg/m³ 之间,绝热性好、耐低温性好、有一定的吸声效果、吸水率小、可加工性好,但是,泡沫塑料的使用温度不高,多在 120℃以下,强度也较低。泡沫塑料在建筑工程中主要用于填充墙体等围护结构、保温板材或管材的夹心层、水泥泡沫塑料颗粒复合板材或保温砖等。

使用泡沫塑料保温材料要注意其防火性能，聚苯乙烯泡沫塑料自身可以燃烧，需加入阻燃材料；聚氯乙烯泡沫塑料遇火自行熄灭，故该泡沫塑料可用于安全要求较高的设备保温上。

泡沫塑料在工程中使用时应注意其特点，以在墙体保温中使用聚苯乙烯泡沫塑料板为例，在粘贴泡沫塑料板前应先将基层抹平搓毛，并且最好涂刷一道冷底子油，以增加防潮能力和黏结强度。在贮存与运输中应远离火源、热源，也不能长时间曝晒，以防燃烧或老化。使用温度不得超过120℃，以防熔化或松软变形。可以利用其高温易熔的特点用电热丝进行切割，也可用钢锯条进行切割。

【本章要点】

本章主要包括结构材料和功能材料。建筑石膏和石灰应掌握其组成、生产、性质以便应用；水泥要从矿物组成、水化产物、主要性质和技术要求等方面了解其不同品种之间的差异，以便正确选择；混凝土和建筑砂浆虽是水泥的应用，但新拌混凝土性质和硬化混凝土性质的学习能避免这两种材料在使用中易出现的质量问题；墙体材料一节包括砖、砌块、板材；建筑防水材料中的卷材、防水涂料和密封材料一般要在装饰前施工完成；了解绝热材料的机理，知道其品种，能合理使用该材料。

【思考与练习题】

1. 纸面石膏板和纤维石膏板有哪些用途？
2. 石灰砂浆抹面会有哪些质量问题？如何避免其发生？
3. 通用水泥有哪些品种？水泥技术要求有哪些？
4. 白水泥有哪些用途？
5. 有白水泥、建筑石膏粉和磨细生石灰粉，如何根据其性质进行区分？
6. 如何检验混凝土强度？
7. 如何避免水泥砂浆墙面开裂？
8. 常用的防水卷材有哪些？
9. 选择绝热材料要注意哪些事项？

3 装饰石材

天然石材是从天然岩体中开采出来的，并经加工形成的块状或板状材料。天然石材是人类应用最早的建筑材料。石材建筑在世界各地留下了许多建筑佳作。

3.1 岩石的形成与分类

岩石是地壳构成的一部分，是矿物的集合体。矿物则是由于地壳中所进行的各种地质作用而产生的一种自然物体(自然元素或化合物)，它具有一定的化学成分、物理性质和外形。岩石由多种矿物组成，如花岗岩是由长石、石英、云母及某些暗色矿物组成，因此颜色多样；只有少数岩石是由一种矿物组成，如白色大理岩，是由方解石或白云石组成。由此可知，岩石并无确定的化学成分和物理性质，同种岩石，产地不同，其矿物组成和结构均有差异，因而岩石的颜色、强度等性能也不相同。

岩石按照其成因可以分为三类，即岩浆岩(火成岩)、沉积岩(水成岩)、变质岩。

3.1.1 岩浆岩

岩浆岩是熔融岩浆在地下或喷出地壳后冷却结晶而成的岩石，火成岩占地壳重量的89%，装饰石材中的花岗岩、安山岩、辉绿岩等均属岩浆岩类。

在地下深处形成者称为深成岩，其结构致密，具有粗大的晶粒和块状结构，建筑上常用的花岗岩有绿钻、蓝钻、金麻等；在地下浅处形成者称为浅成岩，其结构致密，但由于冷却较快，故晶粒较小，如黑金砂和紫晶花岗岩等；由火山喷出地表冷凝而成的，称为喷出岩，其结构致密，性能接近浅成岩，但因冷却迅速，大部分结晶不完全，多呈隐晶质，矿物晶粒细小，肉眼不能识别，或呈玻璃质，如玄武岩，当形成的岩层较薄时，常呈多孔构造，近于火山岩。

3.1.2 沉积岩

沉积岩是由露出地面的岩石在水、空气、阳光照射、雨雪及生物的交互作用下受到破坏，破坏后的产物堆积在原地或经水流、风吹和冰川等的搬运到其他地方堆积起来，经过长时间的成岩变化而形成的岩石。

沉积岩主要特征是：①层理构造显著；②沉积岩中常含古代生物遗迹，经石化作用即成化石；③有的具有干裂、孔隙、结核等。常见的沉积岩有：直径大于 3 mm 的砾石和磨圆的卵石及被其他物质胶结而形成的砾岩，由 2～0.05 mm 直径的砂粒胶结而成的砂岩，由颗粒细小的黏土矿物组成的页岩，由方解石为其主要成分、硬度不大的石灰岩等。

沉积岩虽只占地壳重量的 5%，但其分布于地壳表面，约占地壳面积的 75%，加之埋藏于距地表不太深处，故易于开采，是一种重要的岩石，建筑石材中，石灰石、白云岩、砂岩、贝壳岩等属于沉积岩，其中最重要的是石灰岩。石灰岩是烧制石灰和水泥的主要原料，也是配制混凝土的骨料。石灰岩还可用来砌筑基础、勒脚、墙体、拱、柱、路面、踏步、挡土墙等，其中致密者，经切割、打磨抛光后，可代替大理石板材使用。

3.1.3 变质岩

岩石由于岩浆等活动，在高温、高湿、压力下发生再结晶，使它们的矿物成分、结构、构造以至化学组成都发生改变而形成的岩石称为变质岩。

一般由火成岩变质成的称为正变质岩，变质后的构造和性能一般较原火成岩差，常见的有由花岗岩变质而成的片麻岩，由沉积岩变质成的称为副变质岩。变质后的构造和性能一般较原沉积岩好，常用的有大理石、石英石等。

大理岩是我国大理石原料的主体，主要有碳酸盐类矿物，如方解石、白云石、菱镁矿等组成的颗粒状变质岩，粒状变晶结构，块状或条纹条带状构造。我国大理岩分布很广，云南大理县以盛产美丽花纹的大理岩而闻名于世，其他如北京房山的汉白玉、艾叶青、螺丝转，四川的宝兴白和蜀金白，宜兴奶油，涞水红大理石等，此外，河北曲阳、广东云浮、湖北大悟、四川南江、山东莱阳等地都有大理岩分布。

蛇纹石化大理岩的主要矿物成分是碳酸盐，次要矿物成分是蛇纹石。蛇纹石是特征矿物，颜色为淡绿到绿色、深绿到暗绿色，墨绿到黑绿色。在白色大理岩中呈浸染状散布不同绿色的蛇纹石，磨光后呈现美丽的油脂光泽的绿色反射，它是上等的装饰材料，品种如丹东绿。

条纹条带状大理岩，如宝兴的青花白，在白色大理石中，分布有不规则浅灰、深灰色条纹条带，有时条纹紊乱。锯切的板材表面犹如一幅天然山水画，可视为珍贵的艺术品，房山的艾叶青、螺丝转都是具有一定花纹的大理石。

各类岩石的分类及成因见图 3-1。

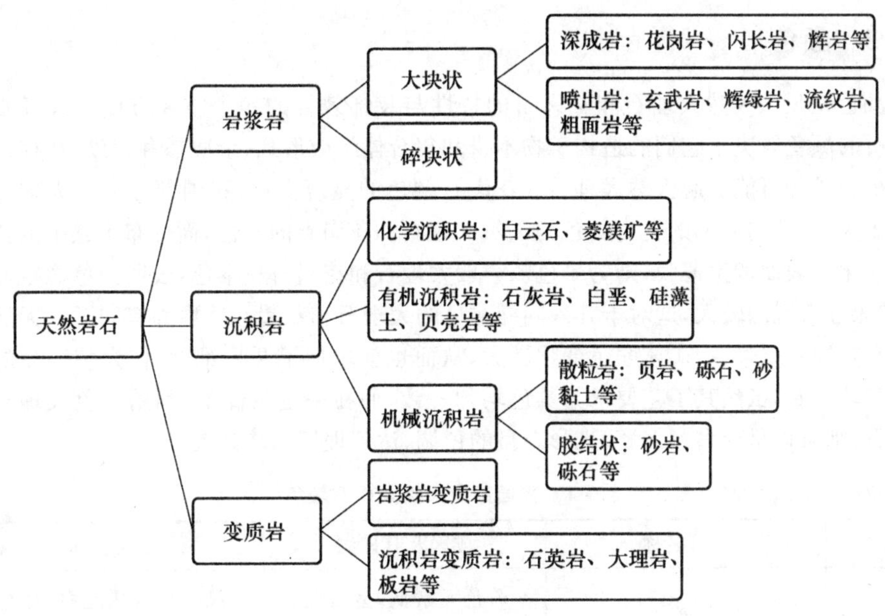

图 3-1 岩石的分类及成因

3.2 岩石的特性与装饰效果

天然大理石、花岗石可用来加工成各种装饰品，如斩假石料石、平毛石、机刨板材、抛光板材以及石雕品等，它们的特性与装饰效果反映在以下六个方面。

3.2.1 结构特性

天然大理石、花岗石的特性与装饰效果首先反映在它们的结构上。天然大理石和花岗石因生成环境和结构特性不同，其硬度与强度也不同。例如隐晶质微粒结构，表明天然大理石和花岗石结晶时间不充分，矿物颗粒来不及聚晶或聚晶时间短促；而显晶质粗粒结构，表明结晶时间充分，因而不够致密与坚硬。如湖北应山大雪花白大理石强度与硬度都较低，但由于生成条件和环境和差异，灵壁红皖螺（主要矿物是方解石，隐晶质微细结构），其强度与硬度就高。

一般来说石材硬度高、加工困难，粗晶截切容易爆边。如广东连县显晶质粗粒结构大理石，其截面不光滑，周边有锯齿形出现，抛光板材光洁度也较低，而大连黑大理石，虽然加工困难些，但板材质量和光洁度都较高。

3.2.2 硬度与强度

天然大理石和花岗石的硬度与强度取决于矿物组分，结构特性以及微裂隙发育情况等。

3.2.3 颜色

颜色是反映天然大理石和花岗石的特性与装饰效果的一个重要方面。大理石和花岗石的颜色取决于它们的造构矿物本身和集合体组成形式、杂质掺和程度,往往因为掺和少量矿物可能引起天然大理石和花岗石颜色的显著变化,我国部分天然大理石颜色见表3-1。造岩矿物的自身颜色为天然大理石和花岗石的本色,而分布于其中的掺和物经氧化后表面产生薄膜,则为晕色。一般大理石和花岗石呈本色,表明颜色稳定而均匀,矿床分布范围较大,这对于开采同样颜色的大理石和花岗石就更为有利了。天然大理石和花岗石呈晕色,矿体颜色变化就大,从而也就增加了开采难度,作为装饰品的大理石和花岗石,虽然其工艺要求为颜色均匀一致,而在一定条件下,利用晕色大理石和花岗石,则可以呈现多彩多姿、光彩夺目的色调,达到理想的装饰效果。

表3-1 我国部分天然大理石颜色

序号	颜色	岩石名称	成因及其矿物	商业名称
1	白色	白云岩大理岩	着色元素低,呈白色含少量灰白色	汉白玉、小雪花白、大雪花白、雪浪、珍珠白、晶色等
2	黄色	蛇蚊石大理岩为主,少量泥质白云质大理岩	黄色蛇纹石和少量泥质,呈深浅不同黄色	松香黄、菜黄、稻黄、香蕉黄、芝麻黄等
3	灰色	色灰岩、大理岩为主,少量白云岩	少量有机质和分散硫化铁,呈深浅不同灰色	虎皮、杭灰、云花、艾叶青、银河、化雨等
4	红色	大理岩和灰岩	含氧化铁和氧化锰较高,呈深浅不同红色	东北红、广州红、红皖螺、徐州红、桃红等
5	绿色	绿色蛇纹石化大理岩和蛇纹石化橄榄石砂卡岩	含绿色蛇纹石和橄榄石,呈深浅不同颜色	通山绿、大悟绿、叠翠、雀绿、丹东绿等
6	黑色	灰岩为主,大理岩次之	含有较高有机质,沥青质、分散硫化铁,呈深浅不同黑色	苏州黑、随州墨玉、大连黑、桂林黑、晶黑、墨碧青等
7	褐色	灰岩与大理岩	含较高氧化铁,呈红褐色或褐色花纹	红紫豆瓣、咖啡、晚霞、凝香、锦屏等

除造岩矿物与掺入杂质外,外界条件的变化也与天然大理石和花岗石的颜色有关,一般来说,湿的大理石和花岗石颜色深,干的则浅;板材表面光洁度好的颜色较深,板材表面粗糙的颜色就浅。大理石和花岗石风化也会使原始颜色发生变化,此外由于氧化或还原作用,水化或脱水作用,各种化合物带进或带出,也都会使其颜色发生变化。

3.2.4 花纹与图案

天然大理石和花岗石的花纹与图案是反映其特性与装饰效果的另一个重要方面。大理石和花岗石的花纹与图案甚多、有山水型、云霞型、图案型、雪花型和古生物型等。对于具有花纹与图案的大理石矿床，要考虑其花纹与图案是否清晰，是否有规律，色调是否分明一致。

天然大理石和花岗石的花纹与图案，在很大程度上决定着装饰效果，对其质量的好坏可以从以下几个方面评价，即颜色组合特征、花纹与图案的大小、花纹与图案的呈现程度、相邻部位的连续性以及各种磨光面上花纹与图案的清晰程度等。

3.2.5 光泽度

天然大理石和花岗石的光泽度是反映它们特性与装饰效果的一个重要方面，它取决于客观矿物的组成、结构、构造以及造岩矿物的结晶程度和光学性能等。一般细粒致密结构抛光后光泽度较高，显晶粗粒结构次之，凝聚物含量高则光泽度更低。造岩矿物大部分有其独特的性能，结晶体的光泽又是它们的物理现象的主要反映。从加工工艺研究，大理石和花岗石的光泽度由三大因素所决定，即加工板材平整度、加工面粗细度和加工的物化反应效果。一般来说，天然大理石和花岗石的光泽度，首先在于加工板材的平整度和细度，在这个前提下，导致造岩矿物的晶面显露。在某种要求下，选择磨料经水热作用，表面物化反应产生镜面反射可提高光泽度。另外，光泽度还与加工方法和磨具有关。

3.2.6 耐久性

天然大理石和花岗石作为建筑装饰材料，特别是作为地面装饰材料，其耐久性一定要好，吸水率一般在0.25%～0.5%之间或更低，抗风化性能好，不剥落矿物颗粒，不产生风化裂隙，在水分饱和湿度下有较好稳定性，能长期保持磨抛的光泽度。

3.3 天然石材的加工

天然石材加工工艺过程包括荒料开采、锯切、表面加工(研磨、抛光等)、磨边倒角、开沟槽等。石材按去处切削方式可分为机械加工和特殊加工，机械加工又分为一般加工和数控加工，特殊加工又分为高压磨料水加工、火燃加工、喷砂加工和激光加工。

石料从矿床中开采出来，可以是破碎的石头、毛石等，也可以是料石，用于建筑装饰的通常是从矿体中用各种方法开采分离出具有规则形状的石材，多为规则的平行六面体，称为荒料。荒料尺寸大小要适应于加工设备的加工能力和产品规格的要求，要考虑到起吊装卸设备的能力与运输条件，要求颜色基调一致，花纹协调，没有裂纹。

将荒料加工成板材的首道工序是锯切加工，不论是光面石材板材制品加工，亚光面石材板材制品加工，还是粗糙面石材板材制品加工乃至于石线条的加工，锯切加工工序都是必不可少的。根据生产规模的不同，所选用的锯切设备可以分成使用多个刀具的大批量锯切设备（多锯条框架锯机和多绳金刚石串珠锯、多锯片双向切机、多锯片圆盘锯机等）和使用单个刀具的特殊规格板材加工或整形加工用锯机（金刚石串珠整形机、链臂摆动式龙门锯机和大直径圆盘锯机）。

研磨工序分为粗磨、细磨、半细磨、精磨、抛光五道工序。磨削和抛光是石材加工中很重要的一道工序，磨抛质量直接影响表面光泽度。磨抛加工除了对板材正面加工外，有时还对其侧面进行加工，同时还对各种异型表面进行加工。石材磨机主要对各种石材毛板、块料表面进行磨削和抛光。磨机是石材加工中应用最为广泛的一种设备，按磨机板材运动形式可分为运动式磨机和固定式磨机，运动式磨机主要为连续磨机，板材放在传送带上，由传送带带动进行进给运动，而固定式磨机板材不动，磨头连续运动。按磨头装机数量可分为单头磨机和多头磨机，单头磨机有手扶磨机和单头桥式磨机，多头磨机为双头桥式磨机；按磨头自动化程度又可分成手动磨机和自动磨机，手动磨机主要包括手扶磨机和其他小型手动抛光机，自动磨机磨头由电力控制并由机械系统自动执行，磨头自动运动的磨机主要有连续磨机和桥式磨。按磨头的磨料成分磨机分成校平机和一般磨机，校平机主要对表面粗糙度较大的表面进行磨削，磨削量大，所采用的磨头为金刚石磨料，而一般磨机采用的磨料主要为碳化硅和刚玉类磨料，磨削量也比校平机少得多。按磨削方式分成平面磨机和侧面磨机，侧面磨机主要为磨边机。此外按平面和弧面还可以分成平面磨机和异型磨机。石材经抛光后，表面具有最大反射光线的能力，良好的光泽度，最大限度地显示石材的花纹和色泽，表现出石材细腻的内涵和硬度感。

花岗石由于其坚固耐久、典雅大方和自然华贵而越来越受到人们的青睐，但有色花岗石板材普遍存在的色差以及某些石材表面常见的孔洞影响花岗石材的装饰效果。因此，花岗石材在机械加工之后的物理化学的表面处理过程已逐渐成为改善上述性能和提高其使用价值的最经济、有效的手段，成为花岗石深加工过程的重要工序之一。改善装饰效果方法有：着色或增色、表面火焰处理、填补孔隙、制作花纹或浮雕。花岗石表面的火焰处理是用火焰对石材表面进行喷烧，利用某些矿物在高温下开裂的特性，使石材恢复天然粗糙表面，表现出一定的质感和色彩。经火焰处理的花岗石表面具有良好的清洁作用、防腐作用，恢复石材天然表面质感，具有较好的装饰效果。该措施可作为石材表面涂覆前的预处理，氧炔焰能将石材表面的斑痕、油渍和冬天使用的防冻盐等烧掉，除去表面上粘附性很差的一层不纯物质，同时它能使花岗石表面的磨损得到部分修复，抗裂抗磨性能得到增强。另外，火焰处理还可代替机械抛光使花岗石得到一个天然光滑的表面，得到自然美感的装饰效果。火焰处理还有一个重要的安全特性，该方法不需使用各种污染环境的化学药品，对环保是很有利的。

3.4 天然饰面石材

用于建筑装修装饰工程的主要天然石材有大理石和花岗石两大类。天然石材多用于家居客厅、过厅、餐厅的地面装饰，也可用于窗台板、厨房、卫生间台面装饰。由于石材硬滑，不宜用于卧室地面装饰。饰面石材按使用部位分为三类：一是不承受任何机械荷载的内、外墙饰面材；二是承受一定荷载的地面、台阶、柱子的饰面材料；三是自身承重的大型纪念碑、塔、柱、雕塑等。

3.4.1 天然大理石

3.4.1.1 天然大理石特性

天然大理石结构较密，表观密度较大，为 2 600～2 700 kg/m^3，抗压强度高，一般抗压强度为 100～150 MPa。但硬度不大，肖氏硬度为 50 左右，既具有较好的耐磨性，又较易进行锯解、雕琢、磨光、抛光加工，可取得光洁细腻的表面效果。大理石的吸水率小于 0.5%，具有较好的抗冻性和耐久性，其使用年限可达 40～100 年以上。天然大理石装饰效果好，纯净大理石为白色，我国常称汉白玉，大理石中一般常含有氧化铁、氧化亚铁、云母、石墨、蛇纹石等杂质，使大理石常呈现红、黄、棕、黑、绿等各色斑斓纹理，磨光后极为美丽典雅。大理石结晶程度差，表面不是呈细小的晶粒花样，而是呈云状、枝条状或脉状的花纹。例如，云灰大理石就因呈云灰色或在云灰色的底面上泛起一些天然的云彩状的花纹而得名，故大理石命名常根据其纹理特征赋予高雅的名称，如晚霞、残雪、秋香、秋景、雪野等。

天然大理石抗风化性普遍差，大理石的主要化学成分为碳酸钙或碳酸镁，为碱性性质，易被酸性物质腐蚀和侵蚀，特别是大理石中的有色物质很容易在大气中溶出或风化，失去表面的原有装饰效果，像化石碎屑岩、角砾岩等结构不均匀的大理石或含有黄铁矿的石材，很容易受到水或含硫气体的腐蚀，不宜用于室外。结晶好、结构致密的大理石如汉白玉、艾叶青则可以用于室外装饰。

3.4.1.2 天然大理石分类

大理石按表面光洁度分为：镜面板材、亚光板材、粗面板。镜面板材表面镜向光泽度值不低于 70 光泽单位，亚光板材表面要求表面亚光平整、细腻，使光线产生漫反射现象，粗面板要求饰面规则有序，端面锯切整齐。

大理石建筑板材按形状分成普型板(PX)和圆弧板(HM)，圆弧板是装饰面轮廓线的曲率半径处处相同的饰面板材。

3.4.1.3 天然大理石板材的质量要求

按《天然大理石建筑板材》(GB/T 19766—2005)，普型板按规格尺寸偏差、平面度公差、角度公差及外观质量将板材分为优等品(A)、一等品(B)和合格品(C)三个等级；圆弧板按规格尺寸偏差、直线度公差、线轮廓度公差及外观质量将板材分为优等品(A)、一等品(B)、合格品(G)三个等级。普型板板材的规格尺寸及允许偏差见表 3-2，同一批板材的色调应基本调和，花纹应基本一致，大理石板材正面的外观缺陷的质量要求应符合表 3-3 规定，大理石板材的物理性能和力学指标应符合表 3-4 的规定。

表 3-2　普型板板材的规格尺寸及允许偏差

<table>
<tr><th colspan="3" rowspan="2">规　格/mm</th><th colspan="3">允许偏差/mm</th></tr>
<tr><th>优等品</th><th>一等品</th><th>合格品</th></tr>
<tr><td rowspan="4">规格尺寸
允许偏差</td><td colspan="2">长、宽</td><td colspan="2">0～－1</td><td>0～－1.5</td></tr>
<tr><td rowspan="2">厚度</td><td>≤12</td><td>±0.5</td><td>±0.8</td><td>±1.0</td></tr>
<tr><td>>12</td><td>±1.0</td><td>±1.5</td><td>±2.0</td></tr>
<tr><td colspan="2">干挂板材厚度</td><td colspan="2">+2.0～0</td><td>+3.0～0</td></tr>
<tr><td rowspan="3">平面度
允许公差</td><td rowspan="3">长度</td><td>≤400</td><td>0.2</td><td>0.3</td><td>0.5</td></tr>
<tr><td>400～800</td><td>0.5</td><td>0.6</td><td>0.8</td></tr>
<tr><td>≥800</td><td>0.7</td><td>0.8</td><td>1.0</td></tr>
<tr><td rowspan="2">角度
允许公差</td><td rowspan="2">长度</td><td>≤400</td><td>0.3</td><td>0.4</td><td>0.5</td></tr>
<tr><td>>400</td><td>0.4</td><td>0.5</td><td>0.7</td></tr>
</table>

表 3-3　大理石板材正面外观缺陷质量要求

<table>
<tr><th>名称</th><th>规定内容</th><th>优等品</th><th>一等品</th><th>合格品</th></tr>
<tr><td>裂纹</td><td>长度超过 10 mm 的不允许条数(条)</td><td rowspan="5">0</td><td rowspan="4">1</td><td rowspan="4">2</td></tr>
<tr><td>缺棱</td><td>长度不超过 8 mm，宽度不超过 1.5 mm(长度≤4 mm，宽度≤1 mm 不计)，每米长允许个数(个)</td></tr>
<tr><td>缺角</td><td>沿板材边长顺延方向，长度≤3 mm，宽度≤3 mm(长度≤2 mm，宽度≤2 mm 不计)，每块板允许个数(个)</td></tr>
<tr><td>色斑</td><td>面积不超过 6 cm²(面积小于 2 cm² 不计)，每块板允许个数(个)</td></tr>
<tr><td>砂眼</td><td>直径在 2 mm 以下</td><td>不明显</td><td>有，不影响装饰效果</td></tr>
</table>

表 3-4　大理石板材的物理性能和力学指标

项　目	指标
体积密度/(g/cm³)	≥2.3
吸水率(%)	≤0.50

续表

项目		指标
干燥压缩强度/MPa		≥50.0
弯曲强度/MPa	干燥	≥7.0
	水饱和	
耐磨度/(1/cm³)		≥10

当两块或多块大理石组合拼接时，为了颜色和设计效果，脚踏磨损耐磨度差异应不大于5，建议用于经受严重踩踏的阶梯、地面和站台使用的石材耐磨度最小为12。

3.4.1.4 大理石板材的标记

建筑大理石板材荒料命名顺序：产地地名、花纹色调特征描述、大理石；标记顺序：编号[按《天然石材统一编号》(GB/T 17670—1999)的规定]、类别、规格尺寸、等级、标准号。例如，用房山汉白玉大理石荒料加工的600 mm×600 mm×20 mm、普型、优等品板材表示为房山汉白玉大理石：M1101P×600×600×20A(GB/T 19766—2005)。

3.4.1.5 天然大理石应用

天然大理石一般制成磨光镜面板，用于商场、展览馆、车站、机场候机厅、宾馆、饭店、影剧院、图书馆、写字楼等公共建筑物的室内装饰，例如墙面、柱面、地面、台面、窗台板、电梯间的门脸等处，也用于住宅内洗面池的台面、窗台板或客厅、起居室等的地面装饰。天然大理石还可以制作成壁画、坐屏、挂屏、壁挂等工艺品，也可用来拼镶花盆和镶嵌高级硬木雕花家具等。

天然大理石装饰薄板，粘贴后有时局部出现潮华现象，表面出现不同程度的返碱、水印、起霜，造成装饰效果的缺陷。产生潮华的原因主要是石材本身结构含有易于渗入水分的孔隙结构所致，特别是当含有可溶性碱性物质时，更容易造成这些物质析出而产生起霜或返碱现象。在工程中产生潮华的方式有两种：一是施工过程中黏结材料中的水分通过石材向外渗出所致，二是工程使用过程中由于基层渗水延伸到石材表面所致。为防止石材潮华的产生，应选用吸水率低、结构致密的石材，粘贴胶凝材料应选用阻水性较好的材料，并在施工中将粘贴面均匀地涂满，施工完后应及时勾缝和打蜡，必要时可涂有机硅阻水剂或进行硅氟化处理。另外，由于大理石硬度较低，应注意打蜡保养，尤其不许硬物刻划。

3.4.2 天然花岗石

3.4.2.1 天然花岗石特性

花岗岩属深成岩，主要矿物组成有石英、长石，少量暗色矿物和云母，全晶质结构。花岗岩的品质取决于矿物成分和结构，品质优良的花岗岩晶粒细且均匀，构造紧密，石英含量多，云母含量少，不含黄铁矿等杂质，长石光泽明亮，没有风化迹象。建筑上所说的花岗石是广义的，是指具有装饰功能，并可磨平、抛光的各类岩浆岩及少量其他类岩石，主要是岩浆岩中的深成岩和部分喷出岩及变质岩，大致包括各种花岗岩、闪长岩、正长岩、辉长岩、辉绿岩、玄武岩等。这类岩石组织构造非常致密，呈全晶质或斑状结构，晶粒粗大，块状构造，经研磨抛光后形成的镜面呈现出斑点状花纹。

花岗石的颜色由长石颜色和少量云母及其他深色矿物颜色而定，一般呈灰色、黄色、蔷薇色、淡红色、黑色或灰、黑相间的颜色。由于花岗石形成时冷却缓慢且较均匀，同时覆盖层的压力又相当大，因而形成较明显的晶粒。常按其晶粒大小分为伟晶、粗晶和细晶三种。晶粒特别粗大的伟晶花岗石，性质不均匀且易风化。当花岗石表面磨光后，便会形成色泽深浅不同的美丽斑点状花纹，花纹的特点是晶粒细小均匀，并分布着繁星般的云母亮点与闪闪发光的石英结晶。而大理石结晶程度差，表面很少细小晶粒，而是圆圈状、枝条状或脉状的花纹，所以一般可以据此来区别这两种石材。

与其他石材相比，花岗石构造致密，表观密度大，为 2 600～2 800 kg/m^3，抗压强度高，抗压强度一般为 110～240 MPa，抗折强度为 8～14 MPa，孔隙率小，吸水率低，材质坚硬，其肖氏硬度达 80～100，具有优异的耐磨性。但开采与加工不易，耐酸性腐蚀，抗冻性好，可承受 100 次以上的冻融循环，不易风化变质，使用年限可达 200 年以上。

花岗石耐火性差，其主要原因是花岗岩含大量石英（20%～40%），石英在 573℃以上会发生晶态转变，产生体积膨胀，致使火灾时花岗岩膨胀开裂破坏。

3.4.2.2 天然花岗石分类

天然花岗石按加工方法可分为磨光板、亚光板、剁斧板、机刨板、粗磨板、火烧板、蘑菇石等几种。磨光板，经细磨和抛光，表面光亮，色泽鲜明，晶体分明，花纹清晰，高雅华丽；亚光板，表面平整细腻，光线产生漫反射，有色泽和花纹；剁斧板，表面粗糙，有斧纹；机刨板，表面平整，有平行刨纹；粗磨板，表面平滑，无光；火烧板，火焰加热花岗岩到约 800℃，云母晶体膨胀爆裂，表面粗糙，无光，原始纹理；蘑菇石，四边基本凿平齐，中部石材自然突出一定高度，具有自然感和厚实感。

装饰花岗石磨光板材光亮如镜，有华丽高贵的装饰效果。常见的花岗石磨光板材品种包括以下几个系列：

红橙色系列：中国红、印度红、四川红、石棉红、虎皮红、樱桃红、杜鹃红、贵妃红、幻彩红、卡门红、连州大红、石榴红、牡丹红、将军红、石岛红、光泽红、枫叶红等。

黄红色系列：娱乐金麻、金钻麻、皇室金麻、黄金麻、金彩麻、加州金麻、新疆黄、珊瑚花、兴洋桃红、樱花红、兴洋橙红等。

花白系列：白石花、白虎涧、芝麻白、花白、太阳白麻、美国白麻、美国灰麻、印度白金、山东白麻、中国白麻等。

黑色系列：淡青黑、纯黑、芝麻黑、四川黑、贵州黑、黑金沙、夜玫瑰、中国黑等。

青色系列：芝麻青、米易绿、细麻青、济南青、竹叶青、菊花青、芦花青、幻彩绿、蝴蝶绿、幻影蓝等。

建筑花岗石板按形状分为普型板（PX）、圆弧板（HM）和异形板（YX）。

3.4.2.3 天然花岗石板材的质量要求

按《天然花岗石建筑板材》(GB/T 18601—2001),普型板按规格尺寸偏差、平面度公差、角度公差及外观质量将板材分为优等品(A)、一等品(B)和合格品(C)三个等级;圆弧板按规格尺寸偏差、直线度公差、线轮廓度公差及外观质量将板材分为优等品(A)、一等品(B)、合格品(G)三个等级。普型板板材的规格尺寸及允许偏差见表 3-5,同一批板材的色调应基本调和,花纹应基本一致。天然花岗石板材正面的外观缺陷的质量要求应符合表 3-6 规定。天然花岗石板材的物理性能和力学指标应符合表 3-7 的规定。

表 3-5 普型板板材的规格尺寸及允许偏差 mm

<table>
<tr><th colspan="3" rowspan="3">规格</th><th colspan="6">允许偏差</th></tr>
<tr><th colspan="3">亚光面和镜面板材</th><th colspan="3">粗面板材</th></tr>
<tr><th>优等品</th><th>一等品</th><th>合格品</th><th>优等品</th><th>一等品</th><th>合格品</th></tr>
<tr><td rowspan="3">规格尺寸允许偏差</td><td colspan="2">长、宽</td><td colspan="2">0～−1</td><td>0～−1.5</td><td colspan="2">0～−1</td><td>0～−1.5</td></tr>
<tr><td rowspan="2">厚度</td><td>≤12</td><td>±0.5</td><td>±1.0</td><td>+1.0～−1.5</td><td colspan="3">—</td></tr>
<tr><td>>12</td><td>±1.0</td><td>±1.5</td><td>±2.0</td><td>+1.0～−2.0</td><td>±2.0</td><td>+2.0～−3.0</td></tr>
<tr><td rowspan="3">平面度允许公差</td><td rowspan="3">长度</td><td>≤400</td><td>0.20</td><td>0.35</td><td>0.50</td><td>0.60</td><td>0.80</td><td>1.00</td></tr>
<tr><td>400～800</td><td>0.50</td><td>0.65</td><td>0.80</td><td>1.20</td><td>1.50</td><td>1.80</td></tr>
<tr><td>≥800</td><td>0.70</td><td>0.85</td><td>1.00</td><td>1.50</td><td>1.80</td><td>2.00</td></tr>
<tr><td rowspan="2">角度允许公差</td><td rowspan="2">长度</td><td>≤400</td><td>0.30</td><td>0.50</td><td>0.80</td><td>0.30</td><td>0.50</td><td>0.80</td></tr>
<tr><td>>400</td><td>0.40</td><td>0.60</td><td>1.00</td><td>0.40</td><td>0.60</td><td>1.00</td></tr>
</table>

表 3-6 天然花岗石板材正面外观缺陷质量要求

<table>
<tr><th>名称</th><th>规定内容</th><th>优等品</th><th>一等品</th><th>合格品</th></tr>
<tr><td>裂纹</td><td>长度不超过两端顺延至板边总长度的 1/10(长度小于 20 mm 的不计)每块板允许条数(条)</td><td rowspan="5">不允许</td><td rowspan="3">1</td><td rowspan="3">2</td></tr>
<tr><td>缺棱</td><td>长度不超过 10 mm,宽度不超过 1.2 mm(长度≤5 mm,宽度≤1.0 mm 不计),周边每米长允许个数(个)</td></tr>
<tr><td>缺角</td><td>沿板材边长顺延方向,长度≤3 mm,宽度≤3 mm(长度≤2 mm,宽度≤2 mm 不计),每块板允许个数(个)</td></tr>
<tr><td>色斑</td><td>面积不超过 15 mm×30 mm(面积小于 10 mm×10 mm 不计),每块板允许个数(个)</td><td rowspan="2">2</td><td rowspan="2">3</td></tr>
<tr><td>砂眼</td><td>长度不超过两端顺延至板边总长度的 1/10(长度小于 40 mm 的不计)每块板允许条数(条)</td></tr>
</table>

注:干挂板不允许有裂纹存在。

表 3-7 天然花岗石板材的物理性能和力学指标

项目		指标
体积密度/(g/cm³)		≥2.56
吸水率(%)		≤0.60
干燥压缩强度/MPa		≥100.0
抗弯强度/MPa	干燥	≥8.0
	水饱和	

3.4.2.4 花岗石板材的标记

建筑花岗石板材命名顺序：荒料产地地名、花纹色调特征描述、花岗石；标记顺序：编号[按《天然石材统一编号》(GB/T 17670—1999)的规定]、类别、规格尺寸、等级、标准号。例如，用山东济南黑色荒料加工的 600 mm×600 mm×20 mm、普型、镜面、优等品板材表示为济南青花岗石：M1101P×600×600×20A(GB/T 18601—2001)。

3.4.2.5 天然花岗石应用

天然花岗石板材是高级装饰材料，多用于公共建筑和装饰装修等级要求较高的工程之中，在一般建筑物中，只宜局部点缀使用。花岗石磨光板材多用于室内外墙面、地面、立柱、基碑的装饰；亚光板用于室内墙面和柱面；剁斧板材多用于室外地面、台阶、基座等处；烧毛板多用于外墙面；机刨板材一般用于地面、台阶、基座、踏步、檐口等处；粗磨板材常用于墙面、柱面、台阶、基座、纪念碑等处。花岩石是园林用石的普通石材，常用做石桥、石桌凳和石雕及其他构件和小品。

罗马石是天然花岗石用断切机切成(10～15)mm×(10～15)mm×(12～20)mm 的矩形块，用于铺设室外路面的一种石材形状称呼，因其最早在罗马使用最多，也叫罗马石。这种石料在断切后要保持自然的断裂面，以杂色为主，带醒目斑点属高级的一种，用罗马石铺路显得十分古朴、自然，也是合理利用石材资源的方法之一，在马路、广场上以半圆形的形式拼接。

3.4.2.6 天然花岗岩放射性

花岗岩属于火成岩中的酸性岩，由岩浆或熔融状的成岩物质通过冷却和结晶过程而生成，所以所含的天然放射性核素的放射性比活度在各类岩石中是最高的，花岗岩石材样品中天然放射性核素含量高于普通建筑材料，比沉积变质的大理石的放射性核素比活度也要高得多。

花岗岩是放射性元素铀赋存的有利载体，对花岗岩的种属及其中的矿物研究发现，在中粗粒似斑状黑云母花岗岩、中细粒二云母花岗岩、细粒白云母花岗岩等岩石种属中，铀的含量普遍较高，是产铀的主要花岗岩体，这些岩石中的造岩矿物(主要是石英、长石和白云母)、暗色矿物(主要是黑云母、绿泥石)和副矿物(主要是钛铁矿、磁铁矿、锆石、黄铁矿、磷灰石、磷钇矿、独居石)的含铀量普遍较高；另外，还有可能存在独立的放射性矿物(主要是晶质铀矿)。放射性矿物的存在是这些花岗岩种属含铀量激增的主要原因,其中铀元素的放射性辐射作用无时无刻不在放射出穿透能力极强的γ射线,花岗岩中的长寿命核素226Ra、232Th、40K发射的γ射线可直接对人体造成外照射,而由放射性元素蜕变产生的氡气(自然界中的氡是由镭衰变产生的,是人类所接触到的唯一气体放射性元素),是无色无臭的,吸入后可引起内照射,这些对人体的危害是长期小剂量累积作用引起的发生率为线性无阈的随机性效应,这种随机性效应表现在癌的发病率及后代的遗传效应,大量地杀伤细胞,破坏细胞组织,长期大剂量地接受辐射者,临床表现为嗜睡、脸黄肌瘦、掉发秃顶、肝功能障碍等。只要把建材中天然放射性水平控制在限值以内,就可以使随机性效应的发生率减少到最低限度。

国标《建筑材料放射性核素限量》(GB 6566—2001)根据受检样品中 I_{Ra}、I_{γ} 实测水平,将建筑材料划分为三类:

A类:受检材料中天然放射性核素226Ra、232Th和40K的放射性比活度同时满足 $I_{Ra} \leqslant 1.0$ 和 $I_{\gamma} \leqslant 1.3$;

B类:不满足A类要求,但可同时满足 $I_{Ra} \leqslant 1.3$ 和 $I_{\gamma} \leqslant 1.9$ 要求的受检样品;

C类:不满足A、B类要求,但可满足 $I_{\gamma} \leqslant 2.8$ 要求的受检品。

选择材料时,A类装修材料产品其产销与使用范围,均不受限制,是房屋内装修的主选材料;B类产品不可用于Ⅰ类民用建筑(如住宅、老年公寓、托儿所、医院和学校等)的内饰面,但可用于Ⅰ类民用建筑的外饰面及其他一切建筑物的内、外饰面;C类产品只可用于建筑物的外饰面及室外其他用途。一旦发现 $I_{\gamma} > 2.8$ 的花岗岩石材,则只可用于碑石、海堤、桥墩等人类很少涉足、停留的地方。

应重视花岗岩的放射性问题,但不必谈虎色变,加强对石材的放射性质量检验,合理选购花岗岩石材装修用料,提高居室的辐射安全。经常开门窗,注意通风,增加室内外大气交换的频率是降低室内氡气浓度的根本措施。

3.4.3 砂岩

砂岩,是以砂聚合而成的一种可以作为建筑材料的石材,其主要成分是 SiO_2 和 Al_2O_3,在自然界里是经过地质变化中的海向沉积和陆向沉积,将原来大量积聚砂层的地形掩盖后,又经过地质变化过程中的加热、加压而形成的。

砂岩分海砂岩和泥砂岩两种,海砂岩的石材颗粒比较粗,硬度要比泥砂岩硬,空隙率比较大,较脆硬,作为石材工程板材不可能很薄,装饰装修用板的厚度规格一般是15~25 mm,主要代表品种有澳大利亚砂岩、西班牙砂岩。而泥砂岩比较细腻,硬度稍低于海砂岩,花纹变化奇特,如同自然界里树木年轮、木材花纹、山水画,是墙面、地面装饰和异型树的上好品种。砂岩的美丽花纹形成的原因,一般认为是在砂岩尚未形成时,水的冲击以及冲击后留下的痕迹和其他矿物形态变化造成的。

由于 SiO_2 之间分子联结却又未形成结块,使得泥砂岩还具有类似塑料的塑变性，适合雕刻和切出 10 mm 厚的薄板。

砂岩是一种无光污染、无辐射的优质天然石材，对人体无放射性伤害。国标《建筑材料放射性核素限量》(GB 6566—2001)明确规定，砂岩的放射性不列入放射性检验范围，这是因为砂岩是以 SiO_2 和 Al_2O_3 为主的石材，常年的监测和大量抽查发现，砂岩是一种环保、绿色、用之放心的建筑材料。它防潮、防滑、吸声、吸光、无味、无辐射、不退色、冬暖夏凉、温馨典雅，与木材相比，不开裂、不变形、不腐烂。产品安装简单，能用螺丝将砂岩雕刻固定在墙上，产品能够与木作装修有机连接，背景造型的空间发挥更完善，克服了石材传统安装烦琐和减少安装成本。装饰好的房子无须增加其他工序和油漆就能直接把雕刻品安装上墙。砂岩的吸水率很大，一些品种几乎是将水倒上即渗入石材内，砂岩因其内部构造孔隙率大的特性，都有吸声、吸潮、防火、亚光的特性，这种特性的品种装饰到具有吸声要求的影剧院、体育馆、饭店等公共场所效果十分理想，甚至可省去吸声板和拉毛墙。

3.4.4 洞石

洞石是因为石材的表面有许多孔洞面得名，其石材的学名是凝灰石或石灰华，商业上将其归为大理石类，但不叫它大理石，是因为它的质感和外观与传统意义上的大理行截然不同，有一种类似水流或木纹的纹理，并散布一些孔洞，故又称为意大利洞石。

洞石的形成一般认为是在大气条件下从含碳酸盐的泉水(通常是热泉)中沉淀成的一种钙质材料。具体的形成是含有二氧化碳的循环地下水带走了溶液中的大量的钙质碳酸盐，当地下水到达泉水表面时，一些二氧化碳释放出来并凝聚在钙质碳酸盐的沉积层中，形成了少见的气泡(孔洞)，从而有了洞石。和海洋中的石灰石沉淀不同的是，凝灰石大多在河流或湖泊、池塘里快速沉积而成，这一快速的沉积使有机物和气体不能释放，从而出现美丽的纹理，但不利的是它也会产生内部裂隙和分层，使它平行与纹理方向的强度被削弱。凝灰石因为有孔洞，它的体积密度并不大，适合做覆盖材料，而不适合做建筑的结构材料、基础材料。

洞石色调以米黄居多，其质感和色彩柔和、含蓄，条纹清晰，促使装饰的建筑物常有强烈的文化和历史韵味，在欧美国家建筑中得到广泛应用。罗马角斗场，是洞石建筑的杰作，北京中国银行大厦内外装修，也选择了意大利罗马洞石。洞石除了有黄色的外，还有绿色、白色、紫色、粉色、咖啡色等多种。我国河南也有洞石发现和产出。洞石主要应用在建筑外墙装饰和室内地板、墙壁装饰。

3.4.5 文化石

文化石并不是一种单独的石材，泛称石材装饰的墙面、制作的壁景等，保留有石材色泽纹理，展现石材质感和感染力，以符合人们崇尚自然、回归自然的文化理念。文化石本身不附带文化含义，它通过一定装饰效果的加工和制作方式透出一种文化韵味和自然气息。

文化石有天然文化石与人工文化石两种。天然文化石包括板岩、锈岩、砂岩、石英等，它们具有片状结构特征，即片理，沿片易于劈分，且劈分后的岩石表面质感丰富，有强烈的艺术装饰效果。它们结构致密，抗压强度、硬度和耐磨性介于花岗岩和大理石之间。

人造文化石是以天然文化石的石粉为骨料，以无机材料胶结而成。人造文化石除具有天然文化石逼真的自然外观和感觉外，人造文化石质地轻，加工简单，便于安装，更具无毒、不燃、色彩丰富等特点。

文化石以其质朴丰富的自然表面，多变的外部观感和鲜明柔和的色彩，能创造体现个性与品味的环境，营造田园般的意境。

3.5 园林造园用石

我国古典园林再现山水，源于自然，高于自然，尤以江南园林玲珑精巧、清雅典致。将园林组景艺术和组景方式用于室内装饰工程，已在国内室内装饰业中逐渐发展起来了，赋予室内一定程度的园林气息，丰富了室内空间，活跃了室内气氛，从而自然地增强了人们的舒适感。组景中常用的天然素石通称为品石，目前较多采用的品石有太湖石、锦川石、黄石、腊石、英石等。

3.5.1 太湖石

太湖石，又名窟窿石、假山石。天然太湖石为溶蚀的石灰岩，主要产于江苏太湖、东山、西山一带，因长期受湖水冲刷，岩石受腐蚀作用形成玲珑的洞眼，其色泽以白石为多，少有青黑石、黄石，尤其黄色的更为稀少，故特别适宜布置于公园、草坪、校园、庭院等。其他地区石灰岩近水处也产此石，一般也称为太湖石。太湖石质坚表润、纹理纵横、外形多峰、峦岩壑，或刚、柔、灵透、浑厚、顽拙，或千姿百态，飞舞跌宕，形状万千。天然太湖石纹理张弛起伏，抑扬顿挫，体现“皱、漏、瘦、透”之美，具有一定结构形式的美感，尤其在光影的辅助下，给人以多彩多变的享受。

太湖石分为水石和干石两种，唐吴融的《太湖石歌》中生动描述了水石的成因和采取方法：“洞庭山下湖波碧，波中万古生幽石，铁索千寻取得来，奇形怪状谁得识。”干石则是 4 亿年前形成的石灰石在酸性红壤的历久侵蚀下而形成的。

太湖石是园林石的一种，在园景中应用较早，亦较广泛。太湖石可谓千姿百态，异彩纷呈：或形奇、或色艳、或纹美、或质佳；或玲珑剔透、灵秀飘逸；或浑穆古朴、凝重深沉，超凡脱俗，令人赏心悦目，神思悠悠。它永不重复，一石一座巧构思，自然天成，是叠置假山、建造园林、美化生态、点缀环境的最佳选择，是一劳永逸的绿色工程。

3.5.2 英石

英石，产于广东英德市。英石源于石灰岩石山，自然崩落后的石块，有的散布于地面,有的埋入土中,经过千百万年或阳光曝晒风化、或箭雨刀风磨砺、或流水侵蚀等作用,使之形成奇形怪状的石块,具有独特的观赏价值,自古至今深受奇石爱好者青睐。英石石质坚而润,色泽微呈灰黑,节理天然,面有大皱小皱,多棱角、峭峰如剑戟。岭南庭园叠石多取英石,构出峰型和壁墙型两类假山景,其组景气势与太湖石迥然有别。

英石大的可砌积成园、庭之一山景,小的可制作成山水盘景置于案几,极具观赏和收藏价值。

3.5.3 锦川石

锦川石,也称锦州石、松皮石,产于辽宁省锦州市城西。该石属沉积岩,外表似松皮状,上有层层纹理和斑点,石身细长如笋,又称石笋或松皮石。有纯绿色,纹理犹如松树皮,显得古朴苍劲,亦有五色兼备者。锦川石一般只长 1 m 左右,长度大于 2 m 者就算上名贵了,大者可点缀园林庭院,小者亦可供欣赏。现在锦川石不易得,近年常以人工水泥砂浆来精心仿作。

3.5.4 灵璧石

灵璧石出自于安徽灵璧县。灵璧观赏石分黑、白、红、灰四大类一百多个品种。其中以黑色最具特色。观之,其色如墨;击之,其声如磬,轻击微扣,都可发出琤琮之声,余韵悠长。

3.5.5 黄石

黄石是属于沉积岩中的砂岩,呈橙黄色,棱角分明,轮廓呈折线,呈现出苍劲古拙、质朴雄浑的外貌特征,显示出一种阳刚之美,与太湖石的阴柔之美,正好表现出截然不同的两种风格,所以受到了造园叠山家的重视。黄石假山在造型上,仿效自然界山体的丹霞地貌,或沉积岩山体中的自然露头的风化景观,从而创造出了一代新风格假山。

用黄石叠山粗犷而富野趣。黄石呈方解型节理,质地坚硬,水流风化造成崩落,沿节理分解,形成大小不一、棱角分明、断面平如刀削斧劈的不规则多面体,其山型平正大方,块面墩实厚重,高低错落,棱角锋芒毕现,有很强的体积感,雄浑而朴实。

3.5.6 腊石

腊石色黄而表面油润如蜡,又称黄蜡石。腊石外形浑圆可受,别饶石趣,此石常以二三个大小不同的形状组成小景,或散置于草坪、池边或树丛中,既可供坐歇、又能观赏。腊石主要产于广东从化县等处。

黄腊石首先发现于真腊国(今柬埔寨),故称腊石,也因石表层内呈现蜡油状釉彩而得名。黄腊石主要矿物为石英。黄腊石具有硬度大、韧性好、体积稳定性好的特征，其表层为蜡油状，切面石心部分多为粉白或黄白、乳白色的石英微粒，其油蜡的质感源于石英，颜色则来自表面铁元素的氧化。

黄腊石是腊石中最常见的一种，是石英石因地质变动破碎而滚入酸性的泥土中，并长期受酸性物质的低温溶蚀，使其表面产生蜡状釉彩。其中一部分又因山洪暴发，滚入山溪中，经河水搬运而流入江河，经多年的溪水冲刷及沙砾摩擦，表面变得油光滑腻，又经水中各种矿物元素的长期渗蚀，产生多种色彩。

3.6 人造石材

人造石材（又称合成石）是以水泥或不饱和聚酯为胶粘剂，配以天然大理石或方解石、白云石、硅砂、玻璃粉等无机物粉料，以及适量的阻燃剂、稳定剂、颜料等，经配料混合、浇筑、振动、压缩、挤压等方法成型固化制成的一种人造石材。由于人造石材的颜色、花纹、光泽等可以仿制成天然大理石、花岗石或玛瑙等的装饰效果，故又称为人造大理石、人造花岗石或人造玛瑙等。

人造大理石按生产方法和所用原料不同，一般可分为水泥型人造大理石、树脂型人造大理石、复合型人造大理石、烧结型人造大理石四类。

3.6.1 水泥型人造大理石

以硅酸盐水泥（白色硅酸盐水泥、彩色硅酸盐水泥或普通硅酸盐水泥）或铝酸盐水泥为胶结料，砂为细骨料，碎大理石、工业废渣等为粗骨料，经配料、搅拌、成型、养护、磨光、抛光等工序制成。用铝酸盐水泥做胶结料的人造大理石，因为铝酸盐水泥水化时产生了氢氧化铝凝胶，氢氧化铝凝胶在硬化过程中可以不断填充到人造石材的毛细孔中，形成很致密的结构，同时形成很光滑的表面层。因此，这种人造石材不用经过抛光，表面就很光滑，具有光泽，装饰效果比较好，还具有较好的抗风化性、耐火性、防潮性。

水泥型人造大理石的物理力学性能和表面的花纹色泽等装饰性能比天然石材稍差，但具有生产工艺简单、投资少、利润高、成本回收快特点，常见品种有水磨石、花阶砖等。

3.6.2 树脂型人造大理石

以不饱和聚酯等有机胶凝材料为胶粘剂，与无机材料如石英砂、大理石碎粒、大理石粉、方解石粉、颜料或染料等混合搅拌、浇筑成型，在固化剂作用下固化，再经脱模、烘干、抛光等工序制成。树脂型人造大理石耐水、耐冻、外观光洁细腻、力学性能高、抗污能力强，是目前国内外生产人造石材的主要方法。

3.6.3 复合型人造大理石

复合型人造石材的胶粘剂既有无机材料，又有有机高分子材料。先将石粉等无机填料用无机胶结材料胶结成型，养护硬化后，然后再将坯体浸渍于具有聚合功能的有机单体中，使其聚合成复合型人造石材。无机胶结材料可用普通硅酸盐水泥、白水泥、粉煤灰水泥、矿渣水泥、快硬水泥、铝酸盐水泥以及半水石膏等，有机单体可用苯乙烯、甲基丙烯酸甲酯、醋酸乙烯、丙烯腈、丁二烯、二氯乙烯等，这些单体可以单独使用，也可以组合使用。

对于板材制品，也可以分成两层生产，即底层使用价格低廉而性能稳定的无机黏结材料将石粉黏结成型，面层采用聚酯和大理石粉制作，从而形成色彩鲜艳、光泽度高的装饰表面。

例如人造玛瑙和人造大理石卫生洁具。人造玛瑙卫生洁具是以不饱和聚酯、氢氧化铝等为主要原料加工而成的具有玛瑙质感的制品；人造大理石卫生洁具是以不饱和聚酯、碳酸钙等为主要原料加工而成的具有大理石纹理的制品。《人造玛瑙及人造大理石卫生洁具》(JC/T 644—1996)对这两种人造石材卫生洁具的外观质量和物理性能规定见表 3-8 和表 3-9。

表 3-8　人造玛瑙及人造大理石卫生洁具外观质量

序号	缺陷名称	要求	序号	缺陷名称	要求
1	裂纹	不允许	7	麻点	轻微
2	皱纹	不明显	8	划痕	不明显
3	缺损	不允许	9	修补痕迹	不明显
4	白斑	不明显	10	凹陷	不明显
5	花斑	轻微	11	色差	同套产品色泽基本一致
6	气泡	轻微	12	杂质	不明显

表 3-9　人造玛瑙及人造大理石卫生洁具物理性能

序号	试验项目	性能要求	序号	试验项目	性能要求
1	光泽度	≥80 光泽单位	7	胶衣层厚度	0.35～0.60 mm
2	不平整度	≤0.4%	8	可清洗性	不多于 3 个斑点
3	巴氏硬度	≥40	9	耐热水性	无裂纹、不起泡
4	耐荷重性	表面不产生裂纹	10	耐污染性	无明显变色
5	耐冲击性	表面不产生裂纹	11	冲洗功能	6 个注水乒乓球排出，洗净面无墨水残留痕迹
6	吸水率	≤0.5%			

3.6.4 烧结型人造大理石

烧结型人造石材的生产工艺与陶瓷的生产相似，将斜长石、石英、辉石、方解石粉和赤铁矿粉及部分高岭土等按一定的比例混合制成泥浆，用注浆法制成坯料，用半干法成型，经 1 000℃左右的高温焙烧而成。

烧结型人造大理石人造石材性能稳定，耐久性好，但因要高温烧结，能耗大，造价较高，产品破损率高，所以在实际中采用的很少。

【本章要点】

岩石按照其成因可以分为岩浆岩、沉积岩和变质岩，装饰石材中花岗岩属岩浆岩，大理岩属变质岩，故它们的使用性质不同，大理岩主要有碳酸盐类矿物，一般不宜用于室外，以免酸雨腐蚀，花岗岩主要矿物组成有石英、长石，少量暗色矿物和云母，一般不耐高温。本章介绍了石材的加工工艺，重点讨论了天然大理石、花岗石的分类、特性和质量要求。分析岩石放射性危害，介绍了其安全标准。砂岩、洞石、文化石有好的装饰效果，园林造园用石中的太湖石、英石、锦川石、灵璧石、黄石、腊石各具特色，人造石材极大地丰富了装饰石材的品种。

【思考与练习题】

1. 岩石按照其成因可以分为哪三类？试写出各类有代表性的岩石。
2. 天然大理石为什么不宜用在室外？
3. 石材产品的放射性安全标准有何规定？
4. 试写出洞石应用范围。
5. 人造石材有哪些种类？试举出其应用实例。

4 木材及木材制品

自古以来,木材一直是深受人们喜爱的建筑材料之一。木材具有重量轻、强度高、保温隔热、吸声隔声、防震、吸收紫外线及可再生、可再利用、可再循环特性,木材具有其他任何材料所无与伦比的自然属性,人们越来越多地使用木材或木质材料做家具、房屋室内装饰,利用木材的天然纹理和质感,追求返璞归真的装饰效果。

4.1 木材种类及物理性质

4.1.1 木材的种类

根据树种,木材分为针叶树和阔叶树两大类。

4.1.1.1 针叶树

针叶树多为常绿树,树叶细长、树干通直高大、纹理平顺、材质均匀、木质较软、易于加工,故又称软木材,但不可一概而论,有些针叶树如落叶松,材质也坚硬。针叶树材质虽软但表观密度较小,湿胀干缩变形较小,常含有较多的树脂而具有较强的耐腐蚀性能。常见的针叶树种有红松、落叶松、云杉、冷杉、柏木等,在建筑工程中被广泛应用,多用做承重构件和门窗、地面材及装饰材料等。

4.1.1.2 阔叶树

阔叶树多为落叶树,树叶宽大、叶脉呈网状、树干弯曲、通直部分较短,材质重而硬,加工较困难,因此又称硬木材。阔叶树木材表观密度较大,自重较重,强度较高,但湿胀干缩及翘曲变形较针叶树显著,容易开裂,加工后表面耐磨,且纹理美观。常见的阔叶树种有:水曲柳、柚木、椴木、桦木、柞木、榉木、榆木等。这些树种有的加工后木纹和颜色美观,具有很好的装饰性,常用做建筑装饰材料。

4.1.2 木材的构造

木材的种类和生长环境不同,各种木材在构造上有显著差别,木材的构造是决定木材性能的主要因素,通常从宏观和微观两个角度观察。

4.1.2.1 木材的宏观构造

木材的宏观构造是指用肉眼或放大镜所能见到的木材组织特征。一般是通过锯切方向的不同形成木材的横切面、径切面和弦切面三个基本切面来观察。横切面是与树干主轴垂直切割的切面，也称端面；径切面是通过树干主轴的纵向切面；弦切面是垂直于端面并距树干主轴有一定距离的纵切面。

从横切面上可以看到树木的髓心、木质部和树皮三个主要部分，还可以看到年轮、髓线等。

髓心是树干中心松软部分，其木质强度低、易腐朽，是木材的缺陷部位。因此，锯切的板材不宜带有髓心部分。髓心向外的辐射线称为髓线，髓线与周围连接较差，木材干燥时易沿此开裂。木质部是木材的主体，是指从树皮至髓心的部分。木质部在接近树干中心的部分呈深色，称为心材；靠近外围的部分色较浅，称为边材。心材材质较硬、密度大、渗透性差、耐腐蚀性和耐久性均较边材高。因此，一般来说心材比边材的利用价值高些。

木材按树木生长的阶段分为形成层、边材、心材等。形成层是指靠近树皮的薄薄的细胞，树木生长是由形成层的不断扩张来实现的，形成层逐年在最外层生长并形成年轮。年轮是深浅相间的同心圆环。在同一年轮内，春天生长的木质，色较浅，质松软，称为春材（早材），夏、秋两季生长的木质，色较深，质坚硬，称为夏材（晚材）。相同树种，年轮越密而均匀，材质越好；夏材部分越多，木材强度越高。

年轮和髓线赋于木材优良的装饰性质。

树皮是指树干的外围结构层，是树木生长的保护层。一般的树皮均无使用价值，只有极少数树种如栓木和菠萝树的树皮可加工成高级保温材料。

4.1.2.2 木材的微观构造

在显微镜下观察到的木材构造称为微观构造。在显微镜下，可以看到木材是由无数呈管状的细胞紧密结合而成的，绝大部分细胞呈纵向排列形成纤维结构，少部分横向排列形成髓线。每个细胞分为细胞壁和细胞腔两部分，细胞壁由细纤维组成，其间具有极小的空隙，能吸附和渗透水分。木材的细胞壁越厚，腔越小，木材越密实，表观密度和强度也越大，但胀缩也大。

木材细胞因功能不同可分为管胞、导管、木纤维、髓线等多种。管胞为纵向细胞，长 2～5 mm，直径为 30～70 μm，在树木中起支承和输送养分的作用，占树木总体积的 90%以上。导管是壁薄而腔大的细胞，主要起输送养分的作用，大的管孔肉眼可见。木纤维长约 1 mm，壁厚腔小，主要起支撑作用。

针叶树和阔叶树的微观构造有较大的差别。针叶树的显微结构简单而规则，主要由管胞、髓线、树脂道组成。针叶树的髓线较细而不明显，某些树种，如松树在管胞间有树脂道，用来储藏树脂。阔叶树的显微结构复杂，主要由导管、木纤维及髓线等组成，其髓线粗大而明显，导管壁薄而腔大。因此，有无导管以及髓线的粗细是鉴别阔叶树和针叶树的主要标志。

4.1.3 木材的物理性质和力学性质

4.1.3.1 木材物理性质

1.密度与表观密度

木材的密度各树种相差不大，一般为 1.48～1.56 g/cm³，木材的表观密度随木材孔隙率、含水率及其他因素的变化而不同，一般有气干表观密度、绝干表观密度和饱水表观密度之分，通常测定的是气干表观密度。木材的表观密度越大，其湿胀干缩率越大。

2.含水率

一般新伐树木的含水率大于 35%，甚至高达 100%，潮湿木材的含水率为 20%～35%，风干木材的含水率为 15%～20%，烘干木材的含水率为 8%～13%。木材含水率对木材力学性质和物理性质影响大，因此，在测定各种木材的力学性质时，均以 12%含水率为标准值，以便比较。

木材中的水分对木材技术性能的影响很大，含水率是木材重要技术性质之一。木材中的水分按其与木材的结合形式分为自由水、吸附水和化合水。自由水是存在于细胞腔和细胞间隙间的水分，与木细胞的吸附能力很差，自由水的变化只影响木材的表观密度、导热性、抗腐朽能力和燃烧性等，而对变形和强度影响不大。吸附水是存在于细胞壁纤维之间的水分，对木材的干湿变形和力学强度有明显的影响。化合水是与细胞壁组成物质发生化学结合的水分，结合牢固，需在 150～180℃温度以上才会破坏，正常状态下木材中的结合水应是饱和的，在常温下对木材没有太大影响。

潮湿的木材在干燥蒸发时，首先脱去自由水，然后再脱去吸附水。当木材细胞壁中的吸附水达到饱和，而细胞腔和细胞间隙中尚无自由水时的木材含水率，称为木材的纤维饱和点。木材的纤维饱和点往往是木材性能变化规律的转折点，一般木材多为 25%～35%，取平均值 30%为木材的纤维饱和点。

潮湿的木材能在较干燥的空气中失去水分，干燥的木材也能从周围的空气中吸收水分。当木材长时间处于一定温度和湿度的空气中，则会达到相对稳定的含水率，亦即水分的蒸发和吸收趋于平衡，这时的木材含水率称为平衡含水率。平衡含水率随大气的温度和相对湿度的变化而变化，北方地区木材平衡含水率在 12%左右，南方地区则在 18%左右，长江流域在 15%左右。木材的湿胀干缩对木材的使用有严重影响，干缩使木结构构件连接处产生缝隙而致使接合松弛，湿胀则造成凸起。

3.湿胀干缩现象

当木材干燥至纤维饱和点以下时，由于吸附水的减少，细胞壁的厚度减小，因而细胞外表尺寸缩减，这种现象就称为木材干缩。木材的湿胀干缩能使木材改变原来的形状，引起木材翘曲、弯曲、扭曲、反翘以及开裂等现象，影响工程质量。因此，木材在加工或使用前应预先进行干燥，使其接近于环境湿度相适应的平衡含水率，以减少木制品在使用过程中的干缩变形。

由于木材的构造不均匀，其各向胀缩也不一样，在同一木材中，这种变化沿弦向最大，径向次之，纤维方向最小，一般弦向干缩为6%～12%，径向干缩为3%～6%，纵向干缩为0.1%～0.3%。

另外，木材存放时间也影响湿胀干缩变形，存放时间长，木质细胞老化，相应的变形就小。

4.良好的保湿功能

木材是一种多孔材料，导热系数较小，是热的不良导体。木材作为墙或装饰材料，对室内的温度起一定的调节作用。冬季在同样气候条件下，混凝土结构的居室温度比木结构的居室温度低1℃以上。居住在寒冷地区的人们用木材建造的房屋可以抵御低温寒冷。

木材的调湿特性是木材所具备的独特性质之一，自身的吸湿和还湿作用直接缓和室内湿度变化。木结构房屋的年平均湿度比混凝土结构房屋低8%～10%，这与最佳居住环境相对湿度60%左右的指标最为接近。

5.良好的隔声吸声作用

由于木质材料装饰装修的室内与混凝土建造的居室内声音的回响时间不同，如果有两组以上的人在同一居室内谈话，则在混凝土居室内谈话易被干扰的程度大于木造居室，这是因为木质材料是多孔性材料，具有良好的吸声性，而声波遇到坚硬的混凝土墙会发生反射产生回响。通常，单层木质材料由于密度较低而导致隔声性能较差，一般不宜用单层木质材料做隔声墙。

木材也有缺陷，木材的使用缺陷主要表现为：节子、变色、腐朽、虫害、裂纹、伤疤等，而且木材的防火性能比较差。木材的缺陷及荷载作用时间对强度影响很大，有节木材强度降低，长期强度只有瞬时强度的一半。木材强度同时也受含水率和温度的影响，木材含水率在纤维饱和点以下时，含水率越高则强度越低；温度越高，则木材强度越低。而这些因素都是设计中应当予以考虑的。

4.1.3.2 木材力学性质

木材的力学性能按受力状态分为抗拉、抗压、抗弯和抗剪强度。由于木材非均质，具有各向异性，使木材的强度有很强的方向性，因此，木材的强度又分顺纹强度和横纹强度。顺纹强度指受力方向与木材生长方向平行的强度，横纹强度是受力方向与木材生长方向垂直的强度。

木材的顺纹抗压强度为作用力方向与木材纤维方向平行时的抗压强度。其受压破坏是管状细胞受压失稳的结果，而不是纤维的断裂。顺纹抗压强度较高且木材的疵点对其影响较小，因此，这种强度在工程中应用最广，常用于柱、桩、斜撑及桁架等承重构件；木材的横纹抗压强度为作用力方向与木材纤维方向垂直时的抗压强度。这种受压作用，开始时变形与外力呈正比，当超过比例极限时，细胞壁失去稳定，细胞腔被压扁，产生大量变形。因此木材的横纹抗压强度比顺纹抗压强度低得多。

木材的顺纹抗拉强度为拉力方向与木材纤维方向一致时的抗拉强度。这种受拉破坏,往往木纤维未被拉断,而纤维间先被撕裂。木材顺纹抗拉强度是木材所有强度中最大的,通常介于70～170 MPa之间。木材的疵点如木节、斜纹等对木材顺纹抗拉强度影响极为显著,而木材又多少都有些缺陷。因此木材实际的顺纹抗拉能力反较顺纹抗压能力为低,使顺纹抗拉强度难以被充分利用,木材的横纹抗拉强度值很小,仅为顺纹时的1/10～1/40,工程中一般难以使用。

木材在受弯曲作用时产生压、拉、剪等复杂的应力。木梁的上部受到顺纹压力,下部受到顺纹拉力,而在水平面中则有剪切力。木材受弯破坏时在受压区首先达到强度极限,出现细小裂纹但并不立即破坏,随着外力增大,裂纹会慢慢扩展并在受压区产生大量塑性变形,当在受拉区域内许多纤维达到强度极限时,则因纤维本身及纤维间连接的断裂而最后破坏。木材的抗弯强度很高,为顺纹抗压强度的1.5～2倍。但木节、斜纹等对木材的抗弯强度影响很大且裂纹不能承受弯曲构件中的顺纹剪切。

木材的剪切有顺纹剪切、横纹剪切和横纹切断三种。顺纹剪切为剪切力与纤维方向平行,这种受剪作用,绝大部分纤维本身不破坏,而只破坏剪切面中纤维的联结,因此其强度很小,一般为同方向抗压强度的15%～30%。横纹剪切为剪切力方向与纤维方向垂直,而剪切面与纤维方向平行,这种受剪作用完全是破坏剪切面中纤维的横向联结,因此其强度比顺纹剪切强度还要低。横纹切断是剪切力方向和剪切面均与木材纤维方向垂直,这种剪切破坏是将木纤维切断,因此强度较大,一般为顺纹剪切强度的4～5倍。

木材各强度之间的比例关系见表4-1。

表4-1 木材各强度之间的比例

抗压强度		抗拉强度		抗弯强度	抗剪强度	
顺纹	横纹	顺纹	横纹		顺纹	横纹
1	1/10～1/3	2～3	1/20～1/3	3/2～2	1/7～1/3	1/2～1

4.1.4 工程中常用的木材品种

4.1.4.1 木材按用途和加工方法分

1. 原材

原材是直接使用的原木和加工用的原木。

2. 普通锯材

普通锯材是已经加工锯解成材的木料。在锯解原材时应预先设计好锯解方案,充分提高成材率。

3. 特种用材

特种用材是指用于电杆、桩木、坑木、檩木及枕木等特种用途的木材。

4.1.4.2 木材按成材断面形状分

1. 原木

原木是指除去皮、根、树梢、枝杈的原材按一定长短规格和直径要求锯切和分类的圆木段。

原木的运用以刨去树皮为多，不刨树皮的用法多见于室外。木材的组合要长短、粗细、错落有致，去掉树皮的原木展现了木材自然典雅的色彩，甚至采用暴露木材的自然生长疤结及其榫卯接口等构造做法，来展现其亲切的、质朴或粗犷的自然风格。

2. 枋材

枋材是木材经锯切加工后，其截面的宽度和厚度之比在3以下的木材。枋材按截面面积分为小枋、中枋、大枋。枋材可直接用于装饰和制作门窗、扶手、家具、骨架等。

3. 板材

截面宽与厚之比大于3的称为板材，板材按厚度的不同又分为薄板、中板、厚板和特厚板四种。薄板的厚度有12、15 mm两种，中板有25、30 mm两种厚度，厚板有40、50 mm两种厚度，特厚板板厚大于60 mm。

普通锯材长度：针叶树1～8 m，阔叶树1～6 m。长度进级：东北地区自2 m以上按0.5 m进级，不足2 m的按0.2 m进级，其他地区按0.2 m进级。

除工程用木材外，木材还有家具用木材和木制艺术品用材。木制艺术品有木雕、根雕、树皮装饰制品和树皮艺术品以及木制生活日用品。

4.2 木材装饰效果与选用

4.2.1 木材的装饰效果

4.2.1.1 木材的光泽质感

带皮的生材显得野性粗糙，呈现出自然野生的本质、令人感觉与大自然融为一体、在自然保护区的旅游建筑中和室内装饰的重点部位常常使用。去皮的原木则洁净光滑，使人在感觉到自然的同时产生纯洁高雅之感。

经加工后的板材根据木材的细密程度和树脂含量，表面会呈现不同的光泽。例如：平滑（重黄）娑罗双木材光泽差，印茄木木材和坤甸铁木木材光泽一般，而阔萼摘亚木木材光泽强，柚木木材里有光泽且表面有油腻感，根据需要可在建筑的重点部位采用光泽强的木材。

4.2.1.2 木材的色彩

根据树木的种类不同，木材的色彩十分丰富，红黄赭黑白均有。建筑师可以充分利用木材的天然色彩创造不同的视觉环境和心理感受。例如：黑胡桃木为浅褐色，心材从明显的巧克力色到紫红至黑色，有的边缘为浅白色，心材浅红色至深红色，由边材到心材色调渐深；大叶桃花心木为浅黄至白色，新锯口的心材为浅玫瑰色或浅黄色，久置后渐成稍带金黄色的浅红至褐色。白栎木材的颜色变化较大，从浅黄至浅褐色到浅红至浅褐色，色调常呈玫瑰色，在径切面上形成美丽的银灰色花纹；李叶苏木、李叶豆和山揽树木材呈金黄色。

4.2.1.3 木材的肌理

树木生长时会有年轮，上下大小不一，经过加工成为板材后，根据对年轮切割的角度不同，年轮线或成优美闭合的曲线，或似层叠的山峰，各种抽象的图案层出不穷，经过仔细选择，可以用来塑造不同的环境气氛，例如：桉木木材边缘通常为直纹理、有真菌活动形成的暗色斑点，这些斑点使得木材具有珍贵的装饰价值；白栎木纹理多为交错的波纹状，在径切面上形成带状花纹、在弦切面上常有带麻点的波状花纹；阔萼摘亚木在径切面处有带状条纹，在弦切面上有“之”字形的图案，木材纹理呈波浪状或扭曲；筒状非洲楝木木材纹理交错，径切面有黑色条状花纹或梅花状花纹；斯图崖豆木俗称非洲鸡翅木，心材为巧克力色且有深浅间隔的色带，或是深褐色且有白色的色带；心边材区别明显，生长轮明显，木材上有一种特殊的羽毛状花纹。

4.2.1.4 视觉感受

办公室自动化所使用的电脑映像是由不连续的波状光线构成的，易使眼睛感到疲劳。因此，为了创造下一个舒适的视觉环境，人们喜爱用具有自然色泽、花纹、图案的木材装点室内环境和制作室内用具。木材的视觉优越性体现在：

1）木材具有柔和的自然光泽。木材是多孔的材料，表面会形成小的凹凸，在令人眩晕的光线的照射下，会呈漫反射现象，或吸收部分光线，光似乎能渗进木材表面，使光线变得柔和。

2）木材具有吸收紫外线反射红外线的功能。木材可以减少紫外线对人体的危害，同时又能反射红外线，故会给人带来温暖、柔和、细腻的触觉和视觉效果，在寒冷的冬季可以给人们带来温暖的感觉。

4.2.1.5 木材的香味

与其他建筑材料不同，不少木材还可以散发出芳香的气味，令人心旷神怡，使人领略到大自然的气息。海南岛的降香木和印度黄檀具有名贵香气，这是因为该种木材中含有具有香气的黄檀素，宗教人士常用此种木材制成小木条作为佛香。檀香木具有馥郁的香味，是因为木材中含有白檀精，可用来气熏物品或制成散发香气的工艺美术品，如檀香扇等。此外，侧柏、肖楠、柏木、福建柏等木材也具有香味。一些樟科木材如香樟木、龙脑香等常具有特殊的樟脑气味，因为该种木材中含有樟脑，用这种木材制作的衣箱，耐菌腐，抗虫蛀，可长期保存衣物。还有些木材具有臭气，如爪哇木棉树，木材在潮湿条件下会发出臭味，原因是这种木材中含有挥发性脂肪酸，如丁酸或戊酸等，再加上在湿热环境中，一些木材中的生物所生成的代谢物质以及木材的降解产物具有微臭气味。此外，隆兰、八宝树等木材还具有酸臭味，新伐的冬青木材有马铃薯气味，杨木具有青草味，椴木具腻子味等。这些怡人的气味会使人感到舒畅，减轻紧张感和疲劳。

一些木材具有特殊的滋味。如板栗、栎木具涩味，肉桂具辛辣及甘甜味，黄连木、苦木具苦味，糖槭具甜味等，这是由于木材中含有带滋味的抽提物。

木材的气味、滋味均来源于木材中的各种抽提物，由于各种木材所含有的抽提物化学成分不同，因此产生不同的气味、滋味。此外，还由于寄生于木材的微生物的代谢作用以及木材分解产物有气味、异味的缘故。

木材的嗅觉品质是自然生成的，在制造室内家具和进行人居环境装饰时，人们要有选择地将拥有香气或形成卫生健康气息的木材予以利用。

4.2.1.6 装饰木材选用

木材是一种天然材料，是装饰材料中最有人情味的一种，人们都愿亲近它、抚摸它，它给人以自然、温暖之感。木材具有天然生长而成的美丽的纹理色泽，尤其是锯切或刨开以后，这种纹理会带着光泽显现出来，这正是木材美妙的艺术特质。故此，建筑与环境装修上运用木材就应注重刻意去表现这种天然丽质，而不是去掩饰它。木材的这种艺术特质与油漆艺术相结合，使得色泽更为动人心弦，会大大强化其表现力。在木材上刷上不透明的油漆覆盖木材的天然色泽纹理，刻意表现木材的肌理与加工工艺，包括手工或机器的锯痕、榫卯接点等，会更加明显地展现木材特质。

环境与建筑艺术中使用木材的树种很多，但优质的木材应有一定的柔韧性、硬度和可塑性及美丽的色泽纹理。一般来讲，木材的使用目的不同，对其特性的要求会有所区别。木材不耐腐蚀，如不经特殊处理，浸水易腐烂，故木材主要用于室内装修。木材广泛用于室内住宅及公共建筑的室内地板、天花板造型、衣柜、室内家具陈设、隔断屏风及重点部位的造景等，渲染一种温馨亲切的气氛和表现自然质朴的环境风貌。木材，特别是优质木材经过特殊处理后仍然可以用于室外艺术氛围的塑造。

4.2.2 装饰用木材的种类

木材在环境与建筑艺术中的运用有原木、板材、家具和木雕等形式，可用于墙、地面、天棚等室内几乎任意部位的装修。由于木材质地的不同，用于不同的部位时对木材要求又有所不同。

4.2.2.1 墙板、天花板和镶板

这些部位使用的木材要求具有一定的强度，自重要轻，表面纹理要美观，具有强烈的装饰效果，其主要树种有杉木、松木、杨木、水曲柳、胡桃木等。

4.2.2.2 地板

地板用材主要要求质地坚硬、不收缩、不变形、耐腐蚀和耐磨，外表面纹理美观，具有一定装修效果。其主要树种有柚木、杉木、红桦、白桦、柏树、落叶松、白栎等。

4.2.2.3 装饰板材和家具

这类用途的木材除具有相应的强度外，加工性能应良好，切面要光滑细腻，有美丽的纹理，不劈不裂，油漆和胶粘性要良好，其主要用材应选用水曲柳、松木、杉木、桉木、榉木、胡桃木等。

4.2.2.4 木雕

制作各种公共场所室内的木雕（中国传统建筑室内有木雕、浮雕和木质装饰品）要求木材的心材与边材无明显差异，质地柔软，易于雕刻的常用树木有椴木、红木。

木材是一种珍贵的自然资源。现代装饰用木材，除了要表现原始质朴、粗犷的环境风格外，很少选用原木，而是采用各种现代木材加工制品，既节约木材，又能充分表现木材的色泽、纹理。常用的木材加工制品有木线、板材、方木、圆木及木构件等等。

4.3 木材装饰制品

利用木材的原则是经济合理使用木材，长材不短用，优材不劣用；提高木材的耐久性，通过木材防腐和防火，延长使用年限；木材综合使用，利用木材加工后的边角碎料生产人造板材。

人造板按组成单元分为 A、B 两部分：

1）A：板、单板、碎料、纤维；

2）B：胶结料、添加剂。有机胶结料有脲醛、酚醛、异氰酸酯、三聚氰胺等，无机胶结料有石膏、水泥等。添加剂有防水剂、防火剂、防腐剂等功能添加剂。

将 A、B 组合可得到不同种类的人造板，其中非木材植物人造板种类见表 4-2。

表 4-2 非木材植物人造板种类

类别	品种	举 例
纤维板	软质纤维板	湿法棉秆软质吸声板、稻草软质吸声板
	硬质纤维板	剑麻头硬质纤维板、豆秸硬质纤维板、棉秆硬质纤维板
	中密度纤维板	蔗渣中密度纤维板、棉秆中密度纤维板、竹材中密度纤维板
碎料板	普通碎料板	麻屑板、芦苇碎料板、烟秆碎料板
	废渣板	蔗渣板、栲胶渣板、麻黄渣板、玉米芯板、垃圾板
	废壳板	稻壳板、花生壳板、核桃壳板
胶合板	普通胶合板	竹席胶合板、竹片胶合板、高粱秆胶合板
	积成胶合板	竹篾胶合板、葵花秆胶合板
	特种胶合板	竹材空心胶合板、重组板

续表

类别	品种	举 例
复合板	夹心复合板	秆段夹心细木工板、碎料夹心胶合板
	复合胶合板	竹木复合胶合板、复合层积材、复合空心胶合板
	无机复合板	石膏碎料板、水泥碎料板
	特种复合板	纸面稻草板、果壳核人造板

4.3.1 胶合板

胶合板是将原木沿年轮方向旋切成薄片，再经干燥处理后上胶，以数张薄片按其纤维方向相互垂直叠放，再经热压而制成。胶合板的板面上有美丽的木纹，为使其两面的木纹方向一致，便于使用，因此胶合板的薄片层数为奇数，一般为3～13层，工程中将其称为三层板、五层板、七层板、九层板等等，其厚度从2.5～30 mm不等，一般宽度为915～1 220 mm，长度为915～2 440 mm。

胶合板与普通木板相比，具有许多优点：能制成宽幅薄板，且表面具有美丽木纹；由于各层薄片的木质纤维相互垂直，故能消除木材的各向异性的缺点，使得板材的强度纵横均匀、变形均匀，不易开裂；导热系数较小，其绝热性能较好；无明显纤维饱和点存在，且平衡含水率和吸湿性较木材低；改变了木材的天然缺陷，无木节和裂纹；产品规格化，便于使用。

胶合板的种类很多，按结构分为胶合板、夹心胶合板、复合胶合板；按胶粘剂性能分为室外用胶合板、室内用胶合板；按表面加工状况分为砂光胶合板、刮光胶合板、贴面胶合板、预饰胶合板；按处理情况分为未处理过的胶合板、处理过的胶合板；按形状分为平面胶合板、成型胶合板；按用途分为特种胶合板、普通胶合板。国标《胶合板》(GB/T 9846—2004)将胶合板按耐水性又分为Ⅰ、Ⅱ、Ⅲ三类，其特性和适用范围见表4-3。

表4-3 胶合板特性和适用范围

名称	分类	特 性	适用范围
耐气候胶合板	Ⅰ	能通过煮沸试验	供室外使用
耐水胶合板	Ⅱ	能通过63℃±3℃热水浸渍试验	供潮湿条件下使用
不耐潮胶合板	Ⅲ	能通过干状试验	供干燥条件下使用

胶合板在工程中的用途很广，如建筑装饰、家具制作及其他用途。胶合板经过进一步加工可生产预饰胶合板、直接印刷胶合板、浮雕胶合板和特殊形状胶合板；也可在胶合板的制造过程中或制造后，利用化学药剂进行处理，得到防腐胶合板、阻燃胶合板以及树脂处理胶合板等。以普通胶合板为面板，改变心材，又可制成夹心胶合板、细木工板和蜂窝板等。

4.3.2 细木工板

细木工板又称大芯板，是三层结构的实心板材，上、下两个表面为胶粘剂胶贴的木质单板，芯板采用木质板条拼接而成的复合板材，故称木芯板。由于芯板中间有接缝间隙，因此，可降低因木材变形对板材质量的影响。细木工板具有较高的硬度和强度，更具有耐久、易加工的特点，是一种用途广泛的木材制品，适合制造家具和建筑装饰。

细木工板按板芯结构分为实心细木工板和空心细木工板；按板芯拼接状况分为胶拼细木工板和不胶拼细木工板；按表面加工状况分为单面砂光细木工板、双面砂光细木工板和不砂光细木工板；按使用环境分为室内用细木工板和室外用细木工板；按层数分为三层细木工板、五层细木工板和多层细木工板，三层细木工板的表板厚度不应小于1.0 mm，纹理方向与板芯木条方向垂直；按用途分为普通用细木工板和建筑用细木工板；按外观质量和翘曲度分为优等品、一等品和合格品。

细木工板产品命名是以面板树种和板芯是否胶拼进行命名，如面板为水曲柳单板，板芯不胶拼的细木工板称为水曲柳不胶拼的细木工。

板芯质量要求：沿板长度方向，相邻两排芯条的两个端接缝的距离不小于50 mm，芯条长度不小于100 mm，芯条侧面缝隙不超过1 mm，芯条端面缝隙不超过3 mm，芯条宽度与厚度之比不大于3.5。

细木工板要求排列紧密、无空洞和缝隙、选用软质木材，以保证有足够的持钉力，便于加工。用于制造细木工板的芯板有不同的规格，细木工板厚度一般有16、19 mm两种，宽度和长度见表4-4。按国标《细木工板》(GB/T 5849—2006)，其含水率、横向静曲强度、浸渍剥离性能和表面胶合强度应符合表4-5，室内用细木工板甲醛释放量应符合表4-6。

表4-4 细木工板宽度和长度 mm

宽度	长度				
915	915	—	1 830	2 130	—
1 220	—	1 220	1 830	2 135	2 440

表4-5 细木工板含水率、横向静曲强度、浸渍剥离性能和表面胶合强度

检验项目		单位	指标值
含水率		%	6.0～14.0
横向静曲强度	平均值	MPa	≥15.0
	最小值	MPa	≥12.0
浸渍剥离性能		mm	试件每个胶层上的每一个剥离长度均不超过25 mm
表面胶合强度		MPa	≥0.60

表 4-6 室内用细木工板甲醛释放限量值

级别标志	限量/(mg/L)	使用范围
E_0	≤0.5	可直接用于室内
E_1	≤1.5	可直接用于室内
E_2	≤5.0	经饰面处理后到达 E_1 级方可用于室内

4.3.3 纤维板

纤维板是将树皮、刨花、树枝等废料，经破碎浸泡、研磨成木浆，再加入胶粘剂或利用木材自身的胶粘物质，经热压、干燥等工序，使纤维素、半纤维和木质素塑化或者利用胶粘剂塑化而制成的板材。纤维板与普通木板相比较，幅面大，使得木材的利用率高达 90%以上；强度高，材质均匀，无木材的节子、腐朽等缺陷；克服了木材各向异性的缺点，不易涨缩翘曲；耐磨性能较好，绝热性能好；产品规格化，便于加工。

纤维板因其成型时温度和压力的不同分为：硬质纤维板（表观密度不小于 800 kg/m^3）、中密度纤维板（表观密度介于 400～800 kg/m^3，简称中纤板）、软质纤维板（表观密度小于 400 kg/m^3）。

硬质纤维板有木质纤维板和非木质纤维板，非木质纤维板由草本纤维和竹材加工制造。硬质纤维板的表面有单面光纤维板（一面光滑，另一面有网痕）和两面光纤维板。厚度有 3、4、5 mm，宽度和长度规格有 915 mm×1 830 mm、1 220 mm×2 440 mm和 1 220 mm×5 490 mm。

中密度纤维板分为普通型、家具型和承重型三种板型，根据使用条件又分为干燥、潮湿、高湿和室外四种，见表 4-7，另外还增加了附加分类，可分为阻燃(FR)、防虫害(I)和抗真菌(F)等。国标《中密度纤维板》(GB/T 11718—2009)将中密度纤维板按外观质量分为优等品和合格品两个等级，其中砂光板的表面质量应符合表 4-8。所有中密度纤维板密度为 0.65～0.80 g/cm^3，含水率 3.0%～13.0%。在干燥状态下使用的家具型中密度纤维板(MDF-FN REG)物理力学性能见表 4-9。幅面规格：宽度为 1 220 mm(1 830 mm)，长度为 2 440 mm，特殊尺寸由供需双方确定。

表 4-7 中密度纤维板分类

类　型	适用条件	类型符号
普通型中密度纤维板	干燥	MDF-GP REG
	潮湿	MDF-GP MR
	高湿度	MDF-GP HMR
	室外	MDF-GP EXT

续表

类　型	适用条件	类型符号
家具型中密度纤维板	干燥	MDF-FN REG
	潮湿	MDF- FN MR
	高湿度	MDF- FN HMR
	室外	MDF- FN EXT
承重型中密度纤维板	干燥	MDF-LB REG
	潮湿	MDF-LB MR
	高湿度	MDF- LB HMR
	室外	MDF- LB EXT

表 4-8　中密度纤维板砂光板表面质量

名　称	质量要求	允许范围	
		优等品	合格品
分层、鼓泡或炭化	—	不允许	不允许
局部松软	单个面积≤2 000 mm²	不允许	3 个
板边缺损	宽度≤10 mm	不允许	允许
油污斑点或异物	单个面积≤40 mm²	不允许	1 个
压痕	—	不允许	允许

注:同一张板不应有两项以上的外观缺陷。

表 4-9　干燥状态下使用的家具型中密度纤维板性能要求

性能	单位	公称厚度范围/mm						
		≥1.5～3.5	>3.5～6	>6～9	>9～13	>13～22	>22～34	>34
静曲强度	MPa	30.0	28.0	27.0	26.0	24.0	23.0	21.0
弹性模量	MPa	2 800	2 600	2 600	2 500	2 300	1 800	1 800
内结合强度	MPa	0.60	0.60	0.60	0.50	0.45	0.40	0.40
吸水厚度膨胀率	%	45.0	35.0	20.0	15.0	12.0	10.0	8.0
表面结合强度	MPa	0.60	0.60	0.60	0.60	0.90	0.90	0.90

软质纤维板厚度有 10、12、13、15、19、25 mm,宽度和长度规格为 914 mm×2 330 mm。

硬质纤维板强度高、耐磨、不易变形,可用做室内墙壁、地板、家具和装修等。中密度纤维板表面光滑、材质细腻、性能稳定、边缘牢固,其表面的再装饰性好,常用做家具板材以及隔断和地面。软质纤维板强度低，但由于体积密度小，孔隙率大，常用做绝热、吸声材料，主要用做吊顶。

4.3.4 刨花板、木丝板、木屑板

刨花板是利用施加或未施加胶结料的木质刨花或木质纤维材料（如木片、锯屑等）经压制干燥而成的板材。木丝板、木屑板是利用木材短残料刨成木丝、木屑，再经水泥或水玻璃等搅拌、加压、凝固而成。根据制造方法不同，刨花板可分为平压刨花板和挤压刨花板；根据其表面状况又可分为加压刨花板、砂光刨花板、刨光刨花板、饰面刨花板和单板贴面刨花板等；按表观密度的高低分轻、中、重三个等级，轻级刨花板的表观密度为 250～450 kg/m^3，主要作保温和隔声材料使用，中级刨花板的表观密度为 550～700 kg/m^3，用于制作隔墙和家具，重级刨花板的表观密度为 750～1 300 kg/m^3。

4.3.5 木地板

4.3.5.1 实木地板

家庭是人们工作之余休憩的港湾，因此，亲近自然的居室装饰风格越来越被人们所追求，特别是选择不同种类的木质地板来铺设地面，已成为人们追求的时尚。

1. 实木地板分类

平口实木地板：外形为长方体、四面光滑、直边，生产工艺较简单；

企口实木地板：板面呈长方形，整片地板是一块单纯的木材，它有榫和槽，背面有抗变形槽，生产技术要求比较全面，是目前广泛应用的一种形式。

拼方、拼花实木地板：由多块小块地板按一定的图案拼接而成，呈方形，其图案有一定的艺术性或规律性。生产工艺比较讲究，要求的精密度高，特别是拼花地板，它可能由多种木材拼接而成，而不同木材的材性是不一致的。

竖木地板：以木材横切面为板面，呈正四边形、正六边形或正八边形，其加工设备也较为简单，但加工过程的重要环节是木材改性处理，关键是克服湿胀干缩开裂。

指接地板：由相等宽度、不等长度的小地板条连接起来，开有槽和榫。一般与企口实木地板结构相同，并且安装简单、自然美观、变形较小。

集成地板（拼接地板）：由宽度相等的小地板条指接起来，再由多片指接材横向拼接。这种地板是幅面大，边心材混合，互相牵制、性能稳定、不易变形，单独一片就能给人一种天然的美感。

2. 实木地板规格

实木地板的规格见表 4-10。目前市场上供应的实木地板，规格尺寸均偏长偏宽，如 900 mm×90 mm×18 mm，其实，木地板宜短不宜长，宜窄不宜宽，应选用小于 600 mm×75 mm×18 mm 的地板，尺寸越小，抗变形能力越强。欲长可选用指接地

板，可达 4 000 mm，欲宽可选集成地板，可达 220 mm。宽地板背面应有抗变形槽，槽深应是地板厚度的 1/3 以上。如果用于地面采暖地板，宜薄不宜厚，一般为 8～12 mm 厚。尺寸偏差要求：长度不大于 500 mm 时，公称长度与每个测量值之差绝对值不大于 0.5 mm，长度大于 500 mm 时，公称长度与每个测量值之差的绝对值不大于 0.1 mm；公称宽度与平均宽度之差的绝对值不大于 0.3 mm，宽度最大值与最小值之差不大于 0.3 mm；公称厚度与平均厚度之差绝对值不大于 0.3 mm，厚度最大值与最小值之差不大于 0.3 mm。

表 4-10　实木地板的规格　　mm

类　别	规　格		
	长	宽	厚
平口实木地板	300	50、60	12、15、18、20
企口实木地板	250～600	50、60	12、15、18、20
拼方、拼花实木地板	120、150、200	120、150、200	5～8

3. 实木地板技术要求

国标《实木地板 技术条件》（GB/T 15036.1—2001）根据产品的外观质量、物理力学性能分为优等品、一等品和合格品，实木地板外观质量要求见表 4-11，含水率不超过 7%，且小于我国各地区的平衡含水率。

表 4-11　实木地板外观质量要求

名　称	表　面			背　面
	优等品	一等品	合格品	
活节	直径≤5 mm 长度≤500 mm，≤2 个 长度＞500 mm，≤4 个	5 mm＜直径≤15 mm 长度≤500 mm，≤2 个 长度＞500 mm，≤4 个	直径≤20 mm 个数不限	尺寸与个数不限
死节	不许有	直径≤2 mm 长度≤500 mm，≤1 个 长度＞500 mm，≤3 个	直径≤4 mm ≤4 个	直径≤20 mm 个数不限
蛀孔	不许有	直径≤0.5 mm ≤5 个	直径≤2 mm ≤5 个	直径≤15 mm 个数不限
树脂囊	不许有	不许有	长度≤5 mm 宽度≤1 mm ≤2 条	不限
髓斑	不许有	不限	不限	不限
腐朽	不许有	不许有	不许有	初腐且面积≤20%

续表

名 称	表 面			背 面
	优等品	一等品	合格品	
缺棱	不许有	不许有	不许有	长度≤板长的 30% 宽度≤板宽的 20%
裂纹	不许有	不许有	宽≤0.1 mm 长≤15 mm,≤2 条	宽≤0.3 mm 长≤50 mm,条数不限
加工波纹	不许有	不许有	不明显	不限
漆膜划痕	不许有	轻微	轻微	
漆膜鼓泡	不许有	不许有	不许有	
漏漆	不许有	不许有	不许有	
漆膜上针孔	不许有	直径≤0.5 mm,≤3 个	直径≤0.5 mm,≤3 个	
漆膜皱皮	不许有	<板面积 5%	<板面积 5%	
漆膜粒子	直径≤500 mm,≤2 个 直径>500 mm,≤4 个	直径≤500 mm,≤4 个 直径>500 mm,≤8 个	直径≤500 mm,≤4 个 直径>500 mm,≤8 个	

4. 实木地板选用

1) 选树种材性。木地板树种非常多,可查阅《实木地板　技术条件》(GB/T 15036.1—2001),珍贵的有花梨木、柚木,一般的有槭木、柞木、水曲柳、甘巴豆、龙脑香,价廉的有杉木、松木等,价格差异非常大。挑选自己喜爱的树种、纹理、颜色,尽可能挑选本色板,不要选染色板,尽量挑选材性稳定的树种,避免在木地板长期使用过程中出现翘、扭、弯、裂、拱、响等现象。

2) 选含水率。木地板含水率至关重要,不得超过当地平衡含水率。

3) 选加工精度。用 10 块地板在平地上拼装,用手摸、眼看其加工质量精度、光洁度,应平整、光滑,榫槽配合、安装缝隙、抗变形槽等拼装是否严丝合缝。

4) 选表面质量。基材质量应检查地板等级,是否有虫眼、开裂、腐朽、夹皮、死节等木板缺陷,对于小活节、色差不能过于苛求,这是木材的天然属性。素板地板远少于漆板地板,油漆质量应观其漆板表面漆膜是否均匀、丰满、光洁、无漏漆、无鼓泡、无孔眼,见表 4-11。

5) 注重铺设质量。

4.3.5.2 实木复合地板

多层实木复合地板以多层胶合板为基材,表层为硬木片镶拼板或单板,以胶水热压而成。它既有实木地板的美观自然、脚感舒适、保温性能好的优点,又克服了实木地板因单体收缩，容易起翘变形的不足，且安装简便，不需打龙骨。地面采暖地板可选用实木复合地板。

实木复合地板分为三层实木复合地板、多层实木复合地板、细木工贴面地板三种。通常均是将不同材种的实木单板或拼板依照纵横交错叠拼组坯，用环保胶粘贴，并在高温下压制成板，这就使木材的各向异性得到控制，产品稳定性较佳。

三层实木复合地板是由三层实木交错层压而成，地板的结构就像三明治一样，表层为优质硬木规格板条镶拼板，材种多用柞木、山毛榉、桦木、水曲柳等；芯层为速生材软木板条，材种多用松木、杨木等；底层为速生材杨木或中硬杂木旋切单板，材种多用杨木、桦木、松木。表层厚度为 4 mm 左右，芯层为 8～9 mm，底层为 2 mm 左右，总厚度一般都在 14～15 mm 之间。三层板材通过合成树脂胶热压而成、再用机械设备加工成地板。它克服了单向同性，不易变形，且有实木地板的优点，铺装方便简单，保留了实木地板舒适的脚感，具有天然木材感觉。

多层实木复合地板是以多层胶合板为基材，以规格硬木薄片镶拼板或刨切单板为面板，通过脲醛树脂胶交错热压而成，特点与三层复合地板基本相同。多层实木地板的规格一般为 1818 mm × 303 mm × 12 mm，也有 1818 mm × 303 mm × 15 mm的。

细木工贴面地板是由表层、芯层、底层顺向层压而成。

4.3.5.3 强化木地板

1. 强化木地板概念

强化木地板的学名为浸渍纸层压木质地板，为表层、装饰层、芯层和底层四层结构，表层是含有耐磨材料的三聚氰胺树脂浸渍装饰纸，表面是 Al_2O_3 耐磨层和装饰层，耐磨层覆盖在装饰纸上，要求 Al_2O_3 极细致，在工艺上既不遮盖装饰层上的花纹和色彩，又要均匀而细密地附属在装饰层的表面；装饰层，也就是印刷纸，其表面印有逼真的木材花纹；芯层采用高密度纤维板(HDF)、中密度纤维板(MDF)或优质的特殊刨花板；底层是防潮层，为浸渍酚醛树脂的平衡纸。四层通过合成树脂胶热压胶合而成。强化复合地板无须上漆打蜡，安装方便，属于新型环保地板。

2. 强化木地板分类

强化木地板按地板基材分为以刨花板为基材的浸渍纸层压木质地板、以中密度纤维板为基材的浸渍纸层压木质地板和以高密度纤维板为基材的浸渍纸层压木质地板；按装饰层分为单层浸渍纸层压木质地板、多层浸渍纸层压木质地板和热固性树脂装饰层压板层压木质地板；按表面图案分为浮雕浸渍纸层压木质地板和光面浸渍纸层压木质地板；按用途分为公共场所用浸渍纸层压木质地板(耐磨转数≥9 000 转)、家庭用浸渍纸层压木质地板(耐磨转数≥6 000 转)；按甲醛释放量分为 A 类浸渍纸层压木质地板(甲醛释放量≤9 mg/100 g)和 B 类浸渍纸层压木质地板(甲醛释放量>9 mg/100 g)。

3. 强化木地板规格

浸渍纸层压木质地板的厚度为 6、7、8(8.1、8.2、8.3)、9 mm，长度和宽度见表 4-12。

表 4-12 强化木地板幅面尺寸 mm

宽 度	长 度								
182		1 200							
185	1 180								
190		1 200							
191				1 210					
192			1 208				1 290		
194								1 380	
195					1 280	1 285			
200		1 200							
225									1 820

4. 强化木地板性能

强化木地板根据产品的外观质量、理化性能分为优等品、一等品和合格品，其中理化性能见表 4-13。

表 4-13 强化木地板理化性能

检验项目	单位	优等品	一等品	合格品
静曲强度	MPa	≥40.0	≥40.0	≥30.0
内结合强度	MPa	≥1.0	≥1.0	≥1.0
含水率	%	3.0～10.0	3.0～10.0	3.0～10.0
密度	g/cm^3	≥0.80	≥0.80	≥0.80
吸水厚度膨胀率	%	≤2.5	≤4.5	≤10.0
表面胶合强度	MPa	≥1.0	≥1.0	≥1.0
表面耐冷热循环		无龟裂、无鼓泡	无龟裂、无鼓泡	无龟裂、无鼓泡
表面耐划痕		≥3.5 N表面无整圈连续划痕		
表面耐香烟烧灼		无黑斑、无裂纹、无鼓泡		
表面耐干热		无龟裂、无鼓泡		
表面耐污染腐蚀		无污染、无腐蚀		
表面耐水蒸气		无突起、变色和龟裂		
抗冲击	mm	≤9	≤12	≤12

4.3.5.4 软木地板

1. 软木及软木地板

生产软木的主要树种有木栓栎、栓皮栎，它们的树皮中软木的厚度一般为4～5 cm，优质的软木厚度可达8～9 cm，是一种纯天然的高分子材料，目前只有栓皮槠和栓皮栎这两种亚热带树木的树皮可以用来加工软木。

软木地板是以栓皮栎树的树皮为原料经过粉碎、热压而成的一种地板，有时，经过漂染成为彩色拼花地板，其表面有透明的树脂耐磨层，下面有PVC防潮层，是一种性能优良的复合地板。

软木地板所谓的软，其实是指其柔韧性非常好。其柔韧机理是，它由成千上万个犹如蜂窝状的死细胞组成，细胞内充满了空气，形成了一个一个的密闭气囊，在受到外来压力时，细胞会收缩变小，细胞内的压力升高；当压力失去时，细胞内的空气压力会将细胞恢复原状。正是这种特殊的内在结构，使得软木产品有着极强的韧性。软木具有弹性、柔软性、保温性、隔热性、吸声性及耐久性，吸水率接近于零，厨房、卫生间的地板均可使用软木装饰。这种地板具有软木的优良特性，自然、美观、防滑、耐磨、抗污、防潮、有弹性、脚感舒适，是典型的无声地板，大有取代地毯的趋势。此外，软木地板还具有抗静电、耐压、保温、吸声、阻燃功能，是一种理想的地面装饰材料，适合于卧室、会议室、图书馆、录音棚等场所。

软木地板有长条形和方块形两种，长条形规格为900 mm×150 mm，方块形规格为300 mm×300 mm，能相互拼花，亦可切割出任何几何图案。

2. 软木地板分类

软木地板可分为四类。

第一类，表面无任何覆盖层的软木地板，此产品是最早期的。

第二类，在表面作涂装的软木地板，即在胶结软木的表面涂装UV清漆或色漆或光敏清漆PVA，层厚0.1～0.2 mm。根据漆种不同，又可分高光、亚光和平光。

第三类，软木地板表面为PVC贴面，即在软木地板表面覆盖PVC贴面。

第四类，塑料软木地板，树脂胶粘软木地板、橡胶软木地板。

3. 软木地板的选用

一般家庭使用可选择第一、第二类。这两类地板虽然表层薄，但家庭使用比较仔细，因此，不会影响使用寿命，而且铺设方便，消费者只要揭掉隔离纸就可自己直接粘到干净干燥的水泥地上。

图书馆、商店等人流量大的场合，一般选用第二、三类地板。由于第二、三类地板表面有较厚(0.45 mm)的柔性耐磨层，砂粒虽然会被带到软木地板表面，而且压入耐磨层后不会滑动，当脚离开砂粒还会被弹出，不会划破耐磨层，所以人流量虽大，但不影响地板表面。

播音室、医院、练功房等适宜用橡胶软木做地板，其弹性、吸振、吸声、隔声等性能也非常好，但通常橡胶有异味。因此，对这种地板改变其表面，在其表面用PU或

PUA 高耐磨层作保护层使其消除异味，而且又耐磨。

软木除用来制造地板外，还可用来制造墙面装饰材料，即软木贴墙板。软木贴墙板完全是天然软木的纹理，有不同的自然图案，切割容易、弯曲不裂。冷、暖兼顾的色调给人以亲切、宁静的感受。表面磨绒处理，手感十分舒适。软木贴墙板有块材，规格为 600 mm×300 mm，也有宽 48 cm、长 8～10 m 的卷材。

4.3.5.5 竹木地板

将原竹经截断、开片、粗刨、炭化、干燥、精刨、分选、涂胶、组坯、热压、锯截、定厚刨削、修直、纵横开榫槽、砂光、涂装等工序制成竹地板。

竹地板分类按色彩来划分，主要分为两种。一种是自然色，竹地板的色差比木地板小。因为竹子的生长半径比木头要小得多，受日照影响不严重，没有明显的阴阳面差别，所以由新鲜毛竹加工而成的竹地板有丰富的竹纹而且色泽匀称，做成地板色调比较统一。自然色中又分为本色和炭化色，本色以清漆加工表面，取竹子最基本的颜色，亮丽明快；炭化色与胡桃木的颜色相近，是竹子经过烘焙转变而成，凝重沉稳中依然可见清晰的竹纹。另一种是人造上漆的，可以调配各种缤纷的色彩，竹纹不太明显。

按结构来划分，竹地板主要分为侧压式和平压式两种。

按是否使用木材分竹制地板和竹木复合地板。竹制地板是由一层或二层竹粘接而成，竹木复合地板的表层和底层是竹材，中间为杉木。

竹地板的长度为 930 mm，宽度有 112、114、130、146 mm，厚度有 9、15、18、21 mm。

竹子生长周期短，再生能力强，抗拉性、抗压性可与钢材、水泥相媲美。竹地板具有天然的花纹，色泽柔和、均匀，纹理丰富，典雅大方，质地光洁，给人以亲切自然纯朴之感。竹地板与木地板相比，承载能力大、硬度强、防虫蛀、防潮、防裂效果好。由于竹材的热扩散系数低，因此具有较好的隔热性和良好的吸湿性。除此之外，竹地板的价格比木地板要便宜。

竹艺也能用于建筑装饰中。设计师以娴熟的竹艺制作功夫，巧妙地发挥竹材固有的肌理和色泽，把现代建筑与自然美融合为一体，创造出心旷神怡、超尘拔俗的感性空间，这种自然美是素静的、纯朴的，蕴含着深厚的艺术魅力。用根根圆竹排列起来的墙面，工整质朴；用竹枝、竹节拼镶起来的图案具有空灵美；用竹丝蔑片编织起来的粗细贴面，精致典雅；用竹材经过工艺处理的拼花竹地板，坚硬挺括；再加上竹制的屏风、家具、灯具和竹雕、竹编的工艺品，使建筑内部成了竹的艺术世界。

4.3.6 装饰胶合板

装饰胶合板品种繁多，以下介绍 3 种市场常见的装饰胶合板品种：薄木贴面胶合板（又称切片板）、三聚氰胺树脂浸渍纸贴面人造板（又称华丽板）和不饱和聚酯树脂装饰胶合板（又称保丽板）。

4.3.6.1 微薄木贴皮

旋切微薄木是将柚木、水曲柳、柳桉等树材进行热水处理或浸渍处理以软化木材，然后精密旋切，制得厚度为0.2～0.5 mm的微薄木，再与坚韧的薄纸黏合在一起，做成卷状材料，其纹理清晰、色彩悦目，尽显木材的自然效果，是板材表面精美装饰用材之一。

将旋切微薄木粘贴在胶合板基材上，可制成薄木贴面胶合板，常用于门扇、门套、家具表面，也用于高级建筑室内墙面的装饰。

4.3.6.2 三聚氰胺树脂浸渍纸贴面人造板

该板生产一般在胶合板表面贴一张经过三聚氰胺树脂浸渍的装饰纸，也可根据需要背面不贴或贴一层脲醛树脂或酚醛树脂浸渍纸。背面贴一层浸渍纸，基本可消除因表面装饰而在板内产生的内应力，防止板材变形。

三聚氰胺树脂浸渍纸贴面人造板具有木纹逼真、色泽鲜艳、耐磨、耐热、耐水、耐冲击、耐化学药品污染等优点，用途广泛。这种板材制造要求基材表面平整、光滑、结构对称、含水率符合要求、厚度均匀等，必要时还要对基材进行再砂光处理。

4.3.6.3 不饱和聚酯树脂装饰胶合板

这种板材是以普通胶合板为基材，贴上一层装饰板，再涂上一层不饱和聚酯涂料后固化而成。板材美观，色泽鲜明，图案丰富精美，涂料涂层厚、硬度高、耐磨，有一定的耐水、耐多种化学药品和耐污染性能，且有极高的透明度。

4.3.7 饰面防火板

饰面防火板是将多层纸材浸渍于耐酸树脂溶液中，经烘干、加压压制而成。经处理的表面保护膜具有防火防热功能，且防尘、耐磨、耐酸碱、耐冲击、防水，能设计出各种花色、图案和质感。产品主要规格有2 440 mm×1 270 mm、2 150 mm×950 mm、635 mm×520 mm等，厚度为1～3 mm，也有薄形卷材。

4.3.8 浸渍胶膜纸饰面人造板

浸渍胶膜纸饰面人造板，是以浸渍氨基树脂的胶膜纸铺装在刨花板、纤维板等基材人造板表面上，经热压而成的装饰板材。

4.3.8.1 浸渍胶膜纸饰面人造板分类

根据人造板基材分：浸渍胶膜纸饰面刨花板、浸渍胶膜纸饰面纤维板。

根据装饰面分：浸渍胶膜纸单饰面人造板、浸渍胶膜纸双饰面人造板。

根据表面状态分：平面浸渍胶膜纸饰面人造板、浮雕浸渍胶膜纸饰面人造板。

4.3.8.2 规格

浸渍胶膜纸饰面人造板幅面尺寸及偏差应符合表4-14规定，经供需双方协议可生产其他幅面尺寸的产品。

表 4-14 浸渍胶膜纸饰面人造板幅面尺寸及偏差

<table>
<tr><th>长度/mm</th><th>宽度/mm</th><th>允许偏差/(mm/m)</th></tr>
<tr><td>2 440</td><td>1 200</td><td rowspan="5">±0.2</td></tr>
<tr><td>2 440</td><td>1 525</td></tr>
<tr><td>2 440</td><td>1 830</td></tr>
<tr><td>2 610</td><td>2 070</td></tr>
<tr><td>2 700</td><td>2 070</td></tr>
</table>

4.3.8.3 外观质量

根据产品的外观质量将浸渍胶膜纸饰面人造板分优等品、一等品、合格品。《浸渍胶膜纸饰面人造板》(GB/T 15102—2006)规定浸渍胶膜纸双饰面人造板和浸渍胶膜纸单饰面人造板的装饰面外观质量应符合表 4-15 要求,其背面不应有影响使用的缺陷。

表 4-15 浸渍胶膜纸饰面人造板外观质量要求

<table>
<tr><th rowspan="2">缺陷名称</th><th colspan="2">优等品</th><th colspan="2">一等品</th><th colspan="2">合格品</th></tr>
<tr><th>正面</th><th>背面</th><th>正面</th><th>背面</th><th>正面</th><th>背面</th></tr>
<tr><td>干花</td><td colspan="2" rowspan="3">不允许</td><td rowspan="2">不允许</td><td rowspan="2">总面积不超过板面积的 3%,允许</td><td rowspan="2">距板边 5 mm 内,允许</td><td>总面积不超过板面积的 5%,允许</td></tr>
<tr><td>湿花</td><td></td></tr>
<tr><td>污斑</td><td>任意 1 m² 板面内≤3 mm²,允许 1 处</td><td colspan="2">任意 1 m² 板面内 3～30 mm²,允许 1 处</td><td>任意 1 m² 板面内5～30 mm²,允许 3 处</td></tr>
<tr><td>表面划痕</td><td colspan="3">不允许</td><td colspan="2">任 1 m² 板面内长度≤100 mm,允许 2 处,影响装饰层的不允许</td><td>任 1 m² 板面内长度≤200 mm,允许 4 处,影响装饰层的不允许</td></tr>
<tr><td>透底</td><td colspan="3" rowspan="3">不允许</td><td colspan="3">明显的,不允许</td></tr>
<tr><td>纸板错位</td><td colspan="3">宽度不得超过 10 mm,只允许一边有</td></tr>
<tr><td>表面孔隙</td><td colspan="3">表面总孔隙面积不超过板面的 3%,允许</td></tr>
<tr><td>颜色不匹配</td><td colspan="6">明显的,不允许</td></tr>
<tr><td>光泽不均</td><td colspan="6">明显的,不允许</td></tr>
<tr><td>鼓泡</td><td colspan="5">不允许</td><td>任意 1 m² 板面内≤10 mm²,允许 1 处</td></tr>
<tr><td>纸张撕裂</td><td colspan="3">不允许</td><td colspan="3">≤100 mm,允许 1 处/张</td></tr>
<tr><td>局部缺纸</td><td colspan="5" rowspan="2">不允许</td><td>≤10 mm²,允许 1 处/张</td></tr>
<tr><td>崩边</td><td>≤3 mm</td></tr>
</table>

4.3.8.4 应用

浸渍胶膜纸饰面人造板具有多种花纹图案、颜色，浮雕板还具有多种凸凹花纹，立体感强，并具有较高的耐磨性、耐污染性、耐水性、耐热性等。主要用于室内墙面、墙裙、顶棚、台面等的装饰以及家具等。

4.3.9 塑料薄膜贴面装饰板

这些板材是塑料装饰板分别与胶合板、中密度纤维板和刨花板等复塑制成的复合装饰板材，具有表面光滑、美观、色彩鲜艳，防水、耐腐蚀、耐污染等特点。塑料贴面装饰板属于中、低档装饰材料，主要用于装饰墙面、吊顶及家具制作等。

塑料贴面装饰板，根据所使用的塑料薄膜的不同分为聚氯乙烯贴面装饰板、聚酯贴面装饰板和聚碳酸酯贴面装饰板三种；按基材的不同分为塑料贴面胶合板、塑料贴面纤维板和塑料贴面刨花板等。

4.3.10 镁铝曲面装饰板

镁铝曲面装饰板是以着色铝合金箔为装饰面层，纤维板或蔗板为基材，特种牛皮纸为底面纸，经黏结和刻沟等工艺而制成的装饰板。

镁铝曲面装饰板根据沟间距分为窄沟距装饰板（沟间距为 13 mm）、中沟距装饰板（沟间距为 21 mm）和宽沟距装饰板（沟间距为 33 mm）三类。

镁铝曲面装饰板具有表面光亮、颜色丰富（有银白、瓷白、浅黄、橙黄、金红、墨绿、古铜和墨咖啡等多种颜色）、不变形、不翘曲、耐擦洗、耐热、耐压、防水、安全性高、加工性能好（可锯、可钻、可钉、可卷、可叠）等优点，缺点是易被硬物划伤。

镁铝曲面装饰板属于高档装饰材料，主要用于高级室内装饰的墙面、柱面和造型面，家具贴面以及宾馆、商场和饭店等的门面装饰，此外，可作为装饰条和压边条来使用。用镁铝曲面装饰板装饰的建筑典雅豪华、光彩夺目。

4.3.11 仿人造革饰面板

仿人造革饰面板是在人造板表面涂覆耐磨的合成树脂，经热压复合而成。该板平整挺直、表面亚光、色调丰富，具有人造革的质感，手感好，主要用于墙壁、墙裙等的装饰。

4.3.12 木花格

木花格是用木板和枋木制成具有若干个分格的木架，这些分格的尺寸或形状一般各不相同，由于木花格加工制作较简便，饰件轻巧纤细，加之选用材质木节少，木色好，无虫蛀、无腐朽的硬木或杉木制作，表面纹理清晰，整体造型别致，用于建筑物室内的花窗、隔断、博古架等，能起到调整室内设计的格调，改进空间效能和提高室内艺术效果等作用。

4.3.13 木装饰线条

木装饰线条(简称木线条)是选用质硬、结构较细、材质较好的木材,经过干燥处理后,用机械加工或手工加工而成。在室内装饰工程中,木线条主要起着固定、连接、加强装饰面的作用,用在平面相接处、相交处、分界处、层次面、对接面的衔接口、交接条等的收边封口处,是现代装饰工程中不可缺少的装饰材料,它的品种和质量对装饰效果有着举足轻重的影响。

木装饰线条品种较多,从制作木装饰线条的材料分有实木装饰线条(柚木、水曲柳、红松、白松、硬柞木、红榉、山樟木、核桃木等)和中密度纤维压制成型的装饰线条,从功能上分有压边线条、柱角线条、压角线条、墙面线条、墙腰线条、上楣线条、覆盖线条、封边线条、镜框线条以及护壁板、门板表面上造型线条和镶边等;从外形上分有半圆线条、直角线条、斜角线条(45°斜角)、指甲线条、平线、麻花线、鸠尾形等;从款式上分有外凸式、内凹式、凸凹结合式、嵌槽式等。木线条的规格是指最大宽度与最大高度,各种木线条长度通常为 2~5 m。在施工现场有时利用中密度纤维板、厚胶合板等板材制作线条。

木线条是选用质硬、木质较细、耐磨、耐腐蚀、不劈裂、切面光滑以及加工性良好、油漆性好、上色性好、黏结性好、钉着力强的木材,用机械或手工加工而成,使得木线条的棱角、棱边及弧面弧线挺直又轮廓分明。各种木线条的外形及规格如图4-1~图 4-3 所示,图中木线条规格是指最大高度与最大宽度,各种木线条的常用长度为 2~5 m。

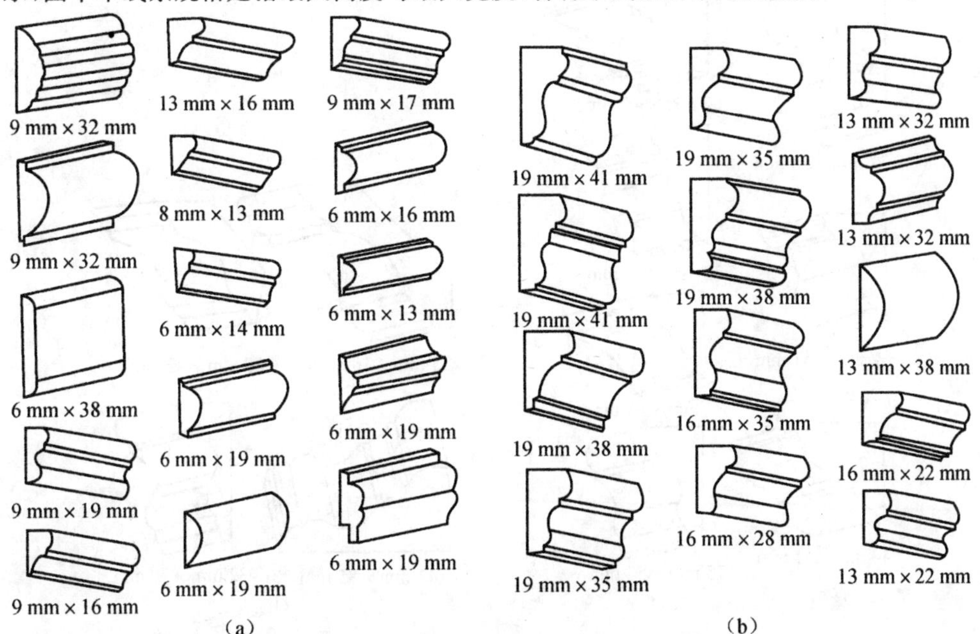

图 4-1 木线条一

(a)镜框压边线;(b)封边线

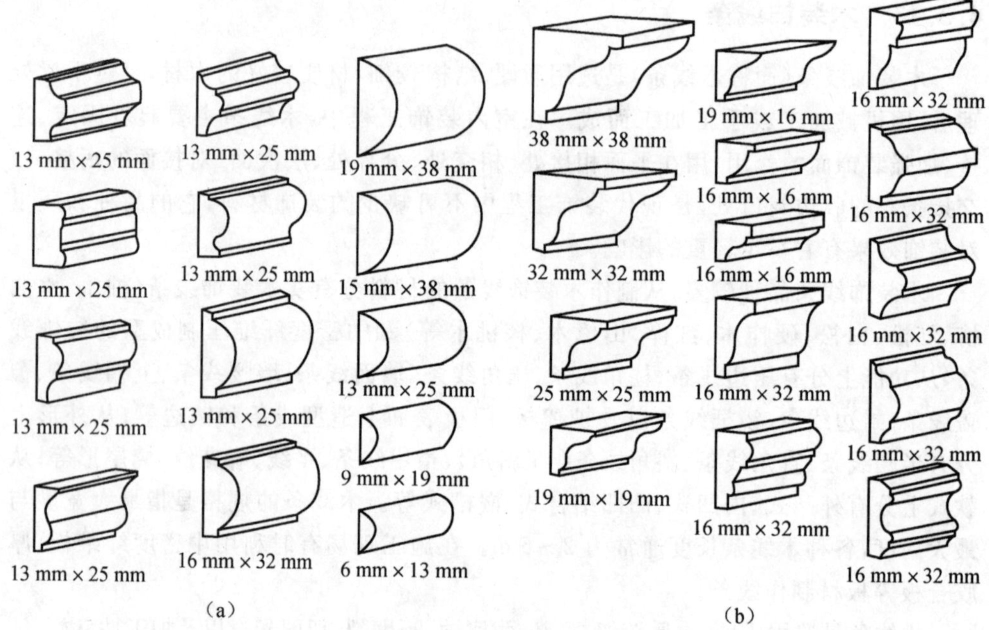

图 4-2 木线条二

(a)表面装饰线;(b)小压角线

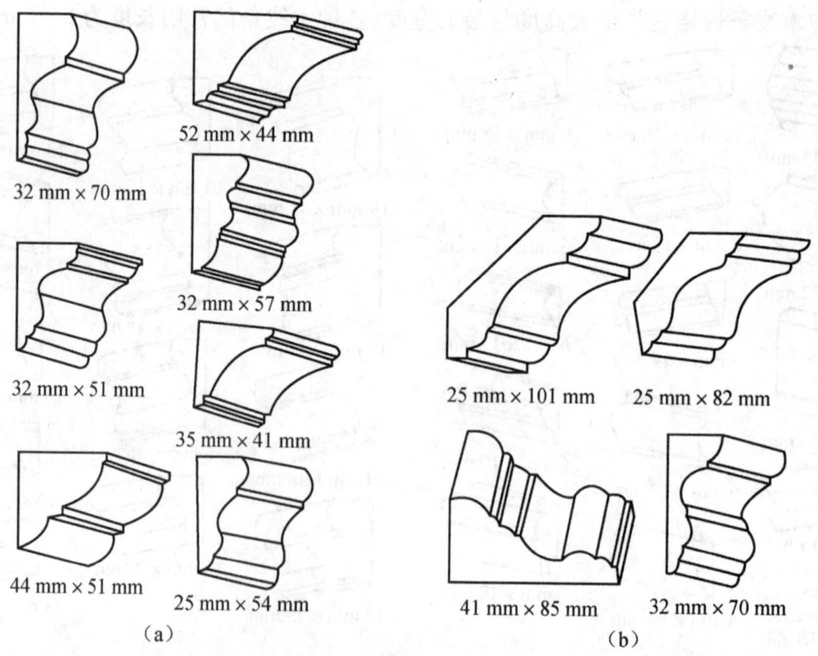

图 4-3 木线条三

(a)表面装饰线;(b)天花角线

在室内装饰工程中木线条的用途十分广泛，可用做天花线、天花角线、墙面线。天花线是天棚上不同层次面的交接处的封边，天棚上不同材料面的对接处封口。天花角线，也称顶角线，是顶棚与墙面、柱面的交接处封边。墙面线是墙面上不同层次面的交接处封边。墙面上不同材料面的对接处封口、墙裙压边、踢脚板压边、墙面饰面材料压线及造型线、门窗框的造型装饰线、门扇的造型线、各种家具的收边线及装饰线都需要木线条。

木制雕花饰只起美化装饰和点缀作用，主要有罗马柱、角花、圆形饰件、各种雕花饰件和造型复杂的木线条。雕花饰件的规格、外形迥异，要根据不同风格的装潢选用不同的雕花饰件，注意整体风格造型的配套性和一致性。

4.3.14 木门

门扇的制作要与门窗套装饰配套。门扇有现制的和成品的。成品木门扇的高度、宽度、厚度、造型结构应与门框套相配套，门扇的表面分为凹凸式、平板式、窗格式等，结构上可分为实心门与空心门，门扇可制成已油漆的或未油漆的（白坯）。图4-4列举了一些木门扇样式。

图 4-4 木门扇

4.3.15 藤材装饰材料

藤是棕榈科鳞果亚科省藤族中13个属600多种植物的统称，生长分布在亚洲、大洋洲、非洲等热带地区,其种类有200种以上,其中产于东南亚的质量最好。藤是茎植物中最长的,是一种密实、坚固、轻巧、坚韧的天然材料,具有不怕挤、不怕压、柔韧有弹性的特性,常被用于制作藤制家具和具有民间风格的室内装饰用面材。

4.3.15.1 藤的种类

用于编织藤制家具的品种主要有竹藤、白藤和赤藤。竹藤名为玛瑙藤,被誉为藤中之王,它是价格最为昂贵的上等藤,原产于印度尼西亚和马来西亚,它表面美观,具有高度的防水性能,其组织结构密实,极富弹性,不易爆裂,经久耐用。赤藤产量多,价格低廉,一般用来制藤架子、藤饰器。产于广东的香藤茎长可达30 m,韧性好。白藤能编制家具和饰物,白藤的藤皮可用来包覆金属制品和藤制构架,白藤藤心因其具备装饰与支撑能力,可用来编织制品,如藤芯制作的椅子。

4.3.15.2 藤材规格

藤皮:是剖去藤茎表皮有光泽的部分,加工成薄薄的一层,可用机械或手工加工制成。

藤条:按直径大小分类,一般以直径分类,有4～8、8～12、12～16、16 mm以上的几类。

藤芯:是藤茎剥去藤皮后剩下的部分,根据断面形状的不同,可分为圆芯、半圆芯(也称芯)、扁平芯(也称头刀黄、二刀黄)、方芯和三角芯等数种。

4.3.15.3 藤材的处理

青藤先要经过日晒、紫外线照射消毒、蒸汽高温处理,制作家具前还必须经过硫磺烟熏处理,以防虫蛀。对色质和质量差的藤皮、藤芯还可进行漂白处理。对藤进行精细加工,使制成的藤器表面细腻、光洁。

4.3.15.4 藤材的应用

人们对室内装饰物品中的自然陈设似乎有着特别的情感,如用藤枝、藤条编制出一件件实用的手艺品,如橱、柜、几、案、架、椅、凳、桌、床,都给人以朴真自然、洒脱瑰丽的美感。藤艺家具以其精致、婉约、洒脱的造型款式给家居环境艺术的造就吹来了一股南国风。

建筑中可借鉴现代藤艺家具艺术。多元化、多格调的现代藤艺家具是以丰富的建材、五金配件为陪衬的。如大理石、玻璃、镀金扶手柄、纺织棉垫等作为配套衬托,自然就给藤艺家具披上了新装。藤艺圆桌上压一块车边玻璃或配一块宝蓝大理石,传统的藤艺充满生机。仿欧式的藤艺沙发也是一种极美的表现形式,扶手弧态饱满,背靠曲线洒脱,在座、背面上衬配真丝、花绒垫子,与藤相配,和谐自然,新颖别致。用藤制成的梳妆台,以磨边玻璃镜面竖于一方,给居室空间勾勒出一幅动人的画面,既有朴真之美,又文质相承。藤艺家具中的各种高、低靠背椅扶手顶端配上镀金的圆球手柄,结合了传统家具在功能、手感、视觉和色彩的变化统一,无不流露出舒适、大方、永恒的装饰哲理。用藤、竹篾连接而成的书架比起用木板书架更为上品。古人有“无竹使人俗、无书室不雅”的环境审美观。使用藤艺家具不失纯朴自然、清新爽快的特色,同时又充满了现代气息和时尚韵味。

4.4 木材防火与防腐

4.4.1 木材防火

4.4.1.1 木材燃烧机制

木材在热的作用下发生分解反应,随着温度的升高,热分解速度加快。当温度达到220～290℃,即达到木材的燃点,木材长时间处于150～250℃的热源烘烤下,也可能自燃起火。此时木材燃烧放出大量可燃性气体,这些可燃性气体中含有大量高能量的活化基,活化基燃烧后又继续放出新的活化基,如此形成一种燃烧链反应,于是火焰在链状反应中得到迅速传播,使火越烧越旺,此时为气相燃烧。气相燃烧阶段是火情发展成灾的危险阶段。其一,木材成分中除去少量水分和无机盐以外,大部分是有机物,有机物中70%遇热分解生成可燃性挥发物质,30%为炭质残余物,可以说木材的燃烧热大部分是气相燃烧生成的;其二,气相燃烧成链式反应,反应速度很快,火势上升,火焰及热能在木材表面迅速传播;其三,气相燃烧是有焰燃烧,火焰可蔓延到与燃烧体相接触的其他可燃、易燃物体,或因空气流动,即风传播到其他邻近的物体,使火失去控制而酿成火灾。当温度达到450℃以上时,木材形成固相燃烧。木材的燃烧温度最高可以达到1 300℃。

4.4.1.2 木材的防火处理

木材的防火处理(也称阻燃处理)旨在提高木材的耐火性,使之不易燃烧;或当木材着火后,火焰不致沿材料表面很快蔓延;或当火焰源移开后,材面上的火焰立即熄灭。

防火的方法多用阻燃剂。阻燃剂的机理为:一是设法抑制木材在高温下发生热分解,例如磷化合物可以降低木材的热稳定性,使其在较低温度下发生分解,减少可燃气体的生成,抑制气相燃烧。二是阻滞热传递,例如含水的硼化物、含水的氧化铝,遇热则吸收热量放出水蒸气,从而阻滞热传递。理想的木质材料阻燃剂应具有以下特点:

1) 阻燃效力高,能阻止有焰燃烧,也能抑制阴燃;

2) 阻燃剂本身无毒,在生产和使用过程中不污染环境,阻燃木质材料的热解产物少烟、低毒、无刺激性和无腐蚀性;

3) 阻燃性能持久,在使用过程中不发生热、光分解,不易水解和流失;

4) 吸湿性低,阻燃木质材料的尺寸稳定性好;

5) 对木质材料的物理力学性能和工艺性能基本不影响;

6) 兼有防腐、防虫性能;

7）对木质材料的视觉、触觉和调节等环境学特性基本不影响；

8）成本低廉，来源丰富，易于使用。

阻燃剂可分成下列几类：

1）磷-氮系。磷酸铵、磷酸氢二铵、磷酸二氢铵及聚磷酸铵等被公认为木质材料最好的阻燃剂。

2）硼系。含硼化物因阻燃效果好、对人毒性低、对木质材料物理力学件能影响小并兼有防腐、防虫功能而备受欢迎。木质材料阻燃剂配方中常用的硼系化合物有硼酸、硼砂、硼酸铵、硼酸锌和硼酸酯等。

3）金属氧化物。氧化镁、三氧化二铝、氧化钛等金属氧化物主要用于防火涂料，也可直接与纤维、刨花混合生产阻燃人造板。

4）胍系。硫酸胍、磷酸胍、氨基磺酸胍等胍盐用于配制浸渍剂、涂料，用于阻燃板材。

5）多元醇。季戊四醇等用于防火涂料。

木材防火处理通常有两种方法：表面涂敷法和溶液浸渍法。表面涂敷法就是在木材的表面涂敷一层防火涂料，使其能起到防火、防腐和装饰作用。这种方法施工简单、投资少，但木材内部的防火效果较差。

对木材进行防火溶液浸渍处理可分为常压浸渍法和加压浸渍法两种，后者由于施加一定压力，阻燃剂吸入量高于常压浸渍法，其阻燃效果较好。浸注处理前要求木材必须达到充分气干，并经初步加工成型。以免防火处理后再进行大量锯、刨等加工，将会使木材中浸有阻燃剂的部分被除去。

4.4.2 木材防腐

4.4.2.1 木材的腐朽

木材易受真菌和昆虫的侵害而腐蚀变质。

真菌的种类很多，木材中常见的有霉菌、变色菌、腐朽菌三种。霉菌只寄生在木材的表面，使木材的表面发霉，对木材无破坏作用。变色菌以木材细胞腔内含物（如淀粉、糖类等）为养料，不破坏细胞壁，对木材的破坏作用很小。腐朽菌寄生在木材的细胞壁中，通过分泌酶来分解木材细胞壁组织中的纤维素、半纤维素和以木质素为其养料，供腐朽菌自身生长繁殖，致使木材细胞壁被完全破坏，从而使木材腐朽。木材除受真菌侵蚀外，还会遭受昆虫的蛀蚀，如白蚁、天牛等侵蚀，它们在树皮或木质内生存、繁殖，致使木材强度降低，甚至结构崩溃。

无论是真菌还是昆虫，其生存繁殖均需要适宜的条件，如水分、空气、温度、养料等。真菌在木材中生存和繁殖必须具备以下三个条件：

1）水分。当木材的含水率在20%以下时不会发生腐朽，而木材含水率在35%～50%时适宜真菌生存，也就是说木材含水率在纤维饱和点以上时易产生腐朽。

2）温度。真菌繁殖适宜的温度为25～30℃，温度低于5℃时，真菌停止繁殖，而高于60℃时，真菌则死亡。

3)空气。真菌繁殖和生存需要一定氧气存在，隔绝空气时，真菌的生长繁殖就会受到抑制，甚至停止。

4.4.2.2 木材的防腐

将木材置于通风、干燥处或浸没在水中，或深埋于地下，或表面涂油漆等方法，都可作为木材的防腐措施。此外，还可采用化学有毒药剂，经喷淋、浸泡或注入木材，从而抑制或杀死菌类、虫类，达到防腐的目的。

根据木材腐朽必须具备的三个条件，也就有了防止木材腐朽的方法。通常防止木材腐朽的措施有以下两项。

其一是破坏真菌生存的条件。破坏真菌生存条件是最直接、最有效的措施。一种方法是将木材进行干燥，使其含水率在20%以下，即使木结构、木制品和储存的木材处于经常通风干燥状态；另一种方法是对木结构或木制品的表面进行油漆处理，这样既隔绝了水分和空气，又美化了木制品和木结构，是一种极好的防腐措施。

其二是在木材中注入防腐剂。将化学防腐剂注入木材中，使木材成为对真菌有害的物质，使真菌无法生存。木材防腐剂种类很多，一般分为水溶性防腐剂、油质防腐剂和膏状防腐剂三种。水溶性防腐剂常用品种有氯化锌、氟化钠、氟硅酸钠、亚砷酸钠等，主要用于室内木制品的防腐处理。油质防腐剂常用的主要有杂酚油(又称克里苏油)、杂酚油-煤焦油混合液等，这类防腐剂毒杀效力强，毒性持久，但有刺激性臭味，处理后材面呈黑色，故多用于室外、地下或水下木构件。膏状防腐剂是用粉状防腐剂、油质防腐剂、填料和胶结料(煤沥青、水玻璃等)按一定比例配制的，常用于室外木结构的防腐处理。也可采用复合防腐剂，主要品种有硼酚合剂、氟铬酚合剂等，这类防腐剂对菌、虫毒性大，对人、畜毒性小，药效持久。

在木材中注入防腐剂的方法很多，通常有表面涂饰法、表面喷涂法、常压浸渍法、冷热槽浸透法和压力渗透法等。表面涂饰法和表面喷涂法简单易行，但防腐剂不能进入木材内部，防腐效果较差。常压浸渍法是将木材浸入防腐液中一定时间后取出，使防腐液渗入木材一定深度，以提高木材的防腐能力。冷热槽浸透法是将木材首先浸入热防腐液(90℃)中数小时，再迅速移入冷防腐液中，以获得更好的防腐效果。压力渗透法是将木材放入密闭罐中，抽出部分空气，再将防腐剂加压充满罐中，经一定时间浸泡后，使防腐液充满木材的内部，防腐效果更好。

【本章要点】

木材树种分为针叶树和阔叶树，二者性质不同使用应有所区别。木材的含水率是重要性质，纤维饱和点是木材性质的转折点，平衡含水率是木材制品选择和应用的重要参数，木材的方向性表现在变形、强度等方面。本章还分析了木材的自然装饰特性，介绍了细木工板、胶合板、纤维板、刨花板、木丝板、木屑板、木地板、软木板、竹木地板、装饰胶合板、饰面防火板、塑料薄膜贴面装饰板、镁铝曲面装饰板、木装饰线条的组成、特性和选用,初步介绍了藤材装饰材料,分析木材的防火防腐机理和防护方法。

【思考与练习题】

1. 针叶树和阔叶树的木材各有何特点?
2. 什么是木材的平衡含水率? 平衡含水率对木材应用有何作用?
3. 木材的装饰效果表现在哪些方面?
4. 胶合板是如何分类的? 其应用各有什么不同?
5. 细木工板质量有哪些要求?
6. 试绘出强化木地板结构层次。
7. 木材的防火处理多用阻燃剂,其阻燃的机理是什么?
8. 木材腐朽的主要原因有哪些? 如何实现木材防腐?

5 装饰玻璃制品

玻璃因其具有独特的透明性、优良的力学性能、热工性质和艺术装饰效果而得到广泛应用。具有采光、防震、隔声、绝热、节能和装饰多功能的新型玻璃极大地提升了房屋建筑功能。玻璃的品种越来越多，功能也越来越强。目前在建筑中使用的有平板玻璃、装饰玻璃、安全玻璃等几大类，还有很多种新型建筑玻璃以及玻璃砖、玻璃纤维制品等。

5.1 玻璃生产工艺及性质

5.1.1 玻璃生产工艺

玻璃是比较古老的材料品种，玻璃的使用历史有五千年之久，而二千多年前就有了彩色玻璃，带色的玻璃碎片被人嵌入厚重的石材或石膏中。铅条玻璃起源于中世纪，那时玻璃是被嵌入延展性的铅框中。早期的玻璃主要用做珠宝装饰和容器，18 世纪后期开始的产业革命，给玻璃业的发展带来了划时代的影响，纯碱技术的发明，玻璃熔炉和玻璃成型机械的研制成功，大大提高了玻璃产品的生产规模，高质量的大块平板玻璃得以制造出来。进入 20 世纪以后，玻璃成型机械的飞速进步成为玻璃工业的显著特征，玻璃广泛运用到汽车业、建筑业等产业，这些产业反过来促进了玻璃工业的革新和进步。1902 年美国人发明了吹制法后，平板法、垂直引上法、水平拉引法和压延法成为玻璃生产的主要方法。1952 年英国皮尔金顿兄弟发明的浮法生产工艺，是目前生产玻璃的先进方法。

5.1.1.1 生产原料

玻璃是以石英砂、纯碱、长石及石灰石等为原料，再加入适量的辅助材料，在 1 550～1 600℃高温下熔融后，采用机械及手工成型、退火冷却后制成。玻璃组成比较复杂，主要化学成分是 SiO_2（约 70%）、Na_2O（约 15%）、CaO（约 10%）和少量的 MgO、Al_2O_3、K_2O 等。引入 SiO_2 的原料主要有石英砂、砂岩、石英岩，引入 Na_2O 的原料是纯碱（Na_2CO_3），引入 CaO 的原料为石灰石、方解石、白垩等。如果在玻璃中加入某些金属氧化物、化合物或经过特殊工艺处理后，又可制得具有各种不同特性的特种玻璃及制品。

为使玻璃具有某种特性或改善玻璃的某些性能，常在玻璃原料中加入某些辅助原料，如助熔剂、着色剂、脱色剂、乳浊剂、澄清剂、发泡剂等。

5.1.1.2 生产工艺

玻璃制品的制作方法有压制、吹制、吹压制、拉制、辊制、注模浇制和浮法生产等，玻璃浮法生产工艺是目前先进的玻璃生产方法。

浮法生产的成型过程是在通入保护气体(N_2 及 H_2)的锡槽中完成的。熔融玻璃液从池窑中连续沉入并漂浮在相对密度大的锡熔液表面上，在重力和表面张力的作用下，玻璃液在锡液面上铺开、摊平，形成上下表面平整、相互平行的玻璃带，向锡槽尾部拉引，经抛光、拉薄、硬化、冷却后被引上过渡辊台。辊台的辊子转动，把玻璃带拉出锡槽进入退火窑，经退火、切裁就得到平板玻璃产品。浮法与其他成型方法比较，其优点是适合于高效率制造优质平板玻璃，玻璃制品没有波筋、厚薄均匀、上下表面平整、互相平行；生产线的规模不受成型方法的限制，单位产品的能耗低，成品利用率高；易于科学化管理和实现全线机械化、自动化，劳动生产率高，连续作业周期可长达几年，有利于稳定地生产；可为在线生产一些新品种提供适合条件，如电浮法反射膜玻璃、退火时喷涂膜玻璃、冷端表面处理等。浮法工艺可生产 1～25 mm 厚度的平板玻璃，建筑上常用的浮法玻璃厚度为 3～19 mm，最大板宽可达 3.6 m，板长可根据需要定货，能够满足建筑工程的各种尺寸需求。浮法玻璃是中高档建筑玻璃的最好用材，在深加工建筑玻璃中，除磨砂品种和少量的钢化玻璃可使用普通平板玻璃外，其他深加工品种均宜使用浮法玻璃作为原片。

5.1.2 玻璃性质

玻璃是高温熔融物经急冷处理而得到的一种无机材料。在凝结过程中，由于黏度急剧增加，原子来不及按一定的晶格有序地排列，从而形成非晶质的玻璃体，因而其物理性质和力学性质是各向同性的。

5.1.2.1 玻璃密度

普通玻璃的密度为 2.5～2.6 g/cm^3，内部几乎无孔隙，是完全致密材料。它的密度与化学组成有关，也随温度升高而减小。

5.1.2.2 玻璃力学性质

玻璃的力学性质决定于化学组成、制品形状、表面性质和加工方法。凡含有气泡、结石、未熔夹杂物、节瘤或细微裂纹的制品，都易造成应力集中，从而急剧降低其机械强度。

玻璃的抗压强度较高，一般为 600～1 200 MPa。玻璃的成分对玻璃强度影响是：二氧化硅含量较高，而钙、钠、钾等氧化物含量较低，玻璃的抗压强度较高。玻璃抗拉强度很小，为 40～80 MPa，故玻璃抗冲击破坏能力很小，是典型的脆性材料。玻璃承受荷载后，表面下可能发生极细微的裂纹，并随着荷载的次数增多及使用期加长而增多和增大，最后导致玻璃破碎。因此，玻璃制品长期使用后，须用氢氟酸处理其表面，消灭细微的裂纹，恢复其强度。玻璃抗弯强度为 50～130 MPa。玻璃在常温下具有弹性，普通玻璃的弹性模量一般为 60～70 GPa，为钢的 1/3 而与铝相近。泊松比为 0.11～0.30。普通玻璃的莫氏硬度一般在 4～7 之间，有较强的耐刻划性和耐磨性，长期使用和擦洗不会使玻璃表面变毛。

5.1.2.3 玻璃化学性质

玻璃具有较高的化学稳定性，对酸、碱、水、化学试剂具有较强的抵抗能力，可以抵抗除氢氟酸以外的各种酸类的侵蚀。

玻璃组成中含有较多易蚀物质，长期遭受侵蚀性介质的作用，也能导致变质和破坏。长期受碱液作用时玻璃中的二氧化硅会溶于碱液中，使玻璃受到侵蚀。硅酸盐类玻璃长期受水汽作用时，表面会产生水解生成碱（NaOH）和硅酸（$2SiO \cdot nH_2O$），同时玻璃中的碱性氧化物还会与空气中的二氧化碳结合生成碳酸盐并在玻璃表面析出，形成白色斑点或薄膜，出现发霉现象，降低玻璃的透光性。发霉玻璃表面可采用酸处理，并加热到 400～450℃，能除去白色斑点和薄膜，形成致密的硅酸薄膜，从而提高玻璃的透光性和化学稳定性。

5.1.2.4 玻璃光学性质

太阳光由紫外光、可见光、红外光三部分组成。紫外光占太阳光的 3%，波长为 200～400 nm；可见光占太阳光的 48%，波长为 400～700 nm；红外光占太阳光的 49%，波长为 700～2 500 nm，是热量的主要携带者。

光线投射到玻璃上时，一部分发生反射，一部分被吸收，还有一部分会透过玻璃。反射光能、吸收光能和透过的光能与投射总光能之比，分别称为反射比、吸收比和透射比，用以表示这三种作用的大小。图 5-1 是反映玻璃对光线入射、反射和吸收示意图，由该图可得到下面两个关系式：

$$\phi_1 = \phi - \phi R - \beta\phi$$

$$\phi_2 = \phi_1 - \phi_1 R$$

式中 ϕ——入射光线光通量，lm；

ϕ_1——穿入玻璃内部光线光通量，lm；

ϕ_2——透过玻璃的光线光通量，lm；

R——玻璃表面反射系数；

β——被玻璃表面吸收的光通量，lm。

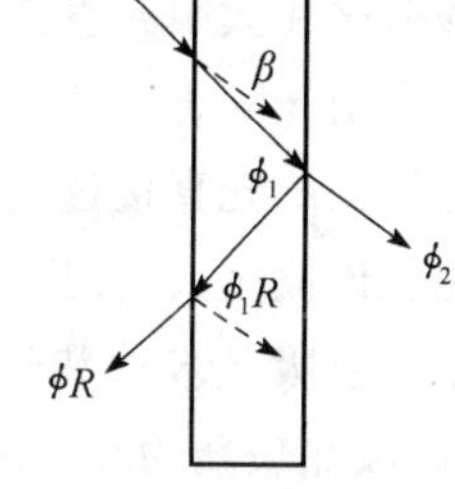

图 5-1 玻璃入射、反射、吸收示意

玻璃反射、吸收和透过光线的能力与玻璃表面状态、折射率、入射光线的角度以及玻璃表面是否镀有膜层和膜层的成分、厚度有关。

1. 光吸收比

光吸收比是指玻璃吸收的光通量与入射光通量的百分比。按入射光的不同分为可见光吸收比、太阳光直接吸收比等。

影响玻璃的光吸收比的主要因素有玻璃的组成、颜色、厚度及光的波长。普通平板玻璃对可见光的吸收比和对太阳光的直接吸收比很小，对红外光、紫外光的吸收比较大，尤其是对波长大于 2 500 nm 的红外光及波长小于 350 nm 的紫外光的吸收比较大。例如 3 mm 厚的普通无色玻璃的可见光吸收比和太阳光直接吸收比分别为2.7%、7.3%，着色玻璃的光吸收比远远大于无色玻璃，如 6 mm 厚的吸热玻璃的太阳光直接吸收比可达 35%～45%。

玻璃吸收的太阳光能会使玻璃的温度上升，并以热对流和辐射方式向玻璃的室外侧、室内侧传递，传递的数量分别以向室外侧的二次传递系数和向室内侧的二次传递系数来表示，两者之和等于太阳光直接吸收比。由于室外侧空气的流动较大，因而向室外侧传递的热量大于向室内侧传递的。由于太阳光吸收比大的玻璃在强光照射下会因吸收较多的热量而使玻璃产生很大的温度应力，当超过玻璃的抗拉强度时会导致玻璃开裂，因此使用时应予以注意。

2. 光透射比

光透射比是指透过玻璃的光通量与入射光通量的百分比。按入射光的不同分为可见光透射比、太阳光直接透射比、紫外光(线)透射比、红外光(线)透射比等。

影响玻璃的光透射比因素有玻璃的化学组成、颜色、厚度及光的波长。同种玻璃，厚度越大透射比越小，无色玻璃的可见光透射比、太阳光直接透射比、紫外光透射比均高于着色玻璃、镀膜玻璃，如 3 mm 厚的普通无色平板玻璃的可见光透射比为 89%，太阳光直接透射比为 85%，波长小于 2 500 nm 的红外光透射比为 80%，波长为 3 000 nm 的红外光透射比仅有 10%左右，波长为 350 nm 紫外光透射比为 65%，波长为 300 nm 的紫外光透射比为 0。5 mm 厚的各色吸热玻璃的可见光透射比和太阳光直接透射比分别为 30%～65%和 50%～60%，而 5 mm 厚的热反射玻璃的可见光透射比和太阳光直接透射比均为 10%～30%。

太阳光除直接透射进入室内外，还通过玻璃吸收部分的二次热传递进入室内。因此将太阳光直接透射比与玻璃向室内侧的二次热传递系数之和称为太阳能总透射比。该值越大，传递到室内的太阳能越多。普通无色玻璃的太阳能总透射比远远大于着色吸热玻璃和热反射玻璃，如 6 mm 厚的普通无色玻璃的太阳能总透射比为 84%，吸热玻璃为 50%～70%，热反射玻璃为 20%～50%。

3. 光反射比

光反射比是指玻璃反射的光通量与入射光通量的百分比。按入射光的不同分为可见光反射比和太阳光直接反射比等。

玻璃的光反射比主要与玻璃的表面有关。普通平板玻璃的可见光反射比和太阳光反射比都较小，均为 5%～8%，热反射玻璃的可见光反射比和太阳光直接反射比都较大，一般为 15%～40%。

4. 遮蔽系数

玻璃对太阳光具有阻挡作用或遮蔽作用，这种作用称为遮光性，它反映了玻璃对太阳光(能)的隔绝能力，即隔热能力。玻璃遮光性的大小以遮蔽系数来表示，计算式如下：

$$S_e = \frac{g}{\tau_0}$$

式中 S_e——遮蔽系数；

g——玻璃试样的太阳能总透射比，%；

τ_0——3 mm 厚的普通透明平板玻璃的太阳能总透射比，其理论值取 88.9%。

表 5-1 为玻璃的遮蔽系数。遮蔽系数越小，说明光线经过玻璃进入室内的太阳辐射热越少，冷房效应越明显，光线越柔和。

表 5-1 玻璃遮蔽系数

3 mm 厚玻璃	6 mm 厚玻璃	着色吸热玻璃	热反射玻璃
1	0.93	0.60～0.70	0.20～0.45

5.1.2.5 玻璃热性质

玻璃的比热容随温度变动，在 50～100℃范围内，为(0.33～1.05)×10^3J/(kg·K)。在低于玻璃软化温度和高于流动温度的范围内，玻璃的比热几乎不变。但在软化温度与流动温度的范围内，则玻璃比热随温度上升而急剧地变化。

玻璃的导热性很小，热稳定性与体积有关。玻璃制品越厚，体积越大，热稳定性就越差。因此须用热处理方法来提高玻璃制品的热稳定性。

5.1.3 玻璃的分类

玻璃的品种繁多，分类的方法也有多种，通常按其化学组成不同和用途不同进行分类。

5.1.3.1 按化学成分分类

1. 钠钙硅酸盐玻璃

钠钙硅酸盐玻璃，又称钠钙玻璃或钠玻璃，是普通玻璃，其主要成分为 SiO_2、Na_2O 和 CaO。钠钙硅酸盐玻璃熔点低，易于熔制，因含有较多杂质，玻璃透明中常略带绿色。钠钙玻璃的力学性能、热物理性质、光学性质及化学稳定性比其他玻璃要差，多用于制造普通建筑玻璃和日用玻璃制品。普通玻璃在建筑工程中应用最广泛。

2. 钾钙硅酸盐玻璃

钾钙硅酸盐玻璃，又称钾钙玻璃或钾玻璃，是以 Ka_2O 代替部分 Na_2O，并提高 SiO_2 的含量而制成。其折射率高于钠玻璃，质硬并有光泽，故称为硬玻璃，其他性质也优于钠玻璃。主要用于制造化学仪器和用具，以及高级玻璃制品等。

3. 铝镁硅酸盐玻璃

铝镁硅酸盐玻璃，又称铝镁玻璃，是通过降低钠玻璃中碱金属和碱土金属氧化物的含量，引入 MgO，并以 Al_2O_3 代替部分 SiO_2 而制成。它软化点低，析晶倾向弱，力学性质、化学性质及化学稳定性均有提高，主要用于制造高级建筑装饰玻璃。

4. 石英玻璃

石英玻璃是由纯 SiO_2 制成，具有良好的力学性质、热物理性质、光学性质和化学稳定性，并能透过紫外线。主要用于耐高温仪器、杀菌灯等特殊用途的仪器与设备。

5. 钾铅硅酸盐玻璃

钾铅硅酸盐玻璃，又称钾铅玻璃、铅晶质玻璃、铅玻璃、水晶玻璃、重玻璃。铅玻璃主要由 PbO、K_2O 和少量 SiO_2 组成，具有高折射率、高透明度，光泽晶莹，质软且易加工，化学稳定性好。主要用于制造光学仪器、高级器皿和装饰制品等。

6. 硼硅酸盐玻璃

硼硅酸盐玻璃，又称耐热玻璃，主要成分为 SiO_2、B_2O_3 和 Na_2O。具有较好的光泽和透明度，较强的力学性能、耐热性能、绝缘性能和化学稳定性能。硼硅酸盐玻璃主要用于制造光学仪器、化学仪器与器皿、耐热玻璃等。

5.1.3.2 按功能分类

玻璃按功能分为普通玻璃、吸热玻璃、防火玻璃、装饰玻璃、安全玻璃、漫射玻璃、镜面玻璃、热反射玻璃、低辐射玻璃、隔热玻璃等。

5.1.3.3 按用途分类

玻璃按用途分为建筑玻璃、器皿玻璃、光学玻璃、防辐射玻璃、窗用玻璃和玻璃构件等。

5.1.3.4 按玻璃及其制品的形状分类

玻璃按形状可分为平板玻璃、曲面玻璃、空心及实心玻璃砖、槽形或 U 形玻璃、波形瓦等。

5.2 平板玻璃

5.2.1 普通平板玻璃的主要规格

普通平板玻璃的尺寸采用国际单位制，有出口产品的企业仍暂用英制单位。其长、宽尺寸比不超过 2.5，进位基数均为 50 mm。《普通平板玻璃尺寸系列》(GB 4870—1985)规定平板玻璃尺寸范围见表 5-2，经常生产的玻璃品种的主要规格见表 5-3。

表 5-2 平板玻璃尺寸范围 mm

厚 度	长 度		宽 度	
	最小	最大	最小	最大
2	400	1 300	300	900
3	500	1 800	300	1 200
4	600	2 000	400	1 200
5	600	2 600	400	1 800
6	600	2 600	400	1 800

表 5-3 经常生产的玻璃品种的主要规格

尺寸/mm	厚度/mm	备注/in
900×600	2,3	36×24
1 000×600	2,3	40×24
1 000×800	3,4	40×32
1 000×900	2,3,4	40×36
1 100×600	2,3	44×24
1 100×900	3	44×36

5.2.2 普通平板玻璃质量标准和性能指标

《普通平板玻璃》(GB 4871—1995)规定玻璃板应为矩形,尺寸一般不小于 600 mm×400 mm。尺寸偏差:长 1 000 mm,不得超过±2 mm;长 1 500 mm 以内(含 1 500 mm),不得超过±3 mm;长超过 1 500 mm,不得超过±4 mm。弯曲度不得超过 0.3%。边部突出或残缺部分不得超过 3 mm,一片玻璃只许有一个缺角,沿原角等分线测量不得超过 5 mm。厚度偏差和可见光总透过率规定见表 5-4。玻璃表面不许有擦不掉的白雾状或棕黄色的附着物。平板玻璃外观质量等级分为优等品、一等品、合格品三类,应符合表 5-5 要求。

表 5-4 平板玻璃厚度偏差和可见光总透过率规定

厚度/mm	允许偏差/mm	可见光总透过率(%)
2	±0.20	88
3	±0.20	87
4	±0.2	86
5	±0.25	84

表 5-5 平板玻璃外观质量

<table>
<tr><th>缺陷种类</th><th>说　明</th><th>优等品</th><th>一等品</th><th>合格品</th></tr>
<tr><td>波筋</td><td>不产生变形的最大入射角</td><td>60°</td><td>45°
50 mm 边部,30°</td><td>30°
100 mm 边部,0°</td></tr>
<tr><td rowspan="2">气泡</td><td>长度大 1 mm 以下的</td><td>集中的,不许有</td><td>集中的,不许有</td><td>不限制</td></tr>
<tr><td>长度大于 1 mm 的每平方米允许个数</td><td>≤6 mm,6</td><td>≤8 mm,6
>8～10 mm,2</td><td>≤10 mm,12
>10～20 mm,2
>20～25mm,1</td></tr>
</table>

续表

缺陷种类	说　明	优等品	一等品	合格品
划伤	宽度≤0.1 mm,每平方米允许条数	长度≤50 mm,3	长度≤100 mm,5	不限
	宽度>0.1 mm,每平方米允许条数	不许有	宽度≤0.4 mm,长度<100,1	宽度≤0.8 mm,长度<100,3
砂粒	非破坏的,0.5～2 mm,每平方米允许个数	不许有	3	8
疙瘩	非破坏性的疙瘩波及范围直径不大于 3 mm,每平方米允许个数	不许有	1	3
线道	正面可以看到的每片玻璃允许条数	不许有	30 mm 边部,宽度≤0.5 mm,1	宽度≤0.5 mm,2
麻点	表面呈现的集中麻点	不许有	不许有	每平方米不超过 3 处
	稀疏的麻点,每平方米允许个数	10	15	30

注:1. 集中气泡、麻点是指 100 mm 直径圆面积内超过 6 个;

2. 砂粒的延续部分,入射角 0°能看出的当线道论。

5.2.3 普通平板玻璃的计量方法

5.2.3.1 重量箱

普通平板玻璃的计量方法一般以“重量箱”来计算,它是计算平板玻璃用料及成本的计量单位,一个重量箱等于 2 mm 厚的平板玻璃 10 m^2(重约 50 kg),对其他厚度制品的计量按表 5-6 所列系数折算。

表 5-6　普通平板玻璃重量箱折算系数

厚度/mm	重量箱		重量箱折算系效	每重量箱玻璃的平方米数/ m^2
	每 10 m^2 玻璃重量/kg	折合重量箱数/箱		
2	50	1.0	1.0	10.000
3	75	1.5	1.5	6.667
4	100	2.0	2.0	5.000
5	125	2.5	2.5	4.000
6	150	3.0	3.0	3.333

续表

厚度/mm	重量箱		重量箱折算系效	每重量箱玻璃的平方米数/m^2
	每 10 m^2 玻璃重量/kg	折合重量箱数/箱		
8	200	4.0	4.0	2.500
10	250	5.0	5.0	2.000
12	300	6.0	6.0	1.667

例如，3 mm 厚的普通平板玻璃 25 m^2，折合重量箱为(25/10)×1.5，即 3.75 箱。

5.2.3.2 实际箱

实际箱又称"包装箱"，分木箱和集装架两种。即一个木箱或一个集装架包装的玻璃，叫做一实际箱或一包装箱，其与重量箱的折合关系见表 5-7。

表 5-7 普通平板玻璃包装箱与重量箱的折合关系

玻璃厚度/mm	10 m^2 玻璃折合重量箱数/箱	每包装箱或集装架	
		/m^2	折合重量箱数/箱
2	1	30/木箱	3
3	1.5	20(木箱) 30(木箱) 150(集装架)	3 4.5 22.5
4	2	20(木箱)	4
5	2.5	20(木箱) 100(集装架) 200(集装架)	5 25 50
6	3	15(木箱) 90(集装架)	4.5 27

5.2.4 普通平板玻璃贮存和运输须知

玻璃属易碎物品，必须用木箱或集装箱包装，在贮存和运输时应注意如下事项：

1) 玻璃必须在有顶盖的干燥房间内保管，在运输途中和装卸时需有防雨设施；

2) 玻璃在贮存、运输、装卸时，箱盖应向上，箱子不得平放或斜放；

3) 玻璃在运输时，箱头要朝向运输的运动方向，并采取措施，防止倾倒、滑动。

5.3 浮法玻璃

浮法工艺具有产量高、整个生产线可以实现自动化、玻璃表面特别平整光滑、厚度非常均匀、光学畸变很小等特点，产品质量高，适用于高级建筑门窗、橱窗、指挥塔窗、夹层玻璃原片、中空玻璃原片、制镜玻璃、有机玻璃模具，以及汽车、火车、船舶的风窗玻璃等。

《浮法玻璃》(GB 11614—1999)将浮法玻璃按用途分为制镜级、汽车级、建筑级三类，按厚度分为 2、3、4、5、6、8、10、12、15、19 mm等种类。浮法玻璃按正方形或长方形生产产品，其长度、宽度和厚度尺寸允许偏差应符合表 5-8 规定。同一片玻璃厚薄差：厚 2、3 mm 时为 0.2 mm；厚4、5、6、8、10 mm 时为 0.3 mm。浮法玻璃对角线差应不大于对角线平均长度的 0.2%，弯曲度不应超过 0.2%，浮法玻璃的可见光透射比应不小于表 5-9 的规定，建筑级浮法玻璃的外观质量应符合表 5-10 的规定。

表 5-8 浮法玻璃尺寸偏差 mm

厚　度	长度和宽度允许偏差		厚度允许偏差
	尺寸小于 3 000 mm	尺寸为 3 000～5 000 mm	
2,3,4	±2	—	±0.2
5,6	±2	±3	±0.3
8,10	+2,−3	+3,−4	±0.4
12,15	±3	±4	±0.6
19	±5	±5	±1.0

表 5-9 浮法玻璃可见光透射比

厚度/mm	可见光透射比(%)	厚度/mm	可见光透射比(%)
2	89	8	82
3	88	10	81
4	87	12	78
5	86	15	76
6	84	19	72

表 5-10 建筑级浮法玻璃的外观质量

缺陷种类	质量要求			
气泡	长度 L 及个数允许范围			
	0.5 mm≤L≤1.5 mm	1.5 mm<L≤3.0 mm	3.0 mm<L≤5.0 mm	L>5.0 mm
	5.5×S,个	1.1×S,个	0.44×S,个	0,个

续表

缺陷种类	质量要求			
杂质物	长度 L 及个数允许范围			
	0.5 mm≤L≤1.0 mm	1.0 mm<L≤2.0 mm	2.0 mm<L≤3.0 mm	L>3.0 mm
	2.2×S,个	0.44×S,个	0.22×S,个	0,个
点状缺陷密集度	长度大于 1.5 mm 的气泡和长度大于 1.0 mm 的夹杂物:气泡与气泡、夹杂物与夹杂物、气泡与夹杂物的间距应大于 300 mm			
线道	按标准方法检验,肉眼不应看见			
划伤	长度、宽度允许范围及条数			
	宽 0.5 mm,长 60 mm,3×S,条			
光学变形	入射角:2 mm,40°;3 mm,45°;3 mm 以上,50°			
表面裂纹	按标准方法检验,肉眼不应看见			
断面缺陷	爆边、凹凸、缺角等不应超过玻璃厚度			

注:S 为以"m^2"为单位的玻璃板面积,保留小数点后两位。气泡、夹杂物的个数及划伤条数允许范围为各系数与 S 相乘所得的数值,应按《中华人民共和国国家标准数值修约规则》(GB/T 8170—2008)修约至常数。

5.4 安全玻璃

安全玻璃包括钢化玻璃、夹丝玻璃、夹层玻璃、防火玻璃等。在建筑中需要以玻璃作为建筑材料的 11 个部位,必须安装安全玻璃,具体包括 7 层及 7 层以上建筑物外开窗,面积大于 1.5 m^2 的窗玻璃或玻璃底边离最终装修面小于 500 mm 的落地窗,幕墙(全玻幕墙除外),倾斜装配窗、各类顶棚(含天窗、采光顶)和吊顶,观光电梯及其外围护,室内隔断、浴室围护和屏风,楼梯、阳台、平台走廊的栏板和中庭内栏板,用于承受行人行走的地面板,水族馆和游泳池的观察窗、观察孔,公共建筑物的出入口、门厅等部位,易遭受撞击冲击而造成人体伤害的其他部位。

5.4.1 钢化玻璃

钢化玻璃生产工艺有两种,一种是淬火法,另一种是化学钢化法或离于交换增强钢化法;按钢化程度分为钢化玻璃和半钢化玻璃。

淬火法钢化是将平板玻璃、彩色玻璃或浮法玻璃在特制的加温炉中均匀加温至软化点,随后在空气中迅速冷却。这个过程导致玻璃表面及边缘具有压缩层,而玻璃中心部分具有拉力。经过热处理的玻璃提高了力学性能,提高了对均匀荷载、热应力和大多数冲击荷载的抵抗能力,故又称"增强玻璃"。当玻璃受弯曲应力作用时,玻璃板表面将处于较小的拉应力和较大的压应力状态,因为玻璃的抗压强度较高,故不易造成破坏。

当玻璃内部处于较大的拉应力状态,因其内部无缺陷存在,故也不易破坏。

化学钢化法是将上述玻璃通过离子交换方法,使玻璃表面成分改变,在玻璃表面形成一层规则的压应力层而制成,故又名“化学钢化玻璃”或“离于交换增强玻璃”。其方法是将含碱金属离子钠(Na^+)或钾(K^+)的硅酸盐玻璃,浸入熔融状态的锂(Li^+)盐中,使钠或钾离子在表面层发生离子交换而形成锂离子的交换层。由于锂离子膨胀系数小于钠、钾离子,从而在冷却过程中造成外层收缩较小,而内层收缩较大。当冷却到室温后,玻璃便处于内层受拉应力而外层受压应力的状态,其效果类似于物理钢化的结果,从而提高玻璃的强度。

钢化玻璃按形状分类,分为平面钢化玻璃和曲面钢化玻璃。钢化玻璃质量包括尺寸及外观要求、安全性能要求和一般性能要求,尺寸和外观要求有尺寸及其允许偏差、厚度及其允许偏差、外观质量和弯曲度,安全性能包括抗冲击性、碎片状态、霰弹袋冲击性能,一般性能要求有表面应力、耐热冲击性能。《建筑用安全玻璃　第 2 部分:钢化玻璃》(GB 15763.2—2005)规定钢化玻璃的厚度偏差:3～6 mm 厚度的为±0.2 mm,8～10 mm 厚度的为±0.3 mm,12 mm 厚度的为±0.4 mm,15 mm 厚度的为±0.5 mm,19 mm 厚度的为±1.0 mm。外观检测爆边、夹钳印、划伤、裂纹和缺角。碎片状态检验是取 4 块玻璃试样进行试验,每块试样在任何 50 mm×50 mm 区域内的碎片数按钢化玻璃厚度不得少于 30 个或 40 个,且允许有少量长条形碎片,其长度不超过 75 mm。钢化玻璃的表面应力不应小于 90 MPa,应耐 200℃温差不破坏。

钢化玻璃具有弹性好、抗冲击强度高(是普通平板玻璃的 4～5 倍)、抗弯强度高(是普通平板玻璃的 3 倍左右)、热稳定性好以及光洁、透明等特点,而且在遇超强冲击破碎时,碎片呈分散细小颗粒状,无尖锐棱角,不致伤人。但这种玻璃不易切割。各种加工要在淬火前进行,需按实际使用规格订货。

钢化玻璃可以薄代厚,减轻建筑物的重量,延长玻璃的使用寿命,满足现代化建筑结构轻体、高强的要求,适用于建筑门窗、幕墙、隔墙、屏蔽及商店橱窗、轮船舷窗、自动扶梯栏板、整体式浴房玻璃等。此外,因钢化玻璃具有耐热冲击性和耐热性能,可用来制造工业窑炉的观察窗、辐射式气体加热器、自动洗涤器、干燥器及弧光灯等。安全玻璃使用时,其最大许用面积可按表 5-11 和表 5-12 选择。

表 5-11　安全玻璃最大许用面积

玻璃种类	公称厚度/mm	最大面积/m^2
钢化玻璃	4	2.0
	5	3.0
	6	4.0
	8	6.0
	10	8.0
	12	9.0

续表

玻璃种类	公称厚度/mm	最大面积/m^2
夹层玻璃	5.38,5.76,6.52	2.0
	6.38,6.76,7.52	3.0
	8.38,8.76,9.52	5.0
	10.38,10.76,11.52	7.0
	12.38,12.76,13.52	8.0

表 5-12 有框架的夹丝玻璃和普通退火玻璃最大许用面积

玻璃种类	公称厚度/mm	最大面积/m^2
普通退火玻璃	3	0.1
	4	0.3
	5	0.5
	6	0.9
	8	1.8
	10	2.7
	12	4.5
夹丝玻璃	6	0.9
	7	1.8
	10	2.4

半钢化玻璃是将玻璃加热到钢化温度,然后以较小的冷却强度"淬冷",使玻璃内部产生均匀分布的较小应力,从而提高玻璃的力学性能和热稳定性。6 mm 厚玻璃经半钢化处理后,其力学性能和稳定性提高约一倍。半钢化玻璃兼有强度高、耐温变的钢化玻璃特点,同时又解决了钢化玻璃存在的"自爆"问题,因此在建筑上的应用日益广泛。

半钢化玻璃破碎时,裂纹自冲击点向边框放射,碎片仍留在框内而不掉落。半钢化玻璃可用于暖房、浴室、隔墙等的玻璃窗。更多的应用场合是高层建筑窗玻璃与玻璃幕墙。

5.4.2 夹丝玻璃

夹丝玻璃,也称钢丝玻璃,是玻璃内部夹有金属丝(网)的玻璃。生产时将普通平板玻璃加热到红热状态,再将预热的金属丝网压入而制成。或在压延法生产线上,当玻璃液通过两压延辊的间隙成型时,送入经过预热处理的金属丝网,使其平行地压在玻璃板中而制成。由于金属丝与玻璃黏结在一起,而且受到冲击荷载作用或温度剧变时，玻璃裂而不散，碎片仍附在金属丝上，避免了玻璃碎片飞溅伤人，因而属于安全玻璃。

夹丝玻璃所用的金属丝网和金属丝线分为普通钢丝和特殊钢丝两种，普通金属丝的直径为0.4 mm以上，特殊金属丝的直径为0.3 mm以上。夹丝网玻璃应采用经过处理的点焊金属丝网。《夹丝玻璃》(JC 433—1991)规定优等品夹丝玻璃的金属丝应完全夹入玻璃内，不允许金属网脱焊，不允许断线，不允许有接头，夹丝玻璃外观质量要求见表5-13。

表5-13 夹丝玻璃外观质量要求

项目	说明	优等品	一等品	合格品
气泡	直径3～6 mm的圆泡，每平方米面积允许个数	5	数量不限，但不允许密集	
	长泡，每平方米面积允许个数	长6～8 mm，2	长6～10 mm，10	长6～10 mm，10 长10～20 mm，4
花纹变形	花纹变形程度	不允许有明显花纹变形		不规定
异物	破坏性的	不允许		
	直径0.5～2 mm非破坏性的，每平方米面积允许个数	3	5	10
裂纹		目测不能识别		不影响使用
暗伤		轻微	不影响使用	
金属丝	金属丝夹入玻璃内状态	应完全夹入玻璃内，不得露出表面		
	脱焊	不允许	距边部30 mm内不限	距边部100 mm内不限
	断线	不允许		
	接头	不允许	目测看不见	

夹丝玻璃在遭受冲击或温度剧变时，由于金属丝网的存在，破而不缺，裂而不散，能避免带尖锐棱角的玻璃碎片飞出伤人，仍能隔绝火焰，起到防火作用，具有好的安全性和防火性。但夹丝玻璃中金属丝网的存在降低了玻璃的均质性，因而夹丝玻璃的抗折强度与抗冲击力与普通玻璃基本一致，或有所下降，特别是在切割处，其强度约为普通玻璃的50%，使用时应予以注意。因金属丝网与玻璃的热膨胀系数和导热系数相差较大，因而夹丝玻璃在受到温度剧变作用时会因两者的热性能相差较大而产生开裂、破损，耐急冷急热性较差，故夹丝玻璃不宜用于两面温差较大、局部

受冷热交替作用的部位，如冬季室外冰凉室内采暖，或夏季曝晒、暴雨外门窗处，以及火炉或暖气包附近。

夹丝玻璃主要用于天窗、天棚、阳台、楼梯、电梯井和易受振动的门窗以及防火门窗等处。以彩色玻璃原片制成的彩色夹丝玻璃，其色彩与内部隐隐出现的金属丝网相配具有较好的装饰效果。

夹丝玻璃在切割时，因金属丝网相连，常需反复上下折挠多次才能掰断。弯折时应十分小心，以防止切口边缘处相互挤压，造成微小缺口或裂口而引起使用时破损。夹丝玻璃在安装时一般也不应使之与窗框直接接触，宜填入塑料或橡胶等作为缓冲材料，以防止因窗框的变形或温度剧变而使夹丝玻璃开裂。

玻璃幕墙采用夹丝玻璃时，裁割后玻璃的边缘应及时进行修理和防腐处理。当加工成中空玻璃时，夹丝玻璃应朝室内一侧。

夹丝玻璃的切割边缘上外露的金属丝网，在遇水后产生锈蚀，并且锈蚀会向内部延伸，锈蚀物体积逐渐增大而将玻璃胀裂。夹丝玻璃的锈裂性现象通常在使用一二年后出现，呈现出自下而上的弯弯曲曲的裂纹，故夹丝玻璃的切割口处应涂防锈涂料或贴异丁烯片，以阻止锈裂，同时还应防止水进入门窗框槽内。

5.4.3 夹层玻璃

夹层玻璃制造是将玻璃洗净并干燥，然后在玻璃之间铺上一层膜片，将玻璃之间空气抽出或挤压出，最后送入蒸压釜进行加热加压，加工成成品。也有用灌胶法生产的夹层玻璃。夹层玻璃在建筑物上使用非常广泛。

夹层玻璃的原片可以是：浮法玻璃、夹丝及夹网玻璃、钢化玻璃、表面改性（如镀膜）玻璃等，原片玻璃的厚度为一般常用的2、3、5 mm。常用的塑料胶片为聚乙烯醇缩丁醛（PVB）板、聚碳酸酯板、聚氨酯板、丙烯酸酯板等，厚度一般为0.2～0.8 mm。夹层玻璃一般为2～9层，建筑上常用的为2、3层。

《夹层玻璃》（GB 9962—1999）要求检验夹层玻璃外观质量、尺寸允许偏差、弯曲度、可见光透射比、可见光反射比、耐热性、耐湿性、耐辐照性、落球冲击剥离性能、霰弹袋冲击性能、抗风压性能。夹层玻璃外观质量检测时，不允许存在裂纹，爆边长度或宽度不得超过玻璃的厚度，存在的划伤和磨伤应不影响使用，不允许存在脱胶、气泡、中间层杂质及其他可观察到的不透明物等，点缺陷允许个数须符合规定。按性能将夹层玻璃分为Ⅰ类、Ⅱ-1、Ⅱ-2、Ⅲ四类，它们的耐霰弹袋冲击性能见表5-14。

表5-14 夹层玻璃霰弹袋冲击性能

<table>
<tr><th>种类</th><th>冲击高度/mm</th><th>结果判定</th></tr>
<tr><td>Ⅰ类</td><td>—</td><td>对霰弹袋冲击试验不作要求的夹层玻璃</td></tr>
<tr><td>Ⅱ-1类</td><td>1 200</td><td rowspan="2">试样不破坏；如试样破坏，破坏部分不应存在断裂或使直径75 mm球自由通过的孔</td></tr>
<tr><td>Ⅱ-2类</td><td>750</td></tr>
</table>

续表

种类	冲击高度/mm	结果判定
Ⅲ类	300→450→ 600→750→ 900→1 200→	需同时满足以下要求： 1. 破坏时，允许出现裂缝和碎裂物，但不允许出现断裂或产生使75 mm球自由通过的孔； 2. 在不同高度冲击后发生崩裂而产生碎片时，称量试验后5 min内掉下来的10块最大碎片，其质量不得超过65 cm^2 面积内原始试样的质量； 3. 1 200 mm冲击后，试样不一定保留在试验框内，但应保持完整

夹层玻璃在正常负载条件下，性能基本上与单片玻璃相同。玻璃一旦破碎，夹层可以粘住破碎的玻璃，保持其完整性，而不使碎片飞出。将夹层玻璃按严格的要求和多变的工艺做成多层夹层，可用做防弹和防盗玻璃。例如，一种新型防盗玻璃，采用多层的夹层结构，每层间嵌有极细的金属丝，金属丝与报警装置相连接，此玻璃光线透过率良好，适用于办公室和住宅等处。

夹层玻璃在建筑上使用有着无可比拟的优点：

1）安全性。由于塑料膜片具有优良的柔韧性及较高的强度，因而夹层玻璃具有较高的强度和抗冲击性，在受冲击作用而破坏时产生辐射状或同心圆形裂纹，玻璃碎片粘连在塑料薄膜上不脱落，在垂直或倾斜安装时，可避免坠落而造成的伤害，降低了碎片对人身的伤害。

2）隔声性。夹层玻璃的中间层对声音有良好的阻尼作用，隔声性能比普通玻璃好得多。

3）灾难保护性。夹层玻璃可有效地降低飓风、地震或小型爆炸所造成的损失，在受到冲击后，夹层玻璃仍可完整地保留在框架中，起保护建筑物内部的作用。

4）色彩及防太阳光特性。PVB膜颜色不同，夹层玻璃的色彩也不同，它还可屏蔽掉紫外线及减少太阳光透射等。

5.4.4 防火玻璃

防火玻璃要求至少能抵挡火焰30 min以上，最好能具有抵挡火焰90 min以上的功能。防火玻璃按结构分为复合防火玻璃和单片防火玻璃。复合防火玻璃(FFB)是由两层或两层以上玻璃复合而成或由一层玻璃和有机材料复合而成，并满足相应耐火等级要求的特种玻璃。单片防火玻璃(DFB)是由单层玻璃构成，并满足相应耐火等级要求的特种玻璃。制造防火玻璃可选用普通平板玻璃、浮法玻璃、钢化玻璃等材料做原片，复合防火玻璃也可选用单片防火玻璃做原片。常用防火玻璃制造方法各不相同，可用湿法夹层法、中空玻璃制法、加丝法制造，也有用 Al_2O_3-BaO-SiO_2 和 Li_2O-Al_2O_3-SiO_2 系统配方制成的特种透明防火玻璃。

单片防火玻璃的外观质量要检验爆边、划伤、结石、裂纹、缺角、波筋和气泡，复合型防火玻璃的外观质量标准见表5-15。

表5-15 复合型防火玻璃的外观质量标准

缺陷	要求
气泡	直径300 mm圆内允许长0.5～1.0 mm的气泡1个
胶合层杂质	直径500 mm圆内允许长2.0 mm的气泡2个
裂痕	不允许存在
爆边	每米边长允许有长度不超过20 mm、自边部向玻璃表面延伸深度不超过厚度一半的爆边4个
叠差、磨伤、脱胶	由供需双方确定

耐火完整性指在标准耐火试验条件下，当建筑分隔构件的一面受火时，能在一定时间内防止火焰穿透或防止火焰在背火面出现的能力。耐火隔热性指在标准耐火试验条件下，当建筑分隔构件某一面受火时，能在一定时间内背火面温度不超过规定值的能力。热辐射强度指在标准耐火试验条件下，在玻璃背火面一定距离、一定时间内的热辐射照度值。

《建筑用安全玻璃　防火玻璃》(GB 15763.1—2001)将防火玻璃耐火性能分A、B、C三类。A类防火玻璃是同时满足耐火完整性、耐火隔热性要求的防火玻璃，B类防火玻璃是同时满足耐火完整性、热辐射强度要求的防火玻璃，C类防火玻璃是满足耐火完整性要求的防火玻璃。A、B、C三类防火玻璃按耐火等级可分别分为Ⅰ级、Ⅱ级、Ⅲ级、Ⅳ级，见表5-16。

表5-16 防火玻璃耐火性能

类别	耐火性能	耐火等级/min			
		Ⅰ级	Ⅱ级	Ⅲ级	Ⅳ级
A	耐火完整性、耐火隔热性	90	60	45	30
B	耐火完整性、热辐射强度	90	60	45	30
C	耐火完整性	90	60	45	30

5.5 装饰玻璃及功能玻璃

5.5.1 磨光玻璃

磨光玻璃，原指用普通平板玻璃经过机械磨光、抛光而成的透明玻璃，磨光的目的是消除玻璃表面波筋、波纹等缺陷，制成平整光滑的平板玻璃，使从任何方向透视或反射物象均不出现光学畸变现象，从而使透过玻璃的物象不变形，故又称镜面玻璃。浮法玻璃因其优良的光学性能，大量取代机械法生产磨光玻璃，用于制镜。

《浮法玻璃》(GB 11614—1999)要求制镜级浮法玻璃厚度以 2、3、5、6 mm 为主，外观质量应符合表 5-17 的规定。磨光玻璃除用于制镜外，还用于高级建筑门窗、橱窗。

表 5-17 制镜级浮法玻璃外观质量

<table>
<tr><td>缺陷种类</td><td colspan="4">2 mm 厚玻璃的气泡长度 L 及个数允许范围</td><td colspan="4">3、5、6 mm 厚玻璃的气泡长度 L 及个数允许范围</td></tr>
<tr><td rowspan="2">气泡</td><td>0.3 mm≤L ≤0.5 mm</td><td>0.5 mm<L ≤1.0 mm</td><td>1.0 mm<L ≤1.5 mm</td><td>L>1.5 mm</td><td>0.3 mm<L ≤0.5 mm</td><td>0.5 mm<L ≤1.0 mm</td><td>1.0 mm<L ≤1.5 mm</td><td>L>1.5 mm</td></tr>
<tr><td>2×S,个</td><td>1×S,个</td><td>0.5×S,个</td><td>0,个</td><td>2×S,个</td><td>1×S,个</td><td>0.5×S,个</td><td>0,个</td></tr>
<tr><td rowspan="3">夹杂物</td><td colspan="4">2 mm 厚玻璃的夹杂物长度 L 及个数允许范围</td><td colspan="4">3、5、6 mm 厚玻璃的夹杂物长度 L 及个数允许范围</td></tr>
<tr><td>0.3 mm≤L ≤0.5 mm</td><td>0.5 mm<L ≤1.0 mm</td><td colspan="2">L>1.0 mm</td><td>0.3 mm≤L ≤0.5 mm</td><td>0.5 mm<L ≤1.0 mm</td><td colspan="2">L>1.0 mm</td></tr>
<tr><td>2×S,个</td><td>0.5×S,个</td><td colspan="2">0,个</td><td>2×S,个</td><td>0.5×S,个</td><td colspan="2">0,个</td></tr>
<tr><td>点状缺陷密集度</td><td colspan="8">长度大于 0.5 mm 的气泡及夹杂物的间距应大于 300 mm</td></tr>
<tr><td>线道</td><td colspan="8">按标准方法检验，肉眼不应看见</td></tr>
<tr><td>划伤</td><td colspan="8">长度和宽度允许范围及条数：宽度 0.1 mm，长度 30 mm，2×S，条</td></tr>
<tr><td>光学变形</td><td colspan="8">入射角：2 mm，45°；3 mm，55°；5、6 mm，60°</td></tr>
<tr><td>表面裂纹</td><td colspan="8">按标准方法检验，肉眼不应看见</td></tr>
<tr><td>断面缺陷</td><td colspan="8">爆边、凹凸、缺角等不应超过玻璃板的厚度</td></tr>
</table>

注：S 为以“m^2”为单位的玻璃板面积，保留小数点后两位。气泡、夹杂物的个数及划伤条数允许范围为各系数与 S 相乘所得的数值，应按 GB/T 8170 修约至整数。

5.5.2 磨砂玻璃

磨砂玻璃也称毛玻璃，是指经研磨、喷砂或氢氟酸浸蚀等加工，使玻璃表面(单面或双面)成为均匀粗糙的平板玻璃。用硅砂、金刚砂、石榴石粉等作研磨材料，加水研磨而成的称为磨砂玻璃；用压缩空气将细砂喷射到玻璃表面而制成的，称为喷砂玻璃；用酸溶蚀的称为酸蚀玻璃。

磨砂玻璃由于表面粗糙，使透过的光线不易产生漫射，造成透光不透视，能使室内光线柔和、无眩目、不刺眼。磨砂玻璃主要用于需要透光不透视的门窗、隔断、浴室、卫生间及玻璃黑板、灯罩等。也可在玻璃表面磨制或溶蚀成各种图案，形成刻花玻璃和喷花玻璃，增强玻璃的装饰性。

刻花玻璃是用平板玻璃经涂漆、雕刻、围蜡与酸蚀、研磨而成。其中蚀刻玻璃系以氢氟酸溶液按预先设计好的风景字画、花鸟虫鱼、人物建筑、花纹图案在平板玻璃表面上加以腐蚀加工而成。刻花玻璃适于用做门窗玻璃、家具玻璃、屏风玻璃、灯具玻璃及其他装饰玻璃。

喷花玻璃是在平板玻璃表面贴以花纹图案、抹以护面层、经喷砂处理而成。该种玻璃具有部分透光透视、部分透光不透视的特点，其图案清晰、雅洁美观、装饰性强，亦适合于作玻璃屏风、桌面、家具、装饰材料等，规格尺寸及花纹图案均可按要求加工。

5.5.3 压花玻璃

压花玻璃又称花纹玻璃或滚花玻璃，有无色、有色、彩色数种。这种玻璃的表面(一面或两面)压有深浅不同的各种花纹图案。由于表面凹凸不平，所以当光线通过时即产生漫射，因此从玻璃的一面看另一面物体时，物像就模糊不清，具有与磨砂玻璃相同的透光不透视的特点。另外，压花玻璃由于表面有各种花纹图案，因而具有艺术装饰效果。

《压花玻璃》(JC/T 511—2002)将压花玻璃按外观质量分为一等品、合格品，按厚度分为 3、4、5、6、8 mm，压花玻璃的厚度指从表面压花图案的最高部位至另一面的距离。压花玻璃的外观质量见表 5-18。

表 5-18 压花玻璃外观质量

缺陷类型	说明	一等品			合格品		
图案不清	目测可见	不允许					
气泡	范围/mm	$2\leqslant L<5$	$5\leqslant L<10$	$L\geqslant 10$	$2\leqslant L<5$	$5\leqslant L<10$	$L\geqslant 10$
	允许个数	$6.0\times S$	$3.0\times S$	0	$9.0\times S$	$4.0\times S$	0
杂物	范围/mm	$2\leqslant L<3$		$L\geqslant 3$	$2\leqslant L<3$		$L\geqslant 3$
	允许个数	$1.0\times S$		0	$2.0\times S$		0
线条	范围/mm	不允许			长度 $100\leqslant L<200$，宽度 $W<0.5$		
	允许条数				$3.0\times S$		
皱纹	目测可见	不允许			边部 50 mm 以内轻微的允许存在		
压痕	范围/mm	不允许			$2\leqslant L<5$	$L\geqslant 5$	
	允许个数				$2.0\times S$	0	
划伤	范围/mm	不允许			长度 $L\leqslant 60$，宽度 $W<0.5$		
	允许条数				$3.0\times S$		

续表

缺陷类型	说明	一等品	合格品
裂纹	目测可见	不允许	
断面缺陷	爆边、凸凹、缺角等	不应超过玻璃板厚度	

注：1. 表中，L 表示相应缺陷的长度，W 表示其宽度，S 是以“m^2”为单位的玻璃板的面积，气泡、杂物、压痕和划伤的数量允许上限值是以 S 乘以相应系数所得的数值，此数值应按《中华人民共和国国家标准数值修约规则》(GB/T 8170—2008)修约至整数。

2. 对于 2 mm 以下的气泡，在直径为 100 mm 的圆内不允许超过 8 个。

3. 破坏性的杂物不允许存在。

5.5.4 彩色玻璃和彩绘装饰玻璃

彩色玻璃分透明和不透明两种，透明彩色玻璃是在原料中加入一定金属氧化物使玻璃带色，不透明彩色玻璃是在一定形状的平板玻璃的一面喷以色釉，烘烤而成。彩色玻璃常用做室内装饰材料，彩色玻璃的颜色有红、黄、蓝、黑、绿、乳白等十余种。

彩绘玻璃系以特殊材料在普通平板玻璃上绘制出各种花纹图案的玻璃。这种玻璃是融冶炼艺术与技术于一炉的高档装饰产品，可用于制作玻璃家具、屏风、天花板吊顶及门厅装饰，适用于酒店、餐厅、夜总会及家庭装饰。

印花玻璃又称彩绘装饰玻璃或彩印装饰玻璃，是用特殊材料将绘画、摄影、装饰图案等直接绘制、印制在玻璃上。它是一种新型装饰玻璃，印制图案有线条形、花纹形等多种，图案花纹有传统的花、鸟、鱼、虫类，也有现代派风格类，印刷图案处不透光，空格处透光，形成了特殊的装饰效果。该材料可用于宾馆、酒楼、商场、酒吧、美发厅等公共场所的门窗、落地门窗、隔断、天花板、屏风、楼梯等处。

彩色玻璃的彩面也可用有机高分子涂料制得，这种饰面层为两层结构，如下层先涂以 2-乙基己酸锌为主要成分的混合溶液，混合液氧分解遂形成高透明度的氧化锌膜，氧化锌膜应有良好的黏结性和化学稳定性，防止涂料退色，上层涂料可采用的涂料品种有环氧系树脂涂料、丙烯酸系树脂涂料、胺基醇酸树脂涂料、邻苯二(甲)酸系树脂涂料、乙烯系树脂涂料、硅酮系树脂涂料、聚酯系树脂涂料及蜜胺系树脂涂料等。在这些树脂涂料中分别掺配颜料或染料，即成所需的上层涂料。含颜料的涂料一般是不透明的，因此可用于制成适合商店外装饰用的彩色玻璃，含染料的涂料，则可以制成透明的彩色玻璃。日本用三聚氰胺或丙烯酸酯为主剂，加入 1%～30%的无机或有机颜料、喷涂在平板玻璃表面，在 100～200℃温度下烘烤 10～20 min 可制得彩色饰面玻璃板，其底层由透明着色涂料组成，掺以碎贝壳粉或铝箔粉，面层为不透明的着色涂料，喷涂压力为 0.2～0.4 MPa。这种彩色饰面玻璃板从正面看，颜色如繁星闪闪发光，装饰效果十分独特，能拼成各种图案花纹，并具有高耐蚀、耐冲击等特点，适用于建筑物内外墙和门窗等处装饰。

5.5.5 吸热玻璃

吸热平板玻璃一般是蓝色、灰色或古铜色。早期是在普通硅酸盐玻璃的配料中掺入起着色作用的氧化物(如氧化铁、氧化镍、氧化钴和氧化硒等),使玻璃着色而具有较高的吸热性能。浮法玻璃生产时在玻璃带通过锡槽的过程中,利用电势差的原理,将着色剂氧化物离子带入玻璃中的方法生产吸热玻璃,使生产过程大为简化。另一种吸热玻璃的生产方法是用镀膜方法生产吸热玻璃,在普通玻璃表面喷涂氧化锡、氧化锑、氧化铁、氧化钴等着色氧化物薄膜制得。

吸热玻璃按制造工艺可分为两类,一类是在线生产的料着色吸热玻璃,另一类是离线或在线生产带有金属氧化物薄膜涂层或非涂层的吸热玻璃。料着色玻璃还可分为硅酸盐吸热玻璃、磷酸盐吸热玻璃与光致变色玻璃。光致变色遮阳玻璃在紫外线或可见光辐射作用下,随着辐射强度变化而改变颜色,或当辐射作用终止时,光学性质又恢复到原来状态。

吸热玻璃既能吸热又能透光,根据玻璃厚度不同,它可吸收太阳辐射能量20%～60%,能吸收部分可见光线,具有防晒作用。吸收紫外线,可显著减少紫外线的透射,能防止紫外线使家具、日用器具、档案资料和书籍等退色、变质。

凡既需采光又需隔热之处,均可使用吸热玻璃,尤其是玻璃幕墙用以采光、隔热更为适宜。如果用吸热平板玻璃制成中空玻璃,则隔热效果尤为显著。吸热玻璃可以广泛用于现代化的大型建筑物中,如体育馆、展览馆、办公大楼、车站、飞机场、商场、宾馆、剧院、工厂、实验室,以及炎热地区或热带有空调的建筑门窗或外墙体和汽车、火车风挡等,起隔热、防眩作用。还可按不同用途进行加工,制成磨光、钢化与夹层玻璃。在室内,吸热平板玻璃能镶嵌在玻璃隔断、家具中,以调节室内光线与色彩,增加美感。也可把能吸收大量红外辐射的无色磷酸盐吸热玻璃用于电影拷贝、电影放映、幻灯放映、彩色印刷等。

《吸热玻璃》(JC/T 536—1994)将吸热玻璃分类:按生产工艺分为吸热普通平板玻璃和吸热浮法玻璃,按厚度分为2、3、4、5 mm,按颜色分为茶色、灰色和蓝色等,颜色对玻璃光学性质的影响见表5-19。

表5-19 吸热玻璃的光学性能

颜色	可见光透射比不小于(%)	太阳光直接透射比不大于(%)
茶色	42	60
灰色	30	60
蓝色	45	70

5.5.6 热反射玻璃

热反射玻璃又称镀膜玻璃。它的颜色有灰色、青铜色、茶色、金色、浅蓝色、棕色、古铜色等。生产方法是采用热解法、真空法、化学镀膜法等，在玻璃表面涂以金、银、铜、铬、镍、铁等金属或氧化物薄膜或非金属氧化物薄膜，或采用电浮法、等离子交换方法，向玻璃表面渗入金属离子，以置换玻璃表面原有的离子而形成热反射膜制造出热反射玻璃，并可加工成中空热反射、夹层热反射玻璃。

吸热玻璃也有用镀膜法生产的，两者的区分可用下式表示：

$$S=\frac{A}{B}$$

式中 A——玻璃整个光通量的吸收系数；

B——玻璃整个光通量的反射系数。

若 $S>1$ 时，则玻璃为吸热玻璃；$S<1$ 时，则玻璃为反射玻璃。

热反射玻璃有较高的反射能力，普通平板玻璃的辐射反射率为 7%～8%，热反射玻璃辐射反射率高达 36%。

热反射镀膜玻璃的主要特性是：只能透过可见光和部分 0.5～2.5 μm 的近红外光，对 0.3 μm 以下的紫外线和 3 μm 以上的中、远红外光不能透过，即可以将大部分的太阳能吸收和反射掉，降低室内的空调费用，取得节能效果。热反射镀膜玻璃可以获得多种反射色，能将四周建筑及自然景物映射在彩色的玻璃幕墙上，使整个建筑物显得异常绚丽壮观，还具有减轻炫光作用，可降低光污染。

镀膜玻璃的性能主要是利用薄膜的光学特性。单层膜系是利用某些薄膜材料的红外线反射性能，达到热反射功能，和利用薄膜本身的可见光谱反射特性，形成反射颜色。多层膜系是在利用某些薄膜材料的红外线反射性能的同时，利用薄膜在可见光谱范围内的干涉效应，通过对薄膜厚度的调整，既可达到热反射功能，又可形成所需的反射颜色。

镀膜玻璃的实验性生产采用过多种方法。如：化学或物理气相沉积法、真空离子束沉积法、溶胶凝胶镀膜法、真空溅射镀膜法、喷涂热分解法等。大面积（7 m^2 以上）镀膜玻璃的工艺方法，首推真空阴极磁控溅射镀膜法和在线喷涂热分解法；大面积曲面异形镀膜玻璃的生产，可采用在线喷涂热分解法生产的镀膜玻璃进行热弯，或采用热弯后溶胶凝胶法镀膜；要求不高、面积不大的玻璃，亦可使用蒸发方法，也有使用离子方法镀膜。

镀膜玻璃的在线喷涂热分解法是在浮法玻璃的退火前，在玻璃上表面喷涂有机金属化合物，玻璃的高温使有机金属化合物在空气中分解为金属氧化物，从而形成薄膜。可以喷涂多层膜，但光学性能控制比较困难，产品属于硬膜系列，膜面可向内或向外使用，产品能切割、磨边、钻孔，也可进行热处理。

溶胶凝胶镀膜法是比较老的工艺，其原理是适当的有机化合物的简单水解，其含水的反应产物转换成为最终的单质或氧化物涂层，以这种方法产生的膜，主要用来改变玻璃表面的光学性质。这种方法生产的膜层，光学性能控制比较困难，一般多为单层膜。

蒸发方法主要是通过对蒸发源的加热，使其蒸发或升华。加热方法可以是电阻加热、电子枪加热、激光加热、高频加热等。蒸发方法有多种，应正确选择蒸发方法、蒸发源和蒸发温度，确定合理的生产工艺参数。

在离子镀膜过程中，蒸发在气体放电中进行，在碰撞和电子撞击反应中，形成银膜离子，并在电磁场被加速，于是在离子的轰击下发生凝结而形成膜。这种膜层的密度、硬度与耐磨性都比较高。

镀膜玻璃的真空阴极磁控溅射镀膜法，是将玻璃置于真空室中，在真空室内通入反应性气体，当对溅射阴极通电时，在电场的作用下，从阳极表面发射出电子，电子在电场的加速下能量迅速提高，高能电子将与阴极表面区域的空间中的气体分子相碰撞，使气体分子电离，带正电的粒子在电场的加速下，高速向阴极表面撞击，将金属粒子击出，同时由于粒子碰撞靶表面产生大量二次电子，电子又在电场的加速下成为高能电子，从而维持这种异常辉光放电。其中，被带正电的粒子从靶表面击出的金属粒子会沉积在玻璃上形成薄膜。采用这种方法，可以进行多层膜的生产，可形成的材料极多，绝大部分的金属和无机非金属均可成膜。

磁控阴极溅射的原理是在阴极内部装有永久磁铁或电磁铁。磁场穿透阴极表面的金属溅射靶，在对溅射阴极通电时，产生了一次电子，一次电子既在磁场束缚下又在电场的加速下，形成螺旋式运动轨迹，大大增加了加速时间及运动路程，提高了与空间气体分子相碰撞的概率和速度，从而提高了溅射沉积率。

采用真空磁控溅射镀膜法生产热反射镀膜玻璃，是生产大面积镀膜玻璃的先进的工艺方法，比传统的镀膜方法在产品质量、功能、劳动生产率、成本等方面有显著的改进，并且膜层牢固和均匀，化学稳定性能好，易获得多种理想的光学性能和丰富的反射颜色。

《热反射玻璃》(JC 693—1998)对热反射玻璃外观质量和光学性能规定见表 5-20 和表 5-21。

表 5-20　热反射玻璃的外观质量

缺陷名称	说明	优等品	合格品
针孔(孔洞)	直径<1.2 mm	不允许集中	—
	1.2 mm≤直径≤1.6 mm 每平方米允许个数	中部不允许 75 mm 边部:3	—
	1.6 mm≤直径≤2.5 mm 每平方米允许个数	不允许	75 mm 边部:8 中部:3
	直径>2.5 mm	不允许	不允许
斑纹	不允许	不允许	不允许
斑点	1.6 mm<直径≤5.0 mm 每平方米允许个数	不允许	8

续表

缺陷名称	说明	优等品	合格品
划伤	0.1 mm＜宽度≤0.3 mm 每平方米允许个数	长度≤50 mm 4	不限
	宽度＞0.3 mm 每平方米允许个数	不允许	宽度＜0.8 mm 长度≤100 mm 2

注：集中针孔(孔洞)是指直径在100 mm面积内超过20个。

表 5-21 热反射玻璃的光学性能

指标	可见光(380～780 nm)		太阳光(340～1 800 nm)		
	透射比	反射比(玻璃面)	透射比	反射比(玻璃面)	总透射比
偏差	±2	±3	±3	±3	±5

热反射镀膜玻璃具有下列优点：

1）节能性：热反射镀膜玻璃对太阳光中可见光及波长0.3～2.5 μm的近红外光有良好的透过性，但对波长为3～12 μm的远红外光则具有很高的反射性。因此，这种玻璃对太阳辐射热有较高的反应能力(普通平板玻璃的辐射热反射率为7%～8%，热反射镀膜玻璃则可达30%以上)，可把大部分太阳热反射掉。若用做幕墙玻璃或门窗玻璃，则可减少进入室内的热量，降低空调能耗及空调费用。

2）镜片效应及单向透视性：热反射镀膜玻璃具有一种镜片效应及单向透视特性。从光强的一面对玻璃看去，玻璃犹如镜面一样，可将四周景物映射出来，视线却无法透过玻璃看到光暗的一面的景物，但从光弱的一面看去，视线却能透过玻璃，对光强的一面的景物一览无余。因此，如以这种玻璃做幕墙，可使整个建筑物如水晶宫一样闪闪发光，从室内向外眺望，可看到室外景象，而从室外向室内观望，则只能看到一片镜面，看不见室内景物。这种镜片效应及单向透视特性为建筑设计开拓了广阔的前景，使建筑物多彩多姿。

3）控光性：热反射镀膜玻璃可有不同的透光率，使用者可以根据需要选用一定透光度的玻璃来调节室内的可见光量，以获得室内要求的光照强度，达到光线柔和、舒适的目的。

热反射玻璃适用于温、热带气候地区用做幕墙玻璃、门窗玻璃、建筑装饰玻璃和家具玻璃等，利用热反射镀膜玻璃的控光特性，可代替窗帘，还可用做中空玻璃、夹层玻璃、钢化玻璃、镜片玻璃的原片。

5.5.7 低辐射玻璃

5.5.7.1 低辐射玻璃生产

低辐射玻璃简称Low-E玻璃，又称“低辐射膜玻璃”、“低发射率膜玻璃”、“保温镀膜玻璃”，是在玻璃表面镀上多层金属或其他化合物组成的膜系产品，对近红外光具有较高透射比，而对远红外光具有很高反射比的玻璃。低辐射玻璃能使太阳光中的近红外光透过玻璃进入室内，有利于提高室内的温度，而被太阳光加热的室内物体所辐射出的 3 μm 以上的远红外光则几乎不能透过玻璃向室外散失，因而低辐射玻璃具有良好的太阳光取暖效果。低辐射玻璃对可见光具有很高的透射比（75%～90%），能使太阳光中的可见光透过玻璃，因而具有极好的自然采光效果。此外，低辐射玻璃对紫外光也具有良好的吸收作用。

Low-E 玻璃的生产方法有热解沉积法和真空溅射法。

(1) 在线高温热解沉积法生产的 Low-E 玻璃

Low-E 玻璃是在浮法玻璃冷却过程中完成的。液体金属粉末直接喷射到热玻璃表面上，随着玻璃的冷却，金属膜层成为玻璃的一部分。因此，该膜层坚硬耐用。此方法产生的 Low-E 玻璃具有许多优点，可以热弯、钢化，不必在中空状态下使用，可以长期储存。缺点是热学性能比较差，除非膜层比较厚，否则其 μ 值（传热系数，单位时间内从单位面积的玻璃组件一侧空气到另一侧空气的传输热量）只是溅射法 Low-E 镀膜玻璃的一半。如欲通过增加膜厚来改善其热学性能，其透明性就非常差。

(2) 离线真空溅射法生产的 Low-E 玻璃

用溅射法生产 Low-E 玻璃和高温热解沉积法不同，溅射法是离线的，且按玻璃传输位置的不同有水平及垂直之分。

溅射法工艺生产 Low-E 玻璃，需一层纯银薄膜作为功能膜，纯银膜在二层金属氧化物膜之间，金属氧化物对纯银膜提供保护，且作为膜层之间的中间层增加颜色的纯度及光透射水平。

垂直式生产工艺中，玻璃垂直放置在架子上送入大的真空室内，真空室内的压力随之减小。垂直安装的阴极靶溅射出金属原子沉积在玻璃基片上形成膜，为了形成均匀一致的膜层，阴极靶靠近玻璃表面来回移动，为了取得多层，必须使用多个阴极，每一个阴极都是在玻璃表面来回移动，形成一定的膜层。

水平法在很大程度上是和垂直法相似的，主要区别在于玻璃的放置上，玻璃由水平排列的轮子传输通过阴极，玻璃通过一系列镇定阀门之后，真空度也随之变化。当玻璃到达主要溅射室时，金属阴极靶固定，玻璃移动，在玻璃通过阴极过程中膜层形成。

窗玻璃的绝热性能，一般是用 μ 值来表示的。所谓的 μ 值就是材料的传热系数，单位为“$W/(m^2 \cdot K)$”，表征该种材料的热绝缘性能，μ 值越低，通过玻璃的传热量也越低，窗玻璃的绝热性能也越好。而 μ 值和玻璃的辐射率有直接的关系。

溅射法生产 Low-E 玻璃，由于有多种金属靶材选择及多种金属靶材组合，可有多种配置。在颜色和纯度方面，溅射镀也优于热喷涂，而且由于是离线法，在新产品开发方面也比较灵活。最主要的优点还在于溅射生产的 Low-E 中空玻璃的 μ 值优

于热解法产品的 μ 值，但它的缺点是氧化银膜层非常脆弱，所以它不可能像普通玻璃一样使用。它必须要做成中空玻璃，且在未做成中空产品之前，不适宜长途运输。

5.5.7.2 低辐射玻璃特性

低辐射玻璃(Low-E)玻璃的颜色有灰、茶、蓝、绿、古铜、青铜、粉红、金、棕等色，能吸收大量红外线热能而又保持良好的可见光透过率。

1) 保温、节能性：Low-E 玻璃一般能通过 75%以上的太阳光，辐射能进入室内被室内物体吸收，进入后的太阳辐射热有 90%的远红外热能仍保留在室内，从而降低室内采暖能源及空调能源消耗，故用于寒冷地区具有保温、节能效果。这种玻璃的导热系数小于 1.6 W/(m·K)。

Low-E 玻璃具有采光性能好，同时能阻挡全部紫外线及部分红外线的功能，适合住宅建筑中空玻璃用原片。太阳辐射能量的 97%集中在波长为 0.3～2.5 μm 的范围内，这部分能量来自室外。100℃以下物体的辐射能量集中在 2.5 μm 以上的波长段，这部分能量主要来自室内。若以窗为界，冬季或在高纬度地区希望室外的辐射能量进来，而室内的辐射能量不要外泄，若以辐射的波长为界，室内、室外辐射能的分界点就在 2.5 μm 这个波长处。因此选择具有一定功能的窗玻璃就成为关键。3 mm 厚的普通透明玻璃对太阳辐射能具有 87%的透过率，白天来自室外的辐射能量可大部分透过，但夜晚或阴雨天气、来自室内热辐射能量的 89%被吸收，使玻璃温度升高，然后再向室内、外辐射和对流交换散发热量，故无法有效地阻挡室内热量泄向室外。Low-E 中空玻璃对 0.3～2.5 μm 的太阳能辐射具有 60%以上的透过率，白天来自室外辐射能量可大部分透过，而夜晚和阴雨天气，来自室内物体的热辐射约有 50%以上被其反射回室内，仅有少于 15%的热辐射被吸收后通过再辐射和对流交换散失，故有效地阻止室内的热量泄向室外，Low-E 玻璃的这一特性，使其具有控制热能单向流向室内的作用。

太阳光短波透过窗玻璃后，照射到室内物品上，这些物品被加热后，将以长波的形式再次辐射。这时波长被 Low-E 窗玻璃阻挡，返回室内。事实上通过窗玻璃再次辐射被减少至 85%，极大地改善了窗玻璃的绝热性能。

辐射率是某物体的单位面积辐射的热量同单位面积黑体在相同温度、相同条件下辐射热量之比。辐射率定义的是某物体吸收或反射热量的能力。理论上，完全黑体对所有波长具有 100%的吸收，即反射率为零。因此，黑体辐射率为 1.0。通常，浮法白玻璃的辐射率为 0.84。而大多数在线热聚合 Low-E 镀膜玻璃的辐射率在 0.35 到 0.50 之间。磁控真空溅射 Low-E 镀膜玻璃的辐射率在 0.08 到 0.15 之间。值得注意的是，低的辐射率直接对应着低的 μ 值。玻璃的辐射率越接近于零，其隔热性能就越好。

Low-E 镀膜中空玻璃是一种较好的节能采光材料。它具有较高的太阳能透射性能，非常低的 μ 值，并且，由于镀膜的效果，Low-E 玻璃反射的热量回到室内，使得窗玻璃附近的温度较高，人在窗玻璃附近也不会感到太多的不适。而应用 Low-E 窗玻璃的建筑，其室内温度相对较高，因此，在冬季可以保持相对高的室内湿度，而且不结露，这样在室内的人也会备感舒适。

2）保持物件不退色性：Low-E 玻璃也能够阻挡大量的紫外线透射，防止室内的织物退色，如用做门窗玻璃，可防止室内陈设、家具、挂画等因受紫外线影响而退色。

3）防眩光性：Low-E 玻璃能吸收部分可见光线，故具有防眩光作用。

Low-E 玻璃的主要优点是能够阻断热辐射，对建筑物开口部位的节能有积极的作用。低辐射玻璃问世以前的节能玻璃品种主要有中空玻璃、吸热玻璃和热反射玻璃。热反射玻璃在反射红外光的同时对可见光的透射也有很大衰减，应用时要考虑采光损失与可见光反射造成的光污染问题。吸热玻璃以吸收红外光的方式来降低热能的透射量，玻璃自身升温后也存在热辐射问题。中空玻璃则仅能衰减传导与对流的热能，对热辐射不能阻挡。而低辐射玻璃颜色较浅，基本不影响可见光的透射，对远红外有较高的反射率，具有其他节能玻璃所不具备的优势，故 Low-E 玻璃适用于寒冷地区，用做门窗玻璃、橱窗玻璃、博物馆及展览馆窗用玻璃、防眩光玻璃，另外还可用做中空玻璃、钢化玻璃、夹层玻璃的原片。

将低辐射玻璃与吸热玻璃组合成中空结构，形成建筑节能玻璃。图 5-2 是其结构示意图。采用6 mm的吸热玻璃作为中空玻璃的室外侧，将阳光中的红外部分吸收约 40%，吸热玻璃升温后向室内侧的远红外辐射被低辐射玻璃反射，致使大部分辐射能流向室外方向。

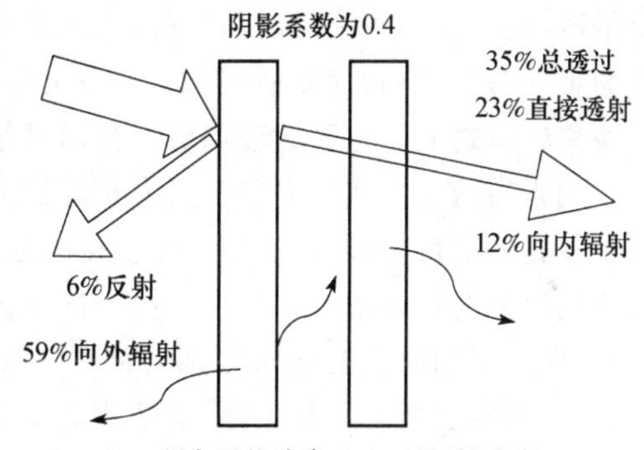

图 5-2 低辐射玻璃与吸热玻璃组合结构示意图

低辐射玻璃反射远红外是双向的，它既可以阻止吸热玻璃产生的热辐射进入室内，又可以将室内物体产生的热辐射反射回来，总之它是将热能向热源方向反射的。在夏季，低辐射玻璃可以减少外部热空气和其他热源向室内的热辐射，降低空调负荷；在冬季，可以减少从温度高的室内向室外的热辐射，降低暖气的负荷。一般情况，用低辐射玻璃组合成的中空节能玻璃可以达到热辐射透过率低于 40%、可见光透过率高于 70%的指标，是综合节能指标好的建筑玻璃。

5.5.8 减反射玻璃

减反射玻璃，又称“防眩玻璃”、“低反射玻璃”，对可见光的透过率达 90%以上，反射率一般降低到 1%以下。减反射玻璃是在玻璃表面镀覆减反射膜达到无反射或减反射的目的，在折射率为 n 的玻璃表面镀以折射率为$\sqrt{n}$、光程为 1/4 波长的透明膜层，使膜层上、下两面的反射光因干涉而使反射率减小。

普通玻璃的可见光反射比为4%～7%，用来做橱窗玻璃往往会反射出周围的景物而影响橱窗内陈设物品的展览效果。减反射玻璃的可见光反射比小于1%，它可以消除玻璃表面反射的影响，并能提高玻璃的可见光透射比，因而能显著提高橱窗内陈设物品的展示效果。

减反射玻璃已经广泛用于手提电脑、车载显示器、工业仪表以及相框、触摸屏、手机屏幕、液晶显示器、LCD/LED大屏幕、平板电视CRT、背投电视PTV、电视拼接墙DLP等领域，可安装于任何规则的玻璃框架及系统，主要用于橱窗、画框以及其他要求低反射比的部位。

5.5.9 调光玻璃

调光玻璃又称做电致变色玻璃，通过改变电流的大小可以调节透光率，实现从透明到不透明的调光作用。

调光玻璃的原理与液晶显示器件相似，通过改变液晶材料的排列有序性达到改变光透过效果。液晶调光玻璃的原理是在两块玻璃基板上镀覆透明导电膜，形成两个平面电板，在其间注入液晶材料，当两个电极之间有电流通过时，液晶从无序排列变为定向有序排列，使光线畅通。现多用液晶材料制成的胶片，采用夹层工艺将其与两块镀有透明导电膜的玻璃层结合即可制成液晶调光玻璃。

调光玻璃主要用于有保密或隐私防护的建筑场所，由其制成的窗玻璃相当于有电控装置的窗帘一样，在需要遮蔽视线时断掉电源，使玻璃处于不透明状态，在需要采光或透视时打开电源。如在一些工厂和研究部门，一些参观内容只对部分参观者开放，即可采用调光玻璃来区别对待。又如在会客室的落地窗，卧室的外窗采用调光玻璃，可在必要时切断光路，这是非常方便又不显眼的。较之窗帘，调光玻璃是不易觉察的，不通电时不过像一片磨砂玻璃而已，不像窗帘的启闭那么惹人注意。

调光玻璃的价格目前还比较昂贵，只能用在一些重要场合，随着科学技术的发展，成本将逐渐下降，它将以特殊功能性和占用空间小(省去设置窗帘的空间)的优点得到越来越多的应用。

5.5.10 光栅玻璃

光栅玻璃又称镭射玻璃，是以普通平板玻璃为基材深加工而得到的一种新型装饰玻璃。经过特殊的工艺处理，玻璃背面出现全息或其他光栅，在太阳光、月光、灯光等光源照射下形成物理衍射分光，经金属材料反射后会出现艳丽的七色光，且同一感光点或感光面，因光源的入射角不同而出现不同的色彩变化，使被装饰物显得华贵高雅、梦幻迷人。

镭射玻璃的颜色有银白色、蓝色、灰色、紫色、红色等多种。有单层和夹层结构之分，如半透半反单层(5 mm)、半透半反夹层(5 mm＋5 mm)、钢化半透半反图案夹层地砖(8 mm＋5 mm)等。镭射玻璃适用于宾馆、酒店、各种商业、文化娱乐设施的装饰，以烘托气氛。

5.5.11 冰花玻璃

冰花玻璃是一种表面具有酷似自然冰花纹理的新型装饰玻璃，其加工工艺是在磨砂玻璃的毛面上均匀涂布一薄层骨胶水溶液，经自然或人工干燥后，胶液因脱水收缩而龟裂，并从玻璃表面剥落，剥落时由于骨胶与玻璃表面黏结力的关系，可将部分薄层玻璃带下，从而在玻璃表面上形成许多不规则的冰花状图案，胶液的浓度越高，冰花图案越大，反之则小。所用的原片玻璃可以是普通平板玻璃、浮法玻璃，也可以是彩色平板玻璃。

冰花玻璃的冰花纹理对光线有漫反射作用，因而冰花玻璃透光不透视，犹如蒙上一层薄纱，可避免强光引起的眩目，具有立体感强、花纹自然、质感柔和、透光不透明、视感舒适等特点。它可用无色平板玻璃制造，亦可用茶色、蓝色、绿色等彩色平板玻璃制造，其装饰效果优于压花玻璃，是一种新型的室内装饰玻璃，可用于宾馆、饭店、酒吧、会议室等场所的门窗、隔断、屏风、家具、吊顶等处，也可用于家庭装饰。

5.5.12 空心玻璃砖

玻璃砖是一种墙体材料，它具有透光、保温和装饰等主要功能，目前国内主要应用在内墙，也可以用于非承重外墙。

玻璃砖所使用的原材料及熔制工艺基本与平板玻璃相同，区别主要在成型工艺。玻璃砖是在模具中压制成型的，先将玻璃液注入模具，压制成中间凹入的两个半砖，再经高温压合两个半砖为中空的整体，中间充有低于 101.3 kPa 的干燥空气。经过退火处理后，再在玻璃砖的侧面涂覆乙烯基高分子材料。一般常用的多为单腔玻璃砖，也可以制造双腔玻璃砖，其保温效果更好。

玻璃砖的厚度主要有 80 mm 和 100 mm 两种规格，产品形状以正方形和矩形为主，也可以制作各种异形玻璃砖，玻璃砖的长度和宽度主要有 190、240、300 mm 三种，砖尺寸有 190 mm×190 mm、240 mm×115 mm、240 mm×240 mm，300 mm×190 mm、300 mm×240 mm 和 300 mm×300 mm 等规格。

玻璃砖的图案有多种，方格、菱形格、直线、点状、放射状和各种随机图形，甚至可以向工厂定制，制成定向透射的玻璃砖。玻璃砖的图案是在模具内形成，所以形状和图案都是易于调整的。

玻璃砖的耐压强度一般在 5～7MPa，导热系数在 2.5W/(m^2·K)左右，透光率在 60%～80%之间，隔声效果可达 40～50dB。玻璃砖的透光不透明特点与磨砂玻璃和压花玻璃类似，同时保温性能优良，且有图案的装饰效果，玻璃砖的颜色也可以选择，根据建筑设计要求，可以是蓝、绿、棕、粉红、乳白等各种色调，制作工艺与彩色玻璃相同。玻璃砖可用于室内隔断、厅堂、屏风、浴室、楼梯间等建筑部位。

5.5.13 釉面玻璃

彩釉玻璃是将无机色釉通过丝网(或辊筒)印刷机印制在玻璃表面,然后经烘干、钢化(半钢化)处理,将色釉永久烧结于玻璃表面,而得到一种抗酸碱和安全性高的玻璃产品。

彩釉玻璃用的彩釉通常由基釉和色料组成,基釉为易熔玻璃熔块研磨成的粉末,色料为无机着色材料。基釉和色料以一定比例混合、烧结,再研磨成粉末,与有机溶剂一起形成浆料。

单色彩釉玻璃用辊筒印刷工艺,图案彩釉玻璃用丝网印刷,主要工艺过程如下。

5.5.13.1 辊筒印刷工艺

彩釉辊筒印刷的实质是,玻璃在印刷传送过程中,印刷胶辊在旋转中将釉料均匀地印制到玻璃表面,并通过调节传送胶辊和传送带速度来控制其印刷厚度的一种生产工艺。辊筒印刷则主要针对全幅印刷的玻璃订单,它具有操作方便、生产效率高、印刷涂层厚的特点,缺点是釉料消耗较大,且印刷辊筒在辊印过程中会使玻璃印刷釉层产生一定有规律的印刷波纹,透光观察会较明显,这也就决定了它只能用在建筑不透光部位。

5.5.13.2 丝网印刷工艺

彩釉玻璃丝网印刷是指把所要的图案(或单色全幅版)在丝网上做成漏孔板,并用刮板压力把釉料通过网孔转移到玻璃表面上,形成所需要的完整图案(或单色)。丝印过程中,丝网版同玻璃具有两种相对位置,一种是静态(即无刮印动作),两者处于非接触状态,它们之间有一定的网距;另一种是刮压,丝网版与玻璃受到刮板的压力,使它们之间处于线接触状态,且这条线始终与玻璃作相对的匀速位移,没有这两种状态,就印不出所需要的图案来。准确把握丝网版同玻璃之间相对位置的变化,是保证印刷质量的关键。同时,釉料黏度、刮板角度、印速、压力等变量也影响印刷的质量。丝网印刷具有印刷图案准确、精细、印刷面相对均匀的特点,缺点是要制作印刷网板,生产及准备烦琐,同时对订单产品规格、批量的一致性要求较高,否则将极大降低其生产效率。该生产工艺主要针对带图案、文字以及有特殊要求的彩釉玻璃订单,譬如当前流行的圆点、方格、线条之类的图案,由于可通过调节图案的覆盖率、颜色来达到不同的装饰效果,广泛用于建筑天棚、外墙、办公室隔断墙等透光区域。

5.5.13.3 其他印刷工艺

除了以上两种常见印刷工艺外,还有幕帘法、彩绘法、印章法、印刷纸法等。幕帘法是利用重力作用,将黏稠的彩釉浆料像幕帘一样从空中流淌下来,玻璃基片从幕帘状浆料下通过,在基片上面形成一层釉料,然后进行烘干。可以通过调整狭缝宽度、玻璃基片速度来控制釉料层厚度,适用于单一颜色的涂布。彩绘法是把彩釉浆料作为彩绘颜料,由人工用画笔制作出图案,然后进行烧结。这种方法效率低,产品质量取决于美工人员的绘画技术,只能用于小规模生产,适合生产室内装饰玻璃。

印章法是先将印刷图案做成一个丝网印刷用的网板，然后用带弹性的橡胶材料蘸上彩釉浆料印刷在玻璃基片上，适合印制尺寸比较小的图案，比如钢化标示等。印刷纸法是先把彩釉浆料印刷在一张特制薄膜纸上，用水将薄膜粘贴在玻璃基板表面，经过高温烧结，彩釉图案就转贴到玻璃上了，薄膜纸上的图案可以在专用生产线上批量生产，可以套印成彩色图案，生产成本相对较低。

彩釉玻璃因采用无机色釉，产品色泽稳定性，色调与建筑寿命保持一致；带图案的彩釉玻璃因有次序地印刷，降低玻璃眩光，同时对阳光西晒和直射有明显的缓和作用；遮蔽系数与玻璃彩釉的覆盖率有关，完全覆盖的遮蔽系数约为 0.32，50%覆盖的遮蔽系数约为 0.66，具有遮阳性；彩釉玻璃经钢化或半钢化处理，强度、安全性增加，具备钢化或半钢化的一切特性，安全性好；同时，还可以制成彩釉夹层玻璃以增强其抗风压强度；彩釉玻璃材质轻，可代替石材、瓷砖用于外墙，减轻外墙负荷，施工安装方便。

彩釉玻璃色彩绚丽、丰富，除可制成单色、仿花岗石图案等彩釉玻璃外，还可设计成圆点、方格、线条等有序图案来加强建筑物的装饰效果。可用做建筑外墙玻璃、建筑采光天棚、室内装饰隔断及其他玻璃制品，如煤气炉玻璃台面、家具玻璃等。

5.5.14 玻璃马赛克

马赛克是由“Mosic”一词译音而得的，泛指带有艺术性的镶嵌作品，现在马赛克专指一种由不同色彩的小板块镶嵌而成的平面装饰。

玻璃马赛克的生产方法主要有烧结法和熔融法。

5.5.14.1 烧结法生产工艺

烧结法工艺类似瓷砖的生产，是以废玻璃为主，加上工业废料、胶粘剂和水等，压块干燥（表面染色）、烧结、退火而成。烧结是在 650～850℃的温度下烧制 6～15 min，冷却后，用糊精并掺加以适量阿拉伯树胶、糯米粉和水配成的粘结剂粘贴在 80 g/m^2 的牛皮纸上。

5.5.14.2 熔融法

熔融法又称压延法，它是将石英、石灰石、长石、纯碱、着色剂、乳化剂等原料，经高温熔化，玻璃液在 1 300～1 500℃池窑中均化后，对辊压延压法或链板压延法成型、退火而成。

在玻璃马赛克生产过程中，可以加入氟化物作乳浊剂，如萤石（CaF_2）、氟硅酸钠（$NaSiF_6$）。萤石乳浊能力不及氟硅酸钠，但价格便宜，氟硅酸钠乳浊作用稳定，但价格较贵，且分解时产生氟蒸气，对人体健康有害。加入氧化剂硝酸钠、重铬酸钾或铬酸钾可起到稳定色泽的作用。

玻璃马赛克质地坚硬、性能稳定、耐候性好、抗腐蚀性强、有玻璃光泽、吸水率低、不易挂灰、建筑物外观整洁、清新、颜色绚丽、典雅、柔和，可任意拼成艺术图案或文字，表现力强，玻璃马赛克较其他贴面材料薄，背面有凹槽，因此贴牢度高，不宜脱落伤人。

由于玻璃马赛克具有优异的物理力学性能和远视观赏效果，适用于中高层建筑外墙,也可用于建筑内墙、柱面装饰,可镶拼成各种图案和色彩的壁画。

《玻璃马赛克》(GB/T 7697—1996)将玻璃马赛克产品分为熔融玻璃马赛克、烧结玻璃马赛克和金星玻璃马赛克。金星玻璃马赛克除了具有普通玻璃马赛克的全部特点外,还能随外界光线的变化映射出不同色彩,似金星闪烁,璀璨夺目,常用的金星有铁金星、铬金星和铜金星。标准要求金星玻璃马赛克的金星分布闪烁面积应占总面积 20%以上,且金星部分分布均匀。规定玻璃马赛克一般为正方形如 20 mm×20 mm、25 mm×25 mm、30 mm×30 mm,其他规格尺寸由供需双方协商,外观质量应符合表 5-22 规定,理化性能见表 5-23。

表 5-22 玻璃马赛克外观质量

缺陷名称		表示方法	缺陷允许范围/mm	备注
变形	凹陷	深度	≤0.3	
	弯曲	弯曲度	≤0.5	
缺边		长度	≤4.0	允许一处
		宽度	≤2.0	
缺角		损伤长度	≤4.0	
裂纹			不允许	
疵点			不明显	
皱纹			不密集	
开口气泡			长度≤2.0 宽度≤0.1	

表 5-23 玻璃马赛克理化性能

试验项目		条件	指标
玻璃马赛克与铺贴纸黏合牢固度			均无脱落
脱纸时间		5 min 时	无脱落
		40 min 时	≥70%
热稳定性		90℃→18～25℃ 30 min 30 min 循环 3 次	全部试样均无裂纹和破损
化学稳定性	盐酸溶液	1 mol/L,100,4 h	K≥99.90
	硫酸溶液	1 mol/L,100,4 h	K≥99.93
	氢氧化钠溶液	1 mol/L,100,4 h	K≥99.88
	蒸馏水	1 mol/L,4 h	K≥99.96

注:K 为重量变化率。

5.5.15 微晶玻璃装饰板

微晶玻璃又称玻璃陶瓷，是由晶相和残余玻璃相组成的质地致密、均匀的多相材料。

将一定组成的玻璃原料加入一定量的晶核剂(有时不需另加晶核剂)，熔融成型后进行晶化处理，在玻璃体内均匀地渗出大量的细小晶体，从而得到一种类似于陶瓷体的微晶玻璃，晶体的大小从十分之几微米到几十微米，晶体数量可达50%。微晶玻璃的强度高、电导率低、介电常数高、机械加工性好、耐化学腐蚀。这些优良的性能取决于晶体的种类和数量，以及剩余玻璃相的组成和性能。适当地选择玻璃组成和晶化条件，就可以制得不同性能的微晶玻璃。微晶玻璃和普通玻璃的区别在于，前者大部分是晶体，而后者则是非晶体。

微晶玻璃的品种很多，其性能也差异较大，但作为建筑材料使用的微晶玻璃却不太多，一般可按其原料组成将建筑用微晶玻璃分为矿渣微晶玻璃、岩石(玄武岩、辉绿岩)玻璃等。微晶玻璃强度高于玻璃、陶瓷以及天然石材，质地致密、内无气孔、不透气、不吸水、耐磨性好，微晶玻璃由于晶化，与原来的玻璃相比，软化温度升高，耐热性能也增大，外观光洁如镜，优美典雅。

在建筑装饰中，微晶玻璃可作为建筑物的内墙贴面、外墙贴面、屋顶和路面装饰，尤其适合应用于商场、地铁、电梯井等交通频繁的区域。

5.5.16 纳米自洁净玻璃

自洁玻璃，是指该玻璃不用擦拭，靠雨水的冲刷或用水冲洗就能达到洁净的目的。纳米自洁净玻璃是在浮法玻璃表面沉积一层半导体氧化物纳米膜，该膜层受紫外光或太阳光照射后具有两种性质：一是光催化活性，它能够将附着在玻璃上的有机污染物降解为二氧化碳和水；二是亲水性，即水滴到玻璃上后能够铺展成水膜，而不是水滴。自洁净玻璃的这两种性质能使玻璃具有自洁功能。首先，附着在自洁玻璃表面的有机污物在膜层光催化活性作用下降解为二氧化碳和水，其他附着在玻璃表面的灰尘等无机污染物再在雨水或自来水的冲刷作用下被冲掉，从而保持玻璃表面清洁，免除高层建筑的定期清洗。

自洁净玻璃的研究是随着人们对半导体材料光催化性能的研究发展起来的，光催化技术是利用光来激发 TiO_2 等化合物半导体，利用 TiO_2 产生的电子和空穴来参加氧化-还原反应，降解有机物。自洁净玻璃属生态环保型新型玻璃。

纳米自洁净玻璃就是利用 TiO_2 薄膜的光催化氧化机理，在阳光中紫外线的作用下，光催化剂产生具有强氧化能力的电子空穴对，能将玻璃表面几乎所有的有机物逐渐分解、松散和溶解，直至完全氧化，降解为能被雨水冲走的无害物。

将 TiO_2 在玻璃表面制成薄膜，该薄膜除了具有光催化降解有机物的功能外，还具有超强亲水性。TiO_2 薄膜在光照下具有很好的亲水特性，在非光照情况下将水滴在玻璃表面上，表面与水有较大的接触角，但在紫外光照射下，水的接触角减小甚至达到 0°，显示了薄膜的亲水性。光照停止后，TiO_2 薄膜表面的亲水性可维持数小时甚至几天，随后又慢慢恢复到紫外线照射前的情况。再用紫外光照射，则再次表现出超亲水性。自洁净玻璃就是利用 TiO_2 薄膜的光催化降解活性和亲水性进行工作的。

TiO_2 薄膜的制备方法很多，如溶胶-凝胶法、液相沉积法、化学气相沉积法、热分解法、磁控溅射法等。

1. 溶胶-凝胶法

溶胶-凝胶法制备 TiO_2 薄膜是将钛的有机醇盐溶于某种溶剂中，经过水解缩聚反应后形成稳定的溶胶，然后采用适当的成膜技术将溶胶涂覆于基片上，经焙烧制成一层透明的 TiO_2 薄膜。常用的有机醇盐有钛酸正丁酯[$Ti(OC_4H_9)_4$]、钛酸乙酯[$Ti(OC_2H_5)_4$]和钛酸四异丙酯[$Ti(OC_3H_7)_4$]等，其中最常用的是钛酸正丁酯。

溶胶-凝胶法制备 TiO_2 薄膜的优点是操作简单、所制得的薄膜化学成分均匀、膜孔径小且孔径分布范围窄，还可制备多种氧化物的复合薄膜。但原料成本较高，工艺时间长，干燥、煅烧时凝胶体积收缩大，易造成纳米 TiO_2 薄膜颗粒间的团聚。

2. 化学气相沉积法

液相沉积法制备 TiO_2 薄膜：该方法只需在适当的反应液中浸入基片，在基片上就会沉积出氧化物的均一致密的薄膜。其中反应液多以氟钛酸铵为主要原料。将氟钛酸铵的水溶液与硼酸的水溶液混合搅拌均匀得到反应液，将基片浸入其中，在载波片上即可制备透明的 TiO_2 薄膜。用此法制得的 TiO_2 薄膜较为均匀致密，在紫外光照射一定时间后与水完全润湿。

化学气相沉积法：用有机钛化合物或四氯化钛作为原料，使之变成气态，输送到镀膜机内，均匀地在玻璃表面发生化学反应，形成 TiO_2 薄膜的一种方法。该方法一般是在浮法线后端直接生产，产量较大，膜层质量好，光催化活性强。

3. 阴极磁控溅射法

一般是采用溶胶-凝胶法制作，尽管这种薄膜亦具有良好的光催化特性，但是它作为建筑玻璃和汽车玻璃使用，机械耐久性不够，大面积均匀性很差，况且这种工艺还要经过 500～600℃退火。直流反应磁控溅射能在 350℃的基体温度下制备出结合力好、高质量、厚度均匀的光催化 TiO_2 薄膜，但是在工业化生产过程中存在着工艺不稳定、沉积速率低的问题。双极脉冲磁控溅射在 200℃基体温度下就能获得最佳光催化特性的 TiO_2 薄膜，并结合智能化的闭环控制，能够在长时期内保持稳定的镀膜状态，相应地提高了镀膜效率，这为工业化生产光催化 TiO_2 薄膜开辟了一个新的途径。

4. 水热法制备 TiO_2 薄膜

水热法以金属粉末或其无机物为前驱体，在一定反应介质中进行，利用沸水水热处理无定型的薄膜使其转晶而制得优质薄膜。传统的水热法制备 TiO_2 薄膜是以

钛金属粉末在 H_2O_2 中氧化生成的 $TiO4^{2-}$ 溶液为前驱物，其前驱物制备复杂，成本较高。后来发展为以无机物为前驱体，水为反应介质制膜。无机物常用 $Ti(SO_4)_2$，并配以尿素水溶液作为前驱物，在 160℃的水热条件下保温 2 h，在玻璃基片上即可制备均匀、致密、无可视缺陷的锐钛矿型 TiO_2 薄膜。

5. 电子束蒸发法制备 TiO_2 薄膜

电子束蒸发法是利用聚焦电子束直接对被蒸发材料进行轰击加热，在基片上形成薄膜。制备 TiO_2 薄膜所需的蒸发材料即为 Ti，基片放置于真空室内且被加热至 300℃，聚焦电子束使 Ti 蒸发，Ti 氧化在基片上制备出 TiO_2 薄膜。

阳极氧化法制备 TiO_2 薄膜是以钛为阳极，铂等惰性金属或石墨作阴极，于电解质溶液中两电极间施加直流电压使钛表面生长出 TiO_2 薄膜。电解质溶液多采用 NaOH 或 H_2SO_4，实验前用稀 HF 溶液清洗钛片以除去表面氧化物，即可制得完整的 TiO_2 薄膜。

纳米自洁净玻璃的特性有：

1) 自洁性：这种玻璃是在平板玻璃的双面镀一层纳米 TiO_2 薄膜，具有光催化活性，在紫外光作用下，亲水性和亲油性好。

2) 杀菌性：掺杂在 TiO_2 光催化膜表面的大肠杆菌和金黄色葡萄球菌在光照 20 min内灭菌率达到 90%，80 min 可全部被杀灭。用紫外光照射 TiO_2 光催化膜，光催化剂受激发产生的电子-空穴对能将空气中有机或无机的污染物，如氮氧化合物(NO_x)、甲醛(HCHO)、二氧化硫(SO_2)等，直接分解成无害的物质，达到净化空气的目的。能杀灭室内空气中的各种细菌和病毒，有效地净化空气，减少污染，改善工作和生活环境，有利于人们的健康，提高生活质量。

3) 透光性：纳米自洁净玻璃光透过率高。TiO_2 膜层厚度为 0.3 μm，平均粒径为 10～20 nm，晶型为锐钛矿型。纳米自洁净玻璃还具有近乎完美的光学性质，在近紫外线和近红外波段具有较低的透过率，而在可见光区却又有很高的透过率，透过率可达到 75%～80%，可同时作为阳光屏蔽玻璃和汽车安全玻璃。

4) 膜层牢固性：纳米自洁净玻璃膜层牢固性好，经反复进行破坏性实验证实，这种玻璃具有很长的寿命，甚至与普通玻璃一样经久耐用。经过高温处理，TiO_2 膜层与玻璃烧结在一起，十分牢固，不变质，不脱落。同时，这种玻璃还耐酸、耐碱、防腐蚀，可以广泛应用于幕墙、大厦、住宅。

5) 耐高温性：可以进行钢化处理。

TiO_2 基薄膜自洁净玻璃应用于建筑幕墙玻璃，可以长久保持其清洁明亮，可大大减少清洗保温的费用，应用于室外尤其是公共环境、道路等玻璃灯具的照明，可免去清洁维护费用，并显著提高照明效果，用于汽车玻璃和车用后视镜，不仅免于经常清洁，而且可使雨水迅速扩散挥发，大大改善驾驶人员的视线，提高汽车驾驶性能，自洁净玻璃还可用于太阳能电池盖板、太阳能热水器玻璃，它将明显地提高光-电、光-热转化效率。

5.6 中空玻璃

5.6.1 中空玻璃概念

中空玻璃是指两片或多片玻璃以有效支撑均匀隔开并周边粘接密封,使玻璃层间形成有干燥气体空间的制品。

中空玻璃是由两片或多片玻璃,以内部充满高效分子筛吸附剂的铝框间隔出一定厚度的空间,边部再用高强度密封胶粘合而成的玻璃组件。中空玻璃的空隙最初是干燥的空气,目前多用热导率比空气低的其他气体。中空玻璃的空隙最小不应小于 6 mm,否则起不到保温隔热的作用。但空隙也不能太大,空隙太大将会使中空玻璃过厚。为使隔框生产标准化,目前中空玻璃的空隙分别为 6、9、12、15、18 mm 等几种。

在中空玻璃的内部充入惰性气体是改善和提高中空玻璃性能的有效手段之一。同时,使用充入惰性气体的中空玻璃可以提高冬季窗户内侧的温度,从而提高了室内的舒适程度,最大限度地减少室内潮气在玻璃上的结雾问题。最常用于中空玻璃的惰性气体有氩气、氪气和氙气。氩气是使用最多的惰性气体,成本低且容易获得。氪气可用来制作空气层较小的中空玻璃,因为氪气的传导系数只为氩气的 1/2～1/3,较小的空气层间隔就可以提供较高的热效能。

中空玻璃已经经历 100 多年的历史,生产技术已经相当成熟,实际使用十分广泛,节能效果特别明显。美国中空玻璃应用普及率已高达 83%以上,欧洲各国中空玻璃使用普及率已达到 50%。日本中空玻璃的生产应用已有 30 多年的历史,中空玻璃普及率已达 10%以上,日本政府还在加大力度,力图使中空玻璃的普及率达到 50%。韩国建筑门窗的中空玻璃普及率接近 90%的水平。

5.6.2 中空玻璃生产

中空玻璃是由玻璃、密封胶、间隔框及干燥剂组成,其生产工艺见图 5-3。

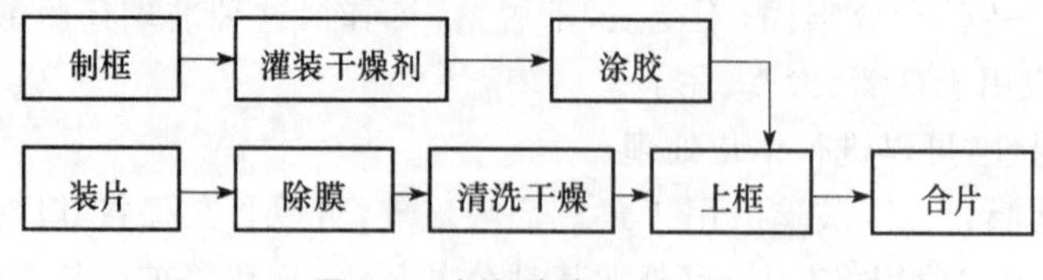

图 5-3 中空玻璃生产工艺

中空玻璃应根据功能要求选用浮法玻璃、钢化玻璃、夹层玻璃、镀膜玻璃、夹丝玻璃、吸热玻璃、防弹玻璃、单片防火玻璃等作为材料。制造中空玻璃的玻璃原片已从用单一的普通平板玻璃逐渐发展为采用深加工玻璃产品,采用低辐射镀膜玻璃制造的中空玻璃的隔热性能更好。中空玻璃的隔框一般多用薄铝型材,型材为空腹结构，空腹中装有干燥剂。中空玻璃四周的密封已从焊接法、熔接法发展到胶接法。新一代胶条法是集丁基胶、波浪形铝带和干燥剂于一身的一体化工艺，在制造工艺过程中，完全免除了操作及安装的密封剂，使工艺简易，便于操作，它以优越的密封性，良好的隔热性，可靠的使用质量及耐久的寿命，得到广泛应用。用胶接法生产中空玻璃要有质量较高的丁基胶和聚硫胶作粘接剂，同时要有好的压机将玻璃板和隔框在粘接剂的作用下压紧。

构成中空玻璃的密封胶是决定中空玻璃性能及寿命的关键。到目前为止，因需求不同而发展出数种不同的制造工艺，中空玻璃生产所用的密封胶，包括早期双组份聚硫胶、聚氨酯以及最近发展的反应型湿气固化热熔胶。用于中空玻璃的密封胶性能见表 5-24，中空玻璃第一道密封胶用丁基热熔密封胶，不承受载荷的第二道密封胶应用弹性密封胶，弹性密封胶选用前应进行密封胶与玻璃的黏结性试验和丁基胶的相容性试验，合格后方能选用。应用于结构安装的中空玻璃应采用中性硅酮结构密封胶。

表 5-24　密封胶的水汽渗透率及剪切强度

密封胶	水汽渗透率/[g/(m^2·d)]	剪切强度/MPa
丁基胶	0.17	68.95～103.42
热熔胶	0.63	206.84～482.63
反应型热熔胶(富乐)	0.6～2.0	689.48～2 068.43
聚氨酯	15	689.48～1 034.21
聚硫胶	19	689.48～1 034.21
硅酮胶	100～110	689.48～2 068.43

制造铝间隔条的材料的壁厚应大于 0.3 mm，吸附孔通透、均布，不得有间断或缺孔。因节能等级的要求，所用的隔条(Spacer)有传统的铝隔条、U 形条(Intercept Spacer)、Swiggle 隔条、超级间隔条(Supper Spacer)。

中空玻璃密封典型结构包括单道密封和双道密封两种。

5.6.2.1　单道密封

这是最简单的制造方法。单道密封是用两层玻璃加上槽铝式隔条，分子筛填充在铝隔条内，铝隔条的四边用插角接好，再打上密封胶把铝隔条和玻璃粘好，这是所谓的单道密封，见图 5-4。所用的密封胶可选用双组分聚硫胶或聚氨酯，但是，由于这两种密封剂的水汽透过率较高，致使密封期较短。也可改用热熔胶，经打胶机上胶密封，这种胶密封的中空玻璃优点是寿命长，成本低，不良率低，生产简单有效，可在 8 h 内做数百件中空玻璃，施工简易。由于铝式隔条紧靠着玻璃，隔热不如暖边中空玻璃。为了达到暖边要求，一直到 20 世纪 80 年代，美国 GED 推出了半自动生产线，首先把 4 段铝条装好分子筛并连接好，再经过半自动挤出机在铝条的三面打胶，再把铝条接好置于2片玻璃之间，再经过热压机后，做成的玻璃可立即使用，而玻璃和铝条间也有一道胶隔开，因此隔热效果比冷边的中空玻璃好，此工艺生产效率高，一天8 h内能生产千件的中空玻璃。

5.6.2.2 双道密封

1. 传统间隔条

双道密封比单道密封增加了一道丁基胶。对此工艺而言，首先在铝隔条的两边各涂上一层丁基胶，然后再涂上一道有结构强度的密封胶。结构胶一般为聚硫胶和硅酯胶，也可使用聚氨酯胶。做好的中空玻璃须经过几小时至数日的固化才可移动，其结构示意图见图5-5。第一道密封胶功能为中空玻璃预定位作用、隔离水汽、防止空气、惰性气体进出中空玻璃空腔。丁基胶(PIB)的水汽渗透率(MVTR)最低，因此，通常用做第一道密封。第二道密封胶的作用为：将玻璃和间隔条粘成一个中空玻璃整体，防止分子筛向外泄漏，弹性恢复并缓冲边部应力。

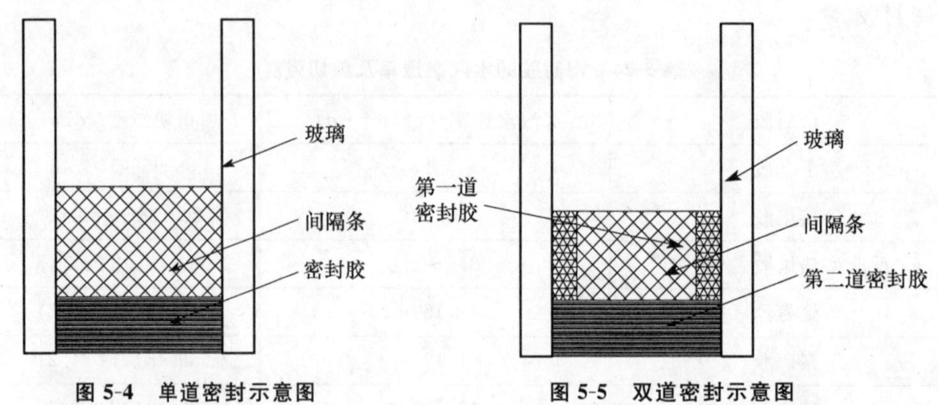

图5-4 单道密封示意图　　图5-5 双道密封示意图

2. U形隔条

该工艺首先将铝(金属)带折成U形，再经挤出机在三面打上密封胶，置于两片玻璃之间，经热压后即可使用。此工艺在8 h内可完成1 000多件中空玻璃，而且完成的产品属于暖边技术。使用反应型湿气固化热熔胶在该生产线上做成的中空玻璃成为主流，所做成的产品称为同等双道密封。

3. 超级间隔条

超级间隔条是一种无任何金属、内含3 A分子筛的硅酮微孔结构材料的连续间隔条。该工艺特点是导热性能小，可大幅度提高中空玻璃四周边缘的温度，大大减少玻璃四周边缘的冷凝程度。使用超级间隔条制作中空玻璃采用逆向的双道密封方法，使中空玻璃具有卓越的耐久性和密封寿命。间隔条两边有压敏胶(PSA)，由于压敏胶的水汽渗透率较高，因此还要再涂上一层防水胶。

5.6.3 中空玻璃性质

中空玻璃既能减少传导传热，又能减少对流传热和辐射传热。

1）减少传导传热。中空玻璃的两块玻璃之间有一层热导率比玻璃小得多的气体，因此中空玻璃的传导传热系数比单层玻璃小得多。

2）减少对流传热。中空玻璃在室外的冷面玻璃板的两面温差小，所以减少了冷面通过空气对流传导的热量。

3）减少辐射传热。玻璃的辐射率较大，可高达0.82。如果玻璃表面镀上一层低辐射膜，便可使其辐射率降到0.1，这样，在冬天就会把室内向外辐射的热量减少，起到保温作用。如果在中空玻璃的两个内表面分别镀上低辐射膜，夏天挡住炎热的太阳光，冬天防止室内的热量散失，就达到了室内冬暖夏凉的目的。

试验显示，在室外0℃的情况下，室内使用单层玻璃只能保温到5.6℃，使用普通中空双层玻璃能保温到12.8℃，而使用高性能的低辐射中空镀膜玻璃则能保温到17.3℃，整体而言，使用镀膜中空玻璃将使房屋整体节能效率提高20%左右。

中空玻璃性能的改善，主要依赖于玻璃自身性能的改善。随着玻璃原片生产技术的发展，特别是玻璃镀膜工艺技术的发展，出现了一些具有特殊性能的功能玻璃，如热反射镀膜玻璃、低辐射镀膜玻璃（Low-E玻璃）等，这些玻璃在中空玻璃上的应用，极大地提高了中空玻璃的性能，中空玻璃传热系数 K 见表5-25和表5-26。中空玻璃内部是一个干燥、稳定且与外界大气完全隔绝的气体层，有了这个特点，许多以前单片无法使用或使用寿命受限制的具有一些特殊性能的玻璃，现在可以应用到中空玻璃上来。同时，许多玻璃厂商根据这个特点，开发一些专门用于中空玻璃的玻璃品种，这反过来又促进了玻璃技术的发展。德国肖特公司浮法玻璃生产线生产硼硅酸盐浮法玻璃获得成功。用这种原片再配置一片低辐射膜节能镀膜玻璃制作的中空玻璃，集节能、防火、隔声、降噪于一身，在中空玻璃市场上被誉为“世界级新产品”，这种集多种功能于一身的中空玻璃代表着中空玻璃未来的发展趋势。

表5-25 中空玻璃 K 值对比

气体层厚度/mm	气体层成分	K 值/[W/(m^2·K)]	
		冬季夜间	夏天白天
12	空气	2.84	3.18
	氩气	2.67	3.01
	二氧化碳	2.78	3.01
24	空气	2.84	2.90
	氩气	2.67	2.84
	二氧化碳	2.73	2.90

表 5-26 中空玻璃热工参数

中空玻璃类型	可见光透射(%)	阳光总透射(%)	遮阳系数	K 值/[W/(m²·K)]
6 绿色吸热+6A +6 透明	66	47	0.54	2.8
6 灰色吸热+6A +6 透明	38	45	0.51	2.8
6 中透光热反射+6A +6 透明	28	29	0.34	2.4
6 低透光热反射+6A +6 透明	16	16	0.18	2.3
6 高透光 Low-E +6A +6 透明	72	47	0.62	1.9
6 中透光 Low-E +6A +6 透明	62	37	0.50	1.8
6 低透光 Low-E +6A +6 透明	35	20	0.30	1.8
6 绿色吸热+6A +6Low-E	0.37	0.28	0.32	2.2
6 蓝色吸热+6A +6Low-E	0.31	0.29	0.34	2.2

中空玻璃的主要优点如下：

1）透光性好。中空玻璃可选用不同光学性能的玻璃原片组成，以满足设计的不同需求。如两片高透明玻璃原片组成中空玻璃，其可见光透射率在80%以上；若采用遮阳玻璃原片则可见光透射率下降20%，即反射率达到60%以上；若要满足特殊要求，达到一定的色泽和以上效果，则可选用多种彩色玻璃，或在与空气的接触面镀不同颜色和性能的膜层，以取得更好的光控、音控效果。

2）夏天遮阳冬天保暖。空心铝合金隔框的干燥剂通过隔框上面的缝隙，可使玻璃空腔内的空气长期保持干燥，所以隔热性很好。单层玻璃的传热系数是5.9，遮阳玻璃的传热系数是1.6。玻璃是建筑物外墙中最薄、最易传热的材料，所以节约能源一要改变窗口大小，二要改善窗玻璃的导热性能。采用镀膜中空玻璃是实现后者的重要方法。

3）消除霜露。室内外温差过大，单层玻璃就会结露。双层玻璃则由于内外层玻璃间受空气隔层的影响，即使外层的温度较低，内层玻璃也不会因温差在其表面凝结露水。中空玻璃露点可低达−70℃，标准要求低于−40℃。

4）玻璃不会自爆，原片不会断裂。中空玻璃生产方法为粘接法，加工为冷加工、玻璃原片内应力不改变，四周以弹性材料密封，不会像钢化玻璃因应力集中而出现0.3%的自爆率。

5.6.4 中空玻璃技术要求

《中空玻璃》(GB/T 11944—2002)规定常用中空最大尺寸见表5-27，中空玻璃的长度、宽度及厚度允许偏差见表5-28，单道密封胶层厚度为(10±2) mm，双道密封外层密封胶层厚度为5～7 mm，胶条密封胶层厚度为8 mm±2 mm，特殊规格或有特殊要求的产品由供需双方商定。中空玻璃外观不得有妨碍透视的污迹、夹杂物及密封胶飞溅现象。

表 5-27 中空玻璃最大尺寸

玻璃厚度 /mm	间隔厚度 /mm	长边最大尺寸 /mm	短边最大尺寸（正方形除外）/mm	最大面积 /m²	正方形边长最大尺寸/mm
3	6	2 110	1 270	2.4	1 270
	9～12	2 110	1 270	2.4	1 270
4	6	2 420	1 300	2.86	1 300
	9～10	2 440	1 300	3.17	1 300
	12～20	2 440	1 300	3.17	1 300
5	6	3 000	1 750	4.00	1750
	9～10	3 000	1 750	4.80	2 100
	12～20	3 000	1 815	5.10	2 100
6	6	4 550	1 980	5.88	2 000
	9～10	4 550	2 280	8.54	2 440
	12～20	4 550	2 440	9.00	2 440
10	6	4 270	2 000	8.54	2 440
	9～10	5 000	3 000	15.00	3 000
	12～20	5 000	3 180	15.90	3 250
12	12～20	5 000	3 180	15.90	3 250

表 5-28 中空玻璃的长度、宽度及厚度允许偏差 mm

类别	尺寸	允许偏差
长(宽)度 L	L<1 000	±2
	1 000≤L<	+2、−3
	L≥	±3
公称厚度 t	t<17	±1.0
	17≤t<22	±1.5
	t≥22	±2.0

中空玻璃密封性能检验：

20 块 4 mm＋12 mm＋4 mm 试样全部满足以下两条规定为合格：

1）在试验压力低于环境气压 10 kPa±0.5 kPa 下，初始偏差不得小于 0.8 mm；

2）在该气压下保持 2.5 h 后，厚度偏差的减少应不超过初始偏差的 15%。

20 块 5 mm+9 mm+5 mm 试样全部满足以下两条规定为合格：

1）在试验压力低于环境气压 10 kPa±0.5 kPa 下，初始偏差不得小于 0.5 mm；

2）在该气压下保持 2.5 h 后，厚度偏差的减少应不超过初始偏差的 15%。

其他厚度的样品供需双方商定。

5.6.5 中空玻璃应用

中空玻璃在现代建筑围护结构中使用将越来越广泛，我们应当了解不同类型中空玻璃的热工性能，根据不同气候区的特点，选择适宜的玻璃产品，更好地发挥中空玻璃在建筑节能领域的作用。

5.6.5.1 南方炎热地区

我国南方多数是夏季炎热，冬季温和，对于建筑能耗，最关心的是夏季空调能耗。此时采用中空玻璃首先是为了减少太阳辐射。

一般情况下，单片的吸热玻璃、热反射玻璃、Low-E 玻璃都适合在南方炎热地区使用，当单片玻璃的热工性能达不到要求时，适宜采用以下的中空玻璃组合方式：

1）吸热玻璃＋透明或 Low-E 玻璃；

2）热反射玻璃＋透明玻璃；

3）遮阳型 Low-E 玻璃＋透明玻璃。

由于南方建筑对玻璃外围护结构主要是进行遮阳隔热，普通的透明中空玻璃只能提高玻璃的保温性能，但对遮阳帮助不大，对于建筑节能来说，效果还不如单片 Low-E 玻璃。

充惰性气体、增加气体间层厚度等措施同样是用来降低中空玻璃的 μ 值，在南方地区也是得不偿失的做法，充普通空气，气体间层取 9、12 mm 就可以满足南方建筑节能的要求。

5.6.5.2 北方寒冷地区

北方对待短波辐射恰恰与南方相反，在北方冬季，中空玻璃一般要尽量减少对太阳短波辐射的阻挡，而使得大量的太阳辐射进入室内，所以吸热玻璃、热反射玻璃不适宜在北方使用。Low-E 中空玻璃传热系数小，可有效阻止温差传热，适合北方地区，尤其是高透光型的 Low-E 中空玻璃，保温效果明显，但遮阳系数不会太低，比较适合严寒和寒冷地区。

对于严寒地区，还可以通过充惰性气体（氩气、氪气）、增大气体间层厚度及采用三层玻璃系统来进一步降低玻璃的传热系数。

5.6.5.3 夏热冬冷地区

但目前北方部分地区，特别是华北地区及长江中下游的夏热冬冷地区，夏季日益炎热，冬季仍然寒冷，出现了冬季采暖能耗与夏季空调能耗相差不多的情况。这些地区，中空玻璃的选择就应当根据建筑能耗计算结果、冬季采暖能耗与夏季空调负荷所占比例,并综合考虑其他建筑节能措施(例如活动的建筑外遮阳),选择适宜的 Low-E 中空玻璃类型。

还可以将中空玻璃做成真空玻璃,真空玻璃就是将两片平板玻璃四周密封起来,中间留间隙,将间隙抽成真空并密封排气孔。两片玻璃内表面镀有 1 层或 2 层透明低辐射膜,其结构类似保温瓶瓶胆由里、外两层玻壳组成空腔,空腔抽成真空,空腔内镀银。真空玻璃就相当于把保温瓶做成平板式的,有人戏称,真空玻璃窗实际是"把保温瓶做在窗上"。有数据显示真空玻璃保温性能比中空玻璃好 2～3 倍,比普通单片玻璃好 6 倍以上,比一般墙体也好得多。

中空玻璃中还能置百叶,如单手柄磁控内置百叶中空玻璃窗,由两片 5 mm 厚玻璃合成中空玻璃,20 mm 厚的中空层内置铝合金百叶片,采用磁感应传动系统,由单手柄移动调控中空玻璃内的百叶片进行升降和 180°的角度翻转,达到既可自然采光,又可完全遮阳的目的。内置百叶中空玻璃将阳光挡在室外,属于可调节外遮阳产品,同时又克服了外遮阳设在窗外受风吹雨淋容易损坏和难以清洁的缺点。在夏季高温季节,将百叶片调整到关闭状态时可以阻挡阳光的直接照射,阻隔冷、热空气对流,大幅度降低室内温度。在冬季寒冷季节,可将百叶片提起,使阳光直接照射,充分吸收热能,20 mm 厚的中空层能防止室内热能散失,使室内保温性能比其他玻璃大大提高。它集合成隔热、隔声、可调节视线和光线四种功能,是理想的综合节能产品,具有性能优越、操作简便、节能效率高的特点。

【本章要点】

本章按玻璃生产原料、生产工艺、主要性质、分类和计量方法顺序介绍了玻璃基本知识,按安全玻璃、装饰玻璃及功能玻璃、中空玻璃顺序介绍了钢化玻璃、夹丝玻璃、夹层玻璃、防火玻璃、磨砂玻璃、压花玻璃、彩色玻璃和彩绘装饰玻璃、热反射玻璃、低辐射玻璃、减反射玻璃、调光玻璃、光栅玻璃、冰花玻璃、空心玻璃砖、釉面玻璃、玻璃马赛克、微晶玻璃装饰板等近 20 种玻璃的制造方法、特点和应用,对中空玻璃的组成构造、特点、选择进行了详细分析和介绍。

【思考与练习题】

1. 玻璃的生产原料有哪些？浮法玻璃有何优点？
2. 什么是玻璃的遮蔽系数？它能反映玻璃哪些方面的性质？
3. 安全玻璃有哪些？建筑中在何情况下要用安全玻璃？
4. 具有透光不透视的玻璃有哪些？
5. 试写出低辐射玻璃的生产工艺和应用范围。
6. 什么是冰花玻璃？
7. 微晶玻璃装饰板有哪些用途？
8. 南方和北方地区如何选择中空玻璃窗？
9. 如何提高玻璃科技含量,增强使用效果,实现高附加值？

6 陶瓷装饰材料

燧人氏、神农氏发明陶瓷，中国成为陶瓷的发源地，创造了灿烂辉煌的陶瓷文化。随着科学技术的飞速发展，建筑装饰陶瓷的花色、品种和性能都有了很大的变化，美化净化了建筑环境。建筑陶瓷釉面光滑、颜色均匀、质地坚硬、防水、防火、耐磨、耐腐蚀，耐久性好、易于清洗、造价较低等许多优良的特性，在建筑装饰中得到了广泛应用。

6.1 建筑陶瓷的基本知识

6.1.1 陶瓷的概念及分类

6.1.1.1 陶瓷概念

陶瓷材料系以黏土为原料，经配料、制坯、干燥、上釉和烧制而成的一种无机多晶产品。

陶瓷材料，从广义上讲，指除有机和金属材料之外的所有其他材料，即无机非金属材料。从狭义上讲，陶瓷材料主要指多晶的无机非金属材料，即经过高温热处理所合成的无机非金属材料。

传统的陶瓷产品如日用陶瓷、建筑陶瓷、电瓷等是用黏土类及其他天然矿物原料经过粉碎加工、成型、煅烧等过程而得到的器皿。由于它使用的原料主要是硅酸盐矿物，所以属于硅酸盐类材料。现代陶瓷如电子陶瓷、结构陶瓷、涂层和薄膜用陶瓷、陶瓷复合材料、纳米陶瓷，它们的生产过程虽然基本上还是传统陶瓷的生产工艺，但采用的原料已经扩大到化工原料和合成矿物，组成范围也伸展到无机非金属材料的范畴。

6.1.1.2 陶瓷分类

陶瓷按照主要原料、温度及坯体的致密程度可分为陶器、炻器和瓷器三类，见表 6-1。

1. 陶器

陶器是以可塑性较高的易熔或难熔黏土为原料，如陶土、河砂等为主要原料经低温烧制而成的制品，它断面粗糙无光，不透明，气孔率较大，吸水率较大(常为 9%～12%，有时高达 18%～22%)，强度较低，敲击声音暗哑。

陶器又分粗陶、精陶两种。粗陶一般由含杂质较多的黏土制成，精陶坯体系以可塑黏土为原料。砖瓦、陶管属粗陶，釉面砖属精陶。

表 6-1 陶瓷制品的分类

名称		原料	特性		主要制品
			颜色	吸水率(%)	
粗陶器		砂质黏土	带色	8～27	日用缸器、砖、瓦
精陶器	石灰质精陶	陶土	白色	18～22	日用器皿、彩陶
	长石质精陶		白色	9～12	日用器皿、建筑卫生器皿、装饰釉面砖
炻器	粗炻器	陶土、瓷土	带色	4～8	缸器、建筑用外墙砖、锦砖、地砖
	细炻器		白或带色	0～1.0	日用器皿、化学和电器工业用品
瓷器	长石质瓷	瓷土	白色	0～0.5	日用餐茶具、陈设瓷、高低压电瓷
	绢云母质瓷		白色	0～0.5	日用餐茶具、美术用品
	滑石瓷		白色	0～0.5	日用餐茶具、美术用品
	骨灰瓷		白色	0～0.5	日用餐茶具、美术用品
特种瓷	高铝质瓷	瓷土金属氧化物	耐高频、高强度、耐高温		硅线石瓷、刚玉瓷等
	镁质瓷		耐高频、高强度、低介电损失		滑石瓷
	锆质瓷		高强度、高介电损失		锆英石瓷
	钛质瓷		高电容率、铁电性、压电性		钛酸钡瓷、钛酸锶瓷、金红石瓷等
	磁性瓷		高电阻率、高磁致收缩系数		钛淦氧瓷、镍锌磁性瓷等
	金属陶瓷		高强度、高熔点、高抗氧化		铁、镍、钴金属陶瓷
	其他				氧化物、碳化物、硅化物瓷等

2. 瓷器

瓷器是以磨细高岭土为主要原料，经高温烧制而成的制品。瓷器结构致密，孔隙率低，吸水率极小，断面细致，强度较大，耐酸、耐碱、耐热性能好，敲之有金属声，色白，有一定的半透明性，与陶器相比，质地坚硬但较脆。

瓷器分为硬瓷、软瓷、粗瓷、细瓷数种。粗瓷接近于精陶，硬瓷烧制温度较高，含玻璃相较少，含莫来石相($Al_2O_3 \cdot 2SiO_2$)较多，软瓷正好相反。莫来石含量越高，质量越好。高档墙地砖、日用瓷、艺术用品和电瓷多属于硬瓷。

3. 炻器

介于陶器和瓷器之间的产品称为炻器，也称为半瓷。炻器坯体致密程度介于陶器和瓷器之间，吸水率也介于二者之间，一般为3%～5%。

炻器亦分粗炻器和细炻器，外墙砖、地砖多为粗炻器，一些日用炻器、卫生洁具为细炻器。

6.1.2 陶瓷的生产原料及工艺

上釉陶瓷按焙烧次数划分为一次烧成和二次烧成两种工艺，一次烧成是坯体干燥后上釉,坯体与釉同时烧成;二次烧成是坯体干燥后再素烧,然后施釉入窑釉烧。图 6-1 所示为陶瓷生产工艺示意。

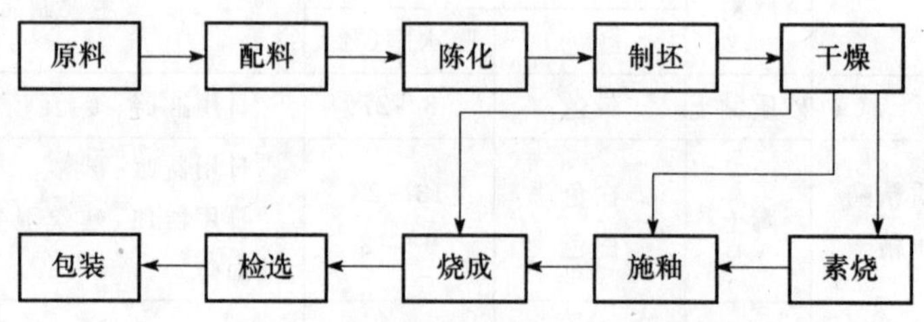

图 6-1 陶瓷生产工艺示意图

陶瓷坯体的主要原料有可塑性原料、瘠性原料和熔剂原料三大类。可塑性原料即软质黏土和硬质黏土,它是陶瓷坯体的主体,常用的有高岭土、易熔黏土、难熔黏土和耐火黏土四种。瘠性原料有石英、石英砂、黏土熟料、瓷粉,能降低黏土的塑性,减少坯体的收缩,防止高温变形。熔剂原料有长石、硅灰石、石灰石、白云石和滑石等,用来降低烧成温度,它在高温下熔融后呈玻璃体,可溶解部分石英颗粒及高岭石的分解产物,并可黏结其他结晶相。此外,还加入辅助原料,如锆英石、电解质等。

6.1.3 陶瓷表面装饰

陶瓷表面装饰方法,归纳有以下方法,见图 6-2。其中陶瓷表面施釉是陶瓷表面装饰的主要方法。

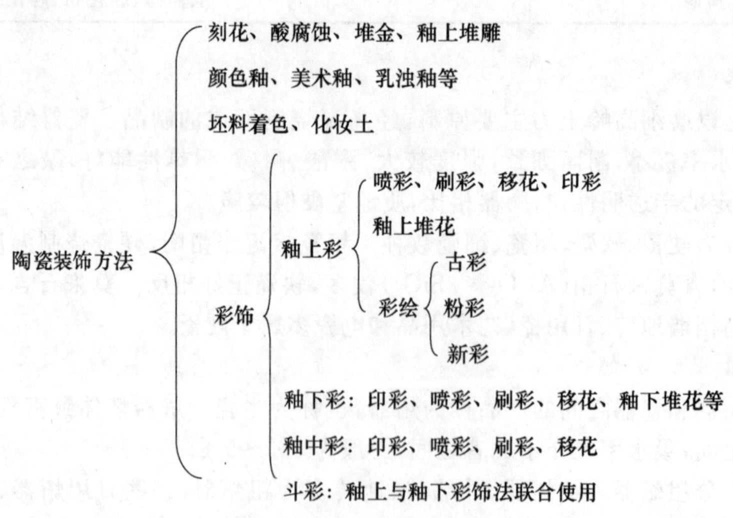

图 6-2 陶瓷表面装饰方法

6.1.3.1 釉的作用与要求

釉是附着于陶瓷坯体表面的玻璃质薄层,具有与玻璃相类似的物理化学性质,使制品具有光泽和颜色,获得优良的装饰效果。釉的原料与坯体原料相同,只是纯度要求较高且含有大量易熔组分,施釉料于陶瓷坯体表面,经高温焙烧,与坯体发生反应形成一层玻璃质覆盖于陶瓷表面。

釉层能提高制品的抗渗性、热稳定性、降低吸水率,坯釉结合良好的釉层可以增加陶瓷的强度和表面硬度,提高抗化学侵蚀性,增强陶瓷材料的使用功能,而且使表面平滑光亮,提高了陶瓷制品的装饰性,可在坯体上施乳浊釉、透明釉、结晶釉、裂纹釉、流动釉等不同品种的釉,在釉层下画图案还可使表面形成不同色彩图案,图案和造型使陶瓷具有艺术表现力和装饰效果。陶瓷坯体表面的釉层,使陶瓷表面平滑而具有光泽,使制品便于擦洗清洁。

陶瓷釉料应具有以下特性:

1) 釉料的组成要选择适当,釉料熔融铺展后形成的釉层要与坯体牢固地结合,并使釉的热膨胀系数接近或略小于坯体热膨胀系数,从而使釉层不易发生碎裂或剥离现象。

2) 釉料必须在坯体烧成的温度下成熟,为了使釉能在坯体上很好地铺展,一般要求釉的成熟温度接近或略低于坯体的烧成温度。若为一次烧成,釉应具有较高的开始熔融温度和较宽的熔融温度范围。

3) 釉料在高温熔化后,要具有适当的黏度和表面张力,使冷却后的釉面平滑光亮,无流釉、堆釉、针孔等毛病。

4) 釉层质地坚硬,不易磨损或划伤。

6.1.3.2 釉的分类

釉的种类繁多,组成复杂。施釉时若采用不同原材料、不同着色剂或添加剂、不同工艺方法,则可得到不同形式的施釉制品。

1. 按坯体类型分类

釉按坯体类型分为瓷器釉、炻器釉和陶器釉。

2. 按烧成温度分类

釉按烧成温度分为低温(易熔)釉、中温釉和高温釉。

低温(易熔)釉:烧成温度 1 100℃以下;

中温釉:烧成温度 1 100~1 250℃之间;

高温釉:1 250℃以上。

3. 按釉面特征分类

按釉的表面特征分为透明釉、乳浊釉、结晶釉、砂金釉、无光釉、光泽轴、碎纹釉、流动釉、色釉等。

透明釉是指釉料涂于坯体表面,经高温焙烧熔融形成的玻璃质层,能透视坯体本身颜色的釉。有时为遮盖不够白的坯体本色,可在透明釉中加入一定量的乳浊剂,例如氧化锡(SnO_2)、二氧化钛(TiO_2)、锆英石($ZrO_2 \cdot SiO_2$)、二氧化锆(ZrO_2)和萤石(CaF_2)等,成为一种不透明的釉,本身具有较高的遮盖力和较高的白度。乳浊剂在釉中产生大量的细小的结晶核，这些晶核完全不溶于釉中，或者只在很高的温度时溶解，在冷却时又重新析出晶来。随着温度的降低，晶核的数目很快增加，并均匀而密集地分布在整个坯面上，形成乳浊的不透明釉。

结晶釉是在氧化铝含量低的釉料中加入 ZnO、MnO_2、TiO_2 等结晶形成剂，使其在严格的烧成过程中形成粗大的结晶釉层，釉层中晶体呈星形、冰花、晶簇、晶球、松针形、雪花形等各种天然的立体外形，具有很高的艺术装饰性。

砂金釉因在釉面中可形成类似于天然砂金石一般的细结晶而得名，可呈现金子般的光泽，这些光泽是由氧化铁结晶体或氧化铬晶体产生的，根据结晶粒度的大小可显现黄色或红色，结晶越多，透明性越差。

碎纹釉是利用釉的热膨胀系数比坯体大的特性，烧成后速冷，使釉面产生裂纹。按裂纹的形态，有鱼子纹、冰裂纹、鳝鱼纹等多种。按釉面裂纹颜色呈现技法的不同又有夹层裂纹与镶嵌裂纹釉之分。

改变釉烧时的工艺参数，则可形成不同的釉饰。上釉陶瓷烧成后采用缓慢冷却，可获得不强烈反光的釉面，其表面平滑，形成无光釉饰，釉的表面对光的反射不强烈，没有玻璃那样的高度光泽，只在平滑表面显示出丝状或绒状的光泽。要得到无光釉的效果可用以下三种方法制得：一是降低釉烧温度可以得到无光釉；二是用稀氢氟酸溶液轻度腐蚀釉面；三是在冷却时，使透明釉析出微晶。控制普通釉中氧化物的比例可以制得无光釉，例如，减少 SiO_2 的量与适当增加 Al_2O_3 量可以使釉无光，低温无光釉铝硅比（Al_2O_3 分子数与 SiO_2 分子数之比）为 1∶3，高温无光釉为1∶6，无光釉的酸度系数应控制在 1～1.25，无光釉中可以加入带色氧化物着色。

若采用易熔釉，同时在烧成温度下过烧，使釉沿着坯体的斜面下流，从而形成一种自然活泼的条纹，流动釉通常均着色，故可形成多种色调的艺术饰釉。

色釉是在釉料中加入各种着色氧化物或其盐类，烧成后可呈现各种色彩。例如，以铁为着色剂，并在还原焰中烧成可呈青色；以铜为着色剂，在还原焰中烧成则可呈红色。色釉因其操作方便、价廉、易制取五彩缤纷的颜色和装饰效果好而得到广泛应用。色釉分高温色釉和低温色釉两种，其界限是 1 250℃。按着色机理不同，色釉分离子着色、胶体着色和晶体着色。釉中分散着显色离子而引起釉的着色叫离子着色。不同的离子在同一基础釉中发不同的色调；而相同的离子在不同的基础釉中也发不同的色调，同一元素化合价不同，发色也不相同；同一元素，同一化合价，但其配位数不同，发色也不相同。见表 6-2。

表 6-2 不同性质釉的发色

发色元素	在酸性釉中	在碱性釉中
Fe	碧绿（Fe^{2+}）	黄褐（Fe^{2+}）
Cr	绿（Cr^{3+}）	橙黄（Cr^{3+}）

续表

发色元素	在酸性釉中	在碱性釉中
Mn	淡黄褐(Mn^{2+})	紫红(Mn^{2+})
V	淡绿(V^{3+})	褐(V^{3+})
Cu	无色(Cu^{+})	浅蓝或绿(Cu^{2+})

4.按组成分类

按组成分为石灰釉、长石釉、滑石釉、铅釉、硼釉、铅硼釉、食盐釉、土釉。

石灰釉和长石釉是两种常用釉，其组成为长石、石灰石、石英、高岭土、黏土及废瓷粉等，属高温透明釉，烧成温度在1 250℃以上，是陶瓷中使用最广泛的两种釉。长石釉具有透明、硬度大、光泽较强、柔和的特点；石灰釉具有硬度大、透明、光泽强、有刚硬感的特点。著名的青花瓷器就是用的石灰釉。

为提高釉的白度和透明度，可在长石釉和石灰釉的基础上再掺入滑石配制成滑石釉。在滑石釉的基础上再加入多种助熔剂则称为混合釉，多熔剂组成釉成为现在主要的釉料组成。

食盐釉是一种在形成和施釉方法上都很独特的釉种。这种釉不是将釉料预先涂于坯体表面再烧成，而是在坯体烧成即将结束时，在窑炉内投入食盐和少量煤粉，食盐在窑炉内的高温和水汽的共同作用下分解成 Na_2O 和 HCl，Na_2O 直接作用于坯体表面，与坯体中的 $Al_2O_3 \cdot 2SiO_2$ 或游离的 SiO_2 反应生成玻璃质的釉层($Na_2O \cdot Al_2O_3 \cdot 2SiO_2$)。该种釉具有釉层薄(仅厚0.025 mm)、与坯体结合牢固、耐久、不开裂、不脱落、耐酸性强等特点。如坯体中含有铁或碱金属氧化物，还可形成灰、黄至棕红色的彩色釉层。

5.按制备方法分类

按制备方法分为生料釉、熔块釉。

生料釉是指全部釉料都不经熔制，直接加水搅拌成料浆后施于坯体，在高温焙烧时，相互熔融而成为釉层整体。长石釉、石灰釉、滑石釉、混合釉均为生料釉。

熔块釉是先将部分釉料混合、磨细，熔融成块料，水淬成小块(称为熔块)，再与其他原料混合、磨细而成熔块釉，使用时与水拌和，施于坯体之上，再次焙烧而成釉面层。熔块釉多用于低温釉料。为降低熟化温度，往往要掺低熔点的助剂，有些助剂(如铅的化合物)有毒性，使用时要引起注意。

6.1.3.3　彩饰

彩绘是指在陶瓷制品表面绘上彩色图案、花纹，可自由地赋予陶瓷制品装饰性，以满足人们多种需求。按照彩绘的位置，可分为釉下彩绘和釉上彩绘两种。

釉下彩绘是在生坯或素烧后的坯体上进行彩绘，然后在其上施一层透明釉或半透明釉，再釉烧而成(釉烧在后)。由于受后施釉面层烧成温度的影响，一般釉下彩绘所用的颜料为高温颜料，种类较少，生成的颜色不够丰富。常选用的矿物颜料有氧化钴(青色)、铜红(红色)、锑锡黄(黄色)、氧化锰(红色)等。釉下彩绘的特点是彩绘有釉层作保护,所以图案耐磨损,釉面清洁光亮,使用过程中颜料不溶散,使用较安全(因有些矿物颜料有毒性)。但釉下彩绘色彩不够丰富,难以机械化生产。我国历史上有名的青花瓷即为釉下彩绘,釉里红、釉下五彩是近代有名的釉下彩品种。

釉上彩绘采用釉烧过的坯体,在釉层上用低温颜料(600～900℃烧成)进行彩绘,而后进行彩烧而成(釉烧在前)。釉上彩绘采用的是低温颜料,所以几乎可以采用全部的陶瓷颜料,颜色丰富多变。由于是在已釉烧过的较硬的釉面上彩绘,所以可用各种装饰法进行图案的制作,生产效率高,成本低,价格便宜,是应用广泛的一种陶瓷装饰工艺。釉上彩绘由于彩绘颜料上没有釉层保护,所以图案易磨损,且在使用中颜料所加的含铅助熔剂可能溶出,对人体产生有害影响。釉上彩绘图案的制作有人工绘制、贴花、喷花、刷花等。贴花是在纸或塑料薄膜上印制各种图案,然后将其贴于制品上,使图案彩料转移到釉面上。喷花和刷花是预先制作各种图案的镂空板,然后用压缩空气喷枪或涂刷工具将彩料透过镂空处施于釉面上得到图案。

6.1.3.4 彩绘工艺

建筑陶瓷从单色、仿天然石、斑点、大颗粒、渗花到仿古、仿石砖,从普通上釉砖到丰富的个性化装饰手段生产的上釉砖,无不需要彩绘技术的进步和发展。

1. 化妆土

化妆土是在坯体表面施薄层色泥,然后再罩透明釉或不施釉的装饰方法。覆盖化妆土通常用浸渍法、浇注法或喷涂法。采用化妆土装饰时应注意到化妆土料与坯料之间的干燥收缩、烧成收缩以及热膨胀系数要相适应,否则,化妆土层容易发生剥落,或者釉层发生开裂与剥落。

2. 丝网印施彩

丝网印施彩,又称丝网印花,是借助刮刀的压力使颜料通过丝网印制到坯体上的装饰方法。

丝网印花施彩有三种方法:

釉上印彩:用低温釉上颜料在釉烧后的成品砖上印彩,再经800～900℃烤花即成。

釉下印彩:用釉下彩料在素坯上印花,再喷一层白色或带色的透明釉,然后一次釉烧。

釉面印彩:在素坯上先喷一层底釉,再在釉面上印一层花釉图案,然后一次釉烧。

3. 贴花

贴花是将专业工厂生产的塑料薄膜花纸,用酒精水溶液贴在制品表面,经800～900℃烤花后,塑料薄膜被烧掉,在制品表面留下花纹图案。

4. 照相技术

根据印刷中色彩测试原理将色彩转移到干膜底片上,再传送到陶瓷表面,形成各种大小的装饰瓷砖以及马赛克拼图。烧成中聚合物分解，固定了色彩，完成后色彩鲜明、牢固，能经受磨损和大气中水和溶剂的侵蚀。使用该技术仅需一台电脑，一台扫描仪，全干式作业，无需任何化学助剂，不会对环境造成污染。

5. 胶滚印刷技术

胶滚印刷是利用激光刻蚀硅胶滚筒，造成各种有花纹的孔洞排列。当滚筒转动时，印刷釉浆被刮板压入孔洞内，与刚施过釉的瓷砖坯以一定转动速度接触，孔洞内的釉浆会被转印在坯釉上，形成各种图案。胶滚印刷中需要特别注意印刷釉、色料以及色釉浆料的黏度。因为胶辊上的孔洞极细，只有 0.1 mm，因此印花釉与色料要选用颗粒较细的，一定要磨至全部通过 325 目筛，但不能磨得过细，不得小于 1 μm，过细的颗粒会改变釉浆的黏度，影响印刷效果。

6. 渗花印刷技术

以水溶性发色金属盐类制成的渗花色浆，用网版方式直接印刷在石英砖坯上，水溶性色料渗入坯体内，经高温烧成后，表面再经过抛光工序则会抛成类似石材的渗花砖，或者叫做抛光石英砖。也可以采用多管布料机或二次布料机，按照储存于电脑的图案数据进行着色，把已染色的坯土色料和底层坯土有机结合，入窑烧成后，再经抛光工序制成石英砖。其色彩绚丽，可与天然花岗岩媲美。

此外，还有贵金属装饰，将金、银、铂等贵金属，用各种方法置于陶瓷表面而形成富有贵金属色泽的图案，具有华丽、高贵的效果，是高级陶瓷制品的一种艺术处理方法。

上述陶瓷表面装饰方法，在日用陶瓷、艺术陶瓷生产中得到广泛应用。陶瓷的一些传统装饰方法在墙地砖生产中得到广泛应用和发展，不断增加和丰富建筑陶瓷产品中彩色和图案。

6.2 建筑陶瓷

6.2.1 建筑陶瓷分类

我国是建筑陶瓷生产大国，新品种、新规格、新花色不断涌现。陶瓷外墙砖，由锦砖发展到彩釉外，墙砖再发展到瓷质外墙砖；釉面内墙砖由单一的白色面砖发展到多式多样饰釉内墙砖；陶瓷地砖由原来的红地砖发展到彩釉地砖、印花地砖，直到现在的各式各样的瓷质地砖。为了对陶瓷砖有一个整体概念，图 6-3 列出了按材质、表面特征、用途和生产工艺对建筑陶瓷进行的分类。

《陶瓷砖》(GB/T 4100—2006)定义陶瓷砖为由黏土和其他无机非金属原料制造的用于覆盖墙面和地面的薄板制品，陶瓷砖是在室温下通过挤压或干压或其他方法成型、干燥后，在满足性能要求的温度下烧制而成。陶瓷砖分有釉(GL)或无釉(UGL)。

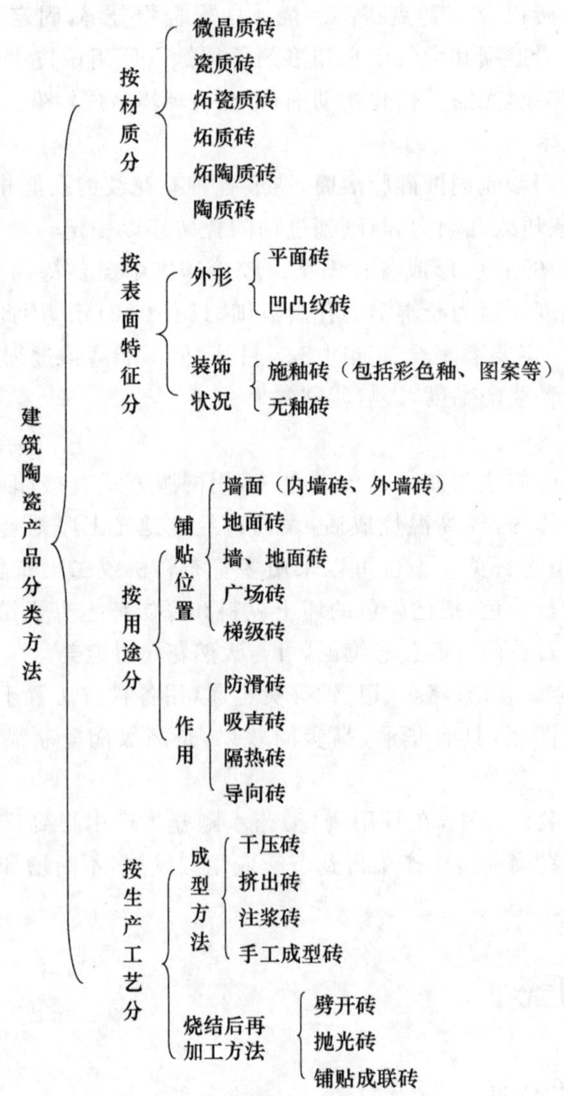

图 6-3　建筑陶瓷产品分类

陶瓷砖按吸水率(E)分为Ⅰ、Ⅱ、Ⅲ三类，分类汇总见表 6-3。

陶瓷砖按材质分为：

瓷质砖(porcelain tiles)：$E \leqslant 0.5\%$。

炻瓷砖(stoneware porcelain tiles)：$0.5\% < E < 3\%$。

细炻砖(fine stoneware tiles)：$3\% < E < 6\%$。

炻质砖(stoneware tiles)：$6\% < E < 10\%$。

陶质砖(fine earthenware tiles)：$E > 10\%$。

陶瓷砖按成型方法分为：挤压砖(A)、干压砖(B)以及其他方法成型的砖(C)。

表 6-3 陶瓷砖按成型方法和吸水率分类

<table>
<tr><th>成型方法</th><th>Ⅰ类
$E\leqslant 3\%$</th><th>Ⅱ$_{a}$类
$3\%<E\leqslant 6\%$</th><th>Ⅱ$_{b}$类
$6\%<E\leqslant 10\%$</th><th>Ⅲ类
$E>10\%$</th></tr>
<tr><td rowspan="2">A(挤压)</td><td rowspan="2">AⅠ类</td><td>AⅡ$_{a1}$类</td><td>AⅡ$_{a2}$类</td><td rowspan="2">AⅢ类</td></tr>
<tr><td>AⅡ$_{b1}$类</td><td>AⅡ$_{b2}$类</td></tr>
<tr><td rowspan="2">B(干压)</td><td>BⅠ$_{a}$类
瓷质砖 $E\leqslant 0.5\%$</td><td rowspan="2">BⅡ$_{a}$类
细炻砖</td><td rowspan="2">BⅡ$_{b}$类
炻质砖</td><td rowspan="2">BⅢ类
陶瓷砖</td></tr>
<tr><td>BⅠ$_{a}$类
炻瓷砖 $0.5\%<E\leqslant 3\%$</td></tr>
<tr><td></td><td>3%</td><td></td><td></td><td></td></tr>
<tr><td>C(其他)</td><td>CⅠ类</td><td>CⅡ$_{a}$类</td><td>CⅡ$_{b}$类</td><td>CⅢ类</td></tr>
</table>

陶瓷砖产品性能要求有如下几方面：

1) 尺寸和表面质量：长度、宽度、厚度偏差，边直度，直角度，表面平整度。

2) 物理性质：吸水率，破坏强度，断裂模数，无釉砖耐磨深度，有釉砖表面耐磨性，线性热膨胀，抗热震性，有釉砖抗釉裂性，抗冻性，摩擦系数，湿膨胀，小色差，抗冲击性，抛光砖光泽度。

3) 化学性质：耐污染性、耐低浓度酸和碱化学腐蚀性、耐高浓度酸和碱化学腐蚀性、耐家庭化学试剂和游泳池盐类化学腐蚀性、有釉砖铅和镉的溶出量。

上述性质不必全检，根据砖的种类（如墙砖还是地砖）以及使用环境（室内还是室外）选择检测项目。

6.2.2 内墙釉面砖

釉面砖又称内墙贴面砖、瓷砖、瓷片，是用瓷土或优质陶土经低温烧制而成的多孔精陶或炻质上釉制品，主要用于建筑物内墙饰面，故又称内墙面砖。它有单色、图案及组合图案等多种花色品种。内墙砖一般都上釉，其釉层有不同类别，有光釉、石光釉、花釉、结晶釉等。釉面有各种颜色，以浅色为主，不同类型的釉层各具特色，装饰幽雅别致。经过专门设计、彩绘、烧制而成的面砖，可镶拼成各式壁画，具有独特的艺术效果。釉面内墙砖的主要品种和特点见表 6-4。

表 6-4 釉面内墙砖的主要品种及特点

<table>
<tr><th colspan="2">种 类</th><th>代号</th><th>特点说明</th></tr>
<tr><td colspan="2">白色釉面砖</td><td>F,J</td><td>色纯白，釉面光亮，粘贴于墙面清洁大方</td></tr>
<tr><td rowspan="2">彩色釉面砖</td><td>有光彩色釉面砖</td><td>YG</td><td>釉面光亮晶莹，色彩丰富雅致</td></tr>
<tr><td>无光彩色釉面砖</td><td>SHG</td><td>釉面半无光，不晃眼，色泽一致，柔和</td></tr>
</table>

续表

<table>
<tr><th colspan="2">种　类</th><th>代号</th><th>特点说明</th></tr>
<tr><td rowspan="4">装饰釉面砖</td><td>花釉砖</td><td>HY</td><td>系在同一砖上施以多种彩釉，经高温烧成。色釉互相渗透，花纹千姿百态，有良好的装饰效果</td></tr>
<tr><td>结晶釉砖</td><td>JJ</td><td>晶花辉映，纹理多姿</td></tr>
<tr><td>斑纹釉砖</td><td>BW</td><td>斑纹釉面，丰富多彩</td></tr>
<tr><td>大理石釉砖</td><td>LSH</td><td>具有天然大理石花纹，颜色丰富，美观大方</td></tr>
<tr><td rowspan="2">图案砖</td><td>白地图案砖</td><td>BT</td><td>系在白色釉面砖上装饰各种图案，经高温烧成。纹样清晰，色彩明朗，清洁优美</td></tr>
<tr><td>色地图案砖</td><td>YGT
DYGT
SHGT</td><td>系在有光（YG）或无光（SHG）彩色釉面砖上，装饰各种图案，经高温烧成，产生浮雕，缎光，绒毛，彩漆等效果，做内墙饰面，别具风格</td></tr>
<tr><td rowspan="2">瓷砖画及色釉陶瓷字砖</td><td>瓷砖画</td><td></td><td>以各种釉面砖拼成各种瓷砖画，或根据已有画稿烧制成釉面砖，拼装成各种瓷砖画，清洁优美，永不退色</td></tr>
<tr><td>色釉陶瓷字砖</td><td></td><td>以各种色釉，瓷土烧制而成，色彩丰富，光亮美观，永不退色</td></tr>
</table>

釉面砖正面有釉，背面有凹凸纹，按形状分有正方形、长方形砖和异形配件砖。正方形釉面砖有 152 mm×152 mm、200 mm×200 mm、长方形釉面砖有 152 mm×200 mm、200 mm×300 mm、250 mm×330 mm 等，可大到 300 mm×500 mm。常用的釉面砖厚度有 5、6 mm。异形配件砖有阳角、阴角、压顶条、腰线砖、阳三角、阴三角、阳角座、阴角座等，起配合建筑物内墙阴、阳角等处镶贴釉面砖时的配件的作用。异形配件砖的外形及规格尺寸更多，可按需要选配。挤压和干压陶瓷砖的表面质量和尺寸要求见表 6-5、表 6-6，陶瓷砖的物理性能见表 6-7。

表 6-5　挤压陶瓷砖的表面质量和尺寸要求

<table>
<tr><th colspan="2">挤压陶瓷砖</th><th colspan="2">6%<E≤10%</th><th colspan="2">E>10%</th></tr>
<tr><th colspan="2">尺寸和表面质量</th><th>精细</th><th>普通</th><th>精细</th><th>普通</th></tr>
<tr><td rowspan="2">长度和宽度</td><td>每块砖（2 条或 4 条边）的平均尺寸相对于工作尺寸（W）的允许偏差</td><td>±2.0%，最大±2 mm</td><td>±2.0%，最大±4 mm</td><td>±2.0%，最大±2 mm</td><td>±2.0%，最大±4 mm</td></tr>
<tr><td>每块砖（2 条或 4 条边）的平均尺寸相对于 10 块砖（20 或 40 条边）平均尺寸的允许偏差</td><td>±1.5%</td><td>±1.5%</td><td>±1.5%</td><td>±1.5%</td></tr>
</table>

续表

尺寸和表面质量		精细	普通	精细	普通
厚度 a. 厚度由制造商确定； b. 每块砖厚度的平均值相对于工作尺寸厚度的允许偏差		±10%	±10%	±10%	±10%
边直度(正面) 相对于工作尺寸的最大允许偏差		±1.0%	±1.0%	±1.0%	±1.0%
直角度 相对于工作尺寸的最大允许偏差		±1.0%	±1.0%	±1.0%	±1.0%
表面平整度 最大允许偏差	a. 相对于工作尺寸计算的对角线的中心弯曲度	±10%	±10%	±10%	±10%
	b. 相对于工作尺寸的边弯曲度	±1.0%	±1.0%	±1.0%	±1.0%
	c. 相对于由工作尺寸计算的对角线的翘曲度	±1.0%	±1.0%	±1.0%	±1.0%
表面质量		至少95%的砖主要区域无明显缺陷			

表 6-6 干压陶瓷砖的表面质量和尺寸要求

干压陶瓷砖		$6\%<E\leqslant10\%$				$E>10\%$	
尺寸和表面质量		产品表面积 S/cm^2					
		$S\leqslant90$	$90<S\leqslant190$	$190<S\leqslant410$	$S>410$	无间隔凸缘	有间隔凸缘
长度和宽度	每块砖(2或4条边)的平均尺寸相对于工作尺寸(W)的允许偏差	±1.2%	±1.0%	±0.75%	$l\leqslant12$ cm，±0.75% $l>12$ cm，±0.50%	$l\leqslant12$ cm，±0.75% $l>12$ cm，±0.50%	+0.6% −0.3%

续表

干压陶瓷砖		6%<E≤10%				E>10%	
长度和宽度	每块砖(2 条或 4 条边)的平均尺寸相对于 10 块砖(20 条或 40 条边)平均尺寸的允许偏差	±0.75%	±0.5%	±0.5%	l≤12 cm, ±0.5% l>12 cm, ±0.3%	l≤12 cm, ±0.5% l>12 cm, ±0.3%	±0.25%
厚度 a. 厚度由制造商确定; b. 每块砖厚度的平均值相对于工作尺寸厚度的允许偏差		±10%	±10%	±5%	±5%	±10%	±10%
边直度(正面) 相对于工作尺寸的最大允许偏差		±0.75%	±0.5%	±0.5%	±0.5%	±0.3%	±0.3%
直角度 相对于工作尺寸的最大允许偏差		±1.0%	±0.6%	±0.6%	±0.6%	±0.5%	±0.3%
表面平整度最大允许偏差	a. 相对于工作尺寸计算的对角线的中心弯曲度	±1.0%	±0.5%	±0.5%	±0.5%	+0.5% −0.3%	+0.5% −0.3%
	b. 相对于工作尺寸的边弯曲度	±1.0%	±0.5%	±0.5%	±0.5%	+0.5% −0.3%	+0.5% −0.3%
	c. 相对于由工作尺寸计算的对角线的翘曲度	±1.0%	±0.5%	±0.5%	±0.5%	±0.5%	±0.5%
表面质量		至少 95%的砖主要区域无明显缺陷					

表 6-7 陶瓷砖的物理性能

指标	挤压陶瓷砖 AⅡb 炻质	挤压陶瓷砖 AⅢ 陶质	干压陶瓷砖 BⅡb 炻质	干压陶瓷砖 BⅢ 陶质
率水率	6%<E≤10%	E>10%	6%<E≤10%	E>10%
破坏强度/N	≥900	≥600	≥800(厚≥7.5 mm) ≥600(厚<7.5 mm)	≥600(厚≥7.5 mm) ≥350(厚<7.5 mm)
断裂模数/MPa	平均值≥17.5 单值≥15	平均值≥8 单值≥7	平均值≥18 单值≥16	平均值≥15 单值≥12
无釉地砖耐磨损体积/mm^3	≤649	≤2 365	≤540	—

釉面砖是装修中最常见的砖种，由于色彩图案丰富，而且防污能力强，被广泛使用于墙面和地面之中，常见的质量问题主要有两方面：

1）龟裂。龟裂产生的根本原因是坯与釉层间的应力超出了坯釉间的热膨胀系数之差。当釉面比坯的热膨胀系数大，冷却时釉的收缩大于坯体，釉会受拉伸应力，当拉伸应力大于釉层所能承受的极限强度时，就会产生龟裂现象。

2）背渗。不管那一种砖，吸水都是自然的，但当坯体密度过于疏松时，就不仅是吸水的问题了，而是渗水泥的问题，即水泥的污水会渗透到表面。

釉面砖色彩稳定、表面光洁、易于清洗，故主要用于厨房、浴室、卫生间、实验室、手术室、精密仪器车间等室内墙面、台面及各种清洗槽之中。釉面内墙砖是陶质坯体，孔隙率大，在长期湿空气的接触过程中，特别是在潮湿的环境中使用，会吸收大量水分而产生膨胀现象。由于釉的吸湿膨胀非常小，当坯体湿胀的程度增长到使釉面处于拉应力状态，应力超过釉的抗拉强度时，釉面发生开裂。如果用于室外，经长期冻融，更易出现剥落掉皮现象，故它只能用于室内墙面，不能用于室外，避免经日晒、雨淋、风吹、冰冻，而导致破裂损坏。

釉面砖铺贴前必须浸水 2 h 以上，然后取出晾干至无明水时，才可进行铺贴施工，否则，干砖黏贴后会吸走水泥浆中的水分，影响水泥的正常水化、凝结硬化，降低黏结强度，从而造成空鼓、脱落等现象。目前，铺贴釉面砖用的水泥浆或水泥砂浆中，均掺入一定量的胶水。它不仅可改善灰浆的和易性，延缓水泥凝结时间，以保证铺贴时有足够的时间对釉面砖进行拨缝调整，也有利于提高铺贴质量和装饰效果，同时还可提高工效，缩短工期。

内墙瓷砖镶贴工序：

1）墙面基层处理：墙面基层清理附灰、油污，光滑的水泥面需用钢钎凿毛，并提前 1 d 洒水湿润。

2）水泥砂浆找平层：首先用 1∶3 水泥砂浆做灰饼，再间隔 1 500 mm 左右做标筋,宽 100 mm 左右,在标筋之间采用 1∶3 水泥砂浆做找平层,找平层厚 20 mm,表面用木板刮毛。

3) 放线定位、选材试排:按设计图纸、饰面位置、瓷砖饰面图案和瓷砖的规格尺寸,在找平层上分别弹出水平和垂直控制线、分格线、分块线,观察瓷砖表面质感、尺寸、色彩、表面平整等指标,剔除不合格的瓷砖。选材试排,分别编号。若瓷砖尺寸过大,可采用手动切割器或电动切割机切割瓷砖。使用电动切割机时,应注意洒水湿润锯片。

4) 粘贴瓷砖:在墙面水泥砂浆找平层上洒水湿润,涂刷掺胶水的水泥净浆结合层,先做标志块,拉水平控制线,采用 1∶2 水泥砂浆(掺 108 胶)厚 5 mm 左右(以 4~8 mm 为宜)涂抹于瓷砖背面,由下至上粘贴瓷砖,瓷砖缝隙宽度控制在 1 mm 左右。瓷砖需挤压平整,用橡胶锤敲击找平对缝,随时用靠尺(或铝合金方管)找平,控制表面平整度。

5) 缝隙处理:用棉纱随时擦净瓷砖缝隙溢出的砂浆,采用白水泥色浆勾(扫)缝。

6) 清理成活:内墙瓷砖镶贴、勾缝完成后,应及时清理表面,养护成活。

6.2.3 墙地砖

墙地砖包括建筑物外墙装饰贴面用砖和室内、外地面装饰铺贴用砖,这类砖目前可墙地两用,故称为墙地砖。陶瓷墙地砖属于粗炻类陶瓷制品,有施釉和不施釉之分。从外观看表面有光泽或无光泽,或表面光平和表面粗糙,具有不同的质感。颜色则有红、褐、黄等,质感有平面、麻面、毛面、磨光面、抛光面、纹点面、仿花岗石面、压花浮雕面等,表面使用各种装饰釉,色彩瑰丽,丰富多变,具有极强的装饰性和耐久性。背面为了与基层墙面能很好黏结,常具有一定的吸水率,并有凹凸沟槽。

《彩色釉面陶瓷墙地砖》(GB 11947—1989)将彩釉砖产品按表面质量和变形允许偏差分为优等品、一级品、合格品三级,其主要产品规格尺寸见表 6-8,尺寸规格超过表 6-8 中的产品也越来越多,如 1 000 mm×1 200 mm,尺寸允许偏差见表 6-9,表面质量应符合表 6-10 要求,在产品的侧面和背面,不准许有妨碍黏结的明显附着釉及其他影响使用的缺陷,不得有影响使用的结构分层缺陷出现,铺地彩釉砖要进行耐磨性试验。彩釉砖的最大允许变形应符合表 6-11 的规定。

表 6-8 彩釉砖主要规格尺寸 mm

100×100	300×300	200×150	115×60
150×150	400×400	250×150	240×60
200×200	150×75	300×150	130×65
250×250	200×100	300×200	260×65

表 6-9 彩釉砖尺寸允许偏差

mm

基本尺寸		允许偏差
边长	＜150	±1.5
	150～250	±2.0
	＞250	±2.5
厚度	＜12	±1.0

表 6-10 彩釉砖表面质量要求

缺陷名称	优等品	一级品	合格品
缺陷、斑点、裂纹、落脏、棕眼、熔洞、釉缕、釉泡、烟熏、开裂、磕碰、波纹、刺边、坯粉	距离砖面 1 m 处目测，有可见缺陷的砖数不超过 5%	距离砖面 2 m 处目测，有可见缺陷的砖数不超过 5%	距离砖面 3 m 处目测，缺陷不明显
色差	距离砖面 3 m 目测不明显		

表 6-11 彩釉砖最大允许变形

变形种类	优等品	一级品	合格品
中心弯曲度(%)	±0.50	±0.60	+0.80 −0.60
翘曲度(%)	±0.50	±0.60	±0.70
边直度(%)	±0.50	±0.60	±0.70
直角度(%)	±0.60	±0.70	±0.80

无釉陶瓷地砖简称无釉砖，是专门用于铺地的耐磨炻质地面砖。对于一次烧成的无釉地砖，通常是利用其原料中含有的天然矿物(如赤铁矿)等进行自然着色，也可以在泥料中加入各种金属氧化物进行人工着色，可呈现红、绿、蓝、黄等各种颜色。无釉陶瓷地砖按照表面情况分为无光和有光两种，后者一般是经前者抛光而成。

《无釉陶瓷地砖》(JC 501—1993)规定无釉陶瓷地砖表面质量标准见表 6-12。

表 6-12 无釉陶瓷地砖表面质量要求

缺陷名称	优等品	一级品	合格品
斑点、起泡、熔洞、磕碰、坯粉、麻面、疵火、图案模糊	距离砖面 1 m 处目测，缺陷不明显	距离砖面 2 m 处目测，缺陷不明显	距离砖面 3 m 处目测，缺陷不明显
裂纹	不允许		总长不超过对应边长的 6%
开裂			正面，不大于 5 mm
色差	距砖面 1.5 m 处目测不明显		距砖面 1.5 m 处目测不严重

续表

变形种类	优等品	一级品	合格品
平整度(%)	±0.5	±0.6	±0.8
边直度(%)	±0.5	±0.6	
直角度(%)	±0.6	±0.7	

在商场、会议厅、影剧院等人流密度大的场合，要求地面防滑，宜采用耐磨防滑地面砖。耐磨砖系采用天然砂、石材料，经破碎、球磨、再成型，在1 230℃以上高温下烧结而成，它瓷化程度高，质地坚硬，耐磨性好，砖面烧制出的花纹图案呈凹凸状，即为防滑砖，具有防滑功能。

建筑楼梯适宜铺设梯级砖，梯级砖是一种仿石状的陶瓷砖，耐磨、防滑、质感强烈，用在人流集中的楼梯上。

6.2.4 陶瓷马赛克

陶瓷马赛克又称陶瓷锦砖，采用优质瓷土烧制而成，按表面性质分为有釉、无釉两种；按砖联分为单色、混色和拼花三种。陶瓷马赛克的规格较小，单块砖边长不大于95 mm，表面面积不大于55 cm^2。砖联分正方形、长方形和其他形状，特殊要求可由供需双方商定。直接粘贴很困难，故需预先反贴于牛皮纸上(正面与纸相粘)，故又俗称“纸皮砖”，所形成的一张张的产品，称为“联”。联的边长有284、295、305、325 mm四种，按常见的联长计算，每联约0.093m^2，重约0.65 kg，每40张为一箱，每箱约3.7m^2。

《陶瓷马赛克》(JC/T 456—2005)将陶瓷马赛克按尺寸允许偏差和外观质量分为优等品和合格品两个等级。单块陶瓷马赛克尺寸允许偏差、每联陶瓷马赛克的线路、联长的尺寸允许偏差见表6-13。最大边长不大于25 mm和最大边长大于25 mm的陶瓷马赛克外观质量要求见表6-14和表6-15，无釉陶瓷马赛克的吸水率不大于0.2%，有釉陶瓷马赛克的吸水率不大于1.0%。

表6-13 陶瓷马赛克尺寸允许偏差 mm

项目		允许偏差	
		优等品	合格品
单块陶瓷马赛克	长度和宽度	±0.5	±1.0
	厚度	±0.3	±0.4
每联陶瓷马赛克	线路	±0.6	±1.0
	联长	±1.5	±2.0

表 6-14 陶瓷马赛克外观质量要求(最大边长≤25mm)

<table>
<tr><th rowspan="3">缺陷名称</th><th rowspan="3">表示方法</th><th rowspan="3">单位</th><th colspan="4">缺陷允许范围</th><th rowspan="3">备注</th></tr>
<tr><th colspan="2">优等品</th><th colspan="2">合格品</th></tr>
<tr><th>正面</th><th>背面</th><th>正面</th><th>背面</th></tr>
<tr><td>夹层、釉裂、开裂</td><td></td><td rowspan="9">mm</td><td colspan="4">不允许</td><td rowspan="2"></td></tr>
<tr><td>斑点、粘疤、起泡、坯粉、麻面、波纹、缺釉、桔釉、棕眼、落脏、熔洞</td><td></td><td colspan="2">不明显</td><td colspan="2">不严重</td></tr>
<tr><td rowspan="2">缺角</td><td>斜边长</td><td><2.0</td><td><4.0</td><td>2.0～3.5</td><td>4.0～5.5</td><td rowspan="2">正背面氛角不允许在同一角部。
正面只允许缺角1处</td></tr>
<tr><td>深度</td><td colspan="4">不大于砖厚的 2/3</td></tr>
<tr><td rowspan="3">缺边</td><td>长度</td><td><3.0</td><td><6.0</td><td>3.0～5.0</td><td>6.0～8.0</td><td rowspan="4">正背面缺边不允许出现在同一侧面，同一侧面边不允许有 2 处缺边。
正面只允许 2 处缺边</td></tr>
<tr><td>宽度</td><td><1.5</td><td><2.5</td><td>1.5～2.0</td><td>2.5～3.0</td></tr>
<tr><td>深度</td><td><1.5</td><td><2.5</td><td>1.5～2.0</td><td>2.5～3.0</td></tr>
<tr><td rowspan="2">变形</td><td>翘曲</td><td colspan="4">不明显</td></tr>
<tr><td>大小头</td><td colspan="2">0.2</td><td colspan="2">0.4</td><td></td></tr>
</table>

表 6-15 陶瓷马赛克外观质量要求(最大边长>25mm)

<table>
<tr><th rowspan="3">缺陷名称</th><th rowspan="3">表示方法</th><th rowspan="3">单位</th><th colspan="4">缺陷允许范围</th><th rowspan="3">备注</th></tr>
<tr><th colspan="2">优等品</th><th colspan="2">合格品</th></tr>
<tr><th>正面</th><th>背面</th><th>正面</th><th>背面</th></tr>
<tr><td>夹层、釉裂、开裂</td><td></td><td rowspan="9">mm</td><td colspan="4">不允许</td><td></td></tr>
<tr><td>斑点、粘疤、起泡、坯粉、麻面、波纹、缺釉、桔釉、棕眼、落脏、熔洞</td><td></td><td colspan="4">不明显</td><td>不严重</td></tr>
<tr><td rowspan="2">缺角</td><td>斜边长</td><td><2.3</td><td><4.5</td><td>2.3～4.3</td><td>4.5～6.5</td><td rowspan="2">正背面氛角不允许在同一角部。
正面只允许缺角1处</td></tr>
<tr><td>深度</td><td colspan="4">不大于砖厚的 2/3</td></tr>
<tr><td rowspan="3">缺边</td><td>长度</td><td><4.5</td><td><8.0</td><td>4.5～7.0</td><td>8.0～10.0</td><td rowspan="3">正背面缺边不允许出现在同一侧面同一侧面边不允许有 2 处缺边。
正面只允许 2 处缺边</td></tr>
<tr><td>宽度</td><td><1.5</td><td><3.0</td><td>1.5～2.0</td><td>3.0～3.5</td></tr>
<tr><td>深度</td><td><1.5</td><td><2.5</td><td>1.5～2.0</td><td>2.5～3.0</td></tr>
<tr><td rowspan="2">变形</td><td>翘曲</td><td colspan="2">0.3</td><td colspan="2">0.5</td><td rowspan="2"></td></tr>
<tr><td>大小头</td><td colspan="2">0.6</td><td colspan="2">1.0</td></tr>
</table>

成联陶瓷马赛克质量要求如下：

1）色差。单色陶瓷马赛克及联间同色砖色差，优等品目测基本一致，合格品目测稍有色差。

2）铺贴衬材的黏结性。陶瓷马赛克与铺贴衬材经黏结性试验后，不允许有马赛克脱落。

3）铺贴衬材的剥离性。表贴陶瓷马赛克的剥离时间不大于 40 min。

4）铺贴衬材的露出。表贴、背贴陶瓷马赛克铺贴后，不允许有铺贴衬材露出。

陶瓷马赛克孔隙率低、吸水率极小（小于 0.2%）、不渗水、质地坚实、耐磨、耐酸、耐碱、耐火、抗急冷急热、易清洗。陶瓷马赛克色彩鲜艳、色泽稳定，陶瓷马赛克块小，可拼出风景、动物、花草及各种抽象图案。

陶瓷马赛克施工方便，施工时反贴于砂浆基层上，把皮纸润湿，在水泥初凝前把纸撕下，经调整、嵌缝，即可得到连续美观的饰面。陶瓷马赛克铺贴操作方法一般是待垫层砂浆具有一定强度后，用 1∶1 水泥砂浆铺贴。铺贴时，先湿润找平层，均匀撒干水泥，用刷子蘸水铺贴，用方尺找好规矩，拉通线依次向前进行。砖铺上后可用木锤垫木块仔细拍实拍平，贴完一段，应洒水湿透纸背，常温下 15 min 左右揭纸，用开刀修理缝隙。先调竖缝，后调横缝，边调缝边用木锤敲击垫块，拍实拍平，然后用 1∶1 水泥砂浆灌缝嵌实。铺贴完后，将陶瓷马赛克表面清扫干净，次日铺干锯木屑养护 3～4 d，养护期间不得上人走动，以免破坏面层。

陶瓷马赛克适用于洁净车间、门厅、餐厅、厕所、盥洗室、浴室、化验室等处的地面和墙面的饰面，并可应用于建筑物的外墙饰面，与外墙面砖相比具有面层薄、自重轻、造价低、坚固耐用、色泽稳定的特点。

6.3 新型墙地砖

6.3.1 劈离砖

劈离砖又称劈裂砖，由于坯体成型时为双砖背连，烧成后再劈裂成两块砖、故称劈离砖。

劈离砖的吸水率低，表面硬度大，有较高的抗压强度，产品规格多，生产工艺简单，产品的能耗低。劈离砖形状有正方形、矩形，有转角砖、梯沿砖等；色彩丰富，有红、红褐、橙红、黄、深黄、咖啡、米黄、灰色等，色彩不退不变，表面一般无釉。常用规格有 240 mm×52 mm×11 mm、24 mm × 115 mm × 11 mm、194 mm × 94 mm × 11 mm、190 mm×109 mm × 13 mm、240 mm × 115 mm × 13 mm、194 mm × 94 mm × 13 mm、194 mm×52 mm×13 mm 等。

劈离砖可用于建筑物外墙面和楼堂馆所、车站、候车室、餐厅等室内地面铺设，也可用做游泳池、浴池底和池岸的贴面材料。

6.3.2 仿花岗岩瓷砖

仿花岗岩瓷砖又称同质砖或彩胎砖。它有无釉产品和磨光产品两类。无釉砖色彩柔和、晶莹，格调高雅朴素，具有天然花岗岩的纹点，质地与天然花岗岩一样坚硬、耐磨。磨光砖又称玻化砖，它是将无釉仿花岗岩瓷砖经磨光、抛光后制成的，其物理化学性能以及外观色彩与无釉砖相同。磨光砖表面晶莹泽润、光亮如镜、耐久性强，在室外使用时不风化不退色。由于仿花岗岩砖的内部组成均匀一致，因而表面破损或磨耗后，仍能保持原有的颜色与纹点。仿花岗岩瓷砖用于室内外地面装饰时，砖的表面有水时易打滑。如将砖的表面制成凹凸状的造型时，可起到防滑的作用。仿花岗岩瓷砖除了用于地面铺贴外，磨光砖还可用于室内外墙面的装饰，装饰效果与天然花岗岩相似。

仿花岗岩瓷砖的规格有 200 mm×200 mm×8 mm、300 mm×300 mm×9.5 mm、400 mm×400 mm×10 mm、500 mm×500 mm×10 mm 以及更大尺寸等。仿花岗岩瓷砖结构致密，吸水率极低，因而铺贴时不需浸水处理。铺贴时一般采用密缝形式，缝内用同色水泥浆擦缝。使用时应将色差较大的砖剔除，以保证装饰效果不受影响。

6.3.3 陶瓷艺术砖和壁画

这类饰面砖主要用于建筑物内外墙面的装饰。砖表面具有各种图案浮雕，具有夸张性、空间组合自由的特点。它充分利用砖的高低、色彩、粗细、大小及环境光线等因素组合成各种图案壁画，创造强烈艺术表现效果。

陶瓷艺术砖吸水率小、强度高、抗风化、耐腐蚀、质感强，适用于宾馆会议厅、艺术展览馆、酒楼、公园及公共场所的墙壁装饰。

陶瓷壁画是大型画，是以陶瓷面砖、锦砖、陶板等为基础经镶拼而成的具有较高艺术价值的现代装饰材料。陶瓷壁画适应性强，不怕潮湿和低、高温，室内室外均相宜，色彩长期不变，如沾上灰尘污物，擦洗干净又能恢复光彩。

陶瓷壁画主要分为釉上彩和釉下彩两大类，还有釉上彩釉下彩综合类，以及浮雕式陶瓷壁画。釉上彩是以陶瓷新彩颜料为主绘制，经过 800℃高温烧烤而成的，能呈现国画、油画、装饰画等形式，色彩丰富，可充分发挥作者的创作能力和表现形式，是陶瓷壁画的主流。釉下彩壁画，如唐三彩壁画、青花壁画，材质为瓷质，坚硬，色彩千年不变。陶瓷壁画可大可小，大到无限，小到单块为壁饰，随人意安排。

陶瓷壁画不是原画的简单复制，而是艺术的再创造，它运用绘画艺术与陶瓷技术相结合，经过放样、制版、刻画、配釉、施釉、烧成等一系列工序，采用浸、点、喷、填等多种施釉技法，以及巧妙的烧窑工艺而创造出神形兼备、巧夺天工的艺术作品。著名的故宫九龙壁就是以低温三彩釉烧制的浮雕型壁画，饱经风雨侵蚀仍然鲜艳如初，所以陶瓷壁画被誉为“纪念碑艺术”。

现代陶瓷壁画具有单块砖面积大、厚度薄、强度高、平整度好、吸水率小、抗冻、抗化学腐蚀、耐急冷急热等特点。

陶瓷壁画适于镶嵌在大厦、宾馆、酒楼等高级建筑的外墙面上，也可镶贴在公共场所，如候机室、候车室、会客室、大型会议室等内墙面上，以及用于园林旅游区、码头、地铁、隧道等公共设施的装饰，给人以美的享受。

6.3.4 金属陶瓷面砖

金属陶瓷面砖是在普通陶瓷面砖的基础上，采用反应离子镀法涂敷一层超硬薄膜。该薄膜具有异常美观的金属光泽和镜面效果，外观呈金黄色、银白色或紫黑色，其优异的装饰效果是其他建筑材料所无法比拟的。镜面型砖平整光滑，在大面积铺贴时，外界和室内的动静景物能反映在砖面上，具有开阔空间效果的作用。金属陶瓷面砖具有镀膜硬度高、化学性能稳定、不易划破、不变色等优良特性，易于制成图案，是一种兼备装饰性和耐磨性双重功能的新产品，是高档墙体装饰材料，可用于建筑物内外墙面、地面、顶棚及大型建筑物立柱的装饰。

6.3.5 麻面砖

麻面砖是采用仿天然岩石色彩的配料，做成表面凹凸不平的麻面坯体后，经一次焙烧后形成炻质面砖。麻面砖的表面与天然花岗岩的表面相似，纹理自然，粗犷朴素，色彩有白、黄、红、灰、黑等，规格有 200 mm×100 mm、200 mm×75 mm 和100 mm×100 mm等。麻面砖吸水率小于 1%，抗压强度大于 20 MPa，抗冻性能好，耐急冷急热性好，防滑耐磨。薄型麻面砖可用于建筑物外墙装饰，厚型麻面砖则用于广场、停车场、人行道、码头等地面的铺设。麻面砖的形状有正方形、长方形等，用于广场地面铺设时，可以拼贴成图案，如制成三角形、梯形、正方形及六角形几种类型组成，其表面粗犷质朴，纹理清晰自然，富有天然石材质感，具有耐磨、防滑等特点，适用于公共场所、码头、车站、人行道路及庭院建筑等处的地面铺砌，以便于增加广场地坪的艺术性。铺砌时可拼成圆形、圆环形或鱼鳞形图案，其形貌风采别具一格。

6.4 卫生陶瓷

卫生洁具是指安装固定在一定场所的洗涤冲污用具，主要有脸盆、马桶、小便斗、坐浴盆、水槽等，以及安放漱口杯、牙刷、肥皂、卫生纸等的托架和悬挂毛巾、浴衣等的钩等附件。它们属于精陶制品，多用耐火黏土或难熔黏土，外加石英和长石等原料，经配制料浆、洒浆成型、坯体干燥、整修、上釉、焙烧而成。

陶瓷卫生洁具颜色清澄，表面光亮，不易污染，耐化学侵蚀，造型美观，易于清洗，经久耐用。颜色除白色以外，还有红、蓝、黄、绿等，各色俱全，且同一种颜色又有深浅不同的色调，色彩绚丽。

6.4.1 卫生陶瓷分类

浴室中设脸盆、马桶、坐浴盆、浴缸和有关的附件，盥洗室或厕所设脸盆和水槽，备餐室和厨房设水槽。这些房间室内墙面通常采用釉面砖（铺设台面和满墙铺贴），地面则常采用陶瓷锦砖。卫生洁具应在给水（包括冷、热水管）、排水管道安装完成之后分别装接在规定的位置上，然后铺设墙面和地面的装饰材料，这样才能获得平整完美的装饰效果。

《卫生陶瓷》(GB 6952—2005)按吸水率分为瓷质卫生陶瓷和陶质卫生陶瓷。瓷质卫生陶瓷是由黏土或其他无机物质经混练、成型、高温烧制而成的用做卫生设施的、吸水率不超过0.5%的有釉陶瓷制品。陶质卫生陶瓷是由黏土或其他无机物质经混练、成型、高温烧制而成的、用做卫生设施的、吸水率不低于8.0%且不超过15.0%的有釉陶瓷制品。卫生陶瓷分类见表6-16和表6-17。节水型坐便器用水量不大于6 L，节水型小便器不大于3 L，节水型蹲便器不大于8 L。

表 6-16 卫生陶瓷产品分类一

种类	类型	结构	安装方式	排污方向	按用水量分	按用途分
坐便用	挂箱式 坐箱式 连体式 冲洗阀式	冲落式 虹吸式 喷射虹吸式 旋涡虹吸式	落地式 壁挂式	下排式 后排式	普通型 节水型	成人型 幼儿型 残疾人/老年人专用型
洗面器			台式 立柱式 壁挂式			
小便器		冲落式 虹吸式	落地式 壁挂式		普通型 节水型	
蹲便器	挂箱式 冲洗阀式				普通型 节水型	成人型 幼儿型
净身器			落地式 壁挂式			
洗涤器			台式 壁挂式			住宅用 公共场所用
水箱	高水箱 低水箱		壁挂式 坐箱式 隐藏式			
小件卫生陶瓷	皂盒 手纸盒等					

表 6-17　卫生陶瓷产品分类二

种类	类型	安装方式
洗面器		台式、立柱式、壁挂式
不带存水弯小便器		落地式、壁挂式
净身器		落地式、壁挂式
洗涤槽	家庭用、公共场所用	台式、壁挂式
水箱	高水箱、低水箱	壁挂式、坐箱式、隐藏式
浴缸淋浴盆		
小件卫生陶瓷	皂盒等	

6.4.2　卫生陶瓷技术要求

6.4.2.1　外观质量

1. 釉面

卫生陶瓷除安装面及特殊位置外，所有裸露表面和坐便器的排污管道内壁都应有釉层盖，釉面应与陶瓷坯体完全结合。

2. 外观缺陷

卫生陶瓷外观缺陷最大允许范围应符合表 6-18 规定。

表 6-18　卫生陶瓷外观要求

缺陷名称	单位	洗净面	可见面		其他区域
			A 面	B 面	
开裂、坯裂	mm	不允许			不影响使用的允许修补
釉裂、熔洞	mm	不允许			
大包、大花斑、色斑、坑包	个	不允许			
棕眼	个	总数 2	总数 2	2；总数 5	
小包、小花斑	个	总数 2	总数 2	2；总数 6	
釉泡、斑点	个	1；总数 2	2；总数 4	2；总数 4	
波纹	mm^2	≤2600			
缩釉、缺陷	mm^2	不允许		4 mm^2 以下 1 个	
磕碰	mm^2	不允许			20 mm^2 以下 2 个
釉缕、桔釉、釉粘、坯粉、落脏、剥边、烟熏、麻面		不允许			

注：1. 数字前无文字或符号时，表示一个标准面允许的缺陷数。

2. 其他面，除表中注明外，允许有不影响使用的缺陷。

3. 0.5 mm 以下的不密集棕眼可不计。

3. 色差

一件产品或配套产品之间应无明显色差。

4. 最大允许变形

卫生陶瓷产品的最大允许变形量应符合表6-19的规定。

表6-19 卫生陶瓷产品的最大允许变形量 mm

产品名称	安装面	表面	整体	边缘
坐便器	3	4	6	—
洗面器	3	6	20 mm/m 最大 12	4
小便器	5	20 mm/m 最大 12	20 mm/m 最大 12	—
蹲便器	6	5	8	4
净身器	3	4	6	—
洗涤器	4	20 mm/m 最大 12	20 mm/m 最大 12	5
水箱	底3 墙8	4	5	4
浴缸	—	20 mm/m 最大 16	20 mm/m 最大 16	—
淋浴室	—	20 mm/m 最大 12	20 mm/m 最大 12	—

注：形状为圆形或艺术造型的产品，边缘变形不作要求。

6.4.2.2 尺寸

1. 尺寸允许偏差

卫生陶瓷的尺寸允许偏差应符合表6-20的规定。

表6-20 卫生陶瓷产品的尺寸允许偏差 mm

尺寸类型	尺寸范围	允许偏差
外形尺寸		规格尺寸×(±3%)
孔眼直径	$\phi<15$	+2
	$15\leqslant\phi\leqslant30$	±2
	$30<\phi\leqslant80$	±3
	$\phi>80$	±5
孔眼圆度	$\phi\leqslant70$	2
	$70<\phi\leqslant100$	4
	$\phi>100$	5
孔眼中心距	⩽100	±3
	>100	规格尺寸×(±3%)

续表

尺寸类型	尺寸范围	允许偏差
孔眼距产品中心线偏移	≤100 >100	3 规格尺寸×3%
孔眼距边	≤300 >300	±9 规格尺寸×(±3%)
安装孔平面度	—	2
排污口安装距	—	+5 −20

2. 重要尺寸

坐便器排污口安装距：下排式坐便器排污口安装距分为200、305、400 mm三种，后排式坐便器排污口安装距分为100、180 mm两种。

1）坐便器和蹲便器排污口最大外径。下排式坐便器和带存水弯蹲便器排污口最大外径为100 mm；后排式坐便器和不带存水弯蹲便器排污口最大外径为107 mm。

2）水封深度。所有带整体存水弯卫生陶瓷的水封深度不得小于50 mm。

3）坐便器水封表面面积。安装在水平面的坐便器水封表面面积不得小于100 mm×85 mm。

4）冲洗阀式坐便器和小便器进水口距墙尺寸。用冲洗阀的坐便器进水口中心至完成墙的距离应不小于60 mm；用冲洗阀的小便器进水口中心至完成墙的距离应不小于60 mm。

5）大便器和小便器水道最小过球直径。大便器水道至少能通过直径为41 mm的固体球；小便器水道至少能通过直径为19 mm的固体球。

6）洗面器和净身器的供水孔和排水口尺寸。洗面器和净身器供水孔表面安装平面直径应不小于供水孔直径+9 mm。

7）水箱进水孔和排水孔尺寸。低水箱进水孔直径为25 mm或29 mm，排水孔直径为65 mm或81 mm，特殊情况可按合同要求。

8）淋浴盆和浴缸排水口尺寸。淋浴盆、浴缸排水口直径为60 mm，特殊情况可按合同要求。

9）壁挂式坐便器安装螺栓孔尺寸。壁挂式坐便器的所有安装螺栓孔直径应为20～26 mm，或为加长型螺栓孔。

10）坯体厚度。卫生陶瓷任何部位的坯体厚度应不小于6 mm。

6.4.2.3 功能要求

1. 便器功能要求

(1) 便器用水

便器平均用水量应符合表6-21规定，坐便器和蹲便器在任一试验压力下，最大用水量不得超过规定值 1.5 L，双档坐便器的小档排水量不得大于大档排水量的 70%。

表 6-21 便器平均用水量 L

坐便器	普通型(单/双档)	9
	节水型(单/双档)	6
蹲便器	普通型	11
	节水型	8
小便器	普通型	5
	节水型	3

(2) 坐便器冲洗功能

单档坐便器和双档坐便器的全冲水应在规定用水量下满足以下冲洗功能的要求；双档坐便器小档冲水应在规定用水量下满足洗净功能，污水置换功能和水封回复功能的要求。

1) 洗净功能。进行墨线试验，每次冲洗后累积残留墨线的总长度不大于 50 mm，且每一段残留墨线长度不大于 13 mm。

2) 固体物排放功能。球排放试验，三次试验平均数应不少于 85 个；颗粒排放试验，连续三次试验，坐便器存水弯中存留的可见聚乙烯颗粒三次平均数不多于 125 个(5%)，可见尼龙球三次平均数不多于 5 个。

3) 污水置换功能。污水置换试验，稀释率应不低于 100，对于双档式冲水坐便器，还应进行小档冲水的污水置换试验，稀释率应不低于 17。

4) 水封回复功能。每次冲水后的水封回复都不得小于 50 mm。

5) 排水管道输送特性。节水型坐便器进行管道输送特性试验，球的平均传输距离应不小于 12 m。

6) 防溅污性。进行防溅污性试验，不得有水溅到模板上，直径小于 5 mm 的溅射水滴或水雾不计。

(3) 小便器冲洗功能

1) 洗净功能。进行墨线试验，每次冲洗后累积残留墨线的总长度不大于 25 mm，且每一段残留墨线长度不大于 13 mm。

2) 污水置换功能。带存水弯的小便器进行污水置换试验，稀释率应不低于 100。

(4) 蹲便器冲洗功能

1) 洗净功能。进行墨线试验，每次冲洗后不得有残留墨线痕迹。

2) 排放功能。进行试验，测定三次，试体排出排污口总数应不少于 9 个。

3) 防溅污性。防溅污性试验，不得有水溅到模板上，直径小于 5 mm 的溅射水滴或水雾不计。

2. 洗面器、洗涤槽和净身器溢流功能

设有溢流孔的洗面器、洗涤槽和净身器进行溢流试验，应保持 5 min 不溢流。

3. 耐荷重性

壁挂式坐便器和落地式坐便器应能承受 2.2 kN 的荷重，洗面器应能承受 1.1 kN的荷重，小便器应能承受 0.22 kN 的荷重，洗涤槽应能承受 0.44 kN 的荷重，浴缸底面应能承受 1.47 kN 的荷重，浴缸侧面应能承受 0.22 kN 的荷重，淋浴盆应能承受 1.47 kN 的荷重。

4. 坐便器冲洗噪声

冲洗噪声的累计百分数声级 L_{50} 应不超过 55 dB，累计百分数声级 L_{10} 应不超过 65 dB。

另外还有便器配套性技术要求。

【本章要点】

本章分析了陶器、炻器、瓷器的区别，介绍陶瓷生产工艺和表面装饰方法，尤其详细介绍釉的分类、组成和彩绘工艺。为了对建筑陶瓷砖有一个整体概念，分别按材质、表面特征、用途和生产工艺对其进行分类，注意不同材质陶瓷砖的含水率。列出内墙砖质量要求和常见质量问题，介绍了用于外墙和地面的陶瓷马赛克、劈离砖、仿花岗岩瓷砖、金属陶瓷面砖、麻面砖的装饰效果和应用范围，详细介绍国家标准对卫生洁具外观质量、尺寸、功能等方面的要求。

【思考与练习题】

1. 陶器、炻器、瓷器含水率各为多少？为什么会有这种差别？
2. 什么是釉面砖的背渗？如何避免这种质量问题发生？
3. 彩色釉面陶瓷墙地砖外形尺寸有哪些要求？
4. 外墙砖有哪些种类？试写出外墙砖常用的尺寸。
5. 试给出卫生洁具的技术要求。

7　塑料装饰材料

高分子聚合物因其资源丰富、种类繁多、性能优良、成型简便、成本低廉、用途广泛的原因得到迅速推广应用。随着高分子化合物的发展，化学建材在土木工程中的应用日益广泛，在防水、胶粘、防腐、装饰等方面的重要作用是其他材料不可替代的。建筑塑料和胶粘剂属于化学建材，其主要成分是高分子化合物。建筑塑料具有表观密度小、比强度高、耐腐蚀性强、保温、吸声及装饰性好等特点，有机胶黏剂具有黏结强度高、品种多、适用面广、性能易于调节的特点。

7.1　高分子材料的基本知识

7.1.1　高分子化合物概念

高分子化合物也称聚合物，是以石油、煤、天然气、水、空气及食盐等为原料制得的低分子化合物单体（如氯乙烯、乙烯、丁烯等），经合成反应得到合成高分子化合物，这些化合物的分子量一般为 $10^4 \sim 10^6$，其分子由许多相同的、简单的结构单元通过共价键或离子键有规律地重复连接而成。例如，乙烯（$H_2C=CH_2$）的分子量为28，而由乙烯为单体聚合而成的高分子化合物聚乙烯（$H_2C=CH_2$）$_n$ 分子量在 $10^3 \sim 3.5\times10^4$ 之间或更大，所以聚乙烯是由 $36 \sim 1.25\times10^3$ 个乙烯重复链接而成，重复单元的数目称为平均聚合度，用 n 表示，聚合度越大，高分子聚合物的分子量也越大。

从上例可见，高分子化合物是由分子量不同的高分子形成的混合物，聚合物分子量不是均匀一致的，而是具有多分散性，故高分子化合物的分子量只能用平均分子量来表示。

7.1.2　高分子聚合物分类与命名

7.1.1.1　高分子聚合物分类

可按高分子聚合物的用途、主链形状和对热的性质对高分子聚合物分类。

1. 按聚合物用途分类

按聚合物用途将聚合物分为塑料、橡胶和纤维三大合成材料，它们在性质上的最大区别是弹性模量不同，橡胶为 $10^5 \sim 10^6$ MPa，塑料为 $10^7 \sim 10^9$ MPa，纤维为 $10^9 \sim 10^{10}$ MPa。在结构上橡胶是处于高弹态的支链型或体型高分子，较小的作用力就能产生较大的变形，弹性变形大；纤维主要是高度定向的结晶化的线型高分子，不易变形；塑料是在常温下处于玻璃态的各种高分子，变形能力介于橡胶和纤维之间，刚性大，难变形。橡胶主要品种有乙丙橡胶、丁苯橡胶、丁基橡胶、顺丁橡胶和异戊橡胶；纤维主要品种有涤纶、锦纶、腈纶、维纶和丙纶等；塑料主要品种有聚氯乙烯、聚乙烯、聚丙烯、聚苯乙烯、聚甲基丙烯酸甲酯等。

2.按聚合物主链形状分类

聚合物按分子链节在空间排列的几何形状不同，可分为线型和体型两种。

线型高分子聚合物的主链连接成一长链或带有支链。线型或支链型大分子以物理力聚集成聚合物，加热可熔化，能溶于适当溶剂中，聚合物在拉伸或低温下易呈直线形状，而在较高温度下或在稀溶液中则易呈卷曲形状。

体型聚合物是线型大分子间相互交联，形成网状的三维聚合物。由于体型聚合物可以看做许多线形大分子由化学键连接而成的体型或网状结构，许多大分子键合在一起，已无单个大分子，交联程度浅的体型聚合物可软化但不熔融，可溶胀但不溶解。交联程度深的体型聚合物受热时不再软化，也不易被溶剂所溶胀。

3.按聚合物对热的性质分类

按聚合物对热的性质将聚合物分为热塑性聚合物和热固性聚合物。

热塑性聚合物是线型结构或带支链的高分子聚合物，加热时软化甚至熔化，冷却后硬化，而不起化学变化，这种变化是可逆的，可以重复多次。这类聚合物有聚氯乙烯、聚苯乙烯、聚酰胺、聚丙烯以及聚甲基丙烯酸甲酯等。热塑性塑料可以再生利用。

热固性聚合物是体型结构聚合物，在固化时加热后软化，同时产生化学变化，相邻的分子互相连接（交联）而逐渐硬化，最后成为不熔化、不溶解的物质。热固性聚合物只能塑制一次。这类聚合物有酚醛树脂、环氧树脂、不饱和树脂、聚硅醚树脂等。

7.1.1.2 高分子聚合物命名

目前，高分子命名采用较多方法，有习惯命名法和国际纯粹与应用化学联合会(IUPAC)提出的结构系统命名法。

1.习惯命名法

最常用的简单命名法系参照单体名称来定名。对于一种单体经加聚制成的聚合物，常以单体名为基础，前面冠以“聚”字，就成为聚合物的名称。例如氯乙烯的聚合物称为聚氯乙烯，聚苯乙烯是苯乙烯的聚合物，聚乙烯醇则是其假想单体“乙烯醇”的聚合物。

由两种不同单体缩合成的产物，常摘取两种单体的简名，后缀“树脂”两字来命名。例如苯酚和甲醛、尿素和甲醛、甘油和邻苯二甲酸酐的缩聚产物分别称为酚醛树脂、脲醛树脂、醇酸树脂。这些产物类似天然树脂，可统称为合成树脂。

也有以聚合物的结构特征命名，如聚酰胺、聚酯、聚碳酸酯、聚砜等，这些名称都代表一类聚合物，具体品种另有更详细的名称，如己二胺和己二酸的反应产物是聚己二酰己二胺，商业上简称为尼龙66。尼龙代表聚酰胺一大类，尼龙后第一个数字表示二元胺的碳原子数，第二个数字则代表二元酸的碳原子数。

我国习惯以“纶”字作为合成纤维商品名的后缀字，如涤纶（聚对苯二甲酰乙二醇）、锦纶（尼龙 6）、维尼纶（聚乙烯醇缩甲醛）、腈纶（聚丙烯腈）、氯纶（聚氯乙烯）、丙纶（聚丙烯）等。

许多合成橡胶是共聚物，往往从共聚单体中各取一字，后附“橡胶”二字来命名。如丁（二烯）苯（乙烯）橡胶、丁（二烯）（丙烯）腈橡胶、乙（烯）丙（烯）橡胶等。

2. 结构命名法

IUPAC 命名方法更科学和系统，它对线型聚合物提出命名原则和程序：确定重复单元结构，排好其中次级单元次序，给重复单元命名，最后冠以“聚”字，就成为聚合物的名称。写次级单元时，先写侧基最少的元素，继写有取代的亚甲基，再写亚甲基。

高分子聚合物习惯命名法和结构命名法的对比见表 7-1。

表 7-1 高分子聚合物习惯命名法和结构命名法对比

习惯命名法	结构命名法
聚氯乙烯	聚 1-氯化乙烯
聚苯乙烯	聚 1-苯基亚乙基
聚丁二烯	聚 1-次丁烯基
聚氧化氟乙烯	聚氧化 1-氟乙烯

7.1.1.3 建筑中常用的高分子聚合物

建筑中常用的高分子树脂的特性与用途见表 7-2。

表 7-2 建筑中常用高分子树脂特性与用途

名称	特 性	用 途
聚氯乙烯（PVC）	优良的电绝缘性和化学稳定性，力学性能较好，具有难燃性；耐热性差，温度升高时易发生降解	有软质、硬质、轻质发泡制品；是应用最多的一种塑料
聚乙烯（PE）	优良的电绝缘性和耐冲击性，化学稳定性好，成型工艺性好；强度不高，易燃烧，质地较软，刚性差	防潮防水材料、给排水管及管件、绝缘材料等
聚丙烯（PP）	耐化学腐蚀性优良，力学性能和刚性超过聚乙烯，耐疲劳和耐应力开裂性好；收缩率较大，低温脆性大	管材、卫生洁具、模板等
聚苯乙烯（PS）	透明度好，耐水、耐光、耐化学腐蚀，电绝缘性良好，易着色，易加工；易燃，耐热性差，脆性大	装饰透明零件、灯罩，发泡轻质保温绝热材料，容器、家具、管道等

续表

名称	特性	用途
聚甲基丙烯酸甲酯（PMMA）	较好的弹性、韧性和抗冲击强度，耐低温性较好，透明度高	采光材料、灯具、卫生洁具等
ABS塑料	硬、韧、刚相均衡的优良力学性质，耐化学腐蚀，电绝缘性良好，尺寸稳定性好，表面光泽性好，易涂装和着色；耐热性不太好，耐候性较差	建筑五金、管材、模板、异型板等
酚醛树脂（PF）	耐热、耐湿、耐化学侵蚀，具有电绝缘性，尺寸稳定，不易变形	层压板、玻璃钢制品、涂料、胶粘剂
不饱和聚酯树脂（UP）	可在低压下固化成型，用玻璃纤维增强后具有优良的力学性质，良好的耐化学腐蚀和电绝缘性；固化收缩率较大	玻璃钢、涂料、人造石
环氧树脂（EP）	力学性能优良，耐化学品性（尤其是耐碱性）良好，电绝缘性良好，固化收缩率低，可在室温、接触应力下固化成型	玻璃钢、胶粘剂、涂料
聚氨酯（PUR）	强度高，耐化学腐蚀性优良，耐油耐热耐溶剂性好，黏结性和弹性好	泡沫保温隔热材料、优质涂料、胶粘剂、防水涂料、弹性嵌缝材料
有机硅树酯（SI）	耐高低温性好，耐腐蚀，稳定好，绝缘性好	高级绝缘材料、防水材料
玻璃纤维增强塑料（GRC）	强度高，质轻，成型工艺简单，除刚度不如钢材外，各种性能均很好	屋面材料、墙面围护材料、浴缸、水箱、冷却塔、排水管、通信线管

7.2 塑料的组成与特性

7.2.1 塑料的组成

塑料主要成分是合成树脂、填充料和助剂。

1）树脂。树脂是塑料中最主要的组成材料，在塑料中起着胶粘剂的作用，塑料的性质主要取决于合成树脂的种类、性质和数量。根据树脂用量占塑料的百分率,将塑料分成单组分和多组分塑料,如有机玻璃是由聚甲基丙烯酸甲酯生产的塑料,其树脂含量为100%,是单组分塑料,但大多数塑料是多组分的,其树脂含量一般为30%~60%。塑料常用合成树脂有聚氯乙烯、聚乙烯、聚丙烯、酚醛树脂等。

2）填充料。填充料又称填料,是向树脂中加入的基本上不参与树脂复杂化学反应的粉状或纤维状物质,以提高塑料的强度、韧性、耐热性、耐老化性、抗冲击性等,同时也降低塑料的成本。常用的填充料有滑石粉、硅藻土、石灰石粉、云母、石墨、石棉、玻璃纤维等。石墨提高塑料的导电性,石棉提高塑料的耐热性,纤维提高塑料的机械强度。

3）增塑剂。增塑剂能增加树脂的可塑性。增塑剂的加入降低了大分子链间的作用力,降低软化温度和熔融温度,减少熔体黏度,改善了塑料的加工性质。同时,因能降低塑料的硬度和脆性,使塑料具有较好的韧性、塑性和柔顺性。常用的增塑剂是分子量小、熔点低、难挥发的液态有机物,如邻苯二甲酸二丁酯、邻苯二甲酸二辛酸、磷酸酯类等。

4）稳定剂。稳定剂包括热稳定剂和光稳定剂。热稳定剂能改善塑料的热稳定性,如聚氯乙烯在160~200℃的温度下加工时,会发生剧烈分解,使制品变色,物理性质恶化,需加入热稳定剂。常用的热稳定剂有硬脂酸盐、铅的化合物以及环氧化合物等。光稳定剂能够抑制或削弱光的降解作用,提高材料的耐光照性质,常用的光稳定剂有炭黑、二氧化钛、氧化锌、水杨酸脂类。

5）固化剂。固化剂又称硬化剂或交联剂,其主要作用是使线型高聚物交联成体型高聚物,从而使树脂具有热固性,制得坚硬的塑料制品。环氧树脂中常用胺类、酸酐类化合物,如乙二胺、间苯二胺、邻苯二甲酸酐、顺丁烯二酸酐,酚醛树脂常用乌洛托品,即六亚甲基四胺。聚酯树脂中常用过氧化物。

6）着色剂。塑料中加入着色剂可以使塑料具有绚丽的色彩和光泽。着色剂除满足色彩要求外,还应具有分散性好、附着力强、不与塑料成分发生化学反应、不退色等特性。

7）阻燃剂。阻燃剂又称防火剂,是向树脂等塑料原料中添加的可以减缓或阻止塑料燃烧的物质,能提高塑料的耐燃性和自熄性。常用的阻燃剂有三氧化锑、氢氧化铝、十溴联苯醚、双反丁烯二酸酯等。

7.2.2 塑料的特性

塑料的品种繁多、性能各异、综合起来,塑料具有下列性质。

7.2.2.1 密度小,比强度高

塑料密度一般在0.9~2.2 g/cm³之间,仅为钢材的1/4~1/8,与木材相接近,泡

沫塑料的密度更是可以低到 0.1 g/cm³ 以下。塑料的强度较高，比强度超过钢材和铝，表 7-3 列出部分塑料与金属的比强度和比刚度。

表 7-3 塑料与金属的比强度和比刚度

材料	密度/(g/cm³)	拉伸强度/MPa	比强度$\left(\frac{拉伸强度}{密度}\right)$	弹性模量/MPa	比刚度$\left(\frac{弹性模量}{密度}\right)$
高强度合金钢	7.85	1 280	163	205 800	26 216
铝合金	2.8	410～450	146～161	70 560	25 200
尼龙	1.14	441～800	387～702	4 508	3 954
酚醛木质层压板	1.4	350	250	—	—
玻璃钢	—	—	640	—	24 000
定向聚偏二氯乙烯	1.7	700	412	—	—

7.2.2.2 装饰性好

现代先进的塑料加工技术可以将塑料加工成各种建筑装饰材料，例如塑料壁纸、塑料地板、塑料地毯以及塑料装饰板等。种类繁多、花式多种多样，适应不同的装饰要求。塑料可以任意着色，不需涂装，可以用各种表面加工技术进行印花和压花，仿真天然装饰材料，如木材、花岗石等，图案十分逼真。

7.2.2.3 具有多种性能

塑料是一种多功能材料，可以通过调整配合比参数以及工艺条件制得不同性能的材料，如硬质聚氯乙烯的水管和软质聚氯乙烯的门窗密封条。塑料对酸、碱、盐的侵蚀都具有较好的耐侵蚀能力，无须像钢材那样定期进行防腐维护，特别适合用于建筑管道和管件、化工厂的门窗、地面、墙体。塑料是电的不良导体，是一种良好的电绝缘材料，在电器线路、控制形状、电缆等方面得到广泛的应用。塑料的导热系数一般在 0.02～0.8 W/(m·K)之间，为金属的 1/500～1/600，是一种良好的保温隔热材料。塑料具有较好的减震性能。

7.2.2.4 优良的加工性能

塑料可以采用多种方法加工成型，注塑成型、挤压成型、喷涂成型、模压成型、层压成型、浇注成型和发泡成型，能用于生产薄膜、片材、模制品和异型材，丰富了塑料品种，增加了塑料用途。塑料加工成型效率高，能耗低。

塑料的共同缺点是弹性模量低、刚性差，在荷载作用下会产生蠕变。大多数塑料耐热性差，普通热塑性塑料的耐热温度为 60～120℃，热固性塑料的耐热温度稍高，也仅为150℃左右。塑料热膨胀系数比较大，高于传统材料3～4倍，温度变化时尺寸稳定性差，施工和使用塑料制品时，要防止因热应力的积累导致材料的破坏。塑料容易老化，引起塑料老化的原因很多，有化学因素（如氧、化学药剂等）和物理因素（如光、热、机械力、辐射等），在这些因素作用下，高聚物发生降解（聚合度降低）或交联（发生支化、环化、交联等形成网状结构），导致制品发黏变软丧失机械强度或僵硬变脆失去弹性。通过适当的配方和加工，可以使塑料延缓老化，从而延长其使用寿命。塑料耐燃性较差，多数塑料可燃，并且燃烧时伴随大量有毒烟雾。塑料这些缺点使其在建筑中的应用受到限制，但通过加入各种稳定剂以及对高聚物采取共混、共聚、增强复合等途径，可以从不同角度改善塑料的性能，扩大其在建筑中的应用。

7.3　常用建筑塑料制品

塑料因其具有节能、自重轻、耐水、耐腐蚀、装饰性强、加工安装方便等优点，得到迅速发展，在装饰装修中用做铺地材料、装饰板、门窗、管材与管件等。

7.3.1　塑料选用原则

塑料建材的用途不同，对原材料的性能要求也不同，在选择塑料原材料时，一般应遵循以下原则：

1）满足制品使用性能要求。若单一品种材料不能达到要求时，可通过填充、共混改性等途径改善性能，以满足刚度、强度要求，并具有良好的热稳定性及尺寸稳定性等。

2）根据使用场合不同，选择能满足某些特殊要求的材料，室内装饰要选用含较低挥发性物质的塑料，供水系统必须选用无毒材料。

3）根据制品的形状和加工需要，尽量选用具有良好加工性能的材料。

4）在满足性能要求的基础上，尽量选用成本低的原料。

5）充分考虑材料的阻燃性，通过选取新材料或改性技术提高材料的难燃性，降低材料受热时有害气体的释放量。

6）选用的树脂及添加剂应尽量无毒、无味，能延长制品使用寿命，减少制品对环境的污染，最好能回收利用。

7.3.2　装饰用塑料种类

7.3.2.1　塑料地板

1.塑料地板的分类

塑料地板有不同的分类方法：

1）按使用树脂分类。有PVC塑料地板、氯乙烯—醋酸乙烯塑料地板、PE、PP塑料地板等。

2）按材料性能分类。有硬质、半硬质、软质和弹性塑料地板。硬质塑料地板使用性能较差，半硬质塑料地板耐磨性和尺寸稳定性较好且价格较低，软质塑料地板铺覆性好，弹性塑料地板具有较好弹性、保温和吸声性能。块状塑料地板有半硬质和软质两种，卷材地板均为软质。

3）按使用形态分类。有块材地板和卷材地板。块材塑料地板可拼成各种不同图案，且施工简单，使用者可以自行粘贴。块材地板在使用过程中如发现局部破损，可以局部更换而不影响整个地面的外观。块材地板的缺点是接缝多，易发生脱胶现象，铺贴的速度较慢。卷材塑料地板施工效率高，地面的接缝少，缺点是局部破损难以修复，只能整幅更换。

4）按组成和结构分类。有单色半硬质块材地板、印花块材地板、透底花纹地板、单色软质卷材地板、印花不发泡卷材地板、印花发泡卷材地板等。

塑料地板还可分为有底衬和无底衬两种，块材地板多没有底衬，卷材地板大多有底衬。有底衬的塑料地板不易破损，机械强度高，但价格较高。底层材料有玻璃纤维布（毡）、化学纤维无纺布等。

塑料地板与传统材料（如木材、大理石、花岗岩等）相比，具有的优点是：装饰效果好，品种多，色彩和图案变化丰富，能满足各类建筑使用要求；隔声、隔潮、耐磨性好，使用寿命长；施工铺设方便，维修保养简单，便于清扫；脚感舒适，房间有温暖感。

2. 塑料地板砖

（1）单色半硬质塑料地板砖

单色半硬质PVC地板砖有均质地砖、复合地砖和PVC石英地砖三种。均质地砖的底、面层是均一的材料，组成相同，填料多为碳酸钙；复合地砖由两层或三层贴合而成，各层都以PVC为胶结材，但组成和成分组成不同，通常面层是新料，底层为回收料；PVC石英地砖是以石英砂为填充料，组成是均质的。

单色半硬质塑料地板砖主要采用热压法成型。其特点是表面有一定硬度，脚感好，不翘曲，耐凹陷性及耐玷污性好，但耐刻划性差，机械强度较低。适用于办公楼、医院、学校等各种公共建筑及有洁净要求的工业建筑的楼地面装饰。

（2）印花塑料地板砖

印花PVC地板砖有印花贴膜地板砖和印花压花地板砖两种。

印花贴膜塑料地板砖是由面层、印刷油墨层和底层构成。面层是透明的PVC膜，厚度约0.2 mm，底层是加填料的PVC层（2～3层）。印刷图案有仿木纹、大理石或花岗石等，还有的产品在透明层表面压纹，能起到消光作用，并使表面有一定质感。

印花压花塑料地板砖的表面没有透明PVC薄膜，印刷图案是凹下去的，一般这种压花图案是粗线条的，使用时油墨不易磨去。

印花PVC地板砖现有半硬质和软质两种产品，半硬质的耐磨性较好，软质的脚感较好。

印花PVC地板砖图案多样，装饰效果好，但耐烟头性较差，尤其是印花贴膜地板砖，面层易被烟头烧焦。印花PVC地板砖多用于民用住宅及受烟头危害较轻的学校、图书馆等地面的装饰。

(3) 透底花纹塑料地板砖

透底花纹，即花纹在地板砖整个厚度上都有，它不会因表面磨耗而消失。主要有碎粒花纹地板砖和仿水磨石地板砖两种类型。

碎粒花纹地板砖是均质的单层地板砖，由许多不同颜色的PVC塑料粒子融合而成。其主要特点是装饰效果好，而且花纹使用持久，烟头危害较轻。因此，它是公共建筑(如商场、文化娱乐场所、办公楼等)理想的地面材料。

仿水磨石地板砖也是由许多彩色PVC塑料粒子融合而成的，无色透明PVC包围彩色塑料粒子周围。彩色粒子形状如碎石，透明PVC包围在其四周，像碎石周围的灰缝，其外观酷似水磨石，且水磨石花纹贯穿整个厚度，花纹透底。

3. 塑料卷材地板

(1) 单色软质PVC卷材地板

单色软质PVC卷材地板有单层的，也有几层复合的，但整片材料通常是均质的，底、面层组成性质相同；颜色有单色的，也有仿大理石花纹的；表面有平滑的，也有压花的，起消光和防滑作用。

单色软质PVC卷材地板质地较软，有一定的弹性和柔性，脚感舒适、噪声小，其组成是均质的，在使用过程中不易翘曲，机械强度较高，不易破损，可应用于各种建筑物地面，特别适用于汽车、轮船、火车等运输工具的地面装饰。

(2) 印花不发泡PVC卷材地板

印花不发泡PVC卷材地板与印花塑料块材地板的结构相同，三层结构的中间为印刷层，是一层印花的PVC色膜，面层为透明PVC膜，起保护印刷图案的作用。表面一般有橘皮、圆点等压纹，以降低表面的反光，但仍保持一定的光泽。印刷图案仿彩色瓷砖、大理石和木纹等无规则图案。

印花不发泡卷材地板的尺寸外观、物理机械性能基本上与单色软质卷材地板的接近，但还要有一定的层间剥离强度，且不允许严重翘曲。该种卷材地板可用于人流密度不高、保养条件较好的公共和民用建筑。

(3) 印花发泡PVC卷材地板

印花发泡PVC卷材地板通常由底层、发泡PVC层、印刷层和透明PVC面层四层组成。

底层为布基，常用的有矿棉纸、玻璃纤维布、玻璃纤维毡、化学纤维无纺布等，起支撑、增强作用，生产时作为载体；也有用厚型纸作载体的，能生产为无底层地面卷材。还有一种更富弹性的厚型地面卷材，底布夹在两层发泡PVC层之间，也称增强型印花发泡卷材地板。

发泡PVC层赋予卷材弹性、吸声性，同时又是印刷时的基层。

印刷层是直接印在发泡PVC层上的，常用的印刷方法有机械压花法和化学压花法。化学压花法是在印刷图案时，在一种或两种颜色的油墨中加入发泡抑制剂，如反丁烯二酸、苯并三氮唑等，由于发泡抑制剂的存在，用这种油墨印的线条图案所覆盖的PVC发泡层的发泡受到抑制，在表面形成凹下去的线条图案，得到压花纹。这种压花图案与机械压花不同的是凹进的位置与线条图案完全吻合，没有错位的现象。

透明PVC面层的透明面层起保护印刷图案的作用，它是磨耗层，使用较高分子量的PVC生产，并应具有一定的厚度，以保证优良的耐磨性。

印花发泡卷材地板主要适用于民用住宅及保养条件较好的办公楼等地面装饰，具有如下特点：

1）质地柔软、富于弹性，脚感舒适，有一定隔热、隔声性能；

2）图案多种多样，表面质感丰富，装饰效果优于其他卷材地板；

3）由于增塑剂含量较高，表面耐玷污性较差，但耐刻划性好，耐磨性优异；

4）平伏性较好，一般无翘边或荷叶边现象；

5）由于有发泡层，静止负荷可能会造成永久性凹陷，必要时可垫以较大面积的垫块来分散负荷；

6）耐烟头性差，燃烧烟头不仅可使PVC透明层烧焦，还可能使泡沫层烧结形成凹陷，且不能修复。

7.3.2.2 塑料装饰板

塑料装饰板是以树脂材料为基料或浸渍材料经一定工艺制成的具有装饰功能的板材。

塑料装饰板按外形可分为波形板、异形板、格子板和夹层板。波形板主要用于屋面板和护墙板，异形板主要用于外墙护墙板，格子板具有立体图案的方形或矩形板材，可用于装饰平顶和外墙，夹层板用于非承重墙和隔断墙。

塑料装饰板按其原料的不同可分为塑料金属板、硬质PVC建筑板材、玻璃钢板、三聚氰胺装饰层板、聚乙烯低发泡钙塑板、有机玻璃板、复合夹层板等。

建筑装饰用塑料护墙板材有透明的和不透明的，还有在生产过程中加入一定量颜料制成的塑料彩色板材。一般不透明塑料板材可以使用10年以上，而透明塑料薄板使用几年后由于老化的原因会慢慢变成透明度差或不透明。

1. *硬质PVC波形板*

硬质PVC波形板有纵波和横波两种基本波形。纵向波形板的宽度为900～1 300 mm，长度没有限制，为便于运输和搬运，长度一般不超过5m；横向波形板的宽度为 800～1 500 mm，横向波形板的波形尺寸较小，可以卷起搬动，每卷长度为 10～30 mm。波形板的厚度为 1.2～1.5 mm。硬质 PVC 波形板的波形见图 7-1，波形尺寸一般与纤维水泥板、塑料金属板、玻璃钢板的相同，必要时与这些材料配合使用。

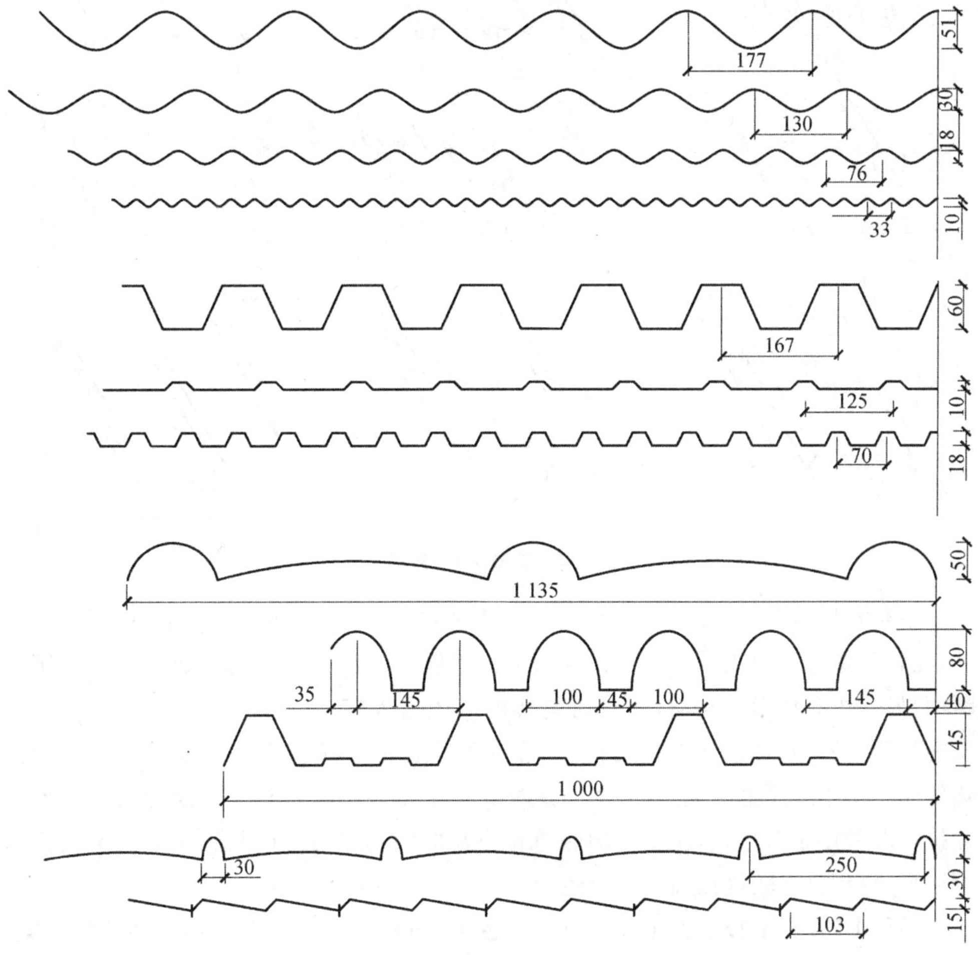

图 7-1 各种硬质 PVC 波形板断面

彩色硬质 PVC 波形板可作外墙，特别是阳台栏板和窗间墙装饰，造成色彩鲜艳的建筑立面；透明 PVC 波形板可以作为平吊顶使用，能使光线透过平顶形成发光平顶；纵波 PVC 波形板长度不受限制，可以做成拱形屋面，中间没有接缝，水密性好，用做小型游泳池屋面尤为适宜。

2. 硬质 PVC 异形板

硬质 PVC 异形板的成型工艺有单料挤出、双料共挤、双色共挤、软硬共挤以及覆膜、印刷、喷涂等。按截面形状分，其种类很多，主要有中空板材、隔室式异形板材、镶嵌式异形板材、实心异形板材、低发泡异形板材等，用得多的是单层异形板材和中空异形板材，见图 7-2。

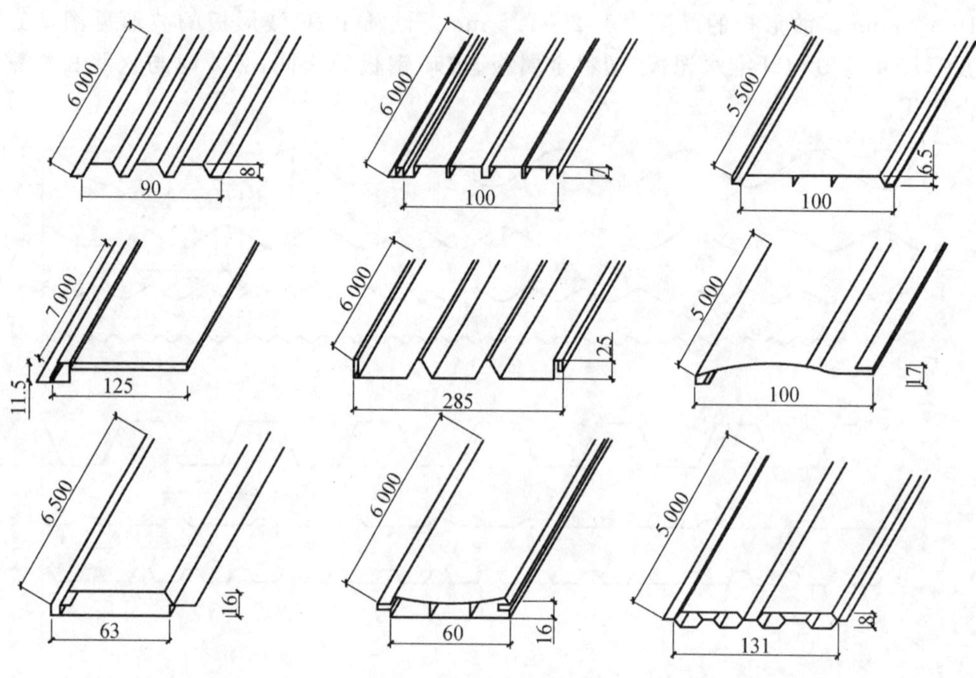

图 7-2　硬质 PVC 异形板

单层异形板有各种形状的断面，一般做成方形波，以增强板的刚度，增强立面线条，在它的两边可用钩槽或插入配合的形式以隐藏接缝。型材的一边有一个钩形的断面，另一边有槽形的断面，连接时钩形的一边嵌入槽内，中间有一段重叠区，这样既能达到水密的目的，又能遮盖接缝，使这种柔性的连接能充裕地适应型材横向的热伸缩。由于采用重叠连接的方式，这种异形板也称为波迭板。双层异形板之间的连接一般采用企口形式，在型材的一边有凸起的肋，另一边有凹槽，其刚度大大高于单层异形板，具有较好保温和隔声性能。

硬质 PVC 异形板表面平滑具有各种色彩，内墙用异形板常带有各种花纹图案。用做内、外墙的装饰，同时还能起到隔热、隔声和保护墙体的作用。装饰后的墙面平整、光滑，线条规整，洁净美观。

硬质 PVC 异形板材热伸缩性大，安装时可采用柔性固定的方法，搁栅为镀锌型钢材，上面用卡子固定异形板，这样纵向可以自由伸缩，横向是插入式连接，留有充分的伸缩余地。也可用螺钉或元钉将异形板固定在搁栅上，为了保证异形板在纵向方向上有伸缩余地，异形板上的螺钉孔应开成椭圆形，元钉不要钉得太紧。护墙板用搁栅固定，搁栅的材料可以是木材、轻钢、铝合金，轻钢型材与墙体联结要牢固可靠，木材和型钢要采取防腐措施。搁栅之间的距离由护墙板的尺寸和结构决定，在护墙板和墙体之间形成的空气夹层，有助于提高墙体的隔热功能。为了不阻断夹层空气对流排出湿汽，安装护墙板搁栅时，注意不要阻断空气夹层。

3. 硬质 PVC 格子板

硬质 PVC 格子板是将 PVC 平板用真空成型的方法使它成为具有各种立体图案和构型的方形或长方形板材，其形状和规格见图 7-3。

PVC 格子板刚度大、色彩多、立体感强，在不同角度阳光照射下，背阳面可出现不同的阴影图案，使建筑的立面富有变化。适用于商业性建筑、文化体育设施等的正立面，如体育场、宾馆进厅口等处的正面。

硬质 PVC 格子板尺寸一般为 500 mm×500 mm，也有更大尺寸的。一块板上有两个以上格子的为多格子板，厚度一般为 2～3 mm，格子板的平面部分在雨天时作为泄水的通道。安装格子板的龙骨一般应垂直排布，以便使格子板与墙面之间的夹层中的水汽能向上排出。

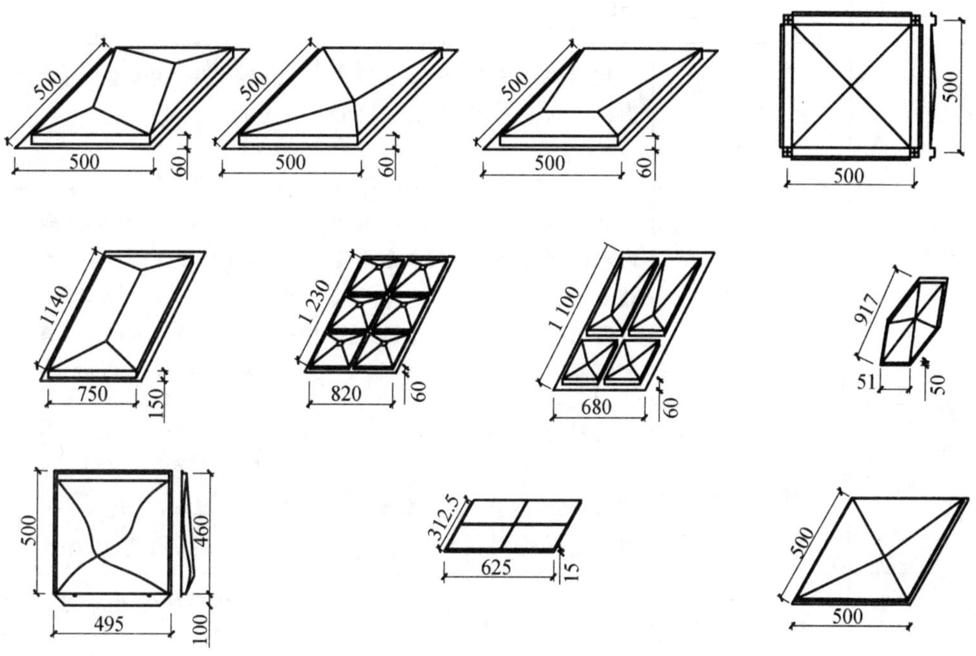

图 7-3　硬质 PVC 格子板

4. 有机玻璃装饰板

有机玻璃生产原料是甲基丙烯酸甲酯(PMMA)。有机玻璃板有无色透明有机玻璃、有色透明有机玻璃、有色半透明有机玻璃、有色不透明有机玻璃等装饰板。珠光有机玻璃装饰板为不透明板，标准《浇铸型珠光有机玻璃板材》(HG/T 2713—1995)规定其规格为：厚度为 2.2～10.0 mm，最大面积为 900 mm×1 300 mm，最小为 400 mm×500 mm，特殊规格可由供需双方商定，一等品和合格品洛氏硬度大于 78，拉伸强度大于 52 MPa，外观质量指标应符合表 7-4 要求。

表 7-4 珠光有机玻璃板材外观质量指标

序号	项目	指标	
		一等品	合格品
1	光泽	必须具有珍珠般的光泽，不允许有明显的珠光粉粗粒存在	必须具有珍珠般的光泽，允许有珠光粉粗粒存在，但不得严重影响闪光
2	色差	以接近色板为准，不允许有明显色不匀现象	允许有色不匀现象，但不得相差悬殊
3	云花	在每张片子中，明显云花的总面积不得超过片子总面积的1/5	在每张片子中，明显云花的总面积不得超过片子总面积的 2/5
4	收缩痕	在每张片子中，收缩痕的总面积不得超过片子总面积的1/20	在每张片子中，收缩痕的总面积不得超过片子总面积的1/10
5	气泡(包括圆涡)	在 500 mm×500 mm 面积内，直径小于 5 mm 的气泡不得超过 8 个(若有大于 5 mm 的气泡存在时，所有气泡直径的总和不得超过 20 mm)	在 500 mm×500 mm 面积内，直径小于 5 mm 的气泡不得超过 20 个(若有大于 5 mm 的气泡存在时，所有气泡直径的总和不得超过 40 mm)
6	流星、点子、杂质	流星、点子允许轻微稀疏地存在，在 500 mm×500 mm 面积内，直径小于 5 mm 的杂质不得超过 10 个	流星、点子允许在单面较密、明显存在，在 500 mm×500 mm 面积内，直径小于 5 mm 的杂质不得超过 20 个
7	皱纹	不允许明显存在	允许明显存在，但不得严重影响光泽
8	珠光粉沉淀	不允许明显存在	允许明显存在，但不得严重影响光泽
9	露底	透视时不得看出背景物	透视时不得明显看出背景物
10	银丝裂纹	不允许	不允许
11	由模具所引起的表面缺陷	不允许明显存在	不允许明显存在

有机玻璃板在建筑装饰中主要用做隔断、屏风、护栏等，也可用做灯箱、广告牌、招牌、暗窗，以及工艺古董的罩面材料，也有将有机玻璃用于室外墙体绝热保温装饰材料，在装饰外墙的同时，起到节能保温作用。有机玻璃彩绘板、有机玻璃压型压纹板可用于书房、客厅、琴室、卫生间等墙面装饰或隔断屏风等墙体装饰。

7.3.2.3 塑料窗

塑料门窗通常指以热塑性聚氯乙烯树脂和辅料，经过配混，挤出成型材，切割型材并焊接制成门窗框和扇，装配上连接件、密封件、玻璃及其他五金配件等。为了增强型材的刚性，超过一定长度的型材空腔内需要填加钢衬，这样所制成的聚氯乙烯塑钢门窗通称为塑钢门窗，简称为塑料门窗。它是目前在建筑上使用最广泛的塑料门窗品种。目前，塑料窗多为未增塑聚氯乙烯(PVC-U)型材按规定要求使用增强型钢制作的窗。《未增塑聚氯乙烯(PVC-U)塑料窗》(JG/T 140—2005)规定，塑料窗用型材分颜色在《门、窗框用硬质氯乙烯(PVC)型材》(GB/T 8814—2004)适用范围内的型材、通体着色型材、双色共挤型材、表面涂层型材和覆膜型材；按共挤成型又分为未增塑聚氯乙烯(PVC-U)新旧料共挤型材、未增塑聚氯乙烯(PVC-U)与聚甲基丙烯酸甲酯(PMMA)共挤型材。通体着色型材不宜用于建筑外窗。平开窗主型材可视面最小实测壁厚不应小于2.5 mm，推拉窗主型材可视面最小实测壁厚不应小于 2.2 mm。

1. PVC 塑料窗的特点

(1) 保温节能

塑料型材为多腔式结构，具有良好的隔热性能，其 PVC 的传热系数 0.16 W/(m^2·K)，仅为钢材的 1/357、铝材的 1/1 250，生产能耗低，生产单位重量 PVC 材料的能耗是钢材的 1/4.5，为铝材的 1/8.8，节约能源消耗 30%以上，PVC 塑料窗价格为断热桥铝合金窗的 2/3。

(2) 气密性

塑料窗框和窗扇的搭接处和各缝隙处均设置弹性密封条、毛条(硅化夹层毛条)或阻风板，空气渗透性能指标大大超过国家对建筑门窗的要求，同时防尘效果也得到了很大改善，在使用空调或采暖设备的房间，其优点更为突出。

(3) 水密性能

塑料平开窗水密性能好，塑料推拉窗，由于开启方式的缘故和型材结构所限，该项性能指标不是很理想。

(4) 隔声性能

塑料门窗用异型材是多腔室中空结构，焊接后形成数个充满空气的密闭间，具有良好的隔声性能和隔热性能，其框、扇搭接处，缝隙和玻璃均用弹性胶材料密封，具有良好的吸震和密闭性能，隔声效果超过 30 dB，适用于交通频繁、噪声侵扰严重或特别要求宁静的环境。

(5) 耐候、耐冲击性能

塑料门窗用异型材(改性 UPVC)采用特殊配方，原料中添加了光、热稳定、防紫外线吸收剂和耐低温抗冲击改性剂，可在－50～70℃之间各种气候条下使用，经受烈日暴雨、风雪严寒、干燥潮湿之侵袭而不脆裂、不降解、不变。其老化过程是个十分缓慢的过程，使用寿命预计可以达到40～50年。

(6) 耐腐蚀及阻燃性能

PVC型材由于其本身的属性，是不会被任何酸、碱、盐等化合物腐蚀的。塑料门窗的耐腐蚀性取决于五金配件(包括钢衬、胶条、毛条、紧固件等)。正常环境下使用的五金配件为金属制品(也不同程度地覆以防腐镀层)，而在具腐蚀性环境下，如造纸、化工、医药、卫生及沿海地区、阴雨潮湿地区、盐雾和腐蚀性烟雾场所，选用防腐五金件即可使其耐腐蚀性与型材相同了。塑料门窗不自燃、不助燃、离火自熄，还具有良好的电绝缘体。

(7) 加工组装工艺性

PVC塑料异型材外形尺寸精度较高，机械加工性能好，可锯、切、、钻等，门窗组装加工时，型材机械切割，热熔焊接后制造的成品门窗尺寸精度高，焊接处经机械加工清角后平整美观。塑料门窗型材线胀系数很小，不会影响门窗的启闭灵活性。

2. 塑料窗的质量要求

(1) 外观质量

窗构件可视面应平滑，颜色基本均匀一致，无裂纹、气泡，不得有严重影响外观的擦、划伤等缺陷，焊缝清理后，刀痕应均匀、光滑、平整。

(2) 窗的装配

应根据窗的抗风压强度、挠度计算结果确定增强型钢的规格。当窗主型材构件长度大于450 mm时，其内腔应加增强型钢。增强型钢的最小壁厚不应小于1.5 mm，应采用镀锌防腐处理，端头距型材端头内角距离不宜大于15 mm，且以不影响端头焊接为宜。增强型钢与型材承载方向内腔配合间隙不应大于1 mm。用于固定每根增强型钢的紧固件不得少于3个，其间距不应大于300 mm，距型材端头内角距离不应大于100 mm，固定后的增强型钢不得松动。

外窗窗框、窗扇应有排水通道，使浸入框、扇内的水及时排至室外，排水通道不得与放置增强型钢的腔室连通。装配式结构的中梃连接部位应加衬连接件，该连接件与增强型钢应采用紧固件固定，连接处的四周缝隙应有可靠密封措施。

塑料窗的外形尺寸允许偏差，当窗宽度和高度小于或等于1 500 mm时为±2.0 mm，当窗宽度和高度超过1 500 mm时为±3.0 mm。窗框、窗扇对角线尺寸之差不应大于3.0 mm，窗框、窗扇相邻构件装配间隙不应大于0.5 mm，相邻两构件焊接处的同一平面度不应大于0.6 mm，见图7-4。平开窗、上悬窗、平开下悬窗、下悬窗、中悬窗关闭时，窗框、窗扇四周的配合间隙允许偏差为±1.0 mm。平开窗、上悬窗、下悬窗、平开下悬窗、中悬窗窗扇与窗框搭接量的允许偏差为±2 mm，平开窗、平开下悬窗装配时应有防下垂措施。左右推拉窗、上下推拉窗锁闭后的窗扇与窗框搭接量的允许偏差为±2 mm，且窗扇与窗框上下搭接量的实测值(导轨顶部装滑轨时，应减去滑轨高度)不应小于6 mm。

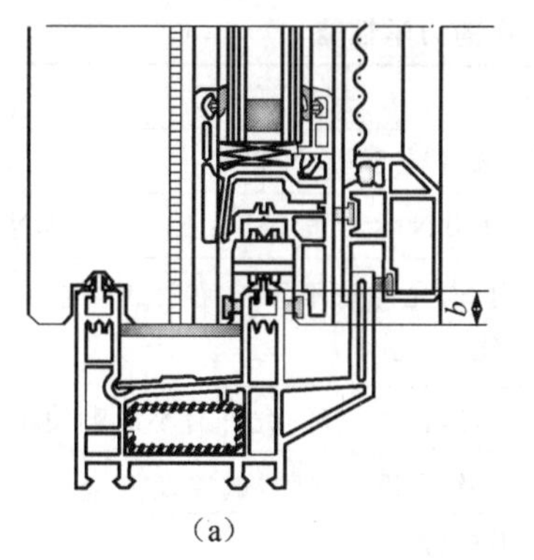

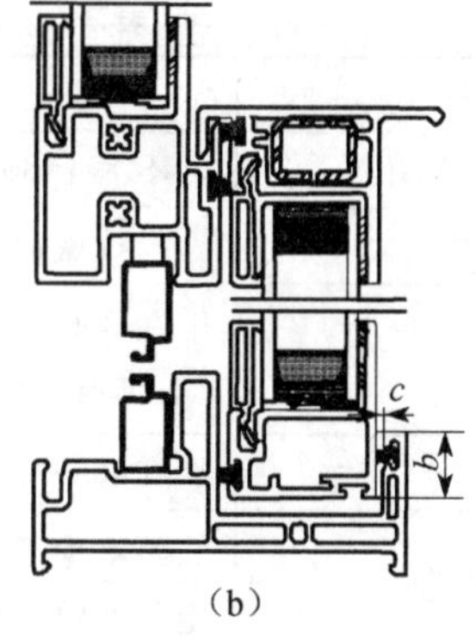

图 7-4 塑料窗的搭接量 b 和配合间隙 c

(a)推拉窗;(b)上下推拉窗

与塑料型材紧密接触的各种配套材料,如五金件、紧固件、密封条、间隔条、垫块、嵌缝密封和保温材料等在性能上应与硬 PVC 塑料具有相容性。五金配件安装位置应正确,数量应齐全,承受往复运动的配件在结构上应便于更换。五金配件承载能力应与窗扇重量和抗风压要求相匹配。当平开窗窗扇高度大于 900 mm 时,窗扇锁闭点不应少于两个。五金配件与型材连接应满足物理性能和力学性能要求。摩擦铰链的连接螺钉应全部与框扇增强型钢可靠连接。密封条、毛条等装配后应均匀、牢固,接口严密,无脱槽、收缩、虚压等现象。压条装配后应牢固,压条角部对接处的间隙不应大于 1 mm,不得在一边使用两根(含两根)以上压条。

(3) 窗的力学性能

平开窗、平开下悬窗、上悬窗、中悬窗、下悬窗的力学性能应符合表 7-5 的要求,推拉窗的力学性能应符合表 7-6 的要求。

表 7-5 平开窗、平开下悬窗、上悬窗、中悬窗、下悬窗的力学性能

项目	技术要求
锁紧器(执手)的开关力	不大于 80 N(力矩不大于 10 N·m)
开关力	平合叶:不大于 80 N;摩擦铰链:不小于 30 N 且不大于 80 N
悬端吊重	在 5 000 N 力作用下,残余变形不大于 2 mm,试件不损坏,仍保持使用功能
翘曲	在 300 N 作用力下,允许有不影响使用的残余变形,试件不损坏,仍保持使用功能
开关疲劳	经不少于 10 000 次的开关试验,试件及五金配件不损坏,其固定处及玻璃压条不松脱仍保持使用功能
大力关闭	经模拟 7 级风连续开关 10 次,试件不损坏,仍保持开关功能
焊接角破坏力	窗框焊接角最小破坏力的计算值不应小于 2 000 N,窗扇焊接角最小破坏力的计算值不应小于 2 500 N,且实测值均应大于计算值
开启限位装置(制动器)受力	在 10 N 力作用下、开启 10 次试件不损坏

注:大力关闭只检测平开窗和上悬窗。

表 7-6 推拉窗的力学性能

项　目	技术要求
锁紧器(执手)的开关力	不大于 80 N(力矩不大于 10 N·m)
开关力	推拉窗:不大于 100 N;上下推拉窗:不大于 135 N
弯曲	在 300 N 力作用下,允许有不影响使用的残余变形,试件不损坏,仍保持使用功能
扭曲	在 200 N 作用下,试件不损坏,允许有不影响使用的残余变形
开关疲劳	经不少于 10 000 次的开关试验,试件及五金配件不损坏,其固定处及玻璃压条不松脱
焊接角破坏力	窗框焊接角最小破坏力的计算值不应小于 2 500 N,窗扇焊接角最小破坏力的计算值不应小于 1 400 N,且实测值均应大于计算值

注:没有突出把手的推拉窗不做扭曲试验。

(4) 窗的物理性能

窗的物理性能包括抗风压性能、气密性能、水密性能、保温性能、隔声性能和采光性能,其物理性能分级见表 7-7。

表 7-7 塑料窗物理性能分级

性能	项目								
抗风压性能	分级代号	1	2	3	4	5	6	7	8
抗风压性能	分级指标值/kPa	$1.0 \leqslant P_3 < 1.5$	$1.5 \leqslant P_3 < 2.0$	$2.0 \leqslant P_3 < 2.5$	$2.5 \leqslant P_3 < 3.0$	$3.0 \leqslant P_3 < 3.5$	$3.5 \leqslant P_3 < 4.0$	$4.0 \leqslant P_3 < 4.5$	$4.5 \leqslant P_3 < 5.0$
气密性能	分级代号	3	4	5					
气密性能	单位缝长分级指标值/[$m^3/(m \cdot h)$]	$2.5 \geqslant q_1 > 1.5$	$1.5 \geqslant q_1 > 0.5$	$q_1 \leqslant 0.5$					
气密性能	单位面积分级指标值/[$m^3/(m^2 \cdot h)$]	$7.5 \geqslant q_2 > 4.5$	$4.5 \geqslant q_2 > 1.5$	$q_2 \leqslant 1.5$					
水密性能	分级代号	1	2	3	4	5			
水密性能	分级指标值/Pa	$100 \leqslant \Delta p < 150$	$150 \leqslant \Delta p < 250$	$250 \leqslant \Delta p < 350$	$350 \leqslant \Delta p < 500$	$\Delta p \geqslant 700$			
保温性能	分级代号	7	8	9	10				
保温性能	分级指标值/[$W/m^2 \cdot K$]	$3.0 > K \geqslant 2.5$	$2.5 > K \geqslant 2.0$	$2.0 > K \geqslant 1.5$	$K < 1.5$				
隔声性能	分级代号	2	3	4	5	6			
隔声性能	分级指标值/dB	$25 \leqslant R_W < 30$	$30 \leqslant R_W < 35$	$35 \leqslant R_W < 40$	$40 \leqslant R_W < 45$	$45 \leqslant R$			
采光性能	分级代号	1	2	3	4	5			
采光性能	分级指标值	$0.20 \leqslant T_r < 0.30$	$0.30 \leqslant T_r < 0.40$	$0.40 \leqslant T_r < 0.50$	$0.50 \leqslant T_r < 0.60$	$T_r \geqslant 0.60$			

3. 塑料门窗的运输和储存

对塑料门窗的运输和储存有专门的要求：

1) 门窗运输和储存时不能平堆，应立放，立放角不小于 70°，并有防倾倒措施；

2) 门窗成品和拼条等附件出厂前，应用无腐蚀性的泡沫塑料或草绳进行包装和捆扎，门窗型材表面应贴保护膜，待工程竣工后揭去；

3) 搬运、装卸门窗应轻拿轻放，依次提取和码放，严禁撬、甩、摔，严禁用木棍穿入门窗框扇内起吊、扛抬，施工时更不能把塑料门窗作为承重和受力杆件直接踩踏和悬挂重物；

4) 门窗成品应在 50℃以下的通风、防雨、干燥、清洁、场地坚实平整的专用仓库或场地存放，并要远离热源。

4. 其他塑料门窗

(1) 玻璃钢门窗

玻璃钢门窗用热固性不饱和聚酯树脂作为基体材料，以玻璃纤维及其织物为增强材料，采用拉挤成型工艺生产各种断面形式的中空型材，经定长切割后，再经机械加工，装配上连接件、密封件、玻璃及其他五金配件，并经过表面处理制成。玻璃钢门窗的外观质量应达到表面光洁、有光泽、无气泡、无裂纹、颜色均匀一致、表面无明显损伤等要求。

玻璃钢门窗适宜于在各级、各类建筑物上的使用。

(2) 聚氯乙烯塑料夹层门

聚氯乙烯塑料夹层门是以聚氯乙烯塑料中空型材为骨架，内衬心材，表面用聚氯乙烯装饰板复合而成，其门框由聚氯乙烯中空异型材经热熔焊接加工拼装而成。

聚氯乙烯塑料夹层门具有外形美观、材质轻、刚度好、防霉、防蛀、耐腐蚀、不易燃烧、价格较低等特点，仅适合用于一般住宅、学校、办公室的内门。

(3) 全塑整体门

全塑整体门是以聚氯乙烯树脂为主要原料，配以增塑剂、润滑剂等多种助剂，经挤出成型工艺生产型材后，经机械加工制成。

这种门具有外观清雅豪华，装饰件强，结构严密且安装简便等特点，仅适合用于一般的民用建筑的内门。

(4) PVC 浮雕装饰门

聚氯乙烯浮雕装饰门的塑料片材是通过软 PVC 膜印刷木花纹和透明 PVC 硬片经干式复合而成，大型真空吸塑机将塑料与木门贴合而成。

该门除具木板门的特性外，还具有防潮、阻燃、抗形变、装饰效果好等优点，适用于一般宾馆、办公楼及民用住宅的内门。

(5) 全塑折叠门

全塑折叠门以聚氯乙烯为主要原料，配以稳定剂、润滑剂及其他多种助剂，经挤出成型为型材，再经机械加上组装而成。

它具有重量轻、安装和使用方便、装饰性好、自身体积小、遮蔽面积大等特点，适用于多种环境场合使用，如用于更衣间屏幕、浴室内门、大中型厅堂的临时隔断等。

(6) 软聚氯乙烯透明门帘

软聚氯乙烯透明门帘以聚氯乙烯为主要原料，配以稳定剂、润滑剂、增塑剂及其助剂，经挤出成型工艺制成透明带，配以铝合金或不锈钢的横梁组装而成。

它具有透明性，安装方便，作为商场、超市、仓库等的隔断，起隔热保温作用，尤其适用于冬夏季节装有空调的公共场所。

(7) 塑料百叶窗帘

塑料百叶窗帘包括塑料百叶窗帘、塑料垂直百叶窗帘和塑料活动百叶窗。

塑料百叶窗帘是由聚氯乙烯树脂或其他塑料，配以助剂，经挤出成型而得到半硬质塑料片，与塑料横梁、金属操作部分组装而成。塑料百叶窗帘具有重量轻，操作方便，美观、耐用，价格较低廉等优点，广泛用于宾馆、饭店、办公室、试验室、民用住宅等各种窗和落地窗的遮阳设施。

塑料垂直百叶窗帘是采用各种颜色和花纹的织物经聚酯进行表面处理后，制成塑料叶片，再与传动系统组装即成垂直百叶窗帘。该产品雅致美观，结构精巧，传动可靠，可以自由启闭和进行 180°转角，实现灵活调节光照，广泛用于宾馆饭店、图书馆、民用住宅等各种窗的遮阳和通风。

塑料活动百叶窗是用硬质改性聚氯乙烯、玻璃纤维增强聚丙烯及尼龙等热塑性塑料的叶片经组装而成的。该产品具有较高的机械性能，较好的耐腐蚀性能，适合于车间通风采光以及地下室等湿度大的位置。

7.3.2.4 塑料管材与管件

建筑用塑料管按用途可分为：排水管、给水管、热水管、供暖管、雨水管、燃气管和电工套管。如果按制管材质不同分类，建筑用塑料管主要有聚氯乙烯管、氯化聚氯乙烯管、聚乙烯管、交联聚乙烯管(PEX)、改性聚丙烯管、聚丁烯－1 管、ABS 管、铝塑复合管、衬塑或涂塑钢管、塑覆铜管和玻璃钢管等。在这些管道中给水管、热水管、排水管和燃气管将大量推广应用。用于给水管和热水管的塑料管道应优先选用聚丁烯－1 管道、交联聚乙烯管、改性聚丙烯管和铝塑复合管，抗震性能良好的双层聚乙烯管和聚氯乙烯管适用于给水管道，排水管道仍以硬聚氯乙烯管为主要应用品种，其中芯层发泡管和消音管发展较快，塑料燃气管道多用中密度聚乙烯管。

1. 聚氯乙烯系列管材

聚氯乙烯系列管材硬聚氯乙烯管、芯层发泡管及消声管、双壁波纹管、氯化聚氯乙烯管、径向加筋管、螺旋缠绕红外焊接管等，径向筋管、螺旋缠绕红外焊接管可制成大口径管材，主要用于市政工程中的排水。

硬聚氯乙烯管(UPVC)耐化学腐蚀性好，具有自熄性和阻燃性，可在－15～60℃

环境下使用30～50年，耐老化性好，内壁光滑，内壁表面张力小，很难形成水垢，流体输送能力比铸铁管高43.7%，比钢管、铸铁管轻，很容易扩口、粘接、弯曲、焊接，安装工作量仅为钢管的1/2，劳动强度低、工期短，硬聚氯乙烯管的缺点是韧性低，线膨胀系数大，使用温度范围窄。硬聚氯乙烯管主要用做排水管、雨水管和穿线管。

《建筑排水用硬聚氯乙烯(PVC-U)管材》(GB/T 5836.1—2006)规定，PVC-U管材公称直径为32～315 mm，长度为4 m或6 m，颜色一般为灰色或白色，要求管材内外壁应光滑，不允许有气泡、裂口和明显的痕纹、凹陷、色泽不均及分解变色线，应切割平整并与轴线垂直。塑料和管件的物理力学性能见表7-8。

表7-8 塑料和管件的物理力学性能

项 目	指 标	
	管 材	管 件
密度/(kg/m³)	1 350～1 550	
维卡软化温度(VST)/℃	≥79	
纵向回缩率(%)	≤5	—
二氯甲烷浸渍试验	表面变化不劣于4L	—
拉伸屈服强度/MPa	≥40	—
落锤冲击试验	*TIR*≤10%	—
烘箱试验	—	符合GB 8803—2001
坠落试验	—	无破裂

芯层发泡管(PSP)及消声管是采用三层共挤出工艺生产，内、外两层与普通UPVC相同，中间是相对密度为0.7～0.9的低发泡层，该发泡芯层能起到吸能隔声效果。芯层发泡管所具有的优点有：发泡层提高内壁抗压能力，环向刚性为普通UPVC管的8倍，抗冲击能力显著提高，可在－30～100℃下使用，使用范围宽广，在温度变化时尺寸稳定性好；发泡芯层能有效地阻隔噪声传播，更适用于高层建筑排水系统；隔热性好，比不发泡的实壁管材传热效率低35%；节省原料，管材较轻，便于运输和安装；在弯折状态下的使用寿命比实壁管材要长10年以上。UPVC消声管主要用做排水管，在其内壁带有若干条凸形螺旋线，使下水沿着管内壁自由连续呈螺旋状流动，在排水管中央形成空气柱，使管内压力降低10%，通风能力提高10倍，排水量增加6倍，噪声比普通UPVC排水管和铸铁管低30～40 dB。UPVC消声管与消声管件配套使用时，排水效果更好。

双壁波纹管是同时挤出两个同心管，再将波纹外管熔接在内壁光滑的内管上面制成的。它具有光滑的内壁和波纹状外壁，质轻而强度高，比普通UPVC管可节省原料40%～60%，技术经济性好，管材整体性好。主要规格是*D*51～*D*102 mm，主要用做通讯电线护管、建筑排气管通风管和垃圾管。

氯化聚氯乙烯管材(CPVC)是由含氯量高达66%的过氯已烯树脂加工得到的一种耐热性好的塑料管材。氯化聚氯乙烯树脂用PVC树脂经氯化制得,随着树脂中氯含量的增加,其密度增大,软化点、耐热性和阻燃性提高,拉伸强度提高,熔体黏度增大,而韧性和热稳定性降低。氯化聚氯乙烯管的耐热、耐老化、耐化学腐蚀性优良,在沸水中也不变形,多用做热水管、废液管和污水管。

2.聚乙烯管材

高密度聚乙烯(HDPE)双壁波纹管具有波纹状外壁、光滑内壁的管材,是一种用料省、刚性高、弯曲性优良的管材。双壁管较同规格同强度的普通管可省料40%,且具有高抗冲、高抗压的特性,广泛用做排水管、污水管、地下电缆管。

聚乙烯燃气管连接方式有热熔接焊接法和电热熔接法。电热熔接效率高、接头严密、安全可靠。电热熔接是将5～10 Ω低电阻的电热丝埋入管接头的外套中,并附有接电源的器件,组装管件后用专用装置进行通电热连接。

3.聚丙烯管(PP-R管)

无规共聚聚丙烯(PP-R)管或三型聚丙烯管,冲击韧性高,脆化温度低,在热介质内压作用下其强度衰减慢,在70℃和1 MPa压力下可以长期使用,可用于建筑物给水管,特别适用于热水管道。生产这种管材不需要专门的、控制复杂的、精确的生产线,生产过程和施工过程中产生的废品可以回收再用,管材连接不需专用的昂贵铜管件,可以熔接,不能在管材和管件上直接铰丝,但达到同样强度和寿命的管材的管壁较厚,管材的线膨胀系数较大,原料价格较贵。

PP-R管和管件的物理力学性能见表7-9,常用的塑料管件见图7-5。

表7-9 PP-R管和管件的物理力学性能

项目		指标	
		管材	管件
密度/(g/cm^3)		0.89～0.91	
导热系数/[W/(m·K)]		0.23～0.24	
线膨胀系数/[mm/(m·K)]		0.14～0.16	
弹性模量/(N/mm^2)		800	
拉伸强度/MPa		≥20	
纵向回缩率135℃,2 h		≤2%	
摆锤冲击试验15 J,0℃,2 h破损率		<10%	
液压试验	短期20℃,1 h,环应力16 MPa	无渗漏	无渗漏
	长期95℃,100 h,环应力3.5 MPa	无渗漏	无渗漏
承插口密封试验	20℃,1 h,试验压力为2.4倍公称压力	无渗漏或无破坏	无渗漏或无破坏

PP-R 管是目前应用最多的自来水、热水和暖气管材，可用于公共及民用建筑输送冷热水、采暖系统，包括板式及地板加热系统，工业建筑和设施中输送日常用水、油或腐蚀性液以及空调系统，农业灌溉系统。

图 7-5 PP-R 管管件

4. 聚丁烯管(PB 管)

PB 树脂是将 1-丁烯合成得到的高分子聚合物，它的分子结构与聚丙烯相类似，只是侧链基因不同。聚丁烯既具有聚乙烯冲击韧性，又具有高于聚丙烯的耐应力开裂性和出色的耐蠕变性能，并稍带有橡胶的特性，且能长期承受其屈服强度 90%的应力。热变形温度较高，耐热性能好，脆化温度低(－30℃)，可在－30～100℃长期使用，在－20℃以内结冰时不会冻裂，耐腐蚀，不结垢，具有可挠性，施工安装简单。

由于 PB 树脂优异的耐热蠕变等性能，聚丁烯管材可用于建筑给水管，用于各种热水管，如住宅用热水管、温泉引水管、温室热水管、道路和机场融雪用热水管，是用于低温地面辐射采暖的优选管材。

5. 钢塑复合管

钢塑复合管是金属基体通过界面结合承受管材所受内外压力，塑料基体在防腐蚀方面发挥作用，它既有金属的坚硬、刚直不易变形、耐热、耐压、抗静电等特点，又具有塑料的耐腐蚀、不生锈、不易产生垢渍、管壁光滑、容易弯曲、保温性好、清洁无毒、质轻、施工简易、使用寿命长等特点。钢管与 UPVC 塑料管复合的管材，使用温度的上限为 70℃，用聚乙烯粉末涂覆于钢管内壁的涂塑钢管可在－30～55℃下使用，环氧树脂涂塑钢管的使用温度高达 100℃，可用做热水管道。

6. 铝塑复合管(PAP)

铝塑复合管由五层组成，外壁和内壁为化学交联聚乙烯，中间为一层厚约 0.3 mm薄铝板焊接管，铝管与内外层聚乙烯之间各由一层黏合剂牢固黏结，其结构见图 7-6。这种复合管具有重量轻、强度高、耐腐蚀、耐高温、寿命长、高阻隔性、抗静电、流阻小、不回弹、安装简便等特点。其质量仅为同种规格镀锌钢管的 1/10，在常温下爆破压力可达 6 MPa，可耐大多数强酸强碱的腐蚀，可在 95℃温度、小于 1 MPa 的压力下长期工作。最高使用温度可达 110℃，使用寿命可达 50 年；由于夹有铝层，因而可使氧气渗透率达到零；聚乙烯的摩擦系数极小，对液体的阻力仅为普通钢管的 1/5，具有很好的输送能力。管径在 32 mm 以下的管材可成盘收卷，每卷长度可超过 100 m。由于铝层具有很好的可塑性，因而可使管材很容易地伸直和弯曲，并保持不回弹，安装时不必套丝、截断，连接十分方便。

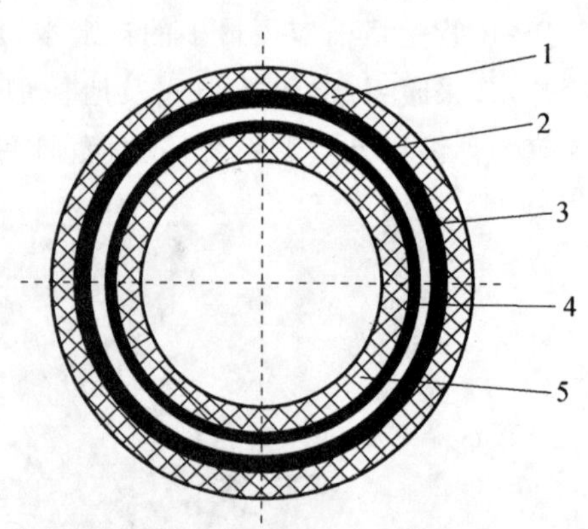

图 7-6　铝塑复合管结构

1—聚乙烯；2—黏结剂；3—铝；4—黏结剂；5—聚乙烯

铝塑复合管外径为 14～75 mm，热水管颜色为白色或橙红色，冷水管颜色为白色，燃气管颜色为白色或黄色。管件材料一般采用黄铜，如遇化学腐蚀件介质，则必须采用不锈钢。

铝塑复合管主要用于自来水管、热水管、饮料和药液管，还可用于要求抗静电的电磁波屏蔽管、矿山管和燃气管等。铝塑复合管的主要缺点是生产技术和设备都比较复杂，管材连接要用专用铜制管件，不能用热熔连接和胶粘接，废品不能回收再用，生产成本高。

7. ABS 管

ABS 管具有较高的耐冲击强度和表面硬度，在－40～100℃范围内能保持韧性和刚度。由于 ABS 管具有比 UPVC 管和 HDPE 管更高的冲击韧性和耐热性，可用于工作温度较高的场合。低发泡 ABS 管与实芯管相比，价格可降低 25%。

以上各种塑料管的应用范围见表 7-10，热水管的性能比较见表 7-11。

表 7-10　塑料管种类与应用范围

种类 \ 应用范围		市政给水	市政排水	建筑给水	建筑排水	室外燃气	热水供应	雨水管	穿线管	排污管
聚氯乙烯系列	硬聚氯乙烯管	√	√	√	√			√		
	氯化聚氯乙烯管	√		√			√			√
	径向筋管		√							
	螺旋缠绕管		√							
	芯层发泡管				√			√		
	螺旋消音管				√			√		
	双壁波纹管	√	√							
	单壁波纹管								√	

续表

管道种类＼应用范围		市政给水	市政排水	建筑给水	建筑排水	室外燃气	热水供应	雨水管	穿线管	排污管
聚乙烯系列	高密度聚乙烯管	√		√		√				
	中密度聚乙烯管			√		√			√	
	低密度聚乙烯管								√	
	双壁波纹管	√	√							
	螺旋缠绕管		√							
交联聚乙烯管				√			√		√	√
无规共聚聚丙烯管				√			√		√	√
聚丁烯－1管				√			√			√
ABS管				√			√			√
玻璃钢管		√	√							
铝塑复合管				√		√	√		√	√
钢塑复合管		√	√			√				

表 7-11 塑料热水管的性能比较

性能＼塑料管	交联聚乙烯管	无规共聚聚丙烯管	铝塑复合管	聚丁烯－1管	氯化聚氯乙烯管
达到相同要求的壁厚	较薄	较厚	较薄	较薄	较薄
卫生性能	优	优	优	优	优
生产工艺及设备	较复杂	较简单	较复杂	较简单	较复杂
回收利用	不能	能	不能	能	能
胶粘连接	不可	不可	不可	不可	可
热熔连接	不可	可	不可	可	不可
挤压头紧连接	可	可	可	可	不可
连接用管件	金属管件	PPR管件	金属管件	PB-1管件	CPVC管件
热膨胀系数/[mm/(m·℃)]	0.15	0.16	0.036	0.13	0.06
阻隔气体渗透	不能	不能	能	不能	不能

7.3.2.5 塑料屋面与顶棚装饰材料

1. 透明塑料卡布隆(塑料阳光板)

透明塑料卡布隆是指采用透明塑料替代无机玻璃的采光屋面，又称塑料阳光板，可分为以下几类：

1）透明聚氯乙烯卡布隆。采用透明聚氯乙烯制成。光透射比较高，阻燃，耐候性较好。一般适用于尺寸较小者。

2）玻璃钢卡布隆。通常使用的为不饱和聚酯玻璃钢。与其他透明材料相比，其光透射比较低，且不能透视，但耐候性较好，强度高，适合制作大尺寸装饰制品。

3）聚甲基丙烯酸甲酯卡布隆。具有透明度高，光透射比可达92%，抗冲击力、强度及耐候性较高，但耐磨性差，具有可燃性。

4）聚碳酸酯卡布隆。采用聚碳酸酯制成的天窗，透光率高、透光性好、、隔热保温、防结露、隔声、冲击强度高、难燃，并可在常温下弯曲，耐老化，使用寿命长，可保证10年不变黄，具有高度的透明性，重量轻、施工安装容易，表面易于清洗。有时也进行着色，使它具有各种色彩，以调节变换光线的颜色，改变室内环境气氛。除被制成用于屋面的顶棚、罩等外，聚碳酸酯也常被加工成平板、曲面板、折板等，替代玻璃用于室内外的各种装饰。某阳光板的主要技术指标见表7-12。

表7-12 某阳光板的主要技术指标

项 目	指标	项 目	指标
宽度（中穿及平板）/mm	≤2 100	长度/mm	5 800
平板厚度/mm	2～10	透光率（%）	89
瓦楞及波纹板厚度/mm	0.8～2.5	维卡软化点/℃	145
双层板厚度/mm	6～16	艾佐德冲击强度（缺口）/（J/m）	900

聚碳酸酯阳光板广泛用于建筑、市政工程设施、广告牌、办公隔断、浴室及居室隔断、工业防护罩、高架路面隔声屏、采光天棚和农用温室等。

2. 钙塑泡沫天花板

钙塑泡沫装饰板系采用高压聚乙烯为基料，加入填料，经塑化、发泡、热压而成的一种装饰板材。

钙塑泡沫装饰板的特点是：造型美观、图案大方、色泽鲜艳、立体感强、视感舒服、隔声、隔热、吸声、耐水、质地轻巧、组装简便、幽雅美观。它主要用于家庭住房、餐厅、会议室、剧场、礼堂等平顶装饰。

常用规格有300 mm×300 mm、400 mm×400 mm、500 mm×500 mm 及610 mm×610 mm，厚度为4～7 mm不等，表面有凹凸花纹或穿孔图案。

3. 塑料格栅式吊顶装饰板

格栅式吊顶也叫井格式吊顶，塑料格栅式吊顶装饰板多为装配式的构件，组合装配后可作为敞开式吊顶室内装饰，这种装饰配合灯具以及单层或多种装饰线条进行装饰，丰富天花的造型或对居室进行合理分区。由于预制的塑料格栅板在空间呈规则排列，周期性变换，故在艺术上给人以工整规则、整齐划一的工艺概念和机械韵律感，寓现代工艺的艺术观念于简单的装饰操作之中，富于现代气息。这种格栅可采用透明塑料、半透明塑料、单色（彩色）、电镀、仿铝合金等不同的塑料制品，以强化其装饰性。其技术经济效果优于金属板格栅。

屋面与顶棚装饰塑料可以获得以下装饰效果：

1）强化艺术气氛。人们对棚面和屋顶的感受与对墙壁、门窗、地面等其他部位的感受是不同的，后者主要是从使用的角度去观察，而前者是从观察的角度去欣赏。

用塑料做透光线、灯饰、天花板，配以一定的灯光效果，则可使室内光线增强或减弱，色调变化，从而产生不同的光线和色彩，进而创造和利用光学要素，最终达到营造空间气氛的艺术效果。

2）强化空间领域感。人们对环境空间的占有、支配、理解和欣赏的心理状态和心理活动过程称为空间领域感。根据设计师和用户的要求，采用塑料进行屋面装饰，可突出地体现主人的个性、艺术欣赏能力和对空间的占有及支配关系，强化人与环境的交流功能，使人能主动地接受这种装饰所组合的文化、艺术、传统、习惯，产生强烈的空间领域感。

3）物理功能。塑料装饰板作为天花板，也具有一定的吸声、隔热、隐蔽管线等技术功能。

4. 艺术灯池及装饰灯具

采用塑料或纤维增强塑料制成的艺术灯池，可分为中式藻井浮雕灯池、欧式浮雕灯池和采用透明或半透明材料制成豪华的欧式宫灯。艺术灯池或灯饰给人以工整对称、富丽豪华的深刻印象。

以不饱和聚酯树脂生产轻质钢化豪华吊顶灯池为例，其生产工艺为在模具上涂脱模剂、制作边木框、刷浆料、安上木框、刷浆料、贴玻纤布、装横梁、钉背板、脱模、上漆、烫金或描金、贴布、压花压绳、喷防火剂。其图案生动形象，色彩鲜艳丰富，表面精致细腻，装饰效果良好，尤其在不同灯具的相互衬托下，在灯光的映照下，使棚面空间富于变化，美丽豪华。

选取塑料灯池塑料装饰板时，除注意其艺术性外，不应注意其耐老化性质，防止其老化退色或开裂破坏，同时应注意其阻燃性，应选用燃烧性等级为 B2 级以上的合格产品。

5. 塑料装饰扣板

塑料装饰扣板是以聚氯乙烯为主要原料，加入稳定剂、改性剂、色料等助剂，经捏合、混炼、造粒、挤出定型而成的一种吊顶装饰材料。具有色彩鲜艳、表面光洁、高雅华丽、质轻、隔声、节能保温、防水阻燃、耐腐蚀等优点。其宽度为 100～250 mm，长度一般为 3 m。塑料装饰扣板适用于酒店、写字楼、会议室和家庭住宅的吊顶装饰，尤其适用于厨房、卫生间等湿度较大的场所。

7.4 窗用节能塑料薄膜

7.4.1 窗用节能塑料薄膜分类

节能薄膜又称遮光膜、滤光薄膜或热反射薄膜等，它是以塑料薄膜(一般为聚酯、聚丙烯、聚乙烯等)为基材，喷镀金属后，再和另外一张透明的薄膜压制而成。

节能薄膜的总厚度一般为 30 μm 左右，上面镀有 20～1 00 nm 的金属膜，节能薄膜的幅宽一般为 1 000 mm 左右。

窗用节能薄膜品种，按其使用特点可分为三种类型：反射型、节能型和混合型。反射型薄膜可反射大部分太阳光，阻止热能进入室内，保持室内凉爽，降低空调费用。节能型薄膜也称冬季薄膜，它把热能折射回屋内以阻止热能从室内传出室外，达到保温节能的目的。混合型薄膜是具有上述的双重效果的薄膜，因此它也称为常年可使用的节能材料。

薄膜的颜色有青铜色、银色、灰色、金色、烟色、琥珀色等，用于建筑窗上，除节能外，还可使建筑变得富丽堂皇。

常用的塑料薄膜基材为聚酯薄膜、聚乙烯薄膜、聚丙烯薄膜、聚氯乙烯薄膜。因聚酯薄膜的韧性大、抗拉强度与铝膜相当，并在较宽的温度范围内能保持其优良的物理和机械性能，故在节能薄膜中大多采用聚酯薄膜。

节能膜按其光谱特性可分为夏膜和冬膜两大类。两者区别在于：夏膜对 0.76 μm以上的红外区域有较高的反射率，冬膜则对 5 μm 以上的红外区域有较高的反射率，并且冬膜的可见光透射率高于夏膜。这样，夏膜反射太阳光谱中的全部红外辐射和部分可见辐射，并反射室外物体的长波红外辐射，从而在夏季使进入室内的热量最少，而冬膜将允许太阳光谱中的大部分红外辐射和可见辐射透过，并反射室内物体的长波红外辐射，阻止热量向外散失。

7.4.2 窗用节能塑料薄膜特性

1) 隔热保温节能。太阳热能阻隔率达 70%以上，室内平均降温 3～5℃，增加居住舒适感，降低空调使用费用，保持室内温度恒定。贴有节能薄膜的双层隔热窗，其热工性能可达到三层窗的效果。以美国为例，美国建筑的能耗占总能耗的 40%，单层玻璃每年热损费用为 7 美元/m^2，如果镀上一层辐射率 $E=0.1$ 的节能膜，可使热损费用降低至 3.2 美元/m^2。若在双层玻璃上镀上一层节能膜，热损费用可降至 2.2 美元/m^2。美国 south wall 公司开发一种节能薄膜，将这种节能薄膜悬挂在两块玻璃板之间，经测定，其热工性能比三层玻璃高 32%，其价格虽比标准三层玻璃贵，但其节能的能源可在 2～7 年内可回收。

2) 屏蔽紫外线、防晒。对紫外线阻隔率高达 98%，消除紫外线对人体角膜、皮肤的损害、减少家具退色，保证家用物品常新。

3) 防爆。在玻璃受外力冲击时，能确保整体不碎裂，避免飞屑伤人，具有阻止盗贼侵入、防盗的安全功能，专用胶粘技术能使薄膜紧紧粘贴于玻璃表面上，有助于将碎玻璃吸在一起，减少因破碎导致的危险，在遭遇恶劣气候、地震、爆炸、火灾或破坏行动时，可大大减轻因玻璃飞溅而造成的伤害。

4) 私密性。良好的单向透视性构筑出整体的美观，消除眩目强光，形成室内空间的自然隐秘。

5) 施工简单。膜涂有压敏胶的节能薄膜，撕去保护垫片后即可直接进行粘贴，施工简便。对没有涂压敏胶的节能薄膜,都备有专用的胶粘剂,如丙烯酸黏结剂,不起泡、不隆起、不起皱褶,能抵抗因温度变化引起的扭曲变形,清澈透明,能保持透明度,与玻璃黏结性好,抗冲击性能好,具有耐老化、耐日照、抗紫外线和耐热性能,操作方便。

7.4.3 窗用节能塑料薄膜应用

节能膜用于建筑物以及汽车、火车等交通工具的窗玻璃上,可以节约用于夏季降温、冬季取暖的能量,同时能起到装饰外观,改善工作、生活、旅行条件的作用。节能膜还可以用于太阳能采集器,提高太阳能采集器的转换效率。国外有的建筑物正在转向以薄膜取代涂色玻璃和金属化玻璃。

7.4.3.1 现有玻璃窗上贴节能薄膜

例如,在新旧建筑玻璃窗上贴以聚乙烯树脂为原料制成的节能薄膜,厚度为 95 μm,为了遮断紫外线与红外线,采用四层膜结构。将此种膜按一定方法贴在窗玻璃上,因无色透明,可见光透过率超过 80%,所以,居室也不黑暗。该薄膜的最大特征是,可大幅抑制紫外线与红外线透过,可遮断 99.6%以上的紫外线,可遮断 80%以上红外线,可以预防通常因紫外线照射而引发的老人斑等皮肤病,有保护皮肤的效果。对室内软装饰材料,如布安、窗帘、地毯等,有预防变色的效果。另外,因此类薄膜能使红外线透过量减少,有抑制室温上升 10%~15%的功效。这样可提高夏季空调房的致冷效果,对西晒住房更有效。

7.4.3.2 在玻璃窗生产过程中贴节能薄膜

在玻璃窗生产过程中贴节能塑料薄膜的玻璃构造和热性质见表 7-13。

表 7-13 贴节能塑料薄膜的玻璃构造及传热系数对比

类型与构造	传热系数/[W/(m² · K)]
单层玻璃	5.24
单层玻璃,内表面贴膜	3.92
双层玻璃	2.76
中空玻璃,内层玻璃内表面贴膜	2.32
中空玻璃,外层玻璃内表面贴膜	2.13
中空玻璃,内层玻璃外表面贴膜	2.04

7.5 胶粘剂

胶粘剂是建筑装饰中不可缺少的配套材料之一,在建筑装饰中得到广泛的应用。胶粘剂用于防水工程、新旧混凝土接缝、室内外装饰工程粘贴、结构补强加固。

胶粘剂品种繁多，性能各异。按胶粘剂的固化方式不同可将胶粘剂分为溶剂挥发型、化学反应型和热熔型三大类。按胶的来源分为：

1）天然胶粘剂。如虫胶、淀粉糊、血料子、天然胶浆等。

2）合成胶粘剂。分热固性树脂胶粘剂、热塑性树脂胶粘剂、橡胶胶粘剂和无机胶粘剂等。如环氧胶、丙烯酸胶、聚氨酯胶、酚醛胶、脲醛胶、有机硅胶、过氯乙烯胶、氯丁橡胶胶粘剂等。

7.5.1 胶粘剂特点

粘接技术在20世纪40年代开始得到迅速发展。粘接具有如下优点。

1）能连接同类或不同类的、软的或硬的、脆性的或韧性的、有机的或无机的各种材料，特别是异性材料连接。例如，钢与铝、金属与玻璃、陶瓷、塑料、木材或织物之间的连接，尤其是薄片材料和蜂窝结构，用其他方法连接非常困难，但是用胶却能很好解决。

2）减轻结构重量。用粘接可以得到挠度小、重量轻、强度大、装配简单的结构。据报道，某飞机机身，采用粘接技术省掉了311 000多个零件和160 000多道装配工序，使结构重量减轻了15%，总费用节省高达35%。一架重型轰炸机用粘接代替铆接，飞机重量下降34%。

3）密封性能良好。如用结构胶粘贴的玻璃幕墙具有优异气密性和水密性。

4）应力分布均匀，延长结构件寿命。粘接的多层板结构能避免裂纹的迅速扩展。

5）工艺简单，生产效率高，制造成本低。

粘接也有不足之处，如热固性胶粘剂的剥离力比较低，热塑性胶粘剂在受力情况下有蠕变倾向；有些胶粘剂的粘接过程比较复杂，粘接前要仔细地进行表面处理和保持清洁，粘接过程中需加温或加压固化；某些胶粘剂易燃、有毒、产生室内污染；有的在冷、热、高温、高湿、生化、日光、化学作用下，以及增塑剂散失和其他工作环境作用下而渐渐老化。

7.5.2 胶粘剂黏结原理

胶结原理是胶接强度形成及其本质的理论分析。胶粘剂能够将材料牢固黏结在一起，是因为二者之间存在有黏结力，形成胶接强度。胶接强度主要来源于以下几个方面。

7.5.2.1 机械黏结力

胶粘剂渗入材料表面的凹陷处和表面的孔隙内，固化后如同镶嵌在材料内部，产生纯机械咬合或镶嵌作用，正是靠这种机械锚固力将材料黏结在一起。材料表面不可能是绝对平整光滑的，由于胶粘剂具有流动性和对固体表面的润湿性，流入孔隙中的胶粘剂固化后形成无数微小的“销钉”，将物体连接在一起。

7.5.2.2 物理吸附力

胶粘剂分子和材料分子间存在的物理吸附力，即范德华力和氢键，有时也有化学键力，将材料黏结在一起。

7.5.2.3 化学键力

某些胶粘剂分子与材料分子间能发生化学反应，即在胶粘剂与材料间存在有化学键力，是化学键力将材料黏结为一个整体。化学键力要比分子之间的作用力大一两个数量级，因此具有较高的黏结强度。实验证明，聚氨酯胶、酚醛树脂胶、环氧胶等与某些金属表面确实产生了化学键，现在广泛使用的硅烷偶联剂就是基于这一理论研制成功的。

7.5.2.4 静电胶粘力

胶粘剂与被胶结物具有不同的电子亲和力，当它们接触时就会在界面产生接触电势，形成双电层而产生胶结。

7.5.2.5 扩散胶粘力

物质的分子始终处于运动之中，由于胶粘剂中的高分子链具有柔顺性，在胶结过程中，胶粘剂分子与被胶结物分子因相互的扩散作用面更加接近，并形成牢固的黏结。

事实上，以上各种胶粘力仅仅是黏结现象本质的一个方面。胶粘剂与被黏结物之间的牢固黏结是以上各种胶粘力的综合结果。采用不同的胶粘剂、不同的被黏结物、不同的黏结物表面处理方法或不同黏结接头制作工艺，上述五种黏结力对物体黏结的贡献大小也不一样。

值得注意的是胶粘剂对被黏结物表面的浸润是获得高的黏结力的先决条件。无论黏结界面上发生何种物理的、化学的或机械的作用，都需要胶粘剂对被黏结物表面的完全浸润。表面浸润不完全，界面未曾接触到胶粘剂之处就会形成许多空隙，空隙内不仅无法实现吸附、扩散或渗透作用，而且在空隙周围会产生应力集中，大大削弱了黏结力。

7.5.3 胶粘剂组成

1)黏结料。黏结料又称黏料，它是胶黏剂具有黏结特性的主要且必需的成分，决定了胶粘剂的性能和用途。

2)固化剂。固化剂又称硬化剂，它能使线型分子形成网状的体型结构，使胶粘剂固化。

3)填料。胶粘剂中加入填料可改善胶粘剂的机械性能、温度稳定性和黏度，同时降低胶粘剂成本，加入填料会增加胶粘剂脆性。

4)稀释剂。稀释剂用于调节胶黏剂的黏度、增加胶粘剂的涂敷浸润性。稀释剂分有活性和非活性两种，前者参与固化反应，后者不参与固化反应而只起到稀释作用。

5)增韧剂。增韧剂可提高胶粘剂冲击韧性，改善胶粘剂的流动性、耐寒性与耐振性，但会降低弹性模量、抗蠕变性和耐热性。

7.5.4 常用胶粘剂

7.5.4.1 环氧树脂胶粘剂

环氧树脂胶粘剂俗称“万能胶”，主要由环氧树脂、固化剂、填料、稀释剂、增韧剂等组成。环氧胶粘剂所用的主要是双酚A环氧树脂(也有用甘油醚环氧树脂的)，此类树脂品种齐全，从液体到固体，改变胶粘剂的组成可以得到不同性质和用途的胶粘剂。由于环氧树脂的两端含有环氧基团，可用含活泼氢化合物使其开环，固化交联成网状结构，因此它属子热固性树脂。

其品种按使用性质分有：室温固化环氧胶(分单组分和双组分)、低温快速固化胶粘剂、耐热胶粘剂、高强度胶粘剂(改性方法有液态橡胶增韧、聚氨酯增韧、弹性微球增韧、热塑性聚合物共混、热致液晶聚合物增韧、膨胀性单体共聚改性、聚硅氧烷共聚改性、环氧树脂与无机物复合阳离子光固化环氧胶粘剂)、低公害环氧胶粘剂(水性环氧树脂胶粘剂、环氧胶膜、环氧树脂压敏胶、溶剂油可溶的环氧树脂)等。

环氧树脂胶粘剂黏结力强、收缩性小、耐酸、耐碱侵蚀性好，可在常温、低温和高温等条件下固化，并对金属、陶瓷、木材、混凝土、硬塑料等均有很高的粘附力。在黏结混凝土方面，其性能远远超过其他胶粘剂，广泛用于混凝土结构裂缝的修补和补强与加固。环氧树脂的主要缺点是耐热性不高，耐候性尤其是耐紫外线性能较差，部分添加剂有毒。

7.5.4.2 聚醋酸乙烯乳液

聚醋酸乙烯胶粘剂由聚醋酸乙烯单体聚合而成，俗称白乳胶。它含有较多的极性基团，对各种极性材料有较高的粘附力，但耐水性、耐热性较差，只能在室温下使用。

聚醋酸乙烯乳液使用方便、价格便宜，是应用广泛的一种非结构胶，能用于粘结玻璃、陶瓷、混凝土、纤维织物、木材、塑料层压板、聚苯乙烯板、聚氯乙烯板及塑料地板。

7.5.4.3 氯丁橡胶胶粘剂

氯丁橡胶胶粘剂是将橡胶经混炼或混炼后溶于溶剂中而成，是目前应用最广的一种橡胶胶粘剂。其主要由氯丁橡胶、氧化锌、氧化镁、填料及辅助剂组成。

它对水、油、弱酸、弱碱和醇类都具有良好的抵抗力，但它的强度不高，耐热性也不太好，具有徐变性，易老化。

氯丁橡胶胶粘剂可在室温下固化，常用于黏结各种金属和非金属材料，如钢、铝、铜、玻璃、陶瓷、混凝土及塑料制品等。建筑上常用在水泥混凝土、水泥砂浆地面上，以及墙面上粘贴塑料或橡胶制品等。

7.5.4.4 改性酚醛树脂胶粘剂

酚醛树脂胶粘剂常分成酚醛树脂胶和改性酚醛树脂胶，后者用丁腈橡胶、氯丁橡胶、硅橡胶、缩醛环氧尼龙等改性及间苯二酚-甲醛树脂胶，无论是纯酚醛树脂胶还是改性酚醛树脂胶都是以酚醛树脂为主体材料配合其他物质组成的。

改性酚醛树脂胶柔性好、耐温等级高、黏结强度大、耐气候,耐水、耐盐雾以及耐汽油、乙醇和乙酸乙酯等化学介质。

酚醛-丁腈胶粘剂可用做航空业的结构用胶,用于蜂窝结构的黏结。酚醛-缩醛胶综合了二者的优点,形成韧性的结构胶,具有优良的抗冲击强度及耐高温老化性能,耐油、耐芳烃、耐盐雾及耐候性亦好。

这二种胶是优良的结构胶粘剂,对钢材、铝合金、陶瓷、玻璃和塑料有较好黏结性。

7.5.4.5 α-氰基丙烯酸酯胶粘剂

α-氰基丙烯酸酯胶粘剂是一种单组分室温快固型胶粘剂,又称瞬干胶。α-氰基丙烯酸酯容易发生阴离子型聚合,为了防止贮存时发生聚合,需要加入一些酸性物质作稳定剂。α-氰基丙烯酸酯胶脆性较大,在配方中加入适量增塑剂可以减小脆性,提高韧性,常用的增塑剂有磷酸三甲酚酯、邻苯二甲酸二丁酯等。

502胶的主要成分就是α-氰基丙烯酸酯,它黏结速度快,黏度低,透明性好,使用方便,气密性好,对极性材料、金属、陶瓷、塑料、木材、玻璃等材料都有较高的黏结强度。由于α-氰基丙烯酸又是较好的有机溶剂,因此对大多数塑料及橡胶制品都有极好的黏结力。

α-氰基丙烯酸酯胶粘剂的不足之处是耐水、耐潮性能较差,耐久性也不理想,主要用于临时性黏结,如定位用等,以及非结构黏结,不宜大面积使用,较脆,黏结刚性材料时不耐震动和冲击。

7.5.4.6 双组分聚氨酯胶粘剂

聚氨酯胶粘剂是指分子链中含有氨基甲酸酯基团(-NHCOO-)或异氰酸酯基团(-NCO)的胶粘剂。双组分聚氨酯胶粘剂是聚氨酯胶粘剂中最重要的一个大类,用途广、用量大。通常是由甲、乙两个组分分开包装的,使用前按一定比例配制即可。甲组分(主剂)为羟基相组分或端基 NCO 和聚氨酯预聚体,乙组分(固化剂)为含游离异氰酸酯基团的组分。甲组分和乙组分按一定比例混合生成聚氨酯树脂。

聚氨酯胶粘剂中含有很强极性和化学活泼性的异氰酸酯基(-NCO)和氨酯基(-NHCOO-),其化学结构中含有氨基甲酸酯键、酯键、脲键和脲基甲酸酯键等多种极性键,赋予了它优越的黏结性能和成膜性能,与泡沫塑料、木材、皮革、织物、纸张、陶瓷等多孔材料和金属、玻璃、橡胶、塑料等表面光洁的材料都有着优良的化学黏合力。而聚氨酯与被黏合材料之间产生的氢键作用使分子内力增强,会使黏结更加牢固。聚氨酯胶结剂的低温和超低温性能超过所有其他类型的胶粘剂。其黏合层可在−196℃(液氮温度),甚至−253℃(液氢温度)下使用。聚氨酯胶粘剂具有高黏结强度和剥离强度,具有良好的耐磨、耐水、耐油、耐溶剂、耐超低温性、耐化学药品、耐臭氧以及耐细菌等性能。

随着各国环保法规的健全及环保意识的增强,传统的溶剂型聚氨酯已逐渐被水性聚氨酯取代。

木材用胶占我国用胶总量的60%以上,但传统工艺大多采用三醛胶(脲醛、酚醛、三聚氰胺甲醛树脂),虽然这些胶价格低廉,但生产、应用过程均有甲醛释放、污染环境和损害人体健康。目前我国水性聚氨酯木材胶主要有两类:一是水性乙烯基聚氨酯拼板胶,二是水乳化的多异氰酸酯人造板胶。水性乙烯基聚氨酯拼板胶也称水性高分子异氰酸酯胶粘剂(API)或乳液聚合物异氰酸酯胶(EPI)。该胶是在醋酸乙烯、丙烯酸酯、丁苯、苯乙烯基聚合物乳液或水溶液高分子的基础上,将多异氰酸酯或其预聚体的有机溶液分散配合而成。用其将短材接长、薄材加厚、窄材拼宽、小材大用,也可用于指接、硬木、门窗及其他木制品的黏结,既无甲醛排放又可节约资源。

可水分散多异氰酸酯木材胶又称多异氰酸酯乳液胶,一般是由异氰酸酯化合物(如PMDI、MDI等)或含端NCO基的预聚体分散于水中而形成的分散液。用这类乳液黏结制造人造板,耐水、耐老化性能优良,虽然价格较三醛胶高,但无甲醛释放,用量小,压制时间短,对木材含水量要求低,是我国重点发展的环保及综合利用项目。

7.5.5 胶粘剂中有害物质限量

《室内装饰装修材料 胶粘剂中有害物质限量》(GB 18583—2001)规定溶剂型胶粘剂和水基型胶粘剂中有害物质限量值应分别符合表7-14和表7-15的规定。

表7-14 溶剂型胶粘剂中有害物质限量值 g/kg

项目	指标		
	橡胶胶粘剂	聚氨酯类胶粘剂	其他胶粘剂
游离甲醛	≤0.5		
苯	≤5		
甲苯+二甲苯	≤200		
甲苯二异氰酸酯		≤10	
总挥发性有机物	≤750		

注:苯不能作为溶剂使用,作为杂质其最高含量不得大于本表的规定。

表7-15 水基型胶粘剂中有害物质限量值 g/kg

项目	指标				
	缩甲醛类胶粘剂	聚乙酸乙烯酯胶粘剂	橡胶类胶粘剂	聚氨酯类胶粘剂	其他胶粘剂
游离甲醛	≤1	≤1	≤1		≤1
苯	≤0.2				
甲苯+二甲苯	≤10				
总挥发性有机物	≤50				

7.6 玻璃钢

7.6.1 玻璃钢概述

玻璃钢学名玻璃纤维增强塑料，它是以玻璃纤维及其制品（玻璃布、带、毡、纱等）作为增强材料，以合成树脂作基体材料的一种复合材料。

玻璃钢中的纤维具有较高模量和强度，是受力组分，在玻璃钢中起增强作用；玻璃钢中的树脂是作为玻璃纤维的载体，将分散的玻璃钢纤维牢固地黏结在一起，使之共同受力，可见，玻璃钢综合了树脂与玻璃纤维二者的优点。

玻璃钢常用的纤维是玻璃纤维和碳纤维，常用热固性树脂有酚醛树脂、环氧树脂、呋喃树脂、聚氨酯树脂等，常用的热塑性有聚氯乙烯、聚丙烯等。为提高树脂的使用性能和加工性能，在树脂中通常还需要加入各种添加剂，如填料、颜料、稳定剂、增塑剂、引发剂、促进剂、交联剂等。引发剂和促进剂合称固化剂，以控制树脂的固化速度（固化速度过快或过慢都可能造成制品缺陷），固化剂还能够起到使固化趋于完全、稳定制品质量的作用。交联剂能使树脂固化后形成体型网状结构，以改善树脂性能并能调节树脂溶液的黏度，起稀释作用，使树脂更易于浸润玻璃纤维。

7.6.2 玻璃钢的性质

7.6.2.1 物理性质

1）体积质量小：其密度仅为1.6～2.1个g/cm^3，是钢铁的1/4～1/5、铝材的3/5左右。

2）耐腐蚀、耐老化、不生锈、防水、密封效果好：树脂性能的不同赋予玻璃钢不同的耐腐蚀性能，可在不同酸碱、盐、有机溶剂的气、液介质的腐蚀环境下长期使用。产品由优质的基体树脂加抗老化添加剂，使产品具有持久的抗老化性能，可保持长久的光泽及持续的高强度，使用寿命在20年以上。

3）吸振、隔声、隔热。由于玻璃纤维与基体界面之间具有吸振的能力，其振动阻尼很高，减振效果好，抗冲击强度高。

4）电绝缘性能优良，抗磁电性能强。玻璃钢不受电磁作用影响，它不反射电磁波，微波透过性好。

7.6.2.2 玻璃钢的力学性能

1）抗拉强度。组成玻璃钢的玻璃纤维的抗拉强度为200 MPa左右，随着玻璃纤维含量的增加，玻璃钢强度与弹性模量都逐渐增加，纤维含量每提高5%，强度分别提高8%～12%、弹性模量提高5%～10%；纤维含量达到60%以后，对强度与模量的提高不再显著。

2）比强度高，具有轻质高强的特点。无碱玻璃纤维纱与树脂的完美结合，赋予产品独特的轻质高强的特性，适用于腐蚀环境下各种承载结构。

3）比模量高。玻璃钢比模量较一般碳钢大得多，比模量大即表示零件的刚性大。

4）刚度。实验表明，约 2.5 mm 厚的玻璃钢与 1.0 mm 厚的钢板具有相同的刚度。

5）抗疲劳强度。玻璃钢的抗疲劳强度几乎接近钢材的一半，在交变载荷作用下，金属材料的破坏是由里向外发展的，事前没有任何预兆，而玻璃钢却不同，如果由于疲劳破坏而产生裂纹时，因纤维与界面能阻止裂纹的扩展，并且由于疲劳破坏总是从纤维的薄弱环节开始，逐渐扩展到结合面上，所以破坏前有明显的预兆。金属材料疲劳极限为抗拉强度的 40％～50％，而玻璃钢的疲劳极限为抗拉强度的60％～70％。

7.6.3 玻璃钢成型工艺

玻璃钢成型工艺因所用的树脂热性质不同而变化。

7.6.3.1 玻璃纤维增强热固性塑料的成型工艺

1.手糊成型工艺

手糊成型工艺是在涂有脱模剂的模具上，将加有固化剂的树脂混合料和玻璃纤维织物手工逐层铺放，浸胶并排除气泡，叠层至要求的厚度后固化，形成所需的制件。

手糊成型技术的优点是：无需专用设备，投资少；不受制品形状和尺寸的限制，操作方便，容易掌握，便于推广，成本低等。缺点是：制品质量不易控制，人为因素大；制品的强度和尺寸精度较低；劳动条件差，开模麻烦，污染较严重；人工操作，生产效率低，边角料废渣较多等。

2.喷射成型工艺

喷射成型工艺是手糊成型的改进，属于半机械化成型工艺。它是将混有引发剂和促进剂的两种聚酯树脂分别从喷枪两侧喷出，同时将切断的玻纤粗纱由喷枪中心喷出，使其与树脂均匀混合，沉积到模具上。当沉积到一定厚度时，用辊轮压实，使纤维浸透树脂，排除气泡固化后成制品。

喷射成型的优点是：用玻纤粗纱代替织物，可降低材料成本；生产效率比手糊的高 2～4 倍；产品整体性好，无接缝，层间剪切强度高，制品耐腐蚀、耐渗漏性好；产品尺寸、形状不受限制。缺点是：树脂含量高，制品强度低；产品只能做到单面光滑；污染环境，有害工人健康。

3.模压法

模压法又分为热压法、冷压法。热压法目前常用的有酚醛坯料模压和 SMC、BMC 模压两种。

热压法成型温度为 130～150℃，SMC（片状模塑料）及 BMC（团状模塑料）成型工艺：将片状模塑料和团状模塑料两面的薄膜撕去，按制品的尺寸裁剪、叠层，放入金属模具中加温加压，即可得到所需要的制品。SMC的主要原料由SMC专用纱、不饱和树脂、低收缩添加剂，填料及各种助剂组成，可在加热的模具中流动，便于制造带有筋、凸起及不等厚的覆盖件。

SMC/BMC成型工艺的主要优点是：生产效率高，成型周期短，易于实现自动化生产；产品尺寸精度高，重复性好；闭模成型，可最大程度减少树脂等有害成分对人体和环境的毒害；制品表面光洁，无需二次修饰；模具寿命可达100万次，大批量生产时可获得较好的经济效益。SMC/BMC的不足之处在于模具制造复杂，初期投资大。

低温模压法成型温度为常温至60℃，其特点为：成型压力较低，只有0.2～0.5 MPa；玻璃纤维不是短切预混料，而是以片状坯料形式入模；由于压力低，阴阳模具一般可用FRP做模，不必用金属模具。

4. RTM成型工艺

树脂传递模塑(Resin Transfer Molding，简称RTM)是手糊成型工艺的另一种改进的闭模成型技术，它的基本原理是将璃纤维增强材料放到封闭的模腔内，用压力将树脂胶液注入腔内，浸透玻纤增强材料，然后固化，脱模后成制品。RTM成型玻璃钢增强材料有：片状增强材料，将玻璃纤维纱切成定长加黏合材料制成毡；预型体，在玻纤中黏合剂制成预成型物，是与成型形状相仿的坯料。

开发适合RTM工艺的树脂是关键环节，对树脂的一般要求主要有：低黏度，注入速度快，无压力堆积；固化后不宜发生裂纹；从凝胶到脱模的时间短；固化时发热少，并且要求低温时不固化，温度提高到60～80℃时能快速固化；有足够适应操作的时间；控制容易，清洗方便；能够加入较多的填料。

RTM成型技术的主要优点是：可以制造大中尺寸、复杂形状、两面光洁的整体结构件；成型效率高；RTM工艺采用低黏度快速固化树脂，生产效率高和产品质量好；RTM为闭模操作，不污染环境，不损害工人健康；原材料及能源消耗少；初期投资少。缺点是：生产技术要求高，修整工序复杂。

5. 拉挤成型工艺

拉挤成型工艺，是将浸渍树脂胶液的连续玻璃纤维束、带或布等，在牵引力的作用下，通过挤压模具成型、固化、连续不断地生产长度不限的玻璃钢型材。如各种棒、管、实体型材(如工字形、槽形、方形型材)和空腹型材(如门窗型材、叶片)等。

拉挤成型是复合材料成型工艺中的一种特殊工艺。其优点是：生产过程完全实现自动化控制，生产效率高；拉挤成型制品中纤维含量可高达80%，产品强度高；制品纵、横向强度可任意调整，可以满足不同力学性能制品的使用要求；生产过程中无边角废料，产品不需后加工，故较其他工艺省工，省原料，降能耗；制品质量稳定，重复性好，长度可任意切断。缺点是：产品形状单调，只能生产线形型材，制品横向强度有待提高。但近年来使用纤维布和复合毡拉挤后横向强度得到了提高。

6. 缠绕成型法

缠绕成型法，是在若干股无捻粗纱上施以一定的张力并浸渍树脂(或已浸渍树脂)，按一定规律缠在芯轴上，缠到所需厚度后，经固化脱模而得到制品。

7.6.3.2 玻璃纤维增强热塑性塑料的成型工艺

玻璃纤维增强热塑性塑料的成型工艺也有热压成型、拉挤成型技术和缠绕成型法，除此外还有层压成型技术、树脂传递模塑等。

1. 层压成型技术

纤维毡、布预浸料和共混织物、混合纤维织物适合于层压成型。其加工过程为：在两块热平板之间加热板状预浸料，加热温度高于基体的熔点，然后快速将热板送入处于室温的成型系统中，热压、冷却形成制品。

2. 树脂传递模塑

树脂传递模塑是一种从热固性树脂基复合材料成型借鉴过来的新的热塑性树脂基复合材料成型方法。在成型制品时，首先将树脂粉末在室温下放入不锈钢压力容器中，逐渐加热到注入温度时加入引发剂粉末，搅拌均匀，再用氮气给压力容器充压，树脂通过底部开口和加热管道注入纤维层状物或预成型物的模腔中，当树脂充满模腔后，将模具温度提高到聚合温度，树脂进一步聚合，聚合完成后，将模具按要求降温、开模即得到最终制品。

7.6.4 玻璃钢应用

玻璃钢可用于生产建筑设施及用材、卫生间、整体浴房、厨房、门窗、遮阳篷、雕塑、天花板、波形瓦、冷却塔、地沟盖板、建筑通风空调设施、建筑模板等。防腐 SMC 模压工艺制造的各种玻璃钢餐桌、椅、客车、体育馆场座椅、通风管道等制品。

【本章要点】

塑料是以有机高分子化合物为基本材料，加入各种改性添加剂后，在一定的温度和压力下塑制而成的材料。本章是在掌握聚合物的概念、组成、反应类型及分类的基础上，来分析学习各种高分子聚合物材料中塑料制品、塑料窗、窗用塑料薄膜、塑料管和黏结剂的组成及性质，从而了解各品种材料的特性及应用性质。注意各种塑料板的选择，留意塑料窗主要技术性质，分析窗用塑料薄膜的使用特点，区分不同塑料管的使用环境，按被黏结材料确定黏结剂种类，所有这些都是本章要告诉读者的。

【思考与练习题】

1. 试指出建筑中五种产品所用塑料的名称。

2. 哪些塑料是热塑性聚合物？哪些塑料是热固性聚合物？试各举三例。塑料中加入固化剂有何作用？

3. 聚乙烯管材、聚丙烯管、聚丁烯管有何不同之处？

4. 塑料屋面阳光板有哪些选择？

5. 窗用节能薄膜按其使用特点有哪三类？

6. 试述 502 胶的特点。

8 建筑涂料

涂料是一种涂敷在物体表面，经过物理变化和化学反应可形成完整的膜，并能与物体表面牢固黏合，形成坚固完整的涂膜物料，称为涂料或漆。用于建筑装饰和保护的涂料统称为建筑涂料。从本质上讲，建筑涂料与一般涂料并没有根本的区别，而只是涂料的一个应用领域而已，主要是根据涂料的一个应用范围和类别划分的，涂料的范围很广，既包括了传统的油漆，也包含了以各种合成树脂为主要原料生产的溶剂型涂料和以水性涂料为主的现代涂料。目前，除极少数仍采用少量天然树脂和油脂外，主要以合成树脂及其乳液、无机硅酸盐和硅溶胶为成膜物质，因此，人们将这些用于建筑物装饰和保护的涂料称为建筑涂料。

建筑涂料是应用十分广泛的装饰材料，它能以其丰富的色彩和质感装饰美化建筑物，并能以其特殊功能改善建筑物的使用条件，延长建筑物的使用寿命，建筑涂料具有涂饰作业方法简单、施工效率高、自重小、便于维护更新、造价低等优点，深受人们喜爱。建筑涂料品种不断增加，质量越来越好，正向无毒、低毒、绿色环保方向发展。

8.1 建筑涂料的基本知识

8.1.1 建筑涂料的功能和性能

8.1.1.1 建筑涂料的功能

建筑涂料有装饰功能、保护功能、特种功能及改善和调节建筑物的使用功能四大功能，其中装饰功能是其主要功能。

1. 装饰功能

建筑涂料对建筑物进行施工后，使建筑物的可视面得到美化的功能称为装饰功能。建筑涂料赋予建筑物以色彩、花纹图案、立体质感和光泽等装饰功能。内墙涂料及地面涂料采用比较平和柔软的花纹或色彩，使建筑物的可视面得到美化。外墙涂料在涂料中掺加粗、细骨料，或采用拉毛、喷涂和滚花等方法进行施工，可以获得各种纹理、图案及质感，通常装饰功能绝不会单独发挥作用，在外墙涂饰时需要与建筑物本身的造型和周围环境相匹配，在室内涂饰时要与室内空间的大小、形状、使用部位和材质相协调，这样才能充分发挥涂料的装饰效果。

2. 保护功能

建筑涂料对建筑物进行施工后，能保护建筑物不受环境影响的功能称为保护功能。建筑物暴露在大气中，受到阳光、雨水、冷热及风雪和其他介质的作用，表层发生风化、生锈、腐蚀、剥落等破坏现象。建筑涂料通过刷涂、滚涂或喷涂等施工方法在建筑表面形成连续的涂膜，产生抵抗气候影响、化学侵蚀及污染等功能，阻止或延缓这些破坏现象的发生和发展，起到保护建筑物，延长其使用周期的作用。

3. 特种功能

这类涂料又称功能性建筑涂料，例如防水涂料、防火涂料、防霉涂料、杀虫涂料、吸声或隔声涂料、隔热、保温涂料、防辐射涂料、防结露涂料、伪装涂料等，这类涂料各自具有某种特殊功能，例如，用于饮料厂或仪器加工厂等场合的防霉涂料可以使涂饰该涂料的墙面具有防止霉菌生长的功能，防火涂料能够使被涂覆的建筑物的结构部位产生防火特性，保温隔热涂料能够降低建筑物的能耗，防结露涂料能够解决墙面或顶棚的结露问题，其他还有防化学腐蚀的耐酸涂料、防腐蚀涂料，具有防水功能的防水涂料，用于冷库的防冻涂料，吸收大气中的毒气的吸毒涂料和具有防静电功能的防静电涂料等。

4. 改善和调节建筑物的使用功能

使用不同类型的建筑涂料并施以相适应的施工工艺涂料将具有不同的性能，如某些顶棚涂料具有吸声的效果，某些地面涂料能够产生一定的弹性、色彩、防潮、防滑的特性，某些墙面涂料能满足墙面不同建筑风格的装饰要求，易于保持清洁或耐水、耐擦洗等性能，给使用者创造了一个优美、舒适的工作、生活环境，从而使建筑物的使用功能得到提高，并在一定程度上调整了建筑物的使用功能。

8.1.1.2 建筑涂料的性能

1. 一般要求

施工前涂料的性能：

1）应具备储存稳定性和低温稳定性；

2）应具备性能及颜色的均匀性；

3）操作方便、干燥及凝结时间短；

4）调配施工作业操作时无害、无污染、安全。

施工后装饰涂层的性能：

1）涂料在固化、干燥过程中不开裂、不起鼓，并与基层黏结牢固，能在常温（－5～35℃）施工和成膜；

2）应具有耐水性、耐碱性、耐冲击性，能抵御水泥砂浆和混凝土的腐蚀，适用于外墙、卫生间、厨房等潮湿部位；

3）不易受污染，易除去污染及不污染相邻物且不易渗水；

4）应具有耐冻融性、透气性、防结露性；

5）良好的耐候性，在雨水、阳光、大气及其他有害物作用下能长期使用。

2. 不同建筑部位对涂料的要求

内墙涂料的主要功能是创造舒适适宜居住和工作的环境，装饰及保护室内墙面，达到美观整洁的目的。内墙涂料应具有以下特点：

1）色彩细腻、柔和、丰富；

2）耐碱性、耐水性、耐擦洗、耐粉化性良好，具有一定的透气性；

3）施工容易，价格适宜。

外墙涂料一般应具有以下特点：

1）装饰性好。要求外墙涂料色彩丰富多样，保色性好，能较长时间保持良好的装饰性能。

2）耐水性好。外墙面长期暴露在大气中，要经常受到雨水的冲刷，因而作为外墙涂料应具有很好的耐水性能。

3）耐玷污性能好。大气中的灰尘及其他物质玷污涂层后，涂层会失去原有的装饰效能，因而要求外墙装饰层不易被玷污或玷污后容易通过雨水等清除。

4）耐候性好。暴露在大气中的涂层，要经受日光、雨水、风沙、冷热变化以及大气中的各种化学物质等的作用，在这些因素的反复作用下，涂层会因成膜物质的老化而发生开裂、剥落、脱粉、变色等现象，使涂层失去原有的装饰和保护功能，因此作为外墙装饰的涂层要求在规定的年限内不发生上述破坏现象。

5）外墙涂料还应有施工及维修方便、价格合理等特点。

地面涂料的主要功能是装饰与保护室内地面，使地面清洁、美观、牢固。为了获得良好的装饰效果，地面涂料应具有耐碱性好、黏结力强、耐水性好、耐磨性好、抗冲击力强、涂刷施工方便和价格合理等特点。

8.1.2 建筑涂料的组成

建筑涂料由几种或多种物质经过溶解、分散、混合而组成，各组成材料在涂料中具有的功能作用也各异，相互组合在一起，使涂料具有最佳的性能。主要组成有基料、颜料、填料、溶剂、助剂。

8.1.2.1 基料

基料也称成膜物质，是涂料中最重要的组分，对涂料和涂膜的性能起着决定性的作用。

通常，成膜物质一般是涂料性能的决定因素，例如聚乙烯醇、醋酸乙烯类涂料施工性好，丙烯酸酯类有突出的保色性，环氧树脂类抗酸碱且硬度高，聚氨酯类高弹性且防水性好，含氟树脂能长期保持光泽，其耐药性、耐候性特别优异。因此，通常的建筑涂料多数以成膜物质命名，如丙烯酸外墙涂料。

基料在涂料中占最重要的组分，起主导作用，具体作用是：

1）将涂料中的其他组分材料黏结成一整体附着于被涂物体的表面，待涂料中的水分子或溶剂分子慢慢蒸发，涂料干燥硬化后，能在被涂基层表面形成连续而坚韧的保护层；

2）使颜料颗粒黏结在一起；

3）使涂膜表面具有光泽；

4）使涂膜粘附基层上；

5）使涂膜具有一定的弹性。

此外基料的性质对涂膜的硬度、韧性、耐磨性、耐冲击性、耐热性、耐久性、耐候性及其他化学物理性质起到了决定性的作用，而且涂料的状态和涂料涂膜的成膜硬化方式，如水性涂料的常温干燥等也是基料性质决定的。

当前，建筑涂料的基料以合成树脂为主，如聚乙烯醇、聚醋酸乙烯及其共聚物、氯乙烯-偏氯乙烯共聚物、环氧树脂、丙烯酸酯及其共聚物、氯化橡胶、聚氨酯树脂等，此外，还有水玻璃、硅溶胶等无机胶结材料，其中以丙烯酸酯及其共聚物的乳液使用最为广泛。

8.1.2.2 颜料

颜料也是涂膜的组成部分，因它不能离开主要成膜物质而单独构成涂膜，故称为次要成膜物质。它在涂料中的主要作用是使涂膜具有所需要的各种颜色和一定的遮盖力，对涂膜的性能也有一定影响。

颜料历来的任务是赋予受体以各种不同的颜色、优质颜料有绚丽的色彩，不仅鲜艳夺目，有良好的遮盖力，而且耐候性好，劣质颜料色泽呆板，且极易变色、退色。有的颜料还采用染料以增加涂膜的透明性，还出现了珠光颜料、隐形幻彩颜料，使建筑涂料更具诱人魅力。

1. 建筑涂料用颜料应具备的特点

1）颜色。颜料的颜色是对光选择性吸收和反射的结果。建筑涂料使用颜料的主要目的就是赋予涂层以色彩，因此依据所配制的建筑涂料对色调、明度、彩度的要求，选择合适的颜料是配方制定时需要首先考虑的问题。

2）遮盖力。涂料遮盖力是指把色漆均匀涂布在物体表面上，使其底色不再呈现的最小用漆量，用“g/m^2”表示。遮盖力是颜料对光线产生散射和吸收的结果，涂料的遮盖力越高，用量越少，成本也就越低。

3）着色力。颜料的着色力是指某一颜料与其他颜料混合时，显现自身颜色强度的能力。例如用不同的蓝色颜料与同一种铬黄颜料混合形成同一黄色时，某种蓝色颜料的用量越少，则它的着色力就越强。

4）分散性。颜料的分散性是指颜料颗粒在涂料中分散的难易程度和分散后的稳定性。这一性能直接影响涂料生产中研磨过程的效率与能耗、涂料的贮存稳定性、涂料的流变性能和涂膜的质量。颜料的分散性通常取决于颜料的晶格形态、颗粒形状和大小、表面状态、化学组成等因素。通过表面处理改进颜料的表面性质、制备涂料时合理使用分散剂、选用合适的分散方式和合适的色浆研磨配方，都是提高颜料分散性的有效途径。

5）耐碱性。因为建筑涂料通常用在混凝土、水泥砂浆等碱性基层上，因此要求颜料具有很好的耐碱性。颜料的耐碱性主要取决于它的化学成分和表面处理情况。

6）耐候性。颜料在光和大气的作用下，颜色和性能均会在不同程度上发生变化，即发生老化。建筑涂料通常应用在与光和大气直接接触的环境中，因此颜料应具有较好的耐光性及耐老化性等。

7）耐水性。一般而言，颜料本身都具有足够的耐水性。但有时如果颜料中水溶性盐的含量太高，或使用了水溶性表面处理剂处理后，都会导致颜料的耐水性不良，其后果是导致涂层起泡、剥落。

8）安全无毒。在建筑涂料的应用过程中，与人体接触的机会很多，因此安全无毒是对颜料的基本要求之一。

2. 颜料的类型

颜料的品种很多，按化学组成可分为有机颜料和无机颜料，按来源则可分为天然颜料和合成颜料。

在建筑涂料中最常用的颜料有以下几类：

(1) 有机颜料

无机颜料资源丰富，耐候性及耐磨性较好，价格低廉，是在建筑涂料中应用最多的颜料，主要品种有：

1）黄色颜料：氧化铁黄、中铬黄、柠檬黄等；

2）红色颜料：氧化铁红；

3）蓝色颜料：群青、铁蓝等；

4）绿色颜料：氧化铁绿、氧化铬绿等；

5）白色颜料：钛白、锌钡白、氧化锌等；

6）黑色颜料：炭黑、氧化铁黑等；

7）棕色颜料：氧化铁棕。

(2) 有机颜料

有机颜料色彩鲜艳，但耐老化性能往往较无机颜料差。常用的有机颜料有酞青绿、酞青蓝、甲苯胺红、甲苯胺紫红、大红粉、耐光黄等。

(3) 金属颜料

金属颜料主要品种有铝粉及铜粉等。

8.1.2.3 填料

填料也称体质颜料，主要作用是在着色颜料满足涂膜一定的遮盖力和色彩以后，补充涂层所需要的颜料，增大涂膜厚度和硬度，提高涂料的干遮盖力，防止紫外线穿透，提高涂膜的耐老化能力和耐候性，吸收涂膜的胀缩应力，降低涂膜的收缩率，防止涂料流挂，改善施工性能等。另外，体质颜料的使用也主要是为了降低涂料成本。

根据填料化学成分，将填料分为五大类：钡化合物（重晶石粉、沉淀硫酸钡等）、钙化合物（轻质碳酸钙、重质碳酸钙等）、铝化合物（高岭土、云母粉等）、镁化合物（滑石粉、沉淀碳酸镁等）、硅化合物（硅藻土、石英粉、白炭黑等）。

8.1.2.4 助剂

助剂称为辅助成膜物质，主要作用是改善涂料的加工性能、涂料在容器中的状态、储存稳定性及涂膜的耐擦洗性、耐水性、耐碱性、耐玷污性等，同时改善涂料的施工性能，防止涂膜病态，有时还会赋予涂膜某些特殊功能，如抗静电、防霉、阻燃、防污等，有增调剂、流平剂、防霉剂、分散剂、成膜助剂、防冻剂、消泡剂、防沉淀剂、阻燃剂等。助剂用量虽小，但对涂料性能有显著影响，同种涂料的价格不同主要反映了助剂添加品种及质量的差异。

常用助剂介绍如下：

1. 催干剂

催干剂的作用主要是加速涂料的干燥成膜，亦称干燥剂或干料。催干剂用于以油料为主要成膜物质的涂料，它的作用是加速油料的氧化、聚合、干燥成膜过程，并在一定程度上提高涂膜硬度、改善涂膜的质量。很多金属氧化物及其盐类和有机酸的皂类都具有催干作用，但在实际中应用较多的有铅、钴、锰、锌、钙和铁等的氧化物、环烷酸盐。近年来出现了不少性能更好的新型催干剂，如脂肪酸铅、环烷酸铁、环烷酸铈和环烷酸镧等。

使用催干剂时，要严格控制加入量。催干剂用量过量时，不仅催干速度减慢，而且容易引起涂膜早期老化和皱皮。

2. 固化剂

固化剂又称交联剂、硬化剂，其作用是能与涂料中主要成膜物质发生反应使之固化成膜，涂料的主要成膜物质不同，所需的固化剂也不同。以环氧树脂、聚氨酯、酚醛树脂和氨基树脂等为成膜物质的涂料需要固化剂。

环氧树脂涂料常用有机胺（如己二胺、乙二胺、二乙烯三胺、三乙烯四胺等）、胺加成物（如己二胺环氧加成物）、有机酸酐（如邻苯二甲酸酐、顺丁烯二酸酐等）、合成树脂（如酚醛树脂、聚酰胺树脂、聚氨酯树脂等）作为固化剂，水玻璃涂料用缩合磷酸铝为固化剂，聚氨酯涂料的常用固化剂有胺类（如六次甲基四胺）、含羟基的聚丙烯酸酯树脂等。

固化剂常常和涂料主体分开包装，使用时按比例加入。一般应在适用期内用完，否则将引起胶凝。

3. 增塑剂

增塑剂是用于增加涂膜柔韧性的一种助剂。对于某些脆性较高的涂料基料来说，要获得具有较好的柔韧性和其他力学性能的涂膜，增塑剂是必不可少的。它通常为分子量较小的酯类化合物，能够插入合成树脂的高分子链之间，削弱高分子之间的结合力，增加涂膜的塑性和柔韧性。常用的有邻苯二甲酸二丁酯、邻苯二甲酸二辛酯、癸二酸二辛酯、邻苯二甲酸二甲酯、磷酸三甲苯酯、氯化石蜡、环氧大豆油，某些聚合物树脂也可做增塑剂（称为增塑树脂），如醇酸树脂常用做氯化橡胶和硝化纤维素涂料的增塑树脂。在建筑涂料中应用最多的增塑剂是邻苯二甲酸二丁酯。

4. 润湿剂和分散剂

润湿剂能够降低液体和固体表面的界面张力，使固体表面易于为液体所润湿。而分散剂能够润湿固体表面，同时能促进固体粒子在液体中悬浮分散。润湿剂和分散剂的作用是使颜料和填料能很好地分散在涂料中，防止颜料絮凝而引起涂料的沉淀或变稠，同时可以提高涂料的遮盖力、流平性和涂膜表面平滑性等。

在水性涂料中，六偏磷酸钠和三聚磷酸钠（钾）是钛白粉、立德粉等无机颜料的良好分散剂。用酞青蓝等有机颜料配制乳液涂料色浆时，必须选定适当的润湿剂，才能制成分散性良好的色浆。常用的润湿剂有阴离子型润湿剂、非离子型润湿剂等。将无机磷酸盐和有机分散剂搭配使用常常可以得到更为理想的效果。由于各种颜料和填料所需的润湿剂、分散剂的品种和用量不同，应通过大量的试验工作确定。

5. 增稠剂

在乳液型涂料中加入增稠剂可以增加涂料的黏度，防止颜料和填料沉淀，涂刷时可以防止涂料流挂。

增稠剂一般为高分子的水溶液或乳液，常用的有聚乙烯醇、羧甲基纤维素钠、羟乙基纤维素、聚（甲基）丙烯酸钠、微交联型乳液等。

增稠剂加入后会引起涂膜耐水性下降，同时容易滋长霉菌，因此在满足应用目的的前提下应尽量少用，并加入适量的防霉剂。

6. 成膜助剂

成膜助剂主要用于提高乳液的成膜性能。通过加入成膜助剂可使乳液中的聚合物颗粒表面软化，从而更好地凝结在一起成膜，达到降低最低成膜温度的目的。成膜助剂不留在涂膜中，待涂膜形成后，成膜助剂逐渐挥发，涂膜的硬度恢复。

成膜助剂通常是一些能与聚合物良好相容的、分子量较低、易挥发的有机化合物，常用的成膜助剂有乙二醇、一缩二乙二醇、乙二醇乙醚、乙二醇丁醚以及高级醇酯等。

7. 防冻剂

防冻剂的主要作用是改善水性涂料的防冻性能（或称冻融稳定性）。常用的有乙二醇、一缩二乙二醇（二甘醇）、乙二醇乙醚、乙二醇丁醚等。

8. 消泡剂

在水性涂料生产过程中，由于加了较多的表面活性剂，因此会产生大量泡沫，在刷涂施工过程中，也会因泡沫而使涂膜形成麻坑。适量加入消泡剂可减轻上述问题。常用的消泡剂有磷酸三丁酯、8～12 碳的脂肪醇、多聚丙二醇、松油醇、水溶性硅油及有机硅分散液等。

9. 防霉剂

水性涂料在贮存过程中易生长霉菌，使涂料发霉变质，故需加入防霉剂。常用的有五氯酚钠、醋酸苯汞、多菌灵（棉萎灵、苯井咪唑 44 号）、百菌清以及专用的防霉剂等。有些防霉剂对人体有毒，应控制使用。

8.1.2.5 溶剂

溶剂和水是建筑涂料的重要成分。涂料涂刷到基材上后，溶剂和水逐渐挥发，涂料逐渐干燥硬化，最终形成均匀、连续的涂膜。溶剂和水最终并不存留在涂膜中，但它们对涂料的成膜过程起着极其重要的作用，因此称为辅助成膜物质。主要作用是调节涂料的黏度及固体含量，满足不同条件下的施工要求，提高涂料的装饰效果。

在配制溶剂型涂料时，应考虑有机溶剂对基料树脂的溶解能力以及有机溶剂本身的挥发性、易燃性和毒性。选择的溶剂具有挥发性，涂膜的干燥是靠溶剂的挥发来完成的。溶剂挥发速率影响涂膜干燥快慢和涂膜的外观质量，如果溶剂挥发率太小，则涂膜干燥太慢，影响涂膜质量和施工进度。若所用溶剂挥发率太大，则涂膜会很快干燥，影响涂膜的流平性和光泽等指标，形成橘皮、皱纹、发白等现象。因此，应按涂料不同的施工方法，选择挥发速度与之相适应的溶剂或混合溶剂。

建筑涂料中经常使用的溶剂主要有：苯类（苯、甲苯、二甲苯等）、醇类（乙醇、丁醇等）、酮类（丙酮、甲乙酮、环已酮等）、醚类（乙醚、乙二醇甲醚、乙二醇乙醚、乙二醇丁醚等）、酯类（醋酸乙酯、醋酸丁酯、乙二醇甲醚乙酸酯等）。

水溶性涂料、乳胶漆大量使用水，这些涂料在干燥成膜过程中挥发到空气中的无污染的水汽不会劣化大气。

8.1.3 涂料的分类、命名及型号

8.1.3.1 涂料的分类

《涂料产品分类和命名》（GB/T 2705—2003）对涂料产品的分类方法有两种。

1）分类方法 1：主要是以涂料产品的用途为主线，并辅以主要成膜物的分类方法将涂料产品划分为三个主要类别，即建筑涂料、工业涂料和通用涂料及辅助材料。详见表 8-1。

表 8-1 涂料的分类

<table>
<tr><th colspan="3">主要产品类型</th><th>主要成膜物类型</th></tr>
<tr><td rowspan="4">建筑涂料</td><td>墙面涂料</td><td>合成树脂乳液内墙涂料
合成树脂乳液外墙涂料
溶剂型外墙涂料
其他墙面涂料</td><td>丙烯酸酯类及其改性共聚乳液；醋酸乙烯及其改性共聚乳液；聚氨酯、氟碳等树脂；无机黏合剂等</td></tr>
<tr><td>防水涂料</td><td>溶剂型树脂防水涂料
聚合物乳液防水涂料
其他防水涂料</td><td>EVA、丙烯酸酯类乳液；聚氨酯、沥青、PVC 胶泥或油膏、聚丁二烯等树脂</td></tr>
<tr><td>地坪涂料</td><td>水泥基等非木质地面用涂料</td><td>聚氨酯、环氧等树脂</td></tr>
<tr><td>功能性建筑涂料</td><td>防火涂料
防霉(藻)涂料
保温隔热涂料
其他功能性建筑涂料</td><td>聚氨酯、环氧、丙烯酸酯类、乙烯类、氟碳等树脂</td></tr>
<tr><td rowspan="5">工业涂料</td><td>汽车涂料(含摩托车涂料)</td><td>汽车底漆(电泳漆)
汽车中涂漆
汽车面漆
汽车罩光漆
汽车修补漆
其他汽车专用漆</td><td>丙烯酸酯类、聚酯、聚氨酯、醇酸、环氧、氨基、硝基、PVC 等树脂</td></tr>
<tr><td>木器涂料</td><td>溶剂型木器涂料
水性木器涂料
光固化木器涂料
其他木器涂料</td><td>聚酯、聚氨酯、丙烯酸酯类、醇酸、硝基、氨基、酚醛、虫胶等树脂</td></tr>
<tr><td>铁路、公路涂料</td><td>铁路车辆涂料
道路标志涂料
其他铁路、公路设施用涂料</td><td>丙烯酸酯类、聚氨酯、环氧、醇酸、乙烯类等树脂</td></tr>
<tr><td>轻工涂料</td><td>自行车涂料
家用电器涂料
仪器、仪表涂料
塑料涂料
纸张涂料
其他轻工专用涂料</td><td>聚氨酯、聚酯、醇酸、丙烯酸酯类、环氧、酚醛、氨基、乙烯类等树脂</td></tr>
<tr><td>船舶涂料</td><td>船壳及上层建筑物漆
船底防锈漆
船底防污漆
水线漆
甲板漆
其他船舶漆</td><td>聚氨酯、醇酸、丙烯酸酯类、环氧、乙烯类、酚醛、氯化橡胶、沥青等树脂</td></tr>
</table>

续表

<table>
<tr><th colspan="3">主要产品类型</th><th>主要成膜物类型</th></tr>
<tr><td rowspan="2">工业涂料</td><td>防腐涂料</td><td>桥梁涂料
集装箱涂料
专用埋地管道及设施涂料
耐高温涂料
其他防腐涂料</td><td>聚氨酯、丙烯酸酯类、环氧、醇酸、酚醛、氯化橡胶、乙烯类、沥青、有机硅、氟碳等树脂</td></tr>
<tr><td>其他专用涂料</td><td>卷材涂料
绝缘涂料
机床、农机、工程机械等涂料
航空、航天涂料
军用器械涂料
电子元器件涂料
以上未涵盖的其他专用涂料</td><td>聚酯、聚氨酯、环氧、丙烯酸酯类、醇酸、乙烯类、氨基、有机硅、氟碳、酚醛、硝基等树脂</td></tr>
<tr><td>通用涂料及辅助材料</td><td>调和漆
清漆
磁漆
底漆
腻子
稀释剂
防潮剂
催干剂
脱漆剂
固化剂
其他通用涂料及辅助材料</td><td>以上未涵盖的无明确应用领域的涂料产品</td><td>改性油脂；天然树脂；酚醛、沥青、醇酸等树脂</td></tr>
</table>

注：主要成膜物类型中树脂类型包括水性、溶剂型、无溶剂型、固体粉末等。

2）分类方法 2：除建筑涂料外，主要以涂料产品的主要成膜物为主线，并适当辅以产品主要用途的分类方法，将涂料产品划分为两个主要类别即建筑涂料和其他涂料。其他涂料见表 8-2。辅助材料有稀释剂、防潮剂、催干剂、脱漆剂、固化剂等。

表 8-2 其他涂料

主要成膜物类型		主要产品类型
油脂漆类	天然植物油、动物油（脂）、合成油等	清油、厚漆、调和漆、防锈漆、其他油脂漆
天然树脂漆类	松香、虫胶、乳酪素、动物胶及其衍生物等	清漆、调和漆、磁漆、底漆、绝缘漆、生漆、其他天然树脂漆
酚醛树脂漆类	酚醛树脂、改性酚醛树脂等	清漆、调和漆、磁漆、底漆、绝缘漆、船舶漆、防锈漆、耐热漆、黑板漆、防腐漆、其他酚醛树脂漆

续表

主要成膜物类型		主要产品类型
沥青漆类	天然沥青、(煤)焦油沥青、石油沥青等	清漆、磁漆、底漆、绝缘漆、防污漆、船舶漆、耐酸漆、防腐漆、锅炉漆、其他沥青漆
醇酸树脂漆类	甘油醇酸树脂、季戊四醇醇酸树脂、其他醇类的醇酸树脂、改性醇酸树脂等	清漆、调和漆、磁漆、底漆、绝缘漆、船舶漆、防锈漆、汽车漆、木器漆、其他醇酸树脂漆
氨基树脂漆类	三聚氰胺甲醛树脂、脲(甲)醛树脂及其改性树脂等	清漆、瓷漆、绝缘漆、美术漆、闪光漆、汽车漆、其他氨基树脂漆
硝基漆类	硝基纤维素(酯)等	清漆、磁漆、铅笔漆、木器漆、汽车修补漆、其他硝基漆
过氯乙烯树脂漆类	过氯乙烯树脂等	清漆、磁漆、机床漆、防腐漆、可剥漆、胶液、其他过氯乙烯树脂漆
烯类树脂漆类	聚二乙烯乙炔树脂、聚多烯树脂、氯乙烯醋酸乙烯共聚物、聚乙烯醇缩醛树脂、聚苯乙烯树脂、含氟树脂、氯化聚丙烯树脂、石油树脂等	聚乙烯醇缩醛树脂漆、氯化聚烯烃树脂漆、其他烯类树脂漆
丙烯酸酯类树脂漆类	热塑性丙烯酸酯类树脂、热固性丙烯酸酯类树脂等	清漆、透明漆、磁漆、汽车漆、工程机械漆、摩托车漆、家电漆、塑料漆、标志漆、电泳漆、乳胶漆、木器漆、汽车修补漆、粉末涂料、船舶漆、绝缘漆、其他丙烯酸酯类树脂漆
聚酯树脂漆类	饱和聚酯树脂、不饱和聚酯树脂等	粉末涂料、卷材涂料、木器漆、防锈漆、绝缘漆、其他聚酯树脂漆
环氧树脂漆类	环氧树脂、环氧酯、改性环氧树脂等	底漆、电泳漆、光固化漆、船舶漆、绝缘漆、划线漆、罐头漆、粉末涂料、其他环氧树脂漆
聚氨酯树脂漆类	聚氨(基甲酸)酯树脂等	清漆、磁漆、木器漆、汽车漆、防腐漆、飞机蒙皮漆、车皮漆、船舶漆、绝缘漆、其他聚氨酯树脂漆
元素有机漆类	有机硅、氟碳树脂等	耐热漆、绝缘漆、电阻漆、防腐漆、其他元素有机漆
橡胶漆类	氯化橡胶、环化橡胶、氯丁橡胶、氯化氯丁橡胶、丁苯橡胶、氯磺化聚乙烯橡胶等	清漆、磁漆、底漆、船舶漆、防腐漆、防火漆、划线漆、可剥漆、其他橡胶漆
其他成膜物类涂料	无机高分子材料、聚酰亚胺树脂、二甲苯树脂等以上未包括的主要成膜材料	

注:主要成膜物类型中树脂类型包括水性、溶剂型、无溶剂型、固体粉末等。

建筑涂料属于涂料的一种,由于建筑涂料的种类繁多,新品种层出不穷,因此分类方法也很多，常用的分类方法有：

1. 按使用部位分类

建筑涂料可以在建筑物的不同部位使用，可分为外墙涂料、内墙涂料、地面涂料、顶棚涂料和屋面防水涂料等。

2. 按基料的类别分类

建筑涂料可分为有机涂料、无机涂料及有机-无机复合涂料。有机涂料是建筑涂料的主流，无机建筑涂料包括碱金属硅酸盐类、硅溶胶类等。有机-无机复合涂料有两种复合方式，一种是有机材料与无机材料通过物理混合的方法，将两者复合使用制成涂料，另一种是有机材料与无机材料通过化学反应进行接枝和镶嵌的方式，将两者复合使用制成涂料。

3. 按涂料所用分散介质和主要成膜物质的溶解状态分类

分散介质为有机溶剂，主要成膜物质在分散介质中溶解成真溶液状态的涂料，称为溶剂型涂料。溶剂型涂料有热塑丙烯酸树脂类、丙烯酸聚氨酯类、环氧树脂类、氯化橡胶类、改性过氯乙烯类及氟碳树脂类等。

以水作为分散介质的涂料称为水性涂料，按主要成膜物质在水中的分散方式不同，水性涂料又可分为乳液型涂料和水溶性涂料。

水乳型涂料主要成膜物质为合成树脂，借助乳化剂的作用，以 0.1～0.5 μm 的极细微粒子分散于水中构成乳液状，加入适量的颜料、填料、辅助材料经研磨而成的涂料，有苯丙乳液、乙丙乳液、纯丙乳液、硅丙乳液、氯偏乳液等。

水溶性涂料是合成树脂在水中分散成真溶液状态的涂料，有水溶型丙烯酸树脂类、环氧树脂类、醇酸树脂类和丙烯酸聚氨酯。

一般地，同一种合成树脂制得的溶剂型涂料与乳液型涂料相比较，溶剂型涂料涂膜比较致密，具有较好的硬度、光泽、耐水性、耐碱性及耐候性、耐玷污性，但溶剂型涂料施工时挥发大量有机溶剂，污染环境，影响健康，易发生火灾，并且涂膜透气性较差，不宜在潮湿基层上施工。乳液型涂料以水为分散介质，不会污染环境，不易发生火灾，成本较低，涂膜具有透气性，可以在较为潮湿的基层上施工，施工方便。

4. 按涂膜厚度、质感、形状分类

建筑涂料的涂膜厚度小于 1 mm 的，称为薄质涂料；涂膜厚度为 1～5 mm 的，称为厚质涂料。涂料表面质感、形状可分为平面涂料、砂粒状涂料、立体涂料等。

平面涂料平整光洁，可做成平光、半光、高光类装饰效果；砂粒状涂料有砂壁状装饰涂料、仿石涂料等，表面呈砂粒状，由具有不同粒级的粒料代替粉料，经喷涂后形成的涂膜表面粗糙；波纹效果、斑点效果、橘皮效果、拉毛效果等涂料呈现凹凸花纹立体装饰效果；具有多层结构时称为复层涂料，它通常由封底涂层、主涂层和罩面层组成。

5. 按涂料的使用功能分类

通常分为装饰性功能与特种使用性功能，满足装饰效果有平面涂料类和复层装饰效果涂料类，特殊使用功能类包括：防火涂料、防水涂料、防霉涂料、防腐涂料、防锈涂料、弹性涂料、防紫外线涂料、防尘涂料、防结露涂料、防辐射涂料等。

8.1.3.2 建筑涂料的命名

涂料全名一般是由颜色或颜料名称加上成膜物质名称，再加上基本名称（特性或专业用途）组成的。对于不含颜料的清漆，其全名一般是由成膜物质名称加上基本名称组成。颜色名称通常由红、黄、蓝、白、黑、绿、紫、棕、灰等颜色，有时再加上深、中、浅（淡）等词构成。若颜料对漆膜性能起显著作用，则可用颜料的名称代替颜色的名称，例如铁红、锌黄、红丹等。

成膜物质名称可进行适当简化，例如聚氨基甲酸酯简化成聚氨酯，环氧树脂简化成环氧，硝酸纤维素（酯）简化为硝基等。漆基中含有多种成膜物质时，选取起主要作用的一种成膜物质命名，必要时也可选取两或三种成膜物质命名，主要成膜物质名称在前，次要成膜物质名称在后，例如红环氧硝基磁漆。成膜物名称见表 8-2。

基本名称表示涂料的基本品种、特性和专业用途，例如清漆、磁漆、底漆、锤纹漆、罐头漆、甲板漆、汽车修补漆等。涂料基本名称见表 8-3。

表 8-3 涂料基本名称

基本名称	基本名称	基本名称
清油	油舱漆	可剥漆
清漆	压载舱漆	卷材涂料
厚漆	化学品舱漆	光固化涂料
调和漆	车间（预涂）底漆	保温隔热涂料
磁漆	耐酸漆、耐碱漆	机床漆
粉末涂料	防腐漆	工程机械用漆
底漆	防锈漆	发电、输配电设备用漆
腻子	铅笔漆	内墙涂料
大漆	罐头漆	外墙涂料
电泳漆	木器漆	防水涂料
乳胶漆	家用电器涂料	地板漆、地坪漆
水溶性漆	自行车涂料	锅炉漆
透明漆	玩具涂料	农机用漆
斑纹漆、裂纹漆、橘纹漆	塑料涂料	耐油漆
锤纹漆	（浸渍）绝缘漆	耐水
皱纹漆	（覆盖）绝缘漆	防火涂料
金属漆、闪光漆	抗弧（磁）漆、互感器漆	防霉（藻）涂料

续表

基本名称	基本名称	基本名称
防污漆	（黏合）绝缘漆	耐热（高温）涂料
水线漆	漆包线漆	示温涂料
甲板漆	硅钢片漆	涂布漆
甲板防滑漆	电容器漆	桥梁漆、输电塔漆及其他（大型露天）钢结构漆
船壳漆	电阻漆、电容器漆	航空、航天用漆
船底防锈漆	半导体漆	
饮水舱漆	电缆漆	

在成膜物质名称和基本名称之间，必要时可插入适当词语来标明专业用途和特性等，例如白硝基球台磁漆、绿硝基外用磁漆、红过氯乙烯静电磁漆等。

需烘烤干燥的漆，名称中（成膜物质名称和基本名称之间）应有"烘干"字样，例如银灰氨基烘干磁漆、铁红环氧聚酯酚醛烘干绝缘漆。如名称中无"烘干"词，则表明该漆是自然干燥，或自然干燥、烘烤干燥均可。

凡双（多）组分的涂料，在名称后应增加"（双组分）"或"（三组分）"等字样，例如聚氨酯木器漆（双组分）。除稀释剂外，混合后产生化学反应或不产生化学反应的独立包装的产品，都可认为是涂料组分之一。

8.2 内墙涂料

内墙涂料是建筑涂料中应用量最大的涂料品种。

内墙涂料分为水溶型树脂涂料、乳液型树脂涂料、多彩涂料、仿绒涂料、纤维涂料五类。

以聚乙烯醇（俗称 106 涂料）及其改性聚乙烯醇甲醛（俗称 803 涂料）为主制成的水溶性涂料和仿瓷内墙涂料，前两种耐水性、耐刷洗性、附着力不好，涂膜经不起雨水冲刷和冷热交替，产品中残留的游离甲醛对人体、环境和施工时的劳动保护也会产生不利影响，因此，不得用于居住类和公共类建筑，在工业建筑和临时性建筑中仍有应用。仿瓷内墙涂料因施工劳动强度大，易吸灰易变色，也再不用做建筑内墙涂料。

8.2.1 乳液型树脂涂料（乳胶漆）

乳胶漆由基料（合成树脂乳液）、颜（填）料、助剂和分散介质（水）组成，属水性涂料。它无毒、不燃，符合环保要求，是一种理想的内外墙装饰材料。我国开发生产的建筑内墙乳胶漆用合成乳液主要有：聚醋酸乙燃乳液、醋酸乙烯-丙烯酸酯共聚乳液、苯乙烯-丙烯酸酯共聚乳液、纯丙烯酸酯共聚乳液等。

《合成树脂乳液内墙涂料》（GB/T 9756—2001）规定乳液型树脂内墙涂料技术要

求见表8-4。

表8-4 乳液型树脂内墙涂料技术要求

项 目	指 标		
	优等品	一等品	合格品
容器中状态	无硬块,搅拌后呈均匀状态		
施工性	刷涂两道无障碍		
低温稳定性	不变质		
干燥时间(表干)/h	≤2		
涂膜外观	正常		
对比率(白色和浅色*)	≥0.95	≥0.93	≥0.90
耐碱性	24 h无异常		
耐洗刷性/次	≥1 000	≥500	≥200

*浅色是指以白色涂料为主要成分,添加适量色浆后配制成的浅色涂料形成的涂膜所呈现的浅颜色,按《中国颜色体系》(GB/T 15608—1995)中4.3.2规定明度值为6~9之间($Y_{D60}\geqslant 31.26$)。

8.2.1.1 聚醋酸乙烯乳液涂料

聚醋酸乙烯乳液是我国最早开发的乳胶漆品种。它成本低、流平性好、黏合强度高,合成方便,颜填料容量大。但醋酸乙烯易水解,使用的保护胶又是水溶性聚乙烯醇,故聚醋酸乙烯乳胶漆涂膜耐碱、耐水及耐洗刷性能均较差,且聚醋酸乙烯乳液粒度较大,一般只有平光(无光)乳胶漆,其用量已经逐年减少。

8.2.1.2 乙烯-醋酸乙烯酯(VAE)乳液涂料

乙烯-醋酸乙烯酯(VAE)乳液类涂料的性能和聚醋酸乙烯乳液类涂料相近,但涂膜耐碱、耐水性和耐洗刷性均有所提高。特别是耐碱性好,能够和灰钙粉一起使用而涂料性能稳定,这是聚醋酸乙烯乳液所不及的。

乙烯-醋酸乙烯酯(VAE)乳液涂料适合中低档建筑物的内墙装饰。

8.2.1.3 丙烯酸酯系列乳液涂料

丙烯酸酯乳液类涂料是以丙烯酸酯均聚乳液或丙烯酸酯共聚乳液为基料制成的建筑涂料。苯乙烯-丙烯酸酯或醋酸乙烯-丙烯酸酯共聚乳液为主要成膜物质,加入颜料、填料及各种助剂,经研磨、分散后制成的半光或有光的内墙涂料,分别简称为苯-丙、乙-丙乳液涂料。

这类涂料具有良好的耐水性、耐酸碱性、耐紫外光降解性和良好的保色、保光性能,可涂刷、喷涂,施工方便,具有干燥快、流平性和耐擦洗性好等特点,还能在微湿的基层表面上施工,适当地设计涂料的颜料体积浓度,能够得到有光、半光和平光的内墙涂料,并能够根据需要制成平面型、复层、真石状和供拉毛涂装的各种装饰质感的涂料以及各种具有特殊功能的涂料。适用范围广泛,既可以用于中高档装饰用内墙涂料,也可用于外墙涂料,成为近年来发展最快、用量最大的建筑涂料。

纯丙乳液涂料由丙烯酸酯乳液、超细钛白粉、超细填料、助剂和水组成。外观细腻,基本无沉淀,耐洗刷性大于1 000次,可掺水稀释,涂刷面积大,涂膜丰满滑润,呈天鹅绒丝绸光泽。

8.2.2 多彩涂料

多彩涂料是由连续相(水相)和分散相(油相)互不混溶的二相组成,肉眼可辨别的多种色彩粒子悬浮在连续相中,通过一次喷涂即可形成每个粒子都独立的多彩花纹,干燥后二相中高分子物质凝结胶着起来,成为结实的多彩涂膜。多彩涂料的花纹自然美丽、色彩协调、端庄典雅、变化多端,具有独特的花纹特征,因而在大型建筑物及家庭的内壁上得到广泛应用,具有很强的装饰性。

多彩涂料依据制造的原则,可分成四种类型,如表8-5所示,其技术要求见表8-6。

表8-5 制造多彩涂料的类型

类型	分散相	连续相(分散媒)	代号
水包油型	溶剂型涂料	含有保护胶水溶液	O/W
油包水型	水性涂料	溶剂型清漆	W/O
油包油型	溶剂型涂料	溶剂型清漆	O/O
水包水型	水性涂料	含有保护胶水溶液	W/W

表8-6 多彩涂料的技术要求

试验类别	项目	技术指标
涂料性能	容器中的状态	搅拌后呈均匀状态无结块
	黏度(25℃)KUB法	80～100
	不挥发物含量(%)	19
	施工性	喷涂无困难
	贮存稳定性(0～30℃)/月	6
涂层性能	实干时间/h	24
	涂膜外观	与样本相比无明显差别
	耐水性(去离子水,23℃±2℃)	96h不起泡、不掉粉、允许轻微失光和变色
	耐碱性(饱和氢氧化钙溶液,23℃±2℃)	48h不起泡、不掉粉、允许轻微失光和变色
	耐洗刷性/次	300

目前国内多彩涂料产品中,都为水包油型(O/W)和水包水型(W/W)两种类型,以及它们的延伸产品珠光多彩涂料。水包油型多彩涂料商品名为多彩涂料、新多彩,水包水多彩涂料商品名为水性多彩涂料,其中,水包油型多彩涂料贮存稳定性、

涂料施工性、涂膜性能、涂膜装饰效果优于其他类型的多彩涂料，被普遍地用于内墙面的装饰。

8.2.2.1 水包油型多彩涂料

水包油型多彩涂料是由两种或两种以上的油性着色粒子，不论其成膜物质有何不同，悬浮在水性介质中通过一次喷涂即能形成多彩涂层的涂料。

水包油型多彩涂料配比：醋酸酯 10%～14%，二甲苯 30%～34%，混合溶剂 4%～8%，丁醇 2%～5%，硝化纤维素 4%～8%，马来酸树脂 4%～8%，增塑剂 2%～6%，颜料 5%～9%，纤维素 0.2%～0.4%，无离子水 24%～28%。

多彩涂料的饰面由底、中、面层涂料复合组成。

水包油型多彩涂料的特点：

1）一次喷涂，能获得深浅不同层次的多彩花纹图案，施工方便，效率高，缩短工期；

2）层之间无接缝，整体性强，无卷边和霉变的忧患，有无缝壁纸之称；

3）色彩丰富，图案变化多样，生动活泼，造型新颖，别具一格，光泽优雅，微凹凸立体多彩质感，能掩盖质地的粗糙性；

4）性能优越，耐水、耐油、耐化学品性、耐洗刷，可以用洗涤剂清洗表面污染，涂膜保持清洁如新；

5）基层底材的适应性强，可在各种建筑材料上使用。

浮雕型水包油型多彩涂料施工工序见表 8-7。

表 8-7 浮雕型水包油型多彩涂料施工工序

顺序	内容	涂料及施工	涂布间隔/h	涂布量/[kg/(m²·涂)]
1	基层处理	除去表面灰尘和油污，表面要干燥平整，批刮腻子		
2	底涂(1～2 涂)	底涂 100 刷、滚刷、喷枪	2	0.08～0.11
3	纹理涂布(1 涂)	中涂 100 水 5～10 喷枪	16	0.50～1.00
4	中涂(1～2 涂)	中涂料 100 水 0～10 刷、滚刷、喷枪	4	0.25～0.20
5	面涂(1 涂)	面涂料不稀释内压式喷枪	24	0.30～0.40

注：表中 3 的纹理涂布是采用复层瓷砖型外墙涂料的中涂料，适用的喷枪为斗式喷枪，孔径 4 mm，压力为 0.2～0.3 MPa。

8.2.2.2 水性多彩涂料

水性多彩涂料是将含有颜料的水性有机成膜物质彩色粒子作分散相（不论其成膜物质有何不同），通过溶剂的作用，使其在水性分散介质中形成半流动颗粒态，经一次喷涂即能形成多彩涂层的涂料。

水包油型多彩涂料配比：无离子水 80%，亲水胶 1%，合成树脂乳胶 16%，溶剂 1%～2%。

合成树脂乳胶：苯乙烯-丙烯酸酯、苯乙烯-丙烯腈-丙烯酸酯、乙烯-醋酸乙烯、醋酸乙烯-丙烯酸酯、氯乙烯-醋酸乙烯-丙烯酸酯等与丙烯酸、甲基丙烯酸、马来酸、依康酸、顺丁烯二酸等含羧酸的单体中的一种以上进行共聚形成的乳胶。

亲水胶：果胶、愈疮胶、藻胶、瓜尔豆胶、卡拉胶、合成龙胶、槐豆胶等。

水包油型多彩涂料特点：

1）不含有机溶剂，利于环境保护；

2）易运输，贮存方便；

3）彩粒子具有片状、条状，粒子柔软而结实，花纹清晰。

标准型水包油型多彩涂料涂布见表 8-8。

表 8-8 标准型水包油型多彩涂料涂布（混凝土、砂浆、GRC 水泥板）

顺序	内容	涂料和施工	涂布间隔/h，20℃	用量/[kg/(m² · 涂)]
1	基层处理	清除表面灰尘和油污，保持表面干燥平整，批刮腻子		
2	底涂（1～2 涂）	底涂料 100 刷子、滚刷、喷枪	2	0.08～0.11
4	中涂（1～2 涂）	中涂料 100 水 0～10 刷子、滚刷、喷枪	4	0.20～0.25
5	面涂（1 涂）	面涂料不稀释内压式喷枪	24	0.30～0.40

8.2.2.3 珠光多彩涂料

珠光多彩涂料是水包油型多彩涂料和水性多彩涂料的延伸产品，采用云母珠光颜料取代多彩涂料中的颜料，就能制得珠光多彩涂料。

珠光颜料有珠光及彩虹色彩两种颜料。珠光颜料有金色和银白色，其中银白色珠光颜料使用时需要加些着色颜料来着色，以达到多种色彩的珠光效果。彩虹色彩颜料通过光的反射和折射产生颜色，产生干涉色，有彩虹之幻彩，呈现不同颜色之变化，极为奇目。

珠光多彩涂料主要组成：清漆 65%～70%，珠光颜料 4%～8%，甲基纤维素 0.2%～0.3%，无离子水 24%～28%。

珠光多彩涂料特点：

1）珠光感强、色彩鲜艳；

2）颜色持久、涂膜不易泛黄；

3）单位用量少，造价降低，施工效率提高。

上述三种多彩涂料性能对比见表 8-9。

表 8-9 多彩涂料性能比较

种类	优　点	缺　点	适应场所
水包油型	光泽优雅，色彩丰富，立体质感，手感丰满，无霉变忧患，可清洗，适用性广，贮存稳定，施工方便，无需特殊培训	有溶剂味，施工人员需防护	宾馆、饭店、餐饮楼、商业楼宇、展示中心、娱乐场所、居室、客厅

续表

种类	优 点	缺 点	适应场所
水性	无味，不燃，无环境污染，价格较低，单位用量少，易运输、贮存	光泽差，需用罩光剂，贮存稳定性较差，"漏喷法"需用一定施工技术，装饰效果略逊于水包油型	托儿所、儿童居室、娱乐场所之走廊
珠光	色彩鲜艳，奇异的珠光效果，耐光性佳，颜色持久，彩点不易泛黄，单位用量少，造价低	"漏喷法"需用一定施工技术，贮存稳定性不如水包油型	客厅、娱乐场所

8.2.3 仿绒涂料

仿绒涂料不含纤维，施工后在视觉和触觉上都具有绒质感。目前，仿绒涂料主要有两大类，一类以砂石为绒粒，另一类以彩色高分子微球为绒粒，以彩色高分子微球作绒粒产品较多，常直接命名为绒面涂料，真石型内墙涂料(壁丽漆)是其中之一。

8.2.3.1 绒面涂料

绒面涂料因其形成的涂膜给人在视觉、触觉上类似绒面织物的效果而得名。它高雅、柔和，绒质感强，色彩图案多，不含有毒溶剂，价格适中，从而使之在绚丽多彩的建筑装饰领域中占有一席之地。

不同品牌的绒面涂料，因选材不同而体现不同性能。例如：不同的成膜物质有不同的吸湿度、耐洗刷性，不同的彩色聚合物微粒有不同的表面导热率、表面电阻，不同的生产工艺有不同的光泽及绒质感，因此形成价格上的差异，使用时应予以注意。

绒面涂料主要组成：

1）成膜物质。有丙烯酸酯乳液、聚醋酸乙烯乳液、乙烯-醋酸乙烯乳液、聚氨酯乳液等。

2）彩色绒粒。丙烯酸微球、聚氨酯微球、聚氟树脂微球、聚氯乙烯微球、聚烯烃微球等。

3）各种助剂。增稠剂、分散剂、消泡剂、成膜助剂等。

用于绒面涂料的聚合物微球的优缺点对比见表 8-10。

表 8-10 不同聚合物微球优缺点

微球种类	优 点	缺 点
聚氨酯	弹性好	价高
丙烯酸	耐候性好	不柔软
聚氯乙烯	色彩丰富，黏度易调节，价廉	配制涂料贮存稳定性差
聚烯烃	耐溶剂，价廉	着色差，黏度调节难

绒面涂料特点：

1）在视觉及触觉上有一种类似于织物的绒面效果；

2）富有弹性，色彩图案丰富，柔和、高雅、亚光；

3）有一定的吸声效果；

4）可以做成水性涂料，有利于人员健康和环境保护。

绒面涂料主要用于内墙装饰，也可用于室外，特别宜于局部装饰。

8.2.3.2 真石型内墙涂料

真石壁丽漆是在真石型涂料的基础上研究发展的，是一种用于内墙装饰的新型装饰材料。它通过各种彩色石料的变换组合，表现出丰富多彩的色调和充满豪华美感仿绒壁面，因其是由天然石料和彩色砂石组成的厚质涂料，立体浮雕感强，可充分发挥设计人员的丰富想象，对墙面进行分割，以表现出天然石材的质感。

真石壁丽漆的组成见图 8-1。

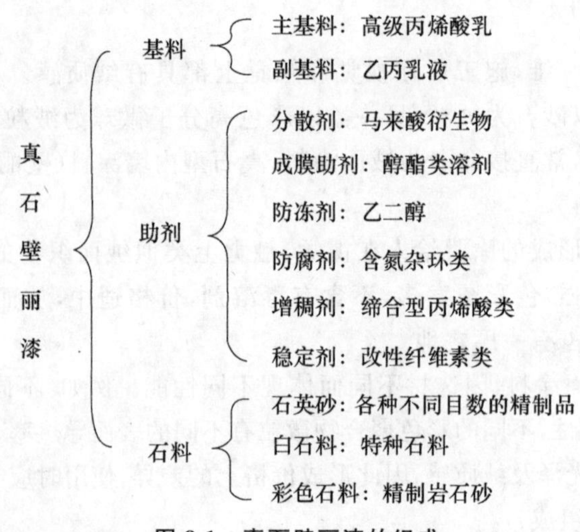

图 8-1 真石壁丽漆的组成

真石型内墙涂料的特性：

1）可以表现出丰富多彩的色调，创造出细腻、石质感强的豪华壁面；

2）可一次喷涂；

3）具有很强的耐候性、耐久性，经久不变色，可以长久保护建筑物的墙面；

4）壁面上可以自由地打格，使建筑物更加美观，独具特色。

真石型内墙涂料应用于住宅厨房卫生间平滑处及公共场所的内装饰，适用于适当处理后的混凝土、水泥砂浆面，GRC 轻板、石膏板、木板、纤维板、面砖，石板、钢板等多种基层材料的墙面。

8.2.4 纤维涂料

纤维涂料是在天然或合成纤维中混合黏合剂，或将黏合剂涂于墙面，然后喷上纤维材料，对建筑内墙起装饰作用的涂料品种。

8.2.4.1 彩绒涂料

彩绒涂料由各色纤维与黏合剂组成,将其均匀混合后采用批刮工艺施工于墙面形成装饰层,彩绒涂料又称为好涂壁、立体内墙涂料。

彩绒涂料由各色天然纤维、人造纤维、涤纶丝、高分子乳液黏合剂、纤维素、防霉剂、阻燃剂组成。

彩绒涂料质量指标见表8-11。

表8-11 彩绒涂料质量指标

项　目	指　标
外观	与标准样板相近
初期干燥抗裂性	不发生龟裂
保水性(%)	≥60
附着力/MPa	≥0.2
耐磨损性	不因脱落、磨损而使基层露出
耐擦洗性	不因脱落、磨损而使基层露出
耐冲击性	不产生龟裂,无明显变形、脱落
耐碱性	不龟裂、脱落、起泡、起皱
难燃性	难燃,一级表面试验

彩绒涂料特点:

1)花色繁多,风格迥异;

2)吸声、吸潮、防结露;

3)如毯似画,丝绒质感,装饰效果独特。

彩绒涂料适用于建筑物内墙或天花的局部装潢,具有壁画意境,也可以用做内墙整体装修。

8.2.4.2 植绒涂料

植绒涂料是将纤维绒毛置于静电植绒机内,植绒机喷头接30万V以上高压负电,使喷头与墙面之间形成较强的静电场,绒毛在喷出时带负电荷,飞向涂有黏结剂的墙面,由于同性电荷相斥作用,使绒毛均匀直立于曲面而不会倒状,待黏结剂干燥后形成壁毯状装饰涂层。

植绒涂料主要组成:

1)纤维绒毛。尼龙、涤纶、黏胶丝等,细度为3.0~20.0目,长度一般为0.8 mm。

2)高分子乳液黏合剂。乙烯-醋酸乙烯、聚醋酸乙烯、聚丙烯酸酯等。

植绒涂料特点:

1)壁毯状,手感柔和,彻底改变基层的表面性质;

2)花式图案可由生产厂供给,也可自行设计;

3）吸声、防潮、阻燃、防结露；

4）不受基层面积、形状、色彩的限止。

植绒涂料适用于建筑物内墙或天花局部装饰，也可用做内墙整体装修。

8.2.5 内墙涂料的选择和发展方向

8.2.5.1 内墙涂料的选择

1. 内墙涂料对比

各类内墙涂料优点、缺点和使用范围对比见表8-12。

表8-12 内墙涂料性能对比

名称	优点	缺点	适用范围
106、803内墙涂料	资源广泛，生产简易，价格低廉	涂膜不丰满，色泽迟钝	用于临时性房屋
仿瓷涂料	光泽高，强度大，耐水，耐洗刷性好	施工的收光步骤不易掌握，易暴露墙面不平整的缺陷	厨房、卫生间及面积较小的墙面
乳胶漆	品种多，选择余地大，有发展前途	良莠不齐	用户可按愿望选择档次相宜的材料
梦幻涂料	漆膜丰满，立体感强，性能优良，图案富艺术性	价高，有部分施工方法不易掌握，需培训及练习	居室内墙的高级装饰
多彩涂料	石质感，色彩丰富，变化繁多	涂料用料不足时不易被识别发现，导致影响装饰效果及整体性能	各种内墙装饰，特别适用于娱乐场所
仿绒涂料	有绒质感	易积灰	室内局部装饰
纤维涂料	立体感、绒质感强，色彩鲜艳，吸声效果好	耐污染性差	室内局部装饰

2. 绿色环保涂料

涂料造成的污染已经仅次于汽车尾气的危害，位列全球环境污染源的第二位，成为世界环境污染的十大危害之一。涂料的污染主要来源于其组成中含有的有害物质。现代涂料使用大量有机溶剂和有一定毒性的各种助剂、防腐剂及含重金属的颜料填料，在生产与使用中都可能产生有害物质，造成对环境的污染，影响人类健康。TVOC含量是衡量涂料环保的重要标志，普通内墙涂料国家标准规定TVOC限量为每升不超过200 g，国家环境标志产品即十环标准为每升100 g以下，优质绿色环保涂料的VOC含量则更低，健康型内墙涂料环保指标见表8-13。

表 8-13 健康型内墙涂料环保指标

序号	项 目	技术指标
1	总挥发性有机物含量(TVOC)/(g/L)	30
2	挥发性有机物空气残留浓度/(mg/m^3)	3.0
3	涂料生物毒性指数(TIP)	10
4	重金属含量/(mg/kg)	90
5	光泽,$\alpha=60°$	15
6	透气性/(g/m^3)	200
7	皮肤反应	无刺激性

3. 涂料表面质感

内墙涂料从涂膜光泽来说,有平光、半光和有光等品种,而主要是平光型产品用量较大,半光(通常称为丝光、亚光等)次之,有光乳胶漆使用较少。

半光型产品的成膜物质也以苯丙乳液居多,还有一定量的醋酸乙烯-丙烯酸酯共聚乳液、纯丙乳液等。此外,还有一些以灰钙粉为活性填料、VAE 乳液为成膜物质的内墙乳胶漆。这类乳胶漆因为利用了灰钙粉的活性(成膜后与空气中二氧化碳反应生成碳酸钙),使涂膜具有较好的耐水性和耐洗刷性,并能够吸收空气中的二氧化碳。但是,当采用技术不当时容易产生贮存增稠和游离甲醛超标的问题。此外,这类涂料应用于旧墙面时可能会泛黄,因而也限制了此类涂料的使用。

从涂膜质感来说,内墙涂料多以平面型涂料为主,复层涂料、真石漆等在内墙涂装中也有少量使用,对含有珠光颜料的内墙涂料采用丝网印刷涂装,以得到有规则花纹。

8.2.5.2 内墙涂料的发展方向

内墙涂料由于与人们的生活和工作紧密相连,对环保等方面的要求更高。内墙涂料更多地受居住者个人关注,由居住者个人喜好决定。

1. 水性化

现在世界涂料品种结构向着减少 VOC 等方向发展,水性涂料是其中发展方向之一。水性涂料因为以水为分散介质,除具有一般涂料的特点外,还具有无毒、无味、不易燃烧等特点,符合环保要求,因而越来越受到用户欢迎。中国传统的溶剂型涂料比重逐渐下降,水性涂料的发展速度也很快,但聚乙烯醇类低档品种仍占较大比重。提高水性涂料的质量、开发新的品种是巩固和发展水性涂料的重要环节。重点研究、开发应以醋酸乙烯-丙烯酸共聚乳液、苯乙烯-丙烯酸共聚乳液以及纯丙烯酸系列为基料的乳胶涂料为主,并争取在涂料耐久性、漆膜平滑性、丰满度、施工性、装饰性等方面有所突破;对于已较成熟的环氧乳液、水性聚氨酯的水性基料,应继续研究具有高性能的水性涂料,满足部分的特殊要求。

2. 增氧化

增氧杀菌涂料能很好的提高室内负离子和氧的含量,消除气味,为工作忙碌的现代人提供了一个轻松、愉悦的家庭环境。试验表明,增氧杀菌涂料能够更好的消除疲劳，令身心得到更彻底的放松。在光热作用下，产生负氧离子，同时可以分解有害的甲醛、氨气等有害物质。

增氧涂料通过纳米晶体的极性，在光热作用下产生微小电流，打开水蒸气分子(H_2O)和氧气分子(O_2)并形成水合羟基负离子($H_3O_2^-$)和负氧离子(O_2^-)，进而产生出氧化能力极强的自由氢氧基(OH)和具有很强的光氧化还原功能的活性氧(O)，可氧化分解甲醛、氨气等各种有机化合物和部分无机物，能破坏细菌的细胞膜和固化病毒的蛋白质，从而杀灭细菌和分解有机污染物，把有机污染物分解成无污染的水(H_2O)和二氧化碳(CO_2)，实现极强的杀菌、除臭、防霉、防污自洁、净化空气等功能。

3. 复合化

如弹性功能与呼吸功能复合，将优良的弹性乳液与亲水性表面修饰微壳(超微粒子)复合化，使弹性能力与透湿性并存；弹性功能与低污染功能的复合，将常温反应型乳液与涂膜亲水性技术复合，通过使用交联分子量大的反应乳胶，提高伸长率和膜密度，使弹性功能与低污染性相结合。

加强对耐酸雨涂料的基础研究，解决建筑物受酸雨腐蚀问题，争取在基料复合技术及相关助剂的匹配上取得突破，解决日趋严重的酸雨对建筑物的腐蚀这一大难题。

基料的改性功能复合化，对于已有的基料进行某种特殊性能的改性，并且与特殊功能相复合，如有机硅改性丙烯酸的耐候性与潮气固化聚氨酯透湿性相结合，以此来实现双重特殊功能。

4. 高档化

作为涂料的一种理想性能，不仅要保护和美化基材，而且要给予基材本身无法具有的特殊功能，使用一些新的基料就可以使涂料获得非常惊人的高性能化、高增值化、高级化的效果，如高耐候性的氟树脂涂料，用于建筑方面取得良好的效果。

重视研究氟树脂在水性化方面的发展，尤其是以氟乙烯为主体的氟树脂改性的共聚物乳液，使其成为性能好、档次高、价格又能为人们接受的高品质基料，为发展高性能、高档次的涂料奠定基础。在水性聚氨酯涂料的研究方面，应集中力量开发产品。聚氨酯是性能优良的高档材料之一，使其水性化，不仅符合减少污染、节约能源的要求，而且还保持了聚氨酯本身的特性。

另外，有机硅改性丙烯酸树脂涂料由于具有优良的耐候性、耐污染性、耐化学品性，是中国建筑涂料发展的重要方向。粉末涂料由于无毒、安全性能好，也将是高档建筑涂料的发展方向之一。

8.3 外墙涂料

外墙涂料施工简便，色彩丰富、柔和，线条流畅，清晰，可创造多重质感效果，更新容易，利用色彩的对比及调和就能达到改变建筑外观形象，同样的一堵围墙，红色墙面、黄色墙面及清水墙面，透露出建筑物完全不同的身份。因此，近年来，外墙涂料得到突飞猛进的发展，需求量逐年提高。

8.3.1 外墙涂料的分类及要求

外墙涂料有底层涂料、中层涂料、面层涂料。

底层涂料具有的功能是改善基层表面吸收性，减少基层的吸水，阻止基层中的碱性、水分、泛霜及其他析出物，提高涂料与墙的黏结性。中层涂料是复层外墙涂料的主涂层，其材料组成有无机材料（包括白水泥、石灰膏、细骨料）、合成树脂乳液及防泛霜剂，它具有优良的抗裂性，防止外墙面由于水泥的收缩、地基沉陷产生细裂缝引起的应变，形成富于变幻的饰面形态。中层涂料须与底层涂料及面层涂料都有良好的结合，乳液成分对黏结性起着极为重要的作用，用水泥浆作为中层涂层难以达到应有的效果。面层涂料形成的涂膜是外墙装饰的主要组分，它有较强的耐水性、耐碱性，良好的耐候性，制成的饰面坚固、美观。

外墙涂料应用的主要品种见图 8-2。外墙涂料的层次构造见图 8-3。

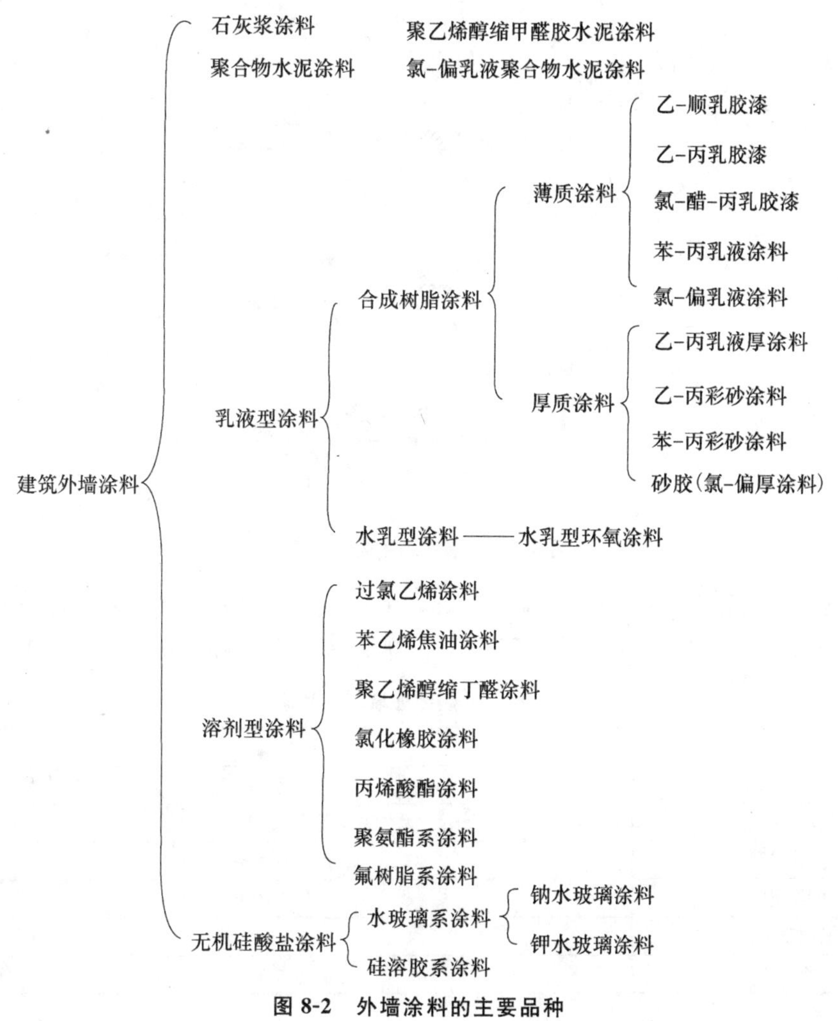

图 8-2 外墙涂料的主要品种

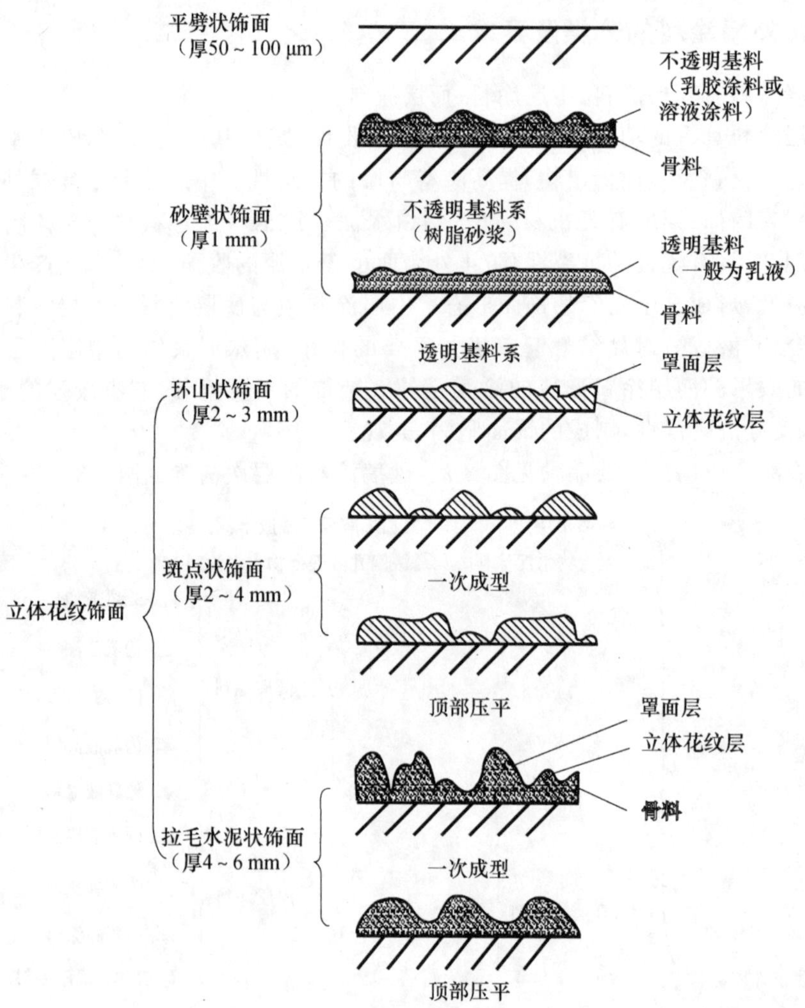

图 8-3　外墙涂料的层次构造

《合成树脂乳液外墙涂料》(GB/T 9755—2001)规定乳液型外墙涂料应符合表 8-14 要求，《溶剂型外墙涂料》(GB/T 9757—2001)规定溶剂型外墙涂料应符合表 8-15 要求。

表 8-14　乳液型外墙涂料要求

项　目	指　标		
	优等品	一等品	合格品
容器中状态	无硬块，搅拌后呈均匀状态		
施工性	刷涂二道无障碍		
低温稳定性	不变质		
干燥时间(表干)/h	2		
涂膜外观	正常		

续表

项　目	指　标		
	优等品	一等品	合格品
对比率(白色和浅色*)	0.93	0.90	0.87
耐水性	96 h 无异常		
耐碱性	48 h 无异常		
耐洗刷性/次	2 000	1 000	500
耐人工气候老化性			
白色和浅色*	600 h 不起泡、不剥落、无裂纹	400 h 不起泡、不剥落、无裂纹	250 h 不起泡、不剥落、无裂纹
粉化/级	1		
变色/级	2		
其他色	商定		
耐玷污性(白色和浅色*)(%)	15	15	20
涂层耐温变性(5 次循环)	无异常		

*浅色是指以白色涂料为主要成分，添加适量色浆后配制成的浅色涂料形成的涂膜所呈现的浅颜色，按《中国颜色体系》(GB/T 15608—1995)中 4.3.2 规定明度值为 6～9 之间($Y_{D65}\geqslant 31.26$)。

表 8-15　溶剂型外墙涂料要求

项　目	指　标		
	优等品	一等品	合格品
容器中状态	无硬块，搅拌后呈均匀状态		
施工性	刷涂二道无障碍		
干燥时间(表干)/h	2		
涂膜外观	正常		
对比率(白色和浅色*)	0.93	0.90	0.87
耐水性	168 h 无异常		
耐碱性	48 h 无异常		
耐洗刷性/次	5 000	3 000	2 000
耐人工气候老化性			
白色和浅色*	1 000 h 不起泡、不剥落、无裂纹	500 h 不起泡、不剥落、无裂纹	300 h 不起泡、不剥落、无裂纹
粉化/级	1		
变色/级	2		
其他色	商定		
耐玷污性(白色和浅色 1)(%)	10	10	15
涂层耐温变性(5 次循环)	无异常		

*浅色是指以白色涂料为主要成分，添加适量色浆后配制成的浅色涂料形成的涂膜所呈现的浅颜色，按《中国颜色体系》(GB/T 15608—1995)中 4.3.2 规定明度值为 6～9 之间($Y_{D65}\geqslant 31.26$)。

8.3.2 氟树脂外墙涂料

8.3.2.1 氟树脂涂料概念

氟树脂涂料是在氟树脂基础上经改性、加工而成的一种新型涂层材料，主要由氟树脂、交联剂、颜料、填料、助剂和混合溶剂组成。其基料氟树脂所含C-F键长度短，因此氟碳涂料有远比一般涂层材料优异的耐酸、耐碱、抗腐蚀、耐候性、憎油、憎水、抗玷污、抗污染和摩擦系数小等优异性能。

氟原子高的电负性使得其核外电子和成键电子云被束缚，氟原子极化率低，氟碳化合物的介电常数和损耗因子均很小，使得其具有高温稳定性、化学惰性以及绝缘性。由于C-F键能比C-H键能大，氟原子的电子云对C-C键的屏蔽作用较氢原子强，使得C-F键很难被热、光以及化学物品等破坏。同时由于氟原子的共价半径非常小，2个氟原子恰好把2个碳原子之间的空隙填满，使得反应试剂难以插入，有效地保护了C-C键。氟碳化合物的分子间凝聚力低，表面自由能低，难于被液体或固体浸润或黏着，表面磨擦系数小，使得氟树脂具有许多优异的性能，氟树脂由于极低的表面张力赋予涂料极好的耐玷污性和自洁性能。

8.3.2.2 氟树脂涂料主要品种

氟树脂涂料按溶剂类型分为溶剂型（高温成膜）、溶剂可溶型（常温成膜，双组分）和水分散体型。溶剂型氟树脂外墙涂料为双组分涂料，是目前耐久性最好的外墙涂料。水性氟树脂涂料为单组分产品，施工方便，环境影响小，但性能比溶剂型产品差。

按组成涂料树脂的不同可分为：聚氟乙烯（PVF）涂料、聚偏氟乙烯（PVDF）涂料、聚三氟氯乙烯（PCTFE）涂料、聚四氟乙烯（PTFE）涂料、聚全氟丙烯（FEP）涂料、乙烯四氟乙烯共聚物（ETFE）涂料、乙烯/三氟氯乙烯共聚物（ECTFE）涂料、四氟乙烯/全氟烷基乙烯基醚共聚体（FEVE）涂料、氟橡胶涂料及各种改性氟树脂涂料等。用量较大的有PTFE、PVDF、FEVE三个品种。

聚四氟乙烯树脂作为涂料主要用于不粘锅和微波炉内胆等涂装，产品耐高温且具有优异的不粘性。聚偏氟乙烯涂料主要用于制作铝幕墙板，即建筑仿铝塑板，采用工厂化、流水线作业生产，用于高层建筑、政府标志性建筑物等。聚偏氟乙烯涂料由于产品安装成本等费用很高，市场应用面窄，但用量每年都在稳步上升。FEVE氟涂料由于可以常温固化，在涂料行业第一次迎来真正意义上的氟涂料时代，产品应用领域迅速拓展，近几年在建筑工程、钢结构防腐、金属表面装饰等领域中推广应用，取得良好效果，如杭州湾跨海大桥、江阴长江大桥、2008年奥运会“鸟巢”等工程都取得良好的应用效果。

交联型氟树脂建筑涂料性质见表8-16。

表 8-16 交联型氟树脂建筑涂料性质

<table>
<tr><th colspan="2" rowspan="2">项 目</th><th colspan="2">指 标</th></tr>
<tr><th>Ⅰ型</th><th>Ⅱ型</th></tr>
<tr><td colspan="2">容器中的状态</td><td colspan="2">搅拌后均匀无结块</td></tr>
<tr><td colspan="2">细度(含铝粉、珠光颜料的涂料组分除外)</td><td colspan="2">商定</td></tr>
<tr><td rowspan="2">不挥发物(%)</td><td>白色或淡浅色(含铝粉、珠光颜料的涂料组分除外)</td><td>—</td><td>50</td></tr>
<tr><td>其他色</td><td>—</td><td>40</td></tr>
<tr><td rowspan="2">溶剂可溶物氟含量(%)</td><td>双组分(漆组分)</td><td>18</td><td>18</td></tr>
<tr><td>单组分</td><td>—</td><td>10</td></tr>
<tr><td rowspan="3">干燥时间/h</td><td>表干(自干漆)</td><td>2</td><td>2</td></tr>
<tr><td>实干(自干漆)</td><td>24</td><td>24</td></tr>
<tr><td>烘干(烘干型漆 140℃±2℃)</td><td>—</td><td>0.5 或商定</td></tr>
<tr><td rowspan="2">遮盖率</td><td>白色或淡浅色(含铝粉、珠光颜料的涂料组分除外)</td><td>0.90</td><td>0.90</td></tr>
<tr><td>其他色</td><td>商定</td><td>商定</td></tr>
<tr><td colspan="2">涂膜外观</td><td>正常</td><td>正常</td></tr>
<tr><td colspan="2">适用期(5 h)(烘干型除外)</td><td>通过</td><td>通过</td></tr>
<tr><td colspan="2">重涂性</td><td>重涂无障碍</td><td>重涂无障碍</td></tr>
<tr><td colspan="2">色泽(60°)(含铝粉、珠光颜料的涂料组分除外)</td><td>商定</td><td>商定</td></tr>
<tr><td colspan="2">铅笔硬度(擦伤)</td><td>—</td><td>F</td></tr>
<tr><td colspan="2">耐冲击性/cm</td><td>—</td><td>40</td></tr>
<tr><td colspan="2">附着力/级</td><td>1</td><td>1</td></tr>
<tr><td colspan="2">耐弯曲性/min</td><td>—</td><td>3</td></tr>
<tr><td colspan="2">耐酸性/168 h</td><td>无异常</td><td>—</td></tr>
<tr><td colspan="2">耐砂浆性/24 h</td><td>无变化</td><td>—</td></tr>
<tr><td colspan="2">耐碱性/168 h</td><td>—</td><td>无异常</td></tr>
<tr><td colspan="2">耐水性/168 h</td><td>无异常</td><td>—</td></tr>
<tr><td colspan="2">耐冷热循环性/10 次</td><td>无异常</td><td>无异常</td></tr>
<tr><td colspan="2">耐洗刷性/次</td><td>10 000</td><td>—</td></tr>
<tr><td colspan="2">耐污染性</td><td>通过</td><td>通过</td></tr>
<tr><td colspan="2">耐玷污性(白色或淡浅色,含铝粉、珠光颜料的涂料组分除外)(%)</td><td>10</td><td>—</td></tr>
<tr><td colspan="2">耐溶剂擦试性/次</td><td>100</td><td>100</td></tr>
<tr><td colspan="2">耐湿热性</td><td>—</td><td>1 000 h 不起泡、不生锈、不脱落</td></tr>
<tr><td colspan="2">耐盐雾性</td><td>—</td><td>1 000 h 不起泡、不生锈、不脱落</td></tr>
</table>

注:Ⅱ型为金属漆。

8.3.2.3 氟树脂涂料性能

氟树脂外墙涂料具有如下一些优点：

1）超长的耐久性。耐人工老化时间超过 5 000 h，应用于外墙的耐久寿命达 20 年以上，而且能够保持原有的光泽和色泽，不粉化，不脱落。

2）防玷污性能好。涂膜表面能低、摩擦系数小，灰尘、污物很难在涂膜表面附着，即使附着也非常容易清洗，在自然的雨水冲刷下即可整洁如新。

3）施工性能好。和其他类溶剂性涂料一样，可以采用刷涂、喷涂和滚涂等方法施工，其中，采用喷涂施工时能够得到最好的涂膜表面质量。

4）装饰性能好。氟涂料优异的装饰性能为建筑设计的创意和完美实现提供了条件。涂膜高贵典雅，表面细腻光滑、色泽均匀一致，且能够制成特殊的仿金色、浮雕、真石漆等各种装饰效果。

氟树脂涂料虽然综合性能最好，但成本高，对施工配套材料的性能和施工技术的要求严格，造价高，应用受到一定限制。

8.3.2.4 应用

氟树脂外墙涂料仍以溶剂性涂料的应用为主，水性氟树脂涂料的应用数量少，出现的问题多。溶剂型氟树脂外墙涂料实现国产化后，施工的涂膜风格呈现多样化，并有了重大创新。以氟树脂为面涂料，经过多道严格涂装工序得到的仿铝板、仿幕墙装饰涂膜受到广泛认可，创新了涂料的装修风格，提高了建筑涂料的装修档次。

仿铝板、仿幕墙装饰涂膜需要多种配套腻子、先进的施工工具（如高压无气喷涂机械、吊篮等配套施工机具）和高超的施工技术以及严格的施工管理等，体现了建筑涂装技术的进步。

8.3.3 有机硅-丙烯酸酯复合涂料

8.3.3.1 有机硅-丙烯酸酯复合涂料概念

有机硅-丙烯酸酯复合涂料，简称硅丙乳胶漆，是采用活性有机硅单体改性丙烯酸酯乳液生产的外墙涂料。

有机硅-丙烯酸酯复合涂料包括硅丙乳液、颜料、助剂（包括复合成膜剂、增稠剂、防冻剂、消泡剂、杀虫剂等）和 pH 值调节剂等。

8.3.3.2 有机硅-丙烯酸酯复合涂料特性

有机硅-丙烯酸酯复合外墙涂料有水性和溶剂性两种。水性类施工方便，环境影响小；溶剂性的性能更为优异，但因使用溶剂，成本相应提高，且对环境影响大，会向大气中释放更多的 VOC。两种有机硅-丙烯酸酯复合涂料均为单组分，使用方便。此外，有机硅-丙烯酸酯复合外墙涂料成本相对低，具有非常好的技术经济综合性能。

有机硅-丙烯酸酯复合涂料由于有机硅单体的加入，将硅氧键 Si-O-Si 引入聚合物分子中，降低了聚合物的表面能，同时赋予聚合物憎水性能，综合了丙烯酸乳液与有机硅乳液的特性，因此，除具有纯丙乳胶漆的一切优异性能外，还具有优良的耐热、耐玷污、高温下不回黏等特性和耐候性，使用寿命长达8年以上，技术经济综合性能好，是具有发展前景的高性能乳胶涂料品种。

8.3.3.3 有机硅-丙烯酸酯复合涂料应用

有机硅-丙烯酸酯复合外墙涂料以平面涂膜为主，也作为复层涂料以及砂壁状涂料的罩面漆，以提高耐久性和耐玷污性。水性有机硅-丙烯酸酯复合外墙涂料以水作分散介质，对人体无害，达到了绿色环保涂料的要求，是溶剂型外墙涂料及高能耗、不安全、难以维护的外墙贴面砖和马赛克以及光污染严重的玻璃及金属幕墙的良好替代品，尤其是作为砂壁状涂料和弹性乳胶漆的罩面漆，对于解决这类涂料耐玷污性差、耐水性不良、涂膜遇水发白等问题十分有效，因而应用广泛。

8.3.4 聚氨酯外墙涂料和聚氨酯-丙烯酸酯复合外墙涂料

8.3.4.1 主要品种

聚氨酯外墙涂料是以聚氨酯树脂溶液为基料，配以填料、颜料、助剂等配制而成的双组分溶剂型涂料。

聚氨酯-丙烯酸酯复合外墙涂料主要是溶剂性产品，对环境的影响大，特别是游离异氰酸酯毒性大，水性技术还有待完善。

8.3.4.2 主要特性

聚氨酯外墙涂料具有涂膜丰满、光亮平整、耐玷污、耐候性和保色性好等特点，可直接涂刷在水泥砂浆、混凝土表面。

聚氨酯-丙烯酸酯复合外墙涂料是双组分涂料，具有装饰性能好、高温不回黏、涂膜硬度高等优点。

8.3.4.3 应用

聚氨酯-丙烯酸酯复合外墙涂料是我国应用最早的高性能外墙涂料，也具有一些应用效果好的典型工程，且应用范围广泛，但其影响比氟树脂外墙涂料小得多，主要原因是其出现的时间早，跨越的时间长，不像氟树脂外墙涂料在建筑业最兴旺发达的时间段内出现，应用集中。

聚氨酯-丙烯酸酯复合外墙涂料的应用以平面涂膜为主，但作为复层涂料的罩面漆，以提高耐久性和耐玷污性，也得到很多的应用。由于聚氨酯-丙烯酸酯复合外墙涂料的耐腐蚀性优异，因而尤其适用于处于腐蚀性环境中的建筑物外墙涂装。

8.3.5 丙烯酸系复层涂料

丙烯酸系复层涂料是以丙烯酸酯共聚乳液为基料，加入颜料、填料和各种助剂配制而成的一种水性复合层涂料。产品通常由底涂料(抗碱底漆)、中间层涂料(主涂料)和面涂料(罩面涂料)三种材料配套复合而成。

丙烯酸系复层涂料施涂时可采用喷、滚结合的施工方法，制成粗粒状、细粒状、柳条状、树皮状、凹凸花纹等优美质感的涂层。这种涂料具有优良的耐候性、耐水性、耐碱性、耐冻融性、耐擦洗性、高附着性、涂层质感强、装饰效果好等特点，对环境无污染，对人体无害，适用于建筑外墙装饰。

8.3.6 氯化橡胶外墙涂料

氯化橡胶外墙涂料是以天然橡胶或合成橡胶在一定条件下反应而成的白色粉末状树脂，加入溶剂、颜料和助剂等配制而成的一种溶剂型外墙饰面涂料。

氯化橡胶外墙涂料的特点是涂层干燥快，具有优良的附着力和耐水、耐碱、耐候、耐污染、耐腐蚀、耐磨和防霉阻燃性能，涂层有一定的透气性，可用于新建工程的建筑外墙。对已有涂层的旧建筑具有良好的再涂性能。涂料可在－20～50℃环境下施工，施工性能好。缺点是溶剂型产品，施工时气味大、涂膜软、不耐溶剂，要求基层干燥，空气湿度大时不宜施工，造价偏高。

适用于多层、高层建筑物外墙的水泥、石灰墙面，也适用于水泥污水池、游泳池、地坪等处的防护装饰，特别是对湿霉地区（沿海一带）建筑物外墙装饰具有优异的耐久性和独持的效果。

8.3.7 砂壁状建筑涂料

彩色砂壁状涂料又称做彩色石英涂料、彩砂外墙涂料、天然真石漆等，是以合成树脂乳液和着色骨料为主体，外加增稠剂及各种助剂配制而成。由于采用了不同粒径天然大理石、花岗岩彩色石屑或采用高温烧结的彩色砂粒、彩色陶粒作为骨料，使得制成的涂层具有丰富的色彩及质感，具有保色性及耐候性能良好的特性，该涂料具有无毒、无味、施工简便、涂层干燥快、耐候快、耐水性优良、黏结力强，装饰效果好等特点，适用于新旧建筑内外墙面装饰，也可用于工艺美术和城市雕塑等场所。

8.3.7.1 多彩石英涂料

多彩石英涂料以丙烯酸乳液为黏结剂，以经高温烧结的人造彩色石英砂为骨料配制而成。

这种涂料具有黏结力强、涂层硬度大、耐玷污、耐腐蚀、无毒、无味、施工简便，适用于各种新旧墙装饰

8.3.7.2 着色砂丙烯酸系建筑涂料

着色砂丙烯酸系建筑涂料以丙烯酸乳液为主要成膜物质，彩色石英砂为骨料，外加各种助剂和添加剂制成。

该涂料饰面呈砂壁状，具有耐退色性能好、强度高、耐老化、色泽鲜艳、颜色能浅能深、质感丰富、颜色多样、无毒、不燃等特点。

着色砂丙烯酸系建筑涂料适用于混凝土、水泥砂浆、加气混凝土、水泥板等基层的建筑物外墙装饰。

8.3.7.3 彩釉砂涂料

彩釉砂涂料以丙烯酸酯乳液为基料，以烧结人造彩砂和天然砂为骨料配制而成。

该涂料具有色彩鲜艳、性能稳定、黏结强度高、耐久、耐候性良好、质感丰富、无毒、无味、成本低、配制简单、施工效率高等优点。

彩釉砂涂料适用于各种建筑内外墙装饰喷涂，也适用于彩釉砂壁画、工艺画、彩绘外墙大型广告，以及金属、水泥、玻璃等表面喷涂。

8.3.7.4 天然真石漆

天然真石漆以合成树脂乳液为基料，以天然大理石、花岗岩为骨料配制而成。

天然真石漆由于其制作和配制工艺独特，具有装饰豪华、耐用的优点，能造成仿天然大理石、花岗岩、麻石等逼真效果。

这种涂料适用于包覆水泥墙体、木板、纹板、泡沫塑料、玻璃、胶合板等材料，用于室内外装饰、工艺美术、城市雕塑等场合。

8.3.7.5 砂壁状建筑涂料技术要求

砂壁状建筑涂料，按《合成树脂乳液砂壁状建筑涂料》(JG/T 24—2000)，其主要技术指标见表 8-17。

表 8-17 砂壁状建筑涂料技术指标

<table>
<tr><th colspan="2" rowspan="2">项目</th><th colspan="2">技术指标</th></tr>
<tr><th>N 型(内用)</th><th>W 型(外用)</th></tr>
<tr><td colspan="2">容器中的状态</td><td colspan="2">搅拌后无结块，呈均匀状态</td></tr>
<tr><td colspan="2">施工性</td><td colspan="2">喷涂无困难</td></tr>
<tr><td colspan="2">涂料低温贮存稳定性</td><td colspan="2">3 次试验后，无结块、凝聚及组成物质的变化</td></tr>
<tr><td colspan="2">涂料热贮存稳定性</td><td colspan="2">1 个月后试验时，无结块、霉变、凝聚及组成物质的变化</td></tr>
<tr><td colspan="2">初期干燥抗裂性</td><td colspan="2">无裂纹</td></tr>
<tr><td colspan="2">干燥时间(表干)/h</td><td colspan="2">≤4</td></tr>
<tr><td colspan="2">耐水性</td><td></td><td>96h 涂层无起鼓、开裂、剥落，与未浸泡部分相比，允许颜色轻微变化</td></tr>
<tr><td colspan="2">耐碱性</td><td>48 h 涂层无起鼓、开裂、剥落，与未浸泡部分相比，允许颜色轻微变化</td><td>96 h 涂层无起鼓、开裂、剥落，与未浸泡部分相比，允许颜色轻微变化</td></tr>
<tr><td colspan="2">耐冲击性</td><td colspan="2">涂层无裂纹、剥落及明显变形</td></tr>
<tr><td colspan="2">涂层耐温变性</td><td></td><td>10 次冻融循环涂层无粉化、开裂、起鼓、剥落，与标准板相比，允许颜色轻微变化</td></tr>
<tr><td colspan="2">耐污染性</td><td></td><td>5 次循环试验后≤2 级</td></tr>
<tr><td rowspan="2">黏结强度/MPa</td><td>标准状态</td><td colspan="2">≥0.70</td></tr>
<tr><td>浸水后</td><td></td><td>≥0.50</td></tr>
<tr><td colspan="2">耐人工老化</td><td></td><td>500 h 涂层无开裂、起鼓、剥落、粉化 0 级，变色≤1 级</td></tr>
</table>

8.3.8 有机-无机复合外墙涂料

有机-无机复合外墙涂料是以无机高分子物质为成膜剂，辅以有机乳液为成膜助剂，再加分散剂、增稠剂、填料、颜料等混合而成。

有机-无机复合外墙涂料具有色彩丰富、成膜较快、无毒不燃、涂层较硬并具有耐水、耐碱、耐污染、耐冻融和耐老化的性能，可制成薄质、厚质等类型涂层。

这种涂料适用于建筑物外墙装饰和工业厂房内外墙装饰。

8.3.8.1 合成乳液薄型乳胶漆

合成乳液薄型乳胶漆是以丙烯酸类乳液为主要成膜物质，硅溶胶为辅助成膜物等组成。

涂料具有耐水、快干、成膜温度低、耐污染等，可制成无光、平光、半光的装饰面层。

这种涂料适用于水泥砂浆面层、水泥预制板、水泥石棉板、纸面石膏板等多种基层。

8.3.8.2 EAS有机-无机复合型外墙涂料

这种涂料以环氧改性丙烯酸酯乳液与硅溶胶复合物为基料，配以颜料、填料等制成。

8.3.8.3 硅丙高级外墙涂料

硅丙高级外墙涂料是以有机硅改性丙烯酸树脂作为成膜物，掺入金红石型钛白粉为填料，配以有机溶剂和各种助剂。

涂膜具有硬度大、光泽高、抗玷污、保色性好、耐候性优良的特点。

8.3.9 无机材料外墙涂料

8.3.9.1 无机材料外墙涂料类型

无机材料外墙涂料按成膜物质的类型可分为硅酸盐类、磷酸盐类、有机和无机结合类以及其他四大类。无机高分子涂料主要类型见表8-18。使用较多的是水溶性硅酸盐系、磷酸盐系、烷基硅酸盐系等。

表8-18 无机高分子涂料主要类型

类型	成膜物种类和通性		适用范围
	种类	通性	
硅酸盐类	碱金属硅酸盐水溶液	$MeO \cdot xSiO_2$（Me为碱金属，x为正数）	建筑、耐高温和防腐涂料
	胶体二氧化硅水分散液	聚硅酸是超微分散液，随稳定的种类和胶鳝的直径而异，有不同的型号	建筑、耐高温和防腐涂料
	烷基硅酸酯加水分解液	溶剂型胶体二氧化硅	耐高温和防腐涂料

续表

类型	成膜物种类和通性		适用范围
	种类	通性	
磷酸盐类	酸式磷酸盐水溶液	$MeO_xP_2O_5$（Me 为 Al、Mg 等金属，x 为正数）	耐高温、防锈和建筑
有机、无机结合类	混合型	无机高分子溶液与水性或水乳型有机高分子溶液均匀混合	建筑、防锈和耐热涂料
	接枝型	无机物表面用有机高分子接枝化的悬浊液	建筑涂料
其他	水泥类	水泥、石膏等胶凝材料	建筑涂料
	无机聚合物		电子、军工用涂料

表中钠水玻璃涂料、钾水玻璃涂料和硅溶胶涂料介绍如下：

1. 钠水玻璃涂料

钠水玻璃涂料属于碱金属硅酸盐系涂料。为改善其耐水性差的缺点，涂料中需要加入改性剂或加入固化剂。常选无机酸、有机树脂等作为钠水玻璃涂料的改性剂，常用的固化剂是磷酸铝、磷酸锌等磷酸盐类物质。

2. 钾水玻璃涂料

钾水玻璃涂料由钾水玻璃配制而成，其耐水性、稳定性比钠水玻璃涂料好，常温下成膜性能好。为了提高钾水玻璃涂膜的耐水性、耐久性，像生产钠水玻璃涂料一样，常加入磷酸盐、硼酸盐、氟硅化物等作为固化剂。

3. 硅溶胶无机涂料

硅溶胶无机涂料是以胶体二氧化硅为主要成膜物质，加入成膜助剂、增稠剂、表面活性剂、分散剂、体质颜料、着色剂等多种材料配制而成的单组分水溶性涂料。

硅溶胶涂膜耐酸、耐碱、耐沸水、耐冻融，不产生静电，耐污染性好，主要用做外墙饰面，也可用于要求耐擦洗的内墙。

硅溶胶无机外墙涂料的缺点是涂膜呈刚性，柔性差、光泽差，故有的产品用少量有机高分子乳液改性。

8.3.9.2 无机材料外墙涂料特性

无机材料外墙涂料的特点是主要原材料二氧化硅贮量大，原材料资源丰富，涂料具有优良的耐候性，在紫外线和其他射线作用下非常稳定，具有良好的耐高温性能，可耐 500～600℃高温，不燃，遇火焰无烟，涂膜能保持完整，耐污染性能良好，不易吸尘，能保持明快的装修效果，无公害污染，在制作和使用过程中没有挥发性的有机溶剂产生，不会污染环境。

8.3.9.3 无机涂料与有机涂料的对比

无机涂料与有机高分子涂料的性能对比见表 8-19。

表 8-19 无机涂料与有机高分子涂料性能对比

项 目	无机涂料	有机高分子涂料
耐热和耐燃烧性	优异,可耐数百度至千度以上的高温,不燃,遇火焰无烟气产生	不好,一般 150℃变质,300℃左右分解,易燃,遇火焰产生有害烟气
耐候性和耐射线性	优异,遇紫外线和其他射线不老化,有良好的耐候性	不好,射线作用下易发生老化等现象,耐候性较差
耐油性和溶剂性	优异,与油和有机溶剂长期接触无变化	差,易发生溶胀
外观	不好,涂膜欠美观,装饰效果差	好,涂膜美观,装饰效果好
弹性	不好,涂膜硬而脆,易开裂,可流动性差	优异
施工性	对底材有一定要求,施工方法有一定的选择	好,无特殊要求

8.3.10 外墙涂料的发展方向

外墙涂料的发展方向是追求高性能,同时具备环保和功能性。

8.3.10.1 发展高性能外墙装饰涂料

通常,将具有优良耐久性、耐玷污性和高保色性的建筑外墙涂料,并能够通过正确施工得到某些设计要求的装饰效果,例如仿幕墙型、拉毛型、浮雕型和仿石型以及普通高档平涂等类型的涂膜,称为高性能外墙涂料。

涂料优良的耐久性,是指能够通过 1 000 h 的人工加速老化试验,在实际建筑外墙面的使用年限应当能够超过 8 年,用于高层建筑的外墙涂料至少要有 10 年以上耐候要求,18 层以上的超高层涂料耐候年限要求更高,达到 15 年以上。在配制高性能外墙涂料时应注意选择耐候性优异的乳液作为基料。氟树脂、硅改性丙烯酸乳液、水乳型聚氨酯是目前发展最快、最具开发前景的涂料基料品种。这些基料聚合物分子间较高的化学键能和特殊的分子结构决定了它们具有优异的抗老化性能。

涂料高耐玷污性是指外墙涂料涂膜阻止灰尘玷污表面能力的性质。涂膜的耐玷污性对于溶剂性涂料应小于 10%,对于水性涂料应小于 15%,而用于高层建筑的外墙涂料耐玷污性指标拟小于 5%。普通乳胶漆含有大量的乳化剂,以及各种必需的成膜和分散助剂,随着这些材料的溢出必然会遗留大量孔洞,导致粉尘积存,大大影响乳胶漆的耐污性,因而不适用于高层建筑,尤其是超高层建筑的外装饰。高性能外墙涂料的种类不多，目前仅限于氟树脂外墙涂料、聚氨酯-丙烯酸酯复合外墙涂料和有机硅-丙烯酸酯复合外墙涂料三类。

涂料高保色性是外墙涂料在长期光照、日晒、雨淋条件下，不易变色的性能，是评价外墙涂料装饰效果好坏，保持涂膜使用寿命的一个重要指标。涂料保色性的好坏，主要决定于所选用的颜料和助剂，钛白粉是主要的白色颜料，外墙涂料应选用耐光性、耐风化的金红石型钛白粉，其他有色颜料应选用无机矿物颜料为好，如氧化铁红、氧化铁黄、氧化铁黑等，它们的保色性一般优于有机颜料。为了保证颜料在涂料中的分散性和光稳定性，选择与不同种类颜料相匹配的分散助剂，如偶联剂、紫外光吸收剂等也是提高涂料保色性的关键。

8.3.10.2 发展环保型外墙涂料

近年来，由于溶剂价格的高涨、能耗的增加和对废物排放的严格控制，世界涂料工业正朝着多元化方向发展，这些新的方向包括高固体分涂料、粉末涂料及水性涂料。考虑到大气环境的污染和施工人员的健康，发展环保型外墙涂料显得非常重要。环保型外墙涂料的发展方向，一是开发高性能外墙乳胶漆，二是开发不含或少含芳烃溶剂的外墙涂料。乳胶漆也称水乳型涂料，以合成乳液为基料，不含溶剂，只要助剂和色浆选择合适，可基本不含有害物质。但乳胶漆的耐候性和耐污性存在着固有的缺陷，因而提高外墙乳胶漆的耐候性和耐玷污性是首要指标。发展高性能外墙乳胶漆，首先应选择性能优异的合成乳液；其次涂料配方必需满足以下两个必要条件：一是乳液用量（占涂料的重量比）在33%～35%，金红石型钛白粉用量在20%左右；二是为提高涂膜耐玷污性，应有意识地选择玻璃化温度高于45℃的乳液。此外，填料、颜料和助剂也要精选。高性能外墙乳胶漆耐人工老化性能应高于1 000 h，耐玷污性应低于10%。

8.3.10.3 发展多功能外墙涂料

外墙面装饰追求美观和对建筑物具有保护作用，因此外墙建筑涂料还应具有其他特殊功能。防水是目前外墙涂料最受重视和最需要的一个功能，目前不少建筑物墙面存在不同程度的漏水和渗水，严重影响居住质量。外墙涂料不同于一般防水涂料，提高外墙涂料防渗性能可以从增加涂膜致密度和厚度着手，引入有机硅等憎水官能团则效果更好，在防水的同时仍可保持墙面的呼吸功能。高耐玷污性是外墙涂料所应具有的又一特殊功能，在这方面溶剂型涂料一般优于乳胶漆，玻璃化温度较高的树脂所配制的涂料，耐玷污性可以得到提高。防碳化外墙建筑涂料，是目前国际建筑界关心的课题之一，此类涂料以交联树脂为最佳选择，同时涂膜厚度不能小于300 μm。这种涂料能有效阻止CO_2、SO_2等气体对混凝土构筑物的渗透腐蚀，延长建筑物的使用寿命。隔热保温功能是外墙建筑涂料又一特殊需要，提高隔热保温功能，可以采用厚质保温型涂料或反辐射型涂料两条技术路线。以此功能性来提高建筑物的节能效果，改善居住质量。

8.4 地面涂料

地面涂料用于水泥砂浆地面和混凝土地面，使地面清洁美观，与室内其他位置装饰材料的装饰风格相匹配，创造优雅和谐室内环境氛围。

地面涂料按涂施对象可分为木质地板涂料、塑料地板涂料、水泥砂浆等。水泥砂浆表面涂料按质感有薄质与厚质涂料，按溶剂类型分为溶剂型与水乳型等，按基料分为环氧树脂地面涂料、聚氨酯弹性地面涂料、过氯乙烯地面涂料、苯丙地面涂料。

8.4.1 地面涂料的要求

为了达到装饰和保护地面的效果，地面涂料应达到以下要求：

1）耐磨性好；

2）耐碱性好；

3）耐水性好、耐擦洗性好；

4）良好的抗冲击性；

5）施工方便、重涂容易、价格合理。

8.4.2 环氧树脂地面涂料

8.4.2.1 环氧树脂地面涂料概述

环氧树脂地面涂料是以环氧树脂、颜料、添料和固化剂按一定配比形成的一种无毒无味、无污染、无接缝、耐冲击、耐腐蚀等性能的地面环保涂料。

涂装施工的环氧树脂涂料地面是由环氧底漆、环氧中漆、环氧面漆组成，同时根据使用功能的特殊要求，可在环氧中漆中增加玻纤布、导电铜箔、彩砂等材料，以满足不同的性能要求。

水性环氧涂料为多相体，以分散相形成分散在水中。随着水分的蒸发，环氧分散相粒子开始凝结形成更为紧密的六边形排列结构，具有溶剂型环氧树脂涂料的诸多优点，同时具有了不含有机溶剂的优势，无不良气味，符合环保要求。

水性环氧涂料性能特点有：

1）许多的羟基及醚键，在固化时体积收缩率低，因此对基材具有良好的附着力；

2）不含酯基，具有优异的耐碱、耐腐蚀性及耐化学药品性能；

3）三维网状结构，优良的除油污性及优良的防水性；

4）涂膜硬度高，柔韧性好，具有很好的耐磨性；

5）电绝缘性能好，并具有适应性涂膜，透气性能优良；

6）储存、运输安全性好；

7）操作性能好；

8）修复性好，不影响重涂，新旧涂层仍具有良好的黏结性。

8.4.2.2 环氧树脂地面涂料种类

环氧树脂地面涂料分为多色涂层系统和单色涂层系统。多色涂层系统可用来改善水泥地表的质量，通过使用不同规格的石英砂，以提高地面的防滑、耐磨、抗化学腐蚀、防渗性，并可起到一定的装饰作用。能配成四个系统，系统 1 适用于光滑表面，系统 2 地面有一定的防滑性能，适用于美观及清洁卫生的地区，系统 3 防滑性能优越，易于清洗，适用于食品加工、工业及大型厨房，系统 4 为散色涂层，适用于需要防滑性能的地区。

单色涂层系统可用于改善水泥地表的质量，能使用在新旧两种地面上。能配制成三个系统。系统 1 适用于化学工业、制药业、储藏室、食品烘干间、运输通道及建筑场所等环境干燥的地方，这些地方往往地面的运输和人员流动量比较大。系统 2 适用于要求防滑性能高的地面，如建筑及食品加工场所，洗车行或叉车运输的通道。系统 3 适用于对防滑性能要求极高的地面。

8.4.2.3 环氧树脂地面涂料特点及应用

与传统的水泥砂浆、细石混凝土、水磨石地面相比，环氧树脂地面具有附着力强、耐磨性好、涂层表面光洁、不起尘土、机械强度好、耐重压、耐腐蚀等特点，饰面光洁、整体美观，可调配亮丽、多样化的色彩，容易清洁。

环氧树脂地面涂料是一种优良的防腐蚀及装饰保护涂料，应用面广，可用做礼堂、剧场、宾馆、招待所、医院、办公室、超市、住宅的地板面，也可用在医院、精密仪表车间、食品加工间和电子车间等对地面有防腐防尘、耐磨耐压以及整体美观装饰效果要求高的建筑工程，还能用于纺织机械、机电产品及设备的涂装。

8.4.3 聚氨酯弹性地面涂料

8.4.3.1 聚氨酯弹性地面涂料概述

工程上应用的聚氨酯涂料一般分为单组分与双组分，双组分中的 A 组分通常为多异氰酸酯组分，B 组分为固化剂多羟基组分与填料，在使用前两组分混合，有多羟基组分中的羟基和多异氰酸酯中的异氰根反应而交联成膜。

单组分的聚氨酯涂料是将两种成分混合在一起，利用其聚合反应速度慢于分散介质（水或有机溶剂）的挥发速度而混合在密闭的包装物中，使用时，当包装物的容器敞开，分散介质（水或有机溶剂）挥发后，多异氰酸酯与多羟基组分发生聚合反应，交联成网状的高分子聚合物。

8.4.3.2 聚氨酯弹性地面涂料种类

聚氨酯涂料分为溶剂型和非溶剂型，非溶剂型包括水性聚氨酯、粉末聚氨酯、无溶剂涂料。聚氨酯弹性地面涂料主要以水溶性聚氨酯乳酸为基料，水为分散介质。水性聚氨酯是一类分散在水中溶胀的聚氨酯，粒径大多为 0.01 ～0.5 μm，比丙烯酸类乳液较小。目前，水性聚氨酯有阴离子型、阳离子型和非离子型三种类型，该涂料的挥发性有机物含量低。

8.4.3.3 聚氨酯弹性地面涂料特点及应用

弹性聚氨酯涂料最突出的特点，是柔韧性可以调整，具有类似橡胶的高弹性、高强度、高耐磨、高耐寒、高抗裂和高抗冲等一系列性能。这种涂料颜料有极好的分散性，可调配成各种鲜艳色彩，涂膜外观优美，具有良好的装饰性，具有良好的柔韧性、耐冲击性、耐腐蚀性、耐化学品性，具有优异的耐低温性和耐磨性、硬度大、高弹性，还具有消声、柔性脚感，行走舒适，具备无缝结构，不积尘，易于清洁，施工简便等特点。

聚氨酯弹性地面涂料同时拥有环氧地坪和卷材的优点并克服了其局限性，可代地毯使用，适用于会议室、图书馆、实验室及要求较高的地面装饰。可以应用于公共走廊、学校、办公室、仓库、停车场及一些工业生产车间等场所，结合具有优异耐候性的脂肪族聚氨酯体系，还可以同时满足装饰及保护的要求。在聚氨酯地坪体系中，还有具备优异耐化学品性能的重防腐地坪体系，尤其是对有机酸及高温蒸汽清洁有优异的耐受性，适合于食品加工厂、饮料厂、药厂等有特殊要求的工业领域。

8.4.4 过氯乙烯地面涂料

过氯乙烯地面涂料以过氯乙烯树脂为主要成膜物，掺入增塑剂、稳定剂、填充剂和颜料等配制而成。

过氯乙烯地面涂料光泽较好、色彩丰富、漆膜干燥速度快，具有较好的耐候性、耐寒性、耐潮性等优良性能，有一定的抗冲击和耐磨性，硬度较高，附着力强，耐污染性、耐碱性也好。

过氯乙烯地面涂料适用于住宅建筑、实验室等水泥地面的装饰。

8.4.5 苯丙地面涂料

苯丙地面涂料以苯乙烯-丙烯酸树脂乳液为基料，加入填料、颜料及其他助剂加工而成。苯丙乳液通常为乳白色带蓝光的黏稠液体，在黑色的底板上涂抹乳胶，其蓝光较明显，其中交联型乳液为浅淡兰色，非交联型乳液有较强蓝光。蓝光较好的乳液，说明聚合时粒径较细，品质好。品质差的乳胶，往往呈乳白色无蓝光或者呈绿光，有的呈红光。

这种涂料具有无毒、不燃、耐水、耐碱、耐酸、耐冲洗、干燥快、有光泽、强度高、施工方便等特点。

苯丙地面涂料适用于公共建筑和民用住宅要求较高的地面装饰。

8.5 油漆

8.5.1 天然漆

天然漆家具涂饰工艺在我国历史悠久，至今仍被誉为高级涂饰工艺，国内外都享有声誉。使用天然漆来涂饰家具，具有色泽鲜艳、光泽如镜、经久耐用等优点，在各种涂饰工艺中，均能发挥其优势。在色泽方面，深浅皆宜，尤其是传统式红木家具，工艺精细，色泽雅致，特别显得庄重、古朴，富有传统色彩。浅色经天然漆涂饰后，色泽艳丽、柔和，具有时代感。

8.5.1.1　国漆

国漆是制造天然树脂漆的主要原材料，它包括天然树脂与天然油，天然树脂不外乎包括松香、沥青、虫胶等几种，而天然油主要包括干性油、半干性油、不干性油等。

国漆是一种天然植物的液汁，呈乳白色或米黄色的液体。从漆树割收下来的新鲜漆汁，经精细过滤，除去杂质即成。与空气接触后，将由乳白色逐渐变化为米黄色的黏稠液体，时间稍长还会逐渐变深为紫红、黑褐色等。由于它是一种自然变化的植物液汁，故又被人们称为天然漆。

国漆还有毛生漆、生漆、天然大漆、土漆、老漆等别名。生漆经熟桐油配制后又称之为广漆、坯漆、熟膝。

国漆具有下列优点：

1. 耐腐蚀性、耐土壤腐朽性、耐高温

各种船舶的底部由于长时期浸泡在海水中，易被海生物附着，它们不但会使航行速度减慢，增加动力燃料的消耗量，而且还加速了船底的腐蚀，这就需要特殊的船底防护漆。生漆是比较理想的舱底漆，由于生漆具有毒性，涂上它，就可以杀死或驱散海生物，使之不能附着在船底，从而保证船舶不致因此而降低船速，并延长船舶的使用寿命。此外它还具有耐酸、耐碱、耐油腻、耐摩擦等特性，又是各种化学实验台涂饰的优质涂料。

2. 装饰性

如古建筑物中的各种贴金和各种雕塑工艺，都是由天然漆色漆配制涂饰，多数为游览胜地、名胜古迹增添色彩。还有室内陈设的漆制家具，尤其是红木家具用天然漆透明涂饰呈紫红、深红色，色泽鲜明，光彩鉴人。

在涂饰工艺中，国漆还适宜在透明、不透明、半透明等涂饰工艺中做罩光漆和面漆用。在以各种清漆、泡力水等作底的物面上，国漆还适宜做面漆用。

一般以为，国漆是一种相当复杂而难以使用的涂料。

8.5.1.2　虫胶

虫胶也称紫胶、漆片、洋干漆等，其色泽常呈紫褐色、淡黄色、淡咖啡色等，且透明呈片状，故有虫胶片之称，另外还有乳白色、不透明、呈块状的。

虫胶溶于酒精后即成虫胶清漆，又称泡力水、虫胶液等。虫胶是一种典型的挥发型涂料，由于它是经溶剂(乙醇)溶解成膜、挥发，常通称为虫胶漆。

虫胶漆制作简便、施工方便、成膜附着力强、干燥快速、性能良好，用其做底漆，色泽鲜艳，干燥快速，多层涂刷时，几分钟为一层次，因而能连续施工，尤其对一些急用的物体来说，虫胶是一种应急涂料。

虫胶还具有一种特殊功能，由于其不适宜用烃、油、酯类作溶剂，因而对各种木材面分泌物、着色层能起到良好的隔绝、封闭作用。尤其在天然树脂与合成树脂配套涂饰工艺中，虫胶漆又能起到封闭、隔绝作用，使两者之间不起化学反应。它还能将各种被涂饰的木材曲面封闭起来，以免树脂、松脂等各种分泌物渗透析出物面，它还能防止涂料渗透被涂物面，致使物面出现不均匀现象，能使底子润滑、增加附着力。

虫胶适宜于室内各种木器制品作底漆用，在透明涂饰工艺中，使用虫胶清漆做底漆，能使底面纹理清晰、透澈、色泽鲜明、立体感强。在半透明涂饰工艺中，在清虫胶漆中掺入少量各种染料调成着色虫胶漆，又能起到着色和补色作用，尤其在不透明涂饰工艺中，使用着色虫胶做底漆，能弥补物面、木材面的缺陷和不足，起掩饰作用。

8.5.1.3 松香

松香是松树树皮层的分泌物，是一种透明而黏稠的液体，主要成分是松香和松节油。

松香生产按原料来源主要分为两类：脂松香和木松香。脂松香是从松树树皮层收割流出的黏性液体，然后用水蒸气蒸馏，馏出物为松节油，留在锅内的剩余物为松香。木松香是将埋在地下多年的陈松根，洗净劈碎，然后用热溶剂提炼出来的，其质量不如脂松香好，色泽深、酸值低，使用中容易从某些溶剂中结晶析出。

黄棕色松香，质地硬脆，用手指能研磨成粉末；再则，它的软化温度低，手心的热量也会促使它发黏。为此单独用松香作为涂料的成膜物质，其涂膜易发黏、不耐磨、脆性大、耐热差，易于粉化失光。松香经改性后，能使松香变成性能更为优异的松香衍生物，在涂料生产中，将松香衍生物和干性油加热熬炼制成的涂料，能作为要求不高的涂料使用。

松香不宜单独用来制漆，但松香衍生物能够用来制造天然树脂漆，其品种主要有石灰松香、松香甘油酯、季戊四醇松香酯、松香改性甘油顺丁烯二酸酐树脂。

8.5.2 油脂

8.5.2.1 油脂概念

油脂存在于动物、植物体内，经加工后，呈液态的称之为油，呈固态的称之为脂肪，一般通称为油脂。油脂是制造油脂漆的主要原料，是一种传统的而又最基本的油漆材料。

一般油漆中所使用的油脂都是植物油中属干性油和半干性油类。干性油主要包括桐油、梓油、亚麻籽油、大麻籽油等几种，它们约需 7d 时间就能干结成膜。半干性油主要包括豆油、罂粟油、向日葵油、棉籽油、胡桃油等几种，干结期较长。

桐油是压榨桐树的果实得到的。梓油俗称青油，它是乌桕树籽果，剥去外表白色蜡状的皮取得籽仁，然后压榨籽仁得到的。亚麻籽油即亚麻仁油，由亚麻仁油制成的漆，漆膜柔韧、弹性好、不易老化，但易于泛黄。脱水蓖麻油是压榨蓖麻籽得到的。苏籽油又称荏油，是压榨草本植物白苏的种子得到的。

8.5.2.2 油脂漆的分类和性能

常用的油脂漆有以下几种：

1. 清油

清油由熟桐油(即亮油)、松香水等其他辅助材料所组成。

清油是香水油配制的主要原材料之一，更适宜配制超白漆及各种色漆，其次还可在各种金属、木材面上用做底漆。

清油的优点是涂刷简便、经济实惠，适宜用在室内、外建筑及各种装饰工艺中，能起到较好的打底保护作用。

2. 厚漆

厚漆呈厚浆状，主要成分是着色颜料、体质颜料、油脂等。颜色种类较多，常用的色彩有白、灰、绿、蓝等多种，其中白色用途较为广泛，故习惯称厚白漆。厚漆具有较强的遮盖力和着色力，供各种物件打底起着色作用。

厚漆耐久性、附着力较差，因而只用于一般建筑、装饰物涂饰打底。

3. 调和漆

调和漆主要成分是着色颜料、体质颜料、油料以及其他辅助材料等，是一种色泽多彩的成品涂料，还可根据所需配制成更多的色彩，如粉红、淡绿、奶白等。

调和漆的施工方便，应用广泛，有较好的遮盖力和附着力。由于受体质颜料配制的影响，漆膜较柔软，因而其耐气候性差，供一般要求不高的室内外建筑物以及各种木材、金属面等的涂饰，其中浅色调和漆由于使用含氧化锌、铅等白色颜料制成，因而有较强的耐候性、抗腐蚀性能，目前应用较为普遍，可供室外建筑物涂饰。

4. 防锈漆

防锈漆是一种具有相当防锈功能的优质防锈涂料，主要成分是油脂、防锈颜料、体质颜料以及其他辅助材料等。其中红丹、锌铬黄是良好的防锈颜料，其优点是吸湿性好、附着力强，但漆膜缺乏坚韧性，较柔软，只作一般防锈底漆用。各种庞大建筑物中的钢铁构件、桥梁、交通运输工具以及室内外一般金属物面，如家用电器、儿童玩具、室内外建筑中的钢窗、铁门等，防锈漆不但能起良好的防锈作用，而且还能使一些腐锈的金属物件由旧翻新，起到一种装饰作用，因而具有较高的实用价值。

8.5.2.3 油脂漆的用途

油脂漆是一种既经济又最基本的传统涂料，它具有较好的吸湿力、附着力，操作简便，经济实惠，在室内、外建筑工程、装饰工艺中，油脂漆应用极为普遍，具有一定的实用价值。

但油脂漆也存在一些不足之处，如漆膜较为柔松、干燥慢、不耐强酸、强碱，不耐摩擦，尤其在未经干燥的被涂饰物面上，不宜立即进行操作，以免起化学反应，造成漆膜脱落、起壳等不良现象。油脂漆一般较多地用在各种室内外建筑物中用做涂饰打底，以及在各种要求不高的金属、木材面上涂饰。

8.5.3 树脂清漆

清漆即无色透明漆，有醇酸清漆、酚醛清漆等。

8.5.3.1 醇酸清漆

醇酸清漆中的主要成膜物质是由多元醇、多元酸和其他单元酸通过酯化作用缩聚制得的醇酸树脂。

醇酸树脂漆的漆膜干燥后，具有平整光滑、不易老化、耐候性好、色泽不易褪化、柔韧而坚固、耐摩擦等优点，抗矿油性、抗醇类溶剂性良好，经烘烤后的漆膜，耐水性、绝缘性、耐油性均良好，是室内外涂饰的良好材料之一。

醇酸树脂的不足是结膜快、干燥时间较长，耐水性差、不耐碱。醇酸树脂中因脂肪酸的存在，在成膜的物面上有小颗粒，致使成膜后的物面不宜打磨和擦蜡抛光，造成表面平滑但不光洁的现象。

醇酸树脂对铁金属、有色金属和木材等表面的涂饰有良好的附着力，不仅能作为各种醇酸树脂面漆配套使用的优良底漆以及防锈漆，还能用于配制各种底漆。

醇酸清漆适用于各种不能进行烘烤施工的大型机械、车辆等其他机械产品的装饰，也适用于室内外的建筑物的涂饰，如各种门窗、木器制品以及家具涂饰等。

8.5.3.2 酚醛清漆

酚醛树脂是由苯酚与甲醛经缩聚反应制得的。酚醛树脂涂料已有悠久的历史，主要是代替天然树脂与干性油配合制漆。酚醛树脂涂料成膜后的漆膜硬度较好，光泽、干燥、耐水、耐碱及绝缘性能均较为优良，因而，用途极为广泛，是木制品、家具、建筑物以及室内外装饰、各种机械等的优良涂饰涂料。但主要缺点有色深、漆膜容易泛黄，因此不宜用来制造白漆、浅色漆等。

酚醛树脂的漆膜坚韧、附着力好，耐水性、耐碱性、耐湿热、耐化学腐蚀性及耐水底腐烂性等均较好。酚醛树脂漆的另一个优点是，用其调制的腻子有良好的可塑性，因而，酚醛树脂漆是较佳的面漆罩光漆，也是良好的调制腻子的涂料。酚醛树脂漆涂刷操作较醇酸树脂漆方便，由于其伸展性好，当时成膜速度慢，经涂刷后的物面匀称、平滑。

酚醛树脂漆的缺点是色深、易泛黄及室外用持久性差，作罩光面漆，光泽度次于醇酸树脂漆，该膜平滑性也次于醇酸树脂漆，并略带黏性，也有小颗粒存在于物面中，光洁度次于醇酸树脂。

8.5.4 磁漆

磁漆，涂施后的表面具有瓷釉般的光泽，主要组成有油脂、树脂、着色颜料、体质颜料、催干剂以及其他辅助涂料等。

常用的磁漆品种有聚酯磁漆、酯胶磁漆、酚醛磁漆、醇酸磁漆、沥青磁漆、硝基磁漆、过氯乙烯磁漆、乙酸乙烯乳胶磁漆、丙烯酸磁漆、环氧醇酸磁漆和聚氨酯磁漆等。

磁漆可按树脂性质配制满足不同用途的磁漆品种，如室内外建筑物的涂饰、金属面上的涂饰、木材面上的涂饰等。

8.5.5 硝基漆

硝基漆是以硝化棉为主要原料，配以合成树脂、增韧剂、溶剂与稀释剂制成的清漆，加有颜色的硝基膝是磁漆，属中高级涂料。

硝基漆具有成膜快、易于抛光打蜡、光泽好、膜坚硬、耐磨的特点。硝基漆漆料具有可塑性，易于修饰，如漆膜受到损坏，用水砂纸磨平，再用蜡克（硝基清漆）填补，修复处仍能与原平面涂膜平整一致，不留下任何痕迹。

硝基漆的缺点是涂饰工序复杂，涂饰技术要求较高，涂刷、打磨、底层处理等要求较高，成本高，涂料内的固体分很少，溶剂消耗量大，耐热性较差，耐化学药品性能极差。

适用于室内外的各种木制品、家具以及金属制品、交通工具和家用电器等的涂饰。

8.5.6 聚氨酯漆

聚氨酯漆以多异氰酸酯和多羟基化合物反应制得的含有氨基甲酸酯的高分子化合物，属高级油漆。

聚氨酯漆漆膜坚硬耐磨，具有优异的耐化学腐蚀性能，良好的耐油和耐溶剂性，漆膜光亮丰满，良好的耐热性和附着力。

聚氨酯漆缺点是保光保色性差，漆膜长期暴露于日光下，很快会失光、粉化、泛黄，因而不适宜用做室外涂饰。异氰酸酯有毒性，涂刷时注意劳动保护。

8.5.7 各种漆的性能对比

各种漆的性能对比见表 8-20

表 8-20 各种漆的性能对比

涂料品种	优 点	缺 点
油脂漆	耐大气性能好，适宜用做室内打底罩光，伸展性好，易涂刷，是调制色漆的理想涂料，色泽均匀	干燥性差，成膜后的漆膜柔软并较粗糙，易产生小颗粒，不能水磨、抛光，同时机械强度差，不耐高温，耐碱性差等
天然树脂漆	干燥性较油脂漆好，短油度漆漆膜坚硬耐磨，长油度漆漆膜柔韧，耐大气性好	耐机械性差，短油度漆耐大气性差，长油度漆不耐磨
酚醛树脂漆	漆膜坚硬、耐水性、耐化学腐蚀性性能及可塑性良好，并有一定的绝缘性能	漆膜较脆，光洁度差，易产生小颗粒，不能水磨擦蜡抛光，色易泛黄并较深，易粉化，耐大气差

续表

涂料品种	优 点	缺 点
沥青漆	耐潮、耐水、耐化学腐蚀性均好，有一定的绝缘性，黑度好，有一定的遮盖力	色黑，不宜制成浅色漆，不宜阳光直射曝晒，耐溶剂性差，干燥性差
醇酸树脂漆	漆膜较光洁，光泽度好，耐候性优良，耐热性好，施工方便，刷、喷、烘皆宜	漆膜较软，耐水、耐碱性差，干燥性慢，不宜水磨、抛光，较硝基漆膜光洁度差，可塑性差
氨基树脂漆	漆膜坚硬，宜打磨抛光，光泽度好，色浅，不易泛黄，耐热、耐碱、耐水性好	须同温下烘烤才能固化，烘烤过度易使漆膜发脆
硝基漆	挥发性快，干燥迅速，耐油、耐久性好，漆膜坚硬平滑，宜水磨抛光，喷、刷皆宜，属高级木漆	易燃，清漆不耐紫外线，耐热耐水性差，不宜在60℃以上温度使用，固体分低，机械强度差
纤维素漆	耐大气性好，保色性好，宜打磨抛光，个别品种有较好的耐热、耐碱、绝缘性能	附着力差，耐潮性差，成本高
过氯乙烯漆	耐候性好，耐化学腐蚀，并有较好的耐水、耐油、防延燃性等“三防”性能，抗菌性和耐寒性较好	附着力较差，打磨抛光性较差，不能在70℃以上高温使用，耐热性差，固体分低
乙烯树脂漆	漆膜柔韧好，色泽浅淡，耐化学腐蚀性好，耐水性、耐寒性均好，是各种水底设备和船底漆的良好涂料	耐溶剂性差，固体分低，高温时易炭化，清漆不耐阳光直射曝晒
丙烯酸漆	漆膜柔韧，保色性、保光性、耐化学腐蚀性、耐候性良好，耐热性好，一般可在180℃以下温度使用，并有突出的“三防”性能（湿热、盐雾、霉菌），色浅，适宜制成各种色泽鲜丽色漆	耐溶剂性差，固体成分低，价格高
聚酯树脂漆	漆膜色浅，透明度高，平滑似镜，丰满光亮，漆膜坚硬，硬度高，耐磨、耐热、耐寒、耐潮、耐溶剂性良好，固体分高，耐化学腐蚀性能良好，并有较好的绝缘性能	干燥性能不稳定，施工操作方法较复杂，对金属附着力差、机械强度差
环氧树脂漆	漆膜坚硬持久，附着力好，耐水耐潮，优良的耐腐蚀性能，机械强度高，具有较好的耐酸、耐碱、耐溶剂性，较强的绝缘性能，具有“三防”的特殊性能	不适宜受阳光直射曝晒，易失光、龟裂，保水性差，色泽不鲜艳，不宜制造浅色涂料，不耐无机酸和芳香烃溶剂

续表

涂料品种	优 点	缺 点
聚氨酯漆	漆膜坚硬耐磨,附着力强,具有优异的耐化学品性质,有良好的耐热性、绝缘性,并对油类和溶剂有突出的稳定性,漆膜光滑丰满、平滑似镜,可不磨平抛光,其光泽度可与硝基漆相媲美	漆膜易粉化,不宜受阳光直接曝晒,泛黄变深,不宜制作浅色漆及浅色装饰,施工要求高,对酸、碱、盐、醇、水等有极快的反应,其中异氰酸脂对人体有害
有机硅漆	漆膜具有良好的耐高温性能,漆耐热可达800～900℃,并有极好的耐候性和绝缘性,更有优良的耐化学药品腐蚀、耐寒性、防霉性和耐水性	耐溶剂差,附着力及机械强度差,漆膜坚硬较脆,须烘烤成膜
橡胶漆	漆膜具有较强的耐化学腐蚀性,耐腐蚀性好,耐燃烧性、耐久性、附着力好,并有优良的绝缘性和防霉性,固体含量高,干燥快,缩短施工期,便于改性,对一般的树脂均有良好的互溶性	易泛色,清漆不耐紫外光,耐溶剂性差,不耐高温烘烤,一般用于110℃以下,个别品种施工复杂

8.6 特种涂料

8.6.1 防火涂料

防火涂料除具有一般涂料所共有的装饰性能和保护性能外,还有两个特殊性能。其一是涂层本身具有不燃性或难燃性,即能防止被火焰点燃;其二是能阻止燃烧或对燃烧的拓展有延滞作用,即在一定时间内阻止燃烧和抑制燃烧的扩展,从而使人们有充分的时间进行灭火。

8.6.1.1 涂料防火机理和组成

1.涂料防火机理

防火机理主要是涂料受火时膨胀发泡,形成致密的防火隔热层,该防火层延缓了钢材的温升,提高了钢构件的耐火极限。

1)防火涂料本身具有难燃或不燃性,可隔绝被保护的可燃性基材,使其不直接与空气、火焰接触,延缓基材着火燃烧;

2)防火涂料遇火受热分解放出不燃性的惰性气体,冲淡被保护基材受热分解放出的易燃气体和空气中的氧气,抑制燃烧;

3)含氮、磷的防火涂料受热分解放出一些活性自由基团,与有机自由基结合,能中断燃烧发生的链式反应,抑制燃烧;

4）膨胀防火涂料遇火膨胀发泡，形成较厚的蜂窝状炭质泡沫隔热层，封闭被保护基材，能有效阻止热量和氧气向钢材传递。

2. 防火涂料组成

钢结构防涂料刷涂或喷涂在钢结构表面，起防火隔热作用，阻止钢材在火灾中迅速升温而降低强度，避免钢结构失去支撑能力而导致建筑物垮塌。

应用防火涂料喷涂在钢结构表面，目的是防火隔热，防止钢结构在火灾中迅速升温而挠曲变形倒塌。其防火原理有三个：一是涂层隔离了火焰，使钢结构不至于直接裸露在火焰或高温中；二是涂层吸热后，部分物质分解出水蒸气或其他不燃气体，起到降低火焰温度和燃烧速度、稀释氧气的作用；三是涂层本身多孔轻质，在受热膨胀后形成炭化泡沫层，阻止热量迅速向钢材传递，推迟了钢结构受热升温到极限温度的时间，从而提高钢结构的耐火极限。

防火涂料主要由基料、膨胀阻燃体系、颜填料、溶剂和助剂组成，其中膨胀阻燃体主要由脱水催化剂、成炭剂、发泡剂组成。成炭剂是形成三维空间结构的泡沫炭化层的物质基础，其有效性取决于其碳含量和羟基的数目以及成炭剂的分解温度。因此，它们是一些含高碳的多羟基化合物，如淀粉、季戊四醇、双季戊四醇、含羟基的树脂等。

8.6.1.2 防火涂料种类和标准

钢结构防火涂料按防火涂料燃烧特性分为膨胀型和非膨胀型防火涂料，膨胀型防火涂料分为水性防火涂料和溶剂型防火涂料，非膨胀型防火涂料分为难燃性防火涂料和不燃性防火涂料；按基料组成成分的不同分为有机类型防火涂料和无机类型防火涂料两大类；按防火涂料的分散介质分为水溶性防火涂料和溶剂型防火涂料；按作用场所分为室内防火涂料和室外防火涂料；按涂层厚度来分可分为厚型、薄型、超薄型和饰面型。

《钢结构防火涂料》(GB 14907—2002)规定室内钢结构防火涂料的技术指标见表 8-21。

表 8-21 钢结构防火涂料的技术指标

序号	检验项目	技术指标		
		室内超薄型	室内薄型	室内厚型
1	在容器中的状态	经搅拌后呈均匀细腻状态，无结块	经搅拌后呈均匀液态或稠厚流体状态，无结块	经搅拌后呈均匀稠厚流体状态，无结块
2	干燥时间(表干)/h	≤8	≤12	≤24
3	外观与颜色	涂层干燥后，外观与颜色同样品相比应无明显差别	涂层干燥后，外观与颜色同样品相比应无明显差别	

续表

序号	检验项目	技术指标		
		室内超薄型	室内薄型	室内厚型
4	初期干燥抗裂性	不应出现裂纹	允许出现1～3条裂纹，其宽度应不大于0.5 mm	允许出现1～3条裂纹，其宽度应不大于1 mm
5	黏结强度/MPa	≥0.02	≥0.15	≥0.04
6	抗压强度/MPa			≥0.03
7	干密度/(kg/m³)			≤500
8	耐水性	不小于24 h涂层应无起层、发泡、脱落现象	不小于24 h涂层应无起层、发泡、脱落现象	不小于24 h涂层应无起层、发泡、脱落现象
9	耐冷热循环性	不小于15次涂层应无开裂、剥落、起泡现象	不小于15次涂层应无开裂、剥落、起泡现象	不小于15次涂层应无开裂、剥落、起泡现象
10	耐火极限/h	≥1.0	≥1.0	≥2.0

1. *厚型钢结构防火涂料*

厚涂型钢结构防火涂料，涂层厚度一般为7～45 mm，耐火极限可达0.5～3 h，又称为钢结构防火隔热涂料。

这种涂料组成为黏结剂、无机轻质材料和增强材料等，例如，某涂料的基本组成为:胶结料(硅酸盐水泥基无机高温黏结剂等)(10%～40%)+骨料(膨胀蛭石、膨胀珍珠岩或空心微珠、矿棉等)(30%～50%)+化学助剂(增稠剂、硬化剂、防水剂等)(1%～10%)+自来水(10%～30%)。

涂料干密度小、导热率低、不燃、耐火隔热性好，且无毒、耐老化、耐久性好，组成以无机物为主，成本低廉。适用于各种高层建筑、石油、化工、电力、冶金、国防、轻纺工业等各类室内外建筑物承重钢构件的防火保护，还特别适用于一些具有烃类化学品(如油类、溶剂等)火灾危险的钢结构，如石油化工工程、汽车库、石油钻井平台，贮油设施支撑架的防火保护等。一般多应用在耐火极限要求2 h以上的室内钢结构上。

但这类产品由于涂层厚，外观装饰性相对较差。

2. *薄型钢结构防火涂料*

薄型钢结构防火涂料，涂层使用厚度为3～7 mm，有一定的装饰效果，涂料受火时涂层膨胀增厚，以膨胀发泡所形成的耐火隔热层延缓钢材的温升，具有耐火隔热作用，耐火极限可达0.5～2 h，故又称为钢结构膨胀防火涂料。

这类钢结构涂料一般是用合适的乳胶聚合物做基料，再配以阻燃剂、添加剂、发泡剂、炭化剂等组成，常用做基料的乳液聚合物有苯乙烯改性的丙烯酸乳液、聚醋酸乙烯乳液、偏氯乙烯乳液等。根据涂层厚度分为普通型(涂层厚 7 mm 以下,标准耐火时间可达 1.5 h)和超薄型(涂层厚 3 mm 以下,标准耐火时间可达 1.5 h)。薄涂型钢结构防火涂料又称膨胀装饰涂料或膨胀油灰。其基本组成为:黏结剂(有机树脂或有机与无机复合物)(10%～30%)、有机和无机绝热材料(30%～60%)、颜料和化学助剂(5%～15%)、溶剂和稀释剂(10%～25%)。一般分为底涂、中涂和面涂(装饰层)三层。

在球节网架钢结构中,如采用厚型涂料防火保护,则涂层厚、表面粗糙、色彩差,破坏钢结构整体美,在这种场合,适宜采用薄型钢结构防火涂料。

3. 超薄型钢结构防火涂料

超薄型钢结构防火涂料,涂层厚度小于或等于 3 mm,这类钢结构防火涂料受火时膨胀发泡,形成致密的防火隔热层。与厚涂型和薄涂型钢结构防火涂料相比,超薄型钢结构防火涂料的特点是粒度更小更细,装饰性好,涂层更薄,耐火极限可达 2 h。

超薄型溶剂型钢结构防火涂料可选用聚酯树脂、聚氨酯树脂、环氧树脂、醇酸树脂、氨基树脂、丙烯酸树脂、酚醛树脂及其拼合树脂作为成膜物,选用聚磷酸铵等含磷、氮、碳的化合物为膨胀阻燃材料,加颜料、填料、化学助剂和溶剂,研磨分散而成。

超薄型水性钢结构防火涂料基料,选择磷酸的有机铵盐为脱水催化剂,多元醇和氨基树脂为炭化剂,双氰胺、尿素、多聚磷酸铵及氯化石蜡等为发泡剂,构成膨胀阻燃体系;选择含卤的有机阻燃剂增强涂层的阻燃能力;颜料、填料为锐钛型钛白粉;可加入少量玻璃纤维、石棉纤维、酚醛纤维作为涂层的增强剂。针对水性防火涂料的特点,在涂料组分中加入增稠剂(羟甲基纤维素溶液等)、乳化剂(平平加等)、增韧剂(磷酸三甲酯、卤代烷基磷酸酯等)、颜料分散剂(六偏磷酸钠)等。

新型可膨胀石墨超薄型钢结构防火涂料,膨胀石墨受热到一定程度开始膨胀,是因为鳞片状炭体受热增大数百倍变成蠕虫状炭体,从而形成一个很厚的多孔炭层,此过程本身不发生化学反应,属于放热的物理过程。因此,膨胀石墨的加入可提高涂料的耐火性能。若化学膨胀体系与可膨胀石墨的物理膨胀体系配合使用,那么可膨胀石墨物理膨胀生成的大量“蠕虫”状炭体与化学膨胀产生的膨胀层发生交联,可膨胀石墨粘附在基材表面和炭层内部起到一种交联纤维的作用,从而形成致密的炭层,大大提高了膨胀炭层的强度;可膨胀石墨的膨胀特性不随时间变化而变化,这一点会大大提高防火涂料的有用成分的耐侯性。此外,可膨胀石墨本身无毒,受热时不会产生有毒和腐蚀性气体。

超薄膨胀型钢结构防火涂料,与厚涂型和薄涂型钢结构防火涂料相比,涂料粒度更细、涂料层更薄、施工方便、经济、装饰效果好,在满足钢结构防火要求的同时,也能满足人们高装饰性要求。可广泛用于工业厂房、体育场馆、候机楼、高层建筑等装饰要求很高的钢结构的防火保护,也适用于船舶、地下工程、电厂、机房等要求很高的设施内的木材、纤维板、塑料、电缆等易燃基材的防火保护。在满足防火要求的同时又能满足高装饰性要求，特别是对裸露的钢结构，这类涂料是普遍采用的钢结构防火涂料。

4.饰面型防火涂料

饰面型防火涂料是一种集装饰和防火为一体的新型涂料品种，当它涂覆于可燃基材上时，平时可起一定的装饰作用，一旦火灾发生时，则阻止火势蔓延，从而达到保护可燃基材的目的。

无机防火涂料以硅酸盐水玻璃为黏结剂，虽自身不燃烧，遇火时能形成空芯泡层，对可燃基材有一定的保护作用，但是隔热性能和耐候性能较差，易产生泛白、龟裂和脱落；有机膨胀型防火涂料的防火性和理化性均优于无机防火涂料，涂层遇火时能形成具有良好隔热性能的致密的海绵状膨胀泡沫层，能更有效地保护可燃性基材。

饰面型膨胀防火涂料，若以溶剂类型来分，可分为溶剂型和水溶型两类。溶剂型防火涂料的成膜物质一般选用氯化橡胶、过氯乙烯、氨基树脂、酚醛树脂等，采用的溶剂为200号溶剂汽油、香蕉水、醋酸丁酯等；水溶型防水涂料的成膜物质一般选用氯乙烯-偏二氯乙烯乳液、苯-丙乳液、丙烯酸乳液、聚醋酸乙烯乳液等。

8.6.2 建筑隔热涂料

隔热涂料是一种近年来发展的新型功能型涂料，将其用于建筑物的表面可达到降低建筑物内部温度、减少空调等能源消耗的目的。

根据隔热方式的不同，在国内降温隔热涂料被分为阻隔型隔热涂料、反射型隔热涂料、辐射型隔热涂料三种类型。这三类涂料的隔热机理不同，应用场合和所得到的效果也各不相同。一种隔热效果良好的涂料往往是两种或多种隔热机理同时起作用的结果。

8.6.2.1 阻隔型隔热涂料

阻隔型隔热涂料是采用低导热系数的物质或在涂膜中引入导热系数极低的空气实现隔热的涂料。

硅酸盐复合保温隔热涂料以水泥、水玻璃为胶凝材料，采用石棉纤维、膨胀珍珠岩和海泡石粉等为保温隔热骨料。

内墙用保温隔热材料，采用聚乙烯醇醛胶、合成树脂乳液等基料为主要胶粘材料，聚苯乙烯泡沫颗粒及废弃材料为保温隔热骨料，降低了涂料成本，提高了绝热性能。一种外墙保温是由聚合物水泥砂浆、EPS板、玻璃纤维网格布和饰面涂层组成的，将墙体保温和装饰功能合为一体的新型构造体系。

新型的隔热涂料采用空心陶瓷微珠，其密度小，有较好的红外光反射性及红外发射率。紧密排列的封闭型的中空微粒形成了一层对热具有阻隔效果的气体层，阻断了热桥，从而使涂层具有良好的隔热效果。

阻隔型隔热涂料原材料广泛、生产设备简单、施工方便、成本低廉。缺点是保温层较厚、自重大、降低了对流和辐射传热效果，不抗振动、使用寿命短、吸水率高、需要设防水层和外护层。

8.6.2.2 反射型隔热涂料

反射型隔热涂料是通过选择合适的树脂、金属或金属氧化物、颜填料，采用合理生产工艺制得高反射率的涂层，反射太阳热，以达到隔热的目的。

反射隔热涂料以丙烯酸树脂作为基料，利用特种材料反射性质，如利用空心微珠填料对近红外光的反射比远远高于普通填料，将空心微珠组合形成高太阳热反射漆膜，不仅起到隔热作用，还具有对建筑的防腐装饰功能。

常用的反射型材料有陶瓷微粉、铝粉、二氧化钛、ATO(过渡金属氧化物 SnO_2、Sb_2O_2 混合体)粉体。铝粉利用金属的特性，对太阳光有一定的反射率，但在热波长区域内反射效率低，且铝粉本身可传热，故不是一种很理想的反射材料。二氧化钛是遮盖力最好的颜填料，对白光的散射能力值达到 1.9，折光率高，是一种理想的反射材料。

反射型隔热涂料与各种基材附着力好，与底漆、中间漆具有良好的相容性，耐候性强，一般使用的溶剂无刺激性气味，大大减少了施工对环境的影响，且隔热效果较阻隔型隔热涂料明显。

8.6.2.3 辐射型隔热涂料

辐射型隔热涂料是通过辐射的形式把建筑物吸收到的日照光线和热量以一定的波长发散到空气中，从而达到良好隔热降温效果的涂料。辐射隔热涂料不同于阻隔型隔热涂料和反射型隔热涂料，它以主动的方式降温。辐射隔热涂料能够以热发射的形式将吸收的热量辐射掉，从而促使室内与室外以同样的速率降温。

辐射型涂料的主要特性是希望在可见光和近红外光范围内反射率尽可能地高，而在 8～13.5 μm 波段内，发射率也尽可能高。太阳的辐射能中 0.3～2.5 μm 处的能量占绝大部分，把这部分能量反射回大气是该涂料的一个主要功能。然而在 8～13.5 μm 波段范围内，太阳辐射能和大气辐射能远低于地面向外层空间的辐射能，因此在此波段内，如果涂料的发射率尽可能高，这样就能尽可能多地把涂层和下层的水泥层中吸收到的太阳能中的紫外光能和可见光及近红外光能转为热能，以红外辐射的方式在此波段内穿过大气红外窗口。大气对于红外辐射有两个窗口，分别位于 3～5 μm 和 8～13.5 μm 之间，即大气对于这两个区域的红外辐射吸收率较弱，透过率一般在 80%以上。要想实现物体的持续降温，就得把吸收的能量尽可能地辐射到外层空间去。

多种金属氧化物，如 Fe_2O_3、MnO_2、CuO 等具有反型尖晶石结构的掺杂型物质具有热发射率高的特点，因而广泛用做隔热节能涂料的填料。在硅酸盐结晶相中加入 $A1_2O_3$、ViO_2 等金属氧化物细粉作为填料的红外辐射涂料，在 5～15 μm 波段内辐射红外线的能力在 85%以上。

8.6.3 防雾涂料

建筑玻璃两侧常出现一定的温差，温度低的表面水分的饱和蒸汽压低于周围环境的蒸汽压，引起水汽向物体表面聚集，并以微小的水珠形式析出形成雾，显著降低透明材料的透光率，影响视线。玻璃两面温度相差悬殊还会结霜，影响玻璃使用。在冬季，建筑门窗玻璃、汽车风挡玻璃、塑料大棚易成雾结霜，浴室镜面常结雾。

8.6.3.1 防雾机理

防雾涂料根据涂膜的防雾机理可分为疏水性防雾涂层和亲水性防雾涂层。

1. 疏水性防雾涂层

在透明材料表面涂疏水性防水涂层，提高基材表面对水的接触角，致使表面水滴呈珠状滑落。疏水性分子中除了碳外含有大量低表面能的硅、氟等原子基团，它能极大地降低材料的表面能，使其对水的接触角达到 100°～120°，使水滴更易滑落，以达到防雾效果。

2. 亲水性防雾涂层

在透明材料表面涂亲水性防水涂层，透明材料的表面亲水，降低基材表面对水的接触角，使水滴薄膜化。亲水性分子中含有能形成强亲水极性的氢键基团或离子基团，能形成氢键的基团指含有至少一个直接键合到一个杂原子上的氢原子，这种基团如：羟基、氨基、巯基、羧基、砜基、磷酸等。离子型基团指具有至少一个正或负电荷的基团，它能以水合分子形式存在，如羧酸根基团、磺酸根基团、磷酸根基团、铵基等。这些基团增加材料表面能，减少对水的接触角，阻止凝聚在材料表面上的小水滴形成微小的水珠，促进小水滴在材料表面铺展开，形成薄膜化，降低光线的折射和反射，保证了材料的透明性。

8.6.3.2 丙烯酸酯类防雾涂料

这种涂料的防雾原理是利用树脂涂层的吸（亲）水性，将表面凝聚的水分吸收，因而不影响材料的透光率和反射性，起到防雾作用。

有时为了增强涂膜的机械强度，可在均聚物或共聚物中加入少量多官能团的交联剂使之交联成网络结构的防雾薄膜，也可将羟甲基三聚氰胺与聚乙二醇的增强液涂覆于已涂有防雾涂料的玻璃表面上，然后加热，使其进一步缩合脱水固化形成聚乙二醇和三聚氰胺网络结构的缩聚物，从而提高涂膜表面的防雾性、耐磨损、耐擦伤和耐溶剂性。

8.6.3.3 硅树脂类防雾涂料

有机硅涂层具有耐磨、透明性好和硬度高等特点，并且有机硅在固化过程中可以和玻璃表面发生化学作用形成稳定的界面，其自身形成了体形网络结构而增加了体系的使用稳定性。采用溶胶凝胶技术合成 SiO_2/有机分子杂化材料，有机分子均匀分布或修饰而赋予无机材料功能性。

【本章要点】

建筑涂料属于涂料中的一种，用量远远超过其他涂料。其主要组成有基料、颜料、填料、溶剂、助剂，基料是决定其性质和成本的主要组成。了解涂料产品分类和命名，掌握主要成膜物类型，有益于合理选择涂料。内墙涂料距观察者近，要求细腻，外墙涂料可粗犷，内墙涂料中乳液型树脂涂料(乳胶漆)广泛使用，外墙涂料中氟树脂外墙涂料耐老化性能好，天然真石漆能造成仿天然大理石、花岗岩、麻石等逼真效果。地面涂料有环氧树脂地面涂料、聚氨酯弹性地面涂料、过氯乙烯地面涂料、苯丙地面涂料。用于金属和木材表面装饰的涂料称为油漆，多以合成树脂为主要成膜物质。

【思考与练习题】

1.《涂料产品分类和命名》(GB/T 2705—2003)对涂料产品的分类方法有哪两种?

2.写出三种内墙涂料名称，并描述其表面效果。

3.氟树脂外墙涂料能经久耐用的原因是什么?

4.试述聚氨酯弹性地面涂料的优点。

5.木制品用硝基漆或聚氨酯漆，这两种漆有什么区别?

9　装饰织物与裱糊类装饰材料

我国是最早发明纺织品的国家之一，在我国悠久的历史中，从宫廷到民居，从神殿到庙宇，纺织品的运用由来已久。室内织物的种类包括家具装饰、窗帘、帷幄、沙发布、地毯、床上用品、厨房卫生间用品等。室内织物的用途很广，从普通居民住宅到宾馆、饭店等公共场所，再到汽车、飞机等交通工具等都离不开装饰织物。装饰织物主要是纺织品。纺织品除了对室内用品进行配套包装外，还延伸到了对建筑物的包装，如墙布对于墙面，地毯对于地面。装饰织物的品种相当丰富而且质感都很强，许多织物的魅力正是来自各种质地的感觉。织物的基本质料有毛、麻、棉、丝、化纤，由这些基本材料构成的种种织物有的平滑、有的粗糙、有的轻柔、有的凝重、有的飘逸、有的端厚，各种织物美的视觉效果都由于其质地的独特而显得不一般。织物具有良好的吸声、遮光、调温、防尘、挡风等功能，它可以改善室内环境的质量，消除人与建筑之间的冷漠感，创造自然和谐的空间环境。

我国传统的民间工艺品中有不少是织物做的，如布贴、蜡染艺术品、织锦、风筝、布老虎、香包等，都散发着浓郁的乡土气息，这些都是室内环境中很好的装饰品。

9.1　织物纤维和织物成型

9.1.1　纤维

用于装饰织物的纤维有天然纤维、化学合成纤维和玻璃纤维。

9.1.1.1　天然纤维

天然纤维是从动物或从植物中获得的。动物纤维有羊毛、山羊毛、马海毛、驼毛绒以及蚕丝，植物纤维有取自植物的茎的亚麻、大麻、黄麻、苎麻，取自植物叶的剑麻、或者取自植物种子的棉、木棉。

1. 羊毛纤维

羊毛呈乳白色、褐色或黑色，自然卷曲性强，纤维形状呈圆形，主要成分是蛋白质。

羊毛的等级变化很大，它取决于羊的饲养、健康状况以及气候，最佳羊毛取自于羊的腹部和肩部，最差的羊毛取自于羊脚下部。羊毛纤维直径越细，其性能越佳。好的羊毛强度高，回弹性和弹性模量大，表面鳞片多，手感舒适。

干燥的羊毛具有良好的回弹性，良好的悬垂性和弹性，亲水性好，很少有静电现象。羊毛织物因羊毛纤维卷曲而难于压实，在纤维之间形成静止空气层，造就隔热层，具有优良的隔热性能。细羊毛的耐磨性较差，用于毛毯的粗羊毛的耐磨性较好。

羊毛对虫蛀十分敏感，需对羊毛织物采取防虫蛀措施，羊毛易起球，羊毛有很强的耐酸能力，但强碱肥皂还会使羊毛变弱和粗糙。

羊毛表面鳞片细胞一层一层地叠合包围在羊毛纤维毛干的外层。每片鳞片的内表面依靠胞间物质与其内的细胞表面黏合。鳞片细胞的主要组成物质是角蛋白，它是由多种氨基酸缩合形成的蛋白质大分子。每个鳞片细胞内半层的蛋白质大分子堆砌比较疏松，具有较好的弹性；而外半层的蛋白质堆砌比较紧密，比较硬，具有更强的抵抗外部理化作用的能力。鳞片层的主要作用是保护羊毛不受外界条件的影响而引起性质变化。另外，鳞片层的存在，还使羊毛纤维具有特殊的缩绒性。

羊毛纤维的缩绒性是指羊毛在湿热条件下，经机械外力的作用，纤维集合体会逐渐收缩紧密，并相互穿插纠缠、交编毡化的性能，主要原因是羊毛表面鳞片的方向性摩擦效应和高度拉伸与回弹性能所致。方向性摩擦效应可使纤维在外力作用下只沿着根端向前的方向在纤维之间移动与变形，高度的拉伸变形能力则可为它提供较大的位移量，而高度的回弹性则能使它在回缩时借助鳞片对周围纤维的纠缠而把它们密集在一起，再加上羊毛特有的双侧结构（正皮质与偏皮质结构）使纤维根端发生的是不定方向的前进，因而改变了缩绒后的外观效果。外力的反复作用和湿热处理只是为缩绒性的形成提供一个更为有利的外界条件。经过这样处理后（缩呢工序）的织物，长度减少、厚度与紧度增加、织物表面会露出一层绒毛、手感柔软、丰满程度改善（称为缩绒）。但缩绒性的存在也容易使毛织物在服用中产生尺寸收缩和变形，也容易产生毡合、起毛、起球等现象，从而影响服用的舒适性及美观，故有时要作防缩处理。

羊毛的防缩处理有氧化法和树脂法两种方法。氧化法又称降解法，通常使用的化学试剂有次氯酸钠、氯气、氯胺、氢氧化钾、高锰酸钾等，它们都能使羊毛鳞片变形，以降低摩擦效应，减少纤维单向运动和纠缠的能力，其中以含氯氧化剂用得最多，故又称为氯化法。树脂法又称添加法，它是在羊毛上涂以树脂薄膜，以减少或消除羊毛纤维之间的摩擦效应，或使纤维的相互交叉处黏结而限制纤维的相互移动，失去缩绒性，使用的树脂有脲醛、密胺甲醛、硅酮、聚丙烯酸酯等。

羊毛纤维长度较棉纤维长，有明显的天然卷曲，光泽柔和，手感柔软、滑糯、温暖、蓬松、极富弹性，强力较低，拉伸时伸长度较大。

2. 棉

棉是植物纤维，主要成分是纤维素，棉纤维显微镜下呈扁平扭曲的管子状。棉纤维具有良好的强度，良好的耐磨能力，亲水，可以迅速吸收水分。棉布干燥快速，水洗性特佳，没有静电和起球现象，手感舒适，悬垂性能好。

棉纤维光泽暗淡，弹性和回弹性差，容易霉蛀，酸侵入易变脆，抗碱性能好，其中的短纤维易从织物中析出，积成绒毛。

棉织物手感柔软，但形态稳定性差，容易折皱，用手捏紧布料松开后会在布面留下明显的皱痕且不易回复。染色牢度稍差，日晒、皂洗等均易退色。缩水率在4%～

10%之间。经过丝光处理的棉织物表面更平整细腻，毛羽减少，光泽晶莹，布身柔软，整体风格接近于丝绸。经过树脂整理的棉织物富有弹性不易起皱。经拉绒磨毛整理的棉织物，布面覆盖有一层薄薄的绒毛，但其基本性能没有太大的变化。

3. 亚麻

将亚麻植物的茎杆加工成纺织纤维就是亚麻(丝)，其成分主要是纤维素，呈天然浅棕黄色。

亚麻是植物纤维中强度最高的，湿态时强度提高 10%，手感好，具有光泽，吸水性好于棉，可以迅速吸收水分，干燥得快，能水洗也可以干洗，不会产生静电和起球，不会掉绒毛。

亚麻的耐磨性一般，比棉布的耐用性差，悬垂性和回弹性较差。麻织物较棉布硬挺，抗皱及弹性较好，吸湿性好，触摸有凉爽感，导热性能优良。强度较高，且湿态强度高于干态强度。由于纱线条纹不匀，光洁的布面上会形成特有的线状凸纹。染色性好，但色牢度稍差，原色麻坯布不易漂白，染色麻布外观色泽较暗淡。耐碱不耐酸，抗潮耐腐蚀，不易虫蛀和霉变。

亚麻适宜用做高档台布和餐巾。

4. 蚕丝

蚕将唾液从头内细孔吐出两股极细的液流，在接触空气后，极细的液流逐渐固化成丝。蚕丝属蛋白质纤维，是一种含氮的高分子化合物，其大分子的单基是 α 氨基酸，是天然纤维中最细的纤维。

丝纤维因蚕的食性不同分成多种，其中有食桑叶形成的桑蚕丝纤维、食柞树叶形成的柞蚕丝纤维以及食木薯叶、马桑叶、蓖麻叶形成的其他野蚕丝纤维。桑蚕丝纤维和柞蚕丝纤维可以把长丝纤维的形态保留到集束形成的长丝纱中，其他的几种野蚕丝纤维则只能被改形为短纤维用于纺织加工。在用桑蚕丝纤维和柞蚕丝纤维集束形成的长丝纱中，桑蚕丝纤维的长丝纱最重要，占到天然长丝纱的大部分。

柞蚕丝纤维扁平不均匀，呈褐色，纤维粗，其光泽较三角状或圆形的家蚕丝差，可用于较厚的粗结构织物。

蚕丝是高级纺织原料，它具有较高的拉伸度，纤维纤细而柔软、平滑而富有弹性，吸湿性好，具有优异的悬垂性，是一种光泽强、亲水性好的原料。由它制成的丝绸产品薄如纱，华如锦，织物富有光泽，具有独特的“丝鸣感”，手感滑爽，穿着舒适，高雅华丽。

蚕丝的回弹性和耐磨性一般，强度好，湿态时强度会下降 15%，但一经干燥即恢复至原有强度。蚕丝对于阳光长期晒晾的抗力较差，会受虫蛀。不论是酸还是碱都会促使丝素纤维水解并把它破坏，采用含氯漂白剂水洗时，则会泛黄。受碱侵蚀，例如使用强碱性肥皂时，则会使强度下降和表面粗糙。另外，丝织物还会由于暴露于空气中氧化而使质量下降，故其保存，即使在控制环境温、湿度的博物馆中也特别困难。

真丝织物色白细腻，手感柔软，表面光滑，光泽柔和明亮。有很好的吸湿性，缩水率在8%～10%。强度、耐热性均优于毛织物，但抗皱性和耐光性较差。耐酸不耐碱，染色性能好，宜用中性洗涤剂洗涤。真丝织物柔软但容易摩擦起毛，柞丝织物表面发黄较粗糙，绢丝织物表面较挺爽，手感涩滞。蚕丝纤维细长，光泽柔和，强度较好，手感光滑细腻而柔软，富有弹性，有凉爽感。

国家大剧院戏剧厅采用红色杭州丝绸作为内墙装饰。

5.其他纤维

用于建筑装饰的纤维还有麻纤维、椰壳纤维、苇纤维、竹原纤维等。

麻纤维是指从各种麻类植物中取得的纤维的总称。麻纤维品种繁多，包括韧皮纤维和叶纤维。韧皮纤维是从一年生或多年生草本双子叶植物的韧皮层中取得的纤维，此类纤维质地柔软，商业上称为"软质纤维"。纺织工业中常用的韧皮纤维有苎麻、亚麻、黄麻、洋麻(红麻)、大麻、苘麻等。苎麻纤维的单纤维线密度小、纤维长度长，可用单纤维进行纺纱，其他麻类纤维的单纤维长度很短，不能用单纤维纺纱而只能用工艺纤维(束纤维)进行纺纱。叶纤维是从单子叶植物的叶上取得的维管束纤维。常见的有剑麻和蕉麻，此类纤维比较粗硬，商业上称为"硬质纤维"，具有纤维长度长、强度高、伸长小的特点，耐海水侵蚀，不易霉变。

大麻纤维的外观与亚麻相似，但较亚麻粗硬。其强度高，重量轻，但伸长率很低，主要用于网、绳和绳索。

黄麻粗硬，具有良好的抗微生物和防蛀虫性能，纤维干燥时强度中等，湿态时强度较低，伸长率也较低、这样制作麻袋之类物品时，有助于保持其形态，可用于制作粗麻布织物、室内装饰织物、地毯底布和绳索。

苎麻属多年生宿根草本植物，我国生长的基本上都是白叶苎麻，剥取茎皮取出的韧皮称为原麻或称生苎麻。脱去生苎麻上的胶质，即得到可进入纺织加工的纺织纤维，习惯上称之为精干麻，即纺织用麻纤维。苎麻纤维是由一个细胞组成的单纤维，其长度是植物纤维中最长的，横截面呈腰圆状，有中腔，两端封闭呈尖状，整根纤维呈扁管状，无捻曲，表面光滑略有小结节。苎麻是一种细长、吸收性好、干燥快的纤维，在所有植物纤维中其抗腐蚀性最好，强度最高，稍坚硬，具有天然光泽，低伸长率，能用于室内装饰、麻绳和工业线绳生产。

竹原纤维是继棉、麻之后的第三类天然纤维素纤维，它是由天然竹材经物理、机械方法处理后，脱胶分解为纤维。竹子自身有抗菌性，在生长过程中无虫蛀、无腐烂、不使用任何农药，因此竹原纤维具有无毒、无污染、抗菌、防臭、保健等特性。在竹原纤维生产过程中，采用高科技工艺处理，使抗菌物质始终不被破坏，让抗菌物质始终结合在纤维素大分子上。因此，由竹原纤维制成的面料和服饰产品，经反复洗涤、日晒也不会失去抗菌作用。在服用时皮肤不会产生任何过敏反应，这与在整理过程中加入抗菌性物质的其他纤维织物有很大的区别，它不仅具有吸湿性强，透气性能好，手感细腻滑爽，有清凉感，而且光亮、耐磨、色泽艳丽，悬垂性好，还具有良好的抑制大肠杆菌、金黄葡萄球菌、枯草芽孢杆菌、白色念珠菌和黑曲霉菌及防紫外线辐射的作用。竹原纤维可以在棉纺、毛纺、麻纺或绢纺设备上进行纯纺或与其他纤维(包括天然纤维和化学纤维)混纺制成各种规格的纯纺纱或混纺纱,织制成各种规格的面料、针织产品和服饰品,是夏季服装面料、内衣、婴幼儿服装、睡衣、袜子、恤衫等的首选。

纤维的吸湿、还湿性,实际上是纤维中水分与大气中的水蒸气变换的过程,当大气中水气的部分水蒸气压增大,使进入纤维中的水分子多于放出的水分子,则表现为吸湿,反之为还湿或放湿。纤维的吸放湿性能直接影响织物的服用性能。一般织物的服用性能好坏除决定于它的机械性能、外观织物外,而更重要的是它的卫生性能,所谓织物的卫生性能一般包括织物的吸放湿性能、抑菌性能、透气、散汗及消臭性能等。当织物的吸、放湿性能不好时,会使人体感觉发闷、发潮,有非常不舒服的感觉。表 9-1 是各种纤维材料吸放湿性能的比较,天然纤维的吸、放湿性能最好,其次是人造纤维,而合成纤维最次。因此用丝绢绵纺制的细纱织制的沙发布、坐垫,既具有丝的光泽、手感松散,又具有良好的吸、放湿性能。

表 9-1 各种纤维在 20℃ 的回潮率 %

纤维名称	相对湿度		纤维名称	相对湿度	
	65%	95%		65%	95%
羊毛	16	28	锦纶	4	8～9
蚕丝	11	24	丙纶	0	0～0.1
棉花	8	18	涤纶	0.4～0.5	0.6～0.7
黏胶纤维	13	25～30	聚乙烯	0.3～0.4	1
醋酸纤维	6～7	10～11	腈纶	1.2～2	1.5～3
维纶	4.5～5	10～12			

9.1.1.2 合成纤维

化学纤维是用天然或合成高分子化合物经加工制得的纤维。化学纤维又可分为再生纤维、合成纤维两大类。

再生纤维即用天然高分子化合物为原料,经过化学处理和机械加工而制得的纤维,其中用纤维素为原料制得的纤维称为再生纤维,用蛋白质为原料制得的纤维叫再生蛋白质纤维。

合成纤维即用石油、天然气、煤及农副产品等为原料,经过一系列的化学反应,制成合成高分子化合物,再经过加工而制得的纤维。根据大分子的化学结构,合成纤维可分为杂链和碳链纤维两类。杂链纤维的大分子主链中除碳原子以外,还含有其他元素(如氮、氧等)。碳链纤维的大分子主链则纯系由碳-碳键组成的。

纺织纤维的分类如图 9-1 所示。

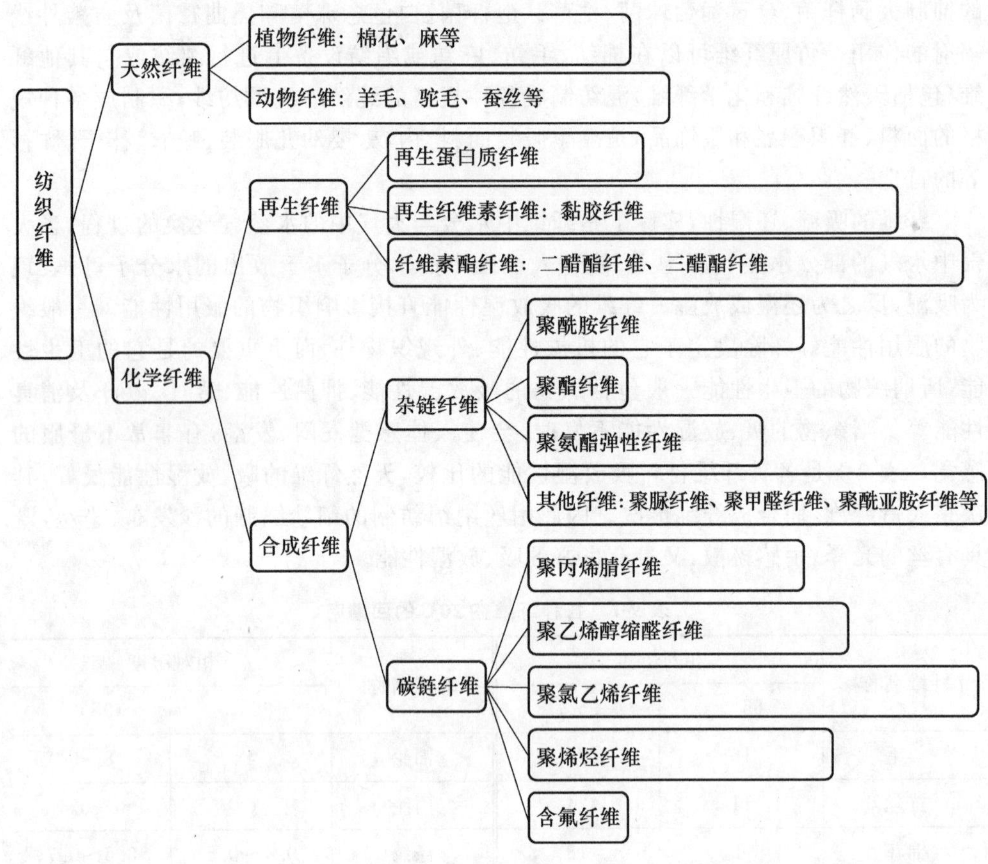

图 9-1　纺织纤维的分类

1. 涤纶

涤纶是合成纤维中的一个重要品种，是我国聚酯纤维的商品名称。它是以精对苯二甲酸(PTA)或对苯二甲酸二甲酯(DMT)和乙二醇(EG)为原料经酯化或酯交换和缩聚反应而制得的成纤高聚物——聚对苯二甲酸乙二醇酯(PET)，经纺丝和后处理制成的纤维。

涤纶及其混纺织物有金属光泽，手感挺括，强度高，耐冲击，弹性好，弹性接近羊毛，弹性恢复能力强，当伸长5%～6%时，几乎可以完全恢复，织物不折皱，尺寸稳定性好；耐热性、热稳定性、耐磨性好；耐腐蚀，可耐漂白剂、氧化剂、烃类、酮类、石油产品及无机酸，耐稀碱，不怕霉，但热碱可使其分解；色彩鲜亮，色牢度好，不易退色、耐用、抗皱、免烫。具有良好的热塑性，容易热定型加工裥褶等，保形持久，一般适合喷水湿熨，但在200℃以上高温易收缩，以至熔融。吸湿性差，易产生静电吸尘玷污，但易洗快干。涤纶长丝织物表面光滑，光泽明亮，但薄型织物比较透明，且裁边容易脱散。涤纶短纤织物毛型感好，但表面摩擦后容易起毛结球。涤纶短纤可以与其他各种短纤混纺，用以增加织物的强度、抗皱性，使织物具有挺括、易洗、免烫的服用特点，并可得到风格独特的织品。

涤纶是世界产量最大，应用最广泛的合成纤维品种，大量用于衣料、床上用品、各种装饰布料等。

2. 锦纶

学名聚酰胺纤维，是中国所产聚酰胺类纤维的统称，国际上称尼龙。由于锦州化纤厂在我国首次合成聚酰胺纤维，因此把它定名为锦纶。常见的锦纶产品为锦纶 6和锦纶 66，锦纶 6 即聚己内酰胺纤维，由己内酰胺聚合而成，锦纶 66 即聚己二酰己二胺纤维，由己二酸和己二胺聚合而成。

锦纶纤维强力高，回复伸长率大，不易断，弹性比人造丝、蚕丝好，手感粗糙，耐磨性，回弹性好，居所有纤维之首，其耐磨性是棉纤维的 10 倍，是干态黏胶纤维的 10 倍，是湿态纤维的 140 倍，耐用性极佳。锦纶织物的弹性及弹性恢复性极好，但小外力下易变形，故其织物在穿用过程中易变皱折，通风透气性差，易产生静电，有良好的耐蛀、耐腐蚀性能，但接触强酸易熔洞破损，耐热性、耐光性均差，属于热敏性织物，适于喷水熨烫，熨烫温度应控制在 140℃以下，长期暴露在日光下其纤维强度会下降。

3. 腈纶

聚丙烯腈纤维在我国称为腈纶，国外称为奥纶或开司米纶，通常指用 85%以上的丙烯腈与第二和第三单体的共聚物，经湿法纺丝或干法纺丝制得的合成纤维。丙烯腈含量在 35%～85%之间的共聚物纺丝制得的纤维称为改性聚丙烯腈纤维。

聚丙烯腈纤维的性能极似羊毛，弹性较好，伸长 20%时回弹率仍可保持 65%，蓬松卷曲而柔软，保暖性比羊毛高 15%，有人造羊毛之称，具有柔软、膨松、易染、色泽鲜艳、耐光、抗菌、不怕虫蛀等优点。强度比羊毛高 1～2.5 倍，耐晒性能优良，露天曝晒一年，强度仅下降 20%，可做成窗帘、幕布、篷布等。能耐酸、耐氧化剂和一般有机溶剂，但耐碱性较差，纤维软化温度为 190～230℃。

腈纶纤维织物蓬松性好，有毛料感，色泽柔和，手感干燥，强力较低。腈纶及其混纺织物着色性好，染色色谱全，色彩艳丽且不易褪色。弹性好，蓬松度与羊毛织物相仿，隔热性甚至高过羊毛织物。吸湿性、耐磨性均差，易产生静电。抗皱性较好，易洗免烫。耐光性是合成纤维中最好的，适用于各类户外装饰面料。毛腈混纺产品色彩鲜艳，花色丰富，织物强度高，耐日光性好，并减小了毛织物的缩绒缩水性。

聚丙烯腈纤维可与羊毛混纺成毛线，或织成毛毯、地毯等，还可与棉、人造纤维、其他合成纤维混纺，织成各种衣料和室内用品。

4. 丙纶

丙纶是以丙烯为原料制得的等规聚丙烯纤维，又称聚丙烯纤维。丙纶原料来源丰富，生产工艺简单，产品价格相对比其他合成纤维低廉。

丙纶最大的优点是质地轻，其密度仅为 0.91 g/cm^3，是常见化学纤维中密度最小的品种，所以同样重量的丙纶可比其他纤维得到较高的覆盖面积。强度高，伸长率大，初始模量较高，弹性优良，耐磨性好，丙纶的湿强基本等于干强，是制作渔网、缆绳的理想材料。有较好的耐化学腐蚀性，除了浓硝酸、浓苛性钠外，丙纶对酸、碱腐蚀抵抗性能良好，所以适于用作过滤材料和包装材料。耐光性较差，热稳定性也较差，易老化，不耐熨烫，不耐日晒，易于老化脆损，可以通过在纺丝时加入防老化剂来提高其抗老化性能。丙纶的电绝缘性良好，但加工时易产生静电。强度高，强度仅次于锦纶，但价格却只有锦纶的1/3。

丙纶的品种有长丝、短纤维、鬃丝、膜裂纤维、中空纤维、异形纤维、各种复合纤维和无纺织布等。主要用途是制作地毯(包括地毯底布和绒面)、装饰布、家具布、各种绳索、条带、渔网、吸油毡、建筑增强材料、包装材料和工业用布，如滤布、袋布等。

5. 维纶

维纶是聚乙烯醇缩醛纤维的商品名称，也叫维尼纶，其性能接近棉花，有合成棉花之称，是现有合成纤维中吸湿性最大的品种。

维纶透气性和耐磨性好，强力高，耐霉蛀，耐日光和保暖性能均良好，但弹性和染色性差，易折皱，缩水率较大，耐热性能差。适用于制造各种衣着纺织品、家用织物、渔网、绳索、帆布、包装材料、劳动服等。

6. 氨纶

氨纶纤维是聚氨基甲酸酯纤维的简称，氨纶纤维共有两个品种，一种是由芳香双异氨酸酶和含有羟基的聚酯链段的镶嵌共聚物(简称聚酯型氨纶)，另一种是由芳香双异氰酸酯与含有羟基的聚醚链段镶嵌共聚物(简称聚醚型氨纶)。氨纶纤维与弹力聚烯烃纤维和弹力复合纤维统称弹力纤维。

氨纶弹性最好，强度最差，吸湿差，有较好的耐光、耐酸、耐碱、耐磨性。

氨纶被广泛地用于内衣、休闲服、运动服、短袜、连裤袜、绷带等为主的纺织领域、医疗领域等。氨纶是追求动感及便利的高性能衣料所必需的高弹性纤维。氨纶比原状可伸长5～7倍，所以穿着舒适、手感柔软，并且不起皱，可始终保持原来的轮廓。

7. 黏胶纤维

黏胶纤维又叫人造丝、冰丝、黏胶长丝以及天丝、竹纤维。黏胶纤维属再生纤维素纤维，它是以棉或其他天然纤维为原料，经碱化、老化、黄化等工序制成可溶性纤维素磺酸酯，再溶于稀碱液制成黏胶，经湿法纺丝而制成。

在纺织纤维中，黏胶纤维的含湿率最符合人体皮肤的生理要求，具有光滑凉爽、透气、抗静电、染色绚丽等特性。

黏胶纤维用途广泛，几乎所有类型的纺织品都会用到它，如长丝可做服装、被面、床上用品和装饰品等，短纤维做仿棉、仿毛、混纺、交织等。

8. 大豆蛋白纤维

大豆蛋白纤维属于再生植物蛋白纤维类，是以榨过油的大豆豆粕为原料，利用生物工程技术，提取出豆粕中的球蛋白，通过添加功能性助剂，与腈基、羟基等高聚物接枝、共聚、共混，制成一定浓度的蛋白质纺丝液，改变蛋白质空间结构，经湿法纺丝而成。生产过程对环境、空气、人体、土壤、水质等无污染，纤维本身主要由大豆蛋白质组成，纤维本身易生物降解。

大豆蛋白纤维细度细，相对密度小，手感柔软滑糯，蓬松，吸湿导湿性好，保暖性强，耐酸耐碱性强。纤维明亮柔和，光泽亮丽具有蚕丝般的光泽、类似麻纤维的吸湿快干特点，有着羊绒般的柔软手感，蚕丝般的柔和光泽，棉的保暖性和良好的亲肤性等优良性能，还有明显的抑菌功能。

目前大豆纤维的主要产品有羊毛衫、T 恤、内衣、海滩装、休闲服、运动服、时尚女装、衬衣、西装、床上用品等。

综上所述，各种化学合成纤维的性质可概括为：黏胶吸湿易染、涤纶挺括不皱、锦纶结实耐磨、腈纶膨松耐晒、维纶水溶吸湿、丙纶质轻保暖、氨纶弹性纤维、大豆纤维自主产权。

9.1.1.3 天然纤维与合成纤维鉴别

鉴别纤维和纺织品可以通过眼观、手摸、耳听、鼻嗅。眼观就是运用眼睛的视觉效应，观看纤维的形态特征，如纤维的长短、粗细、有无转曲、光泽等。手摸就是运用手的触觉效应来感觉纤维的软硬、弹性、光滑粗糙、细致洁净、冷暖等。耳听就是运用耳朵的听觉效应，根据纤维、纱线或织物产生的某种声响来鉴别纤维，如蚕丝和丝绸具有丝鸣声，各类纤维的织物在撕裂时会发出不同的声响等。鼻嗅是利用嗅觉效应来鉴别某些纤维的一种方法。

燃烧鉴别是鉴别纺织纤维常用的方法之一，它是根据纤维的化学组成不同，其燃烧特征也不同来区分纤维的种类。但需要有一定的经验，只适用于纯纺的纱线、织物或交织产品，而对混纺产品、包芯纱产品及经过树脂整理、防火阻燃整理的产品不适用。纤维的燃烧特性见表 9-2。

表 9-2 纤维的燃烧特性

纤维名称	接近火焰	在火焰中	离开火焰后	残渣形态	气味
棉、麻	不熔、不缩	迅速燃烧	继续燃烧	少量灰白色的灰	烧纸味
羊毛、蚕丝	收缩	逐渐燃烧	不易延烧	松脆黑灰	烧毛发臭味
涤纶	收缩、熔融	先熔后烧、有熔滴	能延烧	玻璃状黑褐色硬球	特殊芳香味
锦纶	收缩、熔融	先熔后烧、有熔滴	能延烧	玻璃状黑褐色硬球	氨臭味
腈纶	收缩、微融发焦	熔融燃烧、发光小火花	继续燃烧	松脆黑色硬块	有辣味
氨纶	先膨胀成圈后收缩熔融	熔融燃烧、速度缓慢	边熔边燃，自熄	白色橡胶块状	刺激性石蜡味

9.1.1.4 玻璃纤维

玻璃纤维用来制造增强塑料、增强橡胶、增强石膏和增强水泥等制品，或用有机材料被覆玻璃纤维可提高其柔韧性，用以制成包装布、窗纱、贴墙布、覆盖布等。

1. 玻璃纤维定义

玻璃纤维是以玻璃球或废旧玻璃为原料经高温熔制、拉丝、络纱、织布等工艺，最后形成各类产品，玻璃纤维是一种性能优异的无机非金属材料，成分为二氧化硅、氧化铝、氧化钙、氧化硼、氧化镁、氧化钠等。玻璃纤维单丝相当于一根头发丝的1/20～1/5，每束纤维原丝由数百根甚至上千根单丝组成。

2. 玻璃纤维种类

玻璃纤维按形态和长度，可分为连续纤维、定长纤维和玻璃棉，按玻璃成分，可分为无碱、耐化学、高碱、中碱、高强度、高弹性模量和抗碱玻璃纤维等。

生产玻璃纤维的主要原料是：石英砂、氧化铝和叶腊石、石灰石、白云石、硼酸、纯碱、芒硝、萤石等。生产方法分两类：一类是将熔融玻璃直接制成纤维；一类是将熔融玻璃先制成直径 20 mm 的玻璃球或棒，再以多种方式加热重熔后制成直径为3～80 μm的细纤维。通过铂合金板以机械拉丝方法拉制的无限长的纤维，称为连续玻璃纤维，通称长纤维；通过辊筒或气流制成的非连续纤维，称为定长玻璃纤维，通称短纤维；借离心力或高速气流制成的细、短、絮状纤维，称为玻璃棉。玻璃纤维经加工，可制成多种形态的制品，如纱、无捻粗纱、短切原丝、布、带、毡、板、管等。

按生产玻璃纤维的玻璃进行分类，有以下几种：

1）E-玻璃。无碱玻璃，是一种硼硅酸盐玻璃。目前是应用最广泛的一种玻璃纤维用玻璃成分，具有良好的电气绝缘性及机械性能，广泛用于生产电绝缘用玻璃纤维，也大量用于生产玻璃钢用玻璃纤维，它的缺点是易被无机酸侵蚀，故不适宜用在酸性环境中。

2）C-玻璃。中碱玻璃，其特点是耐化学性特别是耐酸性优于无碱玻璃，但电气性能差，机械强度低于无碱玻璃纤维 10％～20％，通常国外的中碱玻璃纤维含一定数量的三氧化二硼，而我国的中碱玻璃纤维则完全不含硼。在国外，中碱玻璃纤维只是用于生产耐腐蚀的玻璃纤维产品，如用于生产玻璃纤维表面毡等，也用于增强沥青屋面材料，但在我国中碱玻璃纤维占据玻璃纤维产量的一大半（60％），广泛用于玻璃钢的增强以及过滤织物、包扎织物等的生产，因为其价格低于无碱玻璃纤维而有较强的竞争力。

3）高强玻璃纤维。其特点是高强度、高模量，它的单纤维抗拉强度为 2 800 MPa，比无碱玻纤抗拉强度高 25％左右，弹性模量 86 GPa，比 E-玻璃纤维的强度高。用它们生产的玻璃钢制品多用于军工、空间、防弹盔甲及运动器械。但是由于价格昂贵，目前在民用方面还不能得到推广，全世界产量也就几千吨。

4）AR 玻璃纤维。亦称耐碱玻璃纤维，主要是为了增强水泥而研制的。

5）E-CR 玻璃。它是一种改进的无硼无碱玻璃，用于生产耐酸耐水性好的玻璃纤维,其耐水性比无碱玻纤改善7~8倍,耐酸性比中碱玻纤也优越不少,是专为地下管道、贮罐等开发的新品种。

6) D玻璃。低介电玻璃,用于生产介电强度好的低介电玻璃纤维。

除了以上的玻璃纤维成分以外,近年来还出现一种新的无碱玻璃纤维,它完全不含硼,从而减轻环境污染,其电绝缘性能及机械性能都与传统的E玻璃相似。另外还有一种双玻璃成分的玻璃纤维,已用在生产玻璃棉中,据称在做玻璃钢增强材料方面也有潜力。此外还有无氟玻璃纤维,是为环保要求而开发出来的改进型无碱玻璃纤维。

玻璃纤维根据玻璃中碱含量,可分为无碱玻璃纤维(氧化钠0~2%,属铝硼硅酸盐玻璃)、中碱玻璃纤维(氧化钠8%~12%,属含硼或不含硼的钠钙硅酸盐玻璃)和高碱玻璃纤维(氧化钠13%以上,属钠钙硅酸盐玻璃)。

玻璃纤维按组成、性质和用途,分为不同的级别。E级玻璃纤维使用最普遍,广泛用于电绝缘材料;S级为特殊纤维,虽然产量小,但很重要,因具有超强度,主要用于军事防御,如防弹箱等;C级比E级更具耐化学性,用于电池隔离板、化学滤毒器;A级为碱性玻璃纤维,用于生产增强材料。

3. 玻璃纤维的性质

玻璃虽质硬易碎,但抽成丝后,则其强度大为增加且具有柔软性,能配合树脂固形,成为优良的结构用材。玻璃纤维随其直径变小其强度增高,作为补强材玻璃纤维具有以下特点:拉伸强度高,伸长小(3%),弹性系数高,刚性佳,弹性限度内伸长量大且拉伸强度高,故吸收冲击能量大;为无机纤维,具不燃性,耐热性均好,耐化学性好;吸水性小,尺度稳定性好;透明可透过光线,加工性好,可做成股、束、毡、织布等不同形态之产品;价格便宜。

4. 玻璃纤维织物和用途

(1) 无捻粗纱

无捻粗纱是由平行原丝或平行单丝集束而成的。无捻粗纱按玻璃成分可划分为:无碱玻璃无捻粗纱和中碱玻璃无捻粗纱。生产玻璃粗纱所用玻纤直径为12~23 μm。无捻粗纱可直接用于某些复合材料工艺成型方法中,如缠绕、拉挤工艺,因其张力均匀,也可织成无捻粗纱织物,在某些用途中还将无捻粗纱进一步短切。无捻粗纱有以下种类:

1) 喷射用无捻粗纱。适合于玻璃钢喷射成型,使用的无捻粗纱要有良好的切割性,在连续高速切割时产生的静电少;无捻粗纱切割后分散成原丝的效率要高,也即分束率高,通常要求90%以上;短切后的原丝具有优良的覆模性,可覆盖在模具的各个角落;树脂浸透快,易于被辊子辊平并易于驱赶气泡;原丝筒退解性能好,粗纱线密度均匀,适合于各种喷枪及纤维输送系统。喷射用无捻粗纱都是由多股原丝络制而成,每股原丝含200根玻纤单丝。

2) SMC(片状模塑料)用无捻粗纱。主要用于压制汽车部件、浴缸、水箱板、净化槽、各种座椅等。SMC用无捻粗纱在制造SMC片材时要切割,分散在树脂糊中,因此对SMC用无捻粗纱的要求是短切性好,毛丝少,抗静电性优良,在切割时短切丝不会粘附在刀辊上。对着色的SMC而言,无捻粗纱要在高颜料含量的树脂糊中被树脂浸透。

3) 缠绕用无捻粗纱。用于制造各种口径的玻璃钢管、贮罐等,缠绕大型管道及贮罐多倾向于直接无捻粗纱。对缠绕用无捻粗纱的要求有成带性好,呈扁带状,无捻粗纱退解性好,在从纱筒退解时不脱圈,不形成鸟巢状乱丝,张力均匀,无悬垂现象,线密度均匀,无捻粗纱浸透性好,从树脂槽通过时易为树脂润湿及浸透。

4) 拉挤用无捻粗纱。用于制造断面一致的各种型材,其特点是玻纤含量高,单向强度大。拉挤用无捻粗纱可以是多股原丝并合的也可以是直接的无捻粗纱,其性能要求与缠绕无捻粗纱大体相同。

5) 织造用无捻粗纱。它是织造各种厚度的方格布或单向无捻粗纱织物,它们大多用于手糊玻璃钢成型工艺中,应有良好的耐磨性,良好的成带性,织造用无捻粗纱在织造前需经强制烘干,无捻粗纱张力均匀,退解性好,浸透性好。

6) 预型体用无捻粗纱。用在预型体工艺中,无捻粗纱被短切并喷附在预定形状的网上,同时喷少量树脂使纤维网固定成形,然后将成形的纤维网片移入金属模具中,注入树脂热压成形,即得制品。对于这种工艺的无捻粗纱的性能要求与对喷射无捻粗纱的要求基本相同。

(2) 无捻粗纱织物(方格布)

方格布是无捻粗纱平纹织物,是手糊玻璃钢重要基材。方格布的强度主要在织物的经纬方向上,对于要求经向或纬向强度高的场合,也可以织成单向方格布,它可以在经向或纬向布置较多的无捻粗纱。

对方格布的质量要求如下:织物均匀、布边平直、布面平整呈席状、无污渍、起毛、折痕、皱纹等,经、纬密度、面积重量、布幅及卷长均符合标准,卷绕在牢固的纸芯上,卷绕整齐,迅速、良好的树脂透性,织物制成的层合材料的干、湿态机械强度均应达到要求。

用方格布铺敷成型的复合材料,其特点是层间剪切强度低,耐压和疲劳强度差。

(3) 玻璃纤维毡片

玻璃纤维毡片有短切原丝毡、连续原丝毡、表面毡、针刺毡和缝合毡。

短切原丝毡是将玻璃原丝(有时也用无捻粗纱)切割成50 mm长,将其随机但均匀地铺陈在网带上,随后施以乳液黏结剂或撒布上粉末黏结剂经加热固化后黏结成短切原丝毡。短切毡主要用于手糊、连续制板、对模模压和SMC工艺中。

连续原丝毡是将拉丝过程中形成的玻璃原丝或从原丝筒中退解出来的连续原丝呈“8”字形铺敷在连续移动网带上,经粉末黏结剂黏合而成。连续玻纤原丝毡中纤维是连续的,故其对复合材料的增强效果较短切毡好。连续原丝毡主要用在拉挤法、RTM法、压力袋法及玻璃毡增强热塑料(GMT)等工艺中。

表面毡,顾名思义用在玻璃钢表面。玻璃钢制品通常需要形成富有树脂层,这一般是用中碱玻璃纤维表面毡来实现的。这类毡由于采用中碱玻璃(C)制成,故赋予玻璃钢耐化学性特别是耐酸性,同时因为毡薄、玻纤直径较细之故,还可吸收较多树脂形成富树脂层,遮住了玻璃纤维增强材料(如方格布)的纹路,起到表面修饰作用。

针刺毡分为短切纤维针刺毡和连续原丝针刺毡。短切纤维针刺毡是将玻纤粗纱短切成 50 mm,随机铺放在预先放置在传送带上的底材上,然后用带倒钩的针进行针刺,针将短切纤维刺进底材中,而钩针又将一些纤维向上带起形成三维结构。所用底材可以是玻璃纤维或其他纤维的稀织物,这种针刺毡有绒毛感,其主要用途包括用做隔热隔声材料、衬热材料、过滤材料,也可用在玻璃钢生产中,但所制玻璃钢强度较低,使用范围有限。另一类连续原丝针刺毡,是将连续玻璃原丝用抛丝装置随机抛在连续网带上,经针板针刺,形成纤维相互勾连的三维结构的毡,这种毡主要用于玻璃纤维增强热塑料可冲压片材的生产。

缝合毡是用缝编机将玻璃纤维缝合成短切纤维或长纤维毡,短切纤维毡可代替传统的黏结剂黏结的短切毡,长纤维毡在一定程度上代替连续原丝毡。它们的共同优点是不含黏结剂,避免了生产过程的污染,同时浸透性能好,价格较低。

(4) 短切原丝和磨碎纤维

短切原丝分干法短切原丝及湿法短切原丝,前者用在增强塑料生产中,而后者则用于造纸。用于玻璃钢的短切原丝又分为增强热固性树脂(BMC)用短切原丝和增强热塑性树脂用短切原丝两大类。对增强热塑性塑料用短切原丝的要求是用无碱玻璃纤维,强度高及电绝缘性好,短切原丝集束性好、流动性好、白度较高。增强热固性塑料短切原丝要求集束性好,易为树脂很快浸透,具有很好的机械强度及电气性能。

磨碎纤维系由锤磨机或球磨机将短切纤维磨碎而成。磨碎纤维主要在增强反应注射工艺(RRIM)中用做增强材料,在制造浇铸制品、模具等制品时用做树脂的填料用以改善表面裂纹现象,降低模塑收缩率,也可用做增强材料。

(5) 玻璃纤维织物

玻璃纤维织物包括玻璃布、玻璃带、单向织物、立体织物、异形织物等。

玻璃布,分为无碱和中碱两类,国外大多数是无碱玻璃布。玻璃布主要用于生产各种电绝缘层压板、印刷线路板、各种车辆车体、贮罐、船艇、模具等。中碱玻璃布主要用于生产涂塑包装布,以及用于耐腐蚀场合。织物的特性由纤维性能、经纬密度、纱线结构和织纹所决定。经纬密度又由纱结构和织纹决定。

玻璃带分为有织边带和无织边带(毛边带)。玻璃带常用于制造高强度、介电性能好的电气设备零部件。

单向织物是一种粗经纱和细纬纱织成的四经缎纹或长轴缎纹织物,其特点是在经纱主向上具有高强度。

立体织物是相对平面织物而言,其结构特征从一维、二维发展到三维,从而使以此为增强体的复合材料具有良好的整体性和仿形性,大大提高了复合材料的层间剪切强度和抗损伤容限。它是随着航天、航空、兵器、船舶等部门的特殊需求发展起来的，目前其应用已拓展至汽车、体育运动器材、医疗器械等部门。主要有五类：机织三维织物、针织三维织物、正交及非正交非织造三维织物、三维编织织物和其他形式的三维织物。立体织物的形状有块状、柱状、管状、空心截锥体及变厚度异形截面等。

异形织物的形状和它所要增强的制品的形状非常相似，必须在专用的织机上织造。对称形状的异形织物有圆盖、锥体、帽、哑铃形织物等，还可以制成箱、船壳等不对称形状。

槽芯织物是由两层平行的织物，用纵向的竖条连接起来所组成的织物，其横截面形状可以是三角形或矩形。

(6) 组合玻璃纤维增强材料

把短切原丝毡、连续原丝毡、无捻粗纱织物和无捻粗纱等，按一定的顺序组合起来的增强材料，大体有以下几种：短切原丝毡＋无捻粗纱织物、短切原丝毡＋无捻粗纱布＋短切原丝毡、短切原丝毡＋连续原丝毡＋短切原丝毡、短切原丝毡＋随机无捻粗纱、短切原丝毡或布＋单向碳纤维、短切原丝＋表面毡、玻璃布＋单向无捻粗纱或玻璃细棒＋玻璃布。

(7) 玻璃纤维湿法毡

玻璃纤维湿法毡即玻璃纤维无纺布，其品种有：

1) 屋面毡。用做改性沥青防水卷材、彩色沥青瓦等防水材料的基材。

2) 管道毡。用于石油、天然气管道的包覆，与沥青结合防止地下管道腐蚀。

3) 表面毡。玻璃钢制品的塑形和表面抛光。

4) 贴面毡。用于墙面和天花板，可以防止涂料的开裂、橘皮，多用于装饰大型会议室、高档酒店。

5) 地板毡。用做 PVC 地板的基材。

6) 地毯毡。用做方块地毯的基材。

7) 覆铜板毡。贴附于覆铜板上可增强其冲、钻性能。

9.1.2 织物成型

9.1.2.1 织物分类

纺织品是各类机织物、针织物、非织造布、线类、带类、绳类等纺织工业产品的总称。其分类有多种，可按成纱方法与纱线结构、成型方法分类。

1. 按成纱方法与纱线结构分类

(1) 单纱织物

单纱织物有短纤维纱织物、长丝纱织物。

短纤维纱织物，短纤维纱织物是指由单根短纤维纱制成的织物，亦称短纤织物。由于天然短纤维的长度不整齐，因此可以形成三种所含纤维长度及其整齐度不同的纱：精梳纱、半精梳纱和粗梳纱。

长丝纱织物是指由长丝纱制成的织物，亦称为长丝织物。它的特点是轻薄，表面光洁无毛茸，纹理清晰、有光泽，手感柔软。由于纤维不同，它也有三种类型：天然长丝织物、再生长丝织物、合纤长丝织物。

(2) 股线织物

股线织物指的是由两根及两根以上纱线合并形成的股线织成的织物，也称为线织物。通常采用的合股方式是加捻。合股是一种物理复合，所以可以有多种组合方式，并因此可以给织物的结构、性能和风格带来许多变化，主要的组合方式有四种类型：短纤纱与短纤纱复合的股线织物、长丝纱与长丝纱复合的股线织物、长丝纱与短纤纱复合的股线织物和以色彩或形态变化为目的复合的长丝纱或短纤纱的股线织物，如形成各种花式纱线（竹节纱、圈圈纱、彩点纱、结子纱等）。

2. 按织物的成型方法分类

按织物的成型方法，可以将它分成三类。

(1) 机织物

机织物亦称梭织物，以纱线作经纬纱，由相互垂直的经纱和纬纱，按各种织物组织结构相交织造的织物。机织物可经染整加工成为漂白布、染色布、印花布，也可采用轧花、涂层、防缩、防水、阻燃、烂花、防污等各种特殊整理而具有各种特殊功能。采用有色纱线织造的织物称为色织布。

根据织物组织的不同，可将它分为平纹织物、斜纹织物、缎纹织物、小提花、大提花织物、起绒织物、复杂组织织物、变化组织织物和联合组织织物等，图 9-2 梭织物的起绒组织。

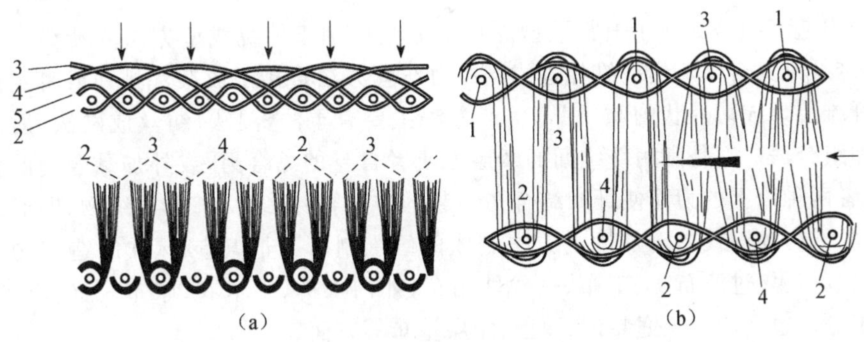

图 9-2 梭织物的起绒组织

(a)纬起线；(b)经起绒

如果按织物的厚薄来分，又可将它再分为薄型织物、中厚型织物和厚型织物类型。薄型织物用于夏季服装面料或里料，中厚型织物主要用于夏秋季服装，厚型织物则用于冬季服装面料。

(2) 针织物

针织物是由一组纱线构成的线圈相互串联而制成的织物。可以先织成坯布，经裁剪、缝制而成各种针织品。也可以直接织成全成型或部分成型产品（如袜子、手套、毛衫等）。针织物按其编织方法可分为纬编针织物和经编针织物两种类型，纬编针织物的成型见图 9-3。若按其组织结构分为原组织、变化组织、花式组织和复合组织；按生产方法分为纬编针织物和经编针织物。多数针织物均具有良好的抗皱性和透气性，手感松软而富有弹性，在穿着时不仅具有很大的可延伸能力，而且其变形回复能力也强，能适应人体各部位外形和运动的需要。针织服装加工流程较短，故能较好适应小批量、多品种、花型款式变化快的需要，而且有的针织物还可以直接织成全部成型或部分成型的服装产品，但大多数针织物是先织成坯布，经后整理加工，再裁剪、缝制成各类服装的。针织物除适用于作内衣、外衣、袜子、手套、帽子、床单、床罩、窗帘、蚊帐、地毯、花边等服装和家居用外，在工业、农业、医疗卫生等领域也有广泛的应用。

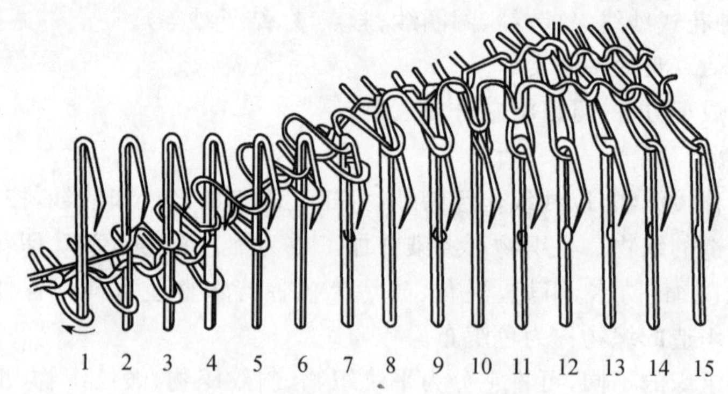

图 9-3 针织物钩针法成型过程

(3) 非织造织物

非织造织物是一种在织物成型原理上完全区别于传统成型方法的新型纺织材料(二维纤维集合体)，由纤维梳理成网或由纺丝方法直接制成杂乱排列或者定向铺置的纤维层形成薄片状的纺织品，生产方法主要有干法、湿法、纺丝成网法、射流喷网法和组合法。它是利用纤维间的摩擦力或者自身的黏合力，或外加黏合剂的黏着力，或者两种以上的力而使纤维结合在一起的方法，将纤维交缠形成织物，即通过摩擦加固、抱合加固或黏合加固的方法制成的纤维制品。非织造布(非织造织物)，可用做服装衬里、过滤布、土工布、一次性用布(如内衣裤、手术衣、尿布、卫生巾、纸巾和揩布等)，也适用于家庭装饰、地毯、涂层基布等方面。

9.1.2.2 家用纺织品

家用纺织品又称装饰用纺织品，是起美化装饰作用的纺织品，它在品种结构、外观与实用效果相结合、织纹图案和色彩搭配与总体布置相一致等方面较其他纺织品具有更突出的特点。家用纺织品可分为床上用品、家具织物、室内装饰用品、餐厅和盥洗室用品及户外用品类。床上用品有床单、被面、被里、被罩、床罩、毛毯、绒毯、线毯、毛巾毯、枕套、枕巾等。家具织物包括沙发套和椅套等。室内装饰用品包括窗帘、帷幔、门帘、贴墙布、地毯、壁毯、像景、绣品等。餐厅和盥洗室用品包括台布、桌布、餐巾、茶巾、毛巾、浴巾、地巾等。户外用品有遮阳伞、帐篷、人造草坪等。随着人们生活水平的提高，对家用纺织品的使用更加广泛，公用和交通设施如旅馆、饭店、影剧院、歌舞厅、汽车、轮船、飞机等，都需要相应配套的装饰用纺织品。对装饰用纺织品的要求除美化功能外，还包括阻燃功能、卫生功能和特别要求的实用功能等。

9.1.2.3 室内织物的表现方法

室内织物设计的壁挂创作中多利用编织工艺、印染工艺、刺绣工艺、拼贴工艺及工艺装饰画来表现。

1. 编织工艺

中国结是艺术与实用并重的一种结构体，从古到今有着悠久的历史，有双联结、双线结、万字结、十字结、平结、纽扣结、祥云结、双环结、琴瑟结、团锦结、藻井结、盘长结、梅花结等，各种结构的形状和命名均具有中国特有的吉祥、美满、祝福的色彩，配上流苏、配件就是一件非常优雅的艺术品。

编织工艺最普遍的是棒针绒线的各种花样编结法、勾针法、勾网扣法、筐蓝编结法、鱼网编织法。

材料可以是全毛绒线、混纺绒线、纱线、尼龙线、纤维绳线、麻线、藤线、草线等。

2. 印染工艺

扎染、蜡染、板印、水印、浆印、丝印、手绘、转移印花，都是从千百年流传下来的传统民间工艺上发展起来的。

扎染是采用针线对布料进行扎、缚、缝、缀后再经染色而形成的装饰造型。扎缝时，由于宽、窄、松、紧的不同，染色的时间长短不同，显出的花纹深浅，皱纹也就不同。扎染具有色彩渗透自然、边缘过渡柔和的装饰效果。扎染除了缝扎排列规则的造型外，还可根据需要进行串扎、撮扎而形成理想的装饰造型。

蜡染是笔蘸了蜡的溶液画花纹在布料上，待干透后，把画上蜡的布放到蓝靛染料中染色。在进行熔蜡、漂洗后，凡描过蜡处呈白色，蜡层厚处有冰纹呈现，未描蜡处靛蓝颜料沿裂纹渗透呈靛蓝色，蓝白相间，具有人工无法描绘的自然冰纹，以此作壁挂，极具艺术特色。

蓝印花布用板印、水印、浆印、丝印、纸印等方法及用手绘、转移印花等印染工艺，都可以达到装饰效果。

3. 刺绣工艺

中国四大名绣(京、苏、湘、粤)用不同的刺绣针法，如绣花、挑花、补花、贴花、抽丝、勾花、刀绣、纱网等手段进行加工，可得到不同肌理的装饰效果。

4. 拼贴扎结工艺

用绒贴、线贴照预先设计好的图样进行粘贴，用盘绕、环结色绳的方法可创造出既抽象又严谨的柱式造型及肌理效果。将麦穗或松枝进行扎、结、盘、绕，更可制成形状各异的圣诞门饰、壁饰。

9.1.2.4 织物的正反面识别

织物的正反面一般是根据其外观效应加以判断，可从以下几个方面观察：

1）一般织物正面的花纹、色泽均比反面清晰美观；

2）具有条格外观的织物和配色模纹织物，其正面花纹必然是清晰悦目的；

3）凸条及凹凸织物，正面紧密而细腻，具有条状或图案凸纹，而反面较粗糙，有较长的浮长线；

4）起毛织物，单面起毛织物，其起毛绒一面为织物正面，双面起毛绒织物，则以绒毛光洁、整齐的一面为正面；

5）织物的布边，布边光洁、整齐的一面为织物正面。

9.1.3 装饰用织物要求

装饰用织物按用途分为以下四类：

1）座椅类。包覆沙发和软椅用的织物，例如沙发罩、软椅包覆、床头软包等用织物。

2）床品类。床上用品用织物，例如床罩、床围、床单、被套、枕套、靠垫等用织物。

3）悬挂类。悬挂制品用织物，例如窗帘、门帘、帷幔等用织物。

4）覆盖类。松弛式覆盖布用织物，例如沙发巾、台布、餐桌布等用织物。

9.1.3.1 装饰用织物性能

1. 耐磨性好、强度高

家具装饰织物有的悬垂或悬挂，有的拉伸绷紧包覆在家具框架和垫子上，在使用过程中，通常比大多数其他纺织品材料承受更大的应力。决定这类性能的因素包括：纤维类别、纱线形式（花式纱和其他不光滑的纱线耐磨性差）、纱线捻度（捻度高耐磨性好）、织物密度、后整好、织物重量等。织物类型非常重要，应该符合产品最终用途的要求，例如，机织物比针织物稳定性好，花式纱织物耐磨性差、使用期不长。

2. 手感好，透气性好

装饰织物手感必须好，因为它们始终与人体保持接触，人们通常不希望手感粗糙或太光滑，织物不能起毛、起球，有好的透气性。透气性是空气或湿气通过织物的能力，其与坐靠舒适性有直接的关系。与家具直接接触时间越长，这项性能越重要，透气性的影响因素有：

1）纤维类别。吸湿性好的纤维传递湿气的能力强。

2）织物结构。透孔结构使空气和湿气容易通过。

3）后整理。轧光整理阻碍织物中气体的通过。

4）衬垫材料密度。密度高，透气性小，不规则表面的织物和有较大容纳空气空间的织物（如蓬松纱线织物）传递气流能力强。

3. 经久耐用

耐磨擦沾色、耐摩擦退色、耐光、耐环境等色牢度对家具装饰织物至关重要，具有好的防脱缝和防纰裂性，耐用家具装饰织物非常需要用碳氟化合物进行拒污整理，家用类家具织物最好进行阻燃整理，商用类家具织物一般必须进行阻燃整理。

《纺织品装饰用织物》(GB/T 19817—2005)中悬挂类和覆盖类用织物内在质量应符合表 9-3 的要求。

表 9-3 悬挂类和覆盖类用织物内在质量要求

项目		优等品	一等品	合格品
纤维含量偏差		符合 FZ/T 01053 规定		
断裂强力/N		≥250	≥200	≥180
胀破强度/kPa		≥250	≥220	≥200
纱线抗滑移(定负荷 80 N)/mm		≤4	≤5	≤6
水洗尺寸变化率(%)	机织物	+2.0～−2.0	+3.0～−3.0	+3.0～−4.0
	针织物	+2.0～−3.0	+2.0～−4.0	+2.0～−5.0
干洗尺寸变化率(%)	机织物	+2.0～−2.0	+3.0～−3.0	+3.0～−4.0
	针织物	+2.0～−3.0	+2.0～−4.0	+2.0～−5.0
色牢度/级	耐干洗(变色)	4～5	4	3～4
	耐洗(变色/沾色)	4/(3～4)	4/(3～4)	4/3
	耐水(变色/沾色)	4/(3～4)	4/(3～4)	4/3
	耐干摩擦	4	3～4	3～4
	耐湿摩擦	3～4	3	3
	耐光	悬挂物 6	悬挂物 5	悬挂物 4
		覆盖物 5	覆盖物 4	覆盖物 4

9.1.3.2 装饰用织物图案

家具织物的图案排列和方向非常重要。有时要求相同的图案或主题图案出现在靠枕或靠垫的中心。在许多家具上，如靠垫和沙发等，图案循环应该与家具相匹配。如果不是循环图案，那么就没有图案的特定位置要求。一般织物经向强度较高，所以使用时应该使经向在较大受力方向上，这个方向通常是家具的垂直方向。

有些织物没有方向性，也就是说它们在同一件家具上既可以水平布置，也可以垂直布置，例如单色平纹组织方形织物，另一个特殊情况是单向图案织物，例如一只正在奔跑动物的图案，这时图案的位置就非常关键了。

织物在家具中使用，注意以下几点：

1) 条格。条格可以水平布置，也可以垂直布置。但缎条为了体现最好的光泽效果，通常是垂直布置的。缎条采用垂直方向也可以延长织物的使用寿命。使用条格时必须注意确保条格与家具的各表面相匹配，确保靠枕上部到坐垫前部的图案相匹配。

2）绒毛。割绒类织物，如天鹅绒、条绒、灯心绒等织物，在家具上的使用方向通常是绒毛或绒条向下，在坐垫上通常是向前。这样使用，耐磨性和舒适性都能达到最好。

3）横向水平方向铺展。织物图案和循环的方向特征决定了织物是沿布匹方向还是横向水平方向铺展。布匹方向铺展是指织物经向沿椅子或沙发从上到下方向铺展(即沿椅背垂直向上方向)。织物横向水平方向铺展则是与布匹方向垂直 90°的方向。所以沿布匹方向铺展的条格织物、经向条格将呈沿椅子从上到下的垂直条格。如果同一块织物沿横向水平方向铺展，则条格将呈沿椅子从左到右的横向条格。没有印花或其他图案效果的染色织物可以沿着任何一种方向铺展。图案或其他织物效果决定了织物是否可以横向水平方向铺展。横向水平方向铺展织物的好处是最大限度地利用了织物。

4）病疵。织物病疵有纱线粗节、经线断头、跳针等，在窗帘和服用织物中都会不同程度地出现。这此病疵程度较轻时，容易隐藏在窗帘织物形成的悬垂褶裥和服用织物沿人体形成的褶裥里面，不容易被发现。然而家具装饰织物始终处于平整紧绷状态，没有褶裥悬垂部分(除了椅子或沙发的裙边)，病疵会明显突现，外观难看，而有些缺点如大肚纱或纱线粗结，可能会严重影响织物的耐磨性，因为这些病疵会承受额外的摩擦，所以家具装饰织物在使用之前必须仔细检查，在家具制造过程中小心裁剪织物，可以把病疵隐藏到椅背、边侧、裙边或者其他隐蔽部位，如果是织物装饰的成品家具，接收前应在日光和人工光源下仔细检查织物的病疵和色柳。

5）曲面和折角。家具上织物最薄弱的部件是容易损坏的曲面和折角。为了避免褶皱和隆起并保证平整贴合，织物在这些部位被拉紧包覆，这些部位受到的磨损最大，绒类织物这种磨损最严重。在检测织物时，将织物紧紧包覆在拳头上或家具的曲面和折角上，通过绒毛应看不见绒类织物的组织。

许多家具装饰织物，特别是结构较松散或低捻度纱线的织物，为了增加织物的强度和纱线的稳定性，可能在背面喷上一层乳胶。当这些织物被拉紧包覆在曲面和折角上时，背衬的乳胶有时会通过正面被看到。可以用前述检验绒类织物相同的方法检验这类乳胶背衬织物。乳胶背衬与织物颜色不向，如果织物正面露出背衬，则应该避免使用该织物。

9.2 地毯

地毯是用棉、毛、丝、麻、椰棕或化学纤维等原料加工而成的地面覆盖物，广义上还包括铺垫、坐垫、壁挂、帐幕、鞍褥、门帘、台毯等。

随着国家经济的发展，人们的生活水平日益提高，室内装饰装修尤其是软装饰已成为一种新的潮流。广泛应用在家居、酒店宾馆、办公写字楼、公共娱乐等场所中的地毯，具有丰富的图案、绚丽的色彩、多样化的造型，能美化环境，体现装饰个性。地毯的实用功能是作为铺地材料，能抵御寒湿，利于坐卧；地毯以其紧密透气的结构，能收到良好的隔声效果；地毯表面绒毛可以捕捉、吸附飘浮在空气中的尘埃颗粒，有效改善室内空气质量；地毯是一种软性铺装材料，有别于大理石、瓷砖等硬性地面铺装材料，不易滑倒磕碰，家里有儿童、老人时建议铺块地毯或满铺地毯，具有好的安全性。总之，地毯作为一种高级的装饰品，既具有隔热、防潮、舒适等功能，也有高贵、华丽、美观、悦目的效果，成为高级建筑装饰的必备产品。

9.2.1 地毯的种类与特点

地毯产品按用途不同分为艺术壁挂毯、壁毯、汽车毯、室内地毯、人工草坪地毯、祈祷地毯、航空地毯、拼块地毯、楼道地毯、毯垫（房间出入口、化妆室和浴室使用的小块地毯）、展览毯（展览会一次使用的地毯）；根据构成毯面的原材料名称的不同分为羊毛地毯、真丝地毯、化纤地毯、纯麻地毯、纯棉地毯、羊毛混纺地毯、天然色羊毛地毯；按特殊加工技术不同分为剪花片凸地毯、抗静电地毯、阻燃地毯、印花地毯、化学水洗地毯、丝光地毯、发泡背胶地毯、植物染色仿古地毯、防虫蛀地毯。

9.2.1.1 按图案分类

地毯按图案不同分为传统图案地毯（包括西部民间古毯、北京式、美术式、彩花式、素古式）、民族图案地毯［包括新疆图案地毯、西藏图案地毯（藏毯）、西双版纳图案地毯］、创新图案地毯（包括古纹式、锦纹式、古典式、园林式、京彩式、现代平面构成图案）和波斯图案地毯。

1. 北京地毯

北京地毯简称京式地毯。其图案特点是题材常来源于中国古老绘画、建筑上的彩画、宗教图画等艺术形式，地毯四周长方形边框十分突出，图案工整对称、色调柔和典雅。由于京式地毯具有庄重严肃古朴的艺术特点，故常用于较严肃场合的装修，如会议厅、接待大厅等。

2. 美术式地毯

美术地毯借鉴了西欧装饰艺术特点，常以盛开的玫瑰、郁金香等花卉草木等组成。花团锦簇、色彩华丽且构图完整，具有富丽堂皇的艺术特点，故多用于渲染高档豪华气氛，如高级餐厅、宴会厅等。

3. 彩花式地毯

彩花式地毯有长方形、方形和圆形等，其图案如同工笔花鸟画，主要表现一些婀娜多姿的花卉，色彩绚丽，构图富于变化，具有清新活泼的艺术格调。

4. 素凸式地毯

素凸地毯的特点是单色，花纹图案凸出基面，犹如浮雕，富有一种幽静雅致的情趣。

5. 藏毯

除了上述传统的"京、美、彩、素"四种地毯之外，我国还有许多民族特色更为浓郁的地毯种类，藏毯即其中一种。早在1800多年以前的西汉时代，随着佛教的传入，西藏人民用牛、羊毛制成拜佛垫，后来就开始制作像我们今天所看到的地毯。藏毯以藏系羊毛为原料，沿用藏族传统工艺，手工纺纱，染色上大部分仍使用植物颜料，如核桃皮、橡树皮、石榴皮、茜草等，植物染色，手工编织，图案简洁、自然，色彩淡雅、古朴、粗犷，深为世人所青睐。藏毯看上去色调柔和协调，不易褪色，其柔软性好，不伤地板，有防滑作用，整体耐用结实，集实用、收藏、欣赏为一身。

9.2.1.2 地毯按地毯材质分类

1. 纯毛地毯

纯羊毛地毯，再经过选毛、洗毛、梳毛、染色、织毯、剪片、水洗等工序加工而成。我国的纯毛地毯多以绵羊毛为原料，纤维长、拉力大、弹性好、有光泽，纤维稍粗而且有力，是编织地毯的优质原料。将绵羊毛与进口毛纤维，如新西兰等国的毛纤维掺配使用，发挥进口羊毛纤维细、有光泽等特点，取得了很好效果，具有毛质优良、技艺独特、图案典雅的特点。纯羊毛地毯虽然占地毯总量不到1%，但它是其他地毯模仿的标准。

纯毛地毯的重量为1.6～2.6 kg/m^2，是高级客房、会堂、舞台等地面的高级装修材料。

2. 混纺地毯

混纺地毯是以毛纤维与各种合成纤维混纺而成的地面装修材料。混纺地毯中因掺有合成纤维，所以价格较低，使用性能有所提高。如在羊毛纤维中加入20%的尼龙纤维混纺后，可使地毯的耐磨性提高5倍，装饰性能不亚于纯毛地毯，并且价格下降。

3. 化纤地毯

化纤地毯也称合成纤维地毯，如聚丙烯化纤地毯、丙纶化纤地毯、腈纶化纤地毯、尼龙地毯等。它是用簇绒法或机织法将合成纤维制成面层，再与麻布底层缝合而成。化纤地毯耐磨性好并且富有弹性，价格较低，适用于一般建筑物的地面装修。

4. 塑料地毯

塑料地毯是采用聚氯乙烯树脂、增塑剂等多种辅助材料，经均匀混炼、塑制而成，它可以代替纯毛地毯和化纤地毯使用。塑料地毯质地柔软，色彩鲜艳，舒适耐用，不易燃烧且可自熄，不怕湿。塑料地毯适用于宾馆、商场、舞台、住宅等。因塑料地毯耐水，所以也可用于浴室起防滑作用。

9.2.1.3 地毯按供应的款式分类

1. 整幅成卷供应的地毯

化纤地毯、塑料地毯以及无纺织纯毛地毯常接整幅成卷供货。成卷地毯能增加房间的宽敞感，整体感强，但地毯局部损坏更换不太方便，也不够经济。

2. 块状地毯

纯毛等不同材质的地毯均可成块供应。纯毛地毯还可以成套供货，每套由若干块形状、规格不同的地毯组成。花式方块地毯是由花色各不相同的小块地毯组成的，它们可以拼成不同的图案。块状地毯铺设方便灵活，位置可随时变动，给室内设计提供了更大的选择性，磨损严重部位的地毯可随时调换，从而延长了地毯的使用寿命，达到既经济又美观的目的。在室内巧妙地铺设小块地毯，常常可以起到画龙点睛的效果。小块地毯可以破除大片灰色地面的单调感，还能使室内不同的功能区有所划分。沙发前地毯、门口地毯、床前地毯、道毯等均是块状地毯的成功应用。

9.2.1.4 地毯按所用场所分类

地毯按其所用场所性能的不同分为六个等级，见表 9-4。

表 9-4 地毯的使用程度分级

使用程度	使用部位
轻度家用级	铺设在不常使用的房间或部位
中度家用级 轻度专业使用级	用于主卧室或餐室等
一般家用级 中度专业使用级	用于起居室、交通频繁部位，如楼梯、走廊等
重度家用级 一般专业用级	用于家中重度磨损的场所
重度专业使用级	家庭一般不用
豪华级	地毯的品质好，纤维长，因而豪华气派

9.2.2 地毯的制作方法

地毯由绒部和地部两部分组成，当地毯铺在地板上时，绒部中的纱线(绒毛)可以直接看到，地部或称背部是固接绒毛的部分。

地毯因制作方法不同可分为手工地毯、机制地毯，机制地毯又包括簇绒地毯、机织威尔顿地毯、机织阿克明斯特地毯等。

9.2.2.1 手工编织地毯

手工编织地毯多以纯羊毛和真丝为材料，前后经过图案设计、配色、染纱、上经、手工打结、平毯、片毯、洗毯、投剪、修整等十几道工序加工制作而成。手工编织的地毯按工艺又可分为手工打结地毯和手工枪刺(胶背毯)地毯两种。

手工打结地毯是将经纱固定在机梁上，由人工将绒头毛纱手工打结编织固定在经线上，可以将几十种色彩和谐地糅合在一起。

手工枪刺地毯经过图案设计、配色、染纱、挂布、手工枪刺、涂胶、挂底布、平毯、片毯、洗毯、回平、修整等十几道工序加工制作而成。经手工将地毯绒头纱人工植入特制的胎布上，将各种色线组合成精美图案，然后在毯背涂刷胶水，再附上底布，手工包边而成。图案色彩也可以达二十多种。

手工地毯按图案可分为波斯图案、美术图案和几何图案。波斯图案多以羊毛配以桑蚕丝织成，有边角、夔龙，图案颜色丰富，具有浓郁的西亚风格，整体气质雍容华贵，气度超凡；美术图案多以动植物为原型抽象出图案，清新自然，亲切柔和，具有现代美感。

9.2.2.2 簇绒地毯

向一块已织好的、相对稀疏的织物中另外插入纱线就可制成机制起绒织物。在机制起绒织物中，插入工作是由一排与织物等宽的紧密相邻的针完成的。每根针从一个筒子上引出一根纱线并喂入织物，所有的针同时向下运动穿过地组织。当针缩回时，针钩（或弯针）开始运动并握持绒圈，这样就形成了一排绒圈。簇绒地毯不是经纬交织而是将绒头纱线经过钢针插植在地毯基布上，然后经过后道工序上胶握持线头而成。

簇绒地毯通常有两层衬底，主衬底是固定正面纱线的部分，簇绒之后，次衬底层被黏结到主衬底层上。次衬底层增加了地毯的强度、尺寸稳定件和整体性，机织地毯不需要次衬底层，如存在次衬底层可以辨认出这是簇绒地毯。

面纱由主衬底固接，固接方法有背面乳胶涂层和热熔黏结，乳胶也起到了黏结次衬底层的作用。热熔黏结不使用黏结剂，通过加热熔化将面纱、主衬底和次衬底（都是热塑性塑料）黏合成整体，图 9-4 为典型的簇绒地毯结构。

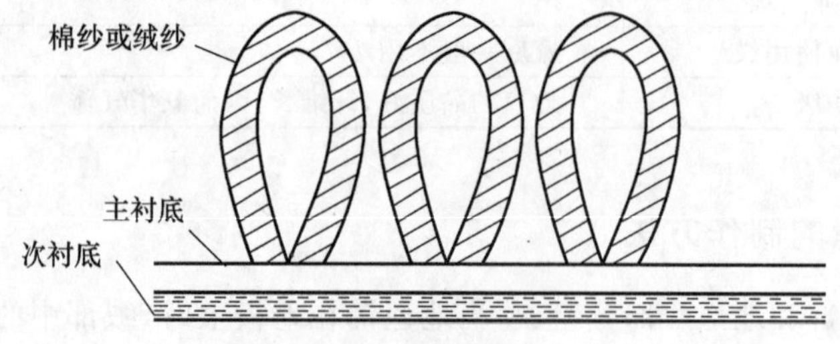

图 9-4 簇绒地毯结构

如果面纱黏结不好，沿地毯整个长度方向会发生绒毛脱离（一排绒毛被拔出），形成难看的肋绒带。机织地毯因为制造方法不同，不会发生这种情况。次固接层也可由非织物原料制成，可以使用海绵橡胶或泡沫材料，这些材料可以提高缓冲效果，具有防滑表面。橡胶衬底也可以用于机织地毯，起衬底或缓冲垫的作用。聚烯烃（聚丙烯）纤维是用于衬底织物的主要纤维，无论是主衬底还是次衬底，它牢固且不吸水，溢出物和潮气也不会使聚丙烯纤维腐烂、发霉和收缩。

簇绒法生产地毯速度快、成本低，不需要熟练工人，物美价廉，是酒店装修首选地毯。簇绒法生产地毯不能生产提花图案，图案具有局限性。

9.2.2.3 天鹅绒地毯

天鹅绒地毯是通过引纬线水平插入金属杆使经线（即绒经）提升形成绒圈而产

生起绒表面，金属杆在每排水平的绒圈形成后抽出。如果需要割绒，金属杆末端的割刀会割开绒圈。金属杆的高度决定了绒圈(绒毛)的高度，采用不同高度的金属杆形成不同高度的绒圈，剖开绒毛和未割绒圈的交替排列，可以形成各种纹理效果。

天鹅绒地毯的结构是大多数绒经在织物表面，所以这种结构可以生产出表面耐久性好的地毯。彩色图案的生产有一定的限制，因为所使用的织机适应图案变化能力不强(没有提花机)，无法生产非常清晰的细节图案或轮廓。天鹅绒地毯是最便宜的机织地毯。

9.2.2.4 机织威尔顿地毯

机织威尔顿地毯是通过经纱、纬纱、绒头纱三纱交织，后经上胶、剪绒等后道工序整理而成的。由于该地毯工艺源于英国的威尔顿地区，因此称为威尔顿地毯。此机织地毯是双层织物，生产效率比较高。生产威尔顿地毯的织机与生产天鹅绒地毯的织机相似，只是它附有提花机，可以在表面形成机织图案。提花系统在地毯正面选择适当的绒经，将水平金属杆插入，使绒经在地毯表面提升形成绒圈。其他色彩的绒经仍然藏在地毯内，起增加地毯强度、弹性、整体性的作用。因此，当某种颜色纱线在表面显现时，其他几种颜色的纱线都隐藏在表面下。

虽然它的织花能力几乎没有限制，但图案的颜色是有限制的，因为使用绒经的数量是有限制的。绒经太多会使地毯太笨重，也太昂贵。威尔顿地毯可以由未割绒绒圈和割绒绒毛形成多层表面。

威尔顿地毯的特色是图案清晰明显，细节和轮廓比阿克明斯特地毯和天鹅绒地毯都精确，但是其生产速度慢、所需纱线多，面且许多纱线又不在织物表面，所以威尔顿地毯最昂贵。

9.2.2.5 机织阿克明斯特地毯

机织阿克明斯特地毯是通过经纱、纬纱、绒头纱三纱交织，后经上胶、剪绒等后道工序整理而成的。该地毯使用的工艺源于英国的阿克明斯特。阿克明斯特地毯表面的每个绒圈或绒毛都来自不同的卷轴，使得图案可使用的色彩数量和图案变化能力几乎没有限制，这种地毯模仿了手工小地毯的织法，通常多股纱线一起切割，形成单层绒面。地毯织造效率非常低，其效率仅为威尔顿织机的 30%，如果同样图案地毯大批量生产，可以兼顾精致的图案与合理的价格。

因为阿克明斯特地毯结构类型的原因，所以没有纱线隐藏在背面，生产地毯的纱线中用于表面起绒的纱线较多。由于在地毯中使用重纬，所以背面有很明显凸起的条纹。所以，阿克明斯特地毯只能沿经向卷起(即弯曲经线)。

9.2.2.6 其他地毯

地毯的生产还有针刺法、针织法、热熔黏合法，针刺地毯和黏结地毯也称为无纺地毯。

1. 针刺地毯

针刺法生产地毯是一种非织造法，仅有一小部分地毯采用该法生产，生产出的地毯类似毡。

针刺地毯的耐久性由材料密度和纤维类型决定，采用的纤维通常是尼龙或者聚烯烃。如果需要，可以将一个稀松织物放在纤维网下，它与纤维网一起针刺后就嵌入针刺地毯内，使针刺地毯更牢固、更稳定。有时背衬一层泡沫橡胶，使背面成为防滑表面。

针刺法产量高、劳动量小，不像簇绒地毯需要主衬底，所以价格最低，但是针刺地毯产品通常较呆板、平淡、外观像毡。针刺地毯主要作为门内外使用的地毯，它通常用于院子、厨房地面。

2. 针织地毯

地毯也可以通过针织法生产，针织地毯通常采用拉舍尔经编针织，它比纬编针织稳定件好，针织地毯通常绒毛较长（长毛绒），有各种密度、织纹和图案。按所使用的纱线量测算，针织地毯是一种经济的生产方法，但它的结构决定了其表面耐磨性不太好。

3. 热熔黏合地毯

热熔黏合地毯中的起绒纱线被嵌入涂于主衬底表面的黏性涂层中（一般是乙烯基树脂），纱线不穿越衬底材料，而是立于衬底层上面，也常采用次衬底层，以增加重量和稳定性。

9.2.3 地毯绒毛类型

虽然大多数地毯生产出来时是绒圈结构的表面，但最终可以有很多种外观效果。

9.2.3.1 圈绒

圈绒表面是指地毯表面由线圈状纱线覆盖，地毯绒面由保持一定高度的绒圈组成。机织毛圈织物和针织毛圈织物都具有这种表面特征。如果线圈高度一样时，这种圈绒效果称为单层型，见图 9-5。它具有绒圈整齐均匀，绒毛可以有高密度和低密度的变化，毯面硬度适中而光滑，行走舒适，耐磨性好，容易清扫的特点，适用于步行量较多的地方铺设。

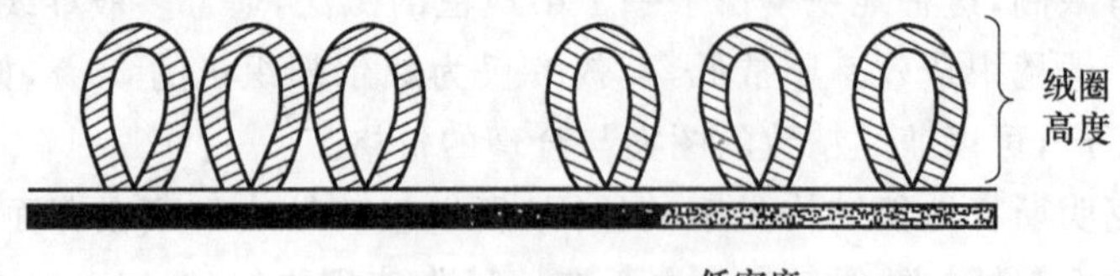

图 9-5 圈绒结构

通过不同的线圈高度产生表面图案或纹理效果、形成多层型圈绒，这种类型也称为高低型，其结构见图 9-6。与单层型相比，可显示出图案，花纹含蓄大方，风格优雅，它的耐用性要稍差一些，因为其较长的线圈承受了较多的外力作用，不过它的玷污隐藏性较好。

9.2.3.2 割绒

在地毯生产过程中，经常将绒圈割断，形成纱线的两个簇头，从而形成割绒地毯，见图9-7，割绒加工可以用刀片也可以用剪刀，割绒地毯的绒面结构呈绒头状，绒面细腻，触感柔软，绒毛长度一般在5～30 mm之间。绒毛短的地毯耐久性好，步行轻捷，实用性强，但缺乏豪华感，舒适弹性感也较差。剪切的绒面较平整，在纱线不同的高度割绒可以产生雕刻效果，看上去就像图案从地毯表面雕刻出来的。绒毛可以有高密度和低密度的变化。

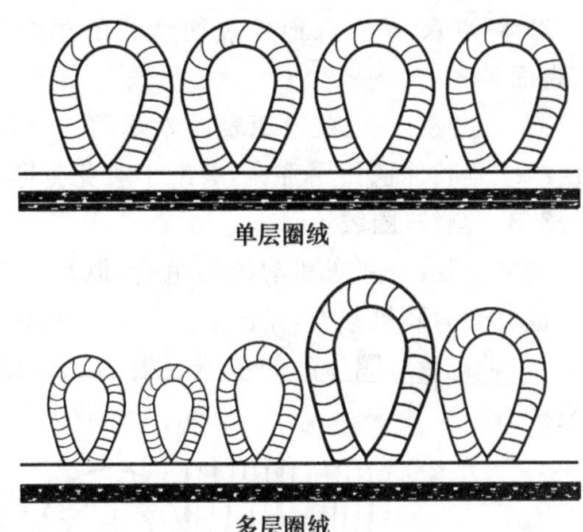

图9-6 单层与多层圈绒结构

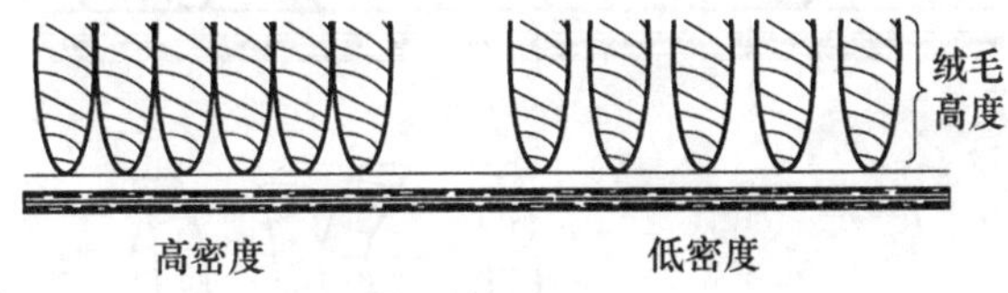

图9-7 割绒结构

如果地毯绒面稠密整齐、绒毛深度远远超过普通割绒绒毛，则通常称为长毛绒地毯。绒毛长的地毯柔软丰满，弹性与保暖性好，脚感舒适，具有华美的风格。为了达到更柔软的效果，长毛绒地毯常采用单纱而不用股线。由于表面纱线捻度低、回弹性差，所以长毛绒地毯容易留下脚印，它们还会影响带脚轮家具的移动。

三种典型的割绒表面是天鹅绒、萨克森和法里兹，见图9-8。

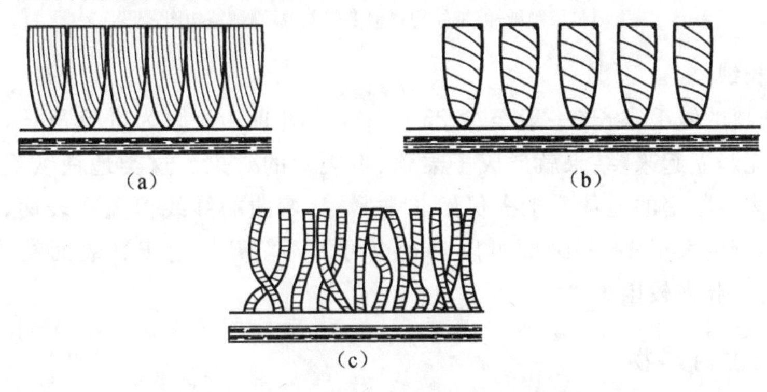

图9-8 绒毛结构

(a)天鹅绒；(b)萨克森；(c)法里兹

1）天鹅绒：天鹅绒地毯表面纱线的捻度低，经纱易融合在一起形成光滑、柔软的表面。

2）萨克森：萨克森地毯表面纱线的捻度比天鹅绒地毯大，但大得不多，常用股线，表面整齐。

3）法里兹：法里兹地毯表面纱线的捻度很高，产生随意、粗纹、缠结的效果。强捻度纱线延长地毯使用寿命，有助于避免脚印和阴影。

9.2.3.3 割绒-圈绒

割绒-圈绒是绒圈和割绒的组合，既可以是单层型，也可以是多层型（即高低层型），也称其为随机修剪，见图 9-9。因此，可以取得多种用其他方法无法得到的表面效果，这种地毯绒圈顶部的纱线反射的光线比割绒绒毛端反射的多，绒圈区域会显得亮些。

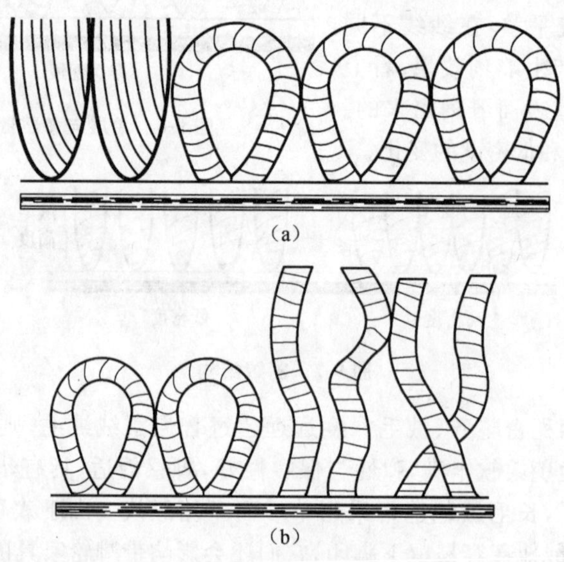

图 9-9 割绒-圈绒

(a)单层割绒-圈绒结构；(b)多层割绒-圈绒结构图

9.2.3.4 长绒

长绒地毯的绒毛很长（一般至少 25 mm），见图 9-10。因为绒毛很长，它们一般会倒伏，不能竖立起来，结果就形成了柔软、不规则的效果。这类地毯绒毛密度可以降低，但结构不紧密的地毯看上去仍然非常紧密，弯曲的纱线覆盖在表面，其外观看上去比实际密度大得多，其绒圈可以割开也可以不割开。由于其表面结构的原因，这类地毯清洁起来较困难。

9.2.4 地毯衬垫物

地毯衬垫物，或称为缓冲垫，是一种介于地毯和地板之间的衬垫材料。它可以和地毯分离，也可以黏合到地毯背面。地毯衬垫物有各种不同重量、厚度和密度的地毯衬垫物，其类型有以下几种：

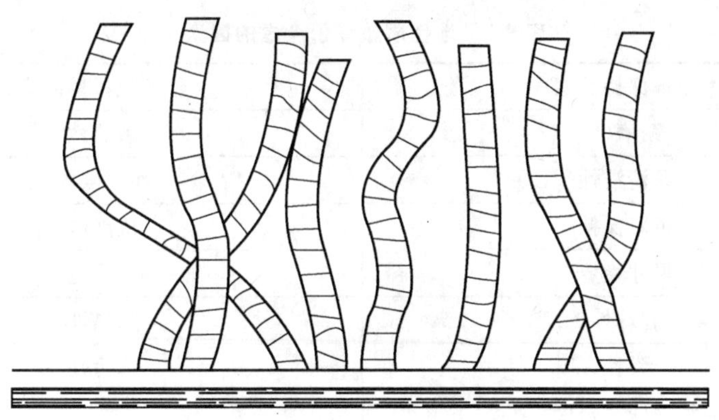

图 9-10 长绒结构

1) 毡:由动物毛发和其他纤维制成的毡状或网状材料,可以用针刺法制成,在所有衬垫产品中价格最低,但用过一定时间后会解体,不推荐在人流量大的地方使用;

2) 合成纤维:把纤维(如涤纶)黏合在一起可以形成衬垫材料,有许多不同柔软度和可压缩性的品种;

3) 泡沫材料:一般是扁平的,因此抵抗家具和大量人流形成的压力的能力不强,泡沫材料通常作为背衬黏合在地毯上,主要有橡胶泡沫和聚氨酯泡沫;

4) 海绵橡胶:为了功能好一些,通常有斜格状或波纹状条纹,材料中充满了像泡沫材料那样的气囊,但其气囊壁厚度更厚、重量更重,因其具有柔软性和可压缩,较适合家用,频繁地踩踏会导致气囊结构被破坏,故不宜用在人流量大的地方。

使用地毯衬垫物具有以下优点:

1) 延长了地毯的使用寿命,衬垫使表面纱线更快地恢复竖立状态,增加了地毯的弹性,竖立的绒毛越多,去除摩擦下来的玷污颗粒就容易,地毯的耐用性就越好;

2) 地面感觉更舒适、更豪华,弹性效果也更好,用了衬垫物后,便宜的薄地毯也可以给人以高雅的感觉;

3) 增加真空吸尘器清洁的效果,由于地毯下形成空气层,当空气层穿过地毯时,有助于去污和除尘;

4) 隔声吸声效果更好,衬垫物增加了房间的隔热性;

5) 增加地面的平坦度和地毯的稳定性,衬垫物使地板看起来光滑平整,衬垫物的地毯不易滑移、起皱。

9.2.5 地毯的质量要求和选用原则

9.2.5.1 地毯的质量要求

评价地毯质量时,应考虑的因素见表 9-5,各种地毯都有相应的检验标准,以针刺地毯为例,《针刺地毯》(QB/T 2792—2006)规定纤维含量大于 500 g/m^2 及以上针刺地毯的内在质量和外在质量应符合表 9-6 和表 9-7。

表 9-5 地毯质量评价考虑的因素

外观保持因素	非外观保持因素
耐磨性	耐热性
易清洁性	噪声吸收
色彩保持	抗静电
尺寸稳定	抗沾色
起球性	隔热性
弹性	抗污性
绒毛联结强度	

表 9-6 针刺地毯内在质量

项 目	单 位	技术指标		
		优等品	一等品	合格品
动态负载下的厚度减少率	%	条纹≤35	≤40	≤45
		绒面≤40	≤45	≤50
		毡面≤20	≤25	≤30
外观变化	级	＞3	＞2～3	＞2
单位面积质量下限偏差	%	−8		
耐光色牢度(氙弧)	级	≥5	≥5	≥4
耐摩擦色牢度(干)	级	＞3～4	＞3～4	3
耐燃性(水平法,片剂)	mm	损毁长度≤75(8 块中至少 7 块合格)		

表 9-7 针刺地毯外在质量要求

项 目	技术指标		
	优等品	一等品	合格品
破损	不允许	不允许	不允许
污渍	不允许	不明显	不明显
条纹、花纹不清晰	不明显	较明显	较明显
透胶	不允许	不明显	不明显
涂胶不均	不明显	较明显	较明显
毯边不良	不允许	不明显	不明显
折痕	不允许	不明显	较明显
烤焦	不允许	不允许	不明显
幅宽尺寸下限偏差	不小于规定尺寸	−1.0%	−1.5%

9.2.5.2 地毯的选用原则

1. 与装修标准、装饰风格相一致

任何一项工程不论是新建工程、原有工程翻建或重新装修都是有计划、有标准的，是按五星标准装修还是三星标准，是西式风格还是中式风格，是古典流派还是现代流派，这一切是选择地毯类别、档次、色泽、图案的基准点，装修标准风格应与选用地毯达到的装饰效果统一，让地毯为装饰起到锦上添花的作用。

2. 分区域选用地毯的原则

建筑内各房间功能和区域不同，选择的地毯应有差别。以酒店为例，一个完整的酒店是由多个不同区域组成的，包括有客房、走廊、电梯厅、大小餐厅、大小会议室、接待室，还有办公区域、娱乐区域等。由于这些区域的功能不同，也造成人流、车流的不等。是静是闹、是冷是暖，为了适应区域的特殊性，各区域地毯的选择必须是与之呼应的，也就是适应性问题。

3. 地毯选用与外部环境适应的原则

建筑物所处的外部环境，对地毯选用有很大的制约性。常年平均降雨量、平均气温、室外相对温度、湿度、大气质量、卫生绿化等都是考虑因素，不把这些因素考虑进去，会给地毯在使用过程中带来很大麻烦。如雨水雪水多的城市，鞋上带入的冰、雪、水，给走廊、客房地毯造成大量污染。因此，在外部环境特殊时更应多考虑地毯类别与环境的统一性。

4. 地毯生产制造方法的影响

尽管目前销售的大部分地毯是簇绒地毯，但是有些顾客仍然喜欢较贵的机织地毯。因为机织地毯图案线条清晰美观，衬底不会脱层(机织地毯不需要次衬底)，不会脱绒，稳定性好，有传统风格。如果地毯生产过程正确，使用合理，那么不管是什么结构的地毯都不会有问题。在人流密集的地方，机织地毯通常比较耐用，因为它耐用性好，不存在面纱脱离地毯的可能性。

5. 地毯选用与工程预算相吻合的原则

机制地毯因制作工艺不同和原料配比的不同造成价格各异，这样就为既不降低地毯等级还能吻合预算提供很大的选择余地。同为80%羊毛的客房地毯因制作工艺不同，阿克明斯特、威尔顿、羊毛簇绒价格差别很明显。使用50%的羊毛、50%化纤混纺(化纤除尼龙外，涤纶、腈纶等化纤价格均比羊毛价格低)，既可保证地毯实用品质，又可消除静电，羊毛与化纤优缺点互补，也可降低造价。另外还可通过降低地毯厚度，减少绒头重量来降低价格。总之应在不降低地毯选用类别、等级的原则下，在同等级、同类别地毯范围内进行品种、用毛比例、绒头重量的调整，以求地毯品质同工程预算的统一。

总之，不论是进口地毯或是国产地毯，生产厂家都会因设备的不同、原料选用的不同、加工工艺的差别和管理水平高低等，造成最终产品、品种、质量、花色、价格及服务的差异。

9.2.6 地毯的清洁

地毯织品多因其经纬线较粗，空隙较大，最易积聚尘埃。微量的细尘埃逸散到室内空气中，污染着清洁的空气。繁殖在地毯中的蟑螨，以人体皮肤上脱落的细胞屑为食，一旦进入肺或支气管，影响人体健康，故使用地毯要注意清洁。

1）及时清理。每天用吸尘器清理，不要等到大量污渍及污垢渗入地毯纤维后清理，只有经常清理，才易于清洁。在清洗地毯时要注意将地毯下面的地板清扫干净。

2）均匀使用。地毯铺用几年以后，最好调一下位置，使之磨损均匀。一旦有些地方出现凹凸不平要轻轻拍打，或者用蒸汽熨斗轻轻熨一下。

3）去污。墨水渍可用柠檬酸擦拭，擦拭过的地方要用清水洗一下，之后再用干毛巾拭去水分。咖啡、可可、茶渍可用甘油除掉。水果汁可用冷水加少量稀氨水溶液除去，油漆污渍可用汽油与洗衣粉一起调成糊状，晚上涂到油漆处，特第二天早晨用温水清洗后再用干毛巾将水分吸干。

4）清除异物。地毯上落下些绒毛、纸屑等重量轻的物质，吸尘器就可以解决。若不小心在地毯上打破一只玻璃杯，可用宽些的胶带纸将碎玻璃粘起，如碎玻璃呈粉状，可用棉花蘸水粘起，再用吸尘器吸。

5）正确处理焦痕。地毯有焦痕，不严重时，可用硬毛刷子或镍币将烧坏部分的毛刷掉，若是严重的焦痕处，再用书本压在上面，等到干后，再进行梳理。

6）地毯去尘。将扫帚在肥皂水中浸泡后扫地毯，保持扫帚湿润，然后撒上细盐，再用扫帚扫，最后用干抹布擦净。清洁地毯时，有条件的可以将化纤地毯水洗、晾干。纯毛地毯最好过一段时间放在日光下晒一晒，注意将地毯翻过来晒，挂在绳子上用细棍拍打，将灰尘尽量除去，这样也可以有效杀灭地毯上的螨虫。

9.2.7 挂毯

挂毯也称壁毯或艺术壁毯，原料和编织方法与地毯相同，作室内壁面装饰用。壁毯装饰以山水、花卉、鸟兽、人物、建筑风光等为题材，国画、油画、装饰画、摄影等艺术形式均可表现。虽然也是表现绘画题材，但因挂毯的质感强烈，故比绘画本身更具艺术感染力，表现动物、人物、花鸟、山水、风光等都有更突出的视觉冲击力，如徐悲鸿的《奔马图》已被制为艺术挂毯，效果甚佳。在设计时完全可以根据环境的总体创意来特意设计挂毯的图案主题，使之为总体创意作贡献，并与环境和谐。

艺术挂毯要求图案花色精美，一般为手工编织，其材质往往为纯羊毛和丝，但亦有其他以天然麻及纺织品等为编织材料的挂毯。艺术挂毯可以说既是艺术品又是装饰品，大型壁毯多用于礼堂、俱乐部等公共场所，小型壁毯多用于住宅、卧室等。

挂毯不仅具有装饰性，还有欣赏性，它所反映出的时代特征又使得这一艺术品具有一定的收藏价值。据考古工作者对发掘古墓及城堡中的遗物考证，早在战国时期新疆就有制作，唐代时织造的毯子在花纹、图案、做工方面已很精致，到了元、明、清，织造工艺就更成熟了。织毯分毛织和丝织两种，毛织挂毯系用羊毛织成，古代丝毯则采用纯蚕丝和金银丝线编织而成，毛头长，色泽艳丽，主要有红、黄、蓝、绿四种颜色，传统挂毯多采用人字纹的编织方法。

9.3 壁纸与壁布

壁纸是一种应用广泛的室内墙面装饰材料，以色彩丰富、肌理质感强、图案丰富、绿色环保、装饰效果高贵典雅而越来越受人们的青睐。现代的壁纸已超出了纸的范畴。除了纸基外，它还涉及塑料、化学纤维及动植物纤维。一般来说壁纸是由基层和装饰层构成的。基层材料有纸基的、布基的、塑料的、石棉纤维的(防火)、玻璃纤维的基层等等。通常以基层构成的“纸”或“布”称为壁纸或壁布。装饰面层有各种花色、图案，甚至还有可以仿木材、仿石材、仿金属、仿各类织物、仿面砖等，并可有明显的凹凸质感。使用壁布、壁纸，以避免使用油漆、涂料装饰新居引起的裂痕、刻痕、气味等烦恼。从工艺上讲，壁纸要比墙漆复杂，从选择的范围上讲，壁纸的选择性比墙漆多很多，不仅仅是颜色，在图案上、质地上都有更多可选择的空间。

9.3.1 壁纸的特点

现在常用的内墙装修材料除壁纸外，还有涂料、板材等，但相比之下，壁纸有着其他装饰材料所不具有的优点，具体讲壁纸具有以下几个特点：

1）装饰效果好。由于裱糊材料色彩鲜艳丰富、图案变化多样，有的壁纸表面凹凸不平，富有良好的质感和立体效果，有些墙线可以与家具、窗帘布、床单、地毯等进行组织配套，使家居装饰的颜色一致或互相搭配，产生良好的装饰效果。因此只要通过精心设计、细致施工，裱糊饰面工程可以满足各种装饰要求，而且装饰效果较好。

2）多功能性。壁纸除了其丰富多样质地和色彩纹理对室内环境和气氛的烘托及装饰外，还可以调节和改善墙面的功能，如壁纸的吸声、隔热、防火、耐水、吸声、防雷、防菌等特种性能都是着眼于建筑功能的改善。

3）施工方便。壁纸施工一般采用胶粘材料粘贴，施工方便。

4）维修保养简便。多数壁纸都有一定的耐擦性和防污染性，易保持清洁，用久后，调换翻新也很容易。

5）使用寿命长。只要保养得当，多数壁纸的寿命要比传统涂料长。

9.3.2 壁纸的分类

9.3.2.1 按外观分

分为印花壁纸、压花壁纸、发泡(浮雕)壁纸、印花压花壁纸、压花发泡壁纸、印花发泡壁纸。壁纸表面的基本装饰工艺分印花、压花和发泡三种，不同的组合形成了上述不同的外观。

发泡壁纸有低发泡和高发泡壁纸之分，低发泡壁纸是在 PVC 中加入少量发泡剂，高发泡壁纸则加入量较多，发泡倍率很高。发泡后经压花，立体感更强，具有隔热、吸声等作用。

9.3.2.2 按功能分

分为一般装饰性壁纸和有特殊功能和效果的壁纸，其中一般装饰性壁纸使用最为广泛，有特殊功能和效果的特种壁纸使用在有特殊功能要求的地方。

特种壁纸也称专用壁纸，是指具有特殊功能的塑料面层壁纸，如耐水壁纸、防火壁纸、抗静电壁纸、金属壁纸和彩色砂粒壁纸等。一些特种壁纸介绍如下。

1）吸湿壁纸。日本发明了一种吸湿壁纸，这种壁纸表面布满了无数的微小毛孔，1 m^2 可吸收 100 mL 的水分，是洗脸间墙壁的理想装饰品

2）杀虫壁纸。美国发明的这种能杀虫的壁纸，苍蝇、蚊子、蟑螂等害虫只要接触到这种壁纸，就会很快被杀死，它的杀虫效力可保持 5 年，该壁纸还可擦洗，不怕水蒸气和化学物质。

3）防霉壁纸。日本一家公司针对在日光难以照射的房屋，如朝北的房间、更衣间、洗浴间以及一些低矮阴暗的房间，研制出一种含有防腐剂的壁纸，能有效地防霉、防潮。

4）调温壁纸。英国研制成功一种调节室温的壁纸，它由三层组合制成，靠墙的里层是绝热层，中间是一种特殊的调温层，是由经过化学处理的纤维构成，最外层上有无数细孔，并印有装饰图案，这种美观的壁纸能自动调节室内温度，保持空气宜人

5）保温壁纸。德国最近生产出一种特殊的壁纸，具有隔热和保温的性能。这种壁纸只有3 mm厚，其保温效果则相当于 270 mm 厚的石头墙。

6）发光壁纸。美国发明一种能在黑暗中发出光亮的壁纸，该壁纸在衬垫上端镶有一条很薄的嵌条，嵌条是用特殊的物质制成，只要通上电源，这种壁纸就能在夜晚发出亮光。

7）电脑特效壁纸。这种壁纸是针对需求者的不同需要而设计的，讲究个人独特风格的表现。透过高科技的电脑绘图软体，将构图巧妙地组合成独一无二的电脑特效创意壁纸。业者或设计师只需提供图片或相片，即可依业者指定设计图样，经电脑特效设计处理后制成壁纸。该壁纸具有施工快速、容易、耐水性高、接缝完美的特性，可配合各种室内壁画尺寸，每张均为独立画面。有别于大量印刷的壁纸形态，适用于住房、商业用房和办公室。

8）暖气壁纸。英国研制成功一种能够散发热量的壁纸。这种壁纸上涂有一层奇特的油漆，接通电源后能将电能转化为热能，散发出暖气，最适宜冬天贴用。

9）报火警壁纸。美国生产一种能报火警的壁纸，这种壁纸不仅能起装饰作用，而且在 150℃以上的高温下，会发出一种无味、无色、无害的气体，触发离子型烟雾探测器，从而发出火警警报。

10）消毒杀菌壁纸。荷兰一家公司在胶面布壁纸上，再涂一层经特殊处理的薄膜。涂了薄膜后壁纸能防酸、防污染，细菌不能在其表面滋生，特别适用于医院手术室、无菌病房等。

11）戒烟壁纸。美国发明一种戒烟壁纸，由于纸质中含有某些化学物质，当空气

中有烟味时，壁纸会散发出一种特殊气味，能使吸烟者对香烟大倒胃口，从而达到戒烟的目的。

12）吸味壁纸。日本研制的吸味壁纸中不但含有一定量的化学物质，可以吸收和分解一些异味，而且还掺有芳香物质，使房间总是芬芳四溢，尤其是贴在厕所和厨房里，深受家庭主妇们青睐。

9.3.2.3 按施工方法分

有现裱壁纸和背胶壁纸两大类。现裱壁纸即目前最普遍使用的、在现场涂抹胶粘剂后才能裱糊的壁纸。背胶壁纸也称无基层壁纸，由PVC印花薄膜、压敏胶、离型纸组成，使用时，不需在现场涂抹胶粘剂，只需将离型纸撕去可将其粘贴于墙面上。

9.3.2.4 按面层材料分

壁纸按面层材料可以分为：纸基纸面壁纸、PVC壁纸、织物面壁纸、天然材料面壁纸、砂面壁纸、金属面壁纸、硅藻土壁纸。

普通壁纸是以纸为基层，用高分子乳液涂布面层，再进行压纹、印花等工序而制成的。其中有印花涂塑壁纸和压花涂塑壁纸两种。印花涂塑壁纸是经两次涂布、两次印花而成。压花涂塑壁纸在印花涂塑壁纸工艺基础上，适当加厚涂层，经机械压制而成。

纸基复塑壁纸是将聚氯乙烯树脂与增塑剂等材料混练，压延成薄膜，再与纸基热压复合，然后进行印刷、压纹。这种壁纸因工艺条件较好，所形成的表面质感较丰富。

纺织物壁纸是由棉、毛麻和丝等天然纤维及化纤制成各种色泽花式的粗细纱织物，再与纸基贴合而成。也可由编织的竹丝、麻草与棉线交织后同纸基贴合而成，具有吸声、透气、调湿、防霉等功能，但易损污及耐洗性较差。

9.3.2.5 按壁纸基层材料分

按壁纸基层材料分为胶面壁纸、无纺壁纸、纯纸壁纸、金属类壁纸等。

1）胶面壁纸。胶面壁纸分为纸底胶面壁纸和低发泡胶面壁纸。纸底胶面壁纸是目前使用较为广泛的壁纸，这类壁纸经在PVC表面印刷和压花工艺而成，防水、防潮性能好，印花精致，压纹质感佳。纸底低发泡胶面壁纸是目前较为流行的壁纸，这类壁纸在普通胶面壁纸的基础上加入了发泡剂，经圆网印刷而成，表面富有弹性，视觉效果好，浮雕感强，具有很好的吸声效果。

2）无纺壁纸。无纺壁纸材质为纤维，纤维未经过纺织直接压缩而成无纺布，在表面直接进行印刷，环保性高，视觉舒适，触感柔和，吸声，透气，防水性佳，上墙后能使空间显得更加典雅、舒适。

3）纯纸壁纸。纯纸壁纸是在特殊耐热的纸上直接印刷、压纹制成的，该壁纸绿色环保，色彩纯正艳丽，亚光表面体现出的是一种自然舒适的亲切感。

4）金属类等其他壁纸。金属壁纸是以纸为基础，再粘贴一层金属箔（如铝箔、铜箔、金箔等），经压合、印花而成。金属壁纸有光泽和反光性，给人以金碧辉煌、庄重大方、豪华气派的感觉。它具有无毒、无气味、无静电、耐湿、耐晒、可擦洗、不退色等优点。

9.3.3 主要壁纸介绍

1）纸基织物壁纸。由棉、毛、麻、丝等天然纤维及化纤制成的各种色泽、花色的粗细纱或织物再与纸基层黏合而成。这种壁纸是用各色纺线的排列达到艺术装饰效果，有的品种为绒面，可以排成各种花纹，有的带有荧光，有的线中编有金、银丝，使壁面呈现金光点点，还可以压制成浮雕图案，别具一格。其特点是：色彩柔和幽雅，墙面立体感强，吸声效果好，耐日晒，不退色，无毒无害，无静电，不反光，且具有透气性和调湿性。适用于宾馆、饭店、办公大楼、会议室、接待室、疗养院、计算机房、广播室及家庭卧室等室内墙面装饰。

2）麻草壁纸。以纸为基底，以编织的麻草为面层，经复合加工而制成的墙面装饰材料。麻草壁纸具有吸声、阻燃、散潮气、不吸尘、不变形等特点，并且具有自然、古朴、粗犷的大自然之美，给人以置身于原野之中，回归自然的感觉。适用于会议室、接待室、影剧院、酒吧、舞厅以及饭店、宾馆的客房等的墙壁贴面装饰，也可用于商店的橱窗设计。

3）玻璃纤维印花贴壁布。以中碱玻璃纤维布为基材，表面涂以耐磨树脂，印上彩色图案而成。其特点是：玻璃布本身具有布纹质感，经套色印花后，装饰效果好，色彩鲜艳，花色多样，室内使用不退色，不老化，防水，耐湿性强，可用肥皂水洗刷，并且价格低廉、施工简单、粘贴方便。适用于招待所、旅馆、饭店、宾馆、展览馆、餐厅、工厂净化车间、居民住宅等室内墙面装饰，尤其适用于室内卫生间、浴室等墙面的装贴。玻璃纤维印花贴壁布在使用中应注意，防止硬物与墙面发生摩擦，否则表面树脂涂层磨损后，会散落出玻璃纤维，损坏壁布。另外，在运输和贮存过程中应横向放置、放平，切勿立放，以免损伤两侧布边，影响施工时对花。当墙布有污染和油迹后，可用肥皂水清洗，切勿用碱水清洗。

4）无纺贴壁布。采用棉、麻等天然纤维或涤纶、腈纶等合成纤维，经无纺成型、涂布树脂、印刷彩色花纹等工序制成。这种壁布的特点是：挺括，富有弹性，不易折断，纤维不老化，不散头，对皮肤无刺激作用，色彩鲜艳，图案雅致，粘贴方便，具有一定的透气性和防潮性，能擦洗而不退色，且粘贴施工方便。适用于各种建筑物的室内墙面装饰，尤其是涤纶无纺壁布，除具有麻质无纺壁布的所有性能外，还具有质地细腻、光滑等特点，特别适用于高级宾馆、高级住宅。

5）化纤装饰贴壁布。以化学纤维织成的布（单纶或多纶）为基材，经一定处理后印花而成。常用的化学纤维有黏胶纤维、醋酯纤维、丙纶、腈纶、锦纶、涤纶等。所谓“多纶”是指多种化纤与棉纱混纺制成的贴壁布。这种壁布具有无毒、无味、透气、防潮、耐磨、不分层等特点。适用于各级宾馆、饭店、办公室、会议室及居民住宅。

6）棉纺装饰壁布。以纯棉布为基材经处理、印花、涂布耐磨树脂等工序制作而成。该壁布强度大、静电小、蠕变性小、无光、吸声、无毒、无味，对施工人员和用户均无害，花型色泽美观大方。可用于宾馆、饭店及其他公共建筑和较高级的民用建筑中的装饰，适合于水泥砂浆墙面、混凝土墙面、白灰墙面、石膏板、胶合板、纤维板、石棉水泥板等墙面基层的粘贴或浮挂。棉纺装饰壁布还常用做窗帘,夏季采用这种薄型的淡色窗帘,无论其是自然下垂或双开平拉成半弧形式,均会给室内创造出清静和舒适的氛围。

7) 高级墙面装饰织物。指锦缎、丝绒、呢料等织物,这些织物由于纤维材料、织造方法及处理工艺的不同,所产生的质感和装饰效果也不相同,它们均能给人以美的感受。锦缎也称织锦缎,是我国的一种传统丝织装饰品,其上织有绚丽多彩、古雅精致的各种图案,加上丝织品本身的质感与丝光效果,使其显得高雅华贵,具有很强的装饰作用。常被用于高档室内墙面的浮挂装饰,也可用于室内高级墙面的裱糊,但因其价格昂贵、柔软易变形、施工难度大、不能擦洗、不耐脏、不耐光、易留下水渍的痕迹、易发霉,故其应用受到了很大的限制。丝绒色彩华丽,质感厚实温暖,格调高雅,主要用做高级建筑室内窗帘、软隔断或浮挂,可营造出富贵、豪华的氛围。粗毛呢料或仿毛化纤织物和麻类织物,质感粗实厚重,具有温暖感,吸声性能好,还能从纹理上显示出厚实、古朴等特色,适用于高级宾馆等公共厅堂柱面的裱糊装饰。

8) 纱线壁纸。纱线壁纸具有吸声、透气、无毒、色彩鲜艳、美观耐用、立体感强等特点,用这种壁纸能给人以高雅豪华的感觉,纱线壁纸有印花和压花两种。宽度为900、530 mm,长度为10 m或5 m。为了保证铺贴质量,纱线壁纸对基层要求很高,必须贴在干燥、平整、不潮湿的墙上。

各种塑料壁纸结构见图 9-11。

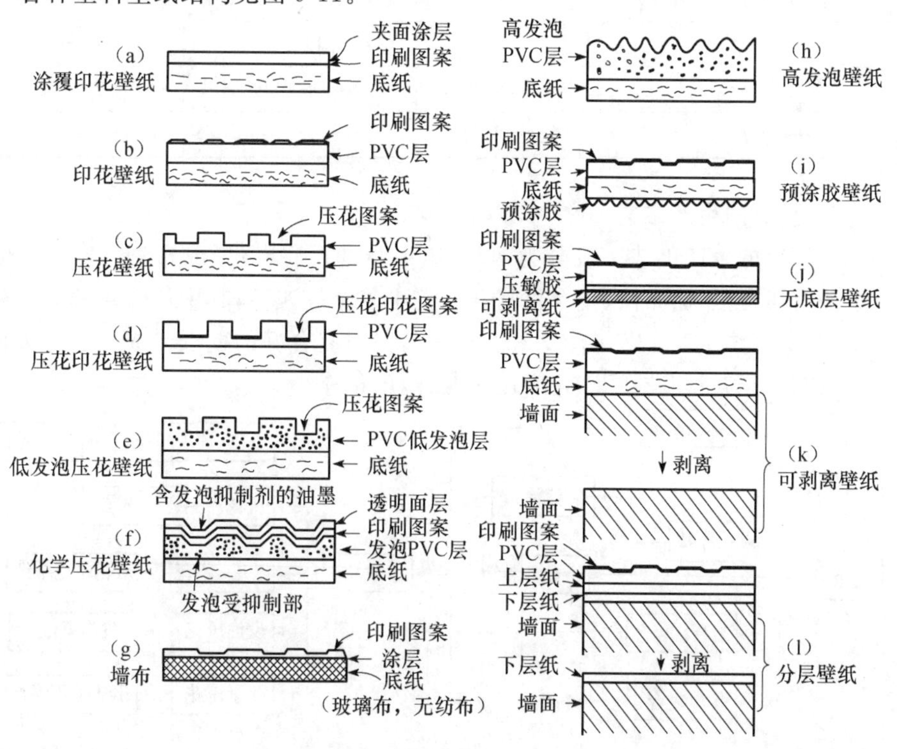

图 9-11 塑料壁纸结构

9.3.4 壁纸生产工艺

9.3.4.1 主要原料

塑料壁纸的底纸除要求强度、耐折度、裂断长等指标外，还有其他要求。因底纸在加工过程中需经200℃左右的高温处理，因此必须要有足够的耐热性，经高温处理性能不受严重损害。背面涂胶后卷曲度要小，有较好的湿强度，以便于粘贴施工。由于表面有PVC覆盖，因此对底纸的白度要求并不高。

塑料壁纸底纸的定量一般为80～100 g/m^2，厚0.15 mm，其组成通常为漂白亚硫酸盐木浆75%、磨木浆或棉浆25%以及少量滑石粉、松香胶、矾土、三聚氰胺、甲醛树脂等。

塑料壁纸专用底纸的性能见表9-8。

表9-8 塑料壁纸底纸性能

项目	指标	项目	指标
定量/(g/m^2)	80	吸水性/(g/m^2)	10～15
紧度/(g/m^2)	≥0.52	尘埃/(粒/m^2)	<250
纵横向平均断裂长(m)	≥3500	水分(%)	<6
纵横向平均耐折度(次数)	≥40	湿强度/(kg/1.5 cm)	1.2
白度(%)	≥70	厚度/mm	0.12～0.15
抗水性/s	≥35	卷曲度/度	20～30
平滑度/s	表面绒面状		

9.3.4.2 壁纸的生产工艺

塑料壁纸的生产工艺一般分为两步：第一步是在底层（纸或布）复合一层塑料，复合方法有压延法、涂布法、复合机复合和挤出复合等四种，其中最常用的是压延法和涂布法，压延法生产工艺见图9-12。第二步是对复合好的壁纸半成品进行表面加工，包括印花、压花、印花压花、化学压花、发泡压花等。

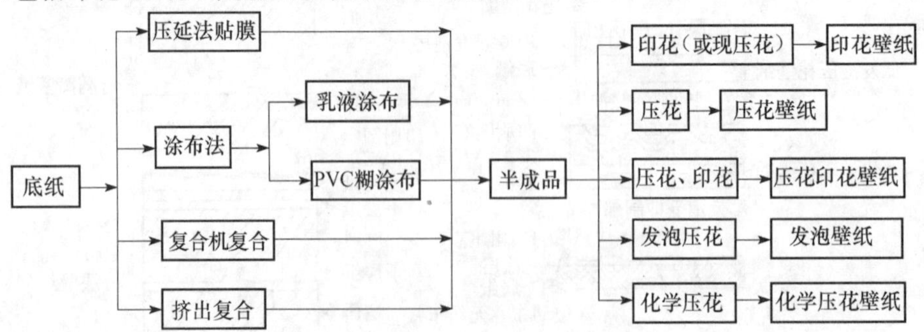

图9-12 壁纸压延法生产工艺

1.半成品生产

压延贴膜法生产塑料壁纸的整个生产流程与软质薄膜的压延生产流程相近，生产设备也基本相近，关键设备是压延复合机组。树脂和各种配合料先经高速捏和机捏和，然后由密炼机初步塑化成团状物料，再由炼塑机塑化后供料给压延机，压延机把塑化物加工成薄膜，然后与底纸复合，复合后经冷却、卷取即成为塑料壁纸半成品。压延法生产壁纸的速度为 40～50 m/min，产量高，但设备投资大，小批量生产成本高，人工费也较多。

涂布法壁纸生产工艺与涂布法人造革的生产工艺相近，主要包括 PVC 树脂糊配制和涂布。PVC 树脂糊配制质量对成品质量影响很大，糊料必须混合均匀，无块料、结团及气泡。糊料配制过程中的配制顺序要严格控制，才能保证混料均匀。稳定剂、颜料和发泡剂一般分别先与增塑剂磨成料浆，然后与其他材料用行星式搅拌机或高速分散机混合均匀，最后研磨成均匀的 PVC 糊，经真空脱泡后可用于涂布。涂布方法有刮刀涂布法和逆辊涂法。刮刀涂布是以底纸为载体，将配好的 PVC 树脂糊用刮刀均匀涂覆于底纸上。采用刮刀涂布法，涂布量可大可小；采用逆辊涂布法，涂布量较均匀。涂塑壁纸的涂布量为 80～150 g/m^2。

2.半成品加工

(1) 印花塑料壁纸的加工工艺

塑料壁纸的印花大多数采用凹版轮转塑料印花机。可以通过照相制版的方法仿天然材料如大理石、木纹等，也可以人工设计有规则的图案，还可以在印花后进行压花。

在轮转法印刷中，在辊筒表面雕花部分相应于印刷图样，表面光洁部分相应于不印花部位。把油墨施加到辊筒上，用刮板把除了留在刻花凹纹中的油墨以外的其他油墨都刮去，刻花部分的油墨就被传送到压在压辊上的壁纸上。印好后再经冷热风干燥。多色塑料壁纸需经几次印刷，这时要注意调节左右均匀，对花准确。

(2) 压花塑料壁纸生产工艺

压花塑料壁纸是单色立体花纹的壁纸，也称为单元压花壁纸。它富有立体感，外观可仿锦缎贴墙布。

压花操作可在单机上进行，也可在压延机或涂布机上进行，但压花机速度较慢，在单机上进行，不致影响压延机和涂布机的生产能力。压花机由松卷、预热、加热、压花、冷却、卷取等装置组成。塑料壁纸半成品膜厚一般为 0.1～0.2 mm，压花辊的压入深度一般为膜厚的 70%左右，立体感较强。

压花机的工艺条件如预热温度、压花辊压力等与压花速度有关。压花速度越高，就要求预热温度越高，冷却水温度越低，例如预热温度为 180℃，冷水温度为 12～14℃，压花速度可达 80 m/min。压花辊的压力应该均匀，否则壁纸表面压花深浅不一致。压花压力由压花的要求决定。纸质印花壁纸一般为冷压花，压力要高些，PVC 壁纸为热压花，压力较小。

(3) 压花印花塑料壁纸生产工艺

压花印花塑料壁纸有两种，一种是沟底压花印花壁纸，一种是化学压花壁纸。

半成品壁纸经压花印花加工即成为沟底压花印花壁纸。所需设备为沟底印刷压花机，其结构与单元压花机相似，只是在压花辊旁有一油墨辊和上墨辊，压花辊与油墨辊接触，在凸出的部分涂上油墨，压花时壁纸的凹入部分同时印上油墨。

化学压花壁纸的效果是一些颜色表面凹下去，另一些颜色表面凸出来。做法是在某种颜料的油墨里加入一种发泡抑制剂，印刷后抑制剂向可发泡的 PVC 层渗透，发泡时这种油墨印刷的部分受到抑制，成为表面凹下去的部分。另一种化学压花法是在油墨中加 AC 发泡剂，印刷过含发泡油墨的部分因发泡剂向 PVC 层内渗透发泡而成为壁纸的凸出部分。还有一种化学压花法是在可发泡 PVC 糊内加入可聚合性增塑剂，如三丙烯酸己三醇酯和引发剂，在某个颜料的油墨中加入阻聚剂，被含阻聚剂油墨印过的部分以后会发泡，而没有印过的部分由于可聚合增塑剂的聚合使发泡受到抑制而成为凹下去的部分。

化学压花壁纸印刷后，再在表层涂覆一层透明 PVC 糊，然后塑化发泡。塑化发泡烘箱温度一般为 200～220℃，塑化发泡后经冷却即为成品。

(4) 发泡塑料壁纸的生产工艺

在用压延法或涂布法生产 PVC 壁纸半成品时，在配方中加入少量 AC 发泡剂，加工过程中还未发泡，将半成品进行发泡压花加工，就得到低发泡压花壁纸，所需设备为发泡压花机。

高发泡壁纸可在涂布法生产半成品设备内直接发泡，将含较多发泡剂的 PVC 糊直接用凹版印刷辊印在底纸上，然后塑化发泡，就得到高发泡并有单色图案的壁纸。低发泡压花壁纸也可在涂布机组内生产，但会降低涂布机的生产速度。

9.3.5 壁纸和壁布质量要求

9.3.5.1 聚氯乙烯壁纸质量要求

1. 壁纸规格

《聚氯乙烯壁纸》(GB 8945—1988)规定成品壁纸的宽度为 530 mm±5 mm 或 (900～1 000)mm±10 mm。530 mm 宽的成品壁纸每卷长度为 10 m±0.05 m，900～1 000 mm宽的成品壁纸每卷长度为 50 m±0.05 m，其他规格尺寸由供需双方协商或以标准尺寸的倍数供应。

每卷 10 m 的成品壁纸每卷为一段，每卷 50 m 的成品壁纸每卷的段数及其段长应符合表 9-9 的规定。

表 9-9 每卷壁纸段数及段长的要求

级别	每卷段数不多于	最小段长不小于
优等品	2 段	10 m
一等品	3 段	3 m
合格品	6 段	3 m

2. 壁纸外观质量

壁纸外观质量要求应符合表 9-10 的规定。

表 9-10 壁纸外观质量要求

项目	优等品	一等品	合格品
色差	不允许有	不允许有明显差异	允许有差异,但不影响使用
伤痕和皱褶	不允许有	不允许有	允许基纸有明显褶印但壁纸表面不许有死褶
气泡	不允许有	不允许有	不允许有影响外观的气泡
套印精度	偏差不大于 0.7 mm	偏差不大于 1 mm	偏差不大于 2 mm
露底	不允许有	不允许有	允许有 2 mm 的露底但不允许密集
漏印	不允许有	不允许有	不允许有影响外观的漏印
污染点	不允许有	不允许有目视明显的污染点	允许有目视明显的污染点,但不允许密集

3. 物理性能

壁纸的物理性能指标应符合表 9-11 的规定。

表 9-11 壁纸的物理性能指标

项 目			优等品	一等品	合格品
退色性/级			>4	≥4	≥3
耐摩擦色牢度/级	干摩擦	纵向	>4	≥4	≥3
		横向			
	湿摩擦	纵向	>4	≥4	≥3
		横向			
遮蔽性/级			4	≥3	≥3
湿润拉伸负荷/(N/15 mm)		纵向	>2.0	≥2.0	≥2.0
		横向			
黏合剂可试性		横向	20 次无外观上的损伤和变化		

4. 壁纸的可洗性

可洗性是壁纸在粘贴后的使用期内可洗涤的性能。这是对壁纸用在有污染和湿度较高地方的要求。壁纸可洗性按使用要求分可洗、特别可洗和可刷洗三个使用等级,其性能应符合表 9-12 的规定。

表 9-12 壁纸的可洗性

使用等级	指标
可洗	30 次无外观上的损伤和变化
特别可洗	100 次无外观上的损伤和变化
可刷洗	40 次无外观上的损伤和变化

9.3.5.2 壁布质量要求

1. 玻璃纤维壁布质量要求

玻璃纤维壁布是以定长玻璃纤维纱或玻璃纤维变形纱机织物为基材,经表面涂覆处理而成的,用于建筑内墙装饰装修的一种新型玻璃纤维织物。具有耐潮防霉、耐撞击、耐腐蚀、耐水洗、无毒不燃、防水透气等优点,还可以有效加固墙面,起到防止墙面开裂的作用。同时变化多端的织造手法衍生出数以千计富有质感的花纹图案,还可根据个人喜好随意改变外观色彩,实现意想不到的装饰效果,符合当今社会追求健康、环保、安全、舒适的潮流,是星级酒店、高档写字楼、机场、餐厅、影剧院、地铁等场所的理想装饰装修材料。

《玻璃纤维壁布》(JC/T 996—2006)规定其外观质量要求为:宽度容许偏差为±0.5 cm,每卷壁布的长度为 50 m±0.5 m;布卷应卷绕紧密,端面平齐,端面凹凸不大于 0.5 mm;布面花型图案均匀,不得有影响使用的开裂、破洞、污渍、脱胶等疵点,1 m^2 总疵点数不得超过 8 个,其中主要疵点数不得超过 4 个,其他指标见表 9-13。

表 9-13 玻璃纤维壁布的可燃烧物含量、拉伸断裂强度

产品代号	单位面积的重量/(g/m^2)	可燃烧物含量(%)	拉伸断裂强度/(N/50 mm)	
			经向	纬向
ww 100	100±10	20	400	350
ww 110	110±11	20	400	350
ww 120	120±12	20	500	400
ww 150	150±15	20	550	500
ww 170	170±17	20	600	550
ww 190	190±19	20	650	600
ww 200	200±20	20	650	650
ww 220	220±20	20	700	700
ww 240	240±24	20	750	700

续表

产品代号	单位面积的重量/(g/m²)	可燃烧物含量(%)	拉伸断裂强度/(N/50 mm)	
			经向	纬向
ww 250	250±25	20	800	700
ww 270	270±27	20	850	700
ww 280	280±28	20	900	700
ww 290	290±29	20	950	700
ww 300	300±30	20	1050	700

注:壁布的产品代号中,ww是壁布的代号,数值是壁布单位面积的重量,单位为"g/m²"。

2. 无纺贴壁布质量要求

无纺贴墙布的规格、性能见表9-14。

表9-14 无纺贴壁布的规格和性能

名称	规格	指 标		
		重量/(g/m²)	强度/MPa	粘贴牢度/(kg/2.5 cm)
涤纶无纺贴墙布	厚度0.12～0.18 mm,宽度850～900 mm	75	2.0	0.55(粘贴在混合砂浆墙面上)
				0.35(粘贴在油漆墙面上)
		100	1.4	0.20(粘贴在混合砂浆墙面上)
				0.15(粘贴在油漆墙面上)

3. 化纤装饰壁布质量要求

化纤装饰墙布幅宽820～840 mm,厚0.15～0.18 mm,每卷长50 m,装饰壁布的外观质量和物理性能见表9-15和表9-16。

表9-15 装饰壁布的外观质量

疵点名称	一等品	二等品	备 注
同批内色差	4级	3～4级	同一包(300 m)内
左中右色差	4～5级	4级	批相对范围
前后色差	4级	3～4级	指同卷内
深浅不均	轻微	明显	严重为次品
褶皱	不影响外观	严重影响外观	明显影响外观为次品
花纹不符	轻微～影响	明显影响	严重影响为次品
花纹印偏	1.5 cm以内	3 cm以内	
边疵	1.5 cm以内	3 cm以内	

续表

疵点名称	一等品	二等品	备　注
豁边	1 cm 以内 3 处	2 cm 以内 6 处	
破洞	不透露胶面	轻微影响胶面	透露胶面为次品
色条色泽	不影响外观	轻微影响外观	明显影响为次品
油污水渍	不影响外观	轻微影响外观	明显影响为次品
破边	1 cm 以内	2 cm 以内	
幅宽	同卷内偏差±1.5 cm	同卷内偏差±2 cm	

表 9-16　装饰壁布的物理性能

项　目	单　位	指　标
重量	g/m^2	115
厚度	mm	0.35
断裂强度	N/(5 cm×20 cm)	纵向 770，横向 490
断裂伸长率	%	纵向 3%，横向 8%
冲击强度	kg	34.7
耐磨	次	500
静电效应	静电值/V 半衰期/s	184 1
色泽坚牢度	单洗退色/级 皂洗色/级 干摩擦/级	3～4 4～5 4～5

9.3.5.3　壁纸和壁布标志

壁纸和壁布的国际通用标志见图 9-13。

9.3.6　壁纸的选择和粘贴施工

9.3.6.1　壁纸的选择

在作决定前，务必先取一块壁纸在家中墙壁上试一试，试验的样品面积越大越好，这样容易看出贴好后的效果。所以在选购时，最好向商家索取一张面积较大的样品。

如何才能买到称心如意的壁纸呢？首先应考虑所购壁纸是否符合环保健康要求，质量性能指标是否合格，为此建议消费者在选购时采取“看、摸、擦、闻”四步曲。

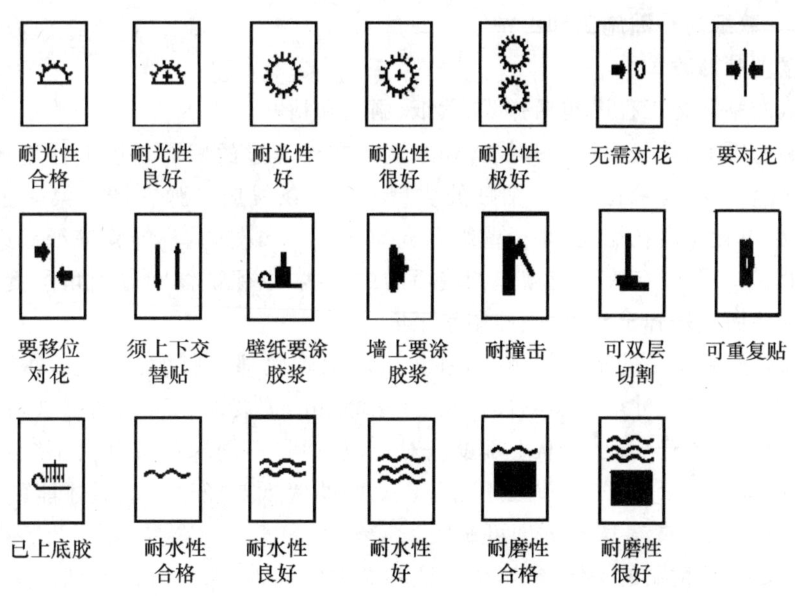

图 9-13 壁纸壁布国际通用标志

看:壁纸是否存在色差、死褶和气泡,图案是否精致且有层次感,色调过渡是否自然,对花准不准,好的壁纸看上去应该是自然舒适且立体感强。

摸:用手触摸壁纸,感觉其图层左右厚薄是否一致。

擦:用微湿的布用力擦拭壁纸面,如出现脱色或脱层则属质量不好。

闻:闻一下壁纸是否有异味,如气味较重则甲醛和氯乙烯挥发性物质含量较高。

同时,在选购壁纸时还应充分考虑花色图案是否符合居室的装饰风格及其性能是否满足居室特性要求等因素,例如花卉型壁纸宜于营造舒适温馨的居住空间,降低房间的拘束感,适合格局较为平淡的居室;竖条状图案壁纸简单高雅,宜于搭配并适合用来增加居室高度;而色彩绚丽、活泼可爱的卡通壁纸则永远是孩子的首选;又如根据每个居室的不同特性,可考虑为客厅选用耐擦洗性能好的胶面壁纸、为卧室选用透气性好的纸面壁纸等。壁纸有图案型、花卉型、抽象型、组合型、儿童卡通型和特别效果型等,以及可起到画龙点睛作用的腰线壁纸,有极多的选择余地。

要确定所买的每一卷壁纸都是同一批次的。不要以为每一卷壁纸都会分毫不差,事实上,墙纸尽管是同一编号,但由于生产日期不同,颜色上便有可能出现细微差异。壁纸每卷或每箱上应注明生产厂名、商标、产品名称、规格尺寸、等级、生产日期、批号、可擦洗性或可洗性符号等。壁纸用量一般应比实际裱贴面积增加 3%～4%,家装时宜多购一卷,以弥补粘贴时合理损耗或将来需要修补时用。壁纸运输时应防止重压、碰撞及日晒雨淋,应轻装轻放,严禁从高处扔下。

壁纸应贮存在清洁、阴凉、干燥的库房内,堆放应整齐,远离热源,保持包装完整,裱糊前才拆包。

9.3.6.2 壁纸的粘贴施工和维护

1. 壁纸粘贴施工

壁纸的粘贴施工程序包括弹线、裁纸、刷胶和粘贴。

粘贴壁纸前，首先要进行弹线。弹线就是在处理过的墙面基层上弹上水平线和垂直线，使粘贴时有依据，保证粘贴的质量。第一条线应核弹在墙面第一张壁纸粘贴的外侧，位置应定在墙角，小于壁纸幅宽 50～80 mm 处，这样能将壁纸裁边放在墙的阴角处；第二条线应弹在有窗户的墙面的中心线，以保证窗间墙阳角图案对称；第三条是在墙面上端弹出水平线、控制水平度。

裁纸是壁纸粘贴的重要环节，应在量出墙顶到底部踢脚的高度后，在地面将纸裁好，壁纸的下料尺寸应比实际尺寸长 10～20 mm，需要对花拼图的壁纸，特别是大图案的壁纸，为了避免浪费，从上部就应对花，从而将不同部位按其大小统筹规划后裁纸，并将裁好的纸编好号，按顺序粘贴。裁好的壁纸要经过润湿后才能粘贴，一般在清水中浸润后，放置 10 min 即可刷胶。

刷胶是壁纸粘贴的关键环节，为保证粘贴的牢固性，壁纸背面及墙面都应刷胶，要求胶液涂刷均匀、严密，不能漏刷，注意不能裹边、起堆，以防弄脏壁纸。墙面刷胶宽度应比壁纸幅宽多 30 mm。壁纸背面刷胶后，应将胶面与胶面对叠摆放，这样既能防止胶面很快变干，又能防止污染纸面，同时便于粘贴操作。

裱糊壁纸的原则是先垂直后水平，先上后下，先高后低。第一张纸应从墙的阴角开始粘贴，按弹好的垂直线吊直，从上向下轻轻压平后，由中间向两侧压敷，再用刮板自上而下，由中间向两侧刮抹，使壁纸与墙体贴实，并使壁纸平整。第二张壁纸与第一张壁纸的搭接方法是，不用对花的，纸幅搭接重叠 20 mm，在接缝处用钢板尺压实，自上而下用壁纸刀将重叠部分的中间割断，取下剩余部分后用刮板刮平，需要对花时，将两张纸重叠对花，用钢尺压实在重叠处，并从中间割断，取下割断的纸条，用刮板刮平后即可。墙顶和踢脚处应接缝严密，不能有缝隙，用刮板沿墙及踢脚的边沿将其压实，用壁纸刀切齐后刮平。粘贴壁纸时挤出的胶液要及时用湿毛巾擦净。

墙面遇到电器插座、开关时，可将壁纸轻轻敷于上面，找到中心点，从中心切割十字，用壁纸刀裁去多余部分，用刮板沿插座、开关面板四周刮平。

2. 壁纸的维护和修补

壁纸的日常维护比较简单，一般应注意如下几点：

1）在潮湿季节，墙面装修以后应在白天打开门窗，加强通风；夜晚关门闭窗，防止潮湿气体侵袭，同时还要避免墙面在胶粘剂未干之前受穿堂风猛吹，破坏壁纸或墙布的黏结牢固度。

2）塑料壁纸有一定的耐擦洗性，如有污痕可以用肥皂水轻轻擦去。

3）高发泡壁纸比较容易积灰，可每隔 2～3 个月用吸尘器清扫一次。

4）注意不要用椅背、桌边等硬物撞击或磨擦墙面，以免墙面被破坏。壁纸是修补性较差的装饰面材，在使用中要避免尖利的器具损伤表面，如破损严重，可整体进行更新。

9.3.7 壁毡和软包皮革

从结构方面可将毡分为机织毡、压呢毡、针刺毡等。机织毡是把一种或两种以上纤维混纺纱进行织造、缩绒整理后的织物。压呢毡用一种或两种以上的纤维（以羊毛、牛毛为主），利用毛的缩绒性经用水和热进行机械加工，使纤维交络。针刺毡以化学纤维为主要原料，用带刺的针使纤维在厚度方向进行交络。

壁毡是室内装饰中的高档材料，不仅具有良好的装饰效果，还具有一定的吸声功能，表面易于清洁，使室内显得非常宁静、高雅。所以，一些档次高的建筑室内装饰可选用壁毡作为饰面材料，也可以作为吸声、隔声材料，用于有特殊要求的房间。此外，还可以作为密封、填充、防震、缓冲、防滑等材料。

皮革有两种：一种是真皮，另一种是人造皮革。真皮根据加工工艺又有软皮和硬皮之分，有带毛皮和不带毛皮两种。装饰工程中常用的软包真皮主要是不带毛的软皮，颜色和质感也多种多样。它具有柔软细腻、触感舒适、装饰雅致、耐磨损、易清洁、透气性好、保温隔热、吸声隔声等优点，由于其价格昂贵，因此常被用做高级宾馆、会议室、居室等墙面、门等的镶包。人造皮革有各种颜色及质感，色泽美观耐用，比真皮经济，其性能在有些方面超过真皮，但有的性能不如真皮，其用途与真皮相同，有时可起到以假乱真的作用。

【本章要点】

本章重点是地毯和壁纸。在介绍天然纤维、合成纤维和玻璃纤维的基础上，讨论了织物和织物成型，并对装饰用织物提出了要求。地毯产品可按用途、构成毯面的原材料名称、特殊加工技术进行分类，读者通过学习地毯制作方法和分析地毯绒毛类型，不仅了解地毯结构，更主要是选择满足不同使用要求的地毯。壁纸一般由基层和装饰层构成，印花壁纸、压花壁纸、发泡（浮雕）壁纸、印花压花壁纸、压花发泡壁纸、印花发泡壁纸是常见的外观形式。

【思考与练习题】

1. 天然纤维与合成纤维鉴别方法有哪些？
2. 试举出玻璃纤维的一种用途，并简要介绍该玻璃纤维制品的制造工艺。
3. 非织造织物有哪些用途？
4. 装饰用织物有哪些性能要求？
5. 地毯按制作方法不同可分哪几类？试述簇绒地毯的结构层次。地毯绒毛有哪些类型？
6. 壁纸按外观分为哪些种类？壁纸的技术要求有哪些？

10 金属装饰材料

金属材料通常分为黑色金属和有色金属两大类。黑色金属如铁、钢和合金钢等，其主要成分是铁元素。有色金属是指以其他金属元素为主要成分的金属，即黑色金属以外的金属，如铝、铜、锌、铅等金属及其合金。土木工程中应用的金属材料主要是钢材和铝合金，钢材广泛应用于铁路、桥梁、建筑工程等各种结构工程中，铝及其合金具有质轻、高强、易加工、不锈蚀等优良品质，并具独特的装饰效果，在土木工程中广泛用做门窗和室内外装饰、装修等主要材料。

10.1 建筑装饰用钢材制品

10.1.1 钢材基本知识

10.1.1.1 钢材的冶炼、分类和牌号

1. 钢材的冶炼

钢材是在严格的技术控制条件下生产的材料，与非金属材料相比，具有质量均匀稳定、强度高、塑性韧性好、可焊接和铆接等优异性能。钢材主要的缺点是易锈蚀，维护费用大，耐火性差，生产能耗大。

钢是由生铁冶炼而成的。生铁是由铁矿石、焦炭(燃料)和石灰石(熔剂)等在高炉中经高温熔炼，从铁矿石中还原出铁而得的。生铁的主要成分是铁，但含有较多的碳以及硫、磷、硅、锰等杂质，杂质使得生铁的性质硬而脆，塑性很差，抗拉强度低，应用受到很大限制。将生铁在炼钢炉中冶炼，将含碳量降低到 2.0%以下，并使其杂质控制在指定范围即得到钢。钢锭(或钢坯)经过压力加工(轧制、挤压、拉拔等)及相应的工艺处理后得到钢材。

根据炼钢设备的不同，钢材的冶炼方法可分为氧气转炉、平炉和电炉三种。不同的冶炼方法对钢的质量有着不同的影响。

钢的冶炼过程是杂质成分的热氧化过程，炉内为氧化气氛，故炼成的钢水中会含有一定量的氧化铁，这对钢的质量不利。为消除这种不利影响，在炼钢结束时应加入一定量的脱氧剂(常用的有锰铁、硅铁和铝锭)，使之与氧化铁作用而将其还原成铁，此称“脱氧”。脱氧减少了钢材中的气泡并克服了元素分布不均的缺点，故能明显改善钢的技术性质。在铸锭冷却过程中，由于钢内某些元素在铁的液相中的溶解度大于固相，这些元素便向凝固较迟的钢锭中心集中，导致化学成分在钢锭中分

布不均匀，这种现象称为化学偏析，其中尤以硫、磷偏析最为严重。偏析现象对钢的质量有很大影响。

2. 钢材的分类

(1) 按化学成分分类

1) 碳素钢。碳素钢的化学成分主要是铁，其次是碳，故也称铁碳合金。其含碳量为0.02%～2.0%。此外尚含有极少量的硅、锰和微量的硫、磷等元素。碳素钢按含碳量又可分为：低碳钢(C≤0.25%)、中碳钢(0.25%＜C＜0.60%)和高碳钢(C≥0.60%)三种。其中低碳钢在建筑工程中应用最多。

2) 合金钢。合金钢是指在炼钢过程中，有意识地加入一种或多种能改善钢材性能的合金元素而制得的钢种。常用合金元素有：硅、锰、钛、钒、铌、铬等。按合金元素总含量的不同，合金钢可分为低合金钢(合金元素总含量小于5%)、中合金钢(合金元素总含量为5%～10%)和高合金钢(合金元素总含量大于10%)。低合金钢为建筑工程中常用的钢种。

(2) 按冶炼时脱氧程度分类

炼钢时脱氧程度不同，钢的质量差别很大，通常可分为以下四种：

1) 沸腾钢。炼钢时仅加入锰铁进行脱氧，则脱氧不完全。这种钢水浇入锭模时，会有大量的气体从钢水中外逸，引起钢水呈沸腾状，故称沸腾钢，代号为“F”。沸腾钢组织不够致密，成分不太均匀，硫、磷等杂质偏析较严重，故质量较差。但因其成本低、产量高，故常被用于一般建筑工程。

2) 镇静钢。炼钢时采用锰铁、硅铁和铝锭等作脱氧剂，脱氧完全，且同时能起去硫作用。这种钢水铸锭时能平静地充满锭模并冷却凝固，故称镇静钢，代号为“Z”。镇静钢虽成本较高，但其组织致密，成分均匀，性能稳定，故质量好。适用于预应力混凝土等重要的结构工程。

3) 半镇静钢。脱氧程度介于沸腾钢和镇静钢之间，为质量较好的钢，其代号为“b”

4) 特殊镇静钢。比镇静钢脱氧程度还要充分彻底的钢，故其质量最好，适用于特别重要的结构工程，其代号为“TZ”。

(3) 按有害杂质含量分类

按钢中有害杂质磷和硫含量的多少，钢材可分为以下四类：

1) 普通钢。P≤0.045%，S≤0.050%。

2) 优质钢。P≤0.035%，S≤0.035%。

3) 高级优质钢。P≤0.025%，S≤0.025%。

4) 特级优质钢。P≤0.025%，S≤0.015%。

(4) 按用途分类

1) 结构钢。主要用做工程结构构件及机械零件的钢。

2) 工具钢。主要用于各种刀具、量具及模具的钢。

3）特殊钢。具有特殊物理、化学或机械性能的钢，如不锈钢、耐热钢、耐酸钢、耐磨钢、磁性钢等。

3. 钢材的牌号和命名

（1）碳素结构钢和低合金高强度结构钢

目前国内钢结构用钢的品种主要是碳素结构钢和低合金高强度结构钢，这类钢分为通用钢和专用钢两类。

通用结构钢采用代表屈服点的拼音字母“Q”，屈服点数值（单位为MPa）、质量等级、脱氧方法等符号表示，按顺序由四个部分组成牌号。碳素结构钢屈服点数值共分195、215、235、255、275 MPa五种，质量等级以硫、磷等杂质含量由多到少，分别为A、B、C、D符号表示。低合金高强度结构钢屈服点数值共分295、345、390、420、460 MPa五种，质量等级分别为A、B、C、D、E。脱氧方法以F表示沸腾钢、b表示半镇静钢、Z和TZ表示镇静钢和特殊镇静钢，Z和TZ在钢的牌号中予以省略。例如：碳素结构钢牌号表示为Q235AF、Q235BZ，低合金高强度结构钢牌号表示为Q345C、Q345D。

专用结构钢一般采用上述相同的方法加上的代表产品用途的符号表示牌号。例如桥梁用钢表示为Q420q。

（2）优质碳素结构钢

优质碳素结构钢采用阿拉伯数字或阿拉伯数字和元素符号表示，以两位阿拉伯数字表示平均含碳量（以万分之几计）。沸腾钢和半镇静钢，在牌号尾部分别加符号“F”和“b”，平均含碳量为0.08%的沸腾钢，其牌号表示为“08F”，平均含碳量为0.10%的半镇静钢，其牌号表示为“10b”。镇静钢一般不标符号，例如平均含碳量为0.45%的镇静钢，其牌号表示为“45”。较高含锰量的优质碳素结构钢，在表示平均含碳量的阿拉伯数字后加锰元素符号，例如平均含碳量为0.50%，含锰量为0.70%～1.00%的钢，其牌号表示为“50 Mn”。高级优质碳素结构钢，在牌号后加符号“A”，例如平均含碳量为0.20%的高级优质碳素结构钢，其牌号表示为“20A”。特级优质碳素结构钢，在牌号后加符号“E”，例如平均含碳量为0.45%的特级优质碳素结构钢，其牌号表示为“45E”。

（3）合金结构钢

合金结构钢牌号采用阿拉伯数字和合金元素符号表示。用二位阿拉伯数字表示平均含碳量（以万分之几计），放在牌号头部。合金元素含量表示方法为：平均含量小于1.50%时，牌号中仅标明元素，一般不标明含量；平均合金含量为1.50%～2.49%、2.50%～3.49%、3.50%～4.49%、4.50%～5.49%等时，在合金元素后相应写成2、3、4、5等。例如碳、铬、锰、硅的平均含量分别为0.30%、0.95%、0.85%、1.05%的合金结构钢，其牌号表示为“30CrMnSi”；碳、铬、镍的平均含量分别为0.20%、0.75%、2.95%的合金结构钢，其牌号表示为“20CrNi3”。高级优质合金结构钢，在牌号尾部加符号“A”表示，例如“30CrMnSiA”。特级优质合金结构钢，在牌号尾部加符号“E”表示，例如“30CrMnSiE”。

10.1.1.2　钢材的主要性质

1. 力学性能

(1) 抗拉性能

抗拉性能是钢材的重要性能，在设计和施工中广泛使用。表征抗拉性能的技术指标是拉力试验测定的屈服点、抗拉强度和伸长率。低碳钢(软钢)试件受拉的应力-应变图见图 10-1。

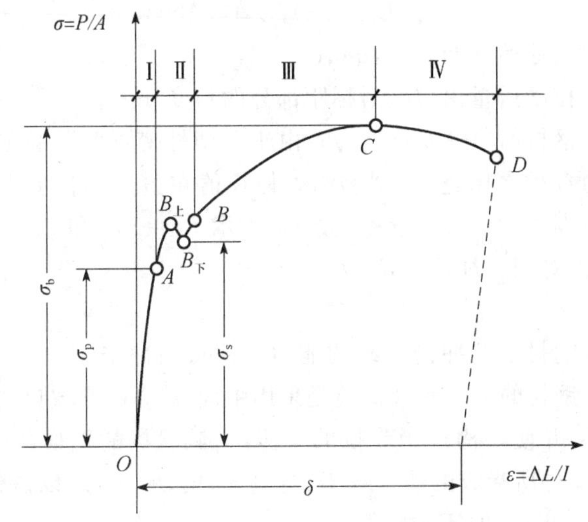

图 10-1　低碳钢受拉时应力-应变图

由图 10-1 可以看出，在 OA 范围内，随着荷载的增加，应力和应变成比例增加，如卸去荷载，则恢复原状，这种性质称为弹性，OA 是直线，在此范围内的变形，称为弹性变形。这个阶段称为弹性阶段，该阶段 A 点所对应的应力称为弹性极限，用 σ_P 表示，在这范围内，应力与应变的比值为一常量，称为弹性模量，用 E 表示，即 $E=\sigma/\varepsilon$。弹性模量反映了钢材的刚度，即产生单位弹性应变时所需应力的大小，是钢材在受力条件下计算结构变形的重要指标。

当钢材应力超过 σ_P 后，即开始产生塑性变形，当应力到达 $B_上$ 点时，抵抗外力能力下降，发生屈服现象，变形急剧增加，应力则在不大的范围内波动。$B_上$ 点是屈服上限，$B_下$ 点是屈服下限，也称为屈服点(或称屈服极限)，以 σ_s 表示，σ_s 是屈服阶段应力波动的最低值，它表示钢材在工作状态允许达到的应力值，即在 σ_s 之前，钢材不会发生较大的塑性变形，故在设计中一般以屈服点作为强度取值的依据。对于在外力作用下屈服现象不明显的硬钢类，规定产生残余变形为 $0.2\%L_0$ 时对应的应力作为屈服强度。

当应力从 $B_上$ 点降至 $B_下$ 点，这时应力水平基本不变而应变急剧增加，图形接近水平线，直到 B 点。$B_上$ 点到 B 点的水平部分称为屈服台阶，其大小称为流幅。过 B 点后，应力又继续增长，说明钢材的抗拉能力又开始发挥，随着曲线上升到达最高点

C，相应的应力称为钢材的极限强度，BC 段称为钢材的强化阶段。对应于最高点 C 的应力称为抗拉强度，用 σ_b 表示。设计中抗拉强度虽然不能利用，但屈强比 σ_s/σ_b 有一定意义。屈强比越小，反映钢材受力超过屈服点工作时的可靠性越大，因而结构的安全性越高。如屈强比太小，则反映钢材不能有效地被利用。

过了 C 点以后，应变迅速增加，应力随之下降，变形不再是均匀的。钢材被拉长，并在变形最大处发生颈缩，直至断裂。试件拉断后量出拉断后标距部分的长度 L_1，即可按下式计算伸长率 δ：

$$\delta = [(L_1 - L_0)/L_0] \times 100\%$$

式中 L_0——试件的原始标距长度，mm；

L_1——试件拉断后量出拉断后标距部分的长度，mm。

伸长率表征了钢材的塑性变形能力。由于在塑性变形时颈缩处的伸长较大，故当原标距与试件的直径之比越大，则颈缩处伸长值在整个伸长值中的比重越小，因而计算的伸长率会小些，通常以 δ_5 和 δ_{10} 分别表示 $L_0=5d_0$ 和 $L_0=10d_0$（d_0 为试件直径）时的伸长率。对同一种钢材，δ_5 大于 δ_{10}。

（2）冲击韧性

冲击韧性是指钢材抵抗冲击荷载的能力。钢材的冲击韧性用冲断试样所需能量的多少来表示。钢材的冲击韧性试验是采用中间开有 V 形缺口的标准弯曲试样，置于冲击机的支架，并使切槽位于受拉的一侧，当试验机的重摆从一定高度自由落下将试件冲断时，试件所吸收的能量等于重摆所做的功（W）。以试件在缺口处的最小横截面积（A）除所做的功（W），则得

$$\alpha_k = W/A$$

式中 α_k——冲击韧性，J/cm^2。

α_k 越大表示钢材抵抗冲击的能力越强。

钢材化学成分组织状态，以及冶炼轧制质量等对冲击韧性 α_k 都较敏感。如钢中磷、硫含量较高，存在偏析，非金属夹杂物和焊接中形成的微裂纹等都会使冲击韧性显著降低。

冲击韧性随温度的降低而下降，其规律是开始下降缓慢，当达到一定温度范围时，突然下降很多而呈脆性，称为钢材的冷温度脆性，这时的温度称为脆性临界温度。它的数值越低，钢材耐低温冲击性能越好。由于脆性临界温度的测定工作较复杂，通常规定－20℃或－40℃的负温冲击值作为其指标，见表 10-1。

表 10-1 普通低合金结构钢冲击韧性指标 J/cm^2

常温	－40℃	时效
58.8～69.9	29.4～34.3	29.4～34.3

钢材随时间的延长，强度逐渐提高，塑性冲击韧性下降，这种现象称为时效。完成时效变化过程可达数十年，钢材经受冷加工或使用中经受振动和反复荷载的影

响，时效可迅速发展，因时效而导致性能改变称为时效敏感性，时效敏感性越大的钢材，经过时效以后其冲击韧性的降低越显著。为了保证安全，对于承受动荷载的重要结构，应选用时效敏感性小的钢材。

(3) 耐疲劳性

钢材在交变荷载反复多次作用下，可以在远低于其屈服极限的应力作用下破坏，这种破坏称为疲劳破坏。一般把钢材在荷载交变 10×10^6 次时不破坏的最大应力定义为疲劳强度或疲劳极限，在设计承受反复荷载且须进行疲劳验算的结构时，应当了解所用钢材的疲劳极限。

测定疲劳极限时，应当根据结构使用条件确定采用的应力循环类型、应力比值(又称应力特征值 p，为最小与最大应力之比)和周期基数。周期基数一般为 2×10^6 或 4×10^6 以上。

一般钢材的疲劳破坏是由拉应力引起的，是从局部开始形成细小裂纹，由于裂纹尖角处的应力集中再使其逐渐扩大，直到疲劳破坏为止。疲劳裂纹在应力最大的地方形成，即在应力集中的地方形成。因此钢材疲劳强度不仅决定于它的内部组织，而且也决定于应力最大处的表面质量及内应力大小等因素。

(4) 硬度

钢材硬度系指比其更坚硬的其他种材料压入钢材表面的性能。钢材的硬度和强度成一定的关系，故测定钢的硬度后可间接求得其强度。测定硬度的方法很多，常用的硬度指标为布氏硬度值和洛氏硬度值。

布氏硬度试验原理，是用一定直径(D)的淬硬钢球，在规定荷载(P)作用下压入试件表面并保持一定的时间，然后卸去荷载，用压痕单位球面积上所承受的荷载大小作为所测金属材料的硬度值，称为布氏硬度，用符号 HB 表示，其试验示意图见图10-2。

图 10-2　布氏硬度试验原理图

从图 10-2 可见：

$$h=\frac{D}{2}-\frac{1}{2}\sqrt{D^2-d^2}$$

$$\mathrm{HB}=\frac{P}{F}=\frac{2P}{\pi(D-\sqrt{D^2-d^2})}$$

式中　P——钢球上加的荷载，N；

D——钢球直径，mm；

d——压痕直径，mm；

F——被测试金属表面压痕球的面积，mm^2。

洛氏法根据压头压入试件的深度的大小表示材料的硬度值。洛氏法的压痕很小，一般用于判断机械零件的热处理效果。

2. 工艺性能

(1) 冷弯性能

冷弯性能是指钢材在常温下承受弯曲变形的能力，是钢材的重要工艺性能。冷弯性能指标是通过试件被弯曲的角度(90°、180°)及弯心直径 d 对试件厚度(或直径) a 的比值(d/a)区分的(见图 10-3)。试件按规定的弯曲角和弯心直径进行试验，试件弯曲处的外表面无裂断、裂缝或起层，即认为冷弯性能合格。

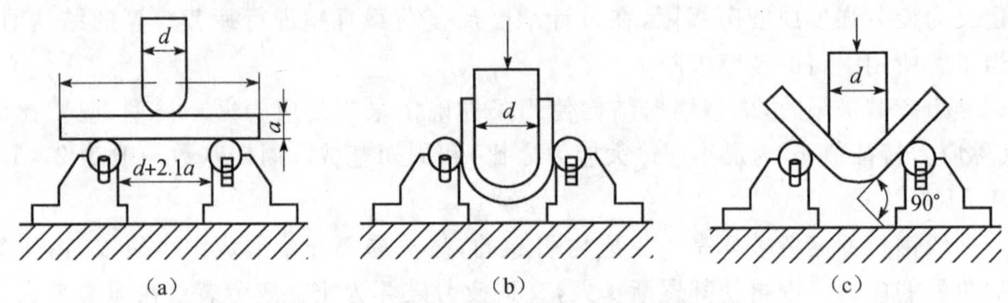

图 10-3 钢材冷弯试验

(a)装好的试件；(b)弯曲 180°；(c)弯曲 90°

冷弯试验是通过试件弯曲处的塑性变形实现的，因而能揭示钢材是否存在内部组织不均匀、内应力和夹杂物等缺陷。而在拉力试验中，这些缺陷常因塑性变形导致应力重分布而得不到反映。因此冷弯试验是一种比较严格的试验，对钢材的焊接质量也是一种严格的检验，能揭示焊件在受弯时表面存在的裂纹和夹杂物。

(2) 焊接性质

焊接连接是钢结构的主要连接方式，在工业与民用建筑的钢结构中，焊接结构占 90%以上。在钢筋混凝土结构中，焊接大量应用于钢筋接头、钢筋网、钢筋骨架和预埋件之间的连接以及装配式构件的安装。

建筑钢材的焊接方法最主要的是钢结构焊接用的电弧焊和钢筋连接用的电渣压力焊。焊件的质量主要取决于选择正确的焊接工艺和适当的焊接材料，以及钢材本身的可焊性。

电弧焊的焊接接头是由基体金属和焊缝金属熔合而成的。焊缝金属是在焊接时电弧的高温作用下，由焊条金属熔化而成，同时基体金属的边缘也在高温下部分熔化，两者通过扩散作用均匀地熔合在一起。电渣压力焊则不用焊条，而通过电流所形成的高温使钢筋接头局部熔化，并在机械压力下使接头熔合。

焊接时由于在很短的时间内达到很高的温度，基体金属局部熔化的体积很小，故冷却速度很快，在焊接之处必然产生剧烈的膨胀和收缩，易产生变形、内应力和内部组织的变化，因而形成焊接缺陷。焊缝金属的缺陷主要有裂纹、气孔、夹杂物等。基体金属热影响区的缺陷主要有裂纹、晶粒粗大和析出脆化(碳、氮等原子在焊接过程中形成碳化物和氮化物，于缺陷处析出，使晶格畸变，加剧所引起的脆化)。由于焊接件在使用过程中所要求的主要力学性能是强度、塑性、韧性和耐疲劳性，因此，对性能最有影响的缺陷是裂纹、缺口。

焊接质量的检验方法主要有取样试件试验和原位非破损检测两类。取样试件试验是指在结构焊接部位切取试样，然后在试验室进行各种力学性能的对比试验，以观察焊接的影响。非破损检测则是在不损及结构物使用性能的前提下，直接在结构原位采用超声、射线、磁力、荧光等物理方法，对焊缝进行缺陷探伤，从而间接推定力学性能的变化。

10.1.1.3　结构用钢材

1. 钢结构用钢

(1) 碳素结构钢的特性及应用

Q195 和 Q215 号钢，虽塑性很好，但强度太低，常用做生产一般使用的钢钉、铆钉、螺栓及铁丝等。Q255 和 Q275 号钢，它们强度很高，但塑性较差，多用于生产机械零件和工具等。Q235 号钢冶炼方便，成本较低，故在建筑中应用广泛，该钢材的部分性质见表 10-2。Q235 由于塑性好，在结构中能保证在超载、冲击、焊接、温度应力等不利条件下的安全，适于各种加工，大量被用做轧制各种型钢、钢板及钢筋，其力学性能稳定，对轧制、加热、急剧冷却时的敏感性较小。其中 Q235-A 级钢，一般仅适用于承受静荷载作用的结构，Q235-C 级和 D 级钢可用于重要的焊接结构。另外，由于 Q235-D 级钢含有足够的形成细晶粒结构的元素，同时对硫、磷有害元素控制严格，故其冲击韧性很好，具有较强的抗冲击、振动荷载的能力，尤其适宜在较低温度下使用。

表 10-2　碳素结构钢 Q235 拉伸试验指标

等级	屈服点 σ_s/MPa						抗拉强度 σ_s/MPa	伸长率 δ_s(%)					
	钢板厚度(直径)/mm							钢板厚度(直径)/mm					
	≤16	16～40	40～60	60～100	100～150	>150		≤16	16～40	40～60	60～100	100～150	>150
A	235	225	215	205	195	185	375～460	26	25	24	23	22	21
B	235	225	215	205	195	185	375～460	26	25	24	23	22	21
C	235	225	215	205	195	185	375～460	26	25	24	23	22	21
D	235	225	215	205	195	185	375～460	26	25	24	23	22	21

碳素结构钢选用原则：

在结构设计时，对于用做承重结构的钢材，应根据结构的重要性、荷载特征(动荷载或静荷载)、连接方法(焊接或铆接)、工作温度(正温或负温)等不同情况选择其钢号和材质。下列情况的承重结构不宜采用沸腾钢：

1) 焊接结构。重级工作制吊车梁、吊车桁架或类似结构；设计冬季计算温度等于或低于－20℃时的轻、中级工作制的吊车梁、吊车桁架或类似结构；设计冬季计算温度等于或低于−30℃时的其他承重结构。

2）非焊接结构。设计冬季计算温度等于或低于−20℃时的重级工作制吊车梁、吊车桁架或类似的结构。

（2）低合金高强度结构钢的特性及应用

低合金高强度结构钢与碳素结构钢相比，具有较高的强度，综合性能好，所以在相同使用条件下，可比碳素结构钢节省用钢20%～30%，对减轻结构自重有利。综合性能好表现为良好的塑性、韧性、可焊性、耐磨性、耐蚀性、耐低温性等方面。土木建筑中应用较多的是Q345牌号的钢材，其部分性质见表10-3。

表10-3　低合金高强结构钢Q345拉伸试验指标

等级	屈服点 σ_s/MPa				抗拉强度 σ_b/MPa	伸长率 δ_s(%)	冲击功(纵向)/J			
	钢板厚度(直径)/mm									
	≤15	16～35	35～50	50～100			+20℃	0℃	−20℃	−40℃
A	345	325	295	275	470～630	21				
B	345	325	295	275	470～630	21	34			
C	345	325	295	275	470～630	22		34		
D	345	325	295	275	470～630	22			34	
E	345	325	295	275	470～630	22				27

低合金高强度结构钢主要用于轧制各种型钢、钢板、钢管及钢筋，广泛用于钢结构和钢筋混凝土结构中，特别通用于各种重型结构、高层结构、大跨度结构及桥梁工程等。

（3）其他钢材的应用

在土木工程中，优质碳素结构钢主要用于重要结构的钢铸件及高强螺栓，其常用钢号为30号～45号钢，用做碳素钢丝、刻痕钢丝和钢绞线时通常采用65号～80号钢。

合金结构钢主要用于轧制各种型钢（角钢、槽钢、工字钢）、钢板、钢管、铆钉、螺栓螺帽及钢筋，特别是用于各种重型结构、大跨度结构、高层结构，其技术经济效果更为明显。

2. 钢筋混凝土结构用钢

（1）钢筋混凝土用热轧钢筋

钢筋混凝土用热轧钢筋，根据其表面状态特征分为光圆钢筋和带肋钢筋两类，带肋钢筋又分月牙肋和等高肋两种。热轧光圆钢筋牌号为HPB235，热轧带肋钢筋分为HRB335、HRB400和HRB500三个牌号，其力学性能和工艺性能应符合表10-4要求。

表 10-4 热轧钢筋的力学性能和工艺性能

表面形状	牌号	公称 直径/mm	屈服点(σ_s 或 $\sigma_{0.2}$)/MPa	抗拉强度 σ_b/MPa	伸长率 δ_s(%)	冷弯 d—弯心直径 a—钢筋公称直径
光圆	Q215		215	375	27	180° $d=0$
	HPB235	8～20	235	370	25	180° $d=a$
带肋	HRB335	6～25 28～50	335	490	16	180° $d=3a$ 180° $d=4a$
	HRB400	6～25 28～50	400	570	14	180° $d=4a$ 180° $d=5a$
	HRB500	6～25 28～50	500	630	12	180° $d=6a$ 180° $d=7a$

热轧光圆钢筋是用碳素结构钢 Q215 或 Q235 轧制而成的，其强度较低，塑性及焊接性能好，伸长率高，便于弯折成型和进行各种冷加工，广泛用于普通中小型钢筋混凝土结构的主要受力钢筋和各种钢筋混凝土结构的箍筋等。

热轧带肋钢筋是用低合金镇静钢和半镇静钢轧制成的钢筋，因表面带肋，加强了与钢筋混凝土之间的黏结力，其中 HRB335 和 HRB400 强度较高，塑性和焊接性能也较好，广泛用于大、中型钢筋混凝土结构的受力钢筋；HRB500 强度高，但塑性和焊接性能较差，可用做预应力钢筋。

(2) 冷轧带肋钢筋

冷轧带肋钢筋是采用热轧圆盘条为母材，经冷轧减径后在其表面冷轧成带有沿长度方向均匀分布的二面或三面横肋的钢筋。肋呈月牙形，二面或三面肋均应沿钢筋横截面周圈上均匀分布，且其中有一面的肋必须与另一面或另两面的肋反向。冷轧带肋钢筋是热轧圆盘钢筋的深加工产品，按抗拉强度最小值可分为五级牌号，即 CRB550、CRB650、CRB800、CRB970 和 CRB1170。CRB550 为普通钢筋混凝土用钢筋，其他牌号为预应力混凝土用钢筋。

冷轧带肋钢筋的公称直径范围为 4～12 mm，CRB650 以上牌号钢筋的公称直径为 4、5、6 mm，该钢筋的力学和工艺性能应符合表 10-5 要求。

表 10-5 冷轧带肋钢筋的力学和工艺性能

牌号	σ_b/MPa	伸长率(%)		冷弯 180°	反复弯曲次数	松弛率初始应力 $\sigma_{con}=0.7\sigma_b$	
		δ_{10}	δ_{100}			1 000 h(%)	
CRB550	550	8.0		$D=3d$			
CRB650	650		4.0		3	8	5

续表

牌号	σ_b/MPa	伸长率(%)		冷弯 180°	反复弯曲次数	松弛率初始应力 $\sigma_{con}=0.7\sigma_b$	
		δ_{10}	δ_{100}			1 000 h(%)	
CRB800	800		4.0		3	8	5
CRB970	970		4.0		3	8	5
CRB1170	1170		4.0		3	8	5

冷轧带肋钢筋具有的优点有:强度高、塑性好,综合力学性能优良,抗拉强度大于 550MPa,伸长率可大于 4%;握裹力强,混凝土对冷轧带肋钢筋的握裹力为同直径冷拔钢丝的 3~6 倍,同时由于塑性较好,大大提高了构件的整体强度和抗震能力;节约钢材,降低成本,以冷轧带肋钢筋代替 HPB235 级钢筋用于普通钢筋混凝土构件(如现浇楼板),可节约钢材 30%以上;提高构件整体质量,改善构件的延性,避免抽丝现象,用冷轧带肋钢筋制作的预应力空心楼板,其强度、抗裂度均明显优于用冷拔低碳钢丝制作的构件。

CRB550 钢筋宜用做钢筋混凝土结构构件中的受力钢筋、钢筋焊接网、箍筋、构造钢筋以及预应力混凝土结构中的非预应力钢筋,CRB650 及以上牌号钢筋宜用做预应力混凝土结构构件中的预应力主筋。

(3) 预应力混凝土用钢丝与钢绞线

预应力混凝土用钢丝由含碳量不低于 0.80%的优质碳素结构钢盘条,经冷加工及时效处理或热处理而制得的高强度钢丝,可分为冷拉钢丝及消除应力钢丝两种,按外形又可分为光面钢丝和刻痕钢丝两种。钢丝经冷拔及回火处理而成,具有较好的力学性能。将钢丝表面沿长度方向压出刻痕,再作低温回火处理即形成刻痕钢丝。刻痕钢丝分为两面刻痕钢丝和三面刻痕钢丝,应用于预应力混凝土结构中可以增加钢丝与混凝土之间的握裹力,减小预应力损失。

预应力钢绞线是用 2、3、7 根圆形断面的高强度钢丝捻制成一束而成的。

预应力钢丝和钢绞线主要用于大跨度、大负荷的桥梁、电杆、枕轨、屋架、大跨度吊车梁等,安全可靠,节约钢材,且不需冷拉、焊接接头等加工,因此在土木工程中得到广泛应用。

10.1.2 彩色涂层钢板

彩色涂层钢板是以冷轧钢板,电镀锌钢板、热镀锌钢板或镀铝锌钢板为基板经过表面脱脂、磷化、铬酸盐处理后,涂上有机涂料经烘烤而制成的产品。具有轻质高强、色彩鲜艳、耐久性好等特点。

彩钢板的强度取决于基板材料和厚度,耐久性取决于镀层和表面涂层,涂层有聚酯、硅性树脂、氟树脂等,涂层厚度达 25 μm 以上,涂层结构有二涂一烘、二涂二烘等,免维护,使用年限根据大气环境不同可为 20~30 年。

压型钢板的厚度为 0.6～1.4 mm，为延长压型板的寿命，对板的表面要进行处理。常用的处理方法有三种：第一种是镀锌、镀铝或镀金；第二种是涂各种釉质材料或塑料；第三种是综合处理，即在镀锌或涂塑料的表面做装饰层。

10.1.3 不锈钢

10.1.3.1 不锈钢装饰特点

不锈钢是以不锈、耐腐蚀为主要特征，且铬含量至少为 10.5%，碳含量最大不超过 1.2%的钢。

不锈钢耐腐蚀性的机理是钝化膜理论。所谓钝化膜就是在不锈钢的表面有一层 Cr_2O_3 为主的薄膜，由于这个薄膜的存在使不锈钢在各种介质中的腐蚀受阻，这种现象被称为钝化。这种钝化膜的形成有二种情况，一种是不锈钢本身就有自钝化的能力，这种自钝化能力随铬含量的增加而加快，因此它才具有抗锈性；另一种较广泛的形成条件是不锈钢在各种水溶液（电解质）中，在被腐蚀的过程形成钝化膜而使腐蚀受阻，当钝化膜被损坏后，立即又形成新的钝化膜。

不锈钢钝化膜之所以具有抵抗腐蚀的能力，有三个特点：一是钝化膜厚度极薄，在铬含量大于 10.5%的条件下，一般只有几个微米；二是这个钝化膜的密度大于基体的密度，这两个特点说明这个钝化膜既薄又致密，因此，这个钝化膜很难被腐蚀介质击穿而快速腐蚀基体；三是这个钝化膜的铬浓度比基体高 1 倍以上，致使钝化膜有很高的耐腐蚀性。

不锈钢作为建筑装饰材料，具有非常明显的优越性。不锈钢用于建筑装饰方面具有以下一些特点：

1）不锈钢装饰材料与所有其他金属材料一样，具有独特的金属质感，丰富多变的色彩与图案及美满的造型。

2）不锈钢装饰件与铝合金装饰件一样，具有不易锈蚀的特点，可以较长时间地保持原始的装饰效果；具有强度和硬度较大的优点，在施工和使用过程中不易发生变形。

3）不锈钢可以具有如同镜面的效果。将这种抛光不锈钢件用于建筑装饰中，因其镜面的反射作用，可取得与周围环境中的各种色彩、景物交相辉映的效果。并且，由于抛光不锈钢饰件具有很强的反射光线的能力，在灯光的配合下，还可形成晶莹明亮的亮光部分，从而有助于形成空间环境中的兴趣中心或注意点。

4）不锈钢化学性能稳定、物理性能可靠、不燃烧，既可用于室内，也可用于室外，既可作非承重的纯粹装饰、装修制品，也可作承重构件，具有广泛的用途。

10.1.3.2 不锈钢种类和性质

1. 不锈钢种类及牌号

在钢的冶炼过程中，加入铬（Cr）、镍（Ni）等元素，形成以铬元素为主要元素的合金钢，就称为不锈钢。通常不锈钢含铬 12%以上。不锈钢克服了普通钢材在常温下或潮湿环境中易发生的化学腐蚀或电化学腐蚀的缺点，能提高钢材的耐腐蚀性。合金钢中铬的含量越高，钢材的抗腐蚀性越好。除铬外，不锈钢中还有镍、锰(Mn)、钛(Ti)、硅(Si)等元素，这些元素的含量都能影响不锈钢的强度、塑件、韧性和耐腐蚀性。

不锈钢之所以耐腐蚀，主要原因是其中铬的性质比铁活泼。在不锈钢中，铬首先与环境中的氧化合，生成一层与钢基体牢固结合的致密的氧化膜层，称为钝化膜，它能使铬合金钢得到保护，不致锈蚀。

不锈钢按化学成分可分为铬不锈钢、铬镍不锈钢、铬镍钼不锈钢以及超低碳不锈钢、高钼不锈钢、高纯不锈钢等。按不同的耐腐蚀特点，又可分为普通不锈钢(简称不锈钢)和耐酸不锈钢两类，普通不锈钢具有耐大气和水蒸气侵蚀的能力，耐酸不锈钢除对大气和水蒸气有抗蚀能力外，还对某些化学侵蚀介质(如酸、碱、盐溶液)具有良好的抗蚀性。按不锈钢的性能特点可分为耐硝酸不锈钢、耐硫酸不锈钢、耐点蚀不锈钢、耐应力腐蚀不锈钢、高强度不锈钢等。

《不锈钢和耐热钢牌号及化学成分》(GB/T 20878—2007)将不锈钢按其组织形态特征分为五类，共 143 个牌号。奥氏体型不锈钢是指基体以面心立方晶体结构的奥氏体组织(γ 相)为主，无磁性，主要通过冷加工使其强化(并可能导致一定的磁性)的不锈钢；奥氏体-铁素体(双相)型不锈钢是基体兼有奥氏体和铁素体两相组织(其中较少相的含量一般大于 15%)，有磁性，可通过冷加工使其强化的不锈钢；铁素体型不锈钢是基体以体心晶体结构的铁素体组织(α 相)为主，有磁性，一般不能通过热处理硬化，但冷加工可使其轻微强化的不锈钢；马氏体型不锈钢是基体为马氏体，有磁性，通过热处理可调整其力学性质的不锈钢；沉淀硬化型不锈钢是基体为奥氏体或马氏体，并能通过沉淀硬化(时效硬化)处理使其硬(强)化的不锈钢。

不锈钢牌号采用合金元素符号和阿拉伯数字表示，易切削不锈钢在牌号头部加 Y，一般用一位阿拉伯数字表示平均含碳量(以千分之几计)；当平均含碳量不小于1.00%时，采用两位阿拉伯数字表示；当含碳量上限小于 0.1%时，以“0”表示含碳量；当含碳量上限不大于 0.03%，大于 0.01%时(超低碳)，以“03”表示含碳量；当含碳量上限不大于 0.01%时(极低碳)，以“01”表示含碳量。含碳量没有规定下限时，采用阿拉伯数字表示含碳量的上限数字。合金元素含量表示方法同合金结构钢。例如：平均含碳量为 0.20%，含铬量为 13%的不锈钢，其牌号表示为 2Cr13；含碳量上限为 0.80%，平均含铬量为 18%，含镍量为 9%的铬镍不锈钢，其牌号表示为 0Cr18Ni9；含碳量上限为 0.12%，平均含铬量为 17%的加硫易切削铬不锈钢，其牌号表示为 Y1C1r17；平均含碳量为 1.10%，含铬量为 17%的高碳铬不锈钢，牌号表示为 11Cr17；含碳量上限为 0.03%，平均含铬量为 19%，含镍量为 10%的超低碳不锈钢，其牌号表示为 03Cr19Ni10；含碳量上限为 0.01%，平均含铬量为 19%，含镍量为 11%的极低碳不锈钢，其牌号表示为 01Cr19Ni11。

按《不锈钢冷轧钢板和钢带》(GB/T 3280—2007)要求，在装饰工程中常用的不锈钢的牌号和力学性能见表 10-6。

表 10-6 不锈钢力学性能

牌号	规定非比例延伸强度 $R_{P0.2}$/MPa	抗拉强度 R_m/MPa	断后伸长率 A(%)	硬度值		
				HBW	HRW	HV
12Cr18Ni9	205	515	40	201	92	210
06Cr18Ni9	205	515	40	201	92	210
10Cr17	205	460	22	183	89	200
10Cr17Mo	240	450	22	183	89	200

2. 不锈钢板表面加工

不锈钢板表面加工分表面加工和表面抛光。

(1) 不锈钢表面加工等级

不锈钢板和不锈钢带的表面加工是通过板材和带材的生产工艺表示的。

No. 1:经过热轧、淬火、酸洗和除鳞处理后的钢板表面是一种黯淡表面，有些粗糙。

No. 2D:比 No. 1 表面加工好，也是黯淡表面，经过冷轧、退火、除鳞，最后用毛向辊轻轧。

No. 2B:这是最常用的，除在退火和除鳞后用抛光辊进行最后一道轻度冷轧外，其他工艺与 2D 相同，表面略有些发光，可以进行抛光处理。

No. 2B 光亮退火:这是一种反射性表面，经过抛光辊轧制并在可控气氛中进行最终退火，光亮退火仍保持其反射表面，而不产生氧化皮。由于光亮退火过程中不发生氧化反应，所以，不需要再进行酸洗和钝化处理。

(2) 抛光表面加工

No. 3:由 3A 和 3B 表示。3A:表面经过均匀地研磨，磨料粒度为 80～100;3B:毛面抛光，表面有均匀的直纹，通常是用粒度为 180～200 的砂带在 2A 或 2B 板上一次抛磨而成。

No. 4:单向表面加工，反射性不强，这种表面加工在建筑的应用最广，其工艺步骤是先用粗磨料抛光，最后再用粒度为 180 的磨料研磨。

No. 6:是对 No. 4 的进一步改进，是在磨料和油介质中用抛光刷抛光 No. 4 表面。

No. 7:被称为光亮抛光，是对已经磨得很细但仍有磨痕的表面进行抛光，通常使用的是 2A 或 2B 板，用纤维或布抛光轮和相应的抛光膏。

No. 8:镜面抛光表面,反射率高,通常被称为镜面表面加工,能反射很清晰的图像。

不锈钢典型的加工等级及适用范围见表 10-7。

表 10-7 不锈钢典型的加工等级及适用范围

表面处理等级	加工方法及适用范围
No. 2D	为冷轧后经热处理和酸洗而获得的无光冷轧制品,用于石油化工工厂、汽车零件、建材、管材等生产领域
No. 2B	为将 No. 2D 钢调质压轧而成的产品,与 No. 2D 钢相比光泽度高,表面平滑度好,机械性能得到改善,因而作为一种有代表性的表面处理方法,应用于几乎所有的领域
No. 3	用 100～120 目砂纸碾磨的产品,应用于有美观光洁要求的建筑内外装饰材料、各种电子产品的外观、厨房设备等
No. 4	用 150～180 目砂纸碾磨的产品,比 No. 3 钢表面更细腻,具有华美的银白光泽,用于浴缸、建筑内外装饰材料、仪器工业设备等
HL	用适当粒度的砂纸,将 No. 4 钢连续碾磨直至出现纹理,因其纹理具有连贯性,多用于建筑内外装饰和建筑物的框格、门、镶板

3. 不锈钢性质

不锈钢膨胀系数大,为碳钢的 1.3～1.5 倍,但导热系数只有碳钢的 1/3,不锈钢韧性及延展性均较好,常温下亦可加工。不锈钢的耐蚀性强是其诸多性质中显著的特性之一,其耐腐蚀性因其所加元素的不同,耐蚀性也表现不同,例如,只加入单一的合金元素铬的不锈钢在氧化性介质(水蒸气、大气、海水、氧化性酸)中有较好的耐蚀性,而在非氧化性介质(盐酸、硫酸、碱溶液)中耐蚀性很低;镍铬不锈钢由于加入了镍元素,而镍对非氧化性介质有很强的抗蚀力,因此镍铬不锈钢的耐蚀性更佳。光泽度是不锈钢的另一重要特点,不锈钢经不同的表面加工可形成不同的光泽度和反射性效果,并按此划分成不同的等级,其装饰性也正是利用了不锈钢表面的光泽度和反射性。高级别的抛光不锈钢表面具有与玻璃相同的镜面般光亮平滑的效果,光反射比达 90%以上,具有良好的装饰性,为极富现代气息的装饰材料。

10.1.3.3 建筑装饰用不锈钢

建筑装饰用不锈钢制品主要是各种薄板、各种不锈钢型材、管材和异型材,各种规格的不锈钢厨具、卫生洁具、五金配件及其他装饰制品。这些制品表面经加工处理,可达到高度抛光发亮,也可无光泽。经化学浸渍着色处理,可得到褐、蓝、黄、红、绿等各种颜色，既保持了不锈钢原有优异的耐腐蚀性质，又进一步提高了不锈钢的装饰效果。

不锈钢装饰材料不仅坚固耐用、美观新颖，而且具有强烈的时代感。不锈钢作为建筑装饰材料，既可以用于室内，也可以用于室外；既可作为非承重的纯粹装饰、装修用品，也可作承重构件。不锈钢材在现代装饰工程中的应用主要包括以下三部分：不锈钢薄板（彩色不锈钢装饰板）、不锈钢钢管、不锈钢角材及槽材。其具体产品如下：

1. 不锈钢薄板

不锈钢薄板的具体产品包括：

1）光面或镜面不锈钢，反射率在 90%以上；

2）雾面板；

3）丝面板；

4）腐蚀雕刻板，雕刻深度通常为 0.015～0.5 mm；

5）凹凸板；

6）半球形板或弧形板。

不锈钢薄板的厚度为 0.2～4.0 mm，在建筑装饰时常用厚度在 2.0 mm 以下，宽度为 500～1500 mm，长度为 1 000～2000 mm，常用不锈钢薄板规格见表 10-8。

表 10-8 常用不锈钢薄板规格 mm

钢板厚度	钢板宽度									备注
	500	600	700	750	800	850	900	950	1 000	
	钢板长度									
0.35、0.4、0.45 0.5 0.55、0.6 0.7、0.75		1200		1 000						
	1 000	1 500	1 000	1 500	1 500		1 500	1 500		
	1 500	1 800	1 420	1 800	1 600	1 700	1 800	1 900	1 500	
	2 000	2 000	2 000	2 000	2 000	2 000	2 000	2 000	2 000	
0.8 0.9				1 500	1 500	1 500	1 500	1 500	1 500	
	1 000	1 200	1 400	1 800	1 600	1 700	1 800	1 900	1 500	热轧钢板
	1 500	1 420	2 000	2 000	2 000	2 000	2 000	2 000	2 000	
1.0、1.1、1.2 1.25、1.4、1.5 1.6、1.8				1 000			1 000			
	1 000	1 200	1 000	1 500	1 500	1 500	1 500	1 500	1 500	
	1 500	1 420	1 420	1 800	1 600	1 700	1 800	1 900	1 500	
	2 000	2 000	2 000	2 000	2 000	2 000	2 000	2 000	2 000	

续表

钢板厚度	钢板宽度									备注
	500	600	700	750	800	850	900	950	1 000	
	钢板长度									
0.2、0.25 0.3、0.4		1 200	1 420	1 500	1 500	1 500				冷轧钢板
		1 800	1 800	1 800	1 800	1 800	1 500		1 500	
	1 000	2 000	2 000	2 000	2 000	2 000	2 000		2 000	
0.5、0.55、0.6		1 200	1 420	1 500	1 500	1 500				
	1 000	1 800	1 800	1 800	1 800	1 800	1 500		1 500	
	1 500	2 000	2 000	2 000	2 000	2 000	1 800	2 000	2 000	
0.7 0.75		1 200	1 420	1 500	1 500	1 500				
	1 000	1 800	1 800	1 800	1 800	1 800	1 800			
	1 500	2 000	2 000	2 000	2 000	2 000	2 000		2 000	
0.8 0.9		1 200	1 420	1 500	1 500	1 500	1 500			
	1 000	1 800	1 800	1 800	1 800	1 800	1 800			
	1 500	2 000	2 000	2 000	2 000	2 000	2 000		2 000	
1.0、1.1、1.2 1.4、1.5、1.6 1.8、2.0	1 000	1 200	1 420	1 500	1 500	1 500				
	1 500	1 800	1 800	1 800	1 800	1 800	1 800			
	2 000	2 000	2 000	2 000	2 000	2 000	2 000		2 000	

镜面不锈钢饰面板是不锈钢薄板经特殊抛光处理而成的。其特点有：板光亮如镜，其反射率、变形率均与高级镜面相似，并有与玻璃镜不同的装饰效果；耐火、耐潮、耐腐蚀，不会变形和破碎，安装施工方便，但要注意防止硬尖物划伤表面。该板的常用规格有 400 mm×400 mm、500 mm×500 mm、600 mm×600 mm、600 mm×1 200 mm，厚度为0.3～0.6mm。

镜面不锈钢饰面板用于高级宾馆、饭店、舞厅、会议厅、展览馆、影剧院的墙面、柱面、天棚面、造型面，以及门面、门厅的装饰。

不锈钢板和彩色不锈钢板，都具有抗腐蚀性能和良好的机械性能等特点。彩色不锈钢板以普通不锈钢薄板为原件，经表面处理，使其表面成为具有光彩夺目的贴面装饰板材。其颜色有蓝、灰、紫、红、青、绿、金黄、橙色及茶色等数十种色彩；无毒、耐腐蚀、耐高温、耐摩擦、耐候性好、加工性好（可弯曲、可拉伸、可冲压）；色泽随光照角度不同会产生变幻的效果；彩色下层能耐 200℃的温度，90℃时彩色层不会损坏（分层、裂纹），并且彩色层经久不退色；耐盐雾腐蚀性能超过一般不锈钢。彩色不锈钢板有下列情况之一的为不允许缺陷：

1）局部无氧化膜层（焊缝处除外）；

2）表面颜色不均匀；

3）氧化膜附着不牢，存在剥落现象。

2. 不锈钢建筑型材

不锈钢建筑型材按表面状态分为光亮（G）、发纹（F）、喷涂（P）、镀饰（D）。其外观质量要求：型材表面不得有裂纹、折叠、分层、过酸洗痕迹及氧化铁皮；采用冷弯—咬口成形工艺的型材，其咬口处应紧密贴合，不得松动、错位；采用冷弯—焊接成形工艺的型材，其焊缝处不得有开焊、搭焊、烧穿及严重错位；自然光下，距离型材 1.2 m 以外，目视型材装饰表面，不允许有影响装饰效果的机械划伤、波浪曲面、锤痕、辊印、残留斑点及氧化色等缺陷存在；型材表面缺陷允许用修磨方法清理，但不得影响其强度、表面尺寸及外观质量；型材端头应切齐，允许存在由于切断方法造成的较小变形和轻微缺陷。型材截面尺寸允许偏差见表 10-9。

表 10-9 不锈钢建筑型材截面尺寸允许偏差

测量部位尺寸	实体部位	非实体部位（开口部位）					
		$L\geqslant5\sim15$	$L>15\sim30$	$L>30\sim60$	$L>60\sim100$	$L>100\sim150$	$L>150\sim200$
≤6	0.27	0.39	0.45	0.51	—	—	—
>6～12	0.30	0.47	0.51	0.58	0.61	—	—
>12～19	0.35	0.53	0.58	0.64	0.67	—	—
>19～25	0.38	0.60	0.64	0.70	0.77	0.89	—
>25～38	0.45	0.69	0.73	0.83	0.91	1.00	—
>38～50	0.54	0.79	0.83	0.99	1.10	1.20	1.40
>50～100	0.92	1.10	1.20	1.50	1.70	2.00	2.30
>100～150	1.30	1.50	1.60	2.00	2.40	2.80	3.20
>150～200	1.70	1.80	2.00	2.60	3.00	3.60	4.10
>200～250	2.10	2.10	2.40	3.20	3.70	4.30	4.90

注：L 为测量点到基准点的距离。

不锈钢型材在现代装饰中主要用于壁板及天花板、门及门边收框、台面薄板、不锈钢管及板、配件及五金（把手、铰链、自动开门器、门夹、滑轨、合叶）、栏杆或扶手、防盗门、家具的支架或收边、装饰网、招牌或招牌字、展示架、灯箱和花台、洁具等。

3. 不锈钢管材

不锈钢型材有圆管、方管、矩形管、异形管及异形材等，圆管规格见表 10-10，方管和部分矩形管规格见表10-11。它有良好的防腐、耐酸碱侵蚀能力和高强度；表面经研磨抛光，质感优美；焊接采用多极双流氩弧焊及等离子焊，焊缝经内部处理后焊接质量好。不锈钢型材适用于建筑装饰、门窗、厨房设备、卫生间（浴室杆、毛巾架、杂物托架）、高档家具、商店柜台和医药、食品、酿造设备等。

表10-10 不锈钢圆管的规格 mm

外径	壁厚											
	0.5	0.6	0.8	1.0	1.2	1.5	2.0	2.5	3.0	3.5	4.0	5.0
12.7	√	√	√	√	√							
16.0	√	√	√	√	√	√						
19.0	√	√	√	√	√	√	√					
22.0	√	√	√	√	√	√	√					
25.4	√	√	√	√	√	√	√	√				
31.8			√	√	√	√	√	√				
38.0			√	√	√	√	√	√	√	√	√	√
40.0			√	√	√	√	√	√	√	√	√	√
45.0				√	√	√	√	√	√	√	√	√
48.0				√	√	√	√	√	√	√	√	√
50.0				√	√	√	√	√	√	√	√	√
63.0				√	√	√	√	√	√	√	√	√

表10-11 不锈钢方管和部分矩形管的规格 mm

外径	壁厚								
	0.5	0.6	0.8	1.0	1.2	1.5	2.0	2.5	3.0
10.0×10.0	√	√	√	√	√				
12.7×12.7	√	√	√	√	√	√			
15.9×15.9	√	√	√	√	√	√	√		
16.0×16.0	√	√	√	√	√	√	√		
19.0×19.0	√	√	√	√	√	√	√		
20.0×20.0	√	√	√	√	√	√	√		
22.0×22.0	√	√	√	√	√	√	√		
25.4×25.4	√	√	√	√	√	√	√		
30.0×30.0		√	√	√	√	√	√		
31.8×31.8			√	√	√	√	√		
38.1×38.1				√	√	√	√		

续表

外 径	壁 厚								
	0.5	0.6	0.8	1.0	1.2	1.5	2.0	2.5	3.0
40.0×40.0					√	√	√	√	
46.0×46.0					√	√	√	√	√
50.0×50.0					√		√	√	√
60.0×60.0							√	√	√
20.0×10。	√	√	√	√	√				
25.0×13.0	√	√	√	√	√	√	√		
40.0×20.0			√	√	√	√	√		

不锈钢复合钢管是在壁厚 0.8～1.0 mm 的普碳钢管外面紧紧包了一层壁厚 0.2～0.25 mm的不锈钢管。不锈钢复合钢管有两种生产方法,一种是将普碳钢和不锈钢分别焊成圆管,用液压机把普碳钢管压入不锈钢管中,即成复合钢管,再将这种复合管头压扁,进行拉拔抛光;另一种是先把普碳钢带焊成圆管,经定径拉拔,再把拉拔后的普碳钢管和不锈钢带一同送入机组,经成型钨极氩弧焊,后抛光。两种方法比较,以氩弧焊法效率高,成本低。不锈钢复合钢管具有不锈钢管的优异特性,但价格却只有不锈钢管的 1/4。

4. 不锈钢门窗

不锈钢门窗以不锈钢板(厚度为 0.5～0.8 mm)为主料,冷轧钢板为副料,并配有门拉、门夹、门锁等配件。不锈钢推拉窗厚度基本尺寸按窗框厚度构造尺寸区分,其尺寸系列有 60、65、70、75、80、85、90、95、100 mm;窗洞宽度为 900～3 000 mm,窗洞高度为 600～2 100 mm;推拉窗构件的直线度不应大于 1/1 000,推拉窗窗框、窗扇各相邻构件装配间隙不应大于 0.5 mm,推拉窗窗框、窗扇各相邻构件相交处同一平面高低差不应大于 0.5mm,推拉窗构造尺寸允许偏差应符合表 10-12 的规定。

表 10-12 不锈钢推拉窗构造尺寸允许偏差 mm

项 目	测量尺寸	允许偏差
窗框槽口宽度与高度	≤2 000	±2.0
	>2 000	±2.5
窗框槽口对边尺寸之差	≤2 000	≤2.5
	>2 000	≤3.5
窗框槽口对角线之差	≤2000	≤3.0
	>2 000	≤4.0

不锈钢推拉窗表面质量标准:推拉窗表面应清洁、光滑、平整,不得有毛刺、裂纹、折叠、分层和氧化铁皮等缺陷;推拉窗表面不得有明显色差,自然光下,距离推拉窗 1.2 m 以外,目视装饰表面不允许有影响装饰效果的机械划伤、压痕、波浪、锤痕、凹凸痕迹、过酸洗痕迹等缺陷存在;推拉窗外表面的不良缺陷,允许用局部磨(抛)光方法进行清修,但不得影响其强度、表面尺寸及外观质量;推拉窗密封条安装后,要求接头严密、表面平整、无咬边现象;采用耐候密封胶时,要求胶线横平竖直、粗细均匀。

不锈钢门窗成为时尚的建筑装潢产品,在钢门窗系列中,不锈钢产品具有较大的竞争优势。不锈钢门窗具有防火、隔热、保温、隔声之功能,具有强度高、耐腐蚀、无污染、不老化、不褪色、形状准确、尺寸精度高、施工简单、维修方便等特点,具有表面光亮夺目,外形美观的装饰效果。

不锈钢门窗主要用于有密封、保温、隔声要求的宾馆、商场、酒楼、高级写字楼、高级公寓等。

5. 不锈钢镜面贴面砖

不锈钢镜面贴面砖是一种新型、高档建筑装饰材料,具有耐酸、耐碱、耐磨损等特点;表面光彩照人、平整如镜、豪华气派,且施工方便、利于维修、可重复抛光,在安装时砖面相互镶嵌扣合,十分方便。可作为涂料、墙布、瓷砖、大理石等饰面材料的更新换代产品,用于内外墙面、柱贴面及歌舞厅、餐厅、厨房和卫生间等的装修。不锈钢镜面贴面砖通常分为白板、镜面和彩色镜面三种,彩色镜面有茶色、蓝色、金黄色、玫瑰红、绿色等。

不锈钢及其制品在建筑装饰上通常用来做屋面、幕墙、门窗、内外墙饰面、栏杆扶手、电梯间、壁画或装饰画边框、展厅陈列架及护栏等。不锈钢柱被广泛用于大型商场、宾馆、酒店、银行等大型高档建筑的入口、门厅、中厅等处,在通高大厅和四季厅之中,也常被采用。这是由于不锈钢包柱不仅是一种现代装饰的新颖手法,而且由于其镜面的反射和折射作用,可取得与周围环境交相辉映的效果。同时,在灯光的照射下,还可形成晶莹明亮的高光部分,从而有助于在这些共享空间中形成空间环境中的兴趣中心,对空间环境的艺术效果起到强化、点缀和烘托作用。不锈钢板用于室内墙面和屋顶装潢的材料,以不锈钢薄板为原料,经过冷弯轧制成形,使不锈钢角条与瓷砖相结合,两者融为一体,不脱落、不易老化。

10.2 建筑装饰用铝合金制品

铝是地壳中分布最广、储量最多的金属元素之一,约占地壳总重量的 8.2%,仅次于氧和硅,比铁(约占 5.1%)、镁(约占 2.1%)和钛(约占 0.6%)的总和还多。铝合金是以铝为基的合金总称,生产铝合金主要元素有铜、硅、镁、锌、锰,次要合金元素有镍、铁、钛、铬、锂等。

10.2.1　铝加工技术

为了满足国民经济各部门和人民生活各方面的需求，世界原铝（包括再生铝）产量的85%以上被加工成板、带、条、箔、管、棒、型、线、粉、自由锻件、模锻件、铸件、压铸件、冲压件及其深加工件等铝及铝合金产品。目前生产铝及铝合金材料的方法主要有铸造法、塑性成型法和深加工法。

10.2.1.1　铸造法

铝合金铸造法的主要类型见图10-4。

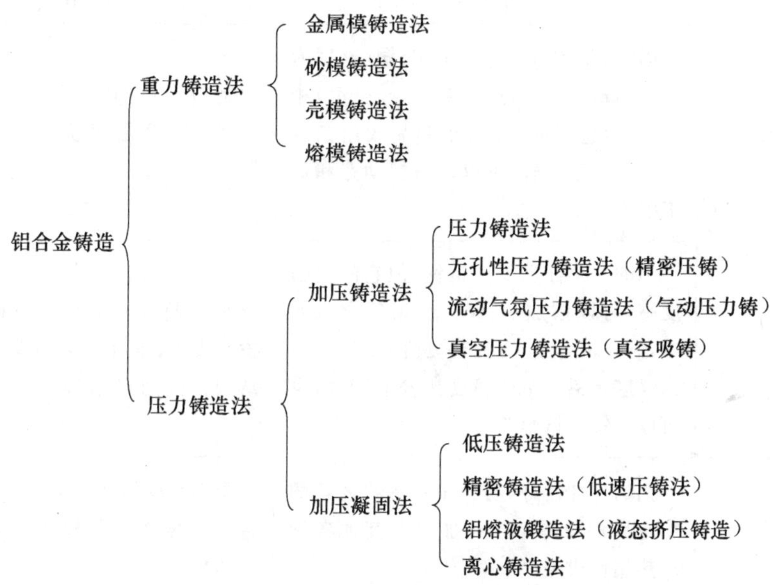

图10-4　铝合金铸造法的主要类型

10.2.1.2　塑性成型法

铝及铝合金的塑性成型法就是利用铝及铝合金的良好塑性，在一定的温度、速度条件下，施加各种形式的外力，克服金属对于变形的抵抗，使其产生塑性变形，从而得到各种形状、规格尺寸和组织性能的铝及铝合金板、带、条、箔、管、棒、线和锻件等的加工方法。

10.2.1.3　深加工法

深加工法就是将铸造法或塑性成型法所获得的半成品进一步通过表面处理或表面改性处理、机械加工或电加工、焊接或其他接合方法、剪断、冲切、拉伸、弯曲或其他冷加工方法、复合或腐蚀等方法加工成成品零件或部件的方法。

10.2.2　铝合金的分类、性能与主要用途

10.2.2.1　铝的基本特性与应用范围

铝具有一系列比其他有色金属、钢铁、塑料和木材等更优良的特性，如密度小，

仅为 2.7 g/cm^3，约为铜或钢的 1/3，良好的耐蚀性和耐候性，良好的塑性和加工性能，良好的导热性和导电性，良好的耐低温性能，对光热电波的反射率高、表面性能好，无磁性，基本无毒，有吸声性，耐酸性好，抗核辐射性能好，弹性系数小，良好的力学性能，优良的铸造性能和焊接性能，良好的抗撞击性。此外，铝材的高温性能、成型性能、切削加工性、铆接性、胶合性以及表面处理性能等也比较好。铝的基本特性与应用范围见表 10-13。

表 10-13 铝的基本特性和主要应用范围

基本特性	特 点	应 用
重量轻	铝的密度为 2.7 g/cm^3，与铜(密度为 8.9 g/cm^3)或铁(密度为 7.9 g/cm^3)相比，约为它们的 1/3。铝制品或用铝制造的物品重量轻，可以节省搬动费和加工费用	制造飞机、轨道车辆、汽车、船舶、桥梁、高层建筑、重量轻的容器等
强度好	铝的力学性质不如钢铁，但它的比强度高，可以添加铜、镁、锰、铬等合金元素，制成铝合金，再经热处理，得到很高的强度。铝合金的强度比普通钢好，也可以和特殊钢媲美	制造桥梁(特别是吊桥、可动桥)、飞机、压力容器、集装箱、建筑结构材料、小五金等
延性大	铝的延伸性好，易于挤出形状复杂的中空型材和适于拉伸加工及其他各种冷热塑性成型	受力结构部件柜架、一般用品及各种容器、光学仪器及其他形状复杂的精密零件
美观，适于各种表面处理	铝及其合金的表面有氧化膜，呈银白色，相当美观。如果经过氧化处理，其表面的氧化膜更牢固，而且还可以用染色和涂刷工艺，制造各种颜色和光泽的表面	建筑用壁板、器具装饰、装饰品、标牌、门窗、幕墙、汽车和飞机蒙皮、仪器外壳及室内外装饰材料等
耐候性、耐气候性好	铝及铝合金，因为表面能生成硬而且致密的氧化薄膜，很多物质对它不产生腐蚀作用，选择不同合金，在工业地区、海岸地区使用，也会有很优良的耐久性	门板、车辆、船舶外部覆盖材料、厨房器具、化学装置、屋顶瓦板、电动洗衣机、海水淡化、化工石油、材料、化学药品包装等
导热、导电性好	导热、导电率仅次于铜，为钢铁的 3～4倍	电线、母线接头、锅、电饭锅、热交换器、汽车散热器、电子元件等
耐化学药品	对硝酸、冰醋酸、过氧化氢等化学药品无反应，有非常好的耐药性	用于化学装置、包装及酸和化学制品包装等

续表

基本特性	特　点	应　用
对光、热、电波的反射性好	对光的反射率，抛光铝为 70%，高纯度铝经过电解抛光后为 94%，比银(92%)还高。铝对热辐射和电波，也有很好的反射性能	照明器具、反射镜、屋顶瓦板、抛物面天线、冷藏库、投光器、冷暖器的隔热材料
没有磁性	铝是非磁性体	船上用的罗盘、天线、操舵室的器具等
无毒	铝本身没有毒性，它与大多数仪器接触时溶出量很微小，同时由于表面光滑，容易清洗，故细菌不易繁殖	食具、食品包装、医疗机器、容器等
吸声性	铝对声音是非传播体，有吸收声波的性能	室内天棚板等
耐低温	铝在低温时，它的强度反而增加而无脆性，因此它是理想的低温装置材料	冷藏库、冷冻库、南极雪上车辆、氧及氢的生产装置

10.2.2.2　铝及铝合金的分类

纯铝比较软，富有延展性，易于塑性成型。如果根据各种不同的用途，要求具有更高的强度和改善材料的组织和其他各种性能，可以在纯铝中添加各种合金元素，生产出满足各种性能和用途的铝合金。铝及铝合金的分类见图 10-5。

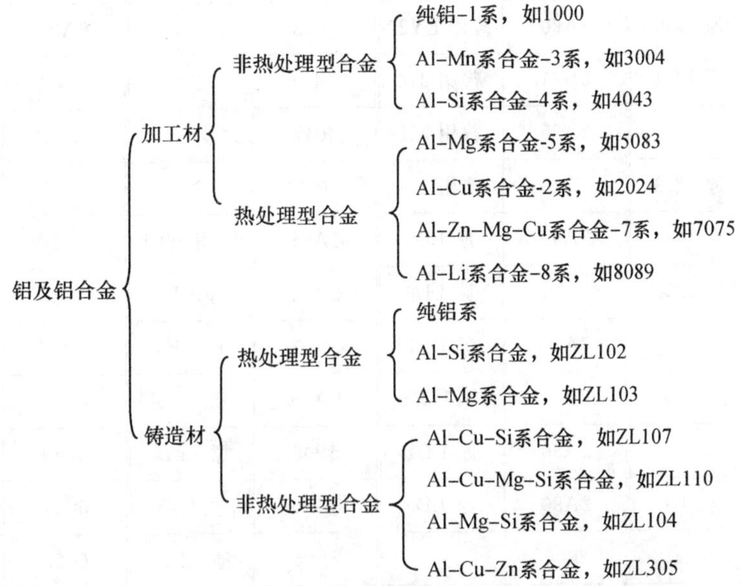

图 10-5　铝及铝合金的分类

（1 系指以 1 开头的共计 4 位数字组成的系列铝合金牌号，其他同）

10.2.2.3 变形铝合金分类、典型性能及主要用途举例

1. 变形铝合金的分类

按合金中所含主要元素成分可分为：工业纯铝(1 系)，Al-Cu 合金(2 系)，Al-Mn 合金(3 系)，Al-Si 合金(4 系)，Al-Mg 合金(5 系)，Al-Mg-Si 合金(6 系)，Al-Zn-Mg-Cu 合金(7 系)，Al-Li 合金(8 系)及备用合金组(9 系)。

2. 变形铝合金的牌号及状态表示法

根据《变形铝及铝合金牌号表示方法》(GB/T 16474—1996)，凡是化学成分与变形铝及铝合金国际牌号注册协议组织(简称国际牌号注册组织)命名的合金相同的所有合金，其牌号直接采用国际四位数字体系牌号，未与国际四位数字体系牌号的变形铝合金接轨的，采用四位字符牌号命名，并按要求注明化学成分。四位字符牌号命名方法应符合四位字符体系牌号命名方法的规定。

四位字符体系牌号的第一、三、四位为阿拉伯数字，第二位为英文大写字母(C、I、L、N、O、P、Q、Z 字母除外)。牌号的第一位数字表示铝及铝合金的组别，如 1 系为工业纯铝，2 系为 Al-Cu 系合金，3 系为 Al-Mn 系合金，4 系为 Al-Si 系合金，5 系为 Al-Mg 系合金，6 系为 Al-Mg-Si 系合金，7 系为 Al-Zn-Mg-Cu 系合金，8 系是以其他合金元素为主要合金元素的铝合金，9 系为备用合金组。

我国变形铝及铝合金的新、旧牌号对照见表 10-14。

表 10-14 我国变形铝及铝合金的新、旧牌号对照

新牌号	旧牌号	新牌号	旧牌号	新牌号	旧牌号	新牌号	旧牌号
1A99	原 LG5	2A20	曾用 LY20	4043		6A02	原 LD2
1A97	原 LG4	2A21	曾用 214	4043A		6B02	原 LD2－1
1A95		2A25	曾用 225	4047		6A51	曾用 651
1A93	原 LG3	2A49	曾用 149	4047A		6101	
1A90	原 LG2	2A50	原 LD5	5A01	曾用 2101	6101A	
1A85	原 LG1	2B50	原 LD6	5A02	原 LF2	6005	
1080		2A70	原 LD7	5A03	原 LF3	6005A	
1080A		2B70	曾用 LD7－1	5A05	原 LF5	6351	
1070		2A80	原 LDB	5B05	原 Ln10	6060	
1070A	代 L1	2A90	原 LD9	5A06	原 LF6	6061	原 LD30
1370		2004		5B06	原 LF14	6063	原 LD31
1060	代 L2	2011		5A12	原 Ln12	6063A	

续表

新牌号	旧牌号	新牌号	旧牌号	新牌号	旧牌号	新牌号	旧牌号
1050		2014		5A13	原 LF13	6070	原 LD2－2
1050A	代 L3	2014A		5A30	曾用 2103	6181	
1A50	原 LB2	2214		5A33	原 LF33	6082	
1350		2017		5A41	原 LT41	7A01	原 LTB1
1145		2017		5A43	原 LT43	7A03	原 LTC3
1035	代 L4	2117		5A66	原 LT66	7A04	原 LTC4
1A30	原 L4－1	2218		5005		7A05	曾用 705
1100	代 L5－1	2618		5019		7A09	原 LTC9
1200	代 L5	2219	曾用 LY19	5050		7A10	原 LTC10
1235		2024		5251		7A15	曾用 LC15
2A01	原 LY1	2124		5052		7A19	曾用 919
2A02	原 LY2	3A21	原 LF21	5154		7A31	曾 183－1
2A04	原 LY4	3003		5154A		7A33	曾 LB733
2A06	原 LY6	3103		5454		7A52	曾 LC52
2A10	原 LY10	3004		5554		7003	原 LC12
2A11	原 LY11	3005		5754		7005	
2B11	原 LY8	31b5		5056		7020	
2A12	原 LY12	4A01		5356		7022	
2B12	原 LY9	4A11	原 LT1	5456		7050	
2A13	原 LY13	4A13	原 LD11	5082		7075	
2A14	原 LD10	4A17	原 LD13	5182		7475	
2A16	原 LY16	4004	原 LT17	5083		8A06	原 L6
2B16	曾 LY16－1	4032		5183		8011	曾 LT96
2A17	原 LY17			5086		8089	

变形铝铝合金基础状态代号用一个英文大写字母表示，细分状态代号采用基础状态代号后跟一位或多位阿拉伯数字表示。基础状态代号分为 5 种，见表 10-15。细分状态分加工硬化、热处理和消除应力状态。

表 10-15　变形铝铝合金基础状态代号

代号	名称	说明与应用
F	自由加工状态	适用于在成型过程中，对于加工硬化和热处理条件无特殊要求的产品，该产品的力学性能不作规定
O	退火状态	适用于完全退火获得最低强度的加工产品
H	加工硬化状态	适用于通过加工提高强度的产品，产品在加工硬化后可经过(或不经过)使强度有所降低的附加热处理 H 代号后面必须跟有两位或三位阿拉伯数字
W	固溶热处理状态	一种不稳定状态，仅适用于经固溶热处理后室温下自然时效的合金，该状态代号仅表示产品处于自然时效阶段
T	热处理状态 (不同于 F、O、H)	适用于热处理后，经过(或不经过)加工硬化达到稳定状态的产品 T 代号后面必须跟有一位或多位阿拉伯数字

能用做建筑材料、装饰材料铝牌号为 3003、5050 和 6063，3003 中 Mn 的标准成分含量为 1.2%，5050 中 Mg 的标准成分含量为 1.4%，6463 中的 Si 和 Mg 的标准成分含量分别为 0.4%和 0.7%。常用铝合金力学性能见表 10-16。

表 10-16　常用铝合金力学性能

材质	拉伸性能			布氏硬度 HBS10/500	疲劳强度 /MPa
	σ_b/MPa	$\sigma_{0.2}$/MPa	δ(%)		
3003－O	110	40	30	28	50
3003－H12	130	125	10	35	55
3003－H14	150	145	8	40	60
3003－H16	175	170	5	47	70
3003－H8	200	185	2	55	70
5050－O	145	55	24	36	85
5050－H32	170	145	9	46	90
5050－H34	190	165	8	53	90
5050－H36	205	180	7	58	95
5050－H38	220	200	6	63	95
6063－O	90	50		25	55
6063－T1	150	90	20	42	60

续表

材质	拉伸性能			布氏硬度 HBS10/500	疲劳强度 /MPa
	σ_b/MPa	$\sigma_{0.2}$/MPa	δ(%)		
6063－T4	170	90	22		
6063－T5	185	145	12	60	70
6063－T6	240	215	12	73	70
6063－T83	255	240	9	82	
6063－T831	205	185	10	70	
6063－T832	290	270	12	95	

10.2.3 铝及铝合金加工半成品

用塑性成型法加工铝及铝合金半成品的生产方式主要有：平辊轧制法、型辊轧制法、挤压法、拉拔法、锻造法和冷冲法等。

1）平辊轧制法。主要产品有热轧厚板、中厚板材、热轧（热连轧）带卷、连铸连轧板卷、连铸轧板卷、冷轧带卷、冷轧板片、光亮板、圆片、彩色铝卷或铝板、铝箔卷等。

2）型辊轧制法。主要产品有热轧棒和铝杆、冷轧棒、异型材和异型棒材、冷轧管材和异型管、瓦楞板（压型板）和花纹板等。

3）热挤压和冷挤压法。挤压是将锭坯装入挤压筒中，通过挤压轴对金属施加压力，使其从给定形状和尺寸的模孔中挤出，产生塑性变形而获得所要求的挤压产品的一种加工方法。按挤压时金属流动方向不同，挤压又可分为正向挤压法、反向挤压法和联合挤压法。正向挤压时，挤压轴的运动方向和挤出金属的流动方向一致，而反向挤压时，挤压轴的运动方向与挤出金属的流动方向相反。按锭坯的加热温度，挤压可分为热挤压和冷挤压。主要产品有管材、棒材、型材、线材及各种复合挤压材。

4）拉拔法。拉伸机（或拉拔机）通过夹钳把铝及铝合金坯料（线坯或管坯）从给定形状和尺寸的模孔拉出来，使其产生塑性变形而获得所需的管、棒、型、线材的加工方法。根据所生产的产品品种和形状不同，拉伸可分为线材拉伸、管材拉伸、棒材拉伸和型材拉伸，主要产品有棒材和异形棒材、管材和异形管材、型材、线材等。

5）锻造法。主要产品有自由锻件和模锻件。

6）冷冲法。主要产品有各种形状的切片、深拉件、冷弯件等。

10.2.4 铝合金材料在建筑和桥梁结构上的应用

10.2.4.1 建筑用铝材的现状及发展趋势

建筑业是铝材的三大用户(容器包装业、建筑业、交通运输业)之一,其用量占世界铝总消费量的20%以上。建筑用铝材主要用于建筑物构架、屋面和墙面的围护结构、骨架、门窗、吊顶、饰面、遮阳等装饰方面,保存粮食的仓库,盛酸、碱和各种液态、气态燃料的大罐,蓄水池的内壁及输送管路,公路、人行和铁路桥梁的跨式结构、护栏,特别是通行大型船的江河上的可分开式桥梁,市内立交桥和繁华市区横跨街道的天桥,建筑施工脚手架、踏板和水泥预制件模板等。

在建筑上采用铝合金结构件可以达到以下目的:

1) 可以减轻建筑结构的质量;

2) 减少运输费用和建筑安装的工作量;

3) 提高结构的使用寿命;

4) 可以改善高地震烈度地区的使用条件;

5) 扩大活动结构的使用范围;

6) 改善房屋的利用条件;

7) 保证高的建筑质量;

8) 提高低温结构工作的可靠性。

因此,国内外建筑师越来越广泛地采用铝合金作为建筑结构材料。

10.2.4.2 建筑业常用的铝合金及结构类型

1. 建筑业常用铝合金及使用状态

6061和6063铝-镁-硅系合金,是当代建筑业广泛使用的铝合金。国外6063合金型材用于门、窗、玻璃幕墙占该系合金型材的70%,占所有铝及铝合金型材的80%。此外,建筑铝结构用铝合金有:铝-镁系、铝-锰系、铝-铜-镁-锰系、铝-镁-硅-铜系、铝-锌-镁-铜系等多种系列铝合金。常见的建筑铝结构用铝合金牌号见表10-17。

表10-17 常用建筑铝结构合金牌号

结构	合金性质		合金牌号
	强度	耐蚀性	
围护结构	低	高	1035、1200、3A21、5A02M
	中	高	6061T6、6063T5、3A21M、5A02M
半承重结构	低	高	3A21M、5A02M、6A02T4
	中	高	3A21M、5A02M、6A02T6、6A02T4、6A02－1T4、6A02－2T4
	高	高	5A05M、5A06M、6A02－1T6、6A02－2T6
承重结构	中	中、高	2A11T4、5A05M、5A06M、6A02T6、2A14T6、6A02－1T6
	高	中、高	2A14T6、6A02－2T6、2A14T4、7A04T6、2A12T4

2.建筑业常用铝合金的结构类型

建筑铝结构有三种基本类型,即围护铝结构、半承重铝结构及承重铝结构。

1) 围护铝结构。指各种建筑物的门面和室内装饰广泛使用的铝结构。通常把门、窗、护墙、隔墙和天棚吊顶等的框架称为围护结构中的线结构,把屋面、天花板、各类墙体、遮阳装置等称为围护结构中的面结构。线结构使用铝型材,面结构使用铝薄板,如平板、波纹板、压型板、蜂窝板和铝箔等。

2) 半承重铝结构。随着围护结构尺寸的扩大和负载的增加,一些结构需起到围护和承重的双重作用,这类结构称为半承重结构,因此半承重铝结构广泛用于跨度大于 6 m 的屋顶盖板和整体墙板,无中间构架屋顶,盛各种液体的罐、池等。

3)承重铝结构。从单层房屋的构架到大跨度屋盖都可使用铝结构做承重件。从安全和经济技术的合理性考虑,往往采用钢立柱和铝横梁的混合结构。

10.2.5 铝材表面处理技术

10.2.5.1 铝材表面处理技术的研究概况

铝材表面处理的目的,从根本上来说,是要解决或提高防护性、装饰性和功能性三方面的问题。铝腐蚀比较严重,特别是在与其他金属接触时,铝的电偶腐蚀问题极其突出。因此,防护性主要是防止铝腐蚀和保护金属,阳极氧化膜和涂覆有机聚合物涂层等是常用的表面保护手段。装饰性主要从美观出发,提高材料的外观品质。功能性是指赋予金属表面的某些化学或物理特性,比如增加硬度、提高耐磨损性、电绝缘性、亲水性等。

铝表面处理方法可以分为表面机械处理、表面化学处理、表面电化学处理、喷涂高聚物(物理处理)和其他物理方法处理。表面机械处理通常只是作为预处理手段,包括喷砂、喷丸、扫纹或抛光,为进一步表面处理提供均匀、平滑、光洁的表面或纹路,甚至有光泽的美观表面,一般并不是表面处理的最终措施,也就是说,表面机械处理后的表面并非是使用状态的表面。

表面化学处理,一般有化学预处理和化学转化处理。前者也不是最终表面处理措施,如脱脂、碱洗、酸洗、出光和化学抛光等,使金属表面获得洁净、无氧化膜或光亮的表面状态,以保证和提高后续表面处理(如阳极氧化)的质量。而化学转化处理,如铬化、磷铬化、无铬化学转化等,既可能是以后喷涂层的底层,也可是一种最终表面处理。铬化膜是现在仍在采用的一种铝的保护膜。铝表面化学镀镍又叫无电镀镍,也可以说是一种得到金属镀层的表面化学处理。

表面电化学处理中的阳极氧化膜应用广泛,是解决铝的保护、装饰和功能的重要方法。电镀是以铝工件作为阴极的一种电化学处理过程,被镀金属以电化学还原方式,在铝的表面沉积形成电镀层。微弧氧化,也叫火花阳极化、微等离子体氧化,是电化学过程与物理放电过程共同作用的结果。阳极氧化膜一般是非晶态的氧化铝,而微弧氧化膜则含有相当数量的晶态氧化铝,这是一个硬度很高的高温相,因此微弧氧化膜的硬度特别高,耐磨性特别好。

喷涂有机聚合物涂层在建筑铝型材表面处理方面发展迅速,几乎已与阳极氧化平分秋色。目前工业上广泛采用的有机聚合物是聚丙烯酸树脂(电泳涂层)、聚酯(粉末涂料)、聚偏二氟乙烯(氟碳涂料)等。聚酯粉末是静电粉末喷涂的主要成分,一般在铝材的化学转化膜上喷涂,在铝型材上已经大量应用。聚丙烯酸树脂的水溶性涂料作为电泳涂层也已使用多年,溶剂型丙烯酸涂料也可以用静电液体喷涂成膜。氟碳涂料也采用静电液体喷涂,是耐候最佳的涂层。

建筑铝型材阳极氧化处理和喷涂流程见图 10-6。

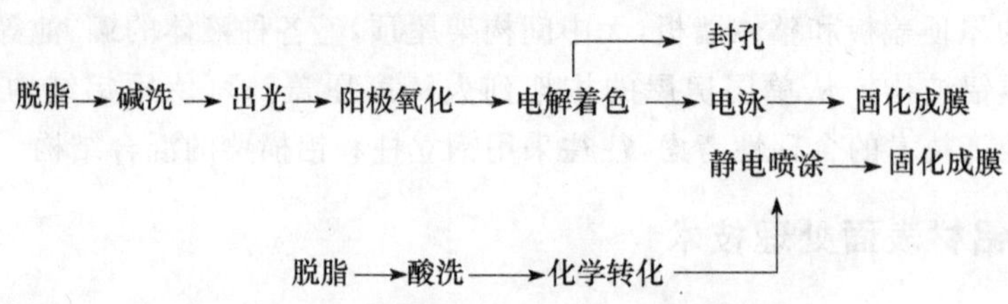

图 10-6 建筑铝型材阳极氧化处理和喷涂流程

10.2.5.2 铝合金挤压材表面处理技术

1. 挤压材阳极氧化着色工艺

铝合金挤压材阳极氧化生产工艺的差别主要表现在表面预处理上,其工艺流程一般为:装料→表面预处理→阳极氧化→一次水洗→着色→两次水洗→封孔→卸料。

表面处理包括脱脂、磨砂和中和。铝材经磨砂处理,挤压材表面没有明显挤压痕,挤压材砂面处理方法有碱性砂面、机械喷砂、酸性砂面。硫酸阳极氧化得到的是多孔膜,氧化开始瞬间生成类似阻挡层的薄膜,膜在硫酸中溶解出现孔洞,孔洞延长使膜生长。铝合金挤压材的着色方法有电解着色、化学染色。建筑铝门窗主要采用电解着色,化学染色用于室内装饰和工艺品。在电解着色过程中,电化学还原生成的金属(也可能是氧化物)微粒沉积在氧化膜微孔的底部,颜色并不是沉积物的颜色,而是沉积的微粒对入射光散射的结果。化学染色是无机或有机染料吸附在氧化膜微孔的顶部,颜色就是染料本身的颜色。电解着色成本低,而且具有很好的耐候性等使用性能。化学染色的色彩丰富多彩,但室外使用容易变色。主要电解着色颜色:电解液为锡盐或锡镍盐得到香槟色,金黄色以锰酸钾为主盐,钛金色以硒酸盐为主盐。值得注意的是,钛金色是一种金黄色,但与锰酸盐的金黄色有较大差异,比较接近于黄金色调,因此也称“K 金”色,我国一般称为钛金色,实际上与钛无任何关系,也有称为玫瑰金。

铝的阳极氧化膜有大量孔洞,其表面吸附性很强,手触摸有黏手的感觉。为提高氧化膜的防污染和抗腐蚀性能,封孔处理是必不可少的步骤。铝材阳极氧化膜的封孔主要有热封孔和冷封孔两种,目前我国基本上使用冷封孔,氟化镍是目前冷封孔剂的主要成分。

2. 铝合金挤压材涂层生产工艺

铝合金挤压材涂层生产有电泳涂漆、浸渍涂漆、静电喷涂等方法,主要为电泳涂漆和静电粉末喷涂。

电泳涂漆也可以视为一种有机聚合物封孔，它是将阳极氧化的铝材放在水溶性丙烯酸漆的电泳槽中，铝材作为阳极，在直流电压 90～150 V 下电泳，使得氧化膜表面沉积一层不溶性漆膜，再在 170～200℃高温下烘烤固化。

电粉末喷涂工艺流程可概括为：铝材经表面预处理并且干燥之后入喷粉室，在强电场中通过粉末喷枪，将带负电荷的树脂粉末均匀喷涂到铝材表面，并可以达到一定厚度，最后进入固化炉加热固化。

10.2.5.3 铝及铝合金涂层板生产技术

铝带涂层始于 20 世纪 40 年代初期，欧美国家主要生产民用室内产品，如百叶窗材料等，涂层方式主要是单层涂覆（一涂一烘），涂料采用成本低廉的醇酸树脂。1950 年以后，开始出现用环氧树脂涂料进行底层涂覆后再面涂的两层涂层系统，即两涂两烘涂层，产品的应用也由室内扩展到了室外，由此，涂层品种迅速发展，涂层带材宽度也由 400 mm 增大至 1 600 mm，甚至更宽。

1. 铝塑板

铝塑复合板简称铝塑板，是指以塑料为芯层、两面为铝材的三层复合板材，并在产品表面覆以装饰性和保护性的涂层或薄膜作为产品的装饰面。铝塑板是由经过表面处理并用涂层烤漆的 3003 铝锰合金、5005 铝镁合金板材作为表面，PE 塑料作为芯层，高分子黏结剂经过一系列工艺加工复合而成的新型材料。幕墙板涂层材质宜采用耐候性能优异的氟碳树脂，也可采用其他性能相当或更优异的材质。目前最广泛采用的是耐候性优异的聚偏二氟乙烯氟碳树脂（PVDF），但纯 PVDF 树脂不宜在铝材上直接涂装，而要适当加入一些其他材料，以改变其涂装性能，PVDF 占树脂原料质量分数的 70%。由于油漆中还有颜料等成分以及氟碳树脂涂层下通常有一层非氟碳树脂材质的底涂，因此铝塑板总涂层中 PVDF 的最终含量（质量分数）为 25%～45%。装饰面上的漆膜应平滑、均匀，色泽基本一致不得有流痕、皱纹、气泡及其他影响使用的缺陷。涂层的色差、光泽、硬度、厚度、附着力、耐冲击性、耐硝酸腐蚀性能、耐溶剂性能、耐洗涤性能、耐盐雾腐蚀性能、人工加速耐候性、耐湿热性、耐磨性都有具体要求。它既保留了原组成材料（铝合金板、非金属聚乙烯塑料）的主要特性，又克服了原组成材料的不足，进而获得了众多优异的材料性质，具有艳丽多彩的装饰性、耐候、耐蚀、耐冲击、防火、防潮、隔声、隔热、抗震性、质轻、易加工成型、易搬运安装等特性。

铝塑板厚度为 3、4、6、8 mm，宽度为 1 220、1 500 mm，长度为1 000、2 440、3 000、6 000 mm，铝塑板标准尺寸为 1 220 mm×2 440 mm。幕墙板外观应整洁，非装饰面无影响产品使用的损伤，装饰面外观不允许有压痕、印痕、凹凸、正反面塑料外露、漏涂、波纹、鼓泡、划伤、擦伤，疵点最大尺寸不超过3 mm，数量不超过 3 个/m^2，目测色差不明显。幕墙板的铝材厚度及涂层厚度应符合表 10-18的要求。幕墙板涂层多数为底涂加面涂的二涂工艺，底涂厚度一般为 5 μm，面涂厚度一般不小于 18 μm，一些特殊涂层品种还要增加罩面保护层，以提高涂层的耐化学腐蚀能力和阻隔紫外线的能力，即采用底涂、面涂、罩面的三涂工艺。

表 10-18 铝材厚度及涂层厚度

项目			要求
铝材厚度/mm	平均值		≥0.50
	最小值		≥0.48
涂层厚度/μm	二涂	平均值	≥25
		最小值	≥23
	三涂	平均值	≥32
		最小值	≥30

铝塑板用途：可应用于幕墙、内外墙、门厅、饭店、商店、会议室等的装饰外，还可用于旧建筑的改建，用做柜台、家具的面层、车辆的内外壁等。

2. 铝单板

铝单板均采用世界知名大企业的优质铝合金加工而成，再经表面喷涂美国 PPG、或阿克苏 PVDF 氟碳烤漆精制而成，铝单板主要由面板、加强筋骨、挂耳等组成。

铝单板特点：轻量化、刚性好、强度高、不燃烧性、防火性佳、加工工艺性好、色彩可选性广、装饰效果极佳、易于回收、利于环保。

铝单板应用：建筑幕墙、柱梁、阳台、隔板包饰、室内装饰、广告标志牌、车辆、家具、展台、仪器外壳、地铁海运工具等。

3. 铝蜂窝板

铝蜂窝板采用复合蜂窝结构，选用优质的 3003H24 合金铝板或 5052AH14 高锰合金铝板为基材，与铝合金蜂窝芯材热压复合成型。铝蜂窝板层次组成见图 10-7。铝蜂窝板从面板材质、形状、接缝、安装系统到颜色、表面处理为装饰设计提供丰富的选择，能够展示丰富的屋面表现效果，具有卓越的设计自由度。它是具有施工便捷、综合性能理想、保温效果显著的新型材料。

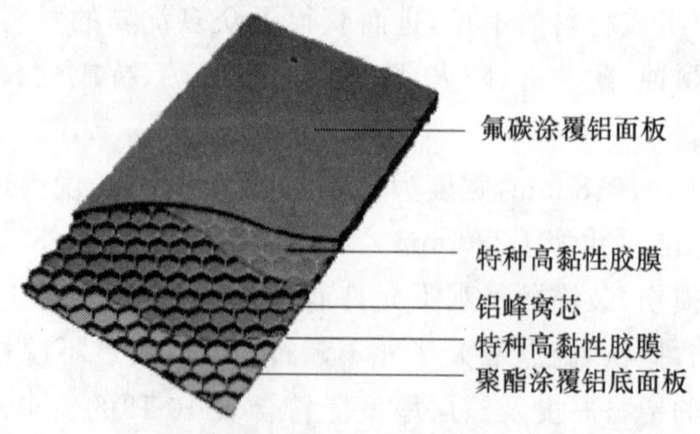

图 10-7 铝蜂窝板层次组成

铝蜂窝板并无标准尺寸，所有板材均根据设计图纸由工厂定制而成，广泛地应用于建筑外墙(特别适用于高层建筑外墙)、内墙天花吊顶、墙壁隔断、房门及保温车厢、广告牌等领域。该产品将为绿色建筑注入绿色、环保、节能的鲜活动力。

4. 铝蜂窝穿孔吸声吊顶板

铝蜂窝穿孔吸声吊顶板的构造结构为穿孔铝合金面板与穿孔背板，依靠优质胶粘剂与铝蜂窝芯直接粘接成铝蜂窝夹层结构，蜂窝芯与面板及背板间贴上一层吸声布。由于蜂窝铝板内的蜂窝芯分隔成众多的封闭小室，阻止了空气流动，使声波受到阻碍，提高了吸声系数，吸声系数可达到 0.9 以上，同时提高了板材自身强度，使单块板材的尺寸可以做得更大，进一步加大了设计自由度。可以根据室内声学设计，进行不同的穿孔率设计，在一定的范围内控制组合结构的吸声系数，既达到设计效果，又能够合理控制造价。通过控制穿孔孔径、孔距，并可根据使用要求改变穿孔率，最大穿孔率为 30%，孔径一般选用 $\phi 2.0$、$\phi 2.5$、$\phi 3.0$ 等规格，背板穿孔要求与面板相同，吸声布采用优质的无纺布等吸声材料。适用于地铁、影剧院、电台、电视台、纺织厂和噪声超标准的厂房以及体育馆等大型公共建筑的吸声墙板、天花吊顶板。

10.2.6 铝合金门窗

10.2.6.1 铝合金门窗特性

铝合金门窗作为建筑门窗的一种，是工业与民用建筑重要的组成部分，围护作用是它们的基本功能。一般门窗面积占整个建筑面积的 1/5～1/4，造价占建筑总造价的 12%～15%。铝门窗除具有围护作用外，还具有采光、通风、保温、隔热、隔声、防水、防尘、防盗等功能，特别是具有防锈能力好、装饰效果好、维修费用低等优点。铝合金门窗设计和制造水平不断提高，采用断热型材，较好地解决了保温、隔热问题，新表面镀膜技术(如氟碳喷涂)的采用，解决了铝门窗镀膜、着色等问题。

铝合金门窗一般由门框、门扇、玻璃、五金件、密封件、填充材料等组成。

10.2.6.2 铝合金门窗的品种、规格和性能

1. 铝合金门窗常用品种

铝合金门：平开门、推拉门、弹簧门、折叠门、卷帘门、旋转门等；

铝合金窗：平开窗、推拉窗、固定窗、上悬窗、中转窗、立转窗等。

2. 铝合金门窗厚度基本尺寸

铝合金门窗的系列主要以门窗厚度尺寸分类，如 70 系列推拉窗，100 系列铝合金门等，其基本尺寸见表 10-19。

表 10-19 铝合金门窗厚度基本尺寸(系列) mm

类 别	厚度基本尺寸(系列)
门	40、45、50、55、60、70、80、90、100
窗	40、45、50、55、60、65、70、80、90

3. 铝合金门窗材料

铝合金门窗主要材料是铝合金型材、玻璃、五金配件(合叶、锁具等)、密封材料(橡胶条、毛刷条等)、密封胶(硅酮胶、密封膏)等。

铝合金建筑型材是铝合金门窗的主材,主要牌号是6061、6063、6063A铝合金,表面经阳极氧化(着色)或电泳涂漆、粉末喷涂、氟碳喷涂处理。门、窗型材最小公称壁厚应不小于1.20 mm,力学性能应符合表10-20的规定。

表 10-20 铝合金建筑型材力学性能

合金	合金状态	壁厚/mm	拉伸试验			硬度试验		
			抗拉强度 σ_b/MPa	规定非比例伸长应力 $R_{p0.2}$/MPa	伸长率(%)	试样厚度/mm	维氏硬度HV	韦氏硬度HW
6063	T5	所有	160	110	8	0.8	58	8
	T5	所有	205	180	8	—	—	—
6063A	T5	≤10	200	160	5	0.8	65	10
		>10	190	150	5	0.8	65	10
	T6	≤10	230	190	5	—	—	—
		>10	220	180	4	—	—	—
6061	T4	所有	180	110	16	—	—	—
	T6	所有	265	245	8	—	—	—

铝合金建筑型材表面处理要求见表10-21。型材表面应整洁,不允许有裂纹、起皮、腐蚀和气泡等缺陷存在。型材表面上允许有轻微的压坑、碰伤、擦伤存在,其允许深度见表10-22,模具挤压痕的深度见表10-23。型材端头允许有因锯切产生的局部变形,其纵向长度不应超过20 mm。

表 10-21 铝合金建筑型材表面处理要求

表面处理方法		膜层级别(涂层种类)	厚度 $t/\mu m$	
			平均膜厚	局部膜厚
阳极氧化		AA15	$t\geqslant15$	$t\geqslant12$
电泳涂层	阳极氧化膜	B	$t\geqslant10$	$t\geqslant8$
	漆膜	B	—	$t\geqslant7$
	复合膜	B	—	$t\geqslant16$
粉沫涂层		—	—	$40\leqslant t\leqslant120$
氟碳喷涂	二涂	—	$t\geqslant30$	$t\geqslant25$
	三涂	—	$t\geqslant40$	$t\geqslant35$

表 10-22 铝合金建筑型材表面缺陷允许深度 mm

状态	缺陷允许深度	
	装饰面	非装饰面
T5	0.03	0.07
T4、T6	0.06	0.10

表 10-23 铝合金建筑型材模具挤压痕的深度

合金	模具挤压痕深度/mm
6061	0.06
6063	0.03
6063A	0.03

10.2.7 泡沫铝

由于泡沫铝具有优异的物理性能、化学性能、力学性能与可回收性等，被认为是一类很有开发前途的工程材料，有着广泛的应用前景，特别是在汽车、交通运输工业、建筑结构工业、电子电器工业和航空工业方面。

最常用的泡沫铝合金用材有纯铝、2 系合金及 6 系合金。铝-硅系铸造合金因其熔点低与良好的成型性能，也可用于制造泡沫材料。

10.2.7.1 泡沫铝的特性

泡沫铝是由气泡和铝隔膜组成的集合体，泡沫铝气泡结构见图 10-8，气泡的不规则性及立体性使得它具备许多优良的特性。

图 10-8 泡沫铝气泡结构

1. 重量轻

泡沫铝的密度仅有 0.2～0.5 g/cm^3，是纯铝的 1/5～1/10，是铁的 1/20，是木材和塑料的 1/4。

2. 吸声性能优良

泡沫铝的吸声特点是声音进入泡沫铝后发生漫反射，相互干扰，使声能转化为热能，从而使噪声减弱。泡沫铝与其他吸声材料相比，低频吸收性能优良，泡沫铝加上一定尺寸的空腔，吸声效果更好，并可在较宽的频率领域内应用。例如：室内吸声处理前墙面为很硬的水泥，室内贴 10 mm厚的泡沫铝进行吸声减噪处理后，泡沫铝吸声可减噪 17 dB。泡沫铝吸声系数见表 10-24。

表 10-24 泡沫铝的吸声系数

编号	各频率下的吸声系数						平均吸声系数 α
	125 Hz	250 Hz	500 Hz	1 000 Hz	2 000 Hz	4 000 Hz	
1	0.252	0.625	0.037 5	0.492	0.721	0.667	0.52
2	0.267	0.558	0.469	0.357	0.689	0.663	0.50

3. 泡沫铝的隔声性能

泡沫铝的隔声系数见表 10-25。

表 10-25 泡沫铝的隔声系数

编号	各频率下的隔声系数						平均隔声系数 α
	125 Hz	250 Hz	500 Hz	1 000 Hz	2 000 Hz	4 000 Hz	
1	0.95	0.93	0.91	0.92	0.97	0.79	0.91
2	0.81	0.79	0.72	0.71	0.93	0.88	0.81
3	0.73	0.79	0.77	0.88	0.97	0.83	0.81

泡沫铝可以与其他的隔声材料(如钢板等)加以复合,由于泡沫铝的吸声作用,可使隔声效果进一步提高。

4. 泡沫铝的耐火性能

泡沫铝具有良好的耐火性能,铝熔点为 660℃,泡沫铝达 800℃才开始软化而承受不了自重,但还没有熔化。泡沫铝在无外力作用下,即使暴露在 780℃的高温下也不会变形,这说明泡沫铝可以比一般的吸声材料承受更高的温度;此外,泡沫铝是一种不燃材料,不会像塑料等材料那样,产生有害气体。

5. 泡沫铝的电磁屏蔽性能

泡沫铝具有优良的电磁屏蔽性能,同时兼有吸声特性,因此,泡沫铝板最适合应用于制作电气设备房的天花板和墙壁,作为电磁屏蔽材料使用。

6. 缓冲效果好

泡沫铝受压达到其屈服点时,气泡隔膜发生形变,一层一层地连续变形,气泡破坏,产生极大的压缩变形,从而将冲击能量吸收,表现出良好的缓冲效果。

7. 低的热导率

泡沫铝的热导率很低,仅为纯铝的 1/60～1/500,而线膨胀系数与纯铝相当。

8. 加工方便

泡沫铝很容易进行机械加工,如切割、钻孔、弯曲和压花,可用锯将泡沫铝切割成不同规格和不同尺寸的泡沫铝，能很方便地对泡沫铝进行钻孔和铆接，也能对泡沫铝进行弯曲和压花，还能用黏结剂将泡沫铝进行彼此粘贴，即可将泡沫铝进行黏结。

9. 施工方便

由于泡沫铝质轻，人工便可安装，特别适合于天花板、墙壁、屋顶等高处作业。由于加工方便，又可进行黏结和铆接，极易与其他建筑结构连接，便于现场施工和安装组合。

10. 表面装饰效果好

采用特殊的工艺，完全可以用涂料对泡沫铝表面进行涂装，涂装几乎不损害泡沫铝的吸声效果。

11. 可制成夹心使用

泡沫铝两面黏结铝、铜、钛等薄板，制成夹层板，是一种轻质而具有较高强度的板材，可作为性能优异的结构材料使用。

10.2.7.2 泡沫铝的制造方法与加工工艺

所谓泡沫铝材料就是其孔隙率为 40%～70%（体积分数）的多孔质材料。制备泡沫铝的方法不少，目前在工业上获得应用的就有五六种。尽管制造泡沫铝材的方法很多，但从泡孔的形成原理上可分为三类：(1)气体发泡法，即由发泡剂形成气体，从而形成孔洞；(2)固体溶解成孔法，即渗流法；(3)同轴喷管制泡法。按孔的形状可分为不规则孔法与球形孔法两类，另外还可分为开孔法与闭孔法。

1. 金属氢化物发泡法

制取这种泡沫铝材的大致工艺参数为纯铝粉末或铝合金粉末 99%（质量分数），1%（质量分数）氢化钛粉。在钢容器内于 200 MPa 的压力下压实或挤压成无孔隙的块体，模锻成板块，发泡温度为 660～700℃，然后冷却。粉末冶金生产法可以制备结构相当均匀的泡沫铝材，并加工成近成品尺寸的零件，具有闭孔式的显微组织，其力学性能比开孔泡沫材料高得多，可用这种材料加工成形状复杂的零部件或三明治式的复合材料，即芯层为泡沫铝而两面为金属薄板。粉末冶金法虽然工艺较复杂，但产品质量高，性能稳定，便于大规模商业生产。

2. 上压渗流铸造法

上压渗流铸造法的特点是，首先将渗流颗粒装入嵌套内，稍加压实后，连同嵌套装入加热炉内，预热一定时间后取出，在外装上钢套，浇注铝熔体，然后迅速盖上加压盖板，同时施加气压，冷却后取出，泡于水中，待颗粒溶解后，就可得到所需的泡沫材料。此法的优点为：操作简单，成品高，设备投资少，可进行机械化工业生产。

用此法制备泡沫铝材的成品率大于 90%，平均孔隙率达 70%。泡沫直径及其形状主要决定于渗流颗粒的相应参数。

3. 同轴喷嘴空心球形铝泡制造法

同轴喷嘴空心球形铝泡的制造方法是用两根同心的圆管，它们套在一起，铝熔体通过外管，面向风管通入惰性气体，将铝熔体吹成球形泡，其直径为 1～6 mm，壁厚为 5～150 μm。然后将它们加以烧结，以增加其密度与提高其强度。每一个喷嘴的生产率为 3 000～15 000 个泡/min，相当于 2.3～6.8 kg/h。此法特别适合于制备共晶 Al-Si 合金泡沫，因为它们的熔点低、流动性好，与空气的反应(即化学活性)较低。将制备的球状泡装于容器内，通过烧结时的扩散作用可使它们连成一体，成为泡沫材料。

10.2.7.3 泡沫铝的主要用途

由于泡沫铝具有一系列特性，因此用途十分广泛，主要应用在以下几个方面：

1) 吸声材料，适用于工厂、矿山、公路、隧道、音响等作为吸声材料；

2) 建筑材料，适用于天花板、墙壁等作为超轻质的建筑装修材料；

3) 结构材料，与金属板等复合成夹层板，可作为飞机、汽车、火车及建筑物的地板材料、墙体材料、屋顶材料，也可作为家具板材和减震板材；

4) 电磁屏蔽材料，适用于如计算机机房的墙壁、天花板，电子设备的壳体材料，电子指挥室内装修，电视台发射中心室内装修等。

泡沫铝用做吸声材料时的优点很多，主要有：

1) 泡沫铝是由金属铝骨架和气泡构成的泡沫体，为刚性结构，不需其他支撑结构就可直接制成各种形式的吸声板；

2) 泡沫铝不吸湿，受到污染后易清洁，且吸声性能不会下降；

3) 泡沫铝不会因受振动或风压等作用而发生折损和粉化；

4) 能承受近 780℃的高温，在此高温下，不会着火和释放毒气；

5) 泡沫铝重量轻，安装施工方便；

6) 吸声频带宽，特别是对低频声波吸收性能更好；

7) 抗腐蚀性能好。

对于居民生活区建筑施工现场的噪声，通常用围起来的方法加以解决。采用无泡沫铝吸声材料时，墙内的声压级均为 115.7 dB，几乎不吸声，在施工现场用泡沫铝搭建隔声屋，墙壁上粘贴泡沫铝后，声压级降低 11.4 dB。泡沫铝板还可用做钢琴室和视频室等的吸声材料。

10.2.8 铝箔

铝箔深加工是指对经压延或再分切、退火后的铝箔进一步加工成型，如冲制成型容器、压花、印刷、涂层、黏合等。铝箔深加工的主要目的是赋予铝箔更多的功能，改善铝箔的性能，如美观、耐腐蚀、增加强度及改善表面张力、增加热黏结功能等。

铝箔深加工产品的应用范围极其广泛，从日常生活中的食品、饮料包装容器到药品、化妆品及某些特殊材料的包装以及电缆、换热器、电容器的制作和建筑保温、装饰装修材料等，有 85%以上的铝箔要经过二次加工才能投入使用。

10.3 建筑装饰用铜制品

铜及其合金是最古的金属，我国是最早使用铜合金的国家，夏朝的青铜器，殷商时期的司母戊大方鼎，商末的四羊方尊，西周的凤纹卣，西汉的透光镜等，充分显示我国当时铸铜的合金化、熔炼技术和造型工艺方面都走在世界各国的前列，为人类的古代文明作出了巨大贡献。

10.3.1 铜和铜合金性质

铜及铜合金优良的化学、物理和力学性能，特别是在大气、淡水、海水以及非氧化性酸类介质中耐蚀的金属本性，使得铜和铜合金在建筑装饰中有所应用。

铜及铜合金按制造工艺可分为变形合金和铸造合金两大类。除了高锡、高铅、高锰等专用铸造铜合金外，大部分铜合金既可作变形合金，也可作铸造合金使用。习惯上按合金成分将铜分为纯铜、无氧铜和脱氧铜，将铜合金分为普通黄铜、复杂黄铜、锡青铜、无锡青铜和白铜。我国铜合金系列产品中，包括百余个牌号的变形铜合金和 30 多个牌号的铸造铜合金。

纯铜外观呈紫红色，故又称紫铜。由火法冶金并精炼或由湿法冶金并重熔制得。纯铜有很高的导电性、导热性和耐腐蚀性、良好的延展性，易于冷、热加工，主要用于制造导线、导电和导热零件等，也用于配制各种铜合金。加工纯铜化学成分见表 10-26。杂质急剧地降低纯铜的导电性，因此，制造导体用的纯铜，其含铜量不应低于 99.9%，通常选用 T1 或 T2。

表 10-26 加工纯铜化学成分

序号	牌号		化学成分(%)											
	名称	代号	Cu+Ag	P	Bi	Sb	As	Fe	Ni	Pb	Sn	S	Zn	O
1	一号铜	T1	99.95	0.001	0.001	0.002	0.002	0.005	0.002	0.003	0.002	0.005	0.005	0.02
2	二号铜	T2	99.90	—	0.001	0.002	0.002	0.005	—	0.005	—	0.005		—
3	三号铜	T3	99.70	—	0.002	—	—	—	—	0.01	—	—		—

白铜是以镍为主要添加元素的铜合金，有金属光泽，呈银白色，故名白铜。铜镍之间彼此可无限固溶，从而形成连续固溶体，即不论彼此的比例多少，而恒为 α-单相合金。当把镍熔入红铜里，含量超过 16%以上时，产生的合金色泽就变得洁白如银，镍含量越高，颜色越白。白铜中镍的含量一般为 25%。

黄铜是以锌为主要加入元素的铜合金，铜含量一般为 60%～95%。只含锌的铜锌二元合金称为普通黄铜，还添加其他元素的是复杂黄铜，如铅黄铜、铝黄铜、锡黄铜、硅黄铜、锰黄铜、铁黄铜等。加工普通黄铜化学成分见表 10-27。复杂黄铜除具有普通黄铜的性能外，还具有合金的力学、化学和物理的特性。

表 10-27 加工普通黄铜化学成分

序号	牌号		化学成分(%)					
	名称	代号	Cu	Fe	Pb	Ni	Zn	杂质总和
1	96 黄铜	H96	95.0～97.0	0.10	0.03	0.5	余量	0.2
2	90 黄铜	H90	88.0～91.0	0.10	0.03	0.5	余量	0.2
3	85 黄铜	H85	84.0～86.0	0.10	0.03	0.5	余量	0.3
4	80 黄铜	H80	79.0～81.0	0.10	0.03	0.5	余量	0.3
5	70 黄铜	H70	68.5～71.5	0.10	0.03	0.5	余量	0.3
6	68 黄铜	H68	67.0～70.0	0.10	0.03	0.5	余量	0.3
7	65 黄铜	H65	63.5～68.0	0.10	0.03	0.5	余量	0.3
8	63 黄铜	H63	62.0～65.0	0.15	0.08	0.5	余量	0.5
9	62 黄铜	H62	60.5～63.5	0.15	0.08	0.5	余量	0.5
10	59 黄铜	H59	57.0～60.0	0.3	0.5	0.5	余量	1.0

青铜是指除黄铜和白铜以外的铜合金，主要有锡青铜、铝青铜、铍青铜、硅青铜、铬青铜、铍青铜等。通常，青铜的力学性能高于黄铜，并具有良好的成形性和耐腐蚀性。加工青铜化学成分见表 10-28。

表 10-28 加工青铜化学成分

序号	牌号		化学成分(%)								
	名称	代号	Sn	Al	Zn	Ni	Fe	Pb	P	Cu	杂质总和
1	1.5－0.2 锡青铜	QSn1.5－0.2	1.0～1.7		0.30	0.2	0.10	0.05	0.03～0.35	余量	—
2	4－0.3 锡青铜	QSn4－0.3	3.5～4.9		0.30	0.2	0.10	0.05	0.03～0.35	余量	—
3	4－3 锡青铜	QSn4－3	3.5～4.5	0.002	2.7～3.3	0.2	0.10	0.02	0.03	余量	0.2
4	4－4－2.5 锡青铜	QSn4－4－2.5	3.0～5.0	0.002	3.0～5.0	0.2	0.05	1.5～3.5	0.03	余量	0.2
5	4－4－4 锡青铜	QSn4－4－4	3.0～5.0	0.002	3.0～5.0	0.2	0.05	3.5～4.5	0.03	余量	0.2

续表

序号	牌号		化学成分(%)								
	名称	代号	Sn	Al	Zn	Ni	Fe	Pb	P	Cu	杂质总和
6	6.5−0.1锡青铜	QSn6.5−0.1	6.0～7.0	0.002	0.3	0.2	0.05	0.02	0.10～0.25	余量	0.1
7	6.5−0.4锡青铜	QSn6.5−0.4	6.0～7.0	0.002	0.3	0.2	0.02	0.02	0.26～0.40	余量	0.1
8	7−0.2锡青铜	QSn7−0.2	6.0～8.0	0.01	0.3	0.2	0.05	0.02	0.10～0.25	余量	0.15
9	8−0.3锡青铜	QSn8−0.3	7.0～9.0	—	0.20	0.2	0.10	0.05	0.03～0.35	余量	—

10.3.2 铜合金装饰制品

在建筑装饰装修材料选择日趋多样化的今天，铜因具有色彩丰富、使用寿命长、抑菌性、耐腐蚀性以及高品质脱颖而出，在建筑装饰中应用越来越多。铜能历经岁月的变更保持长久的生命力，随着季节和光线的变化展现斑斓的色彩、散发独特的文化品味，其百分之百的可回收性和生产过程中低二氧化碳排放量的环保性尤其受到瞩目。铜的诸多优点能够为建筑增加价值，实现高品质的美好生活。通过预氧化、蚀刻、浮雕等处理后可以将铜做出丰富的纹理，具有很强的艺术感。

传统铜装饰，要么属于艺术品，要么是古董，用做铜雕塑和壁饰。现在，铜装饰产品在建筑领域有着多种用途，包括铜屋顶、铜幕墙、铜门、铜窗、铜电梯以及各种铜制的家居品等，也可以用做建筑内装饰的铜装饰板、电梯门、家居用品。古建筑的柱、斗拱、檐、门套、额枋、屋面系统也会应用铜构件。现代建筑装饰中，门厅门配以铜质的把手、门锁、执手，螺旋式楼梯扶手栏杆选用铜质管材，踏步上附有铜质防滑条，黄铜浴缸、浴缸龙头、坐便器开关、淋浴器配件，白铜与水晶相结合的茶几、铜胎景泰蓝浴缸、铜质灯具，家具采用了制作精致、色泽光亮的铜合金制作，为房屋的豪华、高贵的氛围更增添了装饰的艺术性。

许多欧洲建筑包括医院、学生公寓、咖啡馆、办公楼、教堂等都运用铜装饰。在我国，铜装饰逐渐得到应用，如采用铜幕墙的北京保利大厦、上海逸飞创意街、武汉琴台大剧院，采用铜装饰内墙的上海金茂君悦大酒店，采用铜门的人民大会堂浙江厅等。

铜合金的另一应用是铜粉，俗称金粉，是一种由铜合金制成的金色颜料。主要成分为铜及少量的锌、铝、锡等金属，其制造方法同铝粉。常用于调制装饰涂料，代替贴金。

10.4 其他金属板

10.4.1 钛金属板

钛是一种银色的过渡金属，密度为 4.5 g/cm³，熔点为 1 668℃。钛金属质地轻盈，却又十分坚韧和耐腐蚀，它不会像银那样变黑，在常温下终身保持本身的色调。钛的熔点与铂金相差不多，因此常用于航天、军工精密部件。钛的本色是银灰色，能用电流和化学处理产生不同的颜色，还可通过腐蚀处理获得凹凸浮雕图案、文字等，用钛制作雕塑，色彩斑斓，更富有艺术性和装饰性。

将金属钛合金制作成板即钛金属板。钛金属板因其具有极佳的金属质感和色彩得到许多设计师的青睐，钛作为建筑外装饰材料逐渐被运用到实际的工程中。对钛材表面进行深加工可以得到色彩与质感极为丰富的表观特征。钛金属板材所表现出的颜色完全由其表面氧化膜的厚度所决定。随着钛金属表面的氧化覆膜厚度的增加，钛金属所表现出的颜色大致是由浅黄色、金黄色、钴蓝、草绿色、淡红、深紫等。

《钛及钛金属板材》(GB/T 3621—2007)规定的钛金属板材产品牌号、制造方法、供应状态及规格分类见表 10-29。

表 10-29 钛金属板 mm

牌号	制造方法	供应状态	规格		
			厚度	宽度	长度
TA1～TA8、TA8-1、TA9、TA9-1、TA10、TA11、TA15、TA17、TA18、TC1～TC4、TC4ELI	热轧	热加工状态(R) 退火状态(M)	4.75～60.0	400～3 000	1 000～4 000
	冷轧	冷加工状态(Y) 退火状态(M) 固溶状态(ST)	0.30～6	400～1 000	1 000～3 000
TB2	热轧	固溶状态(ST)	4.0～10.0	400～3 000	1 000～4 000
	冷轧	固溶状态(ST)	1.0～4.0	400～1 000	1 000～3 000
TB5、TB6、TB8	冷轧	固溶状态(ST)	0.30～4.75	400～1 000	1 000～3 000

10.4.2 钛锌板

屋面、墙面用钛锌板是以高纯度金属锌(99.995%)与少量的钛和铜熔炼而成，钛的含量是 0.06%～0.20%，可以改善合金的抗蠕变性，铜的含量是 0.08%～1.00%，用以增加合金的硬度。锌是一种卓越耐久的金属材料，它具有天然的抗腐蚀性，可在表面形成致密的钝化保护层，从而使锌保持一个极慢的腐蚀率。实验检测及跟踪结果表明，锌的腐蚀率小于1 μm/a，0.7 mm 钛锌板可使用近100年。依靠本身形成的碳酸锌保护层保护，可防止面层进一步腐蚀，无须涂漆保护，具有真正的金属质感，并有划伤后自动愈合不留划痕、免维护等特点。创伤可以自动复原，创伤面一天内恢复0.001 μm，1 d后厚度可上升到0.005 μm，20 d后上升到0.01 μm。长期使用能保持金属光泽，寿命长，无需涂层保护。钛锌板材料有三种不同颜色的选择：有原锌，表面类似不锈钢；有预钝化锌，表面经过预钝化处理，形成蓝灰色保护膜和铜绿色保护膜。

钛锌板基材厚度有0.7、0.8、1.0 mm，板片宽度310～520 mm，板片有效覆盖宽度305～515 mm，最大长度可现场成型确定。钛锌板密度为7.18 g/cm^3，导热系数为109 W/(m·K)，熔点为418℃，纵向热膨胀系数为0.022 mm/(m·℃)，0.7 mm厚度板重量为5 kg/m^2。

钛锌板特别适用于公共建筑，如机场、会展中心、文化中心、体育场馆、高级住宅、高级写字楼的屋面。

【本章要点】

本章介绍了建筑装饰用钢材制品、铝合金制品、铜制品及其他金属板材。钢材制品讲述结构用钢和钢筋的主要性质、品种和选用，不锈钢是建筑装饰用钢的重点，着重分析不锈钢抗腐蚀原理，介绍其种类和规格，明确应用范围。铝合金的分类、主要产品、性能与用途是铝合金一节的重点，为了提高铝合金耐久性，需对铝型材表面处理，介绍了表面处理方法和表面质量要求。总结了建筑装饰中经常使用的以铝为主的复合材料优异性能和应用场合，介绍了铜合金的材料组成，分析了装饰铜应用发展趋势，对钛金属板、钛锌板特点进行了分析。

【思考与练习题】

1. 钢材的拉伸试验能得到哪些指标？
2. 试绘出彩色涂层钢板层次图。
3. 你认为不锈钢抗腐蚀的原因是什么？不锈钢薄板有哪些技术要求？
4. 不锈钢镜面贴面砖有哪些种类？
5. 铝合金为什么要进行表面处理？常用的铝金属板有哪些？
6. 你认为泡沫铝能用在哪些场合？
7. 试列举钛金属板的优点。

11　绿色建筑装饰材料

材料是社会经济发展的物质基础，在促进人类文明进步的同时，材料本身制造和使用中又消耗资源、浪费能源和污染环境，对人类生存的自然环境造成极大破坏。材料与环境协调发展的问题日益受到人们的重视，由此产生的生态环境材料（Ecomaterials）的概念，要求材料在满足使用性能要求的同时还应具有良好的全寿命过程的环境协调性，赋予材料及材料产业以环境协调功能。

11.1　绿色环境装饰材料

11.1.1　生态环境材料概念

11.1.1.1　生态环境材料定义

建筑材料是建筑的基础，建筑是由建筑材料构筑的。据统计，仅房屋建筑工程所需的建筑材料就有76大类，2 500多个规格，1 800多个品种，建筑产品成本的2/3为材料费，每年房屋建筑的材料消耗量占全国消耗量的比例见图11-1，几种材料生产过程中的环境性能比较见表11-1。建筑的不可持续发展很大程度上是因为建筑材料在生产和使用过程中的高能耗、严重资源消耗和环境污染。我国建筑能耗（包括建材生产和建筑能耗）约占全国能耗总量的25%，因此，对材料的选用在很大程度上决定了建筑的“绿色”程度。

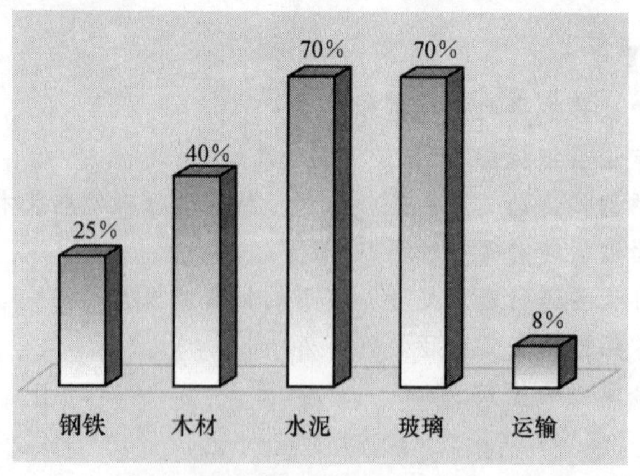

图11-1　年房屋建筑的材料消耗量占全国消耗量的比例

表 11-1 几种材料生产过程中的环境性能比较

材料种类	强度/MPa	燃料能耗 /(GJ/m³)	SO_2 排放量 /(kg/m³)	CO_2 排放量 /(kg/m³)	粉尘排放量 /(kg/m³)
钢材	240	236	14	5 320	39
玻璃	30	56	3.2	—	—
黏土砖	7.5	11	1.8	—	0.9
灰砂砖	7.5	4.9	0.4	—	0.9
木材	14	2.4	—	28	—
混凝土	13.5	6.3	1.0	120	1.0

材料科学与工程是关于材料成分、结构、工艺和它们性能与用途之间的有关知识的开发和应用的科学。这一传统的定义没有考虑材料的资源和环境问题。在尽可能满足用户对材料性能的要求的同时,必须考虑尽可能节约资源和能源,尽可能减少对环境的污染,要改变片面追求性能的观点;在研究、设计、制备材料以及使用、废弃材料产品时,一定要把材料及其产品整个寿命周期中对环境的协调性作为重要评价指标,改变只管设计生产,而不顾使用和废弃后资源再生利用及环境污染的观点。生态环境材料基本定义为:生态环境材料应是同时具有满意的使用性能和优良的环境协调性或者能够改善环境的材料。所谓环境协调性是指资源和能源消耗少,环境污染小和循环再利用率高。实际上,任何一种材料只要经过改造达到节约资源并与环境协调共存的要求,就应视为环境协调性材料。

生态环境材料与量大面广的传统材料不可分离,通过对现有传统工艺流程的改进和创新,以实现材料生产、使用和回收的环境协调性,是生态环境材料发展的重要内容。同时,要大力提倡和积极支持开发新型的生态环境材料,取代那些资源和能源消耗高、污染严重的传统材料。还应该指出,从发展的观点看,生态环境材料是可持续发展的,应贯穿于人类开发、制造和使用材料的整个历史过程中,随着社会发展和科技进步,以新产品取代旧产品是个不断进步的过程。

材料大量生产、大量消耗资源和大量废弃的生产方式,是引起地球生态环境恶化和资源枯竭的原因之一。因此,为了人类社会的可持续发展,人类不得不改变以往的生产方式,在减少废弃物排放的同时,还要减少对矿石等原生资源的依赖性,将产品、材料的生产逐渐转移到以利用再生循环材料为主的基础上。一般而言,由废旧回收物资生产出的再生材料,由于混入较多的杂质,其性能通常低于由矿石等原生资源生产出来的新材料。由再生材料制成的产品,其性能也会低于由新材料制成的产品。因此,研究材料在再生循环过程中的性能演变,开发去除材料中有害杂质的技术和使之无害化的技术,就是材料生产的重要任务。

11.1.1.2 生态环境材料种类

减少材料环境影响的措施包括减少材料的用量、回收循环再利用、降解及废物处理等。减少材料的用量主要靠采用高强、长寿命及其他性能优异的新材料来实现；加强材料的回收再利用，是提高资源效率的有效措施；对某些材料，特别是一次性包装材料，可采用可降解材料，减少对环境的影响；对那些既不能再回收利用，也不能降解的材料，可以采取废物处理的方式进行处理，尽量减少对环境的污染。

从材料本身性质来看，生态环境材料的主要特征应该是：

1）无毒无害、减少污染，包括避免温室效应和臭氧层破坏等。

2）全寿命过程对资源和能源消耗少。

3）可再生循环利用、容易回收。

4）材料的高使用效率等。

具体讲，将生态环境材料特征分为以下10类：

1）节约能源。材料能降低某一系统的能量消耗。通过具有更优异的性能（如质轻、耐热、绝热性、探测功能、能量转换等）实现提高能量效率，即改善材料的性能可以降低能量消耗达到节能的目的。

2）节约资源。材料能降低系统的资源消耗。通过更优异的性能（强度、耐磨损、耐热、绝热性、催化性等）可降低材料消耗，从而节省资源。如使用能提高资源利用率的材料（催化剂等）和可再生的材料也能节省资源。

3）可重复使用。材料的产品收集后，允许再次使用该产品的性质，仅需要净化过程如清洗、灭菌、磨光和表面处理等即可实现。

4）可循环再生。材料产品经过收集、更新处理后作为另一种新产品使用的性质。

5）结构可靠性。材料使用时具有不会发生任何断裂或意外的性质，是通过其可靠的机械性能（强度、延展性、刚度、硬度、蠕变等）实现的。

6）化学稳定性。材料在很长的使用时间内通过抑制其在使用环境中（暴风雨、化学、光、氧气、水、土壤、温度、细菌等）的化学降解实现的稳定性。

7）生物安全性。材料在使用环境中不会对动物、植物和生态系统造成危害的性质。不含有毒、有害、导致过敏和发炎、致癌和环境激素的元素和物质的材料，具有很高的生物学安全性。

8）有毒、有害替代。可以用来替代已经在环境中传播并引起环境污染的材料。因为已经扩散的材料是不可收回的，使用具有可置换性的材料是为了防止进一步的污染，如氯氟甲烷的替代材料、生物降解塑料等都有很高的可置换性。

9）舒适性。材料在使用时能给人提供舒适感的性质，包括抗震性、吸收性、抗菌性、湿度控制、除臭性等。

10）环境清洁、治理功能。材料具有的对污染物分离、固定、移动和解毒以便净化废气、废水和粉尘等的性质。也包括探测污染物的功能。

11.1.1.3 生态环境材料评价

生态环境材料目前广泛采用的是材料的生命周期评价方法。

生命周期评价(life cycle assessment)方法，又称为生命周期评价、生命周期评估、寿命周期评价等，已经成为对材料或产品进行环境表现分析的一种重要方法。

所谓生命周期，又称为生命循环或寿命周期，是指产品从自然中来再回到自然中去的全部过程，即从“摇篮”到“坟墓”(from cradle to grave)的整个生命周期各阶段的总和，具体包括从自然中获取最初的资源、能源，经过开采、原材料加工、产品生产、包装运输、产品销售、产品使用、再使用以及产品废弃处置等过程，从而构成了一个完整的物质转化的生命周期。总之，生命周期是指产品系统中前后衔接的一系列阶段，从原材料的获取或自然资源的生成，直至最终处置。

LCA是对一个产品系统的生命周期中输入、输出及其潜在环境影响的汇编和评价。这里的产品系统是通过物质和能量联系起来的，具有一种或多种特定功能的单元过程的集合。

生命周期评价整体技术框架包含目的与范围的确定、清单分析、影响评价和生命周期解释四个组成部分，见图11-2。

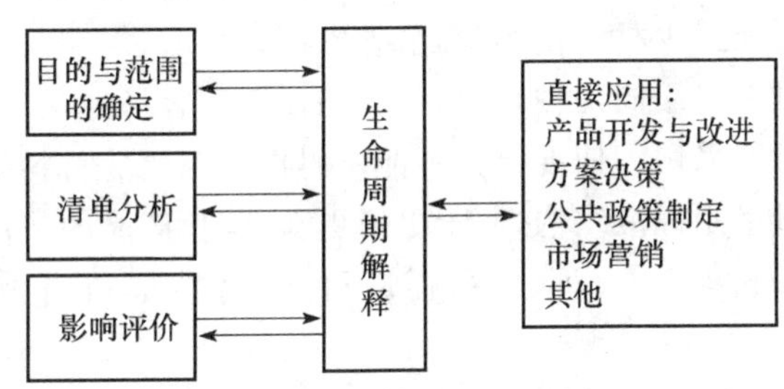

图 11-2 LCA的评估过程及技术框架

日本学者山本良一教授提出的生态设计就是“设计＋LCA”概念，生态设计的概念见图11-3。

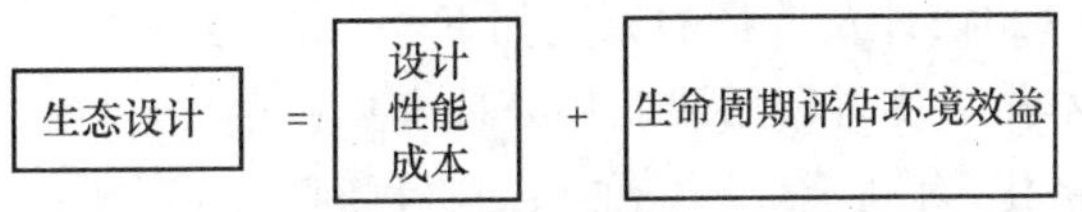

生态材料=材料设计+生命周期评估

生态产品=材料产品+生命周期评估

生态服务=材料服务+生命周期评估

图 11-3 生态设计概念

生态设计要求：

1) 调查各个生命周期阶段的资源、能源消耗量和废弃物排放量，并进行清单分析；

2) 掌握消耗量和排放量(环境负荷)最大的生命周期阶段；

3) 掌握影响评估的各类别之间环境负荷相对较大的类别；

4）根据环境负荷的空间规模（当地、区域或全球等）考虑权重系数；

5）将环境负荷的时间非可逆性纳入权重系数；

6）根据产品销售、使用地区有关政策、法规，决定重点降低的环境负荷；

7）根据影响评估加权总和，提出材料、产品环境质量改进方向分析和新产品设计方案。

11.1.1.4 生态设计方法要点

1.选择对环境影响小的原材料

减少产品生命周期对环境的影响应首先考虑对原材料的选择。原材料选择是对在制造、加工、使用和废弃后处理各阶段对生态环境可能造成的影响进行识别和评价，从而通过比较选择出最适宜的原材料。选择的具体原则如下：

1）采用易再循环材料，不采用难于回收或无法回收的材料；

2）尽量避免使用或减少使用有害、有毒、危险的原材料；

3）选择丰富、容易得到的原材料，优先选择天然材料代替合成材料；

4）减量化，尽可能减少材料使用量，节省资源；

5）统一化，尽可能采用同一种材料，使产品使用后容易处理；

6）组合化，尽可能采用即使混合也不能妨碍再资源化的材料组合；

7）标准化，尽量采用标准结构，便于更换更新，延长产品的使用寿命；

8）尽可能从循环再生中获取的所需原材料，特别是利用固体废弃物作为原材料；

9）选择能耗低的原材料，使用量大的原材料尽可能就地取材，避免远途运输，以降低能耗和成本。

2.部件

产品是由相同或不同材质的部件组成，部件的生态性能和部件的设计及选择是产品设计的重要部分。设计及选择的原则如下：

1）少量化（积木化），使再利用或循环处理容易；

2）标准化、规格化，有利于维修、更换、回收再利用；

3）长寿命化，尤其是易损部件的长寿命化可提高产品的整体寿命；

4）连接简化，采用容易拆卸的连接方法；

5）重复利用化，经过翻修可达到原设计要求而再次使用。

3.产品

不同产品的生态设计要求侧重不同，例如，一次性或更新换代较快的、寿命短的产品要求易于循环再生或易处理，而类似建筑产品则要求使用寿命长，从而使产品降低环境负荷。对一般产品具体设计要求如下：

1）部件协调化，再利用、再资源化时容易拆卸，同时减少使用工具、减少接合处，采用积木式结构设计，可以通过局部更换部件延长产品的使用寿命；

2）易分离、解体；

3）易破碎、筛选、焚烧、最终处理等。焚烧可防止二次污染；

4）易搬运、输送，例如大型产品容易分离拆卸的结构；

5）材料的标志化，便于分类处理，便于处理方法选择；

6）易维修，延长使用寿命；

7）情报的公开化；

8）符合法律法规和有关标准。

11.1.1.5 环境建筑材料的延伸

1.绿色健康建筑材料

绿色健康建筑材料是指在环境负荷很小的情况下，在使用过程中能满足舒适要求、具有健康功能的建筑材料。绿色健康建筑材料要保证其在使用过程中是无害的，并在此基础上实现其净化及改善环境的功能。根据其作用，绿色健康材料可分为抗菌材料、净化空气材料、防噪声材料、防射线材料和产生负离子材料。

2.节能建筑材料

建筑物的节能是世界各国建筑学、建筑技术、材料学和相应空调技术研究的重点和方向，我国已经制定出台了相应的建筑节能设计标准，并对建筑物的能耗作出了相应规定。

3.舒适性建筑材料

舒适性建筑材料指能够利用材料自身的性能自动调节室内温度和湿度来提高室内舒适度的建筑材料。

11.1.2 绿色材料的选择

美国《奥斯汀绿色能源》(Austin Energy Green)曾指出了绿色建筑中选择绿色建筑材料的七个步骤：

步骤1：评估需求；

步骤2：组建小组；

步骤3：根据条件进行设计；

步骤4：选择绿色建材；

步骤5：选择合适的机械系统；

步骤6：从地点和景观中获取最大利益；

步骤7：测试和维护。

以上步骤说明在进行一栋优秀绿色建筑的设计过程中，绿色建筑材料的选择是其中一个步骤，是绿色建筑必不可少的要素之一，设计选择材料要面对以下几个问题：

1）该材料在环境中是否有效。多数材料都有一个最佳工作条件范围，找出适合所在地环境的材料。例如在北京的温和气候中工作良好的材料未必能抵抗黑龙江的严寒气候；在东部沿海气候表现优良的材料，在西部沙漠地区无情的烈日下的表现就会大打折扣。

2）该材料是否安全，是否有利于健康。对于居住在现代建筑中的人来说，材料和产品必须是安全、有利于健康的。例如：油漆中的甲醛、墙体材料中的放射性氡气等。最重要的是材料在使用和处置过程中一定不能对地球产生不利的环境影响，如臭氧消耗、全球变暖、栖息地消失、不可替代资源枯竭等。

3）该材料是否耐用、易保养。在建筑设计时应根据建筑物的使用期选择耐久性和自洁性较好的材料。使用耐用的材料节省了替换材料，减少了废弃物处置问题，降低了费用。使用无需保养或很少保养的材料，可以节省时间、人力和费用。

4）该材料是否可有效的使用。关于有效使用的问题，需要考虑的因素如下：

① 该材料的加工和生产是否在当地。运输产生污染，所以运输越少越好。同时购买当地的材料还可以支持当地经济的发展。

② 该材料是否极易加工成型，或仅需很少的加工。将原材料加工成建筑产品，如地板和墙体材料，需要浪费大量的能源和水；但有些材料，如石头和木材，则需加工或只要很少的加工就可以使用。

③ 该材料是否有多种用途，因而无需其他材料。如夯实土结构墙，不管内墙或外墙都不需要隔热材料，而木结构墙则需要做外墙外保温材料。

④ 该材料是否充分使用了其原材料。如下面的例子：工程材料，如用短木材制成的细木工板替代实木板；循环材料制成的产品，如用碎钢制成的钢结构材料，用废弃塑料瓶制成的地毯；易循环产品，如玻璃与混凝土块（多数不同材料制成的产品很难分离，进行回收利用）；再生或可再生材料，如从已拆除建筑物中回收的砖块。

⑤ 设计或建造方法是否有效使用了材料。下面的建筑类型都减少了废弃物：厂房建筑；标准设计或以标准尺寸材料为基础进行设计；用最少量的材料完成工作。

5）当地是否有该材料，承包商是否会使用该材料。

① 该材料是否划算。考虑材料的寿命周期和养护费用等。

② 该材料是否符合你的审美观。选择性价比较高、对人体健康和环境影响最小的材料。

综上所述，绿色建筑选择的绿色建筑材料需具有以下特征：

1）产品的生产使用了资源丰富的材料，有效地利用了可再生资源；

2）产品是环境影响值最低的；

3）产品可以循环再生，再生材料的环境影响一般都比新材料的小；

4）产品具有长寿命、循环再生既消耗能源又要排放造成环境负荷的物质，所以需要产品具有长寿命；

5）产品安全、健康，应尽可能不使用有毒物质，在不得已而使用的情况下要能完全循环再生；尚不清楚的人工化学物质，未在科学上查清解除疑团之前不使用；

6）产品生产过程中的材料得到了有效的利用；

7）产品的物质集约度低。

11.1.3 绿色建材的评价体系

目前国际绿色建材认证计划主要有：①德国的环境标志计划；②加拿大的 Ecologo 标志计划；③美国的健康材料；④丹麦的认证标志计划；⑤瑞典的地面材料试验计划；⑥日本绿色建材的发展。

我国目前市场上也有开展绿色建材的检测和评定工作，其产品的评估标准大致是根据以下几个方面确定的：

1）ISO14000 体系认证：由国际标准化组织制定，是目前世界上最为完善和系统的环境管理国际化标准。

2）环境标志产品认证：获得此标志的产品在生产使用及处置过程都符合环保要求，对环境无害或危害极小，同时有利于资源的再生和利用。

3）国家相关安全性标准体系：《室内空气质量》(GB/T 8883—2002)、10 项《室内装饰装修材料有害物质限量》(GB 18580～18588—2001)、《民用建筑工程室内环境污染控制规范》(GB 50325—2001)、《建筑材料放射性核素限量》(GB 6566—2001)。共同构成我国的室内环境污染控制的评价体系。

11.1.4 环境装饰材料概念

11.1.4.1 定义

借鉴绿色建筑材料的定义，环境装饰材料是指生产和使用过程中无毒、无污染、易回收能再用或易降解的室内装饰材料，它是健康型、环保型、安全型的室内装饰材料。但与传统建材相比，应具有以下几方面的基本特征：

1）在生产过程中，以高新技术为基础，尽可能少地使用天然资源和能源，大量采用尾矿、废渣和废液等废弃物；不产生过量的有毒有害物质或废料；不得使用甲醛、卤化物或芳香族碳氢化合物，产品中不得含有汞、铅、铬及其化合物。

2）在使用过程中，应最大程度地满足人居所要求的健康、舒适、卫生、安全、环保与美观，且应具有灭菌、除臭、防火、调温、调湿等多种功能和良好的耐久性能。

3）在完成使用寿命后，可再生循环利用或易于转化为对环境无显著影响的物质。

环境装饰材料追求的不仅仅是良好的使用性能，它在材料的生产、使用、废弃到再生的整个生命周期中特别强调与人居环境协调共存，实际上它是一种对资源、能源消耗少，对环境影响小，再生资源利用率高的具有优异使用性能的新型建筑材料。绿色建材不仅仅是指某一具体的产品，它主要指对环境的贡献和功能，比如粉煤灰、矿渣的资源化既可以解决占用农田、污染环境的问题，又能够解决土木工程资源短缺的问题，因而它具备绿色建材的特征。

随着人们健康和环保意识的增强，绿色装饰材料的需求量迅速上升。在绿色装饰材料消费潮中，天然的石料、木材、竹、纸纤维、棉等成为受欢迎的装饰材料。这类材料不仅装饰效果颇佳，而且无毒无害无污染，像竹拼地板、实木吊顶、夹板墙裙、石板砖、陶瓷饰材等，因其返朴归真的本色而走俏市场。抗静电、防污染、防霉、防蛀、隔热、防X光射线等不同功能和高附加值的高级墙纸大量得到应用，污染重的化学装饰材料，已逐步被人们摒弃。除无污染的新一代环保型全色调内外墙乳胶漆外，消声涂料涂在墙上，可吸收90%的声能，而且无毒无害。一批保健型的功能性装饰材料正大步走入寻常百姓家，如常温远红外线陶瓷，可吸收热量转变为8～15 μm的远红外线，其辐射率高达90%以上，能促进人体血液循环、帮助人体消除疲劳。一种电磁波屏蔽玻璃，具有屏蔽对人体有害的电磁波的作用，可减少由此而引发的各种精神疲劳疾病等。绿色装饰材料的开发正朝着品种多样化、功能齐全化、使用方便化方向发展，在装饰热潮中竞显风流。

11.1.4.2 室内空气污染物质的危害

由于传统装修材料散发出大量的有害物质和有毒气体，致使出现了很多装修病，轻则使人气喘、胸闷、皮肤过敏，重则感染、发烧、呕吐甚至诱发病变，人造板及108胶中的甲醛，油漆中的苯、二甲苯及氯乙烯已被国际癌症研究中心(IARC)定为人的致癌物，这些物质在表干后仍缓慢释放，在室内通风不良的情况下浓度较高，且往往得不到重视，危害很大。铅及铬等重金属盐类或氧化物是颜料、油漆、涂料的重要成分，它们对神经系统、心血管系统尤其对婴幼儿的智力影响很大，花岗岩等石材及新拌混凝土可使居室氡浓度增加，氡是形成肺癌的重要原因。世界卫生组织有关资料表明，全球每年死于室内装修污染的人数达到280万。我国每年由于室内装修污染引起的死亡人数也已达11.1万人，约68%的人体疾病与装修有关。英国一所环境研究小组经过专题研究发现，环境污染使人类特别是儿童的智力大大降低。还有一则更为触目惊心的消息:北京市儿童医院在接诊白血病患者时进行了家庭居住情况调查，结果发现，45%的患者家中近半年之内曾经装修过，而且大多是豪华装修。这一现象给人们带来的不仅仅是心理压力的增加，更是一种前所未有的恐慌。

1. 二氧化硫

SO_2是具有窒息性臭味的气体，对眼结膜和上呼吸道黏膜具有强烈辛辣刺激性，在呼吸道中主要是被鼻腔和上呼吸道黏膜吸收。同时SO_2可被吸附于大气颗粒物的表面而进入呼吸道深部，产生刺激和腐蚀作用，引起细胞破坏和纤维断裂，形成肺气肿，在长期作用下将引起肺泡壁纤维壁增生而发生肺纤维变性。当SO_2浓度为1.45 mg/m^3时可被嗅觉感知；57 mg/m^3时鼻腔和上呼吸道可受到明显刺激，引起咳嗽，眼睛也有不适感；286 mg/m^3时支气管和肺组织明显受损，可引起急性支气管炎、肺水肿和呼吸道麻痹，其主要症状为咳嗽、胸闷、胸痛、呼吸困难等；1 142～1 428 mg/m^3时，SO_2可因反射性声门痉挛、水肿而引起窒息死亡。沈阳市部分数据统计表明，大气SO_2浓度和死亡率的分布具有明显的季节性，且两者具有相似的分布形式。大气SO_2浓度每增加0.05 mg/m^3，总人群组呼吸系统疾病死亡率增加5.90%。二氧化硫能自身氧化形成硫酸，最终引起肺脏损害，损伤肺功能，如出现喘咳和气短等症状。SO_2 及硫酸雾对社会生活也有很大影响：可使铁、钢、镍表面腐蚀，造成材料外观质量下降并影响强度；对皮革制品有强亲合性，使皮革强度下降，产生脆化；使纸制品变脆、纺织品强度下降；对建筑材料（主要是碳酸钙类）和历史古迹（碑文、石刻等）产生腐蚀，造成破坏。

2. 氮氧化物

氮氧化物在空气中的主要存在形式为 NO 和 NO_2，氮氧化物能增加儿童患呼吸系统疾病的易感性。NO 无刺激性，难溶于水，被吸入后直接到达肺的深部。因此 NO 对上呼吸道及眼结膜的刺激作用较小，主要作用于下呼吸道、细支气管及肺泡。NO 对血红蛋白的亲和力为 CO 的 1 400 倍，为氧的 30 万倍。NO 能和血红蛋白结合形成亚硝基血红蛋白，导致红细胞携氧能力下降。NO_2 是刺激性气体，毒性为 NO 的 4～5 倍，NO_2 的平均健康危险度是 SO_2 的 22.11 倍。日本北里大学医学部眼科石川哲教授根据动物实验证实，NO_2 能破坏眼睛的防护壁角膜上皮，使晶体混浊，有引起白内障的危险。NO_2 在 4.1～12.3 mg/m^3 时即可从嗅觉感受到，在 53.4 mg/m^3 时能对鼻和上呼吸道产生明显的刺激作用，在 267～411 mg/m^3 时可引起肺炎和肺水肿，在 411～617 mg/m^3 下暴露 30～60 min 可引起喉头水肿，出现呼吸困难、昏迷，甚至死亡。NO_2 与 SO_2 和臭氧共存时，对肺功能损伤有叠加作用，可显著降低动物对呼吸道感染的抵抗力。而且，NO_2 与烃类共存并在强日光照射的条件下，会发生光化学反应，产生的光化学烟雾对有机体有较大危害。

3. 总悬浮颗粒

总悬浮颗粒物是指悬浮在大气中不易沉降的所有的颗粒物，包括各种固体微粒、液体微粒等，它主要来源于燃料燃烧时产生的烟尘、生产加工过程中产生的粉尘、建筑和交通扬尘、风沙扬尘以及气态污染物经过复杂物理化学反应在空气中生成的相应的盐类颗粒。直径通常在 0.1～100 μm 之间，主要组成是金属有机化合物、生物源性物质、一级颗粒物（甚至会有离子）以及纯碳或元素碳。城市颗粒物大部分成分是元素碳。许多有机化合物能引起突变甚至致癌。大多数人体吸入这些颗粒物质后会引起肺部组织的损伤，导致多种呼吸功能异常。各国目前对粒径小于 10 μm不能被人的上呼吸道阻挡的可吸入性颗粒（即 PM10）非常重视，尤其是粒径小于 2 μm 的可吸入性气溶胶（即 PM2.5），这种气溶胶微粒被吸入人体后，可引起支气管炎、肺炎、咽炎、支气管哮喘、肺气肿和肺癌，并破坏肺组织，引起呼吸困难，进而导致心肺机能减退甚至衰竭。悬浮颗粒大多包含一个碳核，碳核表面吸附了大量的有机化合物，比如可致癌的多环芳烃或硝基多环芳烃等。近期，美国有研究认为汽车尾气具有高致癌危险性。

4. 甲醛

甲醛无色、有刺激性气味，易溶于水、醇和醚，是室内主要污染物之一，主要来自于建筑材料、装饰品及生活用品等化工产品，是生产树脂、塑料、人造纤维、橡胶、炸药、染料、涂料和药品的生产原料，鞣制皮革时常用甲醛作为防腐剂和脱臭剂，纺织、造纸工业用做漂白剂等。其水溶液易挥发，在室温下可放出气体甲醛。甲醛的化学反应强烈，价格低廉，故广泛用于工业生产已有近100年历史。现在很多家具都是用大芯板、多层胶合板或密度纤维板制作的，这些板材中大量使用黏合剂，例如脲醛树脂、三聚氰胺、甲醛树脂、酚醛树脂等，而黏合剂主要污染物是甲醛，凡是大量使用黏合剂的环节，总会有甲醛释放。室内装修和装修材料中的胶合板、细木工板、中密度纤维板和刨花板等木制人造板材在生产和使用中由于使用了黏合剂，因而可含有甲醛。甲醛的释放期长达3～15年，装修后一两年内甲醛不可能完全挥发，从而导致了室内有害气体超标。空气中含有的少量甲烷氧化可转化为甲醛，这是大气环境中甲醛的重要来源之一。甲醛又是光化学烟雾的组成物之一。烟草的烟雾中含有甲醛，可被吸烟者和被动吸烟者吸入体内，一支含500 mg烟叶的纸烟可释放出甲醛70～100 μg。甲醛可通过饮食、呼吸或皮肤接触等过程进入人体。

甲醛可凝固蛋白质，对生物体有遗传毒性，同时也是一种诱变剂。甲醛具有强烈的致癌和促进癌变作用，已经被世界卫生组织证实为致癌畸形物质。甲醛的毒性作用包括急性毒性作用、慢性毒性作用和对皮肤及黏膜的作用等。急性中毒表现为流泪、眼剧痛、鼻炎、喉痒、咳嗽、胸闷等，全身无力、多汗及头痛。误服福尔马林500 mg/kg体重，可造成死亡。长期接触低剂量甲醛可引起慢性呼吸道疾病，引起鼻咽癌、结肠癌、脑瘤、月经紊乱、细胞核的基因突变，DNA单链内交连和DNA与蛋白质交连及抑制DNA损伤的修复、妊娠综合征，会导致胎儿畸形，引起新生儿染色体异常、白血病，引起青少年记忆力和智力下降。在所有接触者中，儿童和孕妇对甲醛尤为敏感，所受的危害也就更大。甲醛对人体健康的影响主要表现在嗅觉异常、刺激、过敏、肺功能异常、肝功能异常和免疫力异常等方面。甲醛能转变成甲酸，强烈刺激黏膜，也能形成甲醇而产生毒性。甲醛对神经系统，尤其是对视丘有强烈的毒性作用。因此，甲醛含量是建筑材料中需要严格控制的一个指标。在我国有毒化学品优先控制名单上甲醛高居第2位。《民用建筑工程室内环境污染控制规范》(GB 50325—2001)规定，Ⅰ类民用建筑甲醛室内限值为0.08 mg/m^3，Ⅱ类民用建筑甲醛室内限值为0.12 mg/m^3。

5. 挥发性有机物(VOC)

挥发性有机物(VOC)多指沸点在50～250℃的有机化合物。目前发现的室内空气中VOC的种类很多，从几十种至一二百种之多，有些浓度很低，逐一测定将十分费时且价格昂贵，因此，通常采用一个量化指标——总挥发性有机物浓度(TVOC)来表示室内空气总污染水平。建筑涂料、地面覆盖材料、墙面装饰材料、空调管道衬套材料及胶粘剂中广泛存在着包括卤化物溶剂、芳香烃化合物等挥发性有机物。TVOC的主要成分包括：苯系物、有机氯化物、氟里昂系列、有机酮、胺、醇、醚、酯、酸和石油烃化合物等物质。表现出毒性、刺激性，它能引起机体免疫水平失调，影响中枢神经系统功能，出现头晕、头痛、嗜睡、无力、胸闷等自觉症状，还可能影响消化系统，出现食欲不振、恶心等，严重时甚至可损伤肝脏和造血系统。其中一部分挥发性有机化合物(甲苯、二甲苯等)可刺激眼睛和皮肤,引起困倦、咳嗽和打喷嚏。而另一些挥发性有机化合物(例如通过汽油废气释放的苯和1,3-丁二烯)也是致癌物质,可引起白血病。丹麦学者 Lars Molhave 等根据他们所进行的控制暴露人体实验结果和各国的流行病研究资料,暂定出 VOC 的剂量-反应关系,研究指出,当 VOC 浓度小于0.2 mg/m^{3}时人就感觉不适(无刺激),0.2～3 mg/m^3 时就会觉得有刺激和不适,大于 25 mg/m^3 时人会呈现中毒症状,除头痛外,可能出现其他的神经毒性作用。

6. 重金属铅等

汽车尾气是最广泛、最严重的大气铅污染源。汽油中通常加入四乙基铅做防爆剂,据检测每升汽油中含铅量为200～500 μg,故排出的尾气中含有大量的铅,其中部分可飘落在公路两侧内,另外的部分则以极小的颗粒飘尘向远处扩散,公路附近农作物含铅量可高达 3 000 mg/kg。铅在自然界中分布甚广,土壤中含铅 0.07～108 ppm,工业污染区(如近煤燃烧地)可达 534～1240 ppm,许多建材中都含有铅。煤燃烧产生的工业废气也是严重的大气铅污染源之一。我国煤中铅的含量约为0.6 mg/kg,煤炭燃烧后灰分占 1/5,如不加处理,其中 1/3 会排入大气形成飘尘,含铅量约为 100 mg/L。油漆、涂料也是严重的环境铅污染源,油漆的铅主要用做颜料的稳定剂,铅丹和高铅酸钙及铬酸铅等主要用于涂料。由于日趋严重的环境铅污染,现代人体血铅值急增至工业革命前正常人血铅值的数百甚至千倍。铅在人体内易蓄积在骨骼之中,儿童对铅的吸收率要比成人高出 4 倍以上。当人体中摄入多量铅后,主要对血液循环、神经、消化和泌尿系统产生毒性效应。铅对造血系统的毒性主要表现为贫血和溶血,是人体铅中毒的一种早期特征。这种作用不仅与血红蛋白合成减少有关,而且铅对成熟红细胞有直接溶血作用。铅同时还表现出对肾脏和神经系统的毒性,严重者甚至会导致死亡。铅对神经系统的损害是引起末梢神经炎,出现运动和感觉异常。在动物试验中,铅会降低小鼠生殖成功率,并可通过胎盘屏障进入胎儿体内,对胎儿产生危害。高剂量的铅还能致癌性。

7. 石棉

石棉具有耐热、保温、耐磨、绝缘、耐化学腐蚀以及可纺织等性能。人们接触石棉的主要途径为:开采、生产和加工石棉;各种石棉制品陈旧、腐坏后,石棉纤维播散于环境中;在住宅及室内装修材料中使用石棉;汽车制动时,刹车片磨损将石棉纤维逸散在环境中等。当石棉纤维进入空气后,可以对人体产生物理损伤和细胞毒性,进而可导致石棉肺,以全肺弥漫性纤维化为主的全身性疾病,主要表现为咳嗽、呼吸困难和严重的肺功能障碍。患者的临床改变特征是支气管内膜炎和肺气肿,多数病人痰中见石棉纤维,也有的出现长 15～150 μm、宽 1～5 μm 呈钉针状的石棉小体,其数量与接触石棉的种类、时间和病程有关。石棉工人长期用手直接接触石棉纤维会产生“石棉疣”,这是由于针状纤维进入上皮层,引起增生性反应和角化并发生慢性炎症所致。石棉疣常见于手指和脚趾、手掌和脚掌处,只有个别出现在小腿上。石棉已被列为重要的毒性物质,国际癌症研究中心研究结果表明:致癌物质石棉引起的病症有石棉肺、肺癌、间皮瘤和消化系统癌症四大类。已经查明，各种石棉可与苯并芘或烟草烟雾产生协同促癌作用，它能抑制苯并芘自肺组织的排出。

8.氡气

氡气是土壤及岩石中的铀、镭、钍等放射性元素的衰变产物，是一种无色、无味、具有放射性的气体。在世界卫生组织(WHO)认定的19种致癌因素中，氡为其中之一，仅次于吸烟。曾有资料形象地描述氡对人体的损害，在氡浓度达200 Bq/m³ 的房间内生活一天，相当于吸15支香烟的损害。氡的分布很广，某些含铀元素高的建筑材料，如砖、花岗石、混凝土会散发出氡气。一部分会释放到空气中，氡气会被人体吸入体内，在体内形成照射。氡气对人体的危害主要有：一是导致肺癌，主要通过被呼吸系统截留的氡子体在肺部不断累积完成，其诱发肺癌的潜伏期大多在15年以上，是引起肺癌的第二大因素；二是导致白血病；三是使人丧失生育能力，主要是杀死精子。另外，氡可以通过人体脂肪影响人的神经系统，使人精神不振，昏昏欲睡。有关专家称，氡气已成为家居健康的超级杀手。世界上有1/5的肺癌患者与氡有关。《民用建筑工程室内环境污染控制规范》(GB 50325—2001)规定，Ⅰ类民用建筑室内氡的限值为200 Bq/m³，Ⅱ类民用建筑工程室内限值为400 Bq/m³。

9.噪光

噪光是从“噪声”这个名词借鉴而来的，确切的说，刺激人的眼睛，引起视觉障碍的光线，即人的视觉不需要的光就是噪光，是指干扰了人们的正常生活，对人体身心健康产生一定影响乃至危害的光线。噪光污染主要是由强烈的日光及其反射光、人造强光源产生的，主要有白亮污染和人工白昼。

如今，都市大面积玻璃幕墙随处可见，人们几乎置身于一个镜子的世界，这就是“白亮污染”。玻璃幕墙的普遍使用，使高楼林立的街市光污染日趋严重。专家指出，白亮污染可对人的眼睛角膜和虹膜造成伤害，引起视力下降，增加白内障的发病率。白亮污染危害眼睛的角膜和虹膜，使瞳孔急剧放大或缩小，这种“白亮”导致的视觉暂留，在数秒甚至数分种内不消失，尤其电弧光对眼睛的刺激更为严重。这种污染使人眼睛受到损害，直接感觉是视物模糊，甚至难以分辨东西南北。体弱者在过于频繁的强光刺激下会引起头昏、头痛、精神紧张、烦躁心悸等不适现象，甚至发生失眠、食欲不振、情绪低落、倦怠乏力等类似神经衰弱症状。

夜幕降临，大街上的广告牌、霓虹灯闪烁跳跃，令人眼花缭乱，使夜晚如同白昼。人们处于这种环境中，就如白天一般，这就是所谓的“人工白昼”。人工白昼对人的身心健康也有不良影响。光电学家指出，电灯正在逐渐改变人类正常的生物模式，即生物节律，使少儿的成熟年龄悄悄提前，生理活动及生活方式发生变化，在某种程度上影响着城市动植物的生物节律。由于白炽灯光中缺乏阳光的紫外线，因而易导致人体缺钙，使婴儿易得佝偻病，使老年人易发生骨折。这与灯光照射时间延长、自然光照射相对缩短、昼夜时差延长有关，而由强光反射把附近的居室照得如同白昼，使人夜晚难以入睡，打乱正常的生物节律，又会导致精神不振。

10. 电磁波辐射

各种家用电器、医院监测仪器、移动通讯设备等电器装置，只要处于操作使用状态，周围就会存在电磁波辐射。电磁波辐射之所以对人体产生危害，主要是由于人体内水分子受到电磁波辐射后相互摩擦，引起机体升温，从而影响到体内器官的正常工作。此外，人体的器官和组织都存在微弱、稳定有序的电磁场，一旦受到外界电磁波辐射的干扰，处于平衡状态的人体电磁场即遭到破坏，人体也会遭受损伤。尤其值得注意的是，如果人体在未能及时修复电磁波辐射伤害时再次受到电磁波辐射，其危害更大。孕妇、儿童、老年人和病人是受电磁波辐射影响最大的四类人群。远离电磁波辐射污染，关键在于预防。孕妇在孕期尽量少接触微波炉、电热毯、电视机、移动电话和电脑等设备；尽量不要在儿童、老人和病人房间里布置过多电器，易产生电磁波的家用电器不宜集中摆放，更不应长时间操作，以尽量降低电磁波辐射的强度。

11. 氨气

室内环境中氨气通常经呼吸道为人体所吸收，会损害呼吸系统、神经系统、消化系统、免疫系统等。氨气也是刺激性气体，对人的眼、鼻等伤害较大。由于需要在混凝土中掺入防冻剂，而其中有些防冻剂就会释放出氨气，这些含有大量氨气类物质的外加剂，在墙体中随着温湿度等环境因素的变化而还原成氨气，从墙体中缓慢释放出来，造成室内空气中氨气的浓度不断提高，另外，室内空气中的氨气也普遍存在于室内装饰材料，比如家具涂饰时所用的添加剂和增白剂等。

居室环境对人们身心的影响主要来自触觉环境、视觉环境、听觉环境等，如装饰材料中的龙骨及配件、小五金、玻璃等大部分传统无机材料是安全和无害的，而目前市场上不少的胶合板、复合地板则是含有甲醛胶粘剂的，有机材料中部分化学合成物大多具有浓重的刺激性气味，可使人的生理和心理产生各种病变等。这些物质材料在室内使用后会不断挥发，如果空气流通不畅，其浓度就会不断增高，就会给人的身心健康造成严重的伤害。

科技发展到今天，人们在享受现代物质文明的同时，也意识到了现代化的高楼大厦对人居环境所产生的负面效果，同时也认识到美化居室决不能以牺牲环境和健康作代价，健康意识渐浓的现代人，正急切地期待绿色建筑材料进入家庭。

11.2 环境装饰材料种类

随着新型的绿色装饰材料的发明和使用，使空间环境发生了极大的变化，如壁纸、纤维制品、陶瓷、人造板、木地板、涂料、地毯布艺、石膏板、多功能乳胶漆、塑钢门窗、塑铝门窗等健康型的装饰材料推陈出新，为室内设计提供了更多的装饰材料选择空间，在可能的条件下，应尽量使用新型绿色装饰材料。

11.2.1 绿色建筑常规材料

11.2.1.1 生态环境友好型水泥

生态环境友好型水泥是利用各种废弃物，包括各种工业废料、废渣以及城市生活垃圾作为原燃料制造的水泥，能降低废弃物处理的负荷，节省资源、能源，达到与环境共生的目的，是21世纪水泥生产技术的发展方向。目前废弃物中对水泥工业最具挑战性的是城市生活垃圾，因其数量大且增长快而备受关注。与现行的填埋和焚烧炉回收二次能源等方法相比，各方面的专家，特别是环保专家都十分青睐于水泥工业，对此寄予厚望。1997年日本秩父小野田公司利用城市垃圾焚烧灰和下水道污泥为主要原料，原料中70%为废弃物，其中城市垃圾灰占40%～50%，另补充石灰石原料20%～30%，生产出高强度水泥，把城市垃圾变成了一种有用的建设资源。生产这种水泥的燃料用量与 CO_2 排放量都比生产普通水泥少得多，对保护生态环境具有重要意义。

用工业废弃磷石膏代替石灰石生产水泥，也是一种有发展前途的环境负荷很低的生态水泥，并可联产硫酸，实现资源的完全循环利用。磷石膏是磷酸生产中用硫酸处理磷矿石湿法萃取正磷酸的副产品，生产1 t磷酸，约排出3 t磷石膏，磷石膏是化学工业中排出量最多的废渣，目前我国年排放量在1 000万t以上，以磷石膏代替石灰石生产水泥并联产硫酸的基本方法是，按硅酸盐水泥熟料成分要求，将磷石膏配以硅、铝质和铁质材料，在回转窑中煅烧，然后磷石膏中的硫酸钙分解，逸出的 SO_2 经收集以制取硫酸，窑内烧结产物即为水泥熟料。这种水泥在我国已实现工业化生产，以废弃磷石膏代替石灰石生产水泥并联产硫酸，是资源综合利用、发展循环经济的一个成功范例。

11.2.1.2 低钙型水泥

低钙型水泥是通过改变水泥熟料矿物组成，提高 C_2S 含量，降低 C_3S 含量，降低石灰石在原料中的配合比，降低煅烧温度，从而达到减少石灰石资源消耗、减少燃料消耗、减少 CO_2 排放的生态保护的目的。比较典型的低钙水泥是高贝利特硅酸盐水泥（HBC），其熟料中 C_2S 的含量大于40%，具有较好的后期强度性能，但早期强度较低，能用其配制高性能混凝土。

11.2.1.3 地质聚合物水泥

地质聚合物水泥或称矿物聚合物水泥、土聚水泥，是近年发展起来的新型无机胶凝材料，它是以高岭土为原料，经较低温度煅烧，转变为偏高岭土，而具有较高的火山灰活性，再与少量碱性激发剂和大量天然或人工硅铝质材料相混合，在低于150℃甚至常温条件下养护，得到不同强度等级的无水泥熟料胶凝材料。该水泥生产原料资源丰富、价格低廉，生产能耗低，基本不排放 CO_2，十分有利于生态环境的保护。这种水泥具有优异的力学、耐火及耐久性能，这使得该水泥及其混凝土具有广阔的应用前景，将来有望成为硅酸盐水泥的替代产品。

11.2.1.4 植被混凝土

多孔植被混凝土根据其特点和功能，可概括为能够适应植物生长，可进行植被作业，具有恢复和保护环境、改善生态条件、具有防护作用功能的混凝土及其制品。多孔植被混凝土主要由主体结构、植生基材和植物三部分组成。作为花草载体的主体结构，为无砂多孔混凝土，其一般是由粗集料、水泥和水拌制而成的一种多孔轻质混凝土，它不含细骨料，由粗集料表面包覆一层水泥浆体而相互黏结而成的既有一定强度又具有孔穴结构均匀分布特点的蜂窝状结构，形状如“米花糖”，具有透气，透水和重量轻等特点，厚度约为100 mm，孔隙率达 25%～33%。植生基材为混凝土表面上的一薄层栽培介质和孔隙内的填充材料，成分一般为草炭土、普通土壤按比例拌和而成，营养成分与施播的种子置于其中，成为利于植物种子萌芽生长的初始环境，孔隙内蓄容的水分和养料，利于苗根须通过并扎根至混凝土底下适于植物生长的边坡土壤中，可预置缓释性肥料，有利于植物根系的长期生长，多孔植被混凝土基本结构见图 11-4。

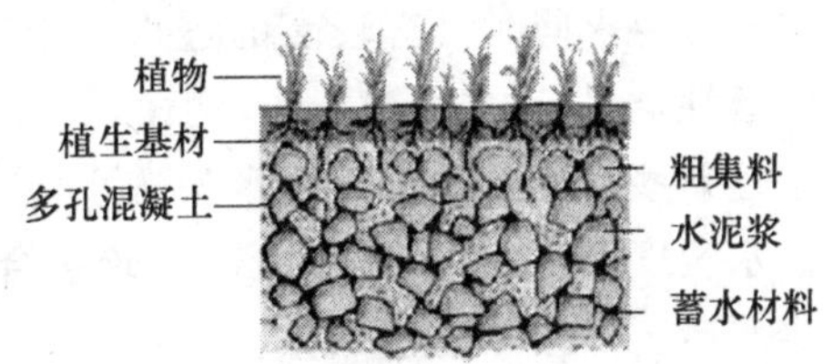

图 11-4 多孔植被混凝土示意图

从多孔植被混凝土的结构上可以看出，其在功能上较之传统的护坡材料有很大不同，主要体现在以下几个方面：

1）多孔植被混凝土不仅和普通混凝土一样具有较高的强度，同时还能像土壤一样种植多种植物，同时满足了结构防护和边坡绿化的需要，防护作用和环境效益非常好，与目前的边坡防护目标相一致；

2）整体性好，多孔混凝土本身具有一定的强度，在植物生长起来后，植物根系和多孔混凝土的共同作用能使结构整体防护力提高 2～3 倍；

3）保持土不流失能力强，多孔植被混凝土孔隙直径相对孔洞型护坡材料而言要小得多，因而对土壤的保持力好，孔隙内土壤不易流失；

4）耐久性较好，多孔混凝土具有普通混凝土的特点，只要作适当处理，可以大幅度延长使用寿命。

11.2.1.5 透水性混凝土

透水性混凝土路面砖是采用特殊级配的骨料、水泥、外加剂和水等经特定工艺制成的。其骨料间以点接触形成混凝土骨架，骨料周围包裹一层均匀的水泥浆薄膜，骨料颗粒通过硬化的水泥浆薄层胶结而成多孔的堆聚结构，内部形成大量的连通孔隙。在下雨或路面积水时，水能沿着这些贯通的孔隙通道顺利地渗入地下或存在于路基中。

透水砖按组成材料有水泥透水性混凝土、高分子透水性混凝土和烧结透水性制品；按照透水方式与结构特征分为正面透水型透水砖和侧面透水型透水砖。正面透水型透水砖的透水方式有两种，一种是水分由砖表面直接渗透或从砖侧面渗入砖中再渗入地基，另一种是水分由砖的接缝处直接渗透。通常此类透水砖的透水方式以水从砖表面直接渗透为主，结构形式有三种：①上下层复合型，下层要求有较高的强度和透水系数；上层除要具有足够的强度外，耐磨性要求较高，透水系数也必须满足设计要求，这种复合型透水砖可制成彩色面层，铺装时组成各种图案，装饰效果较好。②单一型，该砖结构上下层材料组成相同，若制成彩色透水砖，成本相对较高，单一结构透水砖表面粗糙，耐磨性较差。③局部透水型，该砖表面只能局部区域透水，这种砖因可透水面积较小，透水速度较慢，正面透水型透水砖的最大特点是透水系数较大，但耐磨性差些。侧面透水型透水砖的透水方式是由砖接缝处(侧面)渗入透水砖的基层，然后再渗入透水性地基中。侧面透水性透水砖的结构均为上下复合型。基层要求同时具有较高的透水系数和强度，面层与普通路面砖相同，具有很好的耐磨性能，但透水系数极小，侧面透水性透水砖的最大特点是耐磨性较好，相应的透水性差些。正面和侧面透水型透水砖各有特点，可在不同场所有针对性地选用，从透水角度而言，正面透水性透水砖综合性能较好，尤其是复合层结构的正面透水性透水砖。

11.2.1.6 吸声混凝土

据统计，机动车交通产生的噪声大约占噪声来源的1/3，尤其是高速道路交通流量大，车速快，且夜间交通量日趋增大，对道路两侧的居民构成极大的干扰。吸声混凝土就是为了减少交通噪声而开发的适用于机场、高速道路、高速铁路两侧、地铁等产生恒定噪声的场所，能明显地降低交通噪声，改善出行环境以及公共交通设施周围的居住环境。

为了防止噪声，一般从抑制噪声源、控制噪声传递路径、隔声及吸声等几个方面寻求对策。吸声混凝土是针对已经产生的噪声所采取的隔声、吸声措施。如果采用普通的、比较致密的混凝土做隔声壁，根据重量法则，墙壁的面密度越大，声波越不容易透过，隔声效果越好。由于致密性的混凝土对声波反射率较大，虽然对道路外侧降低噪声效果显著，但是道路内侧噪声仍然很大，对行驶在道路上的车辆、乘坐者来说仍然难免噪声之苦。而吸声混凝土具有连续、多孔的内部结构，具有较大的内表面积，与普通的密实混凝土组成复合构造。多孔的吸声混凝土暴露在外，直接面对噪声源，入射的声波一部分被反射，大部分通过连通孔隙被吸收到混凝土内部，其中小部分声波由于混凝土内部的摩擦作用转换成热能，而大部分声波透过多孔混凝土层到背后的空气层和密实混凝土板表面再被反射，这部分被反射的声波从反方向再次通过多孔混凝土向外部发散。在此过程中，与入射的声波具有一定的相位差，由于干涉作用互相抵消一部分，对降低噪声效果明显。

多孔、吸声性混凝土通常暴露在噪声环境下使用，要求吸声混凝土对从低声域到中、高声域频率的声波均具有吸收的能力，同时具有良好的耐久性、耐火性、施工性和美观性。吸声混凝土通常以普通硅酸盐水泥或早强硅酸盐水泥作原料，集料在满足吸声板强度要求的前提下，尽量选用施工性能良好的轻质骨料，包括天然轻集料和人造轻集料。例如,以硅酸盐水化物为基材的超轻质发泡混凝土,以粉煤灰陶粒、人造沸石为材料制造的轻集料等。

多孔混凝土吸声板或多孔混凝土层的厚度、表面粗糙程度等因素对所能吸收的声波频率带有影响。因此吸声板的外形不仅影响其美观性,而且影响其吸声效果。通常其表面要做成凹凸交替的花纹,并且在多孔混凝土板的背后和普通混凝土板之间设置空气层,以提高吸声效果。

11.2.1.7 蓄光磁砖

长余辉蓄光釉面砖,是以低熔点发光玻璃釉料涂覆在以废玻璃、黏土为主要原料经成型、预烧后的建筑面砖上,经过一定温度烧制的。它可以利用太阳光、日光灯或电灯等光源经短时间照射后,储存能量,在黑暗处发出可见光,其发光亮度高,在人眼视觉可见亮度水平(0.32 mcd/m^2)上发光时间可持续 8 h 以上,是一种符合环保要求的新型建筑材料。该长余辉蓄光釉面砖材料是一种优秀的节能材料,具有节约能源、保护环境、综合利用开发废弃物资源等优势。

长余辉光致发光材料,一般是以硫化物作为基质材料,掺杂变价元素,在一定条件下烧制而成的。新的长余辉光致发光材料,如 $SrAl_2O_4$:Eu,Dy^{3+},是以铝酸盐为主要成分,添加稀土元素激活剂,经配料、粉碎、热处理等精细工艺制作而成的。该材料经短时间光照后,在黑暗中能稳定持久地发出柔和的光线,余辉时间比传统发光材料高 10 倍以上,并有优异的耐光性和耐久性,对人体无害,不具有任何放射性,在制备过程中不引入和产生有毒的化学物质。

11.2.1.8 负离子环保磁砖

负离子释放材料是一种能够改善污染环境的新型材料。通过加入负离子释放材料即电气石超细粉,制得能够在空气中释放较高负离子浓度的新型陶瓷产品。电气石是电气石族矿物的总称,化学成分较复杂,是以含硼为特征的铝、钠、铁、镁、锂的环状结构硅酸盐矿物,并含有微量铬、锰、钛、铯等对人体有益的元素。电气石自身具有电磁场,当温度和压力有微小变化时,即可使矿石晶体之间产生电势差(电压)。这个能量可促使周围空气中水分子发生电离,脱离出的电子附着于邻近的水和氧分子,使它们转化为空气中的负离子。通常负离子的发生是通过物理及化学方法产生的,传统的发生方式是采用负离子发生器,但因其消耗电能且电晕产生负离子的同时也会产生相应的氮氧化物及臭氧等有害气体,在使用上存在一定的局限性。

负离子通过神经系统及血液循环,能对机体生理活动产生影响,有利于健康长寿。其作用如下:

1) 负离子能使大脑抑制过程加强并调整大脑的功能,故能镇静、催眠及降低血压。

2) 负离子能使肝、肾、脑等组织的氧化过程加强,其中脑组织对负离子最为敏感,故能改善肝、肾及脑功能。

3) 负离子能使支气管平滑肌松弛,故能解痉,负离子进入血液,可使血沉变慢,凝血时间延长，还能使红细胞和血钙含量增加，白细胞和血糖下降，并使疲劳肌肉中乳酸的含量减少。

陶瓷中电气石超细粉的加入量越高，烧结温度越低、负离子的释放量越大。实验证明：加入10%左右的电气石超细粉，烧成温度控制在1 090℃以下，可制得负离子释放量达2 500～3 000个/cm^3的环保陶瓷材料。在日常生活中，一般室内负离子含量仅有40～50个/cm^3，长时间开放冷暖气后，仅存20个/cm^3左右，街头、绿地上空为100～200个/cm^3。据世界卫生组织确认，空气中的负离子在1 000～1 500个/cm^3为清新空气。也就是说家庭铺上特地负离子釉面砖，即可时刻享受清新空气。负离子环保陶瓷材料具有较强的抗水浸泡能力和较好的物化性能，可用于水的净化处理，满足日常生活需要。能用于卫生间、桑拿房和日常生活用品等直接关系人体健康的环境。

11.2.1.9 金属中空复合板

金属中空复合板采用金属板、塑料中空板、金属板的三层结构，其中面板可采用铝、钛锌合金、铜等不同金属材料。应用在大型体育、会议场馆屋面、幕墙上，既美观、耐久又达到保温节能标准。

金属中空复合板所采用的芯材MPPO（改性聚苯醚）的导热系数仅为0.16 W/(m·K)，远低于LDPE[0.35 W/(m·K)]、HDPE[0.48 W/(m·K)]、POM[0.37 W/(m·K)]、PC[0.24 W/(m·K)]及PA[0.29 W/(m·K)]等常用塑料的指标。同时，中空芯板中众多分隔开、间距为5.5 mm的空气层，极大地限制了热能的传播。金属中空复合板的导热系数为0.098 W/(m·K)，在建筑物外围护结构上应用，保温隔热效果明显劣于铝蜂窝板。如10 mm的铝蜂窝板，其导热系数达到0.166 W/(m·K)。

11.2.1.10 可监测结构的新型智能涂料

新型智能涂料中含有一种称为PZT的细微压电材料晶体，当这种晶体受到拉伸和挤压时，可产生与所受外力成比例的电信号，通过分析这些电信号，就可以了解建材的疲劳程度。桥梁和钻井平台等建筑因振动会产生疲劳裂纹，常可导致灾难性后果。因此，及时监测建材的疲劳程度，对确保建筑安全具有重要意义。先在金属构件上涂覆这种涂料，上面再覆盖一层导电涂层，然后，在涂层上加上电压，使涂料中的晶体与构件表面形成正确的角度，以便构件无论从什么方向受力，涂料都可产生相应的电信号。在导电涂层和金属构件之间加入电极，当敲击金属构件时，即可检测到智能涂料因构件振动而产生的电信号，敲击的力度越大，产生的电信号越强。这种新型涂料为检测构件振动提供了一种简便易行的新方法。利用这种涂料，就可在建筑构件的整个使用期限内，通过监测构件的振动，计算出它们的疲劳程度，不仅可以及时了解构件的质量，还可在此基础上建造出更轻、更便宜、更优雅的建筑。

11.2.2 绿色建筑循环再生材料

再循环材料可分为工业后再循环材料、消费后再循环材料和农业废弃物再循环材料。工业后再循环材料指从工业生产的固体废弃物流中分离或重新获得的材料，从未进入过消费市场。消费后再循环材料指那些为消费者提供了其使用价值后从废弃物中回收的材料。农业废弃物再循环材料指从农业废弃物中分离出来的材料，如小麦、稻谷、裸麦、豆秆、甘蔗渣、玉米秆、大麻、洋麻、稻壳、亚麻片、向日葵、种子壳等，可作为建筑和家具材料。

11.2.2.1 HB(环保)复合板

HB防水复合板是利用废弃的纸塑复合材料或水泥包装袋等复合而成的色彩艳丽、性能指标达到或超过木质人造板的新材料。

目前生产HB复合板50%的原材料采用消费后的废弃物，50%来源于利乐公司的包装材料生产线，这种被称为无菌软饮料复合包装自1983年进入中国市场以来，正以每年递增50%以上的速度占领市场，在超市、地铁站、公园等公共场所处处可见其丢弃物，现在国内年销售量已达到30亿包左右。这种材料采用纸、塑、铝箔七层复合，具有极好的强度和防水性，但是由于不具有可行的再循环生产技术而无人回收，被我们视为是一种高质量的废弃物来源。由于HB复合板是利用回收的复合包装材料制成的，因此不仅取得了经济效益，而且降低了对木材的消耗。据估计一条中型的HB复合板生产线每年能够消化1 200 t以上的废弃包装物，相当于节省木材约6 000 m^3。

HB复合板性能超过人造板，其防火性能好、无甲醛释放、绝缘性好、加温后可变塑成型，表面易装饰，可再生利用。性能指标：密度850～1 100 kg/m^3，吸水率3%以下，纵向弯曲强度190 MPa，横向弯曲强度18 MPa，纵向弹性模量2 250 MPa，横向弹性模量1 950 MPa，厚度膨胀率5.5%，防火B2，导热系数0.13 W/(m·K)，可生产厚度3～25 mm，可生产最大尺寸为2 440 mm×1 220 mm。

HB复合板在建筑、家具、装饰、玩具和音箱等制造领域具有较大的市场潜力。

11.2.2.2 木塑复合板

木塑复合板是将植物秸秆和木材下脚料等木质纤维材料与废塑料混合在一起，然后把它置于专用的模具内，在高温高压条件下，经特殊加工工艺，就会紧密结合而形成新型的木塑复合材料。约98%的原料为再生材料。

废旧塑料有聚乙烯(PE)、聚丙烯(PP)、聚苯乙烯(PS)、聚氯乙烯(PVC)，植物秸秆有木材下脚料、锯末、麦秆、稻壳、稻糠粉、花生壳等。例如稻糠粉废PE塑料复合的木塑复合板材，是以60%稻糠粉与40%的废PE塑料复合而成的，木塑复合板技术性能为：抗拉强度5.8 MPa，纵向抗压强度26.S MPa，抗弯强度20.0 MPa，抗弯弹性模量1 480 MPa，板面握钉力1 940 N，侧面握钉力1 550 N；含水率3%～5%，24 h吸水率0.36%，表观密度1.18 g/cm^3，端面硬度118 MPa，最大厚度膨胀率0.28%，冲击韧性10.1 kJ/m^2。

木塑复合板材兼有木材和塑料两种材料的成本和性能优点，产品具有以下特点：

1）无木材制品缺陷，如节疤、斜纹理、腐蚀和各向异性等，产品不需油漆，不污染环境,可回收再利用,可按用户需要配色调色,可清洗,维护方便。

2) 抗紫外线,防蛀、防腐、防水,耐候性优,不长真菌,抗强酸强碱,适于室外、露天日晒雨淋的休闲、体育以及近水景观等场所。

4) 制品表面光滑、平整、坚固,并可压制成企口形、立体图案等,无需进行复杂的二次加工,加工简单,可以刨、钉、拧及敲击,也可以粘贴、胶合和用螺钉及细木工法加工。

5) 机械性能好,价格便宜。

木塑复合板材兼具木材和塑料的成本和性能优点,并且这种材料有耐腐蚀、不翘曲、维修方便、外观与木材非常相似的优点,因此,把木粉填充混合加工成为建筑和结构用型材已成为目前塑料挤出行业中最为活跃的领域之一,回收废旧塑料、植物秸秆、木材下脚料等是对资源的再利用,可以有效地减少木材用量,保护森林。

木纤维和植物纤维来源充足,质轻价廉,对设备磨损小,制成品尺寸稳定,电绝缘性好,可反复加工,无毒,且能生物降解,对自然环境不会造成污染。以木塑复合材料来代替木材不仅可减少对木材的需求量,节约森林资源,而且缓解了白色污染日益严重的问题。它通过对废弃资源的综合利用,变废为宝,化害为利,具有很高的经济效益和社会效益,符合科学发展观和可持续发展的要求,符合建设节约型社会和发展循环经济的要求,具有广阔的发展前景,其应用包括:

1) 建筑材料。室内外各种铺板、栅栏、建筑模板隔墙隔声板、活动房屋、防潮隔板、楼梯板、扶手、门窗框、站台、水上建筑、路板等;汽车上的门内装饰板、底板、坐椅靠背、仪表板、座位底板、顶板等。

2) 室内装饰。各种装饰条、装饰板、镜框条、窗帘杆、窗帘圈及装饰件、活动百叶窗、天花板、壁板等。

3) 园林材料。室外桌椅、庭外扶手及装饰板、花箱、露天铺地、废物箱等。

4) 包装运输材料。各种规格的运输托盘和出口包装托盘,仓库铺垫板、各类包装箱、运输玻璃货架等。

11.2.2.3 砂基透水砖

砂基透水砖采用内蒙古大沙漠中的风积沙为原料,采用独特的工艺加工、黏合压制而成,加工过程不需烧制,是一种有益于生态环保的节能型新材料,具有强度高、可塑性强、用途广泛、透水性好、吸声固尘、抗冻融性好、耐磨、防滑等特点。砂基透水砖见图 11-5,该砖优良的透水性不是靠颗粒间缝隙渗水,而是通过破坏水的表面张力来实现。砖体内有大量孔径小于灰尘直径的毛细管,在透水的同时还能起到过滤净化作用。由于砖的原料全是普通的沙子,与传统的地砖相比,无需黏土和水泥,常温能固结成型,不需要耗费能源。当透水砖使用寿

图 11-5 砂基透水砖

命到期后，只需消耗少量能源，便可把旧砖变成沙子，再制成新砖。

主要技术特点：

1）通过破坏水的表面张力透水，具有速度快、时效长的优点，表面细密，达到微米级，透水、过滤、净化雨水三同步，接通地气，融雪防滑，小雪不积雪，大雪不结冰。

2）防滑、耐压、耐磨。

3）97%的骨料为沙漠中的风积沙，变废为宝，化害为利，且可再生循环利用。

"鸟巢"、"水立方"和奥运村等新建筑周边都采用砂基透水砖。

11.2.2.4 废纸和废弃物的利用

以废纸为原料制成豪华立体浮雕装饰板，具有平整光滑、强度高、重量轻、防水（水煮 6 h 不膨胀）、阻燃（900℃不燃烧）、耐酸碱腐蚀、可锯可钉、可刨可贴、可厚可薄、可软可硬，是众多板材中最适合加工和生产家具板、豪华浮雕门板、墙裙板、包装品等代木产品。

利用废弃的 CD 光盘做成城市雕塑，既解决了环境污染，又增加了城市与众不同的魅力之处，可谓一举两得。利用废纸屑、废弃的饮料包装纸盒做成的装饰与家庭摆设异曲同工。

11.2.2.5 再生集料的应用

各种建筑垃圾的大量产生，不仅给城市环境带来极大危害，而且，为处理和堆放这些建筑垃圾需要占用大量宝贵的土地。据资料介绍，欧共体废弃混凝土的排放量从 1980 年的 5 500 万 t 增加到目前的 16 200 万 t。我国虽然没有详细的统计资料，但建筑垃圾的排放量也在不断增长。如果不加以利用，对于我们这个人均占地面积较少的国家来说将是一个极大的负担。

绿色环保混凝土多孔砖就是将建筑垃圾（如拆除旧房形成的碎砖、碎混凝土、碎瓷砖、碎石材等和新建筑工地上的废弃混凝土、砂浆等各种建筑废弃物）制成再生集料，然后和胶凝材料、外加剂、水等通过搅拌、加压振动成型、养护而成的可广泛应用于各种建筑的新型材料。利用再生集料，不仅有利于保护城市环境、节省土地资源，而且可节省大量的砂、石资源，对于人均占地和资源相对贫乏的我国来说更为重要。

11.2.3 绿色建筑乡土材料

11.2.3.1 麦秸板

麦秸板是以麦秸为原料，加入少量无毒、无害的生态胶粘剂，经切割、捣碎、分级、拌胶、铺装成型、加压、锯边、砂光等工序制成的。胶粘剂以改性异氰酸脂胶（MDI）为主。我国小麦种植面积广，麦秸年产量达到 1 亿多吨，如果用这些麦秸做原料，则可生产约 1 亿 m^3 的板材。麦秸板具有重量轻、坚固耐用、防蛀、抗水、机械加工性能好、无毒等特点，可广泛用于家具、包装箱、建筑模板、建筑装饰、建筑物的隔墙、吊顶及复合地板等，为代替木材和轻质墙板的理想材料，是一种新型的绿色建材。

虽然麦秸的主要成分为纤维素、半纤维和木素，但其结构疏松，纤维细胞含量

(60%)低于木材(75%～98%),溶液抽提物含量较高,灰分大,因此其本身强度远远低于木材。针对上述麦秸特性,如何利用它制造出高强度、能满足使用要求的麦秸板,是深受关注的问题。异氰酸酯胶用于制造麦秸板,对麦秸板性能的提高起到了决定性的作用,促进了麦秸板研究和生产的发展。由于麦秸表面含有大量蜡质及硅类物质,其与普通脲醛树脂胶和酚醛树脂胶的黏合性较差、板的强度低。而异氰酸酯胶(MDI)则克服了上述困难,该胶中含有极强活性基团异氰酸根(-NCO),与麦秸纤维中的羟基反应,产生强度高,对酸、碱及水有较好稳定性的结合键。此外,异氰酸根还可以与麦秸中的水反应生成聚脲,从而形成牢固的结合,使麦秸板具有很好的物理力学性能。

11.2.3.2 硅钙秸秆轻体墙板

硅钙秸秆轻体墙板是以秸秆和工业废渣为主要原料生产出的新型绿色建材,以农作物秸秆为主要原料,配以加强材料和黏合材料,在反应池里经过物理反应和化学反应,脱模后自然凝固。整个工艺流程没有废水、废气、废渣排出,而且原材料充足广泛,容易采集,生产工艺先进,产品优势突出,省电、省水、节约能源。

该产品具有防火、防潮、耐压、抗震、无毒无害、节约空间、隔声、安装运输方便、减轻劳动强度等优点,能降低工程总造价10%,在环保效益上更为明显:一是保护耕地,代替红砖,减少因烧窑制砖造成的耕地破坏和环境污染;二是综合利用秸秆,避免秸秆废弃物失火造成的不安全因素和污染环境;三是在生产过程中不会造成二次污染。可替代木材、石膏、玻璃钢等其他建材,广泛应用于建筑内墙设置。

11.2.3.3 石膏蔗渣板

甘蔗渣是甘蔗压榨后的纤维性茎秆物质,同样也是有待解决的固体废物。我国南方产糖区有丰富的甘蔗渣资源,据统计,云南省每年副产甘蔗渣约350万t。甘蔗渣一般含水分10%～20%、木质素约20%。甘蔗渣的主要成分是纤维素、半纤维素、木质素等,其成分与木质材料相差不多,可以作为替代部分木材的原料。用甘蔗渣生产人造板是目前利用甘蔗渣最直接最有效的途径,主要产品有中密度纤维板、纤维石膏板和纤维板等。

磷石膏甘蔗渣石膏板是以磷石膏为基质,甘蔗渣为增强材料,添加各种改性剂制成的新型建筑墙材。磷石膏甘蔗渣石膏板属于纤维石膏板,具有优越的性能,如抗弯强度高、单钉承重力强、隔声性能好、板表面平整、具有良好的防火性能、导热系数低、抗水性能好、可挠性好、优良的防火性能(石膏与混凝土相比,其耐火性能要高5倍)等。磷石膏甘蔗渣石膏板的技术特点有:

1) 良好的保温隔热特性,1 cm厚的石膏层的保温性能相当于3 cm厚的砖瓦层、4 cm厚的砂浆抹面层、5 cm厚的混凝土墙的保温隔热性能;

2) 较轻的墙体,减少了建筑结构的自重,抗震性好;

3) 磷石膏甘蔗渣石膏板墙体光洁平整,不需要抹灰即可刷涂料、贴壁纸或粘装饰面砖等,具有良好的可装饰性和可加工性;

4) 石膏制品在环境空气湿度较大时具有调节建筑内湿度的功能，对湿气具有吸收作用，这种自动调节湿度的功能可以提高人们居住的舒适度；

5) 无污染，无毒害。

它主要用于建筑内隔墙及室内装修，具有非常广阔的市场前景。

还可以纯天然石膏和甘蔗渣为主要原料生产石膏蔗渣板。石膏蔗渣板（万格板）采用半干法成型工艺，经混料、铺装、施压、养护、干燥等工序制造而成。它可广泛应用于室内隔墙、隔断、轻型复合墙体、吊顶、绝缘防静电地板、防火墙、隔声墙以及制作固定家具等。由于其具有可钉、可刨、可磨的特点，施工甚为方便。它还可以覆贴壁纸、墙布、木条等任何装饰材料，满足二次装修要求。由于石膏多孔隙而产生的呼吸功能，可起到调节室内空气的作用，创造舒适的工作和生活环境。

11.2.3.4 草砖房

草砖建筑是以草砖做墙体的建筑。草砖采用干燥的稻（麦）茎秆，经机械整理、冲击、挤压后形成一层薄片结构，然后用麻绳或铁丝打包成块状。当草放进草砖机后，每一次的打压，会将草压成一层层薄片或者是将其压成捆。一块草砖，就是由许多薄片用铁丝或麻绳紧紧地捆在一起组成的。

理想的草砖主要由小麦、大麦、黑麦或稻谷等谷类植物的秸秆制成，这些秸秆必须不带穗条，形状结构须紧凑且湿度不得超过 15%，以 14 号铁丝或尼龙绳通过捆扎机紧紧打成块。复层草砖通常长 89～102 cm、宽 46 cm、高 35 cm，因此制作草砖的秸秆长度不得低于 25 cm。草砖房结构必须考虑到所要使用的草砖的规格，尤其是高度和宽度。

草砖墙是由草砖和抹灰层组成的墙体。完整的抹灰层能增加墙体的硬度、结构强度及防水功能，可以对草砖形成有效的保护。抹灰层是草砖房建筑墙体施工的最后一道工序，应选择高质量的材料，并精心施工。应从整理草砖表面开始，然后检查草砖墙的垂直度及平整度，剪去多余的稻草，用松草团或草泥填满缝隙。表面平整的草砖墙，在抹灰施工时可以省时省料省力。草砖墙常用的抹灰材料有石灰、水泥、泥浆、石膏，采用最多的是混合砂浆。

草砖建筑在结构上安全可靠、抗震性能强，保温性能好。根据实时监测，新建草砖房冬天室内温度比普通黏土砖房高 3.04～3.91℃，每户每年节约取暖燃煤 50%，成本低，减少农村地区黏土砖的使用，保护环境和耕地，建造技术简单易学。

11.2.3.5 稻壳生产的建材

稻壳是一种含硅量高的纤维材料，其典型组成为：纤维素 38%、木质素 22%、灰分约 20%、戊糖 18%、其他有机物约 2%。稻壳灰是稻壳燃烧后产生的灰分，占稻壳重量的 16%～20%，每千克稻壳燃烧放出约 15 900 kJ 的热量。稻壳灰的物理化学性能主要取决于稻壳的燃烧温度及燃烧时间。稻壳断面为波纹状的纤维层状结构，SiO_2 主要集中在稻壳的外表皮，只有少量在内表层，并且按一定的规律排列。稻壳灰富集了稻壳中的硅，其 SiO_2 含量达 90%～95%，成为硅的一个新的重要来源。稻壳燃烧后，其结构仍保留下来，形成多孔的层状结构。

稻壳灰具有结构疏松、熔点高、活性好、反应能力强等特点。

利用稻壳灰生产保温砖，方法是以稻壳灰为主要原料，掺入适当黏结剂等其他辅助原料，经混合搅拌、成型、干燥、焙烧而成。稻壳灰生产保温砖具有外观洁白、重烧线收缩小、高温导热系数低等特点。

稻壳水泥混凝土是以稻壳为骨料，108 建筑胶为稻壳的裹覆剂，水泥为黏结剂和增强剂稻壳黏结成密实的整体。稻壳水泥混凝土的表观密度为 800～1 300 kg/m^3，重量轻，导热系数为 0.23W/(m·K)，保温性能好，强度较高，抗冻性能好，是一种价格较便宜的、适用范围较广的室内外轻混凝土保温材料。

利用稻壳灰生产水泥的主要途径有将其与硅酸盐水泥或者石灰混合，分别制成稻壳灰水泥、稻壳灰-石灰无熟料水泥。将稻壳灰作为一种火山灰质的胶凝材料用于生产水泥，充分利用了稻壳的热能，增加了水泥生产的来源。

以稻壳为原料的天然硅涂料，稻壳含硅量达 95%以上。硅既有优良的防腐性能与防远红外线性能，又有良好的吸湿和放湿性能。该涂料系由稻壳经烧制、研磨微粉化，制成 300 μm 粉末涂料，作为头道涂料使用。

11.2.4 绿色建筑特殊功能材料

11.2.4.1 能自洁的材料

光自洁材料即在阳光的照射下具有自我清洁功能的一大类材料的总称。它们的自我清洁能力主要来源于材料表面所含的纳米光催化剂，一般为 TiO_2。TiO_2 膜光照前后具有两亲性(亲水性与亲油性)。通常情况下，TiO_2 薄膜表面与水触角约为 72°，经紫外光照射后，接触角降低到 5°以下甚至可达到 0°，水滴可完全浸润表面，显示强的超亲水性。停止光照后，表面超亲水性可维持数小时到 1 周左右，慢慢恢复到光照前的疏水状态。再用紫外光照射，又可表现为超亲水性，即采用间歇紫外光照射就可使表面始终保持超亲水状态。利用 TiO_2 表面的超亲水性可使其表面具有防污、防雾、易洗、易干等特性。目前国际市场上已有多种以光催化剂为基础的产品，人们利用它们来抗菌、除臭、防雾、自清洁和净化室内空气。

光自洁材料的自洁性能主要从两方面体现，即自洁材料表面光催化剂所具有的光催化降解有机污染物的能力和自洁薄膜的光致超亲水性。二者相互协作，从而使得自洁材料达到较好的光自洁效果。

普遍认为 TiO_2 是最佳光催化剂。TiO_2 为 n 型半导体，带隙宽 3.2 eV，相当于 387 nm 的光子能量，因此在受到波长小于 387 nm 的紫外光照射时，价带电子被激发到导带，形成带负电的高活性电子，同时价带上产生带正电荷的空穴。吸附在 TiO_2 表面的氧俘获电子形成活性氧，而空穴将与吸附在 TiO_2 表面的·OH 和水形成氢氧自由基。

·OH是一个活性物种，·OH的氧化能力在水体中最强，它无论在固相还是在液相都能引起物质的氧化反应，是光催化氧化中最主要的氧化剂，电子主要被吸附于 TiO_2 表面上的氧俘获。因此半导体 TiO_2 材料作为光催化剂可以引发一系列的氧化还原反应，能氧化大多数的有机污染物及部分无机污染物，将其最终分解为 CO_2 和 H_2O 等无害物质。半导体 TiO_2 光催化剂的活性，主要取决于价带和导带的氧化还原电位，价带的氧化还原电位越正，导带的氧化还原电位越负，则光生电子和空穴的氧化还原能力就越强，光催化降解有机物的效率就越高。同时，由于·OH自由基对反应物质几乎无选择性，因此在光催化作用中起着决定作用。

瑞典和芬兰联手发起了价值170万美元的联合计划，以开发涂有 TiO_2 的水泥和混凝土。在日本，数个现代化摩登楼的外墙就贴上了这种光催化瓷砖，以消除污染物大楼外表产生污染。在罗马，戴夫斯教堂也由自洁混凝土建成，以保持教堂外观亮白。在米市郊外用光催化混凝土铺了700 m^2 的路面，结果发现，路面上氧化氮减少了60%。在法国，用光催化混凝土建造的墙壁比用普通混凝土建造的墙壁更能防止氧化氮的污染，前者比后者的氧化氮水平要低20%～80%。

11.2.4.2 产生负离子的材料

负离子指的是带负电荷的原子或原子团。负离子发生材料就是能产生负离子的材料。

空气中的正离子多为矿物离子、氨离子等，负离子多为氧离子和水合羟基离子等。正离子会从其他元素的原子夺取稳定的电子，产生氧化作用。反之，负离子会把多余的电子给与其他元素的原子使之性能稳定，产生还原作用。氧化作用会使金属腐蚀、食品腐败和人体衰老，而还原作用会防止金属氧化腐蚀、延长食物的保鲜时间和帮助人体恢复健康。负离子对正离子的中和作用，可以取得除臭、除尘、防腐、抗菌、保鲜、空气净化的效果。

在负离子发生材料的物质结构中具有自发的“永久电极”，如同磁石具有“永久磁极”那样。这种“永久电极”能使水分子(包括空气的水分子)发生微弱的电解，产生出羟基($H_3O_2^-$)，被称为“弱碱性负离子”。其动力来自于压力、摩擦或温度的变化，不需要额外供给能量。“羟基”不含有水分子之外的任何物质，是一种对人体无任何副作用的理想负离子。它可以在空气中弥散，通过肺部进入人体和通过皮肤被吸收。当负离子发生材料与人体接触时会对人体产生良好的刺激作用。由于能连续地给予人体所需的“电荷补充”，能增强人体的新陈代谢，提高免疫能力、对预防疾病、老化和早衰具有良好的效果。此外，负离子发生材料还具有吸收重金属元素、远红外放射及表面活性功能，因此，它的应用范围涉及了工业、农业、化工、纺织、建材等许多领域中。

电气石是一种独特的天然负离子功能矿物材料，电气石的晶体沿纵轴方向的两个端面分别带有自然生成的电气正、负极性，具有压电和热释电功能，在受热、受压或者受到其他能量激发时都会产生电荷，释放出负离子。

除了电气石之外，还有许多具有负离子功能的天然矿物材料，见表 11-2。这些材料大多数是属于火成岩或火山凝灰岩类型的非金属矿物，它们一般也都具有红外线辐射功能。在红外线中，波长为 4～400 μm 的范围定义为远红外线，其中波长为 8～14 μm一段与人体发射出来的远红外线的波长相近，能与人体内细胞的水分子产生最有效的共振，同时具有渗透性能，促使皮下深层的温度上升，使微血管扩张，促进血液循环，有效地增强细胞的活力，达到活化组织细胞、强化免疫系统的目的，所以远红外线对于血液循环和微循环障碍引起的多种疾病均具有改善和防治作用，有益于人体健康。

表 11-2　可以释放负离子的矿石品种

名称	组分及特征
电气石	$(Na,Ca)(Mg,Fe)_3B_3Al_6Si_6(O,OH,F)_3$ 的三方晶系硅酸盐
奇冰石	主要含硼、少量铝、镁、铁、锂的环状结构的硅酸盐
蛋白石	含水非晶质或胶质的活性二氧化硅，还含有少量 Fe_2O_3、Al_2O_3、Mn 和有机物等硅酸盐
古代海底矿物层	以硅酸盐和铝、铁等氧化物为主要成分的无机系多孔物质

日本大阪市的本庄化学公司桑尼科学研究所发现岩手县所产的角闪石、微斜长石等矿石中所含的钾成分能放出负离子，因此他们采用这种矿石加工成微细粉末(粒径＜5 μm)并且与树脂之类黏结剂混合后加工制成了具有特殊功能(能放出负离子)的功能材料，已经确认这种材料具有除菌、抗菌和消臭等功能。

11.2.4.3　净化空气的材料

由室内装饰装修材料带来的甲醛、苯系物、氨、氮等污染物引发的“建筑物综合征”，表现形式有头痛、头晕、咳嗽、眼睛不适、疲倦、皮肤红肿等症状，已受到人们的高度重视，人们对健康环保的产品越来越青睐，特别是那些同时具有净化空气功能的产品更是受到人们的喜爱。

TiO_2 具有强大的氧化还原能力，具有抗化学和光腐蚀性、无毒、催化活性高、稳定性好以及抗氧化能力强等优点。为提高 TiO_2 光触媒的降解效率，通过掺杂、晶型控制、不同半导体材料复合等技术提高催化效率，不同净化材料的除甲醛的效果见表 11-3，涂刷有半导体复合光触媒的装饰石膏板的除甲醛效果见表 11-4。可将光触媒技术应用到涂料、卫生陶瓷、玻璃等多种建材中，提升传统建材行业向新一代建材方向发展，净化了室内空气。

表 11-3 不同净化材料的除甲醛效果

序号	净化材料	24 h 后甲醛/ppm	去除率(%)
0	空白	2.33	—
1	负离子光触媒	0.75	67.8
2	氮掺 TiO_2 光触媒	0.8	65.6
3	稀土掺 TiO_2 光触媒	1.1	52.7
4	半导体复合光触媒	0.48	79.4

表 11-4 涂刷有半导体复合光触媒的装饰石膏板的除甲醛效果

时间/h	样品箱 A		空白箱 B		去除率(%)
	吸光度/ABS	浓度/(mg/m^3)	吸光度/ABS	浓度/(mg/m^3)	
2	0.586	0.297	0.71	0.386	23.0
4	0.638	0.367	0.835	0.476	22.9
6	0.753	0.417	0.821	0.465	10.3
24	0.344	0.122	0.965	0.596	78.5
48	0.261	0.062	0.665	0.353	82.4

11.3 绿色建筑装饰材料的发展方向

在绿色建筑材料发展中,人们关注按环保和生态平衡理论设计制造新型建筑材料,如无毒装饰材料、绿色涂料、采用生活和工业废弃物生产的建筑材料,有益健康和杀菌抗菌的建筑材料等。随着科学技术的发展、学科的交叉及多元化产生了新的技术和工艺,应引入资源和环境意识,采用高新技术对占主导地位的传统建筑材料进行环境协调化改造,不仅材料原有的性能,如耐久性能、力学性能等得到了提高,而且实现了建筑材料在强度、节能、隔声、防水、美观等方面多功能的综合。实现建筑材料向着追求功能多样性、全寿命周期经济性以及可循环再生利用性等方向发展。

11.3.1 向具有功能多样性和综合性的建筑材料发展

建材作为建筑的基本元素,必须适应人们对建筑功能的要求日趋多样性这一发展要求,除具各基本性能之外,绿色健康、节能省材、适宜舒适等多样性功能将被综合其中。

11.3.1.1 绿色健康建筑材料

主要包括:抑菌、杀菌类材料及产品,空气调节类材料及产品,这类材料及产品常常以高科技作支撑。抗菌材料的机理是抑制微生物污染。目前研究抗菌的产品类型包括抗菌材料和抗菌剂。我国在抗菌建筑材料领域已研制开发了保健抗菌釉面砖、纳米复合耐高温抗菌材料、抗菌卫生瓷和稀土激活保健抗菌净化功能材料、防霉壁纸、环保型内外墙乳胶漆、环保地毯、常温远红外线陶瓷、电磁屏蔽玻璃、环保型石膏板、新型复合地板等。国际上新开发并投入使用的保健型饰材有：德国的可以吸收空气中细菌的抗菌天花板，荷兰的可以防酸、防污染、防细菌壁纸，美国的可以促进人体血液循环的防倦地板，葡萄牙生产的具有防火、阻燃、吸毒、防水、无污染等特点的软木墙板，日本最近开发成功的自由设定温度窗玻璃用涂膜等，我国还制定出台了一系列抗菌材料、抗菌行业标准，如《抗菌陶瓷制品抗菌性能标准》(JC/T 1939—2004)、《建筑用抗细菌塑料管抗细菌性能》(JC/T 939—2004)、《抗菌塑料—抗菌性能试验方法和抗菌效果》(QB/T 2591—2003)等。

净化空气材料主要是减少室内空气的化学污染，其材料主要包括吸附材料和纳米半导体光催化材料。室内空气的污染以有机气体为主，所以氧化分解和吸附分解是净化空气材料、治理室内空气污染的主要机理。利用 TiO_2 的光催化作用除臭、抗菌、净化空气，是净化室内空气污染、改善环境质量的主要科技方法。目前，无机材料 TiO_2 已开始用做建筑材料。如室内环境净化涂料是添加稀土激活无机抗菌净化材料，能够较好地净化 VOC、NO_x、NH_3 等室内环境污染气体，同时，在光催化反应过程中生成的自由基和超氧化物，能够有效分解有机物，从而起到杀菌作用；此外，利用表面 TiO_2 的超亲水效应，使表面去污方便快捷。为充分发挥上述自清洁效果，也可把纳米成分用于瓷砖表面，用在室内厨房、卫生间或内墙等部位；或用于玻璃表面，使用在建筑采光玻璃上，使清洗工作变得容易。

防噪声、防辐射材料可以减少声波及其他物质波对环境的污染。住宅中采用隔声材料，对维护人的身心健康具有重要意义，也是新型建筑材料发展的重点方向之一。

产生负离子材料又被称做森林功能材料。空气负离子可以促进人体心脏细胞的繁殖。一些建筑材料，特别是涂料能够诱发空气产生负离子，从而改善室内空气质量，提高人体的健康水平。

复合多功能材料及产品成为装饰装修材料市场新宠，如对石膏板改性生产功能型高晶板材。传统的石膏板具有保温、隔热、装饰性好等诸多优良的功能，以及特殊的“呼吸”作用，即可以调节室内的空气湿度，在此基础上，在基本材料中加入富含银离子的纳米无机抗菌材料，或掺入负离子经化学反应增加空气负离子浓度，可起到杀菌抑菌除臭作用，有效用做内墙板、吊顶板、防火面板等。

11.3.1.2 节能建筑材料

建筑物的能耗是由室内环境所要求的温度与室外环境温度的差异造成的，因此，有效降低建筑物的能耗主要有两种途径：一是改善室内采暖、空调设备的能耗效率，二是增强建筑物围护结构的保温隔热性能，从而使建筑节能材料广泛应用于建筑物的围护结构当中。围护结构包括墙体、门窗及屋面。墙体节能保温材料种类比较多，分为单一材料和复合材料，包括加气混凝土砌块、保温砂浆、粘贴式 EPS 板外墙保温、粘贴式挤塑板外墙保温、聚氨酯现场发泡外墙保温、外挂钢丝网 EPS 板外墙保温、玻璃纤维增强水泥制品(GRC)、膨胀珍珠岩、防水保温双功能板等，门窗节能材料以玻璃和塑铝材料为主，如中空玻璃、塑铝窗、玻璃钢、真空玻璃等。屋面保温形式有两种，一种是保温层位于防水层之下，保温材料可采用发泡式聚苯乙烯板，其导热系数和吸水率均较小且价格便宜，但密度小、强度低，不能经受自然界各种因素的长期作用，宜用于屋顶防水层的下面；另一种保温层位于防水层之上，又叫倒置式保温屋顶，保温材料可采用挤塑式聚苯乙烯板。挤塑式聚苯乙烯板具有良好的低吸水性、低导热系数、高抗压性和抗老化性，其优良的保温性具有明显有效的节约能源作用，是符合环保节能的新型保温材料。

11.3.1.3 舒适性建筑材料

室内温度是衡量舒适程度的指标之一。调温材料是利用相变材料在相变点附近低于相变点吸热，高于相变点放热的性质，将能量储存起来，达到节能调温的目的。湿度是衡量舒适程度的另一个重要指标。调湿材料的研究是舒适建筑材料研究的课题之一。调湿材料首先在日本发展和应用起来，我国目前尚未形成产品，调湿材料主要有木纤维、天然吸湿性材料(如石膏)、天然多孔矿物材料(如硅藻土、蛭石、海泡石等)和其他非晶多孔材料等。

自动调节环境湿度的混凝土材料自身即可完成对室内环境湿度的探测，并根据需要对其进行调控。这种为混凝土材料带来自动调节环境湿度功能的关键组分是沸石粉。沸石粉中的硅钙酸盐含有 $3\times10^{-10}\sim9\times10^{-10}$ m 的孔隙，这些孔隙可以对水分、NO_x 和 SO_x 气体选择性吸附。通过对沸石种类进行选择，可以制备符合实际需要的自动调节环境湿度的混凝土复合材料，这种材料已成功用于多家美术馆的室内墙壁，取得了非常好的效果。

11.3.2 向具有全寿命周期经济性的建筑材料发展

自重轻材料、高性能材料以及地产材料等是目前具有全寿命周期经济性建筑材料的发展趋势。

11.3.2.1 自重轻材料

自重轻材料优点很多，由于其自重轻使得材料生产工厂化程度高，并且运输成本低，建造速度快，清洁施工，从全寿命周期角度来看具有很高的经济效益，如轻钢建筑结构材料具有如下特点：

1) 轻质高强。可充分发挥材料的受力性能。用焊接 H 型钢和薄壁冷弯型钢代替普通型钢，断面受力合理，既保证了足够的结构安全度又节省了材料。再配以不同类型的金属压型板做围护结构，这种轻钢建筑与传统的钢筋混凝土结构厂房的重量比约为 1∶11。对有保温要求的厂房或民用建筑等屋面、墙面大都采用夹芯板或岩棉、石膏板等组成的复合板，其重量仅为砖墙的 1/10～1/30。对小跨度单层房屋、集装箱房等用超轻隔热夹芯板做围护结构，由于自身强度高，刚度大，可取消梁、柱和基础，减少了构件运输、安装工作量，并且有利于结构抗震。

2）隔热保温性能好，抗震性能良好。轻钢建筑通常选用质量密度小、导热系数小的材料，如岩棉、聚苯乙烯泡沫、玻璃纤维、聚氨酯泡沫等新型保温材料，并具有吸声、难燃、不腐蚀、防老化等优点。轻钢建筑连接可靠，延伸性好，加之重量轻，可减少地震造成的一系列灾害，故在地震区建造这种房屋尤为适合。

3）构造简单，材料单一，施工速度快，装配化程度高。容易做到设计标准化、定型化，构件加工制作工业化，现场安装预制装配化程度高。由于取消了湿作业，现场安装不受气候影响，改善了劳动条件，可缩短施工周期。操作简便，省工省时，不需二次装修，大大提高了劳动效率。投资周期短，可做到设计、施工、使用当年见效。一般厂房仓库签订合同后 2～3 个月内可以交付使用。

4）可以满足多种生产工艺和使用功能的要求，造型美观。厂房的柱距和跨度不受建筑模数的限制，平面布置灵活，避免了单纯追求模数制而造成的面积浪费。有利于剖面形式的多样化设计，便于组织自然通风、天然采光和满足排雨要求，构造处理简洁、方便。表面多种色彩和不同的波型，可供设计者任选，能充分表达不同的建筑风格和美化环境。

5）绿色环保轻钢建筑结构属于环保型、节能型产品，使用寿命长。彩色钢板表面有镀锌层、磷化层、基层、面层等多种涂层，防腐性能好，可正常使用 15 年不用维修。厂房可以搬迁，材料可以回收。

6）可标准化、定型化生产。能按照不同的使用要求进行细部设计，准确地计算出各种构件和板长，在工厂制作结构构件或定尺板，在现场加工运输困难的长尺板，可避免浪费，降低成本。也可批量生产标准化定型房屋，形式多变，便于用户选用，备受建筑部门的欢迎。

11.3.2.2 高性能材料

高性能材料的特点是在多种材料性能方面更为优越，使用时间更长，功能更为强大，大幅度提高了材料的综合经济效益。通过掺入高效减水剂、磨细矿粉、纤维配制的高性能混凝土，具有易灌注、能自密实、均质性好、力学性能好、韧性好、体积稳定、耐久性好等优点。高性能材料还可通过使用性能优良的高级材料复合在建筑材料上实现，如碳纤维复合材料在建筑结构材料智能化技术上的应用。

11.3.2.3 地产材料

地产材料是考虑到经济性要求，各地方根据自身实际资源情况选择适合的建筑材料。如竹材就是一种好的地产材料，它是速生的森林资源，且地域性较强。以竹材为原料结合先进的加工工艺可制成各种不同性能的板材、方材、型材。竹纤维模压板、竹塑复合材料已在建筑工程及装饰工程中得到应用。竹材制成的新型建筑材料，作为房屋建筑材料及装饰材料具有广阔的应用前景。

11.3.3 向具有可循环再生利用性的建筑材料发展

追求建筑材料的可循环再生利用性是基于可持续发展要求，新型建筑材料的生产、使用及回收全过程都要考虑其对环境和资源的影响，实现材料的可循环再生利用。建筑材料的可循环再生利用包括建筑废料及工业废料的利用，它将成为建筑材料发展的重要方向。建筑废料的回收利用可分为产品回收和材料回收两大类。未破损烧结砖瓦产品在拆下并清理后直接利用是最简便的回收利用。在我国广大农村地区对未破损烧结砖瓦产品的回收利用是非常普遍的，这主要是由于烧结砖瓦产品优异的耐久性，以及其与其他材料容易分离的特性有关。城市中由于拆除方法等原因，还没有形成大规模回收利用。未破损烧结砖瓦产品的回收对需要保护的历史建筑及其修缮有着特别重要的意义，如其他地方旧建筑物拆除下的砖瓦可回收后用于需要保护的古建筑物的修复。普通建筑拆下的整砖及半砖还可以用于人行道、庭院、公园等地面的铺砌。充分利用未破损烧结砖瓦产品的关键在于城市建筑的拆除程序和方法。建筑废料中最主要的颗粒状回收材料是拆毁的混凝土和拆毁的墙体材料，这两种材料一般不能直接使用，但经加工处理后具有广泛用途。

大量无毒的工业废料可用于制造建筑产品，既节约了建筑消耗的巨大的原生性物质资源，又回收了固定废弃物，减少了环境污染。我国已开发利用粉煤灰、钢渣、矿渣等生产各种砌块，但工业废弃物的回收利用率和再生资源利用率远远低于日本和欧洲国家。例如，日本开发的一种新型环保砖瓦是以下水道污泥、粉煤灰、矿渣、烧窑杂土、玻璃渣、保温材料弃渣、废塑料、建筑废渣土、河沟淤泥为原料，采用日本传统的烧制技术和新开发的水泥固化技术，生产出了具备烧结砖瓦特征的新型墙材，适用于墙体、地面铺设和园艺，其最大优点是再生资源的利用率可达 90%以上，不使用任何会导致大气污染和地球温室效应的燃料。2010 上海世博会芬兰馆展馆的外墙面首次全部采用了生态回收材料，这种材料用塑料、泡沫和纸张构成，经过特殊处理以保证坚固性，这也是芬兰第一次向世界介绍这种新材料。因此，在我国利用工业废料生产建筑材料有着很大的潜力，并有着广阔的市场前景。

11.3.4 向高新技术、高科技含量、高附加值的产品发展

用纳米技术、生物化学技术、稀土技术、光催化技术、气凝胶技术、信息技术等高新技术来提高产品的高科技含量，提高产品的高附加值、功能和档次。如用稀土激活技术研究开发具有保健型灭菌的磁砖，研究掺有红外陶瓷粉使其具有对人体起保健作用的内墙用涂料，利用 TiO_2 光催化技术研制可净化室内环境的板材，研究利用生物工程技术，将农作物废弃物经发酵工艺制造人造装饰板材等。

11.3.5 向智能化方向发展

智能材料具有自感知和记忆、自驱动、自修复、自控制等多种功能，比传统材料性能更加优异。仿生命感觉和自我调节是智能材料的重要特征，将材料和产品的加

工制造同以微电子技术为主体的高科技嫁接，从而实现对材料及产品的各种功能的可控与可调，有可能成为装饰装修材料及产品的新的发展方向。

生物相容型混凝土是利用混凝土良好的透水透气性，提供植物生长所需营养。陆地上可种植小草，形成植被混凝土，用于河川护堤的绿化美化；淡水海水中可栖息浮游动物和植物，形成淡水生物、海洋生物相容型混凝土调节生态平衡。

智能乳胶漆，它采用了“可逆变光剂”、“复合高分子稳定剂”等复合材料，使产品可自动调节光亮度及自动适应环境。

在两层无色透明的玻璃中间夹入一层可逆热致变材料可得到一种能根据光照强度自动改变颜色的智能玻璃。可逆热致变材料是一类当温度达到某一特定的范围时，材料的颜色会发生变化，而当温度恢复到初温后，颜色也会随之复原的智能材料。目前已开发出了无机、有机、液晶、聚合物以及大分子等各类具有这种特性的材料。聚苯乙烯与氧化聚丙烯的共混溶液就是一种可逆热致变材料，当温度低时，二者能同时溶于水，即具有相容性，当温度高于其“开关”温度时，二者的相容性消失，聚合物不溶于水而沉淀。应用该材料制得的玻璃，在强光照射下，由于部分光能转化成热能导致共聚物产生沉淀，颜色变成浊白色，使部分光线漫散射，从而减弱进入室内的阳光强度。

智能毯是用柔性聚酯膜材料做基层，上面喷涂照明、供暖、能量存储、信息显示等微元素粒子，利用有机光电太阳能电池供电，制成电子墙壁，提供变换多姿的装饰效果，其中的相转变材料可在白天蓄热，晚上供热。

【本章要点】

本章介绍了绿色环境装饰材料的概念、特征和评价方法，其中重点是全寿命分析方法(LCA 法)，建立材料设计是材料性能满足使用要求并加上生命周期评估的理念，详细介绍了室内 11 种装饰污染的来源和危害。绿色建筑材料包括绿色建筑常规材料、绿色建筑循环再生材料、绿色建筑乡土材料、绿色建筑特殊功能材料，绿色建筑装饰材料的发展方向是向具有功能多样性和综合性的建筑材料发展、向具有全寿命周期经济性的建筑材料发展、向智能化方向发展和向高新技术、高科技含量、高附加值的产品发展。

【思考与练习题】

1. 绿色装饰材料的特征有哪些？

2. 简要说明什么是生命周期评价方法(LCA 法)。

3. 你认为各种室内装饰污染中，哪两种污染存在较普遍？它们的污染源在哪里？对人有什么危害？

4. 什么是植被混凝土？植被混凝土的构成有哪些？

5. 试以 TiO_2 光催化剂为例分析材料自洁的机理。

6. 你认为消费后再循环材料有哪些用途？

7. 装饰材料是如何实现保温和隔热的？

参考文献

[1] 葛勇.建筑装饰材料[M].北京:中国建材工业出版社,1998.

[2] 徐家保,蒋聚桂.建筑材料[M].北京:中国建筑工业出版社,1993.

[3] 符芳.建筑装饰材料[M].南京:东南大学出版社,1996.

[4] 张洋.建筑装饰材料[M].2版.北京:中国建筑工业出版社,2006.

[5] 黄政宇,吴慧敏.土木工程材料[M].北京:中国建筑工业出版社,2002.

[6] 罗玉萍.建筑装饰材料工艺[M].大连:大连理工大学出版社,1995.

[7] 韩静云.建筑装饰材料及其应用[M].北京:中国建筑工业出版社,2000.

[8] 向才旺.新型建筑装饰材料实用手册[M].2版.北京:中国建筑工业出版社,2001.

[9] 曹文达.建筑装饰材料[M].北京:中国电力出版社,2003.

[10] 张玉明,马品磊.建筑装饰材料与施工工艺[M].济南:山东科学技术出版社,2004.

[11] 袁大伟.建筑涂料应用手册[M].上海:上海科学技术出版社,1999.

[12] 吴昊,于文波.设计与材料:木材篇[J].环境与材料,2003(4).

[13] 戴志中,胡斌.木材与建筑[M].天津:天津科学技术出版社,2002.

[14] 普莱斯,等.织物学[M].祝成炎,等,译.北京:中国纺织工业出版社,2003.

[15] 何兰芝,陈莉萍,王雪梅.纺织纤维及制品的鉴别方法综述[J].中国纤检,2008(2).

[16] 万融.服用纺织品质量分析与检测[M].北京:中国纺织出版社,2006.

[17] 曹民干,袁华,陈国荣.建筑用塑料制品[M].北京:化学工业出版社,2003.

[18] 李公藩.塑料管道施工[M].北京:中国建材工业出版社,2001.

[19] 王斌.北美中空玻璃技术发展[J].玻璃,2008(1).

[20] JG / T 140—2005　未增塑聚氯乙烯(PVC-U)塑料窗[S].北京:中国标准出版社,2006.

[21] 李长江,刘小云.建筑陶瓷的新技术与新装饰[J].佛山陶瓷,2004(8).

[22] 张壁光.木材科学与技术研究进展[M].北京:中国环境科学出版社,2004.

[23] 马扬,杨仕超,石民祥.中空玻璃的热工性能研究[J].中国建筑金属结构,2009(5).

[24] 刘静安,谢水生.铝合金材料的应用与技术开发[M].北京:冶金工业出版社,2004.

[25] 聂祚仁,王志宏.生态环境材料学[M].北京:机械工业出版社,2004.

[26] 师昌绪,李恒德,周廉. 材料科学与工程手册[M]. 北京:化学工业出版社,2004.
[27] 左铁镛,聂祚仁. 环境材料基础[M]. 北京:科学出版社,2003.
[28] 饶戎,等. 绿色建筑[M]. 北京:中国计划出版社,2008.
[29] 毛跟年,许牡丹,黄建文. 环境中有毒有害物质与分析检测[M]. 北京:化学工业出版社,2004.
[30] 姚雷,贾开武,李晓芝. 节约型社会与绿色建筑材料[J]. 山西建筑,2008(3).
[31] 李会娟,于文博. 城市二氧化氮、悬浮颗粒物、二氧化硫健康危险度评价[J]. 国外医学医学地理分册,2007(28).
[32] 潘明琨. 石棉的危害及其环境管理[J]. 甘肃环境研究与监测,1995(8).
[33] 乔润喜,贾生元,靳文树. 噪光污染及防治[J]. 黑龙江环境通报,1997(21).
[34] 张炯. 室内装修常见污染物及其危害[J]. 建材技术与应用,2007(10).
[35] 刘永华. 建筑装修导致室内空气污染的研究[J]. 重庆大学学报,2004(4).
[36] 马茹艳. 室内装修装饰材料挥发物的安全性研究[J]. 天津理工大学学报,2006(12).
[37] 李延涛,刘志勇. 绿色建筑材料:21 世纪可持续发展的必然选择[J]. 河北建筑工程学院学报,2001(1).
[38] 鄢朝勇. 发展生态环境友好型水泥混凝土材料[J]. 襄樊学院学报,2006(3).
[39] 张朝辉. 多孔植被混凝土研究[D]. 重庆:重庆大学,2006.
[40] 刘丽娜,姜新佩,史长莹. 透水性混凝土路面砖的现状及展望[J]. 水资源与水工程学报,2007(8).
[41] 苑金生. 回收废旧塑料、植物秸秆、木材下脚料生产木塑复合板材[J]. 上海建材,2008(6).
[42] 吕霄,林元华,张中太,等. 废玻璃再生利用制备长余辉蓄光釉面砖及其性能的研究[J]. 材料科学与工艺,2001(3).
[43] 蒋荃,乔亚玲,胡云林. HB(环保)复合板:利用包装材料再循环制造的一种绿色建材[J]. 室内设计与装修,1999(8).
[44] 王戈,余雁,卢狄耿. 国内外麦秸板的研究、生产及发展[J]. 世界林业研究,2002(2).
[45] 胡旭东,赵志曼. 磷石膏甘蔗渣石膏墙板的生产工艺研究[J]. 中国资源利用,2005(11).
[46] 周和慧. 光自洁材料性能的快速检测方法研究[D]. 武汉:华中科技大学,2007.
[47] 王兆利,高倩,赵铁军. 智能建筑材料[J]. 山东建材,2002(1).